O. K. MARTI UND H. WINOGRAD

STROMRICHTER

UNTER BESONDERER BERÜCKSICHTIGUNG DER

QUECKSILBERDAMPF-GROSSGLEICHRICHTER

DEUTSCHE BEARBEITUNG VON

DR.-ING. OTTO GRAMISCH

Mit 279 Abbildungen

MÜNCHEN UND BERLIN 1933

VERLAG VON R. OLDENBOURG

Titel der Originalausgabe:

Mercury arc power Rectifiers (New York: Mc Graw Hill Book Co. 1930)

Druck von R. Oldenbourg, München und Berlin

Vorwort.

Die steigende Verwendung von Eisengleichrichtern sowohl für die Gleichstromversorgung von Eisenbahnen und elektrochemischen Anlagen, als auch auf anderen Gebieten, wo die Umformung von Wechselstrom in Gleichstrom erforderlich ist, hat bei Betriebsleuten, Konstrukteuren und beratenden Ingenieuren lebhaftes Interesse an diesem Gegenstand wachgerufen.

Dieses Buch enthält die Erklärung der Arbeitsweise der Gleichrichter, die Ableitung der mathematischen Beziehungen zwischen Strömen und Spannungen in Gleichrichterstromkreisen und die Schilderung der gegenwärtigen Praxis in der Anwendung der Eisengleichrichter mit besonderer Berücksichtigung ihrer Verwendung im Eisenbahnbetrieb. Die theoretische Behandlung der Gleichrichterstromkreise wird durch beigegebene Tafeln, Kurven und Oszillogramme unterstützt, um die praktische Verwendbarkeit zu erhöhen und ein klareres Verständnis der Vorgänge zu ermöglichen. An mehreren Stellen war es notwendig, vereinfachende Annahmen zu machen, um unnötige Komplikationen in der mathematischen Behandlung zu vermeiden. Diese Annahmen haben jedoch keine schädigende Wirkung auf die Genauigkeit der Ergebnisse.

Im einleitenden Kapitel wird die Entwicklung des Eisengleichrichters kurz geschildert. Die Kapitel II und III behandeln die physikalischen Vorgänge bei der Gleichrichtung und die besonderen Erscheinungen, die beim Betrieb von Gleichrichtern auftreten. Die Kapitel IV und V enthalten die Hauptgleichungen für die Ströme, die Spannungen, den Leistungsfaktor und andere Größen für Gleichrichterstromkreise. In den mathematischen Ableitungen des IV. Kapitels wurde das Verfahren befolgt, das W. Daellenbach und E. Gerecke in ihrer 1924 veröffentlichten Arbeit erstmalig anwendeten.

Das Kapitel VI handelt von der Theorie und Konstruktion der Gleichrichtertransformatoren, ferner von den Belastungskennlinien der Gleichrichter, soweit sie durch die verwendeten Transformatorschaltungen beeinflußt werden. Für verschiedene der wichtigsten Transformatorschaltungen werden eingehende Berechnungen durchgeführt, welche das Verfahren zur Ermittlung der Ströme, Übersetzungsverhältnisse usw. erläutern. Dieses Verfahren kann bei jeder anderen Schaltung des Transformators angewandt werden.

In den Kapiteln VII und VIII wird die Konstruktion verschiedener Gleichrichterbauarten und ihrer Zubehörteile beschrieben. Da auf die-

1*

sem Gebiet die Entwicklung noch im Gange ist, ist damit zu rechnen, daß sich verschiedene Konstruktionseinzelheiten ändern, und es wird daher dem Leser empfohlen, die einschlägigen Fachzeitschriften zu verfolgen, um sich in dieser Hinsicht auf dem laufenden zu halten.

Die Kapitel IX, X und XI enthalten Angaben über die Verwendung, die Aufstellung und den Betrieb der Gleichrichter. Neben Mitteilungen über die Betriebseigenschaften der Gleichrichter, den Entwurf von Unterstationen usw. werden Einzelheiten einer Reihe ausgeführter, typischer Gleichrichteranlagen gegeben, da nach Ansicht der Verfasser solche Angaben für die Projektierung von Gleichrichteranlagen von Wert sind.

Das Kapitel XII handelt von der Spannungsregelung bei Gleichrichtern. Im XIII. Kapitel werden die von Gleichrichtern verursachten Störungen in Fernmeldeanlagen und die Verfahren zu deren Beseitigung besprochen. Das XIV. Kapitel enthält die Beschreibung einiger Prüfungsverfahren.

Im Anhang findet sich eine umfangreiche Bibliographie der Gleichrichterliteratur. Die einzelnen Literaturstellen sind fortlaufend beziffert, und die Bezugnahme auf irgendeine Literaturstelle erfolgt im Text des Buches durch Beisetzung der betreffenden Ziffer in Klammer.

Bei der Anordnung des Stoffes waren die Verfasser bemüht, jedes Kapitel so abgeschlossen als möglich zu gestalten. Hierdurch werden gewisse Wiederholungen unvermeidlich. Jene Leser, welche die mathematischen Teile der Kapitel IV, V und VI nicht durchzuarbeiten wünschen, können diese Teile überschlagen, ohne deshalb den Zusammenhang zu verlieren.

Die meisten der verwendeten Bezeichnungen sind auf S. 38 erklärt. Andere Bezeichnungen werden dort erklärt, wo sie angewendet werden.

Die Verfasser sind verschiedenen Erzeugerfirmen und Elektrizitätswerken für die Beistellung eines Teiles der Abbildungen dieses Buches und für verschiedene Mitteilungen zu Dank verpflichtet. Ferner danken wir den Herren J. K. Dortort, D. Journeaux und W. C. Sealey der amerikanischen Brown Boveri Co. für ihre Mithilfe und für manche nützliche Anregungen. Schließlich danken wir Herrn R. G. Mc Curdy der amerikanischen Telefon- und Telegraphen-Co., welcher das Kapitel über Schwachstromstörungen durchsah und uns viele Anregungen gab.

Camden, N. Y., im August 1930.

O. K. Marti.
H. Winograd.

Vorwort der deutschen Ausgabe.

Der Leitgedanke der vorliegenden deutschen Bearbeitung der instruktiven Monographie über Eisengleichrichter von Marti und Winograd ist es, den wesentlichen Inhalt der amerikanischen Originalausgabe knapp und deutlich darzustellen und ihn entsprechend dem für die deutsche Ausgabe gewählten Titel »Stromrichter« zu ergänzen. In neuerer Zeit sind neben dem Quecksilberdampfgleichrichter mit Eisengefäß und flüssiger Kathode auch andere elektrische Ventile soweit entwickelt worden, daß sie für die Umformung großer Leistungen geeignet sind, vor allem die Quecksilberdampfventile mit Glasgefäß und flüssiger Kathode bzw. Glühkathode. Diese in ihrer Wirkungsweise mit dem Eisengleichrichter verwandten elektrischen Ventile werden besprochen, nicht jedoch die Trockengleichrichter, Wellenstrahlgleichrichter und auf anderen Prinzipien beruhenden elektrischen Ventile, die in Sonderfällen auch bereits für die Umformung größerer Leistungen in Betracht kommen. Von den elektrischen Ventilen, die keine Dampfentladungsgefäße sind, ist nur der Lichtbogenstromrichter von Marx kurz besprochen. Die Gittersteuerung der Dampfentladungsgefäße und ihre Anwendung für Spannungsregelung, Umrichtung, Wechselrichtung und für den Bau kommutatorloser Motoren wird entsprechend der Wichtigkeit dieses Gebietes ausführlich behandelt.

Die Rücksicht auf den Umfang des Werkes machte es leider unmöglich, die bis auf das Jahr 1882 zurückreichende und tatsächlich die ganze Entwicklung des Quecksilberdampfgleichrichters umfassende Bibliographie der Originalausgabe zu übernehmen. Obwohl das der vorliegenden deutschen Ausgabe beigegebene Literaturverzeichnis nur die einschlägige Literatur der letzten 10 Jahre umfaßt, ist es doch umfangreicher als die Bibliographie der Originalausgabe — so zahlreich sind gerade in letzter Zeit die Veröffentlichungen auf dem in voller Entwicklung befindlichen Gebiet der Dampfentladungsgefäße. Wer aus historischem Interesse ältere Literatur über Quecksilberdampfgleichrichter sucht, sei auf die amerikanische Originalausgabe verwiesen (O. K. Marti und H. Winograd »Mercury arc power Rectifiers« Mc Graw-Hill Book Co, New York 1930).

Es ist mir eine angenehme Pflicht, auch an dieser Stelle den Firmen zu danken, welche die deutsche Ausgabe dieses Werkes durch Überlassung von Abbildungen gefördert haben; es sind dies: Die »ELIN« A.G.

für elektrische Industrie, Wien, die Allgemeine Elektrizitäts-Gesellschaft, Berlin und die A.G. Brown Boveri & Cie., Mannheim.

Ferner danke ich den Herren Dr. Ing. H. Bertele und Ing. F. Geyer für verschiedene Anregungen und ganz besonders Herrn Ing. A. Micza für seine freundliche Unterstützung und bedeutende Mühewaltung beim Korrekturlesen, schließlich dem Verlage für die Sorgfalt, die er auf die äußere Ausstattung des Werkes verwendet hat.

Wien, im Februar 1933.

Dr. Ing. Otto Gramisch.

Inhaltsverzeichnis.

I. Kapitel. Einleitung.

Es entspricht der historischen Entwicklung, wenn in diesem Buch über Stromrichter zunächst die Theorie, Wirkungsweise und Konstruktion der Quecksilberdampfgleichrichter behandelt wird. Die Kenntnis der Vorgänge in Quecksilberdampfgleichrichtern ist aber auch für das Verständnis jener Stromrichter erforderlich, die durch Gitter derart gesteuert werden, daß sie nicht als Gleichrichter arbeiten.

Obwohl der Wechselstrom mancherlei Vorteile gegenüber dem Gleichstrom aufweist, gibt es doch zahlreiche Anwendungsgebiete elektrischer Energie, wo Gleichstrom entweder erwünscht oder erforderlich ist. Die wichtigsten dieser Anwendungsgebiete sind: Elektrische Bahnen (Straßenbahnen, Untergrundbahnen, Hauptbahnen); die elektrolytische Gewinnung von Zink, Aluminium, Wasserstoff und anderen Stoffen; ferner besondere industrielle Antriebe, z. B. Walzwerksantriebe. Es ist im allgemeinen nicht vorteilhaft, die für diese Zwecke benötigte Energie mittels Gleichstromgeneratoren am Verwendungsort zu erzeugen; auch ist es nicht wirtschaftlich, Gleichstrom bei den üblichen Gebrauchsspannungen über größere Entfernungen fortzuleiten. Die günstigste Gleichstromversorgung ist im allgemeinen die Fortleitung von hochgespanntem Wechselstrom und die Umformung in Gleichstrom in der Nähe der Verwendungsstelle. Die Umformung von Wechselstrom in Gleichstrom kann durch einen der nachstehend angeführten Umformer erfolgen:

Durch einen Motorgenerator, der aus zwei getrennten Maschinen besteht, und zwar aus einem Wechselstrommotor, der einen Gleichstromgenerator antreibt. Die Betriebseigenschaften eines solchen Umformeraggregates hängen von den Eigenschaften der beiden Maschinen ab, aus denen es besteht, und sein Wirkungsgrad ist das Produkt der Wirkungsgrade der beiden Maschinen.

Durch einen Einankerumformer, der die Vereinigung einer Synchronmaschine und einer Gleichstrommaschine mit gemeinsamem Anker und Magnetsystem darstellt.

Durch einen Kaskadenumformer, die Vereinigung eines Asynchronmotors und eines Einankerumformers, wobei der Läuferkreis des ersteren unmittelbar den Anker des letzteren speist.

Durch einen Quecksilberdampfgleichrichter, d. i. ein ruhender Apparat, der aus einer Kathode und einer Anzahl von Anoden besteht, die in einem evakuierten Gefäß aus Glas oder Eisen angeordnet sind. Die Umformung des Wechselstromes in Gleichstrom erfolgt hier durch die Ventilwirkung des Quecksilberlichtbogens im Vakuum, welche den Strom nur in einer Richtung fließen läßt, und zwar von den Anoden zur Kathode.

Der Quecksilberdampfgleichrichter mit Eisengefäß (Eisengleichrichter oder Großgleichrichter) ist eine Fortentwicklung des Quecksilberdampfgleichrichters mit Glasgefäß (Glasgleichrichter), der seit mehr als 25 Jahren praktisch verwendet wird.

Entwicklung des Eisengleichrichters.

Es stellte sich als unmöglich heraus, Glasgleichrichter für sehr große Leistungen zu bauen, und zwar wegen der geringen mechanischen Festigkeit des Glases und der Schwierigkeit, vakuumdichte Anodeneinschmelzungen herzustellen, hauptsächlich aber infolge der Kühlungsschwierigkeiten. Daher erwies es sich als notwendig, für Gleichrichter großer Leistung Eisengefäße zu verwenden. Die Entwicklung der sog. Eisengleichrichter begegnete jedoch einer Reihe von Schwierigkeiten; die wichtigsten waren: die luftdichte und isolierte Anoden- und Kathodeneinführung; das Auftreten von Rückzündungen; die Schwierigkeit der richtigen Führung des Quecksilberdampfes innerhalb des Gefäßes und der Rückleitung des kondensierten Quecksilbers zur Kathode. Durch Überwindung aller dieser Schwierigkeiten wurde der moderne Eisengleichrichter geschaffen.

Die Darstellung aller Stadien der Entwicklung des Eisengleichrichters in Europa und Amerika wäre ein sehr interessantes Stück Geschichte, würde aber weit über den Rahmen dieses Buches hinausführen; es soll daher hier nur ein kurzer Abriß der Entwicklung des Eisengleichrichters gegeben werden.

In Amerika wurden die ersten Eisengleichrichter von Peter Cooper-Hewitt und Frank Conrad in den Jahren 1905—1908 gebaut, während in Europa Béla Schäfer im Jahre 1910 den ersten Eisengleichrichter konstruierte. Von dieser Zeit an wurde an der Entwicklung dieses Apparates sowohl von europäischen als auch von amerikanischen Elektrizitätskonzernen eifrig gearbeitet. Die amerikanischen Firmen sahen sich jedoch später aus verschiedenen Gründen veranlaßt, die Entwicklungsarbeit an den Eisengleichrichtern für einen Zeitraum von ungefähr 10 Jahren zu unterbrechen; inzwischen wurde in Europa die Arbeit fortgesetzt, und man erzielte während des Weltkrieges und in der Zeit nachher beträchtliche Fortschritte auf diesem Gebiet.

Einer der ersten amerikanischen Eisengleichrichter aus dem Jahre 1908 besaß ein Nickelstahlgefäß mit Kühlrippen. Im Deckel waren drei Öffnungen, zwei für die Anodeneinführungen und eine für die Kathodeneinführung und den Anschluß zur Vakuumpumpe. Für das Kathodenquecksilber war, ähnlich wie bei den modernen Eisengleichrichtern, eine isolierte Schale am Boden des Gefäßes vorgesehen. Die beiden Anoden bestanden wie bei Glasgleichrichtern aus Graphit und waren an eisernen Durchführungsbolzen befestigt, welche durch Porzellanhülsen hindurchgingen. Alle Einführungen waren genau eingepaßt und mit Quecksilber abgedichtet. Im Betrieb dieses Gleichrichters ergaben sich verschiedene Störungen. Die nächste Ausführung besaß einen eisernen Kessel und drei am Deckel befestigte Anoden. Die Kathode war von der gleichen Bauart wie beim ersten Modell. Die Einführungen waren in mechanischer Hinsicht bedeutend verbessert; auch hier wurde wieder die Quecksilberdichtung verwendet. Das Vakuumgefäß war von einem Wasserkessel umgeben. Obwohl bei diesen Gleichrichtern ein länger dauernder Betrieb möglich war, wenn man die Vakuumpumpe ständig laufen ließ, waren sie infolge Undichtheit der Kesselwände für praktische Verwendung nicht geeignet.

Der von Béla Schäfer konstruierte Gleichrichter bestand aus einem doppelwandigen, wassergekühlten, zylindrischen Eisengefäß mit einem Innendurchmesser von 170 mm. Er wurde in den Werkstätten von Hartmann & Braun in Frankfurt a. M. gebaut; später übernahm die am gleichen Orte ansässige Gleichrichtergesellschaft die weiteren Entwicklungsarbeiten. Dieser Gleichrichter hatte eine einzige Anode, deren Zuleitung durch ein Porzellanrohr im Deckel des Gefäßes hindurchgeführt und mittels Asbestringen und Quecksilber abgedichtet war. Die Quecksilberkathode am Boden des Gefäßes war von diesem nicht isoliert. In dem verhältnismäßig großen Quecksilberbehälter war ein Porzellanrohr derart befestigt, daß die Bewegungen des Kathodenfleckes auf einen kleinen Raum begrenzt wurden. Der Gleichrichter besaß eine durch eine Magnetspule betätigte Zündanode und eine Hilfserregeranode. Für die Vollweggleichrichtung von Einphasenwechselstrom wurden zwei derartige einanodige Gleichrichtergefäße verwendet. Eine solche Gleichrichtergruppe, aus zwei Gefäßen bestehend, lieferte anstandslos 300 A Gleichstrom. Bei Steigerung der Kühlwasserzirkulation war es sogar möglich, den gleichgerichteten Strom auf 500 A zu erhöhen. Die Einführungen waren so dicht, daß die Vakuumpumpe nur etwa einen halben Tag innerhalb von 4 Wochen in Betrieb sein mußte. Als man daran ging, die Einzelgefäße zu vereinigen, traten häufig Rückzündungen auf, welche ein Versagen der Ventilwirkung des Gleichrichters darstellen. Um dieses Übel zu beseitigen, versuchte man verschiedene Arten von Anodenschutzrohren und Schutzschilden, wie sie bei den in Kap. VII beschriebenen Gleichrichterbauarten verwendet werden. Die General Electric Company baute einen Gleichrichter, der aus zwei einanodigen Gefäßen bestand und später einen Zweianodengleichrichter. Der erstgenannte aus dem Jahre 1912 hatte Anodenisolatoren aus Porzellan, welche durch konzentrische Ringe aus Leder und Gummi oder aus Leder und Asbest abgedichtet wurden. Für die Wasserkühlung der doppelwandigen Vakuumgefäße war eine Kreislaufpumpe vorgesehen. Die zulässige Belastung jedes der beiden einanodigen Gefäße betrug 80 kW, während der zweianodige Gleichrichter infolge unvollkommener Beherrschung der Lichtbogenerscheinungen nur 30 kW abgeben konnte. Ein Gleichrichter der Westinghouse-Gesellschaft aus dem Jahre 1910 bestand aus einem Stahlblechkessel mit geschweißten Durchführungen, welche in der bei Glasgleichrichtern üblichen Art in Armen angeordnet waren, die vom Kondensationsraum seitlich abzweigten. Gleichzeitig wurde auch bei der A. E. G. in Berlin an der Vervollkommnung der Eisengleichrichter bis zum Jahre 1918 gearbeitet.

Ein Blick auf die Patentliteratur dieser Zeit zeigt, daß die Konstrukteure sich damals auf einem unbekannten Feld bewegten. Es wurde viel Arbeit darauf verwendet, die Gleichrichter für die Abgabe größerer Stromstärken, besonders bei höheren Gleichspannungen, geeignet zu machen. Mit gutem Erfolg probierte man wassergekühlte Anoden aus, und nach und nach gelang es, die Gleichstromabgabe eines Eisengleichrichters auf mehrere hundert Ampere bei Gleichspannungen von einigen hundert Volt zu steigern. Auch auf anderen Gebieten wurde erfolgreiche Arbeit geleistet. So wurde z. B. eine große Menge verschiedener Bauarten von Anodenschutzrohren ausgeprobt und ihre Wirkung durch Glasfenster beobachtet. Ferner wurden Versuche mit Anoden verschiedener Form und Größe und mit verschiedenen Kühlanordnungen angestellt. Der Spannungsabfall im Lichtbogen und der Rückstrom während der Zeit, da die Anode negatives Potential besitzt (Sperrzeit), wurden gemessen.

Weitere Forschungen betrafen die vakuumdichten Anoden- und Kathodeneinführungen. Es wurden zahlreiche Metalldichtungen ausprobiert, doch verursachte es große Schwierigkeiten, sie vakuumdicht an die Oberfläche der Porzellanisolatoren anzupressen. Auch bei Asbestdichtungen war es nicht leicht, ausreichende Dichtheit zu erzielen. Gummidichtungen hatten den Nachteil, daß sie bei hohen Temperaturen Dämpfe abgaben. Gelötete Einführungen lieferten günstige Ergebnisse, wenn man die Lötstelle gegen die amalgamierende Wirkung des Quecksilbers schützte. Geschweißte Einführungen waren nicht so dicht wie gelötete, weil die Schweißstelle poröse Schlackeneinschlüsse aufwies. Man entdeckte, daß mit Dichtungen aus gebranntem Email besonders gute Ergebnisse erreichbar waren; zwei auf diese Art abgedichtete Gleichrichtergefäße behielten ihr Vakuum durch ein ganzes Jahr. Es wurden auch Dichtungen mit verschiedenen Zementen erprobt. In Europa entwickelte Béla Schäfer beim Bau seiner ersten Eisengleichrichter eine Quecksilberdichtung, die im Prinzip noch heute von Brown Boveri verwendet wird.

Das Vorhandensein von in den Gefäßwänden eingeschlossenen Gasen bildete eine weitere Erschwerung der Aufrechterhaltung einer ausreichenden Luftleere, und es mußten systematische Formierungs- oder Entgasungsverfahren erprobt werden, um zu erreichen, daß die in den Metallteilen des Gleichrichters eingeschlossenen Gase beim Evakuieren so rasch als möglich abgegeben werden.

Um diesen Vorgang verfolgen zu können, mußten bessere Vakuummeßgeräte gebaut werden. Das Kompressionsvakuummeter von Mc Leod, das bis dahin ausschließlich verwendet wurde, zeigt nur den Druck vollkommener Gase an, da es auf dem Boyleschen Gesetz beruht und bei der Messung die Dämpfe durch Zusammendrücken verflüssigt werden. Die vor kurzem entwickelten Vakuummeßgeräte messen jedoch den Druck aller im Gleichrichtergefäß enthaltenen Gase und Dämpfe und zeigen ihn unmittelbar auf Schalttafelinstrumenten an. Die letzten bei Großgleichrichtern erzielten Verbesserungen sind bis zu einem gewissen Grade der Möglichkeit zuzuschreiben, das Vakuum mit diesen neuen Meßgeräten leicht und genau zu messen. Der Betriebsingenieur kann nun das Vakuum während des Entgasens und im Gleichrichterbetrieb jederzeit rasch ablesen. Bei selbsttätigen Großgleichrichteranlagen werden die Vakuumpumpen von den Vakuummeßgeräten ein- und ausgeschaltet. Infolge der Leistungsfähigkeit der Vakuummeßgeräte und Vakuumpumpen haben unvollkommene Dichtungen nicht mehr dieselben unangenehmen Folgen wie früher.

Die ersten Eisengleichrichter waren nur mit rotierenden Vakuumpumpen und nicht mit Quecksilberdampfstrahlpumpen ausgestattet. Derartige Gleichrichter stehen noch in Betrieb. Seit 1918 ist es jedoch üblich, alle Eisengleichrichter sowohl mit rotierenden Vakuumpumpen als auch mit Quecksilberdampfstrahlpumpen zu versehen.

Während die ersten Eisengleichrichter Leistungen von weniger als 100 kW bei niedrigen Gleichspannungen abgaben, ermöglichen die in neuerer Zeit vorgenommenen Verbesserungen den Bau von Eisengleichrichtern für jede benötigte Leistung und Spannung.

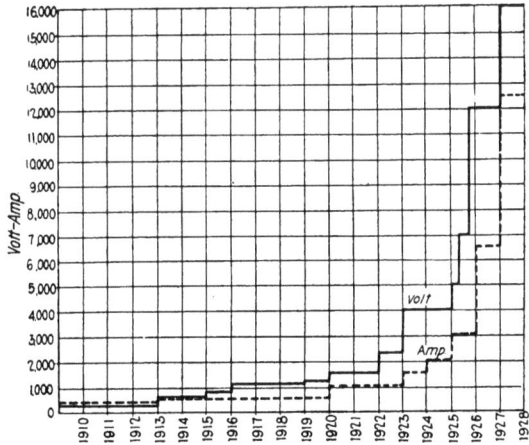

Abb. 1. Graphische Darstellung der Steigerung der von Eisengleichrichtern abgegebenen Gleichspannung und Gleichstromstärke.

Mehrere Gleichstrombahnanlagen mit 3000 V Gleichspannung stehen seit Jahren ohne Störungen in Betrieb. 1926 wurde in einer Industrieanlage in Deutschland ein Gleichrichter für 12 000 V Gleich-

spannung aufgestellt, dem 1929 ein Gleichrichter für 13 000 V in der
Radiosendestation Chelmsford (England) folgte. Es arbeiten heute
Gleichrichtereinheiten mit einer Dauerleistung von 4500 kW, das ist
etwa die fünfzigfache Leistung der ersten Eisengleichrichter. Die Abb. 1
zeigt das Anwachsen der von Eisengleichrichtern bewältigten Gleichspannungen und Gleichströme von 1910 bis 1928. Vor kurzem durch-
geführte Belastungsversuche mit normalen Eisengleichrichtern bei
16 000 V Gleichspannung zeigten, daß mit einer etwas abgeänderten
Konstruktion noch bedeutend höhere Spannungen bewältigt werden
könnten, die für die Kraftübertragung über sehr große Entfernungen
in Betracht kämen. Eine solche Kraftübertragung könnte in der Zukunft verwirklicht werden, da bereits Versuchsapparate für die Umformung von hochgespanntem Gleichstrom in Wechselstrom gebaut
wurden (86, 249)[1]). Es ist daher eine Steigerung sowohl der Leistungen
als auch der Spannungen bei Eisengleichrichtern zu erwarten.

Die praktische Anwendung der ersten Eisengleichrichter.

Als man die Erzeugung von Eisengleichrichtern aufnahm, wurden
verschiedene Gleichrichteranlagen gebaut, um Betriebserfahrungen zu
sammeln. Abb. 2 zeigt eine im Jahre 1915 gebaute Anlage, die als erste

Abb. 2. Brown-Boveri-Gleichrichter in der Unterstation Schlieren der Limmattal-Straßenbahn
bei Zürich, geliefert im Jahre 1915.

praktische Anwendung von Eisengleichrichtern für Straßenbahnbetrieb
in Europa angesehen werden kann. Sie bestand aus zwei Gefäßen, von
denen jedes eine Dauerleistung von 150 kW bei 600 V Gleichspannung
aufwies. Die beiden ersten Eisengleichrichter in Europa überhaupt wur-

---

[1]) Die eingeklammerten Ziffern beziehen sich auf das Literaturverzeichnis am
Ende des Buches.

den in einer Gießerei in der Nähe von Frankfurt a. M. im Jahre 1911 aufgestellt; sie sind noch in Betrieb. Jeder dieser Gleichrichter liefert 150 A bei 230 V und hat 18 Anoden.

Eine der ersten amerikanischen Eisengleichrichteranlagen wurde in den Shadyside-Werken der Westinghouse-Gesellschaft errichtet. Hier arbeiteten die Gleichrichter mit von Gasmaschinen angetriebenen Gleichstromdynamos für 250 V parallel. Die Anlage wurde im Jahre 1913 gebaut und stand ungefähr 5 Jahre lang in Betrieb. Die Belastung schwankte zwischen 5 und 300 A. In der Anlage selbst war keine Vakuumpumpe vorgesehen. Wenn daher ein Gleichrichtergefäß evakuiert werden mußte, so wurde es ausgebaut. Die meisten Schwierigkeiten verursachten Undichtheiten der Gleichrichtergefäße. Doch waren auch mehrere dieser Gefäße 5—6 Monate in Betrieb, bevor sie neuerlich evakuiert werden mußten (128).

Eine zweite Anlage wurde im Jahre 1913 gebaut, um die Verwendbarkeit von fahrbaren Eisengleichrichtern im Bahnbetrieb zu überprüfen. Im Mai 1913 wurden zwei Eisengleichrichter samt Transformatoren und Apparaten in einen Motorwagen der Pensylvania-Eisenbahn eingebaut. Dieser Motorwagen war mit 4 Gleichstrommotoren je 200 PS, 600 V ausgerüstet. Eine Wasserrückkühlanlage, bestehend aus einem Automobilkühler, einem Kühlwasserbehälter und einer Pumpe, war vorgesehen; eine Vakuumpumpe wurde nachträglich eingebaut. Nach befriedigenden Probefahrten wurde der Motorwagen in den Dienst der New Canaan-Linie der New York-New Haven & Hartford-Eisenbahn gestellt. Er legte täglich ca. 360 km zurück, wobei er sein Dienstgewicht von 72 t und zwei 32 tonnige Personenwagen beförderte. Die Belastungsspitzen betrugen 500—800 A. Nach einer Betriebsunterbrechung wurde der Motorwagen im Frühjahr 1915 neuerlich in den Dienst gestellt. Im ganzen legte er ungefähr 20000 km im normalen Eisenbahnverkehr zurück.

Im Mai 1915 wurde ein Gleichrichter für 5000 V Gleichspannung in der Unterstation Grass Lake der Michigan-Eisenbahn aufgestellt. Drei Einphasengleichrichter waren auf der Gleichstromseite in Reihe geschaltet, wobei jeder an eine Phase des speisenden Drehstromnetzes angeschlossen war. Diese Anlage besaß einen Umlaufkühler und außerdem eine elektrische Heizeinrichtung, um zu niedrige Anodentemperaturen bei besonders kaltem Wetter zu vermeiden. Die Gleichrichter arbeiteten zufriedenstellend. Die Gefäße waren so dicht, daß eine neuerliche Evakuirung oft erst nach 28 Tagen vorgenommen werden mußte. Da jedoch auf dieser Strecke nur ein einziger Motorwagen für 5000 V Gleichstrom vorhanden war und dieser Wagen bei einem Verkehrsunfall ernstlich beschädigt wurde, stellte man daraufhin die Verwendung dieser hohen Gleichspannung ein.

Gegenwärtig sind auf der ganzen Welt etwa 2000 Großgleichrichteranlagen mit einer Gesamtleistung von über 1 500 000 kW im Betrieb. Näheres über die verschiedenen Anwendungsgebiete folgt im X. Kapitel.

II. Kapitel. Die theoretischen Grundlagen und physikalischen Eigenschaften der Quecksilberdampfgleichrichter.

Die Wirkungsweise der Quecksilberdampfgleichrichter beruht auf der Eigenschaft des Quecksilberlichtbogens im Vakuum, den Strom nur in einer Richtung fließen zu lassen, nämlich von der Anode zur Quecksilberkathode. Die Vorgänge, die sich im Quecksilberlichtbogen unter niedrigem Druck abspielen, sind bis in die geringsten Einzelheiten in zahlreichen wissenschaftlichen Veröffentlichungen behandelt worden. Sie werden in diesem Kapitel nur kurz besprochen, soweit es für die Erklärung der Gleichrichterwirkung erforderlich ist.

Grundlagen der Gleichrichtung.

Nach den Vorstellungen der Atomphysik besteht ein Atom aus einem positiv geladenen Kern, um den negativ geladene Teilchen, die sog. Elektronen, kreisen. Die Elektronen werden durch die positive Kernladung angezogen; die Anziehungskraft und die Zahl der Elektronen ist bei verschiedenen Stoffen verschieden groß. Durch hohe Temperatur oder durch ein starkes elektrisches Feld kann die Anziehungskraft zwischen den Elektronen und dem positiven Atomkern überwunden werden; es entstehen freie Elektronen. Die Bedingungen für die Loslösung der Elektronen von den Atomen hängen vom Aufbau der Atome, vom Druck, von der Temperatur und von der elektrischen Feldstärke ab. Die gesamte negative Ladung eines Atoms, das die normale Anzahl von Elektronen besitzt, ist gleich seiner positiven Gesamtladung, und ein solches Atom wird als neutrales Atom bezeichnet. Ein Atom, von dem ein Elektron losgerissen wurde, hat einen Überschuß an positiver Ladung und wird als positives Ion bezeichnet. Ein Atom, das ein überschüssiges Elektron besitzt, weist negative Ladung auf und heißt negatives Ion. Der Vorgang der Loslösung der Elektronen von den Atomen heißt Ionisation; man sagt, daß die Atome ionisiert werden.

Wenn freie Elektronen dem Einfluß eines elektrischen Feldes, wie es zwischen zwei Elektroden besteht, die gegeneinander eine Spannungsdifferenz aufweisen, ausgesetzt werden, so bewegen sich die Elektronen längs der Kraftlinien des elektrischen Feldes gegen die positive Elektrode, das ist die Elektrode mit höherem Potential. Die Bewegung und das Verhalten der Elektronen im elektrischen Feld wird durch das Spannungsgefälle des Feldes, durch den Gas- oder Dampfdruck und durch das Vorhandensein anderer positiv oder negativ geladener Teilchen beeinflußt.

Je höher das Spannungsgefälle ist, desto größer ist die Kraft, welche die Elektronen beschleunigt, und daher auch ihre Geschwindigkeit. Der Gas- oder Dampfdruck hängt von der Dichte der Moleküle und ihrer Bewegungsenergie ab. Bei höherem Druck ist entweder die Anzahl der Moleküle größer oder ihre Bewegung rascher; hierdurch steigt der Bewegungswiderstand für die Elektronen und deren Geschwindigkeit verringert sich. Das Vorhandensein negativ geladener Teilchen, also negativer Ionen oder Elektronen im Raume zwischen den Elektroden, erzeugt eine negative Raumladung, die auf die Elektronen eine abstoßende Kraft ausübt und so die Wirkung des elektrischen Feldes verändert. In ähnlicher Weise verursacht das Vorhandensein positiver Ionen eine positive Raumladung, die auf die Elektronen eine anziehende Kraft ausübt und die Wirkung der negativen Raumladung beseitigen kann. Außerdem können sich Elektronen mit positiven Ionen vereinigen und neutrale Atome bilden (Wiedervereinigung).

Wenn ein Elektron, das sich mit hoher Geschwindigkeit bewegt, mit einem neutralen Gas- oder Dampfatom zusammenstößt, kann durch den Stoß von dem Atom ein Elektron losgerissen werden. Dieses neugebildete Elektron bewegt sich ebenfalls längs der Kraftlinien des elektrischen Feldes gegen die positive Elektrode. Das Atom, dem durch den Zusammenstoß ein Elektron entrissen wurde, wird zu einem positiven Ion und bewegt sich längs der Kraftlinien des elektrischen Feldes zur negativen Elektrode. Das Losreißen von Elektronen durch Zusammenstöße zwischen Elektronen und neutralen Atomen oder Molekülen nennt man Stoßionisation. Infolge dieser Zusammenstöße werden die Elektronen von ihren Bahnen längs der Kraftlinien des elektrischen Feldes abgelenkt und erwerben Geschwindigkeitskomponenten rechtwinkelig zum elektrischen Feld.

Die Bewegung der Elektronen gegen die positive Elektrode und der positiven Ionen gegen die negative Elektrode stellt einen Stromfluß zwischen den Elektroden dar. Die Stromstärke ist die Gesamtladung, welche in der Sekunde durch eine die Strombahn schneidende Fläche hindurchgeht. Jedes Elektron und jedes positive Ion besitzt eine Ladung von $1{,}59 \times 10^{-19}$ Coulomb, so daß die Summe aus der Anzahl der Elektronen und aus der Anzahl der Ionen, die in einer Sekunde in entgegengesetzter Richtung durch die Fläche hindurchgehen, den Wert 629×10^{16} erreichen muß, wenn ein Strom von $1\,\mathrm{A}$ fließen soll. Die Masse eines Elektrons ist bedeutend kleiner, als die eines positiven Ions; das Verhältnis ist für Quecksilber $1:370\,000$ (s. Zahlentafel I am Ende dieses Kapitels). Daher bewegen sich die Elektronen mit viel größerer Geschwindigkeit, als die Ionen, und praktisch ist der gesamte Strom in einem Gleichrichter ein Elektronenstrom. Die positiven Ionen wirken hauptsächlich durch Beseitigung der negativen Raumladung der Elektronen (Literaturstelle 248).

Wenn die negative Elektrode durch Erhöhung ihrer Temperatur oder durch Erzeugung eines genügend großen Spannungsgefälles an ihrer Oberfläche veranlaßt wird, Elektronen auszusenden, so bewegen sich diese Elektronen zusammen mit den durch Stoßionisation gebildeten gegen die positive Elektrode; es fließt also ein Strom, vorausgesetzt, daß die Spannung zwischen den Elektroden genügend hoch ist. Wenn die Spannung Null wird oder ihre Richtung umkehrt, hört die Bewegung der Elektronen und damit auch der Stromfluß auf. Ein solcher Elektronenstrom zwischen zwei Elektroden, von denen nur die eine veranlaßt wird, Elektronen auszusenden, hat die Eigenschaften eines elektrischen Ventils, da der Strom nur dann fließen kann, wenn die Elektrode, welche die Elektronen aussendet, sich auf niedrigerem Potential befindet als die andere Elektrode.

Die für eine solche Stromleitung benötigte Spannung zwischen den Elektroden hängt hauptsächlich vom Gas- oder Dampfdruck ab. Die Wirkung des Druckes ist folgende: wenn der Druck sehr klein ist, wobei wir als Beispiel den Grenzfall des Druckes Null annehmen wollen, beruht der ganze Stromfluß auf den von der negativen Elektrode ausgesandten Elektronen, da dann infolge des Fehlens von Gasmolekülen keine Stoßionisation auftreten kann. In diesem Falle wird die von den Elektronen erzeugte negative Raumladung nicht kompensiert, und es ist eine verhältnismäßig hohe Spannung zwischen den Elektroden erforderlich, um die Raumladung zu überwinden und den Strom aufrecht zu erhalten. Wenn der Druck hoch ist, so müssen die Elektronen auf ihrem Weg einen großen Widerstand überwinden, wozu ebenfalls eine hohe Spannung erforderlich ist. Bei einem mittleren Druck, der im allgemeinen ganz niedrig ist, ist die Spannung zwischen den Elektroden am kleinsten. Dieser günstigste Druck entspricht jenem Zustand, bei welchem genügend Gasmoleküle vorhanden sind, um durch Stoßionisation Elektronen für die Stromleitung und positive Ionen für die Beseitigung der negativen Raumladung der Elektronen zu bilden.

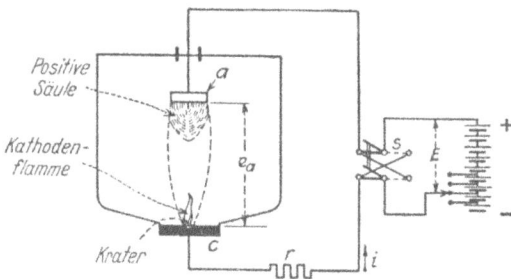

Abb. 3. Prinzipschaltbild eines Quecksilberdampf-Ventiles.

Die Abb. 3 zeigt ein geschlossenes Gefäß mit zwei Elektroden, und zwar einer Elektrode c, die Elektronen aussendet und Kathode heißt, und einer Elektrode a, die keine Elektronen aussendet und Anode genannt wird. Wenn man eine Stromquelle derart anschließt, daß die Anode in bezug auf die Kathode positiv ist, bewegen sich die bei c erzeugten Elektronen längs der Kraftlinien des elektrischen Feldes gegen die Anode. In Übereinstimmung mit den üblichen Anschauungen über die Stromrichtung stellt man sich jedoch vor, daß der Strom von der Anode zur Kathode fließt.

Wie bereits erwähnt, kann die Kathode durch Erhitzung oder durch Anlegen einer genügend hohen Spannung oder durch beide Mittel zugleich zur Elektronenemission veranlaßt werden. Besteht die Kathode aus einem Material, bei welchem die Anziehungskraft des Atomkernes auf die Elektronen gering ist, so ist es leicht, eine Elektronenemission herbeizuführen. Ist nun das Gefäß bis zu einem verhältnismäßig hohen Grade von Luftleere evakuiert, so können sich die Elektronen leicht bewegen.

Wenn das elektrische Feld zwischen den beiden Elektroden den Wert Null erreicht oder seine Richtung umkehrt, so daß die Anode in bezug auf die Kathode negativ wird, wie dies mittels eines Umschalters s (Abb. 3) bewerkstelligt werden kann, so hört die Elektronenbewegung und damit der Stromfluß auf. Das Gefäß stellt also ein elektrisches Ventil dar, welches den Strom nur in einer Richtung durchläßt.

Spannungskennlinien des Quecksilberlichtbogens.

Der Vorgang der Gleichrichtung kann auch mit Hilfe der in Abb. 4 dargestellten Spannungskennlinien des Quecksilberlichtbogens im Vakuum erklärt werden. Wenn bei der Schaltung nach Abb. 3 eine veränderliche Gleichspannung an das Gleichrichtergefäß angelegt wird und versucht wird, den Lichtbogen zwischen a und c mittels einer hohen Spannung zu zünden, so findet man, daß bei Erreichung einer bestimmten Spannung e_1 eine leichte Entladung mit einer Stromstärke in der Größenordnung von einigen Milliampere einsetzt (s. Abb. 4). Die Größe dieser Spannung e_1 hängt vom Vakuum ab und schwankt zwischen 400 und 15 000 V bei Drücken zwischen 0,1 und 0,0005 mm Quecksilbersäule. Wenn die Spannung nun weiter gesteigert wird, findet man, daß der Entladungsstrom sehr langsam zunimmt und bei einer Spannung von 20 000 bis 50 000 V steigt der Strom kaum über 10 mA. Falls die Spannung zwischen den Elektroden noch weiter gesteigert wird, ändert sich der Charakter der Entladung; der Strom steigt rasch an, und man kann nunmehr mit einer verhältnismäßig geringen Spannung e_a einen großen Strom aufrechterhalten, wie dies die Abb. 4 und 6 zeigen. Diese plötzliche Änderung im Charakter des Quecksilberlichtbogens bei einer bestimmten Spannung ist eine Folge der Unstabilität des Lichtbogens auf dem nach abwärts gerichteten Teil der Lichtbogenkennlinie in Abb. 4. Diese Unbeständigkeit kann folgendermaßen erklärt werden:

Bei der Schaltung nach Abb. 3 kann ein Lichtbogen im Gleichrichter bestehen, wenn zwischen den Spannungen im Stromkreis Gleichgewicht herrscht; d. h., daß der Spannungsabfall im Lichtbogen e_a bei einem gegebenen Strom i gleich der Batteriespannung E vermindert um den Ohmschen Spannungsabfall im äußeren Stromkreise ist. Dies kann durch die Gleichung $e_a = E - i \cdot r$ ausgedrückt werden. Für einen gegebenen konstanten Wert von r und verschiedene Werte von E ergibt sich bei der graphischen Darstellung dieser Gleichung in Abb. 4 eine Schar paralleler Gerader, von denen jede für einen bestimmten Wert von E gilt. Die Neigung dieser Geraden gegen die Stromachse entspricht dem Widerstand r. Diese Geraden dienen als Kriterium für die Stabilität des Lichtbogens im Gleichrichter. Die Punkte, in denen die Widerstandsgeraden die Lichtbogenkennlinie schneiden, kennzeichnen jene Bedingungen, unter denen der Lichtbogen bestehen kann, denn in diesen Punkten ist der Lichtbogenabfall gleich E vermindert um $i \cdot r$. Der Lichtbogen ist unstabil, wenn eine geringe Steigerung des Stromes i eine stärkere Verringerung des Lichtbogenabfalles verursacht, als die Zunahme des Spannungsabfalles $i \cdot r$ beträgt, denn die überschüssige Spannung bewirkt eine weitere Stromsteigerung und dies geht so fort, bis stabile Bedingungen erreicht werden.

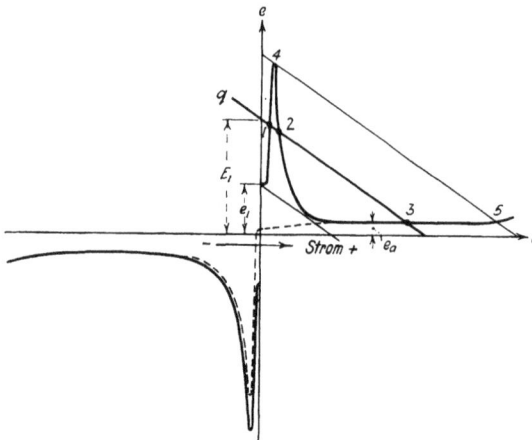

Abb. 4. Spannungskennlinien eines Quecksilber-Lichtbogens im Vakuum.

Im Allgemeinen ist dies der Fall, wenn die Lichtbogenkennlinie in der gleichen Richtung wie die Widerstandskennlinie und flacher als diese verläuft. Die Gerade q, welche einer Batteriespannung E_1 entspricht, schneidet die Lichtbogenkennlinie in den Punkten 1, 2 und 3, in denen Gleichgewicht zwischen den Spannungen im Stromkreise besteht (siehe Abb. 4). Im Punkte 1 ist der Lichtbogen stabil, denn eine Steigerung des Stromes würde eine Steigerung des Lichtbogenabfalles verursachen; im Punkte 2 ist der Lichtbogen unstabil, denn bei einer Steigerung des Stromes verringert sich der Lichtbogenabfall um einen größeren Betrag als der Spannungsabfall $i \cdot r$ steigt, wodurch ein Spannungsüberschuß entsteht, der ein weiteres Anwachsen des Stromes bewirkt, bis im Punkte 3 neuerlich ein Spannungsgleichgewicht erreicht wird. Der Punkt 3 entspricht einem stabilen Zustand, denn eine geringe Steigerung des Stromes verursacht eine Steigerung des Spannungsabfalles $i \cdot r$, die größer ist, als die gleichzeitig auftretende Verminderung des Lichtbogenabfalles.

Wenn die Spannung allmählich vom Werte Null aus gesteigert wird, so entsteht zunächst die Glimmentladung, die bereits beschrieben wurde, bis die Spitze der Lichtbogenkennlinie erreicht wird. In diesem Punkt ist der Lichtbogen unstabil, und der Strom wächst plötzlich von einigen Milliampere im Punkte 4 auf einen großen Wert, der dem Punkte 5 in Abb. 4 entspricht. In diesem Punkt kann ein stabiler Lichtbogen bestehen.

Wenn die Spannung E allmählich vermindert wird, so folgen die Werte des Lichtbogenabfalles und des Stromes derselben Kennlinie, aber in entgegengesetztem Sinne. Sobald die Spitze der Kurve überschritten ist, wird wieder das Gebiet der Glimmentladung erreicht und der Lichtbogen erlischt etwas unterhalb der Spannung, bei welcher die Entladung begann. Geht man nun zu negativen Werten der Spannung E über, macht man also das Eisen zur Kathode und das Quecksilber zur Anode, so ergibt sich eine ähnliche Kurve mit dem einzigen Unterschied, daß nun die Lichtbogenspannung etwas größer ist.

Wenn man jedoch, statt den Lichtbogen durch Anlegen einer hohen Spannung zu zünden, einen Hilfslichtbogen an der Quecksilberoberfläche erzeugt, wobei Elektronen ausgesandt werden und Quecksilber verdampft, so bildet sich der Lichtbogen von der Kathode c zur Anode a bei einer sehr niedrigen Spannung (s. Abb. 3), weil der Hilfslichtbogen die Einleitung des Ionisationsvorganges erleichtert. Der Lichtbogen besitzt dann die Kennlinie, die durch die gestrichelte Kurve in Abb. 4 dargestellt ist. Aus dieser Kurve ersieht man, daß sich der Lichtbogen schon bei einer niedrigen Spannung bildet, wenn die Anode in bezug auf die Kathode positiv ist, während noch immer eine sehr hohe Spannung benötigt wird, um einen Lichtbogen in der verkehrten Richtung, also bei negativer Eisenanode und positiver Quecksilberkathode zu erzeugen. Da die für Gleichrichter gewöhnlich in Betracht kommenden Spannungen bedeutend niedriger sind, als für die Einleitung des Lichtbogens in verkehrter Richtung erforderlich wäre, so ist der Gleichrichter nur in der Richtung, für welche das Quecksilber Kathode ist, stromleitend und wirkt daher als elektrisches Ventil.

Der Hilfslichtbogen im Gleichrichter wird gewöhnlich durch Eintauchen einer Zündanode in das Quecksilber und nachfolgendes Herausziehen derselben, wobei ein Lichtbogen an der Quecksilberoberfläche entsteht, erzeugt. Die verschiedenen Verfahren für das Zünden und Aufrechterhalten des Hilfslichtbogens werden für Eisengleichrichter im VIII. Kapitel und für Glasgleichrichter im XV. Kap. besprochen.

Brennt in einem Gleichrichter der Hilfslichtbogen, so kann er sehr niedrige Ströme im Hauptstromkreise abgeben, selbst den Strom, den ein Voltmeter verbraucht.

Jeder Gleichrichter muß folgende Teile besitzen: ein hochevakuiertes Gefäß, eine Elektronen emittierende Kathode, eine Anode, die keine Elektronen emittiert, vakuumdichte und isolierte Zuleitungen zur Anode und zur Kathode und eine Zündvorrichtung.

Kathode. Die Kathode eines Gleichrichters kann aus verschiedenen Stoffen bestehen. Zum Beispiel besitzt ein Glühkathodengleichrichter eine Kathode aus Wolfram oder einem anderen Metall mit hohem Schmelzpunkt, welche auf Rotglut erhitzt wird, um Elektronen abzugeben. Die Emissionsfähigkeit von Glühkathoden wird durch Überzug mit Oxyden von Erdalkalimetallen (Barium, Kalzium, Strontium usw.) wesentlich erhöht. In einem Gleichrichter mit vollkommenem Vakuum muß die Kathode alle für die Stromleitung erforderlichen Elektronen liefern. Um einen größeren Strom zu erzielen, müßte man die Kathode auf sehr hohe Temperatur erhitzen und eine sehr hohe Spannung anwenden. Sind jedoch im Gleichrichtergefäß Restgase oder Dämpfe vorhanden, so stoßen die von der Kathode ausgesandten Elektronen mit den Molekülen des Restgases zusammen und erzeugen weitere Elektronen durch Stoßionisation.

Die Verwendung des Quecksilbers als Kathode bringt eine Reihe von Vorteilen. Die Anziehungskraft zwischen den Elektronen und dem positiven Atomkern ist bei Quecksilberatomen gering. Das an der Kathode verdampfte Quecksilber liefert Elektronen durch Stoßionisation. Ferner schlägt sich jener Quecksilberdampf, der nicht ionisiert wird, an den Gefäßwänden nieder und das kondensierte Quecksilber fließt zur Kathode zurück, so daß die Kathode andauernd und selbsttätig erneuert wird. Die ionisierten Atome des Quecksilberdampfes (das sind jene Atome, denen Elektronen entrissen wurden) werden von der Kathode angezogen, da sich diese auf negativem Potential befindet. Der Stoß dieser positiven Ionen gegen die Quecksilberoberfläche verursacht eine weitere Erhitzung.

Das Vorhandensein positiver Ladungen über der Kathodenoberfläche erzeugt eine positive Raumladung, welche mithilft, dem Quecksilber Elektronen zu entreißen. Die Ionisation der Quecksilbermoleküle an der Kathodenoberfläche wird durch die hohe Temperatur eines leuchtenden Fleckes, des sog. Kathodenfleckes bewirkt. Dieser Fleck bewegt sich in unregelmäßiger Weise über die Quecksilberoberfläche; seine Bewegung wird durch den Druck des Quecksilberdampfes, der im Kathodenfleck gebildet wird, verursacht. Dieser Druck erzeugt auch eine Vertiefung in der Quecksilberoberfläche an der Stelle, wo sich der Kathodenfleck befindet. Die Temperatur des Kathodenflecks wird von verschiedenen Forschern verschieden hoch angegeben; die Angaben schwanken zwischen 1000 und 3000° C. Die Spektralanalyse hat ergeben, daß die Temperatur nicht 3000° C sein kann, denn bei dieser Temperatur müßte sich ein kontinuierliches Spektrum ergeben, statt des Linienspektrums, das beobachtet wurde. Messungen, die in den Brown Boveri-Laboratorien mit Hilfe des optischen Pyrometers von Holborn und Kurlbaum angestellt wurden, ergaben eine Temperatur des Kathodenflecks von 2087° C. Die mittlere Temperatur des Kathodenquecksilbers beträgt nur ungefähr 100° C und hat auf das Verhalten des Lichtbogens keinen großen Einfluß. Der Kathodenfleck wird bei niedrigen Strömen sehr unstabil und erlischt leicht. Für die Aufrechterhaltung des Kathodenflecks ist ein Mindeststrom von ungefähr 5 A erforderlich; dieser Wert ist praktisch für alle Gleichrichtergrößen derselbe. Die Stromstärke des Hilfs- oder Erregerlichtbogens im Gleichrichtergefäß beträgt bei der praktischen Ausführung ungefähr 5—10 A.

Der Teil des Lichtbogens in der Nähe des Kathodenfleckes sendet ein schwaches Licht aus und heißt Kathodenflamme. Ferner ist die sog. positive Säule zu erwähnen, die stärker leuchtet und sich bei niedrigen Gasdrücken über einen beträchtlichen Teil des Weges zwischen der Anode und der Kathode erstreckt. Die Abb. 5 zeigt einen solchen Quecksilberlichtbogen, und die erwähnten Teile sind dort deutlich zu unterscheiden (32).

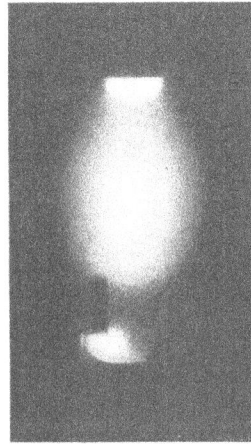

Abb. 5. Photographische Aufnahme eines Quecksilber-Lichtbogens im Vakuum.

Spannungsabfall im Quecksilberlichtbogen. Der Spannungsabfall in einem Quecksilberlichtbogen bei niedrigem Druck setzt sich aus drei Teilen zusammen: dem Abfall an der Kathodenoberfläche, dem Abfall im eigentlichen Lichtbogen und dem Abfall an der Anodenoberfläche.

Der Gesamtspannungsabfall in einem Gleichrichter kann mittels verschiedener Verfahren, wie mit dem Wasserkalorimeter, nach dem Wattmeterverfahren oder oszillographisch (s. Kapitel XIV) genau gemessen werden. Es ergibt sich, daß dieser Spannungsabfall von den Abmessungen des Gleichrichtergefäßes, der Anordnung der Elektroden, der Anodenbauart, der Temperatur im Gefäß und dem Vakuum abhängt. Der Spannungsabfall ändert sich mit der Belastung; er ist ferner höher bei einem dynamischen Lichtbogen (das ist ein in Bewegung begriffener Lichtbogen, wie er in einem Gleichrichter bei normalem Betrieb auftritt) als für einen statischen Lichtbogen (ein von einer Gleichstromquelle gespeister Lichtbogen).

Verschiedene Forscher haben Messungen angestellt, um die drei Teile des Gesamtspannungsabfalles im Quecksilberlichtbogen und deren Abhängigkeit von den Betriebsverhältnissen zu bestimmen (Literaturstellen 32, 34, 92). Die von diesen Forschern veröffentlichten Werte stimmen nicht ganz überein, da es sehr schwierig ist, diese Teile des Spannungsabfalles zu messen. Das beste Verfahren für diese Messungen ist die Verwendung einer Sondenelektrode im Lichtbogen und selbst bei diesem Verfahren entstehen noch Fehler durch die Aufladung der Sonde (91, 248). Die Meßergebnisse lassen folgende Tatsachen erkennen:

Der Kathodenabfall ist für alle Arten von Quecksilbergleichrichtern konstant und scheint von den Zuständen im Gefäß und von der Belastung praktisch unabhängig zu sein. Dieser Abfall wird von einer Reihe von Forschern mit 6 bis 9 V angegeben. Er stellt den Energiebetrag dar, der für die Elektronenemission, die Quecksilberverdampfung, die Wärmeableitung zum Kathodenquecksilber und die Wärmestrahlung verbraucht wird. Guenther-Schulze (92) gibt die folgenden Werte in W/A für die Verteilung dieser Energiemenge bei einem Glasgleichrichter an:

Strahlung (unter der Voraussetzung einer Temperatur
des Kathodenflecks von 2000⁰ C) 0,04
Quecksilberverdampfung 2,20
Wärmeleitung zum Kathodenquecksilber 2,68
Von den Elektronen mitgeführter Energiebetrag . . . 2,29

Summe 7,21

Untersuchungen an einem Eisengleichrichter für 1000 A mit wassergekühlter Kathode ergaben Werte von 3,2 W/A für den Energiebedarf der Quecksilberverdampfung und 0,9 W/A für die Wärmeableitung, also zusammen 4,1 W/A gegenüber 4,88 W/A nach Angabe von Guenther-Schulze. Es ergab sich auch, daß man durch Fixieren des Kathodenflecks das Verhältnis zwischen der für die Quecksilberverdampfung verbrauchten Energie und der durch Wärmeleitung an das Kathodenquecksilber abgegebenen in weiten Grenzen verändern kann. Der Kathodenfall ist praktisch konstant, während das Verhältnis der durch die Quecksilberverdampfung verbrauchten zu der in das Kathodenquecksilber abgeleiteten Energie von der Kühlung und den Verhältnissen an der Kathode abhängt (eine eingehende Studie des Spannungsabfalles an der Kathode wird in der Literaturstelle 225 gegeben).

Der Spannungsabfall im Lichtbogen selbst beträgt 0,05 bis 0,2 V je cm Länge. Diese Werte beziehen sich auf Eisengleichrichter im normalen Betrieb. Bei einem Gleichstromlichtbogen ist der Spannungsabfall in der Lichtbogenstrecke kleiner und beträgt nach Versuchen mit einem Eisengleichrichter 0,02 bis 0,05 V/cm. Dieser Spannungsabfall entspricht dem für die Stoßionisation verbrauchten Energiebetrag. Der Spannungsabfall in der Lichtbogenstrecke wächst, wenn das Vakuum im Gefäß sich verringert. Er wächst auch bei höheren Temperaturen infolge der Steigerung des Dampfdruckes. Ferner hängt der Spannungsabfall der Lichtbogenstrecke vom Strome ab; wenn der Strom von Null an gesteigert wird, so nimmt der Lichtbogenabfall zunächst ab, erreicht ein Minimum und steigt dann wieder an. Der wahrscheinliche Grund hierfür ist, daß eine Steigerung des Stromes zunächst die Ionisation erleichtert, was eine Verminderung des Spannungsabfalles zur Folge hat; wenn dann der Strom noch weiter gesteigert wird, so wächst die Stromdichte im Lichtbogen, da der zur Verfügung stehende Querschnitt begrenzt ist; dies hat eine Steigerung des Spannungsabfalles in der Lichtbogenstrecke zur Folge.

Der Anodenfall beträgt ungefähr 5 V. Er entspricht dem Energiebetrag der für die Überwindung des elektrischen Feldes der um die Anode angehäuften Elektronen verbraucht wird und sich beim Stoß der Elektronen gegen die Anodenoberfläche in Wärme verwandelt. Der Anodenfall hängt vom Material der Anode (Eisen, Kohle usw.) und von ihrer Gestalt ab. Er wächst ebenfalls bei steigendem Druck. Die spezifische Stromdichte an den Anoden im normalen Betrieb liegt zwischen 8 und 25 A/cm^2 und hängt von der Größe, der Gestalt und dem Material der Anoden ab.

Es wurde auch von manchen Forschern gefunden, daß über einem bestimmten Wert der Stromdichte an der Anodenoberfläche der Anodenfall rasch anwächst. Bei kleinen Strömen bedeckt der Lichtbogen nicht die ganze Anodenoberfläche, sondern nur einen kleinen Teil. Wenn der Strom anwächst, breitet sich der Lichtbogen mehr und mehr aus, bis bei einem bestimmten Strom die ganze Anodenoberfläche leuchtet. Steigert man den Strom über diesen Wert, so wächst der Anodenfall an. Diese Erscheinung kann man folgendermaßen erklären: Wenn die Anode Strom führt, so bildet sich eine Elektronenschicht an der Anodenoberfläche. Jene Elektronen, welche an der Stromleitung teilnehmen, müssen die negative Raumladung dieser Schicht überwinden, wodurch ein Spannungsabfall entsteht. Bei kleinen Strömen kann sich der Lichtbogen über die Anodenoberfläche ausbreiten, und die Stromdichte ist gering. Hat der Strom jenen Wert erreicht, bei dem die ganze Anodenoberfläche vom Lichtbogen bedeckt ist, so wächst bei weiterer Stromzunahme die Stromdichte. Hierdurch entsteht eine größere negative Raumladung und infolgedessen ein größerer Spannungsabfall.

Auf Grund der im vorstehenden über die einzelnen Teile des Spannungsabfalles im Gleichrichter angegebenen Zahlen ergibt sich der Gesamtspannungsabfall unter normalen Betriebsbedingungen in einem Gleichrichter mit 1 m Lichtbogenlänge, einem Kathodenfall von 7 V, einem Lichtbogenabfall von 0,1 V/cm und einem Anodenfall von 5 V folgendermaßen:

$$7 + 5 + (100 \times 0,1) = 22 \text{ V}.$$

In Abb. 6 sind die Kennlinien des Lichtbogenabfalles für drei Eisengleichrichter dargestellt. Abb. 6a zeigt den Spannungsabfall eines Versuchsgleichrichters mit ungewöhnlich kurzer Lichtbogenstrecke. Die obere Kurve von Abb. 6b gibt den Spannungsabfall eines kleinen Gleichrichters (Durchmesser 300 mm, Höhe 510 mm), und die Kurven in Abb. 6c zeigen den Spannungsabfall eines großen, für den praktischen Betrieb gebauten Eisengleichrichters unter verschiedenen Arbeitsbedingungen.

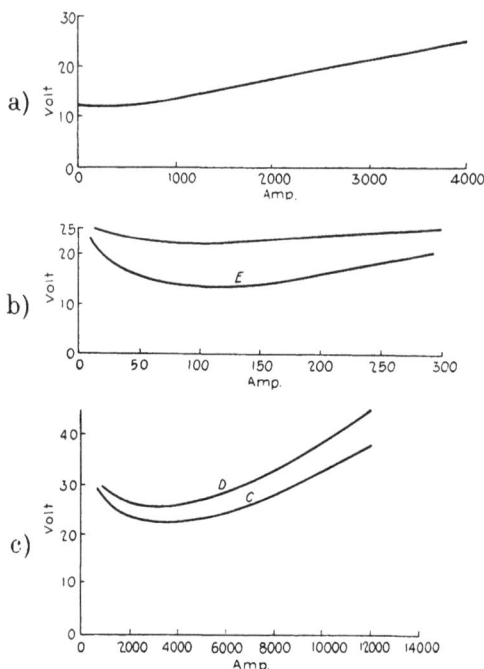

Abb. 6 a—c. Kennlinien des Lichtbogenabfalles bei Eisengleichrichtern.

Der Spannungsabfall in einem Gleichrichter hängt vom Anodenstrom ab. Wenn also der Gesamtstrom des Gleichrichters konstant gehalten wird und der Scheitelwert der Anodenströme dadurch herabgesetzt wird, daß man mehrere Anoden parallel arbeiten läßt, so wird der Spannungsabfall vermindert. Dies ist eine Folge des geringeren Anodenfalles und des geringeren Abfalles in der Lichtbogenstrecke bei geringerer Stromdichte.

Der Einfluß des Scheitelwertes der Anodenströme auf den Spannungsabfall wird durch die Kurven C und D in Abb. 6c sowie durch die Abb. 7 bestätigt. In dieser Abbildung ist angenommen, daß ein Gleichrichter mit sechs Anoden einen Gleichstrom I liefert. Wenn der Gleichrichtertransformator so geschaltet ist, daß jede Anode während einer Sechstelperiode Strom führt (Schaltung D in Abb. 65), ist der Scheitelwert der Anodenströme ebenso groß wie der abgegebene Gleichstrom, und der Gleichrichter weist einen Spannungsabfall entsprechend Kurve D in Abb. 6c auf. Ist jedoch die Transformatorschaltung derart, daß ständig zwei Anoden gemeinsam Strom führen (Schaltung C), so ist der Scheitelwert der Anodenströme gleich dem halben Kathodenstrom, und der Spannungsabfall des Gleichrichters wird durch die Kurve C in Abb. 6c dargestellt. Der bedeutende Unterschied zwischen den Spannungsabfallkurven C und D für diese zwei Schaltungen ist eine Folge der starken Abhängigkeit des Spannungsabfalles vom Strome.

Für Gleichrichter kleiner Leistung, bei denen der Spannungsabfall in einem weiten Strombereich praktisch konstant ist, wie dies Abb. 6b zeigt, besteht kein merklicher Unterschied im Spannungsabfall für die beiden erwähnten Transformatorschaltungen.

Der Spannungsabfall eines Quecksilberlichtbogens wird durch die unmittelbare Nachbarschaft eines anderen Lichtbogens, der eine Ionisation verursacht, ein wenig vermindert. Aus diesem Grund sollen die Anoden eines Mehrphasengleichrichters, bei dem diese Bedingung während der Überlappungszeit zweier aufeinanderfolgender Phasen vorliegt, in zyklischer Reihenfolge angeordnet werden, so daß der Lichtbogen von einer Anode zur anderen wandert ohne zu springen. Der Einfluß eines Lichtbogens in einem Gleichrichter auf den Spannungsabfall eines benachbarten Lichtbogens wird durch die

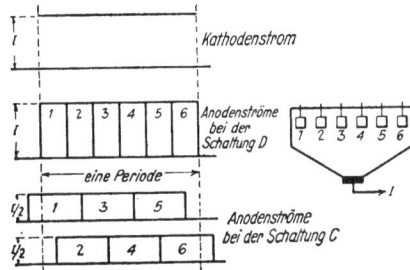

Abb. 7. Wellenformen der Anodenströme bei verschiedenen Tranformatorschaltungen.

Kurve E in Abb. 6b gezeigt. Diese Kurve stellt den Spannungsabfall zwischen den Erregeranoden und der Kathode eines Gleichrichters in Abhängigkeit vom Laststrom der Hauptanoden dar, wobei der Erregerstrom konstant gehalten wurde. Die obere Kurve der Abb. 6b gibt den Spannungsabfall im Hauptlichtbogen desselben Gleichrichters.

Aus der Betrachtung des Spannungsabfalles in einem Gleichrichter folgt, daß bei einem Hochspannungsgleichrichter für beispielsweise 3000 V Gleichspannung der Lichtbogenabfall nur einen verschwindend kleinen Teil der Gesamtspannung darstellt, während bei Niederspannungsgleichrichtern der Spannungsverlust und infolgedessen auch der Energieverlust im Verhältnis zur umgesetzten Energie ganz beträchtlich ist.

Tafel I.

Eigenschaften des Quecksilbers und des Quecksilberlichtbogens.

Spezifisches Gewicht des Quecksilbers bei 20°C	13,546 g/cm³
Atomgewicht	200,61
Atomzahl.	80
Schmelzpunkt.	—38,85°C
Siedepunkt	357,25°C
Latente Verdampfungswärme beim Siedepunkt in Kilo-Joule/Gramm-Atom . . .	59,3
Oberflächenspannung im Vakuum:	
bei 0°C	480 Dyn/cm
bei 60°C	467 Dyn/cm
Elektrischer Widerstand in Ohm/cm bei 20°C	95,8 10⁶

Spezifische Wärme in Joule/Gramm-Atom
bei 20° C 27,9

Anzahl der Dampfmoleküle, die bei 25° C unter dem Druck von 1 Barye[1]) gegen eine
Fläche von 1 cm² stoßen . . . . 10,85 $\times$ 10^{15}

Mittlere freie Weglänge der Moleküle bei 0° C
unter dem Druck von 1 Barye . . . . 3,24 cm

Mikrogramm Dampf, die bei 25° C unter dem
Druck von 1 Barye gegen eine Fläche von
1 cm² stoßen 35,89

Negative Ladung eines Elektrons . . . . . 1,59 10^{-19} Coulomb

Masse eines Elektrons . . . . 8,98 10^{-28} g

Masse eines Atoms . . . . Atomgewicht $\times$ 1,66 $\times$ 10^{-24} g

Kathodenfall . . . . ungefähr 7 V

Anodenfall . . . . ungefähr 5 V

Summe aus Anodenfall und Kathodenfall (bei
einem Gleichstromlichtbogen) . . . . . 10 bis 13 V

Spannungsabfall in der Lichtbogenstrecke bei
Wechselstromlichtbögen . . . . ungefähr 0,05 bis 0,2 V/cm

Spannungsabfall in der Lichtbogenstrecke bei
Gleichstromlichtbögen . . . . ungefähr 0,02 bis 0,05 V/cm

Anodentemperatur . . . . ungefähr 600 bis 800° C

Temperatur des Kathodenflecks . . . . . ungefähr 2000° C

Temperatur des Kathodenquecksilbers . . 100 bis 200° C

Lichtbogentemperatur . . . . 1000 bis 10 000° C

Geschwindigkeit des Kathodenflecks (bei
der durch den Dampfstrahl verursachten
Bewegung) . . . . ungefähr 10 m/s

Geschwindigkeit des Quecksilberdampfstrah-
les . . . . 200 m/s

Verdampfte Quecksilbermenge . . . . . 7,2 10^{-3} g/As

Ausdehnung des Kathodenflecks . . . . 2,53 10^{-4} cm²/A

Stromdichte im Kathodenfleck . . . . 4000 A/cm²

Ionisationsspannung des Quecksilberdampfes 10,4 V

Ausstrahlung des Kathodenflecks . . . . 0,111 W/A

Betriebsdruck im Gleichrichter . . . . . 0,0005 bis 0,015 mm QS

Betriebstemperatur des Gefäßes . . . . bis 60° C

Rückstrom . . . . 1 bis 100 mA

---

[1]) 1 Barye ist 0,75 $\times$ 10^{-3} mm Quecksilbersäule.

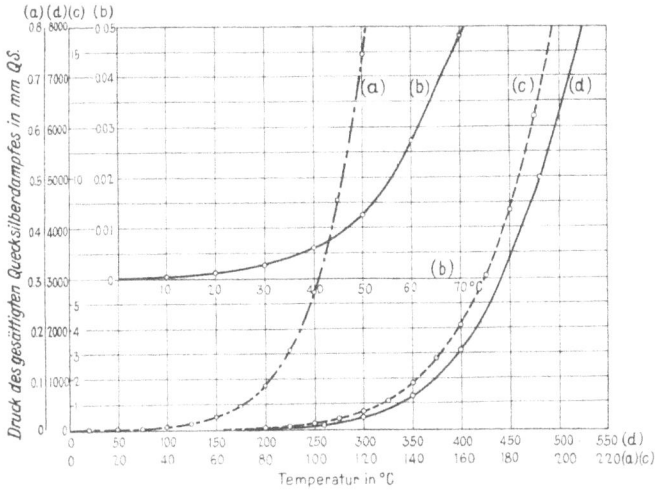

Abb. 8. Abhängigkeit zwischen Druck und Temperatur von gesättigtem Quecksilberdampf.
(Ein Teil der Kurve ist in größeren Maßstäben herausgezeichnet.)

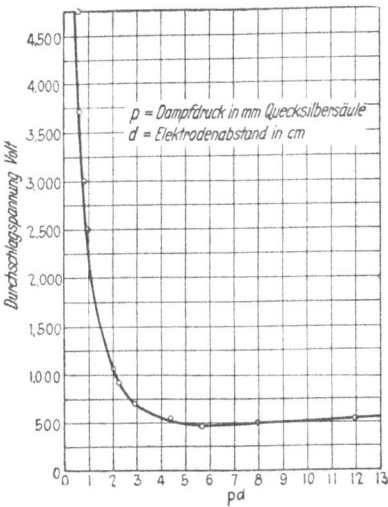

Abb. 9. Durchschlagspannung von Quecksilberdampf in Abhängigkeit von Dampfdruck und Elektrodenabstand.

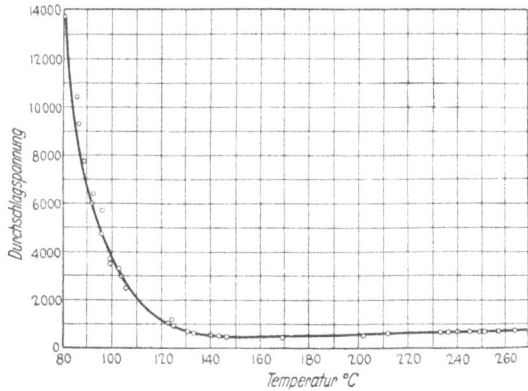

Abb. 10. Durchschlagspannung von gesättigtem Quecksilberdampf in Abhängigkeit von der Temperatur (Elektrodenabstand 23 mm).

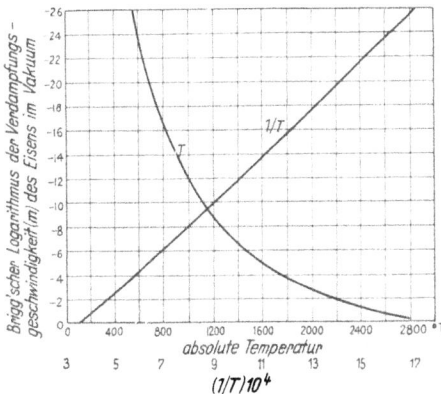

Abb. 11. Verdampfungsziffer m des Eisens im Vakuum (Gramm pro cm^2 und Sekunde) in Abhängigkeit von der absoluten Temperatur.

III. Kapitel. Gleichrichtung und Vorgänge in Gleichrichtern.

Wird die Gleichstromquelle in Abb. 3 durch ein Wechselstromnetz ersetzt, wie dies die Abb. 12 und 13 zeigen, so ist das elektrische Feld zwischen der Anode und der Kathode nicht mehr konstant, sondern es ändert sich von Augenblick zu Augenblick, und das Anodenpotential ist während einer Halbperiode positiv und in der darauf folgenden Halbperiode negativ. Infolge der Ventilwirkung des Lichtbogens kann die Anode nur Strom führen, wenn sie positiv ist.

In Abb. 14 stellt E die Wechselspannung einer Anode bei einem Einphasengleichrichter dar, e_a ist der Spannungsabfall im Lichtbogen, der durch den in der unteren Kurve dargestellten Strom i erzeugt wird.

Der negative Teil der Stromkurve ist mit einem viel größeren Strommaßstab dargestellt als der positive Teil, um ihn deutlich erkennbar zu machen. Dieser Rückstrom beträgt tatsächlich nur einige Milliampere. Wenn die Anode Strom führt, ist ihre Spannung gegen die Kathode gleich dem Lichtbogenabfall, der in den Kurven der Abb. 6 ersichtlich ist. Während des negativen Teiles der Spannungswelle ist die Spannung zwischen Anode und Kathode maximal gleich dem doppelten Scheitelwert der Wechselspannung.

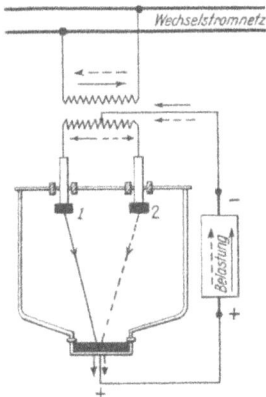

Abb. 12. Prinzipschaltbild eines einphasigen Vollweggleichrichters.

Einphasengleichrichter. Abb. 12 zeigt das Prinzipschaltbild eines Einphasengleichrichters mit zwei Anoden. Wird der Primärwicklung des Transformators eine sinusförmige Wechselspannung aufgedrückt, so sind die beiden Anoden abwechselnd durch je eine Halbperiode positiv. Wenn die Anode 1 positiv ist, fließt der Strom von dieser Anode zur Kathode, dann über die gleichstromseitige Belastung und zurück zum sekundären Transformatornullpunkt, wie dies in der Abbildung durch stark ausgezogene Pfeile gekennzeichnet ist. Ist die Anode 2 positiv, so fließt der Strom von dieser Anode zur Kathode und durch den Belastungsstromkreis, wie mit gestrichelten Pfeilen angedeutet. Durch den Belastungskreis fließt also der Strom während beider Halbperioden in der gleichen Richtung; hingegen fließt in der Primärwicklung des Transformators ein Strom wechselnder Richtung.

Wenn in einem Gleichrichter zwei oder mehrere Anoden gleichzeitig positiv sind, führt jene Anode Strom, die das höchste positive Potential besitzt. Beispielsweise erreichen bei der Dreiphasengleichrichterschaltung nach Abb. 13 die Anoden nacheinander das höchste positive Potential; sie sind infolgedessen nacheinander stromführend, und zwar jede Anode während einer Drittelperiode (s. Kapitel IV).

Mehrphasengleichrichter. In Abb. 15 ist die Kurvenform des abgegebenen Gleichstromes für 2-, 3-, 6- und 12-Phasengleichrichter dargestellt. Die Primärwicklung des Transformators ist in der Abbildung

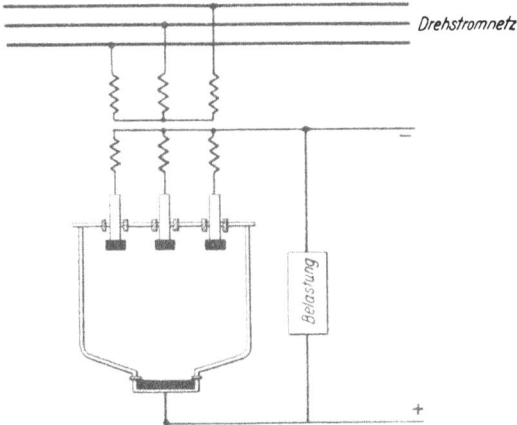

Abb. 13. Prinzipschaltbild eines Dreiphasengleichrichters.

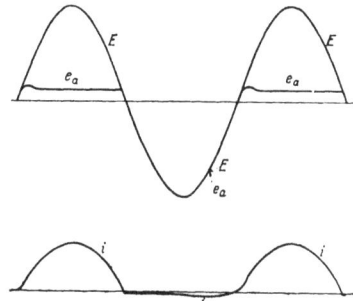

Abb. 14. Spannungs- und Stromkurve eines einphasigen Halbwellengleichrichters.

nicht eingezeichnet. Man sieht, daß die Schwankungen des Gleichstromes kleiner werden, wenn die Phasenzahl steigt.

Aus dem vorstehend angeführten Grund und aus konstruktiven Erwägungen werden für den praktischen Betrieb gewöhnlich Sechs- und Zwölfphasengleichrichter verwendet. Die in der Abbildung ersichtlichen Stromschwankungen werden in praktisch ausgeführten Anlagen durch die im Belastungsstromkreis vorhandene Induktivität beträchtlich verringert. Man kann auch aus Abb. 15 entnehmen, daß der Zeitraum, während dessen jede Anode und die zugehörige Sekundärphase Strom führen, mit steigender Phasenzahl abnimmt, wie aus der Breite der schraffierten Flächen hervorgeht. Die Wellenformen der Ströme und Spannungen und die Beziehungen zwischen ihnen werden in den Kapiteln IV und V ausführlicher behandelt.

Die Spannungen, welche die verschiedenen Teile eines Sechsphasengleichrichters im Betrieb aufweisen, sind in Abb. 16 dargestellt. Sie sind auf das Potential des Transformatornullpunktes N bezogen. Die Anodenpotentiale verlaufen nach Sinuswellen. Das mit starken Linien eingezeichnete Kathodenpotential ist gleich dem Potential der stromführenden Anode abzüglich des Spannungsabfalles im Gleichrichter.

Aus Abb. 16 geht hervor, daß jede Anode in bezug auf die Kathode ein kleines positives Potential (gleich dem Spannungsabfall im Gleichrichter) aufweist, wenn sie Strom führt; hingegen ist die Anode während des restlichen Teiles der Wechselstromperiode in bezug auf die Kathode negativ. Erreicht die Anodenspannung den negativen Scheitelwert, so weist diese Anode gegen die Kathode eine Spannung auf, welche gleich der doppelten Amplitude der Anodenspannung vermindert um den Spannungsabfall im Gleichrichter ist.

Bei einem Sechsphasengleichrichter für 600 V Gleichspannung mit der in Abb. 15 ersichtlichen Schaltung ergibt sich unter Berücksichtigung eines Spannungsabfalles im Gleichrichter von 25 V der Scheitelwert der Anodenspannung gegen den Nullpunkt mit etwa 650 V (s. Kapitel IV und VI). Das Potential einer stromführenden Anode in bezug auf die Kathode ist + 25 V; das größte negative Potential zwischen einer Anode und der Kathode ist:

$$2 \times 650 - 25 = 1275 \text{ V}.$$

Bei Betrachtung der Abb. 16 erkennt man leicht, warum nur die Anode mit dem höchsten po-

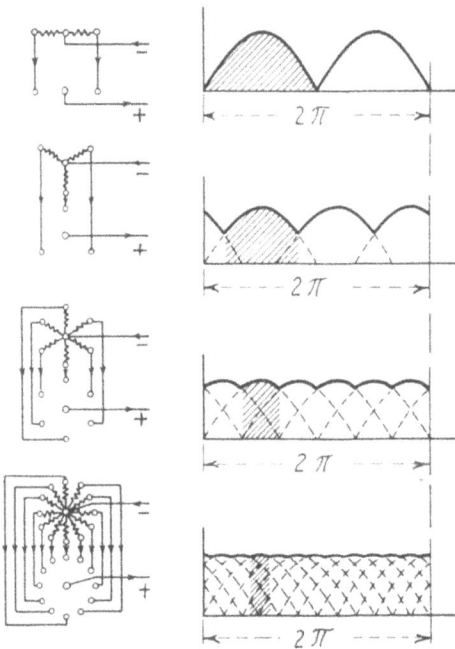

Abb. 15. Stromkurven von Gleichrichtern verschiedener Phasenzahl.

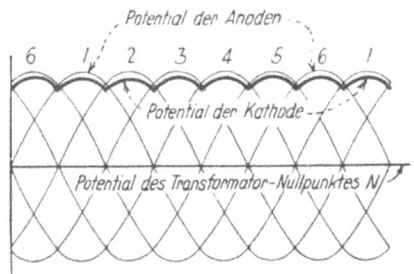

Abb. 16. Anoden- und Kathodenpotential bei einem Sechsphasengleichrichter.

sitiven Potential Strom führt, während die anderen Anoden stromlos sind. Wenn beispielsweise die Anode *1* Strom führt, ist das Kathodenpotential gleich dem Potential dieser Anode, vermindert um den Spannungsabfall im Gleichrichter. Während dieses Zeitraumes sind die anderen Anoden in bezug auf die Kathode negativ; das elektrische Feld zwischen diesen Anoden und der Kathode weist demnach eine Richtung auf, welche derjenigen entgegengesetzt ist, die für die Bewegung der Elektronen gegen die Anoden und der Ionen gegen die Kathode erforderlich ist; infolgedessen kann von diesen Anoden kein Strom fließen.

Bei den üblichen Gleichrichterschaltungen werden die Anoden mit den freien Enden der Sekundärphasen des Transformators verbunden, wie dies die Abb. 12 und 13 zeigen. Die Kathode ist dann der positive Pol und der sekundäre Transformatornullpunkt der negative Pol des Gleichstromnetzes.

Diese Anordnung der Anoden und der Kathode könnte jedoch nach Abb. 17 umgekehrt werden. In dieser Abbildung sind die freien Enden der Sekundärphasen des Transformators mit den Kathoden mehrerer einanodiger Gleichrichtergefäße verbunden, während sämtliche Anoden untereinander verbunden sind. Nun ist der Transformatornullpunkt der positive Pol und die gemeinsame Anodenverbindung der negative Pol des Gleichstromnetzes. Jedes Gleichrichtergefäß in Abb. 17 ist mit einer Hilfsanode ausgerüstet, die von einer Batterie gespeist wird und einen Hilfslichtbogen aufrechterhält. Dies ist erforderlich, da jede Hauptanode nur während eines Teiles der Wechselstromperiode Strom führt und der Hauptlichtbogen daher während des restlichen Teiles der Periode erlischt.

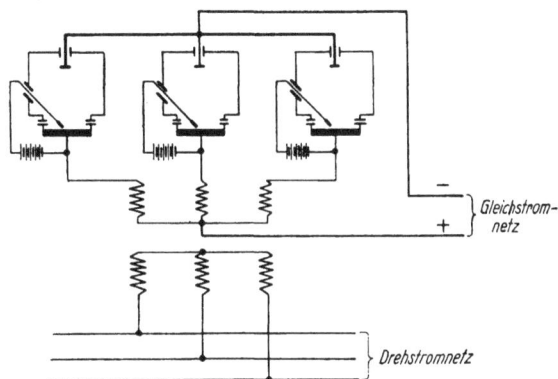

Abb. 17. Abnormale Schaltung von Anoden und Kathoden bei einem Dreiphasengleichrichter mit drei getrennten Ventilen.

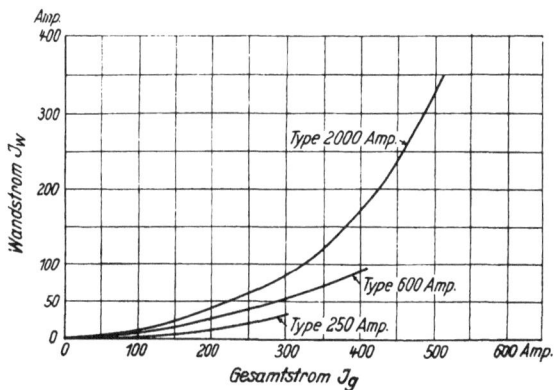

Abb. 18. Stromleitung durch die Wände des Gleichrichtergefäßes, wenn die Kathode nicht vom Gefäß isoliert ist.

Die Strom- und Spannungsverhältnisse sind bei der Schaltung nach Abb. 17 im wesentlichen dieselben wie bei der üblichen Anordnung nach Abb. 13.

Wandströme bei Eisengleichrichtern. Abb. 13 zeigt die Teile, aus denen ein mehrphasiger Eisengleichrichter besteht, und zwar: ein vakuumdichtes Eisengefäß, Anoden und Kathode. Die Anoden sind vom Kessel isoliert, da sie verschiedene Potentiale aufweisen. Die Kathode muß ebenfalls isoliert werden, um zu verhindern, daß die Gefäßwände einen Teil des Stromes führen.

Im II. Kapitel wurde ausgeführt, daß der Strom in einem Quecksilberlichtbogen aus einem gegen die Anoden gerichteten Elektronenstrom und aus einem gegen die Kathode gerichteten Ionenstrom besteht. Wenn die Kathode vom Gleichrichtergefäß nicht isoliert wäre, würde das Gefäß das Kathodenpotential annehmen; ein Teil der positiven Ionen würde von den Gefäßwänden angezogen werden, und es käme ein Stromfluß durch die metallischen Gefäßwände gegen die Kathode zustande. Dieser Strom tritt auf, ohne daß ein Kathodenfleck an den Gefäßwänden vorhanden ist. Der Wandstrom wächst mit steigender Belastung, weil die Anzahl der vorhandenen Ionen steigt.

Die Abb. 18 enthält Kurven über die Abhängigkeit des Wandstromes vom Gesamtstrom bei Gleichrichtern für 250, 600 und 2000 A Nennstrom. Bei diesen Messungen wurde eine gutleitende Verbindung vom Gefäß zur Kathode hergestellt und der Strom in dieser Verbindung gemessen. Es stellte sich heraus, daß die Lage des Anschlußpunktes dieser Verbindung auf der Gefäßwand keinen Einfluß auf das Meßergebnis hat.

Der Wandstrom bewirkt, daß die Gefäßwände sich erwärmen und Gase abgeben. Bei hoher Belastung springt der Quecksilberlichtbogen manchmal von der Quecksilberoberfläche zur Gefäßwand, die gewöhnlich mit Quecksilbertropfen bedeckt ist, und bildet dort einen Kathodenfleck; gleichzeitig erlischt der Kathodenfleck auf der Quecksilberoberfläche.

Um die Stromleitung durch die Wände des Gleichrichtergefäßes und die daraus entstehenden Schwierigkeiten zu vermeiden, wird die Kathode bei modernen Gleichrichterkonstruktionen vom Gefäß isoliert. Die verschiedenen Bauarten der Kathodenisolation werden im Kapitel VII beschrieben. Die Spannung zwischen dem Gefäß und der Kathode ist klein, und die Isolation wird nur für diese niedrige Spannung bemessen.

Rückzündungen. Eine der störendsten Erscheinungen, die bei Gleichrichtern auftritt und das größte Hindernis, das bei der Entwicklung von Großgleichrichtern zu überwinden war, ist die sog. Rückzündung. Gegenwärtig erfolgt die Konstruktion und Bemessung der Gleichrichter derart, daß die Möglichkeit wiederholter Rückzündungen hintangehalten wird. Hierfür ist es von Wichtigkeit, die Natur der Rückzündung, ihre wahrscheinlichen Ursachen und die Mittel zu ihrer Beseitigung zu kennen.

Eine Rückzündung ist die Folge des Versagens der Ventilwirkung an einer oder mehreren Anoden. In den vorangegangenen Kapiteln wurde ausgeführt, daß die Arbeitsweise eines Gleichrichters auf der Ventilwirkung eines Quecksilberlichtbogens im Vakuum, der den

Strom nur von der Anode zur Kathode fließen läßt, beruht. Wenn jedoch aus irgendeinem Grunde an einer Anode ein Kathodenfleck entsteht, wie dies in Abb. 19 für die Anode *1* angenommen wird, so wirkt diese Anode als Kathode, und der Strom fließt von den anderen Anoden zu der von der Rückzündung betroffenen. Dieser Strom wird nur durch den Ohmschen Widerstand und die Induktivität der Transformator-wicklungen begrenzt und ist daher ein Kurzschlußstrom. Die Verhältnisse sind für die von der Rückzündung betroffene Phase schlimmer als bei einem Wechselstromkurz-schluß des Transformators.

Abb. 32 zeigt das Oszillo-gramm des Stromes einer Anode, an der Rückzündung auftrat, ferner die Gleich-spannung während der Rück-zündung und den Primär-strom. Dieses Oszillogramm wurde bei der Prüfung eines 1200-kW-Gleichrichters auf-genommen.

Wenn der Gleichrichter mit einer anderen Gleich-stromquelle parallel arbeitet, fließt bei der Rückzündung ein weiterer Rückstrom vom positiv en Pol der Gleichstrom-

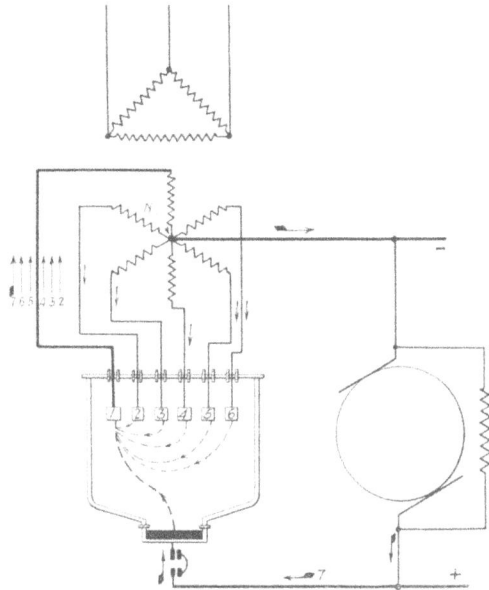

Abb. 19. Stromverlauf in einem Gleichrichter während einer Rückzündung. (Der Gleichrichter arbeitet mit einer rotierenden Gleichstrommaschine parallel.)

quelle zu der von der Rückzündung betroffenen Anode, wie dies durch den gefiederten Pfeil *7* in Abb. 19 angedeutet wird; es ist dies eine Folge des Verlustes der Ventilwirkung und des Absinkens der Gleich-spannung des Gleichrichters (s. auch Kapitel IV, VI, XI und XIV).

Falls der Kurzschlußstrom, der zur betroffenen Anode fließt, nicht rasch durch die Schutzapparate unterbrochen wird, verursacht er eine Überhitzung der Anode; durch diese Überhitzung kann eine Ver-tiefung an der Anodenoberfläche entstehen, wodurch die Anode für weitere Rückzündungen empfänglicher wird. Eine länger dauernde Rückzündung verschlechtert auch durch die von der überhitzten Anode abgegebenen Gase das Vakuum des Gleichrichters. Bei Verwendung der für Gleichrichteranlagen üblicherweise vorgesehenen Schutzapparate haben Rückzündungen keinerlei ernste Folgen, und der Gleichrichter kann unmittelbar nach einer Rückzündung wieder in Betrieb genommen werden.

Trotz der zahlreichen Untersuchungen, die über die Rückzündungserscheinungen durch viele Jahre angestellt wurden, sind die genauen
Ursachen der Rückzündung und die Bedingungen, unter denen sie
eintritt, noch nicht vollständig bekannt.

Rückstrom. Während der Sperrzeit, d. i. jenes Teiles der Wechselstromperiode, innerhalb dessen die betrachtete Anode praktisch stromlos und in bezug auf die Kathode negativ ist, fließt durch die Anode ein
Strom von einigen Milliampere in der entgegegengesetzten Richtung
des normalen Belastungstromes. Dieser Strom wird Rückstrom genannt. Es wurde beobachtet, daß der Rückstrom unter den Bedingungen, bei welchen die Neigung des Gleichrichters zu Rückzündungen
am größten ist, einen hohen Wert aufweist und daß Mittel, welche zur
Vermeidung von Rückzündungen angewandt werden, auch den Rückstrom herabsetzen. Aus diesem Grunde glaubt man, daß der Rückstrom
entweder eine Ursache der Rückzündung oder ein Symptom jener Bedingungen ist, die zu Rückzündungen führen.

Der Rückstrom besteht aus zwei Komponenten. Die erste Komponente wird durch die Bewegung der positiven Ionen aus dem ionisierten
Quecksilberdampf gegen die nicht stromführende Anode, die in bezug
auf die Kathode negativ ist, erzeugt. Diese Komponente erreicht ihren
Höchstwert unmittelbar nach dem Ende der Brennzeit der betreffen-
den Anode (248) und nimmt dann allmählich gegen Null ab. Die zweite
Komponente des Rückstromes entsteht durch eine Glimmentladung
zwischen der nicht stromführenden Anode und der Kathode; diese
Glimmentladung wird durch die Spannung zwischen den erwähnten
Elektroden beeinflußt.

Die Größe der beiden Komponenten des Rückstromes hängt von
der Betriebsspannung und Strombelastung des Gleichrichters ab. Im
allgemeinen ist bei den heute üblichen Spannungen die erste Komponente die weitaus größere. Die Verfahren zur Messung des Rückstromes
werden in Kapitel XIV beschrieben.

Im II. Kapitel wurde bei Besprechung der Abb. 4 festgestellt,
daß zwischen zwei Elektroden eine Glimmentladung eintritt, wenn die
Spannung zwischen ihnen einen bestimmten Mindestwert erreicht hat
und daß bei weiterer Steigerung der Entladestrom langsam ansteigt,
bis bei einem bestimmten Wert der Spannung die Glimmentladung
plötzlich in eine Lichtbogenentladung umschlägt, was einem elektrischen
Durchschlag des Raumes zwischen den Elektroden gleichkommt. Der
Wert der Durchschlagspannung hängt ebenso wie der Wert der Glimm-
spannung von der Zusammensetzung der vorhandenen Gase oder Dämpfe
und von dem Produkt aus Druck und Elektrodenabstand ab. Die Abhängigkeit der Durchschlagspannung des Quecksilberdampfes von
diesem Produkt ist in Abb. 9 dargestellt. Aus dieser Abbildung geht
hervor, daß die Durchschlagspannung für einen bestimmten Wert des

Produktes pd am kleinsten ist und ungefähr 450 V beträgt, eine Spannung, die bei der Mehrzahl der Eisengleichrichter praktisch vorkommt. Das Minimum der Durchschlagsspannung ist noch niedriger, wenn andere Gase oder Dämpfe vorhanden sind, insbesondere Alkalidämpfe.

Ursachen der Rückzündung, Strom- und Spannungsverhältnisse. Es wurde beobachtet, daß eine Rückzündung im allgemeinen kurz nach dem Ende der Brennzeit der betreffenden Anode eintritt. Diese Tatsache sowie der Umstand, daß Rückzündung gewöhnlich bei bestimmten Spannungen und Strombelastungen eintritt, führt zu einer annehmbaren Erklärung der Ursache der Rückzündungen.

Obwohl das Auftreten von Rückzündungen bei Eisengleichrichtern von der Spannung und vom Strome abhängt, ist es nicht eine so eindeutige Funktion dieser Größen, wie bei Glasgleichrichtern, und zwar wegen der größeren Schwankungen von Druck und Temperatur. Dies ist eine Folge der größeren Abmessungen des Gleichrichters, der Verwendung eines Metallgefäßes, ferner von Isolatoren, Dichtungen und Anoden, die bei übermäßigen örtlichen Erhitzungen Gase abgeben können, schließlich eine Folge der Ausdehnung und Zusammenziehung der Anoden- und Kathodendurchführungen. Bei Glasgleichrichtern, die ziemlich frei von Fremdgasen sind, ist das Auftreten der Rückzündungen in bestimmter Weise von Strom und Spannung abhängig. Wird der Glaskolben durch Anblasen mit Luft gekühlt, so tritt die Rückzündung erst bei höheren Strömen und Spannungen ein; die Form der Kurve für die Rückzündungsgrenze bleibt jedoch dieselbe. Es hat sich ergeben, daß weder die Induktivität der Wechselstromquelle noch ihre Frequenz im Bereich der praktisch üblichen Netzfrequenzen irgendeinen nachweisbaren Einfluß auf das Zustandekommen der Rückzündung hat (145).

Führt eine Anode Strom, so ist der Raum um die Anode und der Lichtbogenweg zwischen Anode und Kathode von Elektronen und positiven Ionen erfüllt. Sobald der Lichtbogen von dieser Anode zu einer anderen übergeht, die ein höheres Potential besitzt, bleibt an der nicht mehr stromführenden Anode eine Restladung von Ionen und Elektronen zurück. Einige dieser Ionen und Elektronen vereinigen sich zu neutralen Atomen; die übrigen bewegen sich unter der Wirkung des elektrischen Feldes. Da die nicht mehr stromführende Anode in bezug auf die Kathode und die stromführende Anode negativ ist (s. Abb. 16), so daß das elektrische Feld zwischen ihr und der Kathode nunmehr die umgekehrte Richtung hat wie früher, so werden die Elektronen von der Anode zurückgestoßen und die Ionen angezogen. Diese Umkehrung der Bewegungsrichtung der Elektronen und Ionen gegenüber ihrer Richtung im Gleichrichterlichtbogen verursacht die erste Komponente des Rückstromes. Durch den Stoß der Ionen gegen die Anodenoberfläche wird Wärme entwickelt, und unter bestimmten Umständen kann durch diese Erwärmung ein Kathodenfleck auf der Anode erzeugt werden, wodurch Rückzündung entsteht.

Bei stärkeren Strömen befindet sich eine größere Zahl von Ionen im Raum um die Anode, so daß mehr Ionen während der Sperrzeit gegen die Anodenoberfläche stoßen, dadurch eine stärkere Erhitzung hervorrufen und demzufolge die Neigung zu Rückzündungen verstärken. Ferner ist bei höheren Strömen die Anode am Ende ihrer Stromführungszeit auf höherer Temperatur und es bestehen daher günstigere Bedingungen für die Entstehung besonders heißer Stellen durch die Wirkung des Ionenbombardements.

Bei höheren Spannungen ist das Spannungsgefälle an der Anode am Ende der Brennzeit größer, so daß die Ionen mit größerer Geschwindigkeit gegen die Anodenoberfläche stoßen und hier eine stärkere Erhitzung hervorrufen. Aus diesem Grunde ist die Neigung zu Rückzündungen bei höheren Spannungen eine größere.

Eine andere mögliche Rückzündungsursache ist die Glimmentladung zwischen Anode und Kathode oder zwischen mehreren Anoden, die zu einem Durchschlag zwischen den Elektroden führen kann. Diese Entladung ist von der Kathode gegen die Anode gerichtet und stellt den zweiten Teil des Rückstromes dar. Die Glimmentladung hängt, wie erwähnt, von der Spannung, dem Druck und der Zusammensetzung der Gase im Gleichrichter ab.

Nach vorstehendem steht die Durchschlagspannung in einer bestimmten Beziehung zu dem Produkt aus dem Druck und dem Abstand von der Anode zur Kathode. In einem Gleichrichter werden die Anoden und die Kathode derart angeordnet, daß für den betriebsmäßigen Druckbereich die Betriebsspannung des Gleichrichters unterhalb der Durchschlagspannung liegt. Wenn jedoch aus irgendeinem Grund das Vakuum sich verschlechtert oder Fremdgase abgegeben werden, kann die Durchschlagspannung bis auf den Wert der Betriebsspannung des Gleichrichters herabgesetzt werden, und es kann also eine Entladung auftreten. Zu einer solchen Entladung kann es auch bei hohem Vakuum durch eine Überspannung kommen.

Rückzündungen, die durch die Glimmentladung entstehen, hängen von der Belastung nur insoferne ab, als bei stärkerem Strom der Druck im Gleichrichter durch Quecksilberverdampfung oder durch Freiwerden von Gasen aus dem Gefäß, den Dichtungen oder den Anoden gesteigert wird. Solche Rückzündungen treten insbesondere während des Formierens des Gleichrichters (auch Entgasen oder Ausheizen genannt) auf, wenn das Vakuum schlecht ist und Fremdgase vorhanden sind. Aus diesem Grunde ist es vorteilhaft, den Gleichrichter bei niedriger Spannung zu formieren.

Um der größeren Rückzündungsneigung der Gleichrichter bei höheren Spannungen Rechnung zu tragen, wird der Nennstrom der Gleichrichter

mit steigender Gleichspannung herabgesetzt. Die Beziehung zwischen
Nennstrom und Nennspannung ist für mehrere Gleichrichtertypen
durch die Kurven der Abb. 154 dargestellt. So leistet beispielsweise
ein Gleichrichter für 1600 A bei 300 V nur 850 A bei 3000 V und 600 A
bei 5000 V.

Die Erwärmung der Anoden, welche eine Hauptursache der Rückzündungen ist, hängt von der Stromdichte an der Anodenoberfläche ab.
Bei größerer Oberfläche kann die Anode ohne Überhitzung mehr Strom
führen, und es ist zulässig, daß eine größere Zahl von Ionen gegen die
Anodenoberfläche stößt.

Der Einfluß des Laststromes auf das Eintreten von Rückzündungen
wurde durch Betrachtung der Anode eines Glasgleichrichters durch
eine stroboskopische Scheibe untersucht. Hierdurch wurde es möglich, die Erscheinungen zu verlangsamen oder zu fixieren, die auf
andere Weise wegen ihrer außerordentlich kurzen Dauer und des
starken Leuchtens des Lichtbogens nicht beobachtet werden könnten.
Durch diese Untersuchung wurde das Auftreten eines violetten Glimm-
lichtes in den Anodenarmen entdeckt, welches unmittelbar nach dem
Ende der Brennzeit der betreffenden Anode erscheint und dann allmählich verschwindet. Man fand, daß dieses Glimmen keine von der
Spannung hervorgerufene Glimmentladung ist, da es sogar verschwindet, wenn die negative Anodenspannung ansteigt. Dieses Leuchten hat
dieselbe Farbe wie die Kathodenflamme und das vom Kondensationsdom des Gleichrichters ausgesandte Licht und ist eine Folge des Vorhandenseins von ionisiertem Quecksilberdampf. Daraus scheint her-
vorzugehen, daß freie Elektronen und Ionen auch im Anodenraum vorhanden sind, wenn die Anode erlischt, und daß die Rückzündungen möglicherweise durch das Ionenbombardement der Anodenoberfläche verursacht werden, wie im vorstehenden ausgeführt wurde.

Zustand der Anoden. Für das Eintreten einer Rückzündung ist
die Bildung eines heißen Fleckes auf der Anodenoberfläche wesentlich.
Außer der Wärmewirkung des Laststromes können hierbei die nachfolgend
angeführten abnormalen Umstände mitspielen.

1. Es kann sich Quecksilber an der Anode niederschlagen, wenn sie
kalt ist und einen Tropfen auf der Anodenoberfläche bilden. Dies kann
den Lichtbogen veranlassen, sich an dieser Stelle zusammenzuziehen
und einen Kathodenfleck zu erzeugen, der Elektronen aussendet. Um dies
zu vermeiden, werden im Gleichrichter Schilde und Schutzrohre vorgesehen, um den Quecksilberdampfstrom von der Anodenoberfläche fernzuhalten, wie dies die Abb. 87, 90, 94, 96 usw. im Kapitel VII zeigen.

2. Verunreinigungen der Anodenoberfläche haben eine ähnliche
Wirkung wie Quecksilbertropfen. Ein im Anodenmaterial enthaltener
Fremdkörper, der bei niedrigerer Temperatur als reines Eisen Elektronen

emittiert, kann eine Rückzündung hervorrufen. Der Fremdkörper verdampft manchmal in sehr kurzer Zeit, wodurch die Rückzündung von selbst verschwindet, bevor der Strom durch die automatischen Schalter unterbrochen wird. Eine solche Rückzündung wird »stille« Rückzündung genannt.

3. Unebenheiten der Anodenoberfläche, welche eine Folge früherer Rückzündungen sein können, wirken ähnlich wie Verunreinigungen.

Einfluß des Vakuums. Da ein schlechtes Vakuum oder das Vorhandensein von Fremdgasen im Gleichrichter durch die Herabsetzung der Glimm- und Durchschlagspannung Rückzündungen verursachen kann, wie vorstehend auseinandergesetzt wurde, begünstigt jede Erscheinung, die das Vakuum verschlechtert, das Zustandekommen der Rückzündungen. Solche Erscheinungen sind: Undichtigkeit durch einen gebrochenen Isolator, eine schlechtgeschweißte Verbindung oder Anfressungen des Gefäßes. Das Vakuum kann auch durch Abgabe von Gasen seitens der Anoden, der Gefäßwände, des Dichtungsmaterials oder aus verunreinigtem Quecksilber herabgesetzt werden. Weiters können sich irgendwelche inneren Teile des Gleichrichters loslösen und in die Lichtbogenstrecke oder in die Kathodenwanne fallen, wobei dann diese Teile unter der Einwirkung der Hitze Gase abgeben.

Vermeidung von Rückzündungen. Da die Gefahr häufiger Rückzündungen die Grenze für die Leistungsfähigkeit eines Gleichrichters bildet, verbessert jedes Mittel, das die Rückzündungsmöglichkeit vermindert, die Arbeitsweise der Gleichrichter und ermöglicht es, ihre Leistung zu steigern.

Bis jetzt wurde kein unbedingt wirksames Mittel gegen Rückzündungen gefunden. Doch kennt man Verfahren, um die Häufigkeit ihres Auftretens beträchtlich herabzusetzen und die Größe und Dauer der Störung zu vermindern, wenn sie doch auftreten. Ein sehr wirksames Mittel hierzu ist die Zwischenschaltung eines metallischen Gitters in den Lichtbogenweg in der Nähe der Anode. Die Gitter sind innerhalb der Anodenschutzrohre befestigt, wie dies Abb. 101 zeigt. Diese Gitter müssen aus geeignetem Material hergestellt werden, die richtige Form besitzen und in einem bestimmten Abstand von der Anode angeordnet sein. Es werden zwei praktische Anordnungen derartiger Schutzgitter angewandt: 1. nicht gesteuerte Schutzgitter, 2. gesteuerte Schutzgitter.

Nicht gesteuerte Schutzgitter. Bei dieser Anordnung sind die Gitter mit den Anodenschutzrohren verbunden. Ihre Wirkung kann folgendermaßen erklärt werden: wenn die Anode Strom führt, nimmt das Gitter das Potential des Lichtbogens an, welches in bezug auf die Anode negativ ist. Sobald die Anode erlischt, behält das Gitter sein Potential und bleibt deshalb für einen kurzen Zeitraum in bezug auf die Anode negativ, bis das Anodenpotential noch weiter gefallen ist. Das Gitter wirkt also als ein negativer Schirm vor der Anode während der Zeit, in der die Anode am meisten zu Rückzündungen neigt und verhütet eine augenblickliche Umkehr des elektrischen Feldes.

Diese Abschirmung bewirkt, daß die Elektronenemission irgendeines heißen Fleckes, der sich auf der Anode gebildet haben mag, verhindert wird und so eine Gelegenheit zu Abkühlung der Anode geboten wird. Eine weitere günstige Wirkung ist das Aufhalten der freien Ionen, die sich gegen die Anode bewegen und die Erleichterung ihrer Wiedervereinigung mit Elektronen an der Oberfläche des Gitters, wodurch die Zahl der Ionen, welche die Anode erreichen und dort eine Rückzündung verursachen können, vermindert wird.

Gesteuerte Schutzgitter. Bei dieser Anordnung sind die Gitter von den Anodenschutzrohren isoliert und mit Anschlüssen zu einer äußeren Stromquelle versehen. Auf diese Weise können die Gitter an ein negatives Potential angeschlossen werden. Die Wirkung ist ähnlich wie bei den nichtgesteuerten Schutzgittern, aber ausgeprägter, da eine höhere negative Spannung angewendet und durch längere Zeit aufrechterhalten werden kann.

Die Gitter können während des normalen Betriebes von ihrer Stromquelle abgeschaltet werden; sie wirken dann als nichtgesteuerte Schutzgitter. Tritt jedoch aus irgendeinem Grund eine Rückzündung ein, so wird den Gittern aller Anoden eine negative Spannung aufgedrückt. Hierdurch werden die nicht von der Rückzündung betroffenen Anoden daran verhindert, den Lichtbogen zu übernehmen, wenn sie einmal stromlos sind; sie können daher keinen Strom an die von der Rückzündung betroffene Anode liefern (s. Abb. 19); infolgedessen ist die Rückzündung in einem Bruchteil einer Periode vorüber, ohne daß die Wechselstromzufuhr unterbrochen wurde und daher ohne Betriebsstörung.

IV. Kapitel. Theorie der Gleichrichtung.

Die Grundlagen der Wirkungsweise von Quecksilberdampfgleichrichtern und die bei der Gleichrichtung auftretenden Erscheinungen wurden in den vorangegangenen Kapiteln betrachtet. Das vorliegende und die beiden folgenden Kapitel behandeln die Beziehungen zwischen den Strömen und Spannungen in Gleichrichterstromkreisen.

Grundlegende Betrachtungen. Es ist zu beachten, daß es sich hier um elektrische Stromkreise handelt, welche den elektrischen und magnetischen Gesetzen unterworfen sind, die für irgendeinen anderen elektrischen Stromkreis gelten, und außerdem den besonderen Bedingungen, die sich aus den Eigenschaften des Quecksilberlichtbogens im Vakuum ergeben, und zwar:

1. In dem Gleichrichtergefäß kann der Strom nur in einer Richtung, nämlich von der Anode zur Kathode fließen, und zwar nur dann, wenn die Anode in bezug auf die Kathode positiv ist.
2. Wenn in dem Gefäß mehrere Anoden vorhanden sind, die an die Enden einer und derselben Transformatorwicklung angeschlossen sind, so fließt der Strom über jene Anode, die das höchste positive Potential aufweist. Besitzen zwei oder mehrere Anoden das gleiche Potential, so führen sie gleichzeitig Strom.
3. Der Spannungsabfall des Quecksilberlichtbogens, der über einen weiten Strombereich fast konstant ist (s. Abb. 6), hat die Wirkung einer Gegen-E.M.K., ähnlich der einer Batterie.

Wird ein Gleichrichter in einen Stromkreis mit einer Batterie und einem Belastungswiderstand eingeschaltet, wie dies Abb. 20a zeigt, und der Lichtbogen im Gleichrichter mit irgendeinem der im VIII. Kapitel beschriebenen Mittel gezündet, so ist der in dem Stromkreis fließende Strom gleich

$$\frac{\text{Batteriespannung—Spannungsabfall im Lichtbogen}}{\text{Belastungswiderstand}}$$

Wird die Batteriespannung durch Einschaltung weiterer Zellen gesteigert, so steigt der Strom proportional der Spannungsdifferenz E_b-E_r. Ist in dem Stromkreis nur Widerstand vorhanden, so erreicht der Strom seinen neuen Wert augenblicklich. Besitzt der Stromkreis hingegen auch Induktivität, so findet eine allmähliche Stromänderung statt, deren Dauer durch das Verhältnis der Induktivität zum Ohmschen Widerstand bestimmt ist (s. die Stromkurve in Abb. 20a). In Abb. 20b ist ein Gleichrichter mit einer Anode an ein Wechselstromnetz mit einer sinusförmigen Spannung e_{10} angeschlossen. Es wird angenommen, daß in dem Gleichrichter ein Hilfslichtbogen brennt. Bei reiner Widerstandsbelastung ist die Gleichspannung e_g an den Klemmen des Belastungsstromkreises gleich der positiven Halbwelle der Wechselspannung vermindert um den Spannungsabfall im Gleichrichter. Infolge der Ventilwirkung des Gleichrichters ist die Gleichspannung während der negativen Halbperiode gleich Null. Der Gleichstrom ist in jedem Augenblick gleich dem Momentanwert der Spannung gebrochen durch den Widerstand und verläuft nach der Kurve i_{g1}. Enthält der Stromkreis sowohl Induktivität als Widerstand, so bleiben die Stromschwankungen gegenüber den Spannungsschwankungen zurück, und es ergibt sich der durch die Kurve i_{g2} dargestellte Stromverlauf Durch die Induktivität wird das Ansteigen und das Abfallen des Stromes verzögert. In Abb. 20c ist ein Gleichrichter mit zwei Anoden dargestellt, der an ein Einphasennetz angeschlossen ist. Bei dieser Schaltung sind die Anoden abwechselnd durch je eine Halbperiode positiv. Die Wechselspannungen zwischen den Anoden und dem Transformatornullpunkt sind durch die Kurven e_{10} und e_{20} dargestellt. Die stark ausgezogene Kurve zeigt die Gleichspannung bei reiner Widerstandsbelastung und ist gleich den positiven Halbwellen der Wechselspannungen vermindert um den Spannungsabfall im Lichtbogen. Die Gleichspannung ist Null, wenn

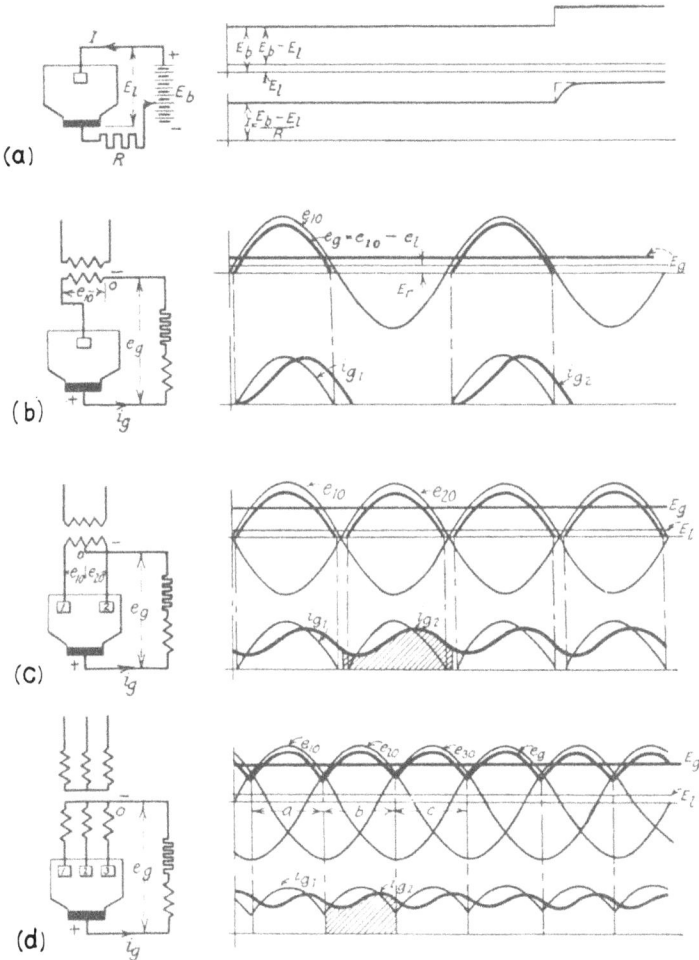

Abb. 20. Spannungs- und Stromkurven für verschiedene Gleichrichterschaltungen. (Unter Vernachlässigung der Transformatorstreuung.)

die Wechselspannung gleich oder kleiner ist als der Spannungsabfall im Lichtbogen. Die Gleichstromwellen für jede Anode sind bei fehlender Induktivität ähnlich denjenigen der Abb. 20b. Ist Induktivität im Stromkreis vorhanden, so geht der Belastungsstrom (durch die stark ausgezogene Linie dargestellt) nicht auf Null herunter.

Abb. 20d zeigt einen Gleichrichter mit drei Anoden, der an ein Drehstromnetz angeschlossen ist. Die drei Phasenspannungen e_{10},

e_{20} und e_{30} sind gegeneinander um 120 elektrische Grade verschoben. Bei Widerstandsbelastung (und unter Vernachlässigung der Transformatorstreuung) führt jede Anode während einer Drittelperiode Strom, und zwar solange sie ein höheres positives Potential aufweist als die anderen Anoden. Es führt daher in Abb. 20d die Anode *1* während des Zeitraumes *a* Strom, die Anode *2* während des Zeitraumes *b* und die Anode *3* während des Zeitraumes *c*. Die Gleichspannung in irgendeinem Augenblick ist die Spannung der stromführenden Anode in diesem Augenblick vermindert um den Spannungsabfall im Lichtbogen und wird durch die Kurve e_g dargestellt. Die Wellenform des Gleichstromes bei Widerstandsbelastung ist aus der Kurve i_{g1} ersichtlich. Bei induktiver Belastung hat der Gleichstrom die Wellenform der Kurve i_{g2}.

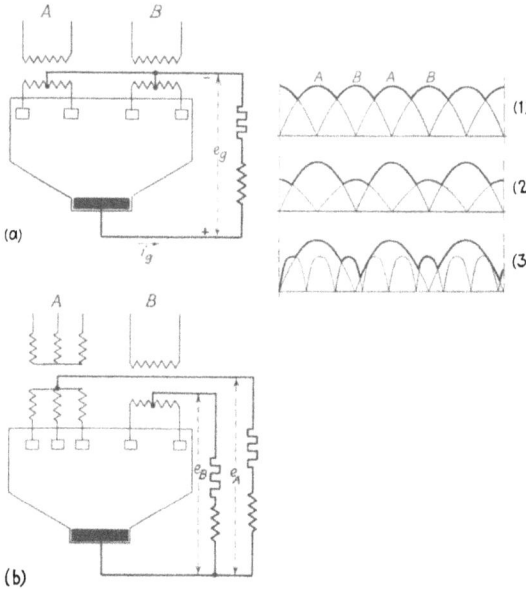

Abb. 21. Schaltbilder und Spannungskurven von Gleichrichtern, die aus zwei verschiedenen Wechselstromnetzen gespeist werden.

In Abb. 20 ist der Gleichrichter an ein einziges Wechselstromnetz angeschlossen, wie dies in der Praxis meist der Fall ist. Es ist jedoch möglich, einen Gleichrichter aus verschiedenen Wechselstromquellen zu speisen, welche in Phase verschoben oder von verschiedener Frequenz sein können.

In Abb. 21a sind zwei Anoden des Gleichrichters an eine Wechselstromquelle *A* und zwei an eine Wechselstromquelle *B* angeschlossen. Die beiden sekundären Transformatornullpunkte haben einen gemeinsamen Nulleiter, und aus den beiden Wechselstromnetzen wird ein gemeinsames Gleichstromnetz gespeist. Die Kurve *1* stellt die Gleichspannung e_g dar, wenn die Wechselspannungen der beiden Stromquellen gegeneinander um 90° phasenverschoben und gleich groß sind. Die Kurve *2* zeigt die Gleichspannung, wenn die Wechselspannungen verschieden groß sind. Die Kurve *3* zeigt den Verlauf der Gleichspannung, wenn die Wechselstromquellen *A* und *B* Spannungen verschiedener Frequenz und verschiedener Größe aufweisen. Der Weg, auf dem man zu diesen Gleichspannungskurven gelangt, ist nach den zur Abb. 20 gegebenen Erklärungen bekannt.

Anstatt eines gemeinsamen Nulleiters können die Sekundärwicklungen der Transformatoren auch voneinander unabhängige Nullpunkte besitzen, wie in Abb. 21 b dargestellt. Die beiden Systeme
können dann verschiedene Gleichspannungen und getrennte Gleichstrom-
kreise besitzen, wobei die Kathode für beide Systeme gemeinsam ist.
Diese Anordnung wird bei Gleichrichtern mit Wechselstromerregung
ausgeführt, wie aus Kapitel VIII hervorgeht.

Aus Abb. 20 ist ersichtlich, daß bei Steigerung der Phasenzahl
sich die Strom- und Spannungswellen eines Gleichrichters dem gerad-
linigen Verlauf der von einer Batterie gelieferten Spannungen und
Ströme nähert. Bei einer gegebenen Phasenspannung auf der Wechselstromseite wächst bei Steigerung der Phasenzahl die abgegebene Gleichspannung und nähert sich dem Scheitelwert der Wechselspannung.
Es wäre daher bei unendlich großer Phasenzahl die Gleichspannung dem
Scheitelwert der Phasenspannung gleich. Das Vorstehende weist
einen Weg zur Spannungsregelung bei Gleichrichtern. Falls es möglich
wäre, die Zahl der stromführenden Phasen eines Gleichrichters allmählich zu verändern, während die Primärspannung konstant ist, so könnte
die abgegebene Gleichspannung geregelt werden. Würde man z. B. von
zwei auf drei Phasen übergehen (s. Abb. 20c und d), so würde sich die
Gleichspannung E_g um 30% ändern (siehe auch die nachfolgende
Zahlentafel II). Die Abhängigkeit der Gleichspannung von der Phasenzahl wird zur Regelung der abgegebenen Gleichspannung praktisch
verwendet (s. Kapitel XII).

Das Vorhandensein von Induktivität im Gleichstromkreis glättet
die Gleichstromkurve. Bei einer verhältnismäßig großen Phasenzahl
(6 oder 12) und mit einer beträchtlichen Induktivität auf der Gleichstromseite ergibt sich eine Gleichstromkurve, die praktisch eine gerade
Linie ist.

Bei einem Gleichrichter mit einer Anode ist naturgemäß der Anodenstrom gleich dem Strom im äußeren Stromkreis. Bei Einphasengleich-
richtern mit zwei Anoden und bei Mehrphasengleichrichtern beeinflußt
die Induktivität des Transformators die Gestalt der Anodenstromkurve.
Bei einem idealen Transformator ohne Induktivität führt immer nur
eine Anode Strom, d. h. die Anode mit dem höchsten positiven Potential
führt den ganzen Strom bis zum Schnittpunkt ihrer Spannungskurve
mit derjenigen der nächsten Anode. In diesem Schnittpunkte übergibt
sie den Strom augenblicklich an die nachfolgende Anode, wie dies
Abb. 20 zeigt. Die unvermeidliche Streuinduktivität des Transformators macht ein augenbliches Ansteigen oder Abfallen des Stromes
unmöglich. Daraus ergibt sich, daß zwei in der Stromführung aufeinanderfolgende Anoden durch einen kurzen Zeitraum gleichzeitig Strom
führen. Der Gesamtstrom ist dann gleich der Summe der beiden Anodenströme.

Das gleichzeitige Brennen zweier Anoden, wobei die Stromführung von einer auf die andere Anode übergeht, heißt Überlappung; der Zeitraum, in dem sich dies abspielt, wird Überlappungswinkel genannt und mit u bezeichnet. Er hängt von der Induktivität des Transformators, dem Strom und der Phasenspannung ab.

Die von der Induktivität in den Anodenkreisen bewirkte Überlappung vermindert den Mittelwert der Gleichspannung bei Belastung und gibt dem Gleichrichter eine abfallende Belastungskennlinie.

Die Berechnung des Überlappungswinkels und sein Einfluß auf die Anodenstrom- und Gleichspannungskurve wird später besprochen.

Nunmehr sollen die Beziehungen zwischen den Strömen und Spannungen bei einem Gleichrichter unter den folgenden vereinfachenden Annahmen betrachtet werden:

1. Es wird angenommen, daß die Gleichstromkurve eine gerade Linie ist,
2. der Lichtbogenabfall wird als bei allen Belastungen gleichbleibend angenommen,
3. das Übersetzungsverhältnis des Transformators sei $1:1$,
4. der Magnetisierungsstrom des Transformators wird vernachlässigt.

In den meisten Fällen stellen diese Annahmen eine gute Annäherung an die tatsächlichen Verhältnisse dar und führen zu Ergebnissen, die praktisch genügend genau sind. Unter diesen Annahmen werden die Beziehungen zwischen den Strömen und Spannungen im Gleichrichter abgeleitet, und zwar:

1. Unter Vernachlässigung des Widerstandes und der Induktivität des Transformators und des Netzes,
2. unter Berücksichtigung des Blindwiderstandes der Sekundärwicklungen des Transformators.

Es folgt eine Aufstellung der verwendeten Bezeichnungen samt Erklärung.

A = Effektivwert des Anodenstromes,
E = Effektivwert der Phasenspannung (primär und sekundär).
E_g = Mittelwert der Gleichspannung,
I = konstanter Gleichstrom,
I_p = Effektivwert des Primärstromes,
L = Induktivität einer Phase der Sekundärwicklung des Transformators,
N = Mittelwert der Gleichstromleistung,
N_1 = Scheinleistung der Primärwicklung,
N_2 = Scheinleistung der Sekundärwicklung,
$X = 2\pi f L$ = Blindwiderstand einer Phase der Sekundärwicklung.

λ = Netzleistungsfaktor,

a_1, a_2 usw. = Augenblickswerte der Anodenströme,

g = Mittelwert des gleichstromseitigen Spannungsabfalles,

e_1, e_2 usw. = Augenblickswerte der Phasenspannungen,

e_u = Lichtbogenabfall,

e_g = Augenblickswert der Gleichspannung,

f = Frequenz des speisenden Wechselstromnetzes,

i_1, i_2 usw. = Augenblickswerte der Primärströme des Transformators,

p = Zahl der Sekundärphasen und Anoden,

t = Zeit,

u = Überlappungswinkel.

1. Spannungen und Ströme bei streuungslosem Transformator.

Wir betrachten den allgemeinen Fall eines p-phasigen Gleichrichters, der einen konstanten Gleichstrom I liefert und an einen Transformator mit der sekundären Phasenspannung E (Effektivwert) an-
geschlossen ist. Die Anoden brennen dann nacheinander, und zwar
stets nur eine, und jede Anode
liefert den Strom I während eines
Zeitraumes $2\pi/p$. Der Anodenstrom
hat die in Abb. 22 dargestellte
Rechtecksform. Sein Mittelwert ist
I/p und sein Effektivwert

$$A = \sqrt{\frac{1}{2\pi} \cdot \frac{2\pi}{p} I^2} = \frac{I}{\sqrt{p}} \quad . \quad . \ (1)$$

Die Gleichspannung einschließlich der Spannungsabfälle im Licht-

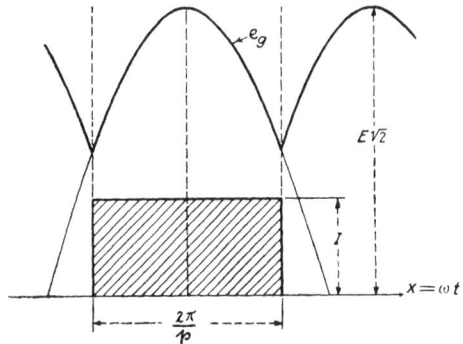

Abb. 22. Gleichspannungs- und Gleichstromkurven für einen p-phasigen Gleichrichter.

bogen und in der Kathodendrosselspule ist gleich der Spannung zwischen dem Transformatornullpunkt und der augenblicklich brennenden
Anode. Da angenommen wurde, daß kein induktiver Spannungsabfall
auftritt, hat die Gleichspannung die Kurvenform entsprechend der stark
ausgezogenen Linie in Abb. 22 und ihr Mittelwert, den man erhält,
wenn man die Spannungskurve über den Winkel $2\pi/p$ integriert, ist

$$E_g = \frac{1}{2\pi/p} \int_{-\pi/p}^{+\pi/p} E\sqrt{2} \cos x \, dx = \frac{E\sqrt{2} \sin \pi/p}{\pi/p} \quad \ldots \ldots \ (2)$$

Bei verschiedenen Phasenzahlen ergeben sich aus dieser Gleichung
folgende Werte für das Verhältnis E_g/E:

Zahlentafel II.

p	2	3	4	6	12	∞
E_g/E	0,9	1,17	1,27	1,35	1,40	1,41

Der Mittelwert der Gleichstromleistung ist

$$N = E_g \cdot I = E I \sqrt{2} \, \frac{\sin \dfrac{\pi}{p}}{\pi/p} \quad \ldots \ldots \ldots \quad (3)$$

Die Leistung auf der Sekundärseite des Transformators beträgt:

$$N_2 = p E A = E I \sqrt{p} = \frac{\dfrac{\pi}{p} \sqrt{\dfrac{p}{2}}}{\sin \dfrac{\pi}{p}} \, N \quad \ldots \ldots \quad (4)$$

Für eine gegebene Transformatorschaltung kann die Kurve des Primärstromes und des Netzstromes aus dem Anodenstrom konstruiert werden. Dann ist es möglich, die Effektivwerte der Ströme und die Primärleistung des Transformators zu berechnen.

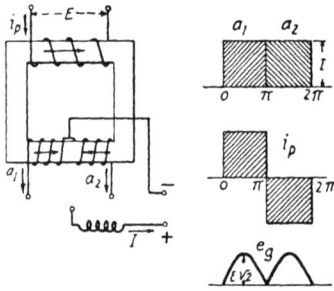

Abb. 23. Strom- und Spannungsgleichungen für Einphasen-Zweiweggleich-
richter.

Zur Erläuterung sollen die Spannungen, Ströme und Transformatorleistungen für einen Einphasengleichrichter und für einen Sechsphasengleichrichter in Stern-Doppelsternschaltung berechnet werden.

Einphasengleichrichter. Bei einem Einphasengleichrichter (siehe Abb. 23) führt jede Anode durch eine Halbperiode den Strom I. Vernachlässigt man den Magnetisierungsstrom, so muß die Summe der Amperewindungen für den geschlossenen magnetischen Kreis des Transformatorkernes gleich Null sein; bei einem angenommenen Übersetzungsverhältnis des Transformators 1:1 kann man schreiben

$$i_p = a_1 - a_2.$$

Hieraus ergibt sich die in Abb. 23 dargestellte Kurve des Primärstromes. Aus der erwähnten Abbildung werden folgende Gleichungen abgeleitet:

$$A = \frac{I}{\sqrt{p}} = \frac{I}{\sqrt{2}}$$

$$I_p = I$$

$$E_g = \frac{E \sqrt{2} \sin \dfrac{\pi}{p}}{\pi/p} = \frac{2 \sqrt{2}}{\pi} E$$

$$N = E_g \cdot I = \frac{2\sqrt{2}}{\pi} E I$$

$$N_2 = 2 E A = E I \sqrt{2} = \frac{\pi}{2} N$$

$$N_1 = E I_p = E I = \frac{\pi}{2\sqrt{2}} N$$

$$\lambda = \frac{N}{N_1} = \frac{2\sqrt{2}}{\pi} = 0{,}90.$$

Sechsphasengleichrichter mit in Stern geschalteter Primärwicklung des Transformators. Abb. 24 zeigt einen Transformator in Stern-Doppelsternschaltung in Verbindung mit einem Sechsphasengleichrichter. Die den Anodenströmen beigesetzten Ziffern entsprechen der Reihenfolge, in der die Anoden Strom führen. Die Ströme i_1, i_2, i_3 und a_1, a_2, a_3 sind die Momentanwerte der Primär- und Sekundärströme. Unter Vernachlässigung des Magnetisierungsstromes sind die gesamten Amperewindungen auf jedem der drei Schenkel des Transformators untereinander gleich, da die Enden der drei Schenkel, die sich im Joch vereinigen, auf gleichem magnetischen Potential sind. Die Gleichheit der Amperewindungen führt zu folgender Beziehung.

$$\mathfrak{z}_1 \cdot i_1 + \mathfrak{z}_2 (a_1 - a_4) = \mathfrak{z}_1 i_2 + \mathfrak{z}_2 (a_3 - a_6) = \mathfrak{z}_1 i_3 + \mathfrak{z}_2 (a_5 - a_2) \quad . \ (5)$$

Infolge der Annahme des Übersetzungsverhältnisses 1:1 ist $\mathfrak{z}_1 = \mathfrak{z}_2$; die Windungszahlen fallen daher aus obiger Gleichung heraus und es entsteht

$$i_1 + a_1 - a_4 = i_2 + a_3 - a_6 = i_3 + a_5 - a_2 \quad . \quad . \quad . \ (6)$$

Ferner ergibt sich durch Anwendung des ersten Kirchhoffschen Gesetzes auf den Nullpunkt der Primärwicklung des Transformators

$$i_1 + i_2 + i_3 = 0 \quad . \quad . \quad . \quad . \quad . \quad . \quad . \quad . \quad . \ (7)$$

Löst man die Gleichungen (6) und (7) für i_1, i_2 und i_3 auf, so erhält man:

$$i_1 = -\frac{2}{3} a_1 - \frac{1}{3} a_2 + \frac{1}{3} a_3 + \frac{2}{3} a_4 + \frac{1}{3} a_5 - \frac{1}{3} a_6 \quad . \ . \ (8)$$

$$i_2 = \frac{1}{3} a_1 - \frac{1}{3} a_2 - \frac{2}{3} a_3 - \frac{1}{3} a_4 + \frac{1}{3} a_5 + \frac{2}{3} a_6 \quad . \ . \ (9)$$

$$i_3 = \frac{1}{3} a_1 + \frac{2}{3} a_2 + \frac{1}{3} a_3 - \frac{1}{3} a_4 - \frac{2}{3} a_5 - \frac{1}{3} a_6 \quad . \ . \ (10)$$

Durch Addition der Amperewindungen für irgendeinen Transformatorschenkel erhält man einen restlichen Amperewindungsbetrag

$$m = (i_1 + a_1 - a_4) \mathfrak{z} = \frac{1}{3} (a_1 - a_2 + a_3 - a_4 + a_5 - a_6) \mathfrak{z} \quad (11)$$

Bei Ableitung der Gleichungen (8), (9) und (10) wurden keine Annahmen bezüglich der Wellenform und Aufeinanderfolge der Ströme
gemacht. Diese Gleichungen können daher auf einen nach Abb. 24
geschalteten Transformator ohne Rücksicht auf die Wellenform der
Ströme angewandt werden.

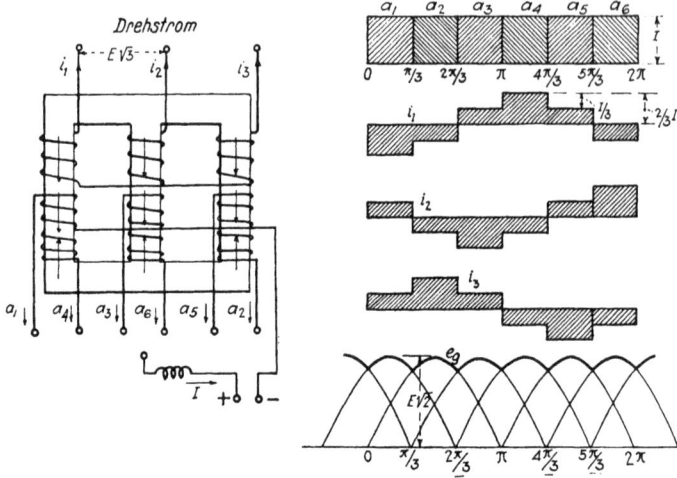

Abb. 24. Strom und Spannungsgleichungen für einen Sechsphasengleichrichter
mit Transformator in Stern-Doppelsternschaltung.

Nach diesen Ausdrücken wurden die Primärstromkurven in Abb. 24
konstruiert. Aus den Gleichungen (1) und (2) und dem Schaltbild in
Abb. 24 folgt

$$A = \frac{I}{\sqrt{p}} = \frac{I}{\sqrt{6}}$$

$$E_g = E\sqrt{2}\,\frac{\sin\dfrac{\pi}{p}}{\dfrac{\pi}{p}} = E\sqrt{2}\,\frac{\sin\dfrac{\pi}{6}}{\dfrac{\pi}{6}} = \frac{3\sqrt{2}}{\pi}E$$

$$I_p = \sqrt{\frac{1}{\pi}\cdot\frac{\pi}{3}\left[\left(\frac{1}{3}I\right)^2 + \left(\frac{2}{3}I\right)^2 + \left(\frac{1}{3}I\right)^2\right]} = \frac{\sqrt{2}}{3}I$$

$$N = E_g \cdot I = \frac{3\sqrt{2}}{\pi}E\cdot I$$

$$N_2 = 6\cdot E\cdot A = EI\sqrt{6} = \frac{\pi}{\sqrt{3}}N$$

$$N_1 = 3\,E\,I_p = EI\sqrt{2} = \frac{\pi}{3}N$$

$$\lambda = \frac{N}{N_1} = \frac{3}{\pi} = 0{,}955.$$

Bei Ableitung der Strom- und Spannungsbeziehungen für die Sechsphasengleichrichterschaltung nach Abb. 24 wurde der Einfluß der dritten Oberwelle vernachlässigt, was den Verhältnissen bei geringer Belastung annähernd entspricht. Der Einfluß der dritten Harmonischen und die tatsächlichen Strom- und Spannungsverhältnisse bei dieser Schaltung unter starker Belastung werden im Kapitel VI behandelt.

Für andere Transformatorschaltungen werden die Ströme und Spannungen und die Transformatorleistung in ähnlicher Weise berechnet. Diese Werte sind für verschiedene Transformator- und Gleichrichterschaltungen in Zahlentafel V im VI. Kapitel zusammengestellt.

2. Einfluß des Blindwiderstandes der Sekundärwicklung des Transformators.

Wir kehren zum allgemeinen Falle eines p-phasigen Gleichrichters zurück. Jede Phase der Sekundärwicklung des Transformators besitze eine Induktivität L (L umfaßt die Induktivität der Sekundärwicklung und die sekundäre Ersatzinduktivität für die primären und Leitungsinduktivitäten; die Ersatzinduktivität hängt von der verwendeten Transformatorschaltung ab). Infolge dieser Induktivität können die Anodenströme nicht mehr augenblicklich in voller Höhe einsetzen oder plötzlich verschwinden, wie früher angenommen wurde, sondern es überlappen sich die Ströme zweier aufeinanderfolgender Anoden, d. h. diese Anoden führen durch kurze Zeit gleichzeitig Strom und stellen so eine elektrische Verbindung zwischen den Wicklungsenden der beiden Phasen her. Diese Verhältnisse sind in Abb. 25a dargestellt. Die Anode 1 führt den vollen Strom I bis zum Schnittpunkt der Spannungswellen e_1 und

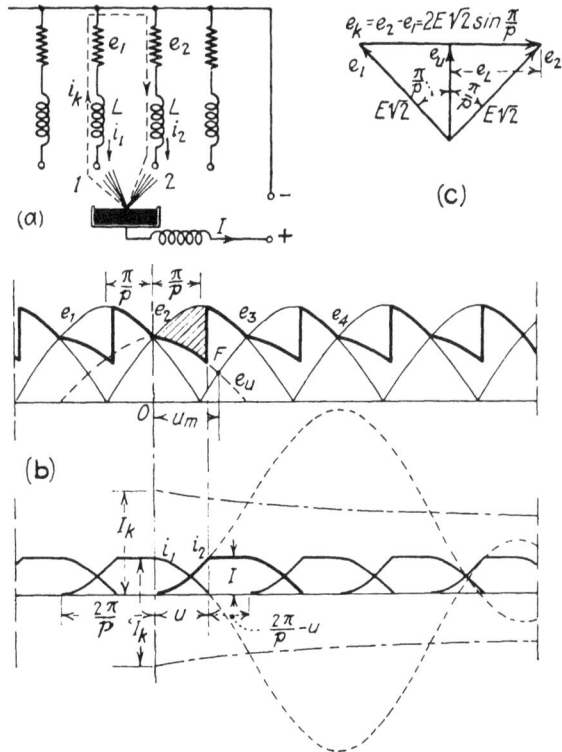

Abb. 25. Strom- und Spannungsgleichungen für einen p-phasigen Gleichrichter. Die Induktivität der Sekundärwicklung verursacht eine Überlappung der Anodenströme.

4*

e_2; in diesem Zeitpunkt, der in allen Gleichungen als Ausgangspunkt angenommen wird, setzt der Lichtbogen an der Anode 2 ein. Wendet man das zweite Kirchhoffsche Gesetz auf den geschlossenen Stromkreis an, der aus den Phasen 1 und 2 in Abb. 25a besteht, so erhält man:

$$e_1 - L\frac{d\,i_1}{d\,t} + L\frac{d\,i_2}{d\,t} - e_2 = 0 \quad \ldots \ldots \quad (12)$$

(Da die Spannungsabfälle in den beiden Lichtbögen gleich groß sind, heben sie sich gegenseitig auf und kommen daher in vorstehendem Ausdruck nicht vor.) Ferner gelten die Gleichungen:

$$\left.\begin{aligned} i_1 + i_2 &= I \\ e_1 &= E\sqrt{2}\cos\left(\omega t + \frac{\pi}{p}\right) \\ e_2 &= E\sqrt{2}\cos\left(\omega t - \frac{\pi}{p}\right) \end{aligned}\right\} \quad \ldots \ldots \ldots \quad (13)$$

Setzt man vorstehende Werte für e_1 und e_2 in Gleichung (12) und löst die Gleichungen (12) und (13) nach i_1 und i_2 auf, so erhält man:

$$i_1 = I\,\frac{E\sqrt{2}\sin\dfrac{\pi}{p}}{X}\,(1 - \cos\omega t) \quad \ldots \ldots \quad (14)$$

$$i_2 = I - i_1 = \frac{E\sqrt{2}\sin\dfrac{\pi}{p}}{X}\,(1 - \cos\omega t) \quad \ldots \ldots \quad (15)$$

wobei

$$X = \omega \cdot L$$

ist.

Um die Ströme i_1 und i_2 während der Überlappung zu berechnen, zerlegt man die Gleichungen (14) und (15), wobei der Faktor $\dfrac{E\sqrt{2}\sin\dfrac{\pi}{p}}{X}$ durch I_k ersetzt wird.

$$i_1 = I - I_k + I_k\cos\omega t \quad \ldots \ldots \ldots \quad (14a)$$

$$i_2 = I_k - I_k\cos\omega t \quad \ldots \ldots \ldots \quad (15a)$$

Diese Ströme setzen sich aus Gleichstromkomponenten und einer sinusförmigen Wechselstromkomponente $i_k = I_k\cos\omega t$ zusammen. Wie aus Abb. 25b hervorgeht, sind die Nullinien, um welche die Wechselstromkomponenten schwingen (in der Abbildung strichpunktiert eingezeichnet) gegen die Nullinie der Anodenströme verschoben.

Der Wechselstrom i_k tritt infolge des Kurzschlusses zwischen den Anoden 1 und 2 auf und ist gleich der Differenz der Phasenspannungen dividiert durch die Summe der Blindwiderstände der beiden Phasen.

Die Differenz der Phasenspannungen, welche diesen Strom verursacht, ist

$$e_k = e_2 - e_1 = 2\,E\,\sqrt{2}\,\sin\frac{\pi}{p}\,\sin\omega t.$$

Sie ist aus dem Vektordiagramm in Abb. 25c ersichtlich. Hieraus folgt der Kurzschlußstrom

$$i_k = -\ \frac{E\,\sqrt{2}\,\sin\dfrac{\pi}{p}}{X}\,\cos\omega t.$$

In vorstehender Gleichung ist der Strom eine Cosinusfunktion, denn der Stromkreis ist induktiv, und der Strom i_k eilt der Spannung e_k um 90° nach.

Der Kurzschlußstrom i_k fließt in dem geschlossenen Stromkreis, der aus den gleichzeitig brennenden Phasen besteht, wie dies in Abb. 25a durch gestrichelte Linien angedeutet ist und erscheint nicht auf der Gleichstromseite.

Die Überlappung der Ströme endet, wenn i_1 den Wert Null erreicht, denn die Ventilwirkung macht negative Anodenströme unmöglich.

Man kann daher den Überlappungswinkel u bestimmen, indem man den Ausdruck für i_1 nach Gleichung (14) gleich Null setzt, wobei ωt durch u ersetzt wird. Es ergibt sich

$$i_1 = I - \frac{E\,\sqrt{2}\,\sin\dfrac{\pi}{p}}{X}(1 - \cos u),$$

hieraus folgt

$$\cos u = 1 - \frac{I\,X}{E\,\sqrt{2}\,\sin\dfrac{\pi}{p}} \quad \dots \dots \dots \quad (16)$$

Aus Gleichung (16) erhält man:

$$\frac{E\,\sqrt{2}\,\sin\dfrac{\pi}{p}}{X} = \frac{I}{1 - \cos u}.$$

Setzt man diese Werte in die Gleichungen (14) und (15) ein und schreibt x statt ωt, so erhält man:

$$i_1 = I\left(1 - \frac{1 - \cos x}{1 - \cos u}\right) \quad \dots \dots \dots \quad (17)$$

$$i_2 = I\,\frac{1 - \cos x}{1 - \cos u} \quad \dots \dots \dots \dots \quad (18)$$

Wie man aus Abb. 25b ersieht, besteht der Anodenstrom aus drei Teilen; einem Teil, der während des Überlappungswinkels u auftritt und durch Gleichung (18) ausgedrückt wird, einem zweiten Teil, der sich über einen Winkel $\left(\dfrac{2\,\pi}{p} - u\right)$ ausdehnt und Rechtecksform mit der Amplitude I besitzt und einem dritten Teil, der sich über den Winkel u erstreckt und durch Gleichung (17) ausgedrückt wird.

Der Effektivwert A des Anodenstromes kann daher aus Abb. 25 und den Gleichungen (17) und (18) berechnet werden wie folgt:

$$2\,\pi\,A^2 = \int_0^u i_2{}^2\,d\,x + I^2\left(\frac{2\,\pi}{p} - u\right) + \int_0^u i_1{}^2\,d\,x.$$

Setzt man für i_1 und i_2 die Werte nach den Gleichungen (17) und (18) ein, integriert die Funktionen und zieht die Ausdrücke zusammen, so erhält man:

$$A = \frac{I}{\sqrt{p}}\;\sqrt{1 - p\,\frac{1}{\pi}\int_0^u\left[\frac{1 - \cos x}{1 - \cos u} - \left(\frac{1 - \cos x}{1 - \cos u}\right)^2\right]d\,x}$$

$$A = \frac{I}{\sqrt{p}}\;\sqrt{1 - p\left[\frac{(2 + \cos u)\sin u - (1 + 2\cos u)\,u}{2\,\pi\,(1 - \cos u)^2}\right]}$$

oder

$$A = \frac{I}{\sqrt{p}}\,\sqrt{1 - p\,\psi\,(u)}\quad\ldots\ldots\ldots\ldots\ldots (19)$$

wobei

$$\psi\,(u) = \frac{1}{\pi}\int_0^u\left[\frac{1 - \cos x}{1 - \cos u} - \left(\frac{1 - \cos x}{1 - \cos u}\right)^2\right]d\,x$$

$$\psi\,(u) = \frac{(2 + \cos u)\sin u - (1 + 2\cos u)\,u}{2\,\pi\,(1 - \cos u)^2}\quad\ldots\ldots (20)$$

Um die Rechnungen zu erleichtern, kann man die rechte Seite der Gleichung (20) in eine Reihe entwickeln.

$$\psi\,(u) = \frac{2\,u}{15\,\pi}\left(1 + \frac{u^2}{84} + \cdots\right)\quad\ldots\ldots (20\text{a})$$

Durch Vergleich der Gleichungen (19) und (1) ergibt sich, daß der ohne Berücksichtigung der Überlappung ermittelte Effektivwert des Anodenstromes mit dem Faktor $\sqrt{1 - p\,\psi\,(u)}$ zu korrigieren ist. Dieser Faktor und die Größe $\psi\,(u)$ sind für 2, 3, 6 und 12 Phasen in Abb. 48 als Funktion von u dargestellt.

Die Leistung der Sekundärwicklung des Transformators nach Gleichung (4), jedoch unter Berücksichtigung der Überlappung ist:

$$N_2 = p\,E\,A = E\,I\,\sqrt{p}\,\sqrt{1 - p\,\psi\,(u)}.\quad\ldots\ldots (21)$$

Gleichspannung und Spannungsabfall. Die Gleichspannung ist, wenn keine Überlappung auftritt, gleich der Spannung der stromführenden Phase, wie Abb. 22 zeigt, und ihr Mittelwert ergibt sich aus Gleichung (2). Während der Überlappungsperiode sind zwei Phasen durch den Lichtbogen in Verbindung und die Gleichspannung liegt zwischen den sinusförmigen Spannungen der beiden gleichzeitig brennenden Phasen; sie ist gleich der induzierten Phasenspannung e_2, vermindert um den induktiven Spannungsabfall

$$e_i = L \frac{d\,i_2}{d\,t}$$

den der Strom i_2 in der Induktivität L hervorruft.

Durch Einsetzen des Wertes von i_2 aus Gleichung (15) und Differentieren erhält man:

$$e_i = \frac{\omega\,L\,E\,\sqrt{2}\,\sin\dfrac{\pi}{p}\,\sin\,\omega t}{X}$$

Ersetzt man ωL durch X und ωt durch x, so entsteht:

$$e_i = E\,\sqrt{2}\,\sin\frac{\pi}{p}\,\sin x.$$

Der Vektor e_i ist in Abb. 25c eingezeichnet und ist gleich $\frac{1}{2}\,(e_2 - e_1)$. Die abgegebene Gleichspannung während der Überlappung ist:

$$e_u = e_2 - e_i = E\,\sqrt{2}\,\cos\left(x - \frac{\pi}{p}\right) - E\,\sqrt{2}\,\sin\left(\frac{\pi}{p}\right)\sin x = E\,\sqrt{2}\,\cos\frac{\pi}{p}\cos x.$$

Die Spannung e_u ist aus den Abb. 25b und c ersichtlich; sie ist gleich dem Mittelwert der Spannungen e_1 und e_2. Sobald die Überlappungsperiode vorüber ist, nimmt die Gleichspannung den Wert der Phasenspannung der nunmehr allein stromführenden Phase an.

Die Gleichspannungskurve, die sich unter dem Einfluß der Überlappung ergibt, ist in Abb. 25b stark ausgezogen und weicht von der Gleichspannung im Leerlauf (ohne Überlappung, s. Abb. 22) um die in Abb. 25b schraffierte Fläche ab. Der Mittelwert der Gleichspannung nach Gleichung (2) verringert sich daher um die mittlere Ordinate g der schraffierten Fläche. Diese Ordinate kann durch Integration des Spannungsabfalles e_i über den Winkel u bestimmt werden.

$$g = \frac{1}{2\,\dfrac{\pi}{p}}\int_0^u e_i\,d\,x = \frac{1}{2\,\dfrac{\pi}{p}}\int_0^u E\,\sqrt{2}\,\sin\frac{\pi}{p}\,\sin x\,d\,x = \frac{E\,\sqrt{2}\,\sin\dfrac{\pi}{p}}{2\,\dfrac{\pi}{p}}\,(1 - \cos u) \quad \ldots\ (22)$$

Durch Einsetzen des Wertes für $\cos u$ aus Gleichung (16) entsteht:

$$g = \frac{I\cdot X}{2\,\dfrac{\pi}{p}} \quad \ldots \ldots \ldots \quad (22\,\mathrm{a})$$

Der Mittelwert der Gleichspannung unter Berücksichtigung des induktiven Spannungsabfalles während der Überlappungsperiode kann mit Hilfe der Gleichungen (2) und (22) bestimmt werden wie folgt:

$$E_g = \frac{E\sqrt{2}\sin\frac{\pi}{p}}{\frac{\pi}{p}} - \frac{E\sqrt{2}\sin\frac{\pi}{p}}{2\frac{\pi}{p}}(1-\cos u) = \frac{E\sqrt{2}\sin\frac{\pi}{p}}{\frac{\pi}{p}}\left(1 - \frac{1-\cos u}{2}\right)$$

$$= \frac{E\sqrt{2}\sin\frac{\pi}{p}}{\frac{\pi}{p}}\cos^2\frac{u}{2} \quad \dots \dots \dots (23)$$

oder

$$E_g = \frac{E\sqrt{2}\sin\frac{\pi}{p}}{\frac{\pi}{p}} - \frac{IX}{2\frac{\pi}{p}} \quad \dots \dots \dots (23\,\text{a})$$

Man ersieht aus Gleichung (23a), daß der durch die Überlappung entstehende Spannungsabfall dem Strome I direkt proportional ist und von der Phasenzahl p sowie vom Blindwiderstand des Transformators abhängt. Der Gesamtspannungsabfall eines Gleichrichters wird außer durch die Überlappung, auch durch den Ohmschen Widerstand und durch den veränderlichen Lichtbogenabfall beeinflußt.

Die Leistungsabgabe auf der Gleichstromseite ist

$$N = E_g \cdot I = \frac{E\,I\sqrt{2}\sin\frac{\pi}{p}}{\frac{\pi}{p}}\cos^2\frac{u}{2} \quad \dots \dots \dots (24)$$

Die Kurvenformen des Primärstromes und Netzstromes können aus der Anodenstromkurve in der früher besprochenen Weise konstruiert werden. Bei einem Transformator in Stern-Doppelsternschaltung sind bei der Konstruktion der Primärstromkurve aus der Anodenstromkurve die Gleichungen (8), (9) und (10) zu beachten.

Die Gleichspannung vom Leerlauf bis zum Kurzschluß.

Im vorangegangenen Abschnitt wurden die allgemeinen Beziehungen zwischen den Strömen und Spannungen bei einem p-phasigen Gleichrichter unter Berücksichtigung der Überlappung der Ströme zweier aufeinander folgender Phasen abgeleitet. Der nach Gleichung (16) bestimmte Überlappungswinkel u wächst mit steigender Belastung. Aus Abb. 25 ist ersichtlich, daß mit wachsendem Überlappungswinkel ein Punkt F erreicht wird, in welchem die Spannung e_3 der Anode 3 gleich der mittleren Spannung e_u der beiden stromführenden Anoden ist. Bei noch höherer Belastung, wenn sich der Überlappungswinkel u über den Punkt F ausdehnt, setzt der Lichtbogen an der Anode 3 im Punkte F ein, bevor der Lichtbogen an der Anode 1 erlischt, so daß nun bis zum Erlöschen der Anode 1 drei Phasen gleichzeitig Strom führen. Die früher für die Überlappung zweier Phasen abgeleiteten Beziehungen sind nun nicht mehr anwendbar. Der größte Überlappungswinkel zweier Phasen u_{max} kann durch Gleichsetzen der Ausdrücke für e_u und e_3 bestimmt werden:

$$e_u = e_3$$

$$E \sqrt{2} \cos \frac{\pi}{p} \cos u_{max} = E \sqrt{2} \cos \left(u_{max} - \frac{3\pi}{p} \right)$$

$$\operatorname{tg} u_{max} = \frac{\cos \dfrac{\pi}{p} - \cos \dfrac{3\pi}{p}}{\sin \dfrac{3\pi}{p}} \qquad \ldots \ldots \ldots (25)$$

Es folgen die nach Gleichung (25) berechneten Werte von u_{max} für Gleichrichter mit 3, 6 und 12 Phasen

p	u_{max}
3	90⁰
6	40⁰ 54′
12	20⁰ 7′

Mit steigender Belastung wächst die Brennzeit jeder Anode; immer mehr Phasen führen gleichzeitig Strom, bis beim vollständigen Kurzschluß jede Anode während der vollen Periode und alle Phasen gleichzeitig Strom führen (s. Abb. 29j). Tatsächlich kann dieser Zustand wegen des Lichtbogenabfalles und der Kupferverluste im Transformator und in den Zuleitungen nicht erreicht werden.

Im nachfolgenden sollen die allgemeinen Beziehungen zwischen den Strömen und Spannungen eines p-phasigen Gleichrichters unter verschiedenen Belastungen bis zum Kurzschluß betrachtet werden.

Gleichspannung. Die sekundären Phasenspannungen eines p-phasigen Gleichrichtertransformators haben wie früher den Scheitelwert E und sind gegeneinander um den Phasenwinkel $2\pi/p$ verschoben. Diese Phasenspannungen können folgendermaßen ausgedrückt werden:

$$\left.\begin{aligned}
e_1 &= E \sqrt{2} \sin x \\
e_2 &= E \sqrt{2} \sin \left[x - \frac{2\pi}{p} \right] \\
e_3 &= E \sqrt{2} \sin \left[x - 2\frac{2\pi}{p} \right] \\
&\cdots\cdots\cdots\cdots\cdots \\
e_p &= E \sqrt{2} \sin \left[x - (p-1)\frac{2\pi}{p} \right]
\end{aligned}\right\} \quad \ldots \ldots (26)$$

Die Momentanwerte der Gleichspannung sollen wieder mit e_g und die Momentanwerte der Anodenströme mit a_1, a_2, $a_3 \ldots a_p$ bezeichnet werden. Die Gleichspannung in irgendeinem Zeitpunkt ist gleich der Spannung zwischen der stromführenden Anode und dem Transformatornullpunkt; sie ist infolgedessen gleich der Phasenspannung im Leerlauf, vermindert um den Spannungsabfall, den der Anodenstrom im Blindwiderstand X hervorruft. Bei Belastung führen die Anoden *1* bis n gleichzeitig Strom und sind alle auf gleichem Potential für die einzelnen Phasen gelten die Gleichungen:

$$\left. \begin{aligned} e_g &= e_1 - X \frac{d\,a_1}{d\,x} \\[2mm] e_g &= e_2 - X \frac{d\,a_2}{d\,x} \\ &\cdots \cdots \cdots \\ e_g &= e_n - X \frac{d\,a_n}{d\,x} \end{aligned} \right\} \quad \ldots \ldots \ldots \quad (27)$$

Durch Addition dieser Gleichungen erhält man:

$$n\,e_g = (e_1 + e_2 + \ldots + e_n) - X \frac{d\,(a_1 + a_2 + \ldots + a_n)}{d\,x}.$$

Da der Gleichstrom $I = a_1 + a_2 + \ldots + a_n$ ist und seinen Wert nicht ändert, so ist

$$\frac{d\,(a_1 + a_2 + \ldots + a_n)}{d\,x} = 0,$$

daraus ergibt sich

$$e_g = \frac{(e_1 + e_2 + \ldots + e_n)}{n} = \frac{1}{n} \sum_{k=1}^{n} e_k \quad \ldots \ldots \quad (28)$$

Die Gleichspannung in irgendeinem Zeitpunkt ist gleich dem arithmetischen Mittel der Spannungen der gleichzeitig stromführenden Phasen nicht nur bei 2, sondern auch bei beliebig vielen gleichzeitig stromführenden Phasen.

Die Kurvenform der Gleichspannung kann mit Hilfe der Gleichung (28) bestimmt werden, wenn die Phasenspannungen und die Zahl der gleichzeitig brennenden Phasen bekannt sind. Da die Spannungen e_1, e_2 usw. sinusförmig sind, besteht die Gleichspannung e_g aus Teilen von Sinuswellen, die durch Vektoren dargestellt werden können.

In Abb. 26 sind die Spannungsvektoren e_1, e_2 usw. eines mehrphasigen (in der Abbildung 12phasigen) Gleichrichters eingetragen. Es wird angenommen, daß die Zeitachse OT des Vektordiagramms sich im Uhrzeigersinne dreht; die Projektionen der Vektoren auf diese Achse stellen die Momentanwerte der Spannungen dar. Die lotrechte Lage der

Zeitachse, die zum Werte $e_1 = 0$ führt, wird als Nullstellung angenommen. In einem bestimmten Augenblick sollen die Anoden *9, 10, 11*
und *12* Strom führen. Die Gleichspannungskurve wird dann vom Vektor OS_1 erzeugt, welcher der Mittelwert der Vektoren e_9 bis e_{12} ist. Diese
4 Anoden führen den Gesamtstrom bis die Spannung e_1 der Anode *1*
gleich der Spannung OS_1 geworden ist, worauf der Strom an der Anode *1*
einsetzt. Dies geschieht bei einem Winkel α, wenn die Zeitachse auf die

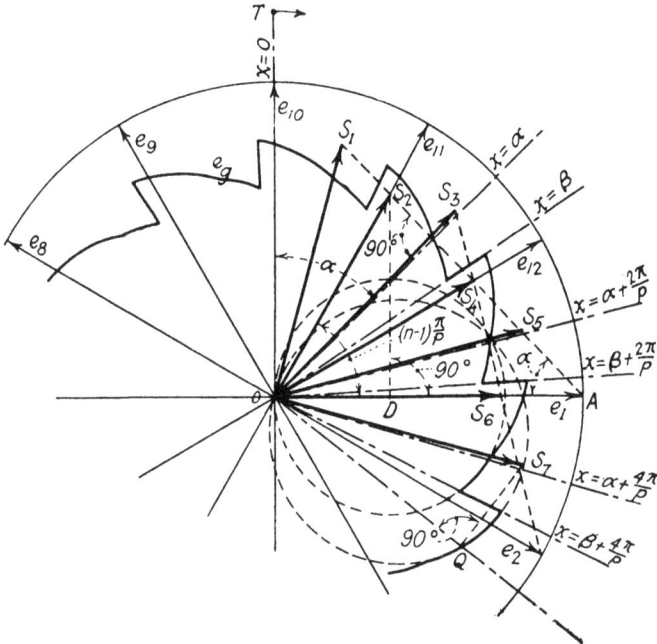

Abb. 26. Vektordiagramm zur Konstruktion der Gleichspannungskurve
eines Gleichrichters.

Verbindungslinie der Endpunkte der Vektoren OS_1 und e_1 senkrecht
steht, denn dann sind die Projektionen dieser Vektoren auf die Zeitachse gleich groß. Der Winkel α wird Zündwinkel genannt und vom
Nulldurchgang der Spannung einer Anode bis zum Einsetzen des Lichtbogens an dieser Anode gemessen. Die Gleichspannungskurve wird nun
von dem Vektor OS_2 erzeugt, welcher der Mittelwert der Spannungen
e_9, e_{10}, e_{11}, e_{12} und e_1 ist.

Der Strom der Anode *9* nimmt ab und erreicht den Wert Null in
irgendeinem Zeitpunkt, nachdem die Anode *1* gezündet hat. Dies tritt
bei einem Winkel β von der Nullstellung der Zeitachse gemessen, ein.
Wenn die Anode *9* erloschen ist, so wird die Gleichspannungswelle durch
einen Vektor OS_3 erzeugt, der der Mittelwert der Spannungen e_{10}, e_{11},
e_{12} und e_1 der stromführenden Anoden ist. Bei einem Winkel $\gamma = x + \dfrac{2\pi}{p}$

wird die Spannung e_2 gleich OS_3 und die Anode *2* zündet. Der Vektor, welcher nun die Gleichspannung erzeugt, ist OS_4, der Mittelwert der Vektoren e_{10}, e_{11}, e_{12}, e_1 und e_2. Die Anode *10* erlischt bei einem Winkel δ.

Dieser Vorgang setzt sich während der ganzen Periode fort. Die Gleichspannungswelle wird nacheinander von den Vektoren OS_1, OS_2, OS_3 usw. erzeugt und kann aus den Projektionen dieser Vektoren auf die umlaufende Zeitachse konstruiert werden. Dies wird üblicherweise in Polarkoordinaten durchgeführt (s. Abb. 26), indem man über den einzelnen Vektoren als Durchmesser Kreise beschreibt. Jene Teile der Kreisumfänge, die innerhalb der zugehörigen Winkel liegen, sind Teile der Gleichspannungswelle. Dies ist leicht einzusehen, denn eine Gerade, die vom Endpunkt des Vektors zu einem Punkt des Kreisumfanges gezogen wird, steht auf der Zeitachse durch diesen Punkt senkrecht, so daß der Abstand von dem Punkt O zu dem Punkt auf dem Kreisumfang gleich der Projektion des Vektors auf die Zeitachse ist. Wenn also die Zeitachse durch einen Punkt Q hindurchgeht, wird die Gleichspannung durch die Strecke OQ dargestellt, denn OQ steht senkrecht auf S_7Q und ist daher die Projektion des Vektors OS_7 auf die durch Q hindurchgehende Zeitachse. In Abb. 26 ist $n = 5$.

Der Zündwinkel α kann aus Abb. 26 bestimmt werden, wenn man vom Punkte S_2 eine Senkrechte auf OA fällt $(OAS_2 = \alpha)$.

$$\operatorname{tg} \alpha = \frac{DS_2}{AD} = \frac{OS_2 \sin (n-1) \frac{\pi}{p}}{OA - OS_2 \cos (n-1) \frac{\pi}{p}} ; \ OA = E \sqrt{2}.$$

Aus Gleichung (28) folgt:

$$OS_2 = \frac{E \sqrt{2} \sin n \frac{\pi}{p}}{n \sin \frac{\pi}{p}}.$$

$$\operatorname{tg} \alpha = \frac{\sin n \frac{\pi}{p} \sin (n-1) \frac{\pi}{p}}{n \sin \frac{\pi}{p} - \sin n \frac{\pi}{p} \cos (n-1) \frac{\pi}{p}} \quad . \ . \ . \ . \ (29)$$

Zündwinkel bei Drei- und Sechsphasengleichrichtern in Abhängigkeit von der Anzahl n der gleichzeitig brennenden Phasen

p	n	α	p	n	α
3	2	30°	6	4	23° 25′
3	3	0°	6	5	8° 57′
6	2	60°	6	6	0°
6	3	40° 54′			

Anodenströme. Schreibt man die Gleichung (27) für irgendeine Phase, z. B. die Phase s an, so lautet sie

$$e_g = e_s - X \frac{d\,a_s}{d\,x},$$

hieraus folgt

$$a_s = \frac{1}{X} \int (e_s - e_g)\,d\,x + C \quad \ldots \ldots \ldots \quad (30)$$

Die Gleichung (30) kann dazu benützt werden, um die Kurvenform der Anodenströme zu bestimmen. Aus dieser Gleichung geht hervor, daß der Anodenstrom dem Integral der Differenz zwischen der Phasenspannung im Leerlauf und dem Momentanwert der Gleichspannung proportional ist. Da die Gleichspannung, wie Abb. 26 zeigt, nacheinander durch die Vektoren OS_1, OS_2 usw. erzeugt wird, ist der Ausdruck für a_s keine über die ganze Brenndauer der Anode kontinuierliche Funktion und die Integration muß für jeden der Vektoren innerhalb seines zugehörigen Winkels gesondert durchgeführt werden. Die Integrationskonstante C wird für jede dieser Integrationen durch den Wert des Anodenstromes am Beginn des betreffenden Zeitraumes bestimmt.

Da die Momentanwerte von e_s und e_g gleich den Projektionen der Vektoren e_s und OS_1, OS_2 usw. auf die Zeitachse sind, so ist der Wert von $(e_s - e_g)$ in Gleichung (30) jeweils gleich der Projektion des von den Punkten S_1, S_2 usw. zum Endpunkte von e_s gezogenen Vektors. So wird z. B. in Abb. 26 für den Zeitraum zwischen x—$\varkappa$ und x—β der Wert $e_1 - e_g$ für die Phase 1 durch den Vektor S_2A dargestellt. Da das Integral einer Sinusfunktion wieder eine Sinusfunktion ist, die um 90^0 nacheilt, kann $\int (e_s - e_g)\,dx$ durch einen Vektor dargestellt werden, welcher gleich dem Vektor $(e_s - e_g)$, aber um 90^0 nacheilt; man kann auch die Zeitachse um 90^0 zurückverschieben.

Es kann also die Anodenstromkurve aus dem Spannungsvektordiagramm zeichnerisch bestimmt werden, indem man die Vektordifferenzen zwischen der Leerlaufsphasenspannung und den Vektoren der Gleichspannung einzeichnet und die Zeitachse gegenüber ihrer Lage im Spannungsdiagramm um 90^0 zurückverschiebt.

Zur Erläuterung sind in den Abb. 27 und 28 die Gleichspannungsund Anodenstromkurven eines Sechsphasengleichrichters konstruiert. In diesem Beispiel ist angenommen, daß drei Phasen gleichzeitig brennen ($n = 3$). Unter dieser Annahme ist der Zündwinkel α gleich $40^0\ 54'$. Der Winkel β wird zu 70^0 angenommen. In Abb. 27 sind die Phasenspannungen e_1 bis e_6 durch die Vektoren 01, 02, 03 usw. dargestellt. Die Vektoren, welche die Gleichspannung erzeugen, sind mit OA, OB, OC usw. bezeichnet, und die Winkel, während derer diese Vektoren wirksam sind, heißen a, b, c usw. Es arbeiten daher die Phasen 5, 6 und 1 über den Winkel a parallel, und die Gleichspannungskurve wird durch den Vektor OA erzeugt, der die Resultierende der Spannungen e_5, e_6 und e_1 ist. Während des Winkels b führen nur die Phasen 6 und 1 Strom; der die Gleichspannung bestimmende Vektor ist OB, der Mittelwert von e_6 und e_1. Der Strom in Anode 1 ergibt sich in Übereinstimmung mit Gleichung (30):

$$a_i = \frac{1}{X} \int (e_1 - e_g)\, d\,x + C \quad \ldots \ldots \quad (30\,\text{a})$$

In Abb. 28a ist dieser Strom nach dem früher besprochenen Verfahren konstruiert. Zu diesem Zweck wurden die Vektoren A_1, B_1, C_1 usw.,

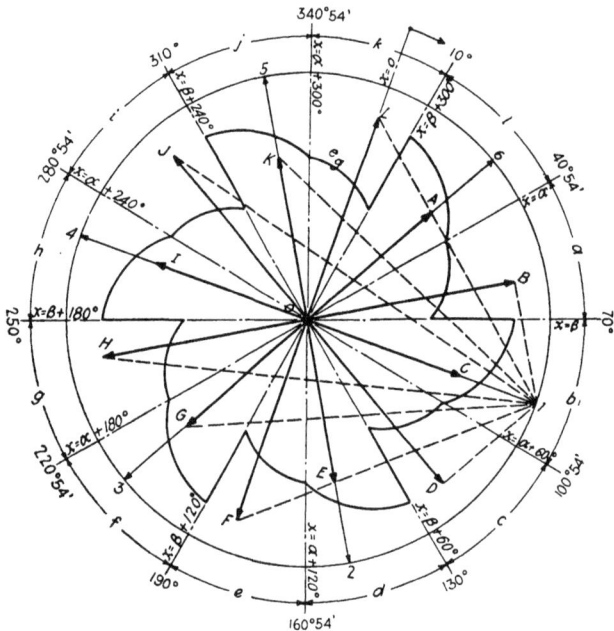

Abb. 27. Polardiagramm zur Konstruktion der Gleichspannungskurve eines Sechsphasengleichrichters bei drei gleichzeitig stromführenden Phasen ($n = 3$).

welche die Differenzen zwischen dem Spannungsvektor der Phase 1 und den die Gleichspannung e_g erzeugenden Vektoren darstellen, in jener Größe und Phasenlage aufgezeichnet, die sich aus Abb. 27 ergibt. Um diese Vektoren zu integrieren, wird die Zeitachse in Abb. 28 gegenüber ihrer Lage in Abb. 27 um 90^0 zurückverschoben. Der Ausdruck $\int (e_1 - e_g)\, d\,x$ in Gleichung (30a) ist dann gleich den Projektionen der Vektoren A_1, B_1 usw. auf die umlaufende Zeitachse, und zwar innerhalb der zugehörigen Winkel a, b, c usw. Diese Projektionen ergeben mit dem Faktor $1/X$ multipliziert die Wechselstromkomponenten und bestimmen die Gestalt der Stromkurve. Der tatsächliche Wert des Stromes in irgendeinem Augenblick wird auch durch die Konstante C beeinflußt.

Die geometrischen Örter der Projektionen der Vektoren A_1, A_2 usw. sind mit diesen Vektoren als Durchmesser gezeichnete Kreise.

Die Anode *1* zündet beim Winkel α. Während des Winkels *a* ist der Vektor A_1 negativ, und die Stromwelle wird durch einen Kreis begrenzt, der $-A_1$ als Durchmesser enthält. Da der Strom a_1 bei der Winkelstellung α der Zeitachse den Wert *0* besitzt, wird die Integrationskonstante durch einen Kreis dargestellt, dessen Mittelpunkt der Ursprung des Vektordiagramms ist und der durch den Punkt M hindurchgeht. Die schraffierte Fläche, die von den beiden Kreisen begrenzt wird, stellt radial längs der umlaufenden Zeitachse gemessen den Anodenstrom

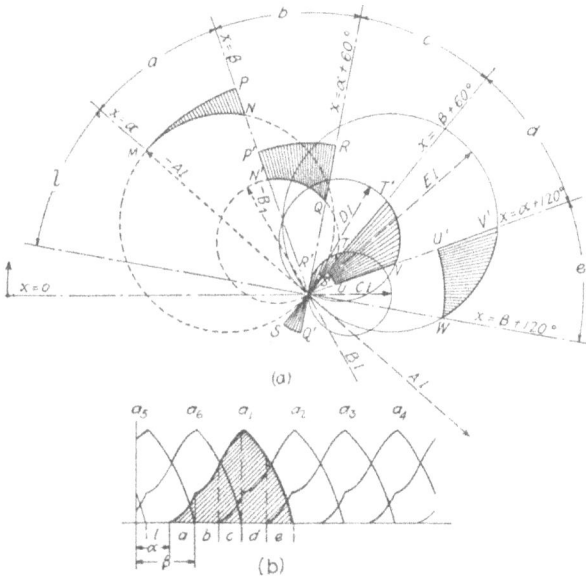

Abb. 28. Polardiagramm zur Konstruktion der Gleichstromkurve eines Sechsphasengleichrichters bei drei gleichzeitig stromführenden Phasen.

dar. Beim Winkel β hat der Strom den Wert NP erreicht. Während des Winkels *b* ist der geometrische Ort der Stromkurve ein dem Vektor $-B_1$ umschriebener Kreis. Die Integrationskonstante wird durch einen Kreis dargestellt, dessen Mittelpunkt der Ursprung des Vektordiagramms ist und der durch den Punkt P' hindurchgeht, wobei $N'P'$ gleich NP ist.

Beim Winkel $\alpha + 60^0$ hat der Strom den Wert QR. Während des Winkels *c* ist der geometrische Ort der Stromkurve ein Kreis, der dem positiven Vektor C_1 umschrieben ist. Der Kreis, welcher nun die Integrationskonstante darstellt, geht durch den Punkt Q' hindurch, wobei $Q'R'$ gleich QR ist.

$n = 2$
$I/I_k =$
$= 0,0032$

$E_g/E \sqrt{2} =$
$= 0,935$

(a)

$n = 2$
$I/I_k = 0,020$

$E_g/E \sqrt{2} =$
$= 0,838$

(b)

Abb. 29 a—b.

$n = 3$
$I/I_k = 0,03$

$E_g/E \sqrt{2} =$
$= 0,783$

(c)

$n = 3$
$I/I_k = 0,125$

$E_g/E \sqrt{2} =$
$= 0,604$

(d)

Abb. 29 c—d.

$n = 4$
$I/I_k = 0,165$
$E_g/E \sqrt{2} =$
$= 0,537$

(e)

$n = 4$
$I/I_k = 0,385$

$E_g/E \sqrt{2} =$
$= 0,326$

(f)

Abb. 29 e—f.

$n = 5,$
$I/I_k = 0,398$

$E_g/E \sqrt{2} =$
$= 0,304$

(g)

Abb. 29 g.

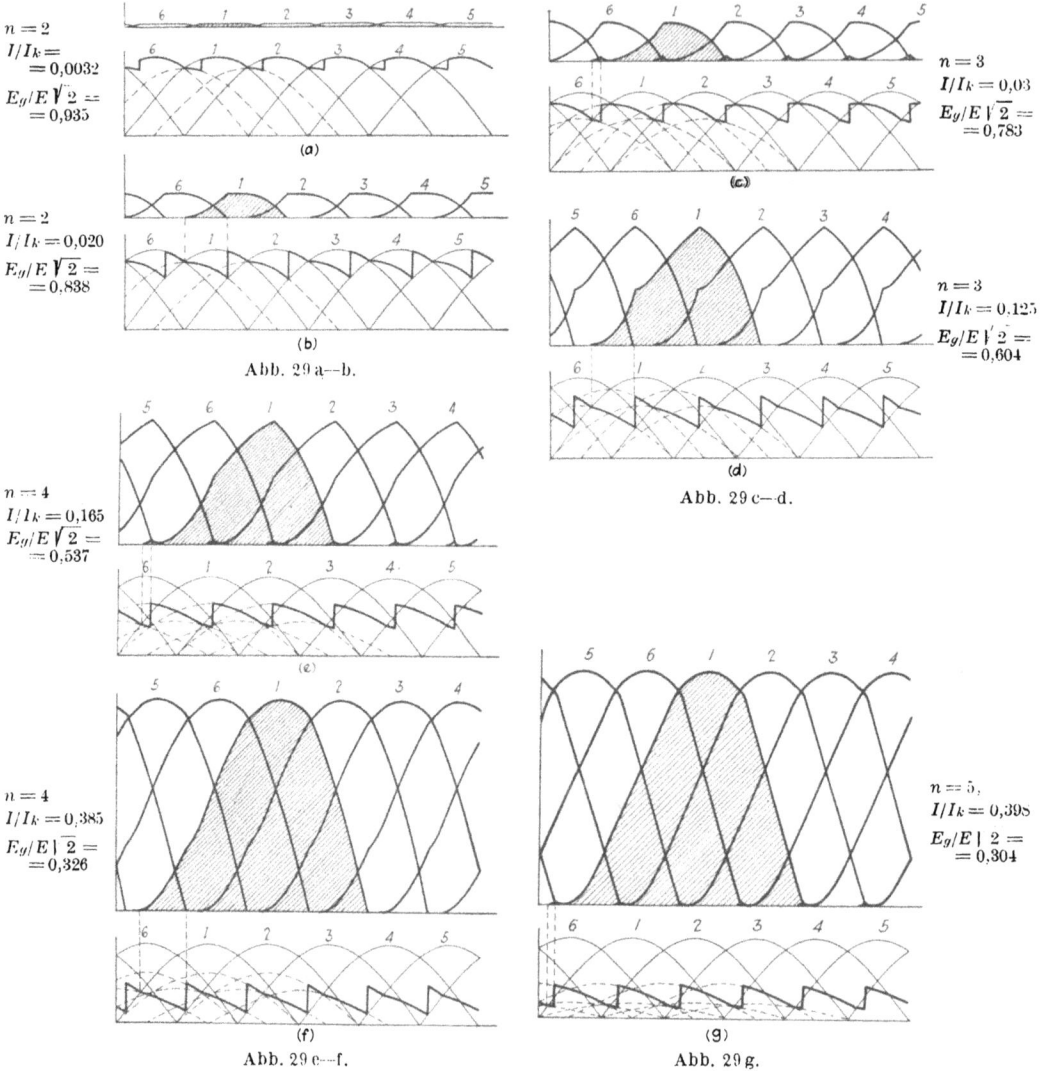

Der weitere Verlauf der Stromkurve wird auf ähnliche Weise konstruiert. Die schraffierten Flächen stellen den Strom in den Intervallen d und e dar. Sie werden von Kreisen begrenzt, die den Vektoren D_1 und E_1 umschrieben sind und ferner von Kreisen, welche die Integrationskonstanten darstellen und durch die am Ende des vorangegangenen Zeitabschnittes erreichten Stromwerte bestimmt sind. Im Punkte W erlischt die Anode *1*.

Die im Polardiagramm der Abb. 28a konstruierte Anodenstromkurve wurde in Abb. 28b in rechtwinkelige Koordinaten übertragen.

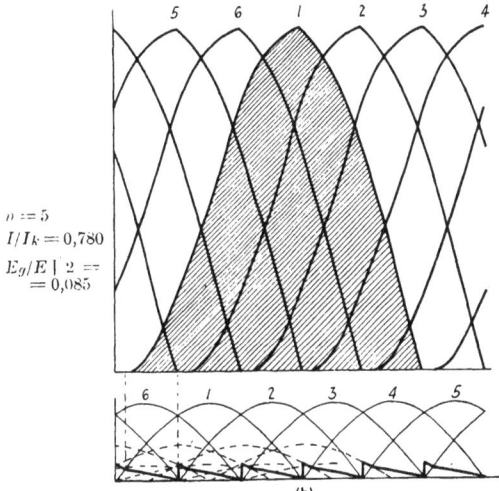

$n = 5$

$I/I_k = 0,780$

$E_g/E\sqrt{2} = 0,085$

(h)

Abb. 29 h.

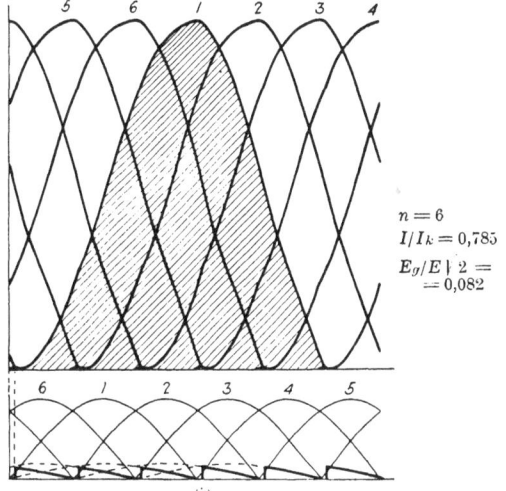

$n = 6$

$I/I_k = 0,785$

$E_g/E\sqrt{2} = 0,082$

(i)

Abb. 29 i.

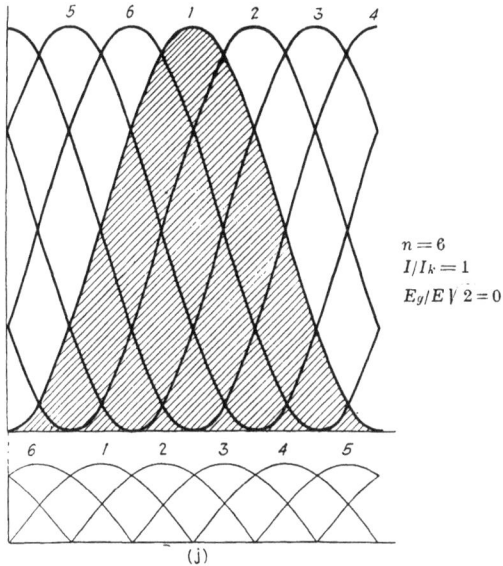

$n = 6$

$I/I_k = 1$

$E_g/E\sqrt{2} = 0$

(j)

Abb. 29 j.

In Abb. 29 (a bis j) ist der Anodenstrom und die Gleichspannung eines Sechsphasengleichrichters für verschiedene Belastungen gezeichnet, angefangen von geringer Belastung mit Überlappung zweier Phasen ($n = 2$) bis zum Kurzschluß, wobei alle Phasen gleichzeitig Strom führen ($n = 6$) und jede Anode während der ganzen Periode brennt. Diese Spannungs- und Stromkurven wurden nach dem vorstehend erläuterten Verfahren konstruiert.

Die oberen Kurven der Abb. 29 a bis j stellen die Anodenströme und die unteren Kurven die Gleichspannung dar. Die Phasenspannungen im Leerlauf sind als dünne volle Linien eingezeichnet. Die gestrichelten Linien sind Konstruktionslinien. Neben jeder Figur ist das Verhältnis Gleichstrom/Kurzschlußstrom und Gleichspannung/Scheitelwert der Phasenspannung angegeben.

Kurzschlußstrom. Im theoretischen vollständigen Kurzschluß ist die Gleichspannung e_g während der ganzen Periode gleich Null. Aus Gleichung (28) ergibt sich, daß in diesem Falle alle Phasen während der ganzen Periode an der Stromführung teilnehmen, denn die Summe aller Spannungen eines symmetrischen p-phasigen Gleichrichters ist gleich Null. Wenn alle Phasen gleichzeitig Strom führen, so ist $n = p$, und der Zündwinkel α ist in Übereinstimmung mit Gleichung (29) gleich Null.

Aus der bei der Ableitung des Winkels α in Abb. 26 gemachten Festsetzung folgt, daß beim Winkel $\alpha = 0$ jede Anode in dem Zeitpunkt zündet, in welchem ihre Phasenspannung beim Übergang von negativen zu positiven Werten die Nullachse schneidet.

Der Anodenstrom im Kurzschluß ergibt sich aus Gleichung (30), wenn e_g gleich Null gesetzt wird:

$$a_{sk} = \frac{1}{X} \int e_s \, d\,x + C_k \quad \ldots \ldots \ldots \quad (31)$$

Hier ist C_k die Integrationskonstante für den Kurzschlußfall. Da e_s eine stetige Funktion ist, hat C_k für die ganze Periode denselben Wert.

Schreibt man die Gleichung (31) für den Strom der Phase 1 an und setzt für e_1 den Wert aus Gleichung (26) ein, so erhält man:

$$a_{1k} = \frac{1}{X} \int E \sqrt{2} \sin x \, d\,x + C_k$$

$$a_{1k} = -\frac{E \sqrt{2}}{X} \cos x + C_k \quad \ldots \ldots \ldots \quad (32)$$

Um C_k zu bestimmen, wenden wir die Gleichung (32) auf den Zündpunkt der Anode 1 an. Diese Anode zündet im Zeitpunkte $x = 0$ und hat zu dieser Zeit den Strom Null.

$$0 = -\frac{E \sqrt{2}}{X} + C_k$$

$$C_k = \frac{E \sqrt{2}}{X} \quad \ldots \ldots \ldots \ldots \quad (33)$$

Setzt man diesen Wert von C_k in Gleichung (32) ein, so erhält man:

$$a_{1k} = -\frac{E \sqrt{2}}{X} \cos x + \frac{E \sqrt{2}}{X} \quad \ldots \ldots \quad (34)$$

Die Anodenstromkurve nach dieser Gleichung ist in Abb. 29j dargestellt. Der Scheitelwert des Anodenstromes ist $2\,E\sqrt{2}/X$.

Es soll nun die Gleichung (31) für alle Anoden angeschrieben werden und dabei für C_k der Wert nach Gleichung (33) eingesetzt werden.

$$\left.\begin{aligned}
a_{1k} &= \frac{1}{X}\int e_1\, d\,x + \frac{E\sqrt{2}}{X} \\[2mm]
a_{2k} &= \frac{1}{X}\int e_2\, d\,x + \frac{E\sqrt{2}}{X} \\[2mm]
&\ldots\ldots\ldots\ldots\ldots \\[2mm]
a_{pk} &= \frac{1}{X}\int e_p\, d\,x + \frac{E\sqrt{2}}{X}
\end{aligned}\right\} \quad\ldots\ldots\ldots\ (35)$$

Der gesamte gleichstromseitige Kurzschlußstrom I_k ist die Summe aller Anodenströme.

$$I_k = a_{1k} + a_{2k} + \ldots + a_{pk} = \frac{1}{X}\int (e_1 + e_2 + \ldots + e_p)\, d\,x$$
$$+ p\,\frac{E\sqrt{2}}{X} \quad\ldots\ldots\ldots\ (36)$$

Da die Summe aller Phasenspannungen gleich Null ist, verschwindet in vorstehender Gleichung der Ausdruck unter dem Integralzeichen, und man erhält

$$I_k = \frac{p\,E\sqrt{2}}{X} \quad\ldots\ldots\ldots\ (37)$$

Die Gleichung (37) gibt den theoretischen Kurzschlußstrom eines Gleichrichters. Tatsächlich bleibt der Kurzschlußstrom wegen des Lichtbogenabfalles und der Kupferverluste gegen den Wert nach Gleichung (37) zurück.

Beziehungen zwischen Strömen und Spannungen. Da die Gleichspannungskurve periodisch ist (Periode $2\,\pi/p$), wie aus Abb. 26 zu ersehen, kann ihr Mittelwert E_g durch Integration über den Winkel $2\,\pi/p$ bestimmt werden.

$$E_g = \frac{1}{2\,\pi/p}\int_{\alpha}^{\alpha+\frac{2\pi}{p}} e_g\, d\,x \quad\ldots\ldots\ldots\ (38)$$

Zwischen den Winkeln α und β nehmen n Phasen an der Stromführung teil; zwischen den Winkeln β und $\alpha + 2\,\pi/p$ führen $n-1$ Phasen Strom. Setzt man den Wert für e_g aus Gleichung (28) ein, so kann die Gleichung (38) folgendermaßen geschrieben werden:

$$E_g = \frac{1}{2\,\pi/p}\left[\int_{\alpha}^{\beta}\frac{1}{n}\sum_{k=1}^{n} e_k\, d\,x + \int_{\beta}^{\alpha+\frac{2\pi}{p}}\frac{1}{n-1}\sum_{k=1}^{n-1} e_k\, d\,x\right] \ldots\ (39)$$

Die Beziehung zwischen der Gleichspannung E_g und dem Gleichstrom I kann mit Hilfe der Gleichung (30) abgeleitet werden, denn diese Gleichung drückt die Beziehung zwischen den Anodenströmen und der Gleichspannung aus und der Gleichstrom ist in jedem Augenblick gleich der Summe der Anodenströme. Die Summe der Anodenströme, beispielsweise im Zündpunkte der Anode *1*, kann als Summe der aufeinanderfolgenden Werte des Stromes der Anode *1* in Zeitabständen von $2\,\pi/p$ ausgedrückt werden, denn alle Anodenströme haben die gleiche Gestalt und sind gegeneinander um den Winkel $2\,\pi/p$ verschoben. Drückt man mit Hilfe der Gleichung (30) die Ströme der Anode *1* zur Zeit α, $\alpha + 2\,\pi/p$, $\alpha + 2\,(2\,\pi/p)$, ... $\alpha + (n-1)\,(2\,\pi/p)$ aus und bildet ihre Summe, so erhält man:

$$I\,X = \sum_{k=1}^{n} (n-k) \int_{\alpha+(k-1)\frac{2\pi}{p}}^{\alpha+k\frac{2\pi}{p}} (e_1 - e_g)\,d\,x \quad \ldots \ldots \quad (40)$$

$$I\,X = \sum_{k=1}^{n} (n-k) \int_{\alpha+(k-1)\frac{2\pi}{p}}^{\alpha+k\frac{2\pi}{p}} e_1\,d\,x - \sum_{k=1}^{n} (n-k) \int_{\alpha+(k-1)\frac{2\pi}{p}}^{\alpha+k\frac{2\pi}{p}} e_g\,d\,x \quad \ldots \ldots \quad (41)$$

$$\sum_{k=1}^{n} (n-k) \int_{\alpha+(k-1)\frac{2\pi}{p}}^{\alpha+k\frac{2\pi}{p}} e_1\,d\,x = \sum_{k=1}^{n} (n-k) \int_{\alpha+(k-1)\frac{2\pi}{p}}^{\alpha+k\frac{2\pi}{p}} E\sqrt{2}\,\sin x\,d\,x$$

$$= 2\,E\sqrt{2}\,\sin \frac{\pi}{p} \sum_{k=1}^{n} (n-k) \sin\left(\alpha + \frac{2\,k-1}{p}\,\pi\right).$$

Da die Gleichspannung die Periode $2\,\pi/p$ besitzt, können die Integrationsgrenzen im zweiten Ausdruck der Gleichung (41) durch α und $\alpha + 2\,\pi/p$ ersetzt werden.

$$\sum_{k=1}^{n} (n-k) \int_{\alpha}^{\alpha+\frac{2\pi}{p}} e_g\,d\,x = \frac{n\,(n-1)}{2} \int_{\alpha}^{\alpha+\frac{2\pi}{p}} e_g\,d\,x = \frac{n\,(n-1)}{p/\pi}\,E_g.$$

Hier ist E_g aus Gleichung (38) eingesetzt. Führt man vorstehende Ausdrücke in Gleichung (41) ein und ersetzt X durch den Wert aus Gleichung (37), so ergibt sich:

$$\frac{E_g}{E\sqrt{2}} = \frac{p}{n\,(n-1)\,\pi} \left[2\sin \frac{\pi}{p} \sum_{k=1}^{n} (n-k) \sin\left(\alpha + \frac{2\,k-1}{p}\,\pi\right) - p\,\frac{I}{I_k}\right]$$

$$\ldots \ldots \ldots \ldots \quad (42)$$

Die Gleichung (42) ist der Ausdruck für die Belastungskennlinie eines *p*-phasigen Gleichrichters für den ganzen Belastungsbereich vom Leerlauf bis zum Kurzschluß. Die Gleichspannung wird als Bruchteil von $E\,|\,2$ (dem Scheitelwert der Phasenspannung im Leerlauf) ausgedrückt. Der Gleichstrom erscheint als Bruchteil des Kurzschlußstromes I_k.

In Abb. 30 sind für Gleichrichter mit 3, 6, 12 und unendlich vielen Phasen die Belastungskennlinien dargestellt.

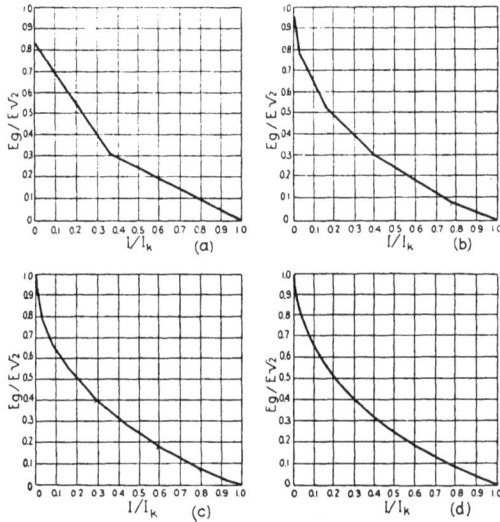

Abb. 30. Belastungskennlinien vom Leerlauf bis zum Kurzschluß für Gleichrichter mit Blindwiderstand in den Sekundärwicklungen des Transformators: a) 3 phasig, b) 6 phasig, c) 12 phasig, d) unendliche Phasenzahl.

Ströme und Spannungen bei Rückzündungen.

Die Rückzündungserscheinungen und die Bedingungen, unter denen sie eintreten, wurden im III. Kapitel besprochen. Kurz gesagt, tritt eine Rückzündung dann auf, wenn sich auf einer der Anoden ein Kathodenfleck bildet. Diese Anode sendet dann Elektronen aus; von den übrigen Anoden fließen Ströme zu der von der Rückzündung betroffenen Anode. In Abb. 31 sind für einen Sechsphasen-Gleichrichter die Spannungen der übrigen Anoden gegen die Anode *1* dargestellt, an der eine Rückzündung eintritt. Abb. 31a zeigt das Vektordiagramm der Phasenspannungen e_1, e_2 usw. und der Spannungsdifferenzen zwischen Phase *1* und den anderen Phasen e_{21}, e_{31} usw. Die Sinuswellen dieser letztgenannten Spannungen sind in Abb. 31b in ihrer richtigen, aus dem Vektordiagramm bestimmten Phasenlage ersichtlich.

Wie beim Normalbetrieb des Gleichrichters, führte jene Anode, die in bezug auf die von der Rückzündung betroffene das höchste Potential aufweist, Strom. Die Einhüllende der positiven Teile der Sinuswellen, die in Abb. 31b stark ausgezogen ist, stellt also die resultierende Spannung dar, welche den Strom in der von der Rückzündung betroffenen Phase erzeugt. Es ist ersichtlich, daß diese Spannung eine pulsierende Gleichspannung ist. Hätte die von der Rückzündung betroffene Phase einen verhältnismäßig hohen Widerstand, so würden die anderen Phasen jeweils während einer Sechstelperiode Strom liefern, die Stromkurve hätte dieselbe Gestalt wie die Spannungskurve, und in jener Sechstelperiode, in der die Spannung Null ist, wäre auch der Strom gleich Null.

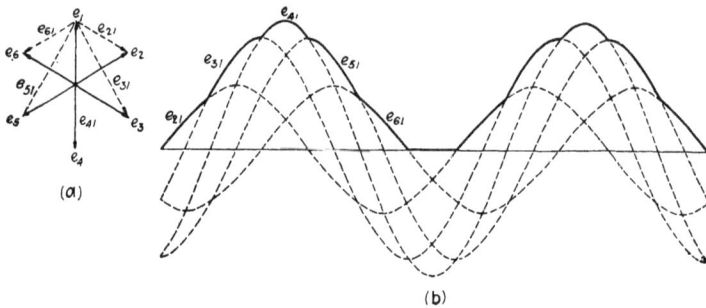

Abb. 31. Kurvenform der Spannung, die den Stromfluß in einer von einer Rückzündung betroffenen Phase bewirkt, im Leerlauf.

Tatsächlich ist der Ohmsche Widerstand der Transformatorwicklung sehr klein, dagegen ihr Blindwiderstand verhältnismäßig hoch; aus diesem Grunde fällt der Strom in der von der Rückzündung betroffenen Phase nicht bis auf Null; er besteht aus einem Gleichstrom, welchem ein Wechselstrom überlagert ist. Ferner brennen die nicht von der Rückzündung betroffenen Anoden nicht einzeln, sondern es tritt eine beträchtliche Überlappung zwischen ihnen auf. Da im allgemeinen die Phase 4 auf dem gleichen Transformatorschenkel angeordnet ist, wie Phase 1, wird ihre Spannung während des Kurzschlusses der Phase 1 durch gegenseitige Induktion herabgesetzt, wodurch eine Einsenkung an der Spitze der Spannungswelle in Abb. 31b entsteht, die auch in der Stromkurve ersichtlich ist.

Abb. 32 zeigt ein während einer Rückzündung aufgenommenes Oszillogramm der Gleichspannung, des Stromes in der von der Rückzündung betroffenen Phase und des Primärstromes. Der Gleichrichter war über einen 4000-kVA-Transformator mit in Dreieck geschalteter Primärwicklung und in Doppelstern geschalteter Sekundärwicklung an ein Drehstromnetz 2300 V, 60 Hz angeschlossen. Die Rückzündung wurde künstlich durch Verbinden einer Anode mit der Kathode herbeigeführt. Die Ströme und Spannungen in den Transformatorwicklungen sind hierbei die gleichen wie bei einer wirklichen Rückzündung.

Aus dem Oszillogramm geht hervor, daß der Anodenstrom aus Gleichstrom- und Wechselstromkomponenten besteht. Wird der Schalter auf der Wechselstromseite in dem Augenblick geöffnet, wo der Primärstrom gleich Null ist, so verschwindet der Strom in der von der Rückzündung betroffenen Phase nicht augenblicklich, sondern nimmt allmählich ab. Nach Öffnen des Schalters bleibt nämlich ein geschlossener Stromkreis, zwischen der von der Rückzündung betroffenen Phase und einer oder mehrerer der anderen Phasen, die in dem Zeitpunkt der Abschaltung an die von der Rückzündung betroffene Anode Strom liefer-

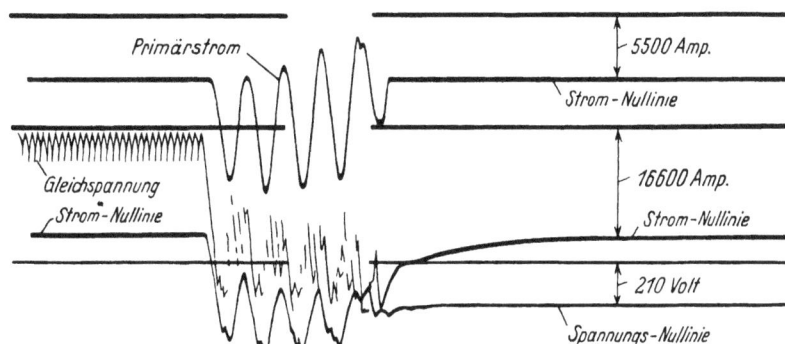

Abb. 32. Oszillogramm des Primärstromes, der Gleichspannung und des Stromes in der von der Rückzündung betroffenen Phase, während einer Rückzündung an einem Sechsphasengleichrichter aufgenommen.

ten, erhalten; das Abklingen dieses Stromes ist durch das Verhältnis der Induktivität zum Widerstand des Stromkreises bestimmt.

Die Gleichspannung vor der Rückzündung hat die für einen Sechsphasengleichrichter charakteristische Kurvenform. Während der Rückzündung ist die Gleichspannung mit der Klemmenspannung der von der Rückzündung betroffenen Phase identisch. Diese Spannung hängt von dem Ohmschen und induktiven Spannungsabfall ab, den der Kurzschlußstrom in dieser Phase hervorruft und folgt im allgemeinen dem Verlauf des Kurzschlußstromes. Die hochfrequenten Schwingungen in der oszillographierten Spannungswelle werden durch das aufeinanderfolgende Zünden und Erlöschen der nicht von der Rückzündung betroffenen Phasen verursacht, welche an die betroffene Phase Strom liefern.

Ist ein Gleichrichter an ein Gleichstromnetz angeschlossen, das auch noch von anderen Gleichstrommaschinen (Gleichrichtern oder rotierenden Maschinen) gespeist wird, so besitzt seine Kathode das Potential des positiven Poles des Gleichstromnetzes. Wenn bei diesem Gleichrichter eine Rückzündung auftritt, befindet sich seine Kathode auf höherem Potential als die von der Rückzündung betroffene Anode (s. Abb. 32). Es fließt daher ein Strom aus dem Gleichstromnetz

in die von der Rückzündung betroffene Phase; die Richtung dieses
Stromes ist der normalen Stromrichtung entgegengesetzt (s. Abb. 19).
Da die Spannung an der von der Rückzündung betroffenen Phase *1* pulsiert (s. Abb. 32), so ist die Differenz zwischen der Spannung des Gleichstromnetzes und der vorerwähnten Spannung ebenfalls pulsierend, und
der aus dem Gleichstromnetz in die Kathode fließende Rückstrom besitzt
daher eine Wechselstromkomponente.

Beim Selektivschutz der Gleichrichterstation veranlaßt der bei
einer Rückzündung auftretende Rückstrom die Abschaltung des Gleichrichters, sowohl von den Gleichstrom- als auch von den Wechselstrom-
sammelschienen.

V. Kapitel. Theorie der Gleichrichtung (Fortsetzung).

Im vorangegangenen Kapitel wurden die Beziehungen zwischen den
Strömen und Spannungen in den Stromkreisen mehrphasiger Gleichrichter unter der Annahme abgeleitet, daß die Gleichstromkurve eine
gerade Linie ist. Obwohl diese Annahme zu Ergebnissen führt, die für
alle praktischen Zwecke genügend genau sind, soweit es sich um die
Spannungen, Ströme und Leistungen auf der Gleichstrom- und Wechselstromseite handelt, und obwohl sie vollkommen gerechtfertigt ist, wenn
auf der Gleichstromseite beträchtliche Induktivität vorhanden ist, so
sind doch in manchen Fällen die Oberwellen in der Gleichspannungs- und
in der Gleichstromkurve zu beachten.

Spannungskurve. Bei einem Mehrphasengleichrichter führt in jedem Augenblick diejenige Anode den Laststrom, welche in bezug auf
den Nullpunkt der Sekundärwicklung des Transformators das höchste
positive Potential besitzt. Die Gleichspannung im Leerlauf hat die im
Oszillogramm *1* der Abb. 44 dargestellte Form. Die Wellen der Spannungskurve werden durch die obersten Teile der Sinuswellen der sekundären Phasenspannungen des Transformators gebildet. Da jede Phase
das höchste positive Potential einmal während jeder Periode erreicht,
ist die Anzahl der Einzelwellen je Periode gleich der Phasenzahl, und die
Frequenz der Gleichspannungspulsation ist gleich dem Produkt aus der
Frequenz des speisenden Wechselstromnetzes und der sekundären Phasenzahl.

Wenn der Transformator, das Wechselstromnetz und der Generator
an die der Gleichrichter angeschlossen ist, keinen Blindwiderstand be-
säßen, würde jede Anode eines p-phasigen Gleichrichters während eines
Winkels von $2\pi/p$ den gesamten Gleichstrom führen. Es würde daher
in Abb. 33a der gesamte Laststrom im Zeitpunkte *m* augenblicklich von
der Phase *2* auf die Phase *3* übertragen werden und im Zeitpunkt *n*
von Phase *3* auf Phase *4*. Unter diesen Bedingungen wäre die Gleichspannungskurve bei Belastung dieselbe wie im Leerlauf.

Die Blindwiderstände des Transformators verursachen eine Überlappung der Stromführung zweier aufeinanderfolgender Phasen; der Überlappungswinkel u ist nach Gleichung (16) zu berechnen. Die Überlappung bewirkt, daß die Gleichspannungskurve bei Belastung nun die in Abb. 33b und in Abb. 44 (Oszillogramm 2) dargestellte Gestalt besitzt. Je größer der Strom wird, desto stärker wird die Überlappung. Der Einfluß einer Belastungsänderung auf die Gestalt der Spannungs- und Stromkurven ist in Abb. 29a bis j und in Abb. 34 dargestellt. Das Oszillogramm Abb. 34 wurde an einem Gleichrichter aufgenommen, der auf Widerstände arbeitete und dessen Gleichstrombelastung plötzlich von 140 auf 560 A gesteigert wurde.

Die Größe des Überlappungswinkels und daher die Gleichspannungskurve bei Belastung hängt von der Art der Belastung ab. Der Überlappungswinkel u ist größer oder kleiner als der nach Gleichung (16) berechnete Wert, je nachdem, ob der Strom während der Überlappung

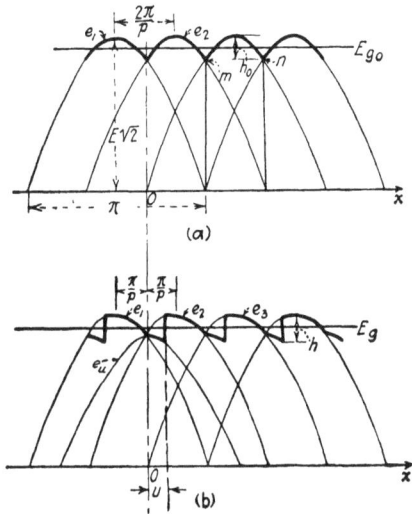

Abb. 33. Kurvenform der Gleichspannung: a) im Leerlauf, b) bei Belastung.

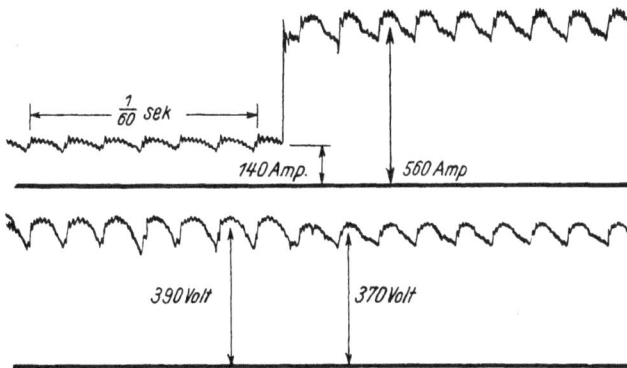

Abb. 34. Oszillogramm über die Änderung der Wellenform der von einem Sechsphasengleichrichter abgegebenen Gleichspannung bei steigender Belastung.

größer oder kleiner als der mittlere Strom ist. Der Unterschied kann jedoch vernachlässigt werden, und es wird angenommen, daß die Spannungskurve von der Art der Belastung unabhängig ist.

Die gesamte Höhe h der Oberwellen der Gleichspannungskurve ist gleich dem Unterschied zwischen den größten und kleinsten Ordinaten der Kurve. Aus Abb. 33b ist zu ersehen, daß für $u < \pi/p$ die größte Ordinate gleich dem Scheitelwert von e_2 ist, während die kleinste Ordinate gleich dem Werte von e_u für $x = u$ ist.

Es ist daher

$$h = E \sqrt{2} - E \sqrt{2} \cos \frac{\pi}{p} \cos u$$

$$= E \sqrt{2} \left(1 - \cos \frac{\pi}{p} \cos u\right) \ldots \ldots \ldots \ldots (43)$$

Drückt man h als einen Bruchteil a des durch Gleichung (2) bestimmten Mittelwertes der Gleichspannung im Leerlauf aus, so erhält man:

$$a = \frac{h}{E \sqrt{2} \dfrac{\sin \dfrac{\pi}{p}}{\dfrac{\pi}{p}}} = \frac{E \sqrt{2} \left(1 - \cos \dfrac{\pi}{p} \cos u\right)}{E \sqrt{2} \dfrac{\sin \dfrac{\pi}{p}}{\dfrac{\pi}{p}}}$$

$$= \frac{\left(1 - \cos \dfrac{\pi}{p} \cos u\right) \dfrac{\pi}{p}}{\sin \dfrac{\pi}{p}} \ldots \ldots \ldots \ldots \ldots (44)$$

Bei Werten von $u > \pi/p$ ist die größte Ordinate gleich dem Werte von e_2 für $x = u$ und die kleinste Ordinate gleich dem Werte von e_u für $x = u$. Es ergibt sich daher:

$$h = E \sqrt{2} \cos \left(u - \frac{\pi}{p}\right) - E \sqrt{2} \cos \frac{\pi}{p} \cos u = E \sqrt{2} \sin \frac{\pi}{p} \sin u \quad (45)$$

$$a = \frac{E \sqrt{2} \sin \dfrac{\pi}{p} \sin u}{E \sqrt{2} \dfrac{\sin \dfrac{\pi}{p}}{\dfrac{\pi}{p}}} = \frac{\pi}{p} \sin u \ldots \ldots \ldots \ldots \ldots (46)$$

Die Kurve *1* in Abb. 35 stellt die Abhängigkeit der Welligkeit der Gleichspannung im Leerlauf von der Phasenzahl dar. Dort ist auch die Frequenz der ersten Oberwelle und das Verhältnis Transformatorleistung/Gleichstromleistung ersichtlich, um den Einfluß der Phasenzahl auf diese Größen zu zeigen. Die Amplituden der Oberwellen nehmen naturgemäß mit steigender Phasenzahl ab; hingegen wächst die Transformatortypenleistung mit steigender Phasenzahl.

Abb. 35. Der Einfluß der sekundären Phasenzahl auf die Oberwellenspannung, deren Grundfrequenz (bei einer Netzfrequenz von 60 Hz) und auf die Transformatorleistung.

Kurve 1: a_0, das Verhältnis der Oberwellenspannung im Leerlauf zum Mittelwert der Gleichspannung.

Kurve 2: f, die Oberwellen-Grundfrequenz.

Kurve 3: $\dfrac{N\,t}{N\,g}$, das Verhältnis der Transformatorleistung zur abgegebenen Gleichstromleistung.

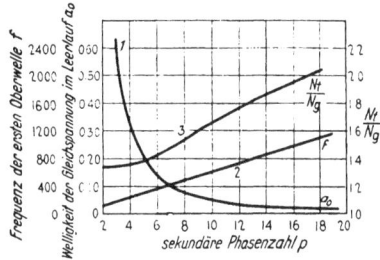

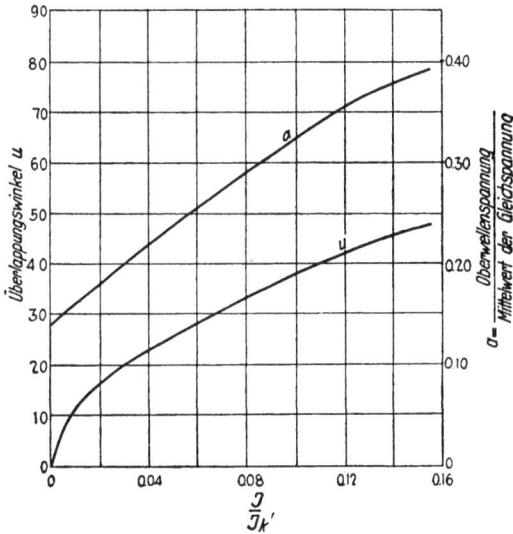

Abb. 36. Der Überlappungswinkel und die Oberwellenspannung bei einem Sechsphasengleichrichter in Abhängigkeit vom Belastungsstrom.

In Abb. 36 ist die Welligkeit der Gleichspannung eines Sechsphasengleichrichters in Abhängigkeit von der Belastung dargestellt. Die Kurven wurden nach den Gleichungen (44) und (46) berechnet. Die Belastung ist als Verhältnis I/I_k' ausgedrückt. Um dieses Verhältnis zu bestimmen, schreiben wir die Gleichung (16) folgendermaßen:

$$\cos u = 1 - \frac{I}{\dfrac{E\sqrt{2}}{X}\sin\dfrac{\pi}{p}} = 1 - \frac{1}{\sin\dfrac{\pi}{p}}\,\frac{I}{I_k'} \quad \cdots \quad (47)$$

wobei

$$I_k' = \frac{E\sqrt{2}}{X}$$

ist.

Der Punkt auf der Abszissenachse, der dem Vollaststrom des Gleichrichters entspricht, wird durch den Wert von X bestimmt und hängt daher von der Bauart des Transformators ab. Je kleiner X bei einer gegebenen Transformatorleistung ist, desto größer ist I_k' und daher desto kleiner das Verhältnis I/I_k' bei Vollast.

Im vorstehenden wurde gezeigt, daß die Gleichspannungskurve eines Gleichrichters von der Phasenzahl und der Bauart des Transformators abhängt, daß sie sich mit der Belastung ändert, jedoch von der Art der Belastung praktisch unabhängig ist. Die Kurve besteht aus einer Gleichspannungskomponente, die dem Mittelwert der Spannung entspricht und einer Wechselspannungskomponente, welche aus den oberen Teilen von Sinuswellen besteht. Die Gestalt der Wechselspannungskomponente ist unregelmäßig und kann nicht durch eine stetige Funktion ausgedrückt werden. Es ist möglich, sie mit Hilfe Fourierscher Reihen in harmonische Komponenten zu zerlegen. Die Frequenz der ersten Oberwelle ist das Produkt aus der Frequenz des speisenden Wechselstromnetzes und der Phasenzahl des Gleichrichters. Sie ist daher die $p$te Oberwelle in bezug auf die dem Gleichrichter zugeführte Wechselspannung. Die Frequenzen der höheren Harmonischen sind Vielfache der Frequenz der ersten Oberwelle; da die positiven und negativen Teile der Spannungskurve nicht symmetrisch sind, kommen sowohl geradzahlige als ungeradzahlige Oberwellen vor. So hat die Gleichspannungskurve eines Sechsphasengleichrichters, der von einem 50 periodigen Drehstromnetz gespeist wird, eine Wechselstromkomponente, welche aus sinusförmigen Wellen der Frequenzen 300, 600, 900 usw. besteht.

Der Ausdruck für die Gleichspannung eines p-phasigen Gleichrichters in Fouriersche Reihen lautet:

$$e_g = E_g + A_{p1} \sin p\,x + A_{p2} \sin 2\,p\,x + A_{p3} \sin 3\,p\,x + \ldots$$
$$+ A_{pn} \sin n\,p\,x + \ldots B_{p1} \cos p\,x + B_{p2} \cos 2\,p\,x$$
$$+ B_{p3} \cos 3\,p\,x + \ldots + B_{pn} \cos n\,p\,x + \ldots \ldots \quad (48)$$

Eine Analyse der Gleichspannungskurve bei Belastung, um den allgemeinen Ausdruck für die Koeffizienten A und B irgendeiner Oberwelle in vorstehender Reihenentwicklung zu bestimmen, wird im nachstehenden angegeben. Diese Analyse wird über einen Winkel $2\,\pi/p$ durchgeführt, welcher einer Periode der ersten Oberwelle entspricht.

Bei der Analyse einer periodischen Kurve, die durch eine Fouriersche Reihe ausgedrückt ist, kann die Amplitude der Sinuskomponente irgendeiner Oberwelle dadurch bestimmt werden, daß man beide Seiten der Gleichung mit der Sinusfunktion dieser Oberwelle multipliziert und hierauf die Gleichung integriert. Durch diese Integration verschwinden alle Ausdrücke auf der rechten Seite der Gleichung mit Ausnahme des Sinusgliedes der betrachteten Oberwelle; hiedurch wird es möglich, die Amplitude dieser Oberwelle zu berechnen. Die Amplitude der Cosinus-komponente einer Oberwelle kann in ähnlicher Weise bestimmt werden, indem man beide Seiten der Gleichung mit der betreffenden Cosinus-funktion multipliziert und dann integriert. Wenn die zu analysierende Kurve durch irgendwelche Funktionen ihrer Abszisse ausgedrückt werden kann, ist es möglich, den Ausdruck auf der linken Seite der Gleichung analytisch zu integrieren. Wenn die Kurve nicht in geschlossener Form ausgedrückt werden kann, so wird die Integration graphisch durchgeführt.

Durch Anwendung der im vorstehenden angedeuteten Methode zur Bestimmung der Koeffizienten A und B für die n-te Oberwelle der Gleichspannungskurve, welche durch die Fourierschen Reihen der Gleichung (48) dargestellt ist, erhält man:

$$\int_0^{\frac{2\pi}{p}} e_g \sin p\,n\,x\,d\,x = \int_0^{\frac{2\pi}{p}} A_{pn} \sin^2 p\,n\,x\,d\,x,$$

hieraus folgt:

$$\frac{\pi}{p} A_{pn} = \int_0^{\frac{2\pi}{p}} e_g \sin p\,n\,d\,x \quad \ldots \ldots \ldots \ldots (49)$$

Der Koeffizient B wird in ähnlicher Weise bestimmt wie folgt:

$$\int_0^{\frac{2\pi}{p}} e_g \cos p\,n\,x\,d\,x = \int_0^{\frac{2\pi}{p}} B_{pn} \cos^2 p\,n\,x\,d\,x$$

$$\frac{\pi}{p} B_{pn} = \int_0^{\frac{2\pi}{p}} e_g \cos p\,n\,x\,d\,x \quad \ldots \ldots \ldots \ldots (50)$$

Um die Gleichungen (49) und (50) integrieren zu können, wird e_g die Gleichspannung unter Last, deren Verlauf in Abb. 37 dargestellt ist, durch die Gleichspannung im Leerlauf und den Spannungsabfall ausgedrückt. Wählt man den Schnittpunkt der Leerlaufspannungskurven zweier auf-einanderfolgender Phasen als Ursprung, so ist die Leerlaufspannung

$$E \sqrt{2} \cos \left(x - \frac{\pi}{p} \right)$$

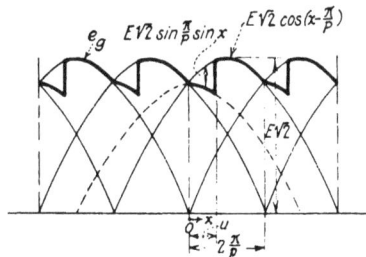

Abb. 37. Ableitung der allgemeinen Gleichungen für die Gleichspannung eines p-phasigen Gleichrichters bei Belastung.

und der Spannungsabfall während der Überlappungszeit

$$E \sqrt{2} \sin \frac{\pi}{p} \sin x.$$

Für die Gleichspannung e_g gelten zwei Ausdrücke, und zwar der eine für die Überlappungszeit u und der andere für den Rest der Periode $2\pi/p$:

$$e_g = \left[E \sqrt{2} \cos\left(x - \frac{\pi}{p}\right) - E \sqrt{2} \sin \frac{\pi}{p} \sin x\right]_0^u + \left[E \sqrt{2} \cos\left(x - \frac{\pi}{p}\right)\right]_u^{\frac{2\pi}{p}}.$$

Für die Zwecke der Integration wird vorstehende Gleichung folgendermaßen gruppiert:

$$e_g = \left[E \sqrt{2} \cos\left(x - \frac{\pi}{p}\right)\right]_0^{\frac{2\pi}{p}} - \left[E \sqrt{2} \sin \frac{\pi}{p} \sin x\right]_0^u.$$

Setzt man den vorstehenden Ausdruck e_g in die Gleichungen (49) und (50) ein, so entsteht:

$$\frac{\pi}{p} A_{pn} = \int_0^{\frac{2\pi}{p}} E \sqrt{2} \cos\left(x - \frac{\pi}{p}\right) \sin p\,n\,x\,dx - \int_0^u E \sqrt{2} \sin \frac{\pi}{p} \sin x \sin p\,n\,x\,dx.$$

Weiter erhält man durch Integrieren und Auflösen nach A_{pn}:

$$A_{pn} = \frac{1}{2} \frac{E \sqrt{2} \sin\left(\frac{\pi}{p}\right)}{\frac{\pi}{p}} \left[\frac{\sin(np+1)u}{np+1} - \frac{\sin(np-1)u}{np-1}\right]$$

Der Mittelwert der Gleichspannung im Leerlauf beträgt nach Gleichung (2):

$$E_{g0} = \frac{E \sqrt{2} \sin \frac{\pi}{p}}{\frac{\pi}{p}}$$

Das Verhältnis des Scheitelwertes A_{pn} zur Leerlaufspannung ist:

$$\alpha_{pn} = \frac{A_{pn}}{E_{g0}} = 0{,}5 \left[\frac{\sin(np+1)u}{np+1} - \frac{\sin(np-1)u}{np-1}\right] . \quad . \quad (51)$$

In ähnlicher Weise ergibt sich:

$$\frac{\pi}{p} B_{pn} = \int_0^{\frac{2\pi}{p}} E \sqrt{2} \cos\left(x - \frac{\pi}{p}\right) \cos p\,n\,x\,d\,x \int_0^u E \sqrt{2} \sin\frac{\pi}{p} \sin x \cos p\,n\,x\,d\,x$$

$$B_{pn} = \frac{1}{2} E_{go} \left[\frac{\cos(np+1)u}{np+1} - \frac{\cos(np-1)u}{np-1} \right] - \frac{E_{go}}{n^2 p^2 - 1}$$

$$\beta_{pn} = \frac{B_{pn}}{E_{go}} = 0{,}5 \left[\frac{\cos(np+1)u}{np+1} - \frac{\cos(np-1)u}{np-1} \right] - \frac{1}{n^2 p^2 - 1} \tag{52}$$

Die Amplitude der n-ten Harmonischen ist:

$$C_{pn} = \sqrt{A_{pn}^2 + B_{pn}^2}$$

$$\gamma_{pn} = \frac{C_{pn}}{E_{go}} = \sqrt{\alpha_{pn}^2 + \beta_{pn}^2} \quad \ldots \ldots \ldots \tag{53}$$

Hieraus folgt der Effektivwert der n-ten Oberwelle:

$$H_{pn} = \frac{C_{pn}}{\sqrt{2}} = \frac{\sqrt{A_{pn}^2 + B_{pn}^2}}{\sqrt{2}}$$

$$\delta_{pn} = \frac{H_{pn}}{E_{go}} = \frac{\gamma_{pn}}{\sqrt{2}} = \frac{\sqrt{\alpha_{pn}^2 + \beta_{pn}^2}}{\sqrt{2}} \quad \ldots \ldots \tag{54}$$

Der Effektivwert der gesamten Oberwellenspannung ist:

$$E_h = \sqrt{H_p^2 + H_{2p}^2 + H_{3p}^2 + \ldots} \quad \ldots \ldots \ldots \tag{55}$$

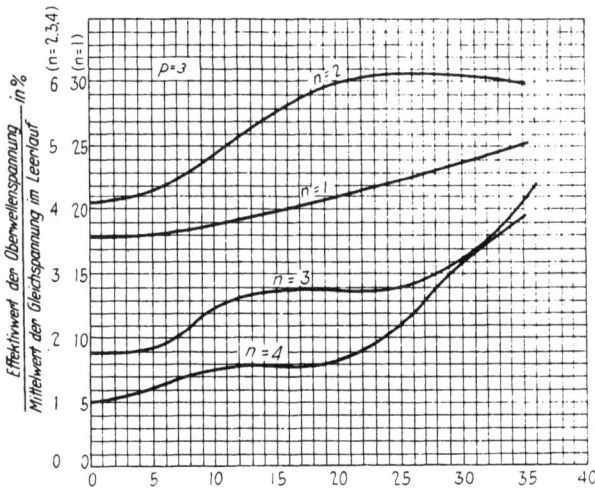

Abb. 38. Die Abhängigkeit der ersten vier harmonischen Komponenten der Gleichspannung eines Dreiphasengleichrichters vom Überlappungswinkel.

Wie aus den Gleichungen (51) und (52) ersichtlich, sind die Verhält-
niszahlen α, β, γ und δ Funktionen der Phasenzahl, der Ordnungszahl
der Oberwelle und des Überlappungswinkels, jedoch von der Gleich-

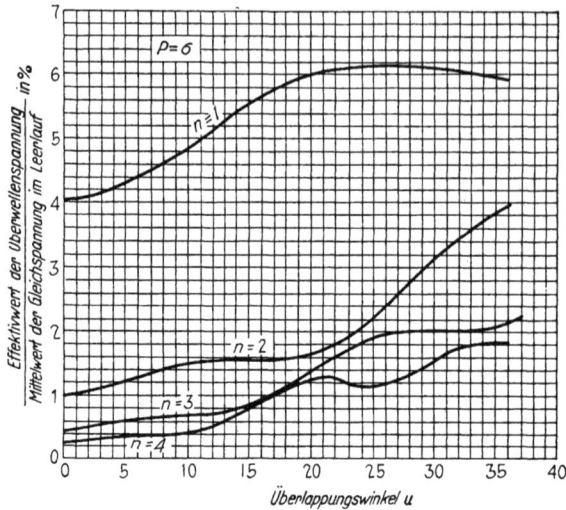

Abb. 39. Die Abhängigkeit der ersten vier harmonischen Komponenten der Gleichspannung
eines Sechsphasengleichrichters vom Überlappungswinkel.

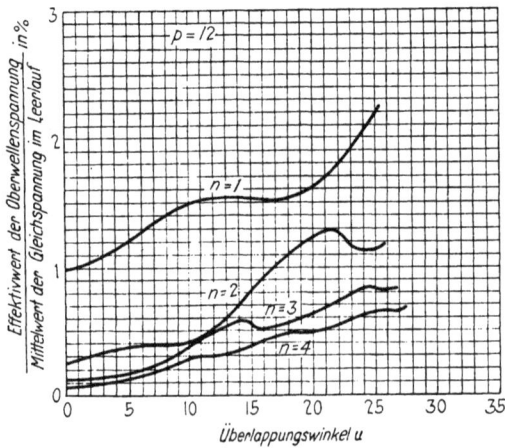

Abb. 40. Die Abhängigkeit der ersten vier harmonischen Komponenten der Gleichspannung
eines Zwölfphasengleichrichters vom Überlappungswinkel.

spannung unabhängig. In den Abb. 38, 39 und 40 sind die Effektivwerte verschiedener Oberwellen als Bruchteile der Gleichspannung im
Leerlauf in Abhängigkeit vom Überlappungswinkel u für 3-, 6- und 12-
phasige Gleichrichter ersichtlich. Die Frequenz irgendeiner in diesen Abbildungen dargestellten Oberwelle ist gleich dem Produkt $p \cdot n \cdot f$, wo-

bei p die Phasenzahl, n die Ordnungszahl der Oberwelle und f die Frequenz des speisenden Wechselstromnetzes ist.

Im Leerlauf ist u gleich Null; es ist dann auch A_{pn} gleich Null, während $B_{pn} = -\dfrac{2\,E_{go}}{n^2 p^2 - 1}$ ist. Es enthält also der Ausdruck für die Gleichspannung im Leerlauf nur Kosinusfunktionen. Eine Betrachtung der Gleichspannungskurve im Leerlauf bestätigt dies, denn diese Kurve ist symmetrisch in bezug auf den Schnittpunkt der Phasenspannungen (den Ursprung).

Die Zahlentafeln III und IV enthalten Analysen der Gleichspannungskurven von Bahngleichrichtern, die mit einem Wellenanalysator aufgenommen wurden. Zahlentafel III enthält die Analyse für einen Sechsphasengleichrichter 900 kW, 600 V, 60 Hz, sowohl mit als auch ohne Gleichstromdrosselspule. Die Zahlentafel IV enthält die Analyse der Gleichspannung eines Sechsphasengleichrichters 1500 kW, 1500 V, 60 Hz, und zwar a) bei unmittelbarem Anschluß des Netzes, b) mit einer Drosselspule von 3 mH und c) bei Parallelbetrieb mit einem Einankerumformer.

Zahlentafel III.

Sechsphasengleichrichter 900 kW, 600 Volt, 60 Hertz.

Ordnungszahl der Oberwelle	Frequenz in Hertz	Effektivwert der Oberwelle in % der Gleichspannung	
		ohne Drosselspule	mit Drosselspule 3 mH
Erste Oberwelle	360	5,9	1,74
Zweite ,, ...	720	1,25	0,35
Dritte ,, ...	1080	0,73	0,17
Vierte ,, ...	1440	0,78	0,14
Fünfte ,, ...	1800	0,53	0,08
Sechste ,, ...	2160	0,43	0,05
Siebente ,, ...	2520	0,33	0,05
Achte ,, ...	2880	0,28	0,05

Zahlentafel IV.

Sechsphasengleichrichter 1500 kW, 1500 Volt, 60 Hertz.

Ordnungszahl der Oberwelle	Frequenz in Hertz	Effektivwert der Oberwelle in % der Gleichspannung		
		Gleichrichter allein	Gleichrichter mit Drosselspule 3 mH	Gleichrichter mit Drosselspule u. Einankerumformer.
Erste Oberwelle	360	4,8	2,00	0,80
Zweite ,, ...	720	1,33	0,60	0,26
Dritte ,, ...	1080	0,90	0,33	0,067
Vierte ,, ...	1440	0,72	0,30	0,075
Fünfte ,, ...	1800	0,69	0,30	0,070

Stromkurve. Wenn die Spannungskurve und die Belastung bekannt sind, kann die Gleichstromkurve leicht bestimmt werden.

Die Gleichstromkurve und der Grad ihrer Annäherung an den Mittelwert hängt von der Art der Belastung ab; je größer die Induktivität im Belastungsstromkreis ist, desto mehr nähert sich die Stromkurve der geraden Linie. Kennzeichnend für die Welligkeit des Gleichstromes ist das Verhältnis:

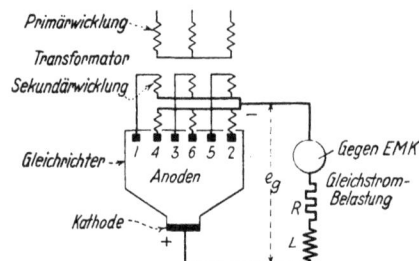

Abb. 41. Prinzipschaltbild eines Sechsphasengleichrichters der auf eine Gleichstrombelastung mit Wirkwiderstand, Blindwiderstand und Gegen-EMK arbeitet.

$$\frac{\text{Mittelwert des Gleichstromes}}{\text{Effektivwert des Gleichstromes}}$$

Es ist dies das Verhältnis der Ablesung an einem Drehspulinstrument zur Ablesung an einem Dreheisen- oder dynamometrischen Instrument.

Abb. 41 ist das Schaltbild eines Sechsphasengleichrichters mit Ohmscher und induktiver Belastung. Die Belastung kann bestehen:

1. Aus Widerstand allein (R),
2. Widerstand und Gegenspannung ($R + E_b$),
3. Widerstand und Induktivität ($R + L$),
4. Widerstand, Induktivität und Gegenspannung ($R + L + E_b$).

1. Widerstand allein. Bei reiner Widerstandsbelastung z. B. bei Beleuchtungs- und Heizungsanlagen hat die Stromkurve genau die Gestalt der Spannungskurve; d. h., die Oberwellen sind in der Stromkurve ebenso ausgeprägt wie in der Spannungskurve.

2. Widerstand und Gegenspannung. Bei einer aus einem Widerstand R und einer konstanten Gegenspannung E_b bestehenden Belastung die z. B. bei Batterieladung auftritt, ist der Mittelwert des Gleichstromes gleich dem Verhältnis des Spannungsüberschusses $E_g - E_b$ zum Widerstand R

$$I = \frac{E_g - E_b}{R}.$$

Der Wechselstrom behält jedoch denselben Wert, wie in einem Stromkreis ohne Gegenspannung und ist gleich E_h/R, wobei E_h die Wechselspannungskomponente nach Gleichung (55) ist. Da im Falle der reinen Widerstandsbelastung der Gleichstrom den Wert E_g/R besaß, ergibt sich, daß durch das Vorhandensein der Gegenspannung die Welligkeit des Stromes von dem Wert E_h/E_g auf den Wert $E_h/(E_g-E_b)$ gesteigert wird; das Verhältnis dieser beiden Werte ist $E_g/(E_g-E_b)$.

3. Widerstand und Induktivität. Bei einer Belastung, die aus Widerstand und Induktivität besteht, ist der Mittelwert des Gleichstromes

$I_g = E_g/R$. Die n-te Oberwelle des Gleichstromes ist jedoch gleich der entsprechenden Oberwelle der Gleichspannung dividiert durch den Scheinwiderstand des Stromkreises für diese Oberwelle:

$$I_{pn} = \frac{H_{pn}}{\sqrt{R^2 + X_{pn}^2}},$$

hieraus ergibt sich:

$$\frac{I_{pn}}{I} = \frac{R}{\sqrt{R^2 + X_{pn}^2}} \cdot \frac{H_{pn}}{E_g} = \frac{1}{\sqrt{1 + \dfrac{X_{pn}^2}{R^2}}} \cdot \frac{H_{pn}}{E_g} \quad \ldots \quad (56)$$

d. h. die n-te Oberwelle in der Stromkurve ist im Verhältnis $1/\sqrt{1 + X_{pn}^2/R^2}$ kleiner, als die entsprechende Oberwelle in der Spannungskurve, wobei $X_{pn} = pn\omega L$ der Blindwiderstand des Stromkreises für die n-te Oberwelle ist. Die Induktivität übt also eine glättende Wirkung auf die Stromkurve aus, die um so stärker in Erscheinung tritt, je höher die Oberwellenfrequenz ist.

4. Widerstand, Induktivität und Gegenspannung. Diese Art der Belastung tritt bei weitem am häufigsten auf, vor allem bei der Speisung von Gleichstrommotoren. Solange beim Anfahren die Geschwindigkeit des Motors gleich Null ist, ist keine Gegen-EMK vorhanden und die Belastung ist von der unter 3. besprochenen Art. Wenn der Motor läuft, wird eine Gegen-EMK erzeugt, die der aufgedrückten Spannung entgegenwirkt. Die Spannungsverhältnisse entsprechen dann der Abb. 42. Der Strom wird, wie im Belastungsfalle 2, von jenem Teil der Spannungskurve erzeugt, der über der Geraden

Abb. 42. Spannungsverhältnisse bei Auftreten einer Gegen-EMK (E_b) auf der Gleichstromseite.

bb' liegt. Die Belastung ist jedoch in diesem Falle induktiv und demnach der Strom geglättet. Der Mittelwert des Gleichstromes ist:

$$I = \frac{E_g - E_b}{R}.$$

Die n-te Oberwelle besitzt den Effektivwert:

$$I_{pn} = \frac{H_{pn}}{\sqrt{R^2 + X_{pn}^2}}$$

$$\frac{I_{pn}}{I} = \frac{R}{\sqrt{R^2 + X_{pn}^2}} \cdot \frac{H_{pn}}{E_g - E_b} = \frac{1}{\sqrt{1 + \dfrac{X_{pn}^2}{R^2} \left(1 - \dfrac{E_b}{E_g}\right)}} \cdot \frac{H_{pn}}{E_g} \quad (57)$$

Aus Gleichung (57) ist ersichtlich, daß der Anteil der n-ten Oberwelle der Stromkurve von der entsprechenden Oberwelle der Spannungskurve im

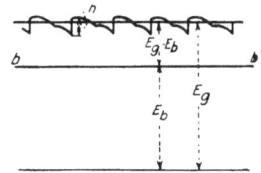

Verhältnisse

$$\frac{1}{\sqrt{1 + \dfrac{X_{\mu\nu}^2}{R^2}\left(1 - \dfrac{E_b}{E_q}\right)}}$$

verschieden ist; hierbei ist die Bedeutung der einzelnen Größen dieselbe wie in Gleichung (56).

Wirkung der Belastung auf die Stromkurve im Bahnbetrieb mit Reihenschlußmotoren. Der Gleichstrom-Reihenschlußmotor, der für elektrische Bahnen, Hebezeuge usw. verwendet wird, bildet sehr häufig die Belastung von Gleichrichtern. Beim Reihenschlußmotor wirkt die Induktivität der Reihenschlußwicklung in hohem Maße glättend auf die Stromkurve. Der übrigbleibende Wechselstromanteil des Stromes wird zur Erzeugung des Drehmomentes mit herangezogen, da der gleiche Strom sowohl durch den Anker als auch durch die Magnetwicklung fließt. Messungen an Reihenschlußmotoren, welche von Sechsphasengleichrichtern gespeist wurden, ergaben keine Steigerung der Verluste durch die Wechselstromkomponente des Gleichstromes. Das Oszillogramm *3* der Abb. 44 zeigt die Spannungs- und Stromkurven eines Gleichrichters im Eisenbahnbetrieb. Das Oszillogramm wurde an einem 1500-V-Gleichrichter bei Doppellast aufgenommen, wobei die Welligkeit der Spannung größer ist als bei Nennleistung und zeigt die glättende Wirkung des Reihenschlußmotors auf die Stromkurve.

Eine weitere Glättung des Gleichstromes und auch der Gleichspannung kann erzielt werden, wenn man in den Gleichstromkreis eine Drosselspule einschaltet. Die Wirkung der Drosselspule auf die Strom- und Spannungskurve im Netz zeigt das Oszillogramm *4* der Abb. 44. Dieses Oszillogramm wurde bei ungefähr der gleichen Belastung und unter sonst gleichen Bedingungen wie das Oszillogramm *3* aufgenommen, jedoch war eine Drosselspule von ungefähr 3 mH in den Gleichstromkreis eingeschaltet.

Arbeitet ein Gleichrichter mit einem rotierenden Umformer oder einem Gleichstromgenerator parallel, so verringert sich die Welligkeit

Abb. 43. Spannungsverhältnisse beim Parallelbetrieb eines Gleichrichters mit einem rotierenden Umformer oder Gleichstromgenerator.

(e_1 ... Gleichrichterspannung, e_2 ... Spannung der rotierenden Maschine.)

von Gleichspannung und Gleichstrom. Diese Verhältnisse zeigt Abb. 43. Dort ist e_1 die Spannungskurve des Gleichrichters und e_2 diejenige der rotierenden Maschine. Die vom Kommutator der rotierenden Maschine hervorgerufene Welligkeit ist vernachlässigt. Die Glättung der Spannungskurve wird durch einen kleinen Wechselstrom bewirkt, der unter dem Einfluß des Unterschiedes der Spannungskurven zwischen dem Gleichrichter und der rotierenden Maschine fließt.

Der induktive Spannungsabfall des Gleichrichtertransformators infolge des zwischen dem Gleichrichter und der rotierenden Maschine fließenden Wechselstromes verringert die Welligkeit der vom Gleichrichter

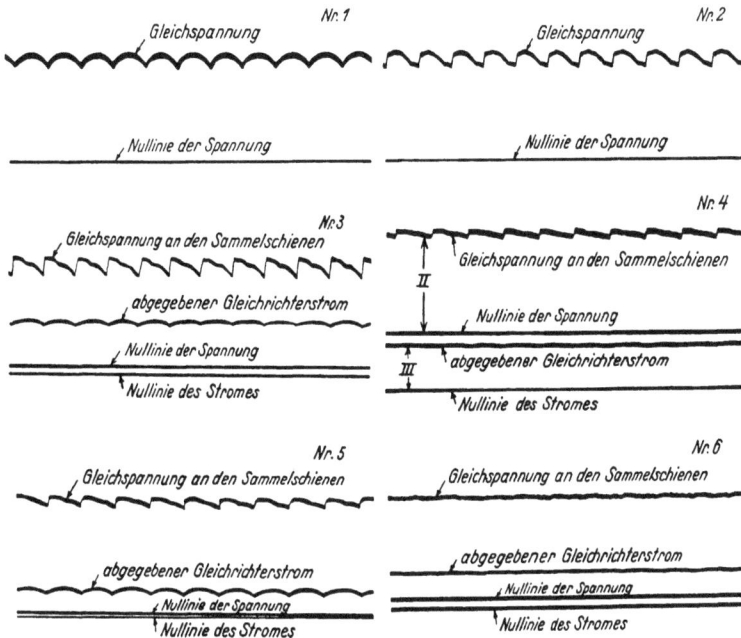

Abb. 44. Oszillogramme des·Gleichstromes und der Gleichspannung, unter verschiedenen Betriebsbedingungen an einem Bahngleichrichter 1500 kW, 1500 V aufgenommen.
1. Gleichspannungskurve im Leerlauf.
2. Gleichspannungskurve bei Belastung.
3. Kurven der Gleichspannung und des Gleichstromes bei Bahnstromlieferung durch den Gleichrichter allein.
4. Kurven der Gleichspannung und des Gleichstromes bei Bahnstromlieferung durch den Gleichrichter allein unter Einschaltung einer Gleichstromdrosselspule.
5. Kurven der Gleichspannung und des Gleichstromes bei Bahnstromlieferung und Parallelbetrieb des Gleichrichters mit einem rotierenden Umformer in der gleichen Unterstation.
6. Kurven der Gleichspannung und des Gleichstromes bei Bahnstromlieferung und Parallelbetrieb des mit einer Gleichstromdrosselspule ausgerüsteten Gleichrichters mit einem rotierenden Umformer in der gleichen Unterstation.

abgegebenen Gleichspannung. In dieser Hinsicht wirkt die rotierende Maschine wie ein zum Gleichrichter parallel geschalteter Filter, der die Wechselstromkomponente verschluckt (vgl. Kapitel XIII).

Wenn eine Drosselspule in den Gleichstromkreis eines Gleichrichters eingeschaltet wird, der mit einer rotierenden Maschine parallel arbeitet, wird die Wellenform der Gleichspannung durch den vom Ausgleichswechselstrom hervorgerufenen Spannungsabfall an der Drosselspule verbessert.

Diese Verhältnisse zeigen die Oszillogramme *5* und *6* der Abb. 44. Das Oszillogramm *5* wurde an einem Gleichrichter aufgenommen, der mit einer rotierenden Maschine in der gleichen Station parallel arbeitete. Das Oszillogramm *6* wurde bei ungefähr dem gleichen Strom und unter sonst gleichen Bedingungen, jedoch mit einer Drosselspule zwischen Gleichrichter und rotierender Maschine aufgenommen.

Nebenschlußmotoren. Bei Nebenschlußmotoren ist die Feldwicklung zum Anker parallel geschaltet. Durch die hohe Induktivität der Feldspulen wird der Nebenschlußstrom geglättet, so daß das Magnetfeld keine Schwankungen aufweist. Hingegen erzeugt die Wechselspannungskomponente der Gleichrichterspannung einen Wechselstrom durch den Anker. Dieser Strom kann kein Drehmoment hervorrufen, verursacht jedoch I^2R-Verluste im Anker und schädigt so den Wirkungsgrad.

Belastung durch Beleuchtung und Heizung. Bei Licht- oder Heizungsbelastung müssen die Effektivwerte der Spannung und des Stromes in Betracht gezogen werden, da auch die Wechselstromkomponenten nutzbar gemacht werden.

Elektrolyse. Zellen, in denen Metallsalze elektrolytisch zerlegt werden, sind durch einen Widerstand R und durch eine Polarisations- oder Gegenspannung E_b gekennzeichnet. Dies gilt sowohl für Schmelzflußelektrolyse, als auch für die Elektrolyse von Lösungen. Ob die Zellen nun von einer konstanten Gleichstromquelle oder von einem Gleichrichter gespeist werden, in beiden Fällen ist der Gleichstrom $(E_g - E_b)/R$ und erzeugt in den Zellen einen Jouleschen Verlust:

$$\frac{(E_g - E_b)^2}{R} = I^2 R.$$

Wenn man einen Gleichrichter verwendet, so verursacht die Wechselstromkomponente des Stromes einen zusätzlichen Verlust in der Zelle, ohne irgendeine elektrolytische Wirkung zu besitzen. Bezeichnet man mit E_h den Effektivwert der Oberwellenspannung, so ist dieser Verlust $I \cdot E_h$ und kann bei Zellen oder Zellgruppen, die einen sehr niedrigen Widerstand haben, beträchtliche Werte erreichen. Bei manchen elektrolytischen Prozessen müssen die Zellen geheizt werden, damit man einen befriedigenden Metallniederschlag erhält. Beispielsweise wird bei der elektrolytischen Aluminiumgewinnung ein beträchtlicher Energiebetrag dazu verwendet, den Elektrolyten in schmelzflüssigem Zustand zu erhalten. Bei solchen Prozessen beeinflußt der durch den Oberwellenstrom hervorgerufene Verlust den Wirkungsgrad der Anlage nicht ungünstig und kann sogar für die Heizung der Zellen erwünscht sein. Der elektrolytische Wirkungsgrad von Zersetzungszellen kann durch die Wirkung der Wechselstromkomponente auf den Polarisationszustand an den Elektroden gesteigert werden.

Verwendet man Gleichrichter für elektrolytische Prozesse, bei denen die Wechselstromenergie nicht ausgenützt werden kann, so ist es im allgemeinen vorteilhaft, die Welligkeit durch Einschaltung einer Drosselspule herabzusetzen, besonders dann, wenn die Zellen einen sehr niedrigen Widerstand aufweisen, da in solchen Fällen eine Drosselspule von verhältnismäßig kleiner Induktivität ausreicht, um den Oberwellenstrom auf einen kleinen Bruchteil seines ursprünglichen Wertes herabzusetzen.

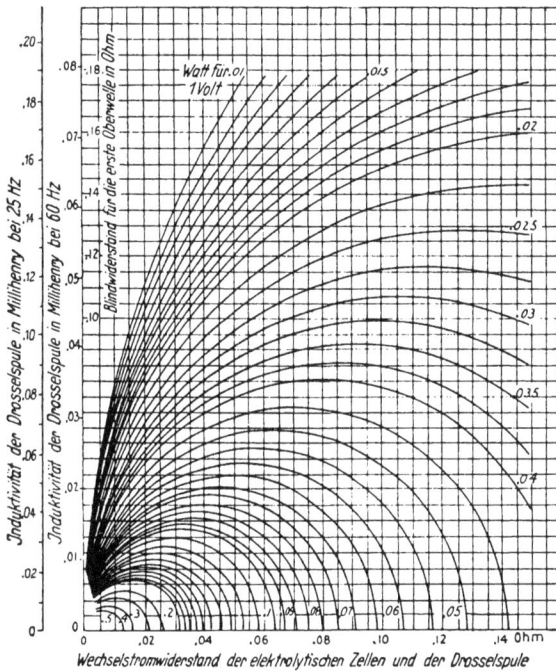

Abb. 45. Kurventafel zur Berechnung der Verluste in elektrolytischen Zellen, die durch die Welligkeit der Gleichspannung eines Sechsphasengleichrichters hervorgerufen werden. (Die Verluste in Watt für 1 Volt sind mit dem Quadrat der Gleichspannung zu multiplizieren. Bei 10 mal größeren Stromkreiskonstanten sind die Verluste durch 10 zu dividieren.)

Unter der Annahme, daß R viel kleiner als X ist, ergibt sich der Oberwellenstrom in erster Annäherung zu E_h/X, wobei X der wirksame Blindwiderstand der Drosselspule ist; der Verlust in den Zellen beträgt $E_h{}^2R/X^2$ statt $E_h{}^2/R$; er ist demnach im Verhältnis $X^2:R^2$ herabgesetzt. Die tatsächliche Herabsetzung ist noch etwas größer, wenn man die genauen Ausdrücke für den Strom in Betracht zieht. Andererseits vergrößert der Ohmsche Widerstand der Drosselspule R_1 die Verluste um den Betrag I^2R_1. Der Widerstand R_2 bei der Oberwellenfrequenz kann wesentlich größer als R_1 sein, besonders dann, wenn die Drosselspulenwicklung aus massiven Leitern besteht. Ferner soll angenommen werden, daß die Oberwelle sinusförmig ist, dann ist der Oberwellenstrom:

$$J_h = \frac{E_h}{\sqrt{X^2 + (R + R_2)^2}}$$

und verursacht einen Verlust:

$$V_h = \frac{E_h{}^2 (R + R_2)}{X^2 + (R + R_2)^2} \quad \cdots \cdots \quad (58)$$

Die Gleichung (58) kann auch geschrieben werden:

$$X^2 + \left[(R + R_2) - \frac{E_h{}^2}{2 V_h}\right]^2 = \frac{E_h{}^4}{4 V_h{}^2} \quad \cdots \cdots \quad (58\,\mathrm{a})$$

Es ergibt sich, wenn man X (oder die Induktivität L der Drosselspule) als Ordinate und $R + R_2$ als Abszisse aufträgt, daß die Gleichung (58a) durch einen Kreis mit dem Halbmesser $E_h{}^2/2\,V_h$ dargestellt wird, der durch den Ursprung geht und dessen Mittelpunkt auf der Abszissenachse liegt. Nimmt man an, daß E_h konstant und V_h veränderlich ist, so erhält man eine Schar von Kreisen, deren jeder zu einem bestimmten Werte von V_h gehört.

Der Verlust V_h kann demnach aus einem Schaubild nach Art der Abb. 45 bestimmt werden, worin die Abszissen den Widerstand und die Ordinaten den Blindwiderstand des Stromkreises angeben. Ein Punkt, dessen Koordinaten die Konstanten des Stromkreises sind, liegt auf einem Kreis, der mit einem bestimmten Oberwellenverlust bezeichnet ist. In üblicher Weise wurde dieses Schaubild für eine Oberwellenspannung $E_h = 0,08$ V entsprechend 1 V Gleichspannung bei einem Sechsphasengleichrichter berechnet. Der abgelesene Verlust muß also mit dem Quadrat der Gleichspannung multipliziert werden. Die Energieabgabe des Gleichrichters verteilt sich dann folgendermaßen:

Chemische Energie . . . . $I E_b$

Verluste:

  Joulescher Verlust in den Zellen . . . . $I^2 R$

  Joulescher Verlust in der Drosselspule . . . . $I^2 R_1$

  Wechselstromverlust in den Zellen und in der

  Drosselspule (aus dem Schaubild) $\dfrac{E_h{}^2 (R + R_2)}{X^2 + (R + R_2)^2}$.

Die Wechselstromverluste in der Drosselspule und in den Zellen können voneinander getrennt werden, da sie im Verhältnis $R_2 : R$ stehen.

VI. Kapitel. Die Gleichrichtertransformatoren; ihre Schaltungen und besonderen Eigenschaften.

Allgemeines. Um von dem Gleichrichter einen Gleichstrom der erforderlichen Spannung und von guter Wellenform zu erhalten, muß er mit mehrphasigem Wechselstrom, und zwar in üblicher Weise mit sechs- oder zwölfphasigem Strom gespeist werden, wobei die Wechselspannung in einem bestimmten Verhältnis zur Gleichspannung steht.

Gewöhnlich ist der Gleichrichter an ein Dreiphasennetz (manchmal auch an ein Zweiphasennetz) angeschlossen, dessen Spannung von der erforderlichen Anodenspannung ganz verschieden ist. Aus diesem Grunde ist für den Gleichrichter ein Transformator erforderlich, um den vorhandenen Wechselstrom auf die richtige Spannung und Phasenzahl zu transformieren.

Die allgemeinen Regeln für die Konstruktion der Transformatoren für Kraftübertragung gelten auch für Gleichrichtertransformatoren. Die einem Gleichrichtertransformator zugeführte Wechselspannung ist sinusförmig, und die Bemessung des Kernes und der Wicklungen hinsichtlich magnetischer Induktion, Eisenverlusten und Windungsspannung ist die gleiche wie bei anderen Transformatoren.

Gleichrichtertransformatoren weichen von gewöhnlichen Kraftübertragungstransformatoren hinsichtlich der sekundärseitigen Belastung ab. Die Belastung gewöhnlicher Transformatoren hat im allgemeinen einen praktisch konstanten Scheinwiderstand je Phase, der sich während der ganzen Periode der Wechselspannung nicht ändert; ihr Sekundärstrom ist sinusförmig. Bei Gleichrichtern führt infolge der Ventilwirkung jede Anode nur während eines Teiles der Periode Strom, so daß jede Phase der Sekundärwicklung des Gleichrichtertransformators nur während eines Teiles der Periode belastet ist (s. Abb. 15, Kapitel III).

Hieraus folgt, daß die Transformatortypenleistung größer ist als die Gleichstromleistung und daß abweichend vom gewöhnlichen Transformator die Leistung der Sekundärwicklung höher ist als die der Primärwicklung. Die Ströme, die in den Wicklungen eines Gleichrichtertransformators fließen, sind nicht sinusförmig. Für die Bemessung der Wicklungen und die Berechnung der Kupferverluste ist der Effektivwert des Stromes maßgebend.

Bei einem Gleichrichtertransformator hat die Streureaktanz einen viel größeren Einfluß auf die abgegebene Spannung als bei einem Wechselstromleistungstransformator. Daher sollen Gleichrichtertransformatoren eine niedrige Streureaktanz aufweisen. Der Transformator muß jedoch so gebaut sein, daß er sich im Kurzschlußfalle selbst schützt.

An den Sekundärwicklungen von Gleichrichtertransformatoren können auch hohe Überspannungen auftreten und aus diesem Grunde müssen die Sekundärwicklungen für eine höhere Prüfspannung isoliert sein, als bei Leistungstransformatoren der gleichen Spannung.

Gleichrichtertransformatoren werden im allgemeinen als dreiphasige Kerntransformatoren gebaut. Die Primärwicklungen werden in Stern oder Dreieck geschaltet, die Sekundärwicklungen besitzen je nach Bedarf 3, 6 oder 12 Phasen.

Die Belastungskennlinie eines Gleichrichters und die Typenleistung des Transformators hängen stark von der Transformatorschaltung ab.

Bei der **Wahl der Transformatorschaltung** ist zu beachten:

1. Wellenform der Gleichspannung und des Gleichstromes,
2. Belastungskennlinie,
3. Typenleistung,
4. Einfachheit der inneren Verbindungen des Transformators,
5. Leistungsfaktor.

Diese Punkte sollen nun besprochen werden.

1. Die abgegebene Gleichspannung weist, wie erwähnt, Oberwellen auf, deren Frequenz und Höhe von der Phasenzahl abhängt; je größer die Phasenzahl ist, desto mehr nähert sich die Gleichspannungskurve einer Geraden. Die Oberwellen der Gleichspannung können einen Einfluß auf die Arbeitsweise der angeschlossenen Gleichstromverbraucher haben und Störungen in benachbarten Schwachstromkreisen verursachen. Der Einfluß der Oberwellen auf die Gleichstromverbraucher wurde für verschiedene Belastungen in Kapitel V untersucht; die Störungen in Schwachstromkreisen behandelt Kapitel XIII. Im allgemeinen ist eine möglichst geglättete Spannungskurve erwünscht, und daher ist ein Transformator mit großer Phasenzahl zu verwenden.

2. Der Gleichrichter hat eine fallende Belastungskennlinie. Oft soll diese eine bestimmte Neigung haben, um die Parallelarbeit mit anderen Maschinen zu erleichtern. Die Belastungskennlinie wird hauptsächlich durch die Transformatorschaltung und die Phasenzahl bestimmt. Mit besonderen Mitteln kann man auch eine »Kompound«-Charakteristik erzielen. Bei der Wahl einer Transformatorschaltung muß der Spannungsanstieg im Leerlauf ebenfalls in Betracht gezogen werden.

3. Die Typenleistung des Transformators schwankt bei verschiedenen Schaltungen beträchtlich und wächst im allgemeinen mit der Phasenzahl.

4. Die Transformatorschaltung soll so einfach als möglich sein, um die Herstellungskosten herabzusetzen und Isolationsschwierigkeiten zu vermeiden.

5. Der primäre Leistungsfaktor hängt von der Transformatorschaltung ab und ist besonders dann zu beachten, wenn der Gleichrichter einen wesentlichen Teil der Belastung des Wechselstromnetzes bildet.

Berechnung von Gleichrichtertransformatoren.

Streureaktanz. Wenn im Leerlauf der Primärwicklung des Transformators eine Spannung aufgedrückt wird, so führt der Eisenkern des Transformators einen magnetischen Fluß, der eine Gegenspannung in der Primärwicklung induziert, welche der aufgedrückten Spannung das Gleichgewicht hält. Dieses Magnetfeld bedingt einen Magnetisierungsstrom in der Primärwicklung des Transformators. Wird der Transformator belastet, so induzieren die in der Sekundärwicklung fließenden Lastströme entgegengesetzt gerichtete Ströme in der Primärwicklung. Die Amperewindungen der Lastströme in der Primär- und Sekundärwicklung erzeugen zusätzliche Magnetfelder, die sog. Streufelder, welche ebenfalls Spannungen in den Wicklungen induzieren. Wenn die Amperewindungen der Lastströme in der Primär- und Sekundärwicklung einander vollständig aufheben, so daß keine zusätzliche magnetomotorische Kraft auf den Transformatorkern wirkt, so ist ein Teil des Streufeldes nur mit der Primärwicklung und der andere Teil nur mit der Sekundärwicklung verkettet. Der Blindwiderstand, den die Streufelder bedingen, wird im allgemeinen als Kurzschlußreaktanz des Transformators bezeichnet. Wenn jedoch eine restliche magnetomotorische Kraft auf den Eisenkern des Transformators wirkt, so erzeugt sie zusätzliche Magnetfelder, die mit beiden Wicklungen verkettet sind.

In einem mehrphasigen Leistungstransformator, der symmetrisch belastet ist, heben sich die primären und sekundären Amperewindungen auf jedem Schenkel des Transformators auf, so daß bei der Berechnung solcher Transformatoren nur die Streuung zwischen Primär- und Sekundärwicklung zu berücksichtigen ist. Bei Gleichrichtertransformatoren, deren Sekundärphasen mit Unterbrechungen Strom führen, können die sekundären und primären Amperewindungen einander aufheben oder auch nicht, je nach der verwendeten Transformatorschaltung; aus diesem Grunde muß der von den zurückbleibenden Rest-Amperewindungen erzeugte Streufluß bei der Berechnung der Spannungen beachtet werden.

Abb. 46 zeigt einen Schnitt durch einen Schenkel eines Gleichrichtertransformators mit eingezeichneten Streufeldern. Die Primärwicklung P ist mit dem Streufeld Φ_1 verkettet, welches dieser Wicklung den Blindwiderstand X_1 verleiht. Die Sekundärwicklung S ist mit dem Streufeld Φ_2 verkettet und weist demgemäß den Blindwiderstand X_2 auf. Das Streufeld Φ_0, welches von den Restamperewindungen erzeugt wird, verläuft im Eisenkern des Transformators und schließt sich durch die Luft und die Wände des

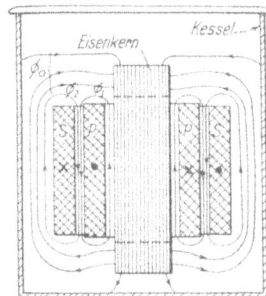

Abb. 46. Streuflüsse bei einem Gleichrichtertransformator.

Transformatorkessels, da es im allgemeinen bei allen Schenkeln phasengleich ist. Dieses Feld ist mit der Primär- und mit der Sekundärwicklung verkettet.

Da die in den Wicklungen des Transformators fließenden Ströme nicht sinusförmig sind, weichen auch die Streufelder von der Sinusform ab. Bei einigen Transformatorschaltungen tritt ein Streufeld dreifacher Frequenz auf und verursacht Verluste im Eisenkern und Transformatorkessel; bei anderen Schaltungen verursacht ein ruhendes Magnetfeld eine Vorsättigung des Eisenkernes.

Die Streuinduktivität der Wicklungen eines Gleichrichtertransformators kann in üblicher Weise berechnet werden wie folgt:

$$L = \mathfrak{z}^2 \, P \, 10^{-8}.$$

In diesem Ausdruck bedeutet L die Induktivität der Wicklung in Henry, $\mathfrak{z}$ ist die Windungszahl, welche mit dem Streufluß verkettet ist und P die Leitfähigkeit des Streupfades.

Die vom Streufeld in der Wicklung induzierte Spannung hat eine solche Richtung, daß sie der Stromänderung und damit der Feldänderung entgegenwirkt:

$$e = - L \, \frac{d\,i}{d\,t} = - \omega \, L \, \frac{d\,i}{d\,\omega\,t} = - X \, \frac{d\,i}{d\,x}.$$

Hier ist $\omega = 2\,\pi\,f$; X der Blindwiderstand in Ohm; $x = \omega\,t$ der veränderliche Winkel im Bogenmaß und i der Strom, der den Streufluß erzeugt. Um die vom Streufeld induzierte Spannung zu berechnen, muß man in vorstehendem Ausdruck den Strom i den Restamperewindungen proportional setzen.

Sekundärströme. Die Ströme in den Sekundärwicklungen eines Gleichrichtertransformators werden durch die Spannungen auf der Sekundärseite bestimmt; grundsätzlich kann bei einem Gleichrichter der Strom nur in der Richtung von der Anode zur Kathode fließen; die Anode mit dem höchsten Potential führt Strom; es sei angenommen, daß der Gleichrichter einen vollkommenen Gleichstrom liefert. Unter diesen Verhältnissen können zwei oder mehrere Anoden gleichzeitig Strom führen. In dem Punkt, in welchem sich die Spannungen einer stromführenden und einer nicht stromführenden Anode schneiden, übernimmt die eine von der anderen die Stromführung während einer Überlappungszeit, innerhalb derer die Spannungen der beiden gleichzeitig stromführenden Phasen durch die Streuung des Transformators ausgeglichen werden.

Primär- und Netzströme. Bei einphasigen Gleichrichtertransformatoren wird die magnetisierende Wirkung der Sekundärströme durch die Primärströme aufgehoben, so daß die Summe der auf den Transformatorkern wirkenden magneto-motorischen Kräfte gleich Null ist. Bei dem

Transformator eines Mehrphasengleichrichters hängt die Beziehung zwischen den Sekundär- und Primärströmen von der Schaltung der Primärwicklung ab. Jedenfalls können die Primärströme keinerlei Gleichstromkomponente besitzen, d. h. der Mittelwert des Primärstromes über eine Periode muß gleich Null sein.

Die Primärwicklungen der Transformatoren mehrphasiger Gleichrichter sind im allgemeinen nach einer der vier Schaltungen verbunden, welche die Abb. 47 zeigt: a Ringschaltung; b Sternschaltung mit isolier-

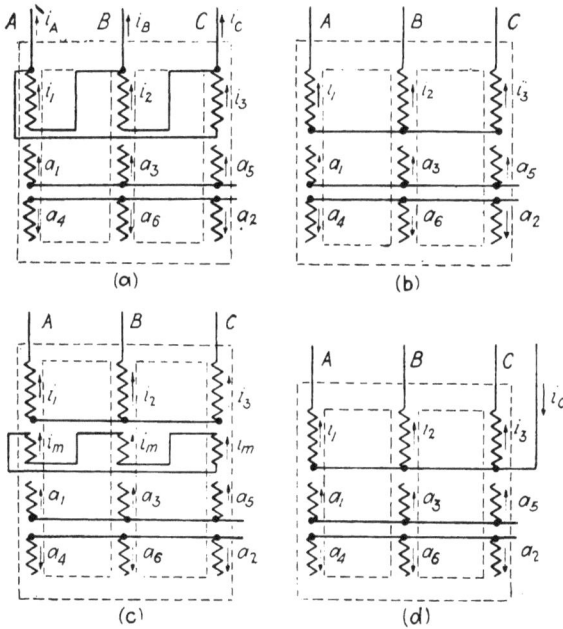

Abb. 47. Transformatorschaltungen für einen Sechsphasengleichrichter. a) Primärwicklung in Dreieckschaltung. b) Primärwicklung in Sternschaltung mit isoliertem Nullpunkt. c) Primärwicklung in Sternschaltung mit isoliertem Nullpunkt und kurzgeschlossener Tertiärwicklung. d) Primärwicklung in Sternschaltung mit Nulleiter.

tem Nullpunkt; c Sternschaltung mit kurzgeschlossener Tertiärwicklung; d Sternschaltung mit Nulleiter. Die Schaltungen a und b sind die gebräuchlichsten. Im nachstehenden werden für diese Schaltungen die allgemeinen Gleichungen angegeben, mittels derer aus den Sekundärströmen die Primär- und Netzströme bestimmt werden können. Hiebei wird angenommen, daß der Magnetisierungsstrom des Transformators und die Ohmschen Widerstände der Wicklungen vernachlässigbar sind. Die unter dieser Annahme erzielten Ergebnisse können in den besonderen Fällen durch nachträgliche Berücksichtigung des Magnetisierungsstromes verbessert werden, obwohl der Fehler gewöhnlich für praktische Zwecke belanglos ist.

a) Primärwicklung in Ringschaltung. Das wichtigste Beispiel einer Ringschaltung ist die Dreieckschaltung bei Drehstrom, für die folgende Beziehungen gelten:

1. Die Summen der Amperewindungen auf den verschiedenen Schenkeln des Transformatorkernes sind untereinander gleich, da die durch das Joch verbundenen Enden der Schenkel sich auf gleichem magnetischen Potential befinden.

$$\Sigma M_1 = \Sigma M_2 = \Sigma M_3 = \ldots = m.$$

M_1, M_2, M_3 usw. sind die Amperewindungen für die Schenkeln *1*, *2* usw. und m ist die Restamperewindungszahl für jeden Schenkel.

2. Die Summe aller Spannungen in dem geschlossenen Ring der Primärwicklung ist gleich Null.

Als Beispiel sei die Berechnung der Primär- und Netzströme für die Transformatorschaltung nach Abb. 47a durchgeführt, wobei die Primärwicklung im Dreieck und die Sekundärwicklung in Doppelstern geschaltet ist. e_1, e_2 und e_3 seien die aufgedrückten sinusförmigen Leerlaufspannungen der drei Primärphasen; X_1 sei die Streureaktanz einer Primärphase infolge des primären Streuflusses und X_0 die Streureaktanz je Primärphase, die den Restamperewindungen m entspricht. Das Übersetzungsverhältnis (Verhältnis der Windungszahlen der Primär- und Sekundärphasen) sei 1:1.

Durch Anwendung der Beziehung, daß die Summen der Amperewindungen auf den drei Schenkeln untereinander gleich sind, erhält man:

$$i_1 + a_1 - a_4 = i_2 + a_3 - a_6 = i_3 + a_5 - a_2 = \frac{m}{\mathfrak{z}} \quad \ldots \quad (59)$$

Hierbei ist $\mathfrak{z}$ die Windungszahl jeder Wicklung. Wendet man die Beziehung an, daß die Summe der Spannungen in der geschlossenen Dreieckswicklung gleich Null sein muß, so ergibt sich:

$$e_1 - X_1 \frac{d\,i_1}{d\,x} - X_0 \frac{d\,(i_1 + a_1 - a_4)}{d\,x} + e_2 - X_1 \frac{d\,i_2}{d\,x} - X_0 \frac{d\,(i_2 + a_3 - a_6)}{d\,x}$$

$$+ e_3 - X_1 \frac{d\,i_3}{d\,x} - X_0 \frac{d\,(i_3 + a_5 - a_2)}{d\,x} = 0.$$

Durch Vereinfachung vorstehender Gleichung entsteht:

$$e_1 + e_2 + e_3 - (X_1 + X_0) \frac{d\,(i_1 + i_2 + i_3)}{d\,x}$$

$$- X_0 \frac{d\,(a_1 - a_2 + a_3 - a_4 + a_5 - a_6)}{d\,x} = 0.$$

Die Summe der Leerlaufspannungen $e_1 + e_2 + e_3$ ist gleich Null. Integriert man den Rest der Gleichung nach x und dividiert durch X_0, so erhält man:

$$\frac{X_1 + X_0}{X_0} (i_1 + i_2 + i_3) + (a_1 - a_2 + a_3 - a_4 + a_5 - a_6) = 0 \ . \ . \ (60)$$

Durch Auflösung der Gleichungen (59) und (60) nach i_1, i_2 und i_3 erhält man:

$$i_1 = - (a_1 - a_4) + \frac{k}{3} (a_1 - a_2 + a_3 - a_4 + a_5 - a_6) \ . \ . \ (61)$$

$$i_2 = - (a_3 - a_6) + \frac{k}{3} (a_1 - a_2 + a_3 - a_4 + a_5 - a_6) \ . \ . \ (62)$$

$$i_3 = - (a_5 - a_2) + \frac{k}{3} (a_1 - a_2 + a_3 - a_4 + a_5 - a_6) \ . \ . \ (63)$$

In vorstehenden Gleichungen ist

$$k = \frac{X_1}{X_1 + X_0}$$

Die Restamperewindungen je Schenkel sind

$$m = (i_1 + a_1 - a_4) \, \mathfrak{z} = \frac{k}{3} (a_1 - a_2 + a_3 - a_4 + a_5 - a_6) \, \mathfrak{z} \quad (64)$$

Diese Restamperewindungen sind für die drei Schenkel in Phase und erscheinen in Form eines Kreisstromes i_m in der Primärwicklung.

Ist die Streureaktanz X_0 im Vergleich zu X_1 sehr groß, so ist der Faktor k praktisch gleich Null und damit auch der Kreisstrom i_m. Ist hingegen X_0 sehr klein im Vergleich zu X_1, so ist der Faktor k praktisch gleich 1 und der Kreisstrom groß.

Die Wellenform und Frequenz der Restamperewindungen ist bestimmt durch den Faktor $(a_1 - a_2 + a_3 - a_4 + a_5 - a_6)$ in Gleichung (64), d. h. durch die Sekundärströme. Bei einer in Doppelstern geschaltete sechsphasigen Sekundärwicklung besitzen die Restamperewindungen die dreifache Netzfrequenz. Bei der Sechsphasenschaltung mit Saugdrossel sind die Restamperewindungen praktisch gleich Null. Bei der Dreiphasenschaltung fehlen die Ströme a_2, a_4 und a_6 und die Restamperewindungen weisen immer dieselbe Richtung auf. Näheres über diese Schaltungen ist der Zahlentafel V zu entnehmen. Die in Abb. 47 a eingetragenen Netzströme betragen:

$$i_A = i_1 - i_3 = - (a_1 - a_4) + (a_5 - a_2) \ . \ . \ . \ . \ . \ (65)$$

$$i_B = i_2 - i_1 = - (a_3 - a_6) + (a_1 - a_4) \ . \ . \ . \ . \ . \ (66)$$

$$i_C = i_3 - i_2 = - (a_5 - a_2) + (a_3 - a_6) \ . \ . \ . \ . \ . \ (67)$$

Bei einem von 1:1 abweichenden Übersetzungsverhältnis des Transformators sind vorstehende Ausdrücke für die Ströme mit dem Verhältnis der sekundären zur primären Windungszahl zu multiplizieren.

Wenn die Ströme in den drei Phasen der primären Dreieckswicklung sinusförmig und gegeneinander um 120° phasenverschoben sind, sind die Effektivwerte der Netzströme das $\sqrt{3}$ fache der effektiven Primärströme. Die gleiche Beziehung gilt für Primärströme eines Gleichrichtertransformators, welche aus einer Grundwelle und Oberwellen mit Ausnahme der dritten bestehen, weil diese Oberwellen gegeneinander in den drei Phasen der Primärwicklung um 120 elektrische Grade verschoben sind. Enthalten jedoch die Primärströme dritte Oberwellen, so fließen diese in der Dreieckswicklung und erscheinen nicht in den Netzströmen; das Verhältnis der Effektivwerte des Netzstromes zum Primärstrom ist dann kleiner als $\sqrt{3}$. Dieses Verhältnis zeigt demnach das Vorhandensein von Strömen dreifacher Frequenz in der in Dreieck geschalteten Primärwicklung an. Das Vorhandensein geradzahliger Oberwellen ist aus der Unsymmetrie der positiven und negativen Stromhalbwellen zu erkennen.

b) In Stern geschaltete Primärwicklung mit isoliertem Nullpunkt. Beispiele für diese Schaltungsart sind die Sternschaltung bei Drehstrom und die Sternschaltung bei unverkettetem Zweiphasenstrom. Für die Bestimmung der Primärströme gelten bei dieser Schaltung die folgenden allgemeinen Beziehungen:

1. Die Summen der Amperewindungen für die verschiedenen Schenkel des Transformatorkernes sind untereinander gleich.

$$\Sigma M_1 = \Sigma M_2 = \Sigma M_3 = \cdots = m.$$

2. Die Summe der Primärströme im Sternpunkt ist gleich Null.

In Kapitel IV wird ein Beispiel für die Berechnung der Primärströme eines Transformators mit in Stern geschalteter Primärwicklung und sechsphasiger Sekundärwicklung behandelt. Die dort abgeleiteten Gleichungen für die Primärströme lauten:

$$i_1 = -\frac{2}{3}\,a_1 - \frac{1}{3}\,a_2 + \frac{1}{3}\,a_3 + \frac{2}{3}\,a_4 + \frac{1}{3}\,a_5 - \frac{1}{3}\,a_6 \quad . \ . \ (68)$$

$$i_2 = \quad\frac{1}{3}\,a_1 - \frac{1}{3}\,a_2 - \frac{2}{3}\,a_3 - \frac{1}{3}\,a_4 + \frac{1}{3}\,a_5 + \frac{2}{3}\,a_6 \quad . \ . \ (69)$$

$$i_3 = \quad\frac{1}{3}\,a_1 + \frac{2}{3}\,a_2 + \frac{1}{3}\,a_3 - \frac{1}{3}\,a_4 - \frac{2}{3}\,a_5 - \frac{1}{3}\,a_6 \quad . \ . \ (70)$$

Die Restamperewindungen für jeden Schenkel des Transformatorkernes haben bei dieser Schaltung den Wert:

$$m = \frac{1}{3}\,(a_1 - a_2 + a_3 - a_4 + a_5 - a_6) \; \} \quad . \ . \ . \ . \ (71)$$

Die Ströme in einer in Stern geschalteten, dreiphasigen Primärwicklung mit isoliertem Nullpunkt weisen keinerlei dritte Oberwellen auf, da für diese keine Rückleitung vorhanden ist.

c) In Stern geschaltete Primärwicklung und kurzgeschlossene Tertiärwicklung. Bei einigen Transformatorschaltungen, bei denen Restamperewindungen auftreten, wird eine kurzgeschlossene Tertiärwicklung hinzugefügt, um das Zustandekommen eines Stromes zu ermöglichen, der die Restamperewindungen und damit auch die von ihnen hervorgerufenen unerwünschten Streuflüsse beseitigt. Für die Bestimmung der Ströme in der Primär- und Tertiärwicklung können die früher abgeleiteten Beziehungen verwendet werden, und zwar:

1. die Summen der Amperewindungen für die Schenkel des Transformatorkernes sind untereinander gleich.

2. die Summe der Ströme im Sternpunkt der Primärwicklung ist gleich Null.

3. die Summe der Spannungen in der kurzgeschlossenen Tertiärwicklung ist gleich Null.

d) In Stern geschaltete Primärwicklung mit Nulleiter. Diese Schaltung kann bei Drehstrom-Vierleiternetzen angewendet werden. Sie entspricht getrennten einphasigen Primärwicklungen, da der Strom in jeder Phase unabhängig von den anderen Phasen fließen kann. Den Sekundärströmen auf jedem Schenkel des Transformatorkernes wird daher in jedem Augenblick durch die Primärströme das Gleichgewicht gehalten, und für die Bestimmung der Primärströme genügt die Beziehung, daß die Summe der Wechselstromamperewindungen für jeden Schenkel des Kernes gleich Null ist.

Allgemeine Gleichungen.

In Kapitel IV wurden Gleichungen für die Ströme und Spannungen in den Stromkreisen eines p-phasigen Gleichrichter abgeleitet und Beispiele für Einphasen- und Sechsphasenschaltung besprochen. Der Einfachheit halber wurde bei der Sechsphasenschaltung ein Transformator mit in Doppelstern geschalteter Sekundärwicklung verwendet. Obwohl dies die einfachste Sechsphasenschaltung ist, wird sie selten verwendet, da andere Schaltungen eine bessere Ausnützung des Transformators ermöglichen und günstigere Belastungskennlinien aufweisen. Unter Vernachlässigung der Überlappung gelten die Gleichungen:

Effektivwert des Anodenstromes:

$$A = \frac{I}{\sqrt{p}} \text{ Amp.} \quad . \quad . \quad . \quad . \quad . \quad . \quad . \quad . \quad (1)$$

Mittelwert der Gleichspannung:

$$E_g = \frac{E \sqrt{2} \sin \dfrac{\pi}{p}}{\dfrac{\pi}{p}} \text{ Volt} \quad . \quad . \quad . \quad . \quad . \quad . \quad (2)$$

Abgegebene Gleichstromleistung:

$$N = \frac{E\,I\,\sqrt{2}\sin\dfrac{\pi}{p}}{\dfrac{\pi}{p}} \cdot \text{Watt} \quad \dots \dots \quad (3)$$

Unter Berücksichtigung der Überlappung ergibt sich der Überlappungswinkel:

$$\cos u = 1 - \frac{I\,X}{E\,\sqrt{2}\sin\dfrac{\pi}{p}} \cdot \quad \dots \dots \quad (16)$$

und der Effektivwert des Anodenstromes:

$$A = \frac{I}{\sqrt{p}}\,\sqrt{1 - p\,\psi\,(u)}\,\text{Amp.} \quad \dots \dots \quad (19)$$

$$\psi\,(u) = \frac{(2 + \cos u)\sin u - (1 + 2\cos u)\,u}{2\,\pi\,(1 - \cos u)^2} \quad \dots \dots \quad (20)$$

$$= \frac{2\,u}{15\,\pi}\left(1 + \frac{u^2}{84} + \dots\right) \quad \dots \dots \quad (20\,\text{a})$$

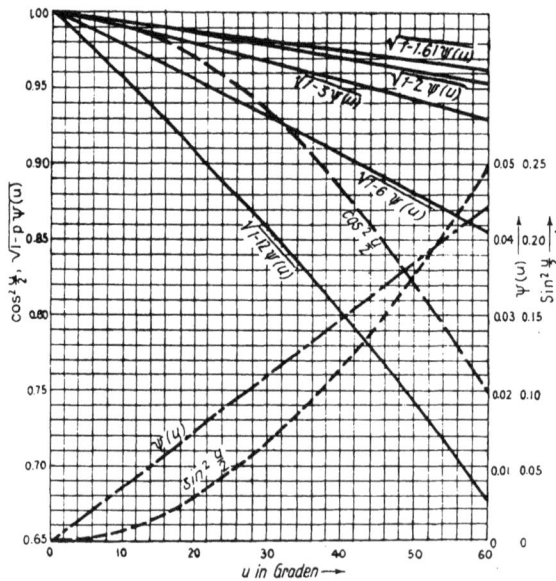

Abb. 48. Verschiedene Faktoren in Abhängigkeit vom Überlappungswinkel u.

Die Faktoren $\psi\,(u)$ und $\sqrt{1 - p\,\psi\,(u)}$ sind in Abb. 48 als Funktionen von u eingetragen.

Spannungsabfall auf der Gleichstromseite:

$$g = \frac{E\sqrt{2}\sin\dfrac{\pi}{p}}{2\dfrac{\pi}{p}}(1 - \cos u)\ \text{Volt} \quad\ldots\ldots\quad (22)$$

Mittelwert der Gleichspannung:

$$E_g = \frac{E\sqrt{2}\sin\dfrac{\pi}{p}}{\dfrac{\pi}{p}}\cdot\cos^2\frac{u}{2}\ \text{Volt} \quad\ldots\ldots\quad (23)$$

Gleichstromleistung:

$$N = \frac{E\,I\sqrt{2}\sin\dfrac{\pi}{p}}{\dfrac{\pi}{p}}\cdot\cos^2\frac{u}{2}\ \text{Watt} \quad\ldots\ldots\quad (24)$$

Bei Verwendung vorstehender Gleichungen ist zu beachten:

1. Die abgegebene Gleichspannung E_g und die abgegebene Gleichstromleistung N sind Idealwerte, die den Lichtbogenabfall im Gleichrichter mit enthalten; sie gelten unter Vernachlässigung der Kupferverluste des Transformators.

2. Die Größe p stellt im allgemeinen die Phasenzahl dar. Es muß jedoch bei der Wahl von p Sorgfalt geübt werden, da bei manchen Transformatorschaltungen p verschiedene Werte aufweist, je nachdem, um welche Teile des Stromkreises es sich handelt. So ist z. B. p bei einem Transformator in Gabelschaltung (Doppelzickzack-Schaltung) nach Abb. 65 bei der Berechnung der Gleichspannung E_g mit Hilfe der Gleichung (23) gleich 6, da die Phasenspannungen vom Nullpunkt zu den Anodenanschlüssen ein Sechsphasensystem bilden. Bei der Berechnung der Ströme in den äußeren Teilen der Sekundärwicklung hat p ebenfalls den Wert 6, da jede dieser Wicklungen während einer Sechstelperiode Strom führt. Bei der Berechnung der Ströme in den inneren Teilen der Sekundärwicklung ist p gleich 3, da jede dieser Wicklungen während einer Drittelperiode Strom führt.

4. Bei der Berechnung des Überlappungswinkels mit Hilfe der Gleichung (16) ist I der Strom, der von einer Phase auf die andere übergeht; X ist der Blindwiderstand je Sekundärphase. Dieser Blindwiderstand enthält auch die äquivalente Sekundärreaktanz für die Primär- und Netzreaktanzen.

In den nachfolgenden Berechnungen wird ein Übersetzungsverhältnis 1:1 zwischen zusammengehörigen Primär- und Sekundärphasen angenommen. Die verschiedenen Größen können mittels folgender Beziehungen auf ein anderes Übersetzungsverhältnis umgerechnet werden: die Spannungen sind den Windungszahlen proportional; die Ströme sind den Windungszahlen verkehrt proportional; die Wirk- und Blindwiderstände ändern sich mit dem Quadrat des Verhältnisses der Windungszahlen.

Der Magnetisierungsstrom und die Kupferverluste des Transformators sowie der Lichtbogenabfall im Gleichrichtergefäß werden vernachlässigt. Der Einfluß dieser Größen wird in einem späteren Abschnitt untersucht.

Doppelsternschaltung mit in Dreieck geschalteter Primärwicklung.

Die Doppelsternschaltung ist die einfachste Sechsphasenschaltung, aber sie hat die Nachteile eines niedrigen Ausnützungsfaktors des Transformators und eines hohen Spannungsabfalles. Aus diesen Gründen wird die Doppelsternschaltung selten verwendet.

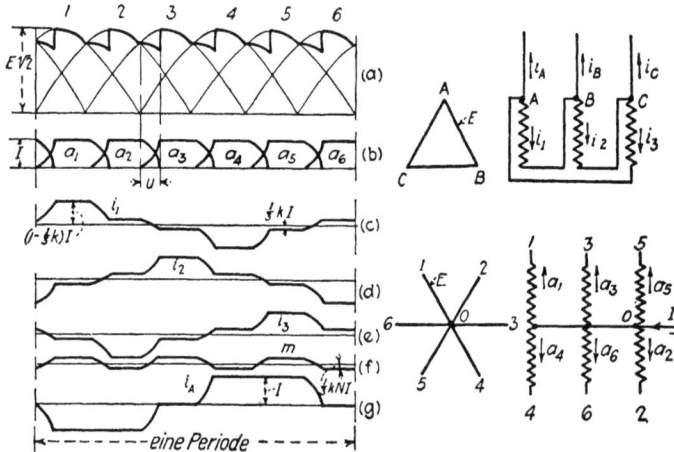

Abb. 49. Doppelsternschaltung bei in Dreieck geschalteter Primärwicklung.

Abb. 49 zeigt das Schaltbild, das Vektordiagramm und die Spannungs- und Stromkurven für diese Schaltung. Jede Anode brennt während einer Sechstelperiode, und es treten Überlappungen auf, wenn die Stromführung von einer Anode zur anderen übergeht. Der Mittelwert der Gleichspannungen im Leerlauf nach Gleichung (2) ist:

$$E_{g_0} = \frac{E \mathbin{\rrbracket} 2 \sin\left(\frac{\pi}{6}\right)}{\frac{\pi}{6}} = 1{,}35\, E \quad \ldots \ldots \quad (72)$$

Die Gleichspannung bei Belastung hat nach Gleichung (23) den Wert:

$$E_g = 1{,}35\, E \cos^2 \frac{u}{2} \quad \ldots \ldots \ldots \ldots \quad (73)$$

Der nach Gleichung (16) bestimmte Cosinus des Überlappungswinkels ist:

$$\cos u = 1 - \frac{I\,X}{E\,\sqrt{2}\,\sin\left(\frac{\pi}{6}\right)} = 1 - 1{,}41\,\frac{I\,X}{E} \quad \ldots \ldots \; (74)$$

Der gleichstromseitige Spannungsabfall bei Belastung nach Gleichung (22) ist:

$$g = \frac{E\,\sqrt{2}\,\sin\left(\frac{\pi}{6}\right)}{\frac{\pi}{6}} \left(\frac{1 - \cos u}{2}\right) = 0{,}955\,I\,X \quad \ldots \ldots \; (75)$$

Die Gleichstromleistung einschließlich der Verluste im Gleichrichter beträgt:

$$N = E_g\,I = 1{,}35\,E\,I\,\cos^2 \frac{u}{2} \quad \ldots \ldots \ldots \; (76)$$

Der Effektivwert des Anodenstromes nach Gleichung (19) ist:

$$A = \frac{I}{\sqrt{6}}\,\sqrt{1 - 6\,\psi\,(u)} = 0{,}408\,I\,\sqrt{1 - 6\,\psi\,(u)} \quad \ldots \ldots \; (77)$$

Die bei diesen Schaltungen auftretenden Primärströme wurden nach den Gleichungen (61), (62) und (63) in Abb. 49c, d und e eingezeichnet. Aus diesen Kurven kann folgender Effektivwert des Primärstromes berechnet werden:

$$I_p = \frac{I}{\sqrt{3}}\,\sqrt{\left(1 - \frac{2}{3}\,k + \frac{1}{3}\,k^2\right) - 6\left(1 - \frac{4}{3}\,k + \frac{2}{3}\,k^2\right)\psi\,(u)} \quad . \;\; (78)$$

Der Faktor k in Gleichung (78) ist gleich $\dfrac{X_1}{X_1 + X_0}$, wobei X_1 der primäre Blindwiderstand infolge des nur mit der Primärwicklung verketteten Streuflusses Φ_1 ist und X_0 der primäre Blindwiderstand infolge des Streuflusses Φ_0 zwischen den Jochen des Transformators (s. Abb. 46). Der Blindwiderstand X_0 ist gewöhnlich infolge der besseren Leitfähigkeit des magnetischen Pfades für das Streufeld Φ_0 beträchtlich größer als X_1 und k ist praktisch gleich Null. Unter dieser Annahme hat die Primärstromkurve die in Zahlentafel V-D ersichtliche Gestalt und der Effektivwert des Primärstromes ist:

$$I_p = \left(\frac{I}{\sqrt{3}}\right)\sqrt{1 - 6\,\psi\,(u)} = 0{,}577\,I\,\sqrt{1 - 6\,\psi\,(u)} \quad \ldots \; (79)$$

Die Wellenform des Netzstromes nach Gleichung (65) ist in Abb. 49g dargestellt; der Effektivwert des Netzstromes ist:

$$I_L = \left(\frac{I\,\sqrt{2}}{\sqrt{3}}\right)\sqrt{1 - 3\,\psi\,(u)} = 0{,}817\,I\,\sqrt{1 - 3\,\psi\,(u)} \quad \ldots \; (80)$$

Die Leistung der Sekundärwicklung des Transformators beträgt:

$$N_2 = 6\,E\,A = 2{,}44\,E\,I\,\sqrt{1-6\,\psi\,(u)}$$

$$= \frac{1{,}81\,N\,\sqrt{1-6\,\psi\,(u)}}{\cos^2\dfrac{u}{2}} \quad\ldots\ldots\ldots\ldots\ldots (81)$$

Die Primärwicklung ist zu bemessen für eine Leistung:

$$N_1 = 3\,E\,I_p = 1{,}73\,E\,I\,\sqrt{1-6\,\psi\,(u)}$$

$$= \frac{1{,}28\,N\,\sqrt{1-6\,\psi\,(u)}}{\cos^2\dfrac{u}{2}} \quad\ldots\ldots\ldots\ldots (82)$$

Hieraus ergibt sich die Typenleistung des Transformators:

$$N_T = \frac{N_1 + N_2}{2} = 2{,}09\,E\,I\,\sqrt{1-6\,\psi\,(u)}$$

$$= \frac{1{,}55\,N\,\sqrt{1-6\,\psi\,(u)}}{\cos^2\dfrac{u}{2}} \quad\ldots\ldots\ldots\ldots (83)$$

Die dem Netz entnommene Scheinleistung ist:

$$N_L = \frac{3\,E\,I_L}{\sqrt{3}} = 1{,}41\,E\,I\,\sqrt{1-3\,\psi\,(u)}$$

$$= \frac{1{,}045\,N\,\sqrt{1-3\,\psi\,(u)}}{\cos^2\dfrac{u}{2}} \quad\ldots\ldots\ldots\ldots (84)$$

Demnach ist der Netzleistungsfaktor:

$$\lambda = \frac{N}{N_L} = 0{,}955\,\frac{\cos^2\dfrac{u}{2}}{\sqrt{1-3\,\psi\,(u)}} \quad\ldots\ldots\ldots\ldots (85)$$

Doppelsternschaltung bei in Stern geschalteter Primärwicklung.
Abb. 50 zeigt das Schaltbild des Transformators, die Vektordiagramme der
Primär- und Sekundärspannungen und die Kurven der Gleichspannung (a),
der Anodenströme (b) und der Primärströme (c), (d) und (e) ersichtlich, wobei die Überlappung der Anodenströme infolge der Blindwiderstände des
Transformators unter Annahme eines Übersetzungsverhältnisses 1:1 berücksichtigt ist. Die Abb. 50f zeigt die Restamperewindungen m für

jeden Schenkel des Transformators. Sie haben die dreifache Frequenz des speisenden Wechselstromnetzes, die Amplitude $\mathfrak{z} \cdot I/3$ und sind auf allen drei Schenkeln in Phase. Sie erzeugen Streuflüsse von dreifacher

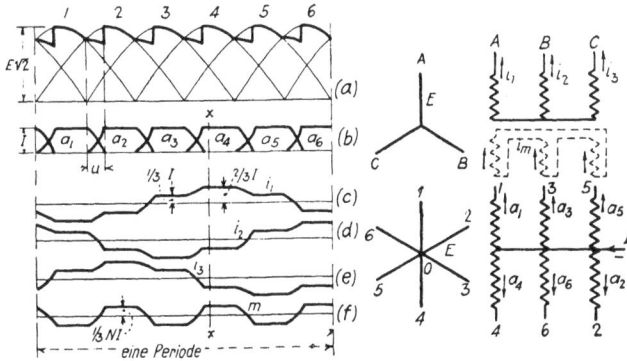

Abb. 50. Doppelsternschaltung bei in Stern geschalteter Primärwicklung.

Netzfrequenz im Transformatorkern, deren magnetischer Kreis sich durch die Luft schließt (s. Φ_0 in Abb. 46).

Doppelsternschaltung mit in Stern geschalteter Primärwicklung und Tertiärwicklung. Die Restamperewindungen dreifacher Frequenz und die von ihnen hervorgerufenen Streuflüsse können durch Anbringung einer im Dreieck geschalteten Tertiärwicklung, die in Abb. 50 gestrichelt eingezeichnet ist, beseitigt werden. Es fließt in dieser Wicklung ein Strom dreifacher Frequenz $i_m = m/\mathfrak{z} = I/3$, der die Restamperewindungen aufhebt. Die in Kapitel IV für diese Transformatorschaltung abgeleiteten Ausdrücke lauten nach Anbringung der Korrektur für die Überlappung wie folgt:

Effektivwert des Anodenstromes:

$$A = \frac{I}{\sqrt{6}} \sqrt{1 - 6\,\psi(u)} \quad . \quad . \quad . \quad . \quad . \quad . \quad (86)$$

Mittelwert der Gleichspannung:

$$E_g = \frac{3\sqrt{2}}{\pi} E \cos^2 \frac{u}{2} \quad . \quad . \quad . \quad . \quad . \quad . \quad (87)$$

Der Effektivwert des Primärstromes kann aus der Kurve in Abb. 50c berechnet werden; die Fläche zwischen dieser Kurve und der Abszissenachse wird in Abschnitte geteilt, von denen einige rechteckig sind und andere aus Teilen von Sinuskurven bestehen, die mit Hilfe der Gleichungen (17) und (18) ausgedrückt werden können.

$$\pi I_p{}^2 = \left(\frac{\pi}{3} - u\right)\left[2\left(\frac{I}{3}\right)^2 + \left(\frac{2I}{3}\right)^2\right] + \int_0^u \left[-\frac{I}{3} + \frac{2I}{3}\left(\frac{1-\cos x}{1-\cos u}\right)\right]^2 d x +$$

$$+ \int_0^u \left[\frac{I}{3} + \frac{I}{3}\left(\frac{1-\cos x}{1-\cos u}\right)\right]^2 d x + \int_0^u \left[\frac{I}{3}\left(1 - \frac{1-\cos x}{1-\cos u}\right) + \frac{I}{3}\right]^2 d x$$

$$I_p = \frac{\sqrt{2}}{3} I \sqrt{1 - 3 \cdot \frac{1}{\pi}\int_0^u \left[\frac{1-\cos x}{1-\cos u} - \left(\frac{1-\cos x}{1-\cos u}\right)^2\right] d x} =$$

$$= \frac{\sqrt{2}}{3} I \sqrt{1 - 3\,\psi(u)} \ . \ . \ . \ . \ . \ . \ . \ . \ . \ . \ (88)$$

Der Wert $\psi(u)$ ist nach Gleichung (20a) zu bestimmen. Der Effektivwert des Stromes in der Tertiärwicklung ergibt sich durch eine ähnliche Rechnung wie folgt:

$$I_m = \sqrt{\frac{1}{\pi/3}\left[\left(\frac{\pi}{3} - u\right)\left(\frac{I}{3}\right)^2 + \int_0^u \left(-\frac{I}{3} + \frac{2I}{3} \cdot \frac{1-\cos x}{1-\cos u}\right)^2 d x\right]}$$

$$= \frac{I}{3}\sqrt{1 - 12\,\psi(u)} \ . \ . \ . \ . \ . \ . \ . \ . \ . \ . \ (89)$$

Die gleichstromseitige Leistungsabgabe

$$N = E_g I = \frac{3\sqrt{2}}{\pi} E I \cos^2 \frac{u}{2} \ . \ . \ . \ . \ . \ . \ (90)$$

Die Scheinleistungen der Transformatorwicklungen sind:

Scheinleistung der Primärwicklung

$$N_1 = 3 E I_p = E I \sqrt{2}\,\sqrt{1 - 3\,\psi(u)} \ . \ . \ . \ . \ . \ (91)$$

Scheinleistung der Sekundärwicklung

$$N_2 = 6 E A = E I \sqrt{6}\,\sqrt{1 - 6\,\psi(u)} \ . \ . \ . \ . \ . \ (92)$$

Scheinleistung der Tertiärwicklung

$$N_3 = 3 E I_m = E I \sqrt{1 - 12\,\psi(u)} \ . \ . \ . \ . \ . \ . \ (93)$$

Leistungsfaktor

$$\lambda = \frac{N}{N_1} = \frac{3}{\pi} \cdot \frac{\cos^2(u/2)}{\sqrt{1 - 3\,\psi(u)}} \ . \ . \ . \ . \ . \ . \ . \ (94)$$

Doppelsternschaltung mit in Stern geschalteter Primärwicklung ohne Tertiärwicklung. Wenn keine Kompensation der Restamperewindungen dreifacher Frequenz durch eine Tertiärwicklung vorgesehen ist, so erzeugen die Restamperewindungen Kraftflüsse, die in der Primär- und Sekundärwicklung des Transformators Spannungen von dreifacher Frequenz induzieren. Die in der Primärwicklung induzierten Spannungen verursachen eine Schwankung des Potentials des primären Nullpunktes (»Schwingender Nullpunkt«).

Die in der Sekundärwicklung induzierten Spannungen verändern die Wellenform der sekundären Phasenspannung und beeinflussen die Brennzeit der Anoden, wie dies Abb. 51 zeigt. Die Kurve e_t in Abb. 51a zeigt die Spannung, die in den Wicklungen durch den Streufluß dreifacher Frequenz bei einem Überlappungswinkel von ungefähr 30⁰ induziert wird. Die durch die Spannung e_t veränderte Wellenform der sekundären Klemmenspannung zeigt die Kurve e_3. Der Blindwiderstand X_0, der dem Streufluß dreifacher Frequenz Φ_0 (Abb. 46) entspricht, ist beträchtlich höher als die Blindwiderstände X_1 und X_2 der Primär- und Sekundärwicklung, die den Streuflüssen Φ_1 und Φ_2 entsprechen; es ist dies eine Folge der höheren Leitfähigkeit des magnetischen Pfades des Feldes Φ_0. X_0 verursacht daher den größten Teil der Überlappung zwischen den Anodenströmen und bewirkt starke Überlappung bei verhältnismäßig niedrigen Strömen. Die vom Felde Φ_0 induzierte Spannung e_t ist daher fast gleich dem durch Überlappung bewirkten Spannungsabfall, der in Abb. 51a durch die schraffierte Fläche dargestellt wird. Hieraus folgt, daß die Klemmenspannung einer stromlosen Phase bei einem Überlappungswinkel von etwas über 30⁰ gleich der Spannung der beiden stromführenden Phasen wird. Es schneidet also die Spannungskurve e_3 in Abb. 51a die Spannung der gleichzeitig brennenden Phasen 1 und 2 im Punkte Q. Wird die Belastung noch weiter gesteigert, so wächst der Überlappungswinkel über diesen Wert hinaus; die mit der stromlosen Phase verbundene Anode, welche die gleiche Spannung besitzt, wie die beiden stromführenden Anoden, übernimmt Strom und die drei Phasen arbeiten während eines kurzen Zeitraumes parallel bis die Anode 1 erlischt. Das Streufeld dreifacher Frequenz bewirkt also, daß die Stromführung der Anoden bereits um praktisch 30⁰ vor dem Schnittpunkt der Leerlaufspannungskurven beginnt.

In einem bestimmten Belastungsbereich erlischt die hinzugekommene Anode kurze Zeit nach ihrer Zündung und wird dann im Schnittpunkt ihrer Leerlaufspannungskurve mit derjenigen der vorangehenden Anode neuerlich gezündet, wie dies Abb. 51b zeigt. Die Anode erlischt nach der ersten Zündung, weil nicht genügend Strom vorhanden ist, um die erforderlichen Amperewindungen dreifacher Frequenz zu liefern, welche die Angleichung der Spannungen der gleichzeitig brennenden Phasen bewirken.

Ist die Belastung genügend hoch, um die magnetisierenden Amperewindungen zu erzeugen, welche die vollen Ausgleichsspannungen in den beiden gleichzeitig stromführenden Phasen induzieren, so führt die Anode

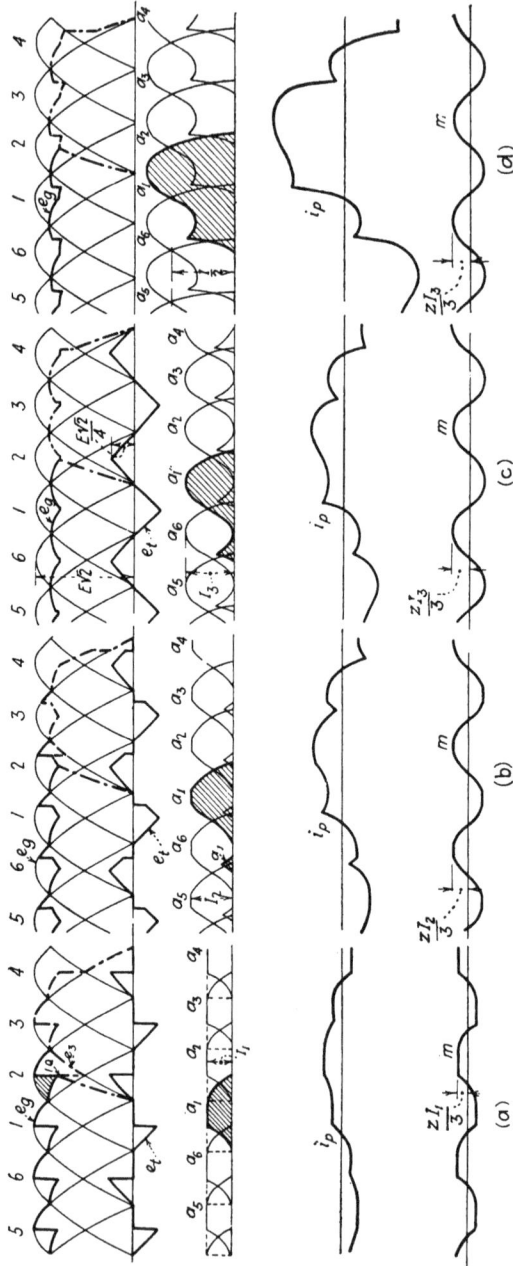

Abb. 54. Kurven der Spannungen, Anodenströme, Primärströme und Restamperewindungen dreifacher Frequenz für einen Gleichrichtertransformator in Stern-Doppelsternschaltung ohne Tertiärwicklung. Die Abschnitte a, b, c, d entsprechen verschiedenen Zuständen bei steigender Belastung. Der Primärstrom i_p und die Restamperewindungen m wurden aus den Anodenströmen nach den Gleichungen (70) und (71) konstruiert.

von ihrer ersten Zündung bis zur Zündung jener Anode, die gegen sie um 120 elektrische Grade verschoben ist, andauernd Strom; dann wird ihr Strom auf diese Anode während einer kurzen Überlappungsperiode übertragen. Die Betriebsbedingungen entsprechen nun der Abb. 51c; jede Anode führt während eines Zeitraumes von 120⁰ Strom, so daß zwei Anoden andauernd parallel arbeiten und während kurzer Überlappungs-zeiten drei Anoden gleichzeitig brennen.

Die Wellenformen des Stromes und der Spannung bei höheren Be-lastungen zeigt Abb. 51 d. Aus dieser Abbildung geht hervor, daß nach Erreichung der in Abb. 51c dargestellten Verhältnisse eine Überlappung zwischen Phasen eintritt, die untereinander um 120⁰ verschoben sind und daß die Arbeitsweise des Gleichrichters derjenigen eines Sechsphasen-gleichrichters mit Saugdrossel ähnlich ist. Die magnetisierenden Ampere-windungen m bleiben unverändert und die dem Feld dreifacher Frequenz entsprechende Reaktanz X_0 hat keinen Einfluß auf die Überlappung der Phasen.

Da der Scheitelwert des Magnetisierungsstromes $m/\mathfrak{z}$ in den Abb. 51 a, b und c ein Drittel des Scheitelwertes des Laststromes ist, erhält man die in Abb. 51 c dargestellten Verhältnisse bei einem Laststrom gleich dem Dreifachen des Scheitelwertes desjenigen Stromes dreifacher Fre-quenz, der im Transformatorkern jenes Streufeld Φ_0 erzeugt, welches die volle Spannung e_t in der Sekundärwicklung des Transformators induziert. Besitzt der magnetische Pfad dieses Streufeldes eine hohe Leitfähigkeit, so ist der erforderliche Strom verhältnismäßig klein.

Die Spannungskurve e_t kann angenähert durch eine sinusförmige Spannungskurve ersetzt werden, die den gleichen Scheitelwert wie e_t besitzt (ein Viertel des Scheitelwertes der Phasenspannung im Leerlauf). Das Streufeld dreifacher Frequenz ist gleich einem Zwölftel des Haupt-feldes. Ist die Leitfähigkeit des Streupfades bekannt, so kann der zur Erzeugung dieses Feldes erforderliche Strom leicht bestimmt werden.

Die Gleichspannung im Leerlauf besitzt nach Gleichung (2) den Wert:

$$E_{go} = \frac{E\sqrt{2}\sin(\pi/6)}{\pi/6} = 1{,}35\,E \quad \ldots \ldots \quad (95)$$

Unter den in Abb. 51 c dargestellten Verhältnissen ist die Gleich-spannung:

$$E_{gt} = \frac{\left(E\sqrt{2}\cos\frac{\pi}{6}\right)\sin\frac{\pi}{6}}{\pi/6} = 1{,}17\,E \quad \ldots \ldots \quad (96)$$

Bei noch höheren Belastungen ergibt sich unter Berücksichtigung der Überlappung eine Gleichspannung:

$$E_g = 1{,}17\,E\cos^2\frac{u}{2} \quad \ldots \ldots \ldots \quad (97)$$

Der Übergang von der Gleichspannung E_{go} zu E_{gt} tritt während eines verhältnismäßig kleinen Belastungsbereiches ein (s. Abb. 52);

dies ist eine Folge des hohen Wertes des Blindwiderstandes X_0 und bewirkt einen steilen Anfang der Belastungskennlinie. Jenseits dieser Belastung verursacht die Überlappung zweier um 120^0 gegeneinander verschobener Phasen eine Verringerung der Gleichspannung; diese Phasen führen während ihrer Überlappung den halben Belastungsstrom. Daher ist der Überlappungswinkel der gleiche wie bei einem Dreiphasengleichrichter, der den Strom $I/2$ führt [vgl. Gleichung (16)]:

$$\cos u = 1 - \frac{(I/2)\, X}{E\,\sqrt{2}\,\sin \pi/3} = 1 - \frac{I\,X}{E\,\sqrt{6}}.$$

Setzt man diesen Wert in die Gleichung (22) für den Spannungsabfall ein, so ergibt sich:

$$g = \frac{E\,\sqrt{2}\,\sin \pi/3}{2\,\pi/3} \cdot \frac{I\,X}{E\,\sqrt{6}} = 0,239\,I\,X \quad \ldots \ldots \quad (98)$$

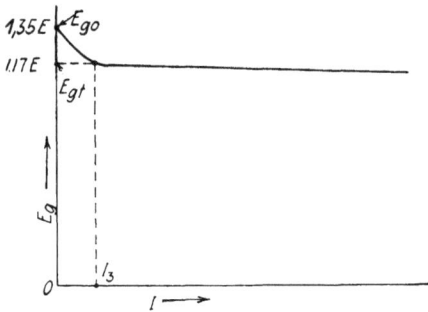

Abb. 52. Belastungskennlinie für die Stern-Doppelsternschaltung ohne Tertiärwicklung.

Dieser Spannungsabfall ist ein Viertel desjenigen, der bei der Doppelsternschaltung mit in Dreieck geschalteter Primärwicklung auftritt, und der zweite Teil der Belastungskennlinie ist daher nur schwach geneigt. Die Gestalt der Belastungskennlinie ist aus Abb. 52 ersichtlich.

Die vorstehenden Beziehungen für die Gleichspannung gelten auch bei einem Sechsphasengleichrichter mit Saugdrossel. Vernachlässigt man die Oberwellen dreifacher Frequenz in den Anoden- und Primärströmen, so sind die Effektivwerte der Ströme und Transformatorleistungen dieselben wie bei der Sechsphasenschaltung mit Saugdrossel.

Transformatorkern mit magnetischem Nebenschluß. Im allgemeinen soll der Gleichrichter in seinem ganzen Betriebsbereich eine möglichst konstante Gleichspannung liefern; die in Abb. 52 dargestellte Sechsphasenschaltung mit in Stern geschalteter Primärwicklung ist daher wegen des Spannungsanstieges zu Beginn der Belastungskennlinie zu beanstanden. Aus diesem Grunde ist es erwünscht, daß das Knie der Belastungskennlinie bei einem möglichst niedrigen Strom liegt, so daß der Gleichrichter in seinem praktischen Belastungsbereich jenseits dieses Knies arbeitet. Dies kann erreicht werden, indem man den Transformatorkern mit einem magnetischen Nebenschluß versieht, der die Leitfähigkeit des Kraftlinienweges für den Streufluß dreifacher Frequenz erhöht. Hiedurch werden die für die Erzeugung der Spannung e_t erforderlichen Amperewindungen herabgesetzt und damit auch der Strom, bei welchem das Knie der Belastungskennlinie auftritt.

Eine Bauart des Transformatorkernes mit magnetischem Nebenschluß zeigt die Abb. 53; hier besitzt der Transformatorkern fünf Schenkel; die beiden äußeren Schenkel sind nicht bewickelt. Die Kraftlinienwege der Streuflüsse dreifacher Frequenz Φ_0 sind in der Abbildung eingezeichnet.

Eine andere Bauart ist die des mehrphasigen Manteltransformators nach Abb. 54. Bei dieser Transformatorbauart besitzt die mittlere Phase einen in bezug auf die äußeren Phasen verkehrten Wickelsinn, womit eine gleichmäßige Feldverteilung im Kern erreicht wird. Die Richtung des Streuflusses dreifacher Frequenz der mittleren Phase ist daher den Richtungen der entsprechenden Streuflüsse der äußeren Phasen entgegengesetzt; die Kraftlinienwege der Streuflüsse sind in der Abbildung eingezeichnet (179).

Die Beziehungen zwischen den Strömen und Spannungen bei den Transformatorbauarten nach den Abb. 53 und 54 entsprechen der Abb. 51, jedoch sind die Oberwellen der Anoden- und Primärströme kleiner.

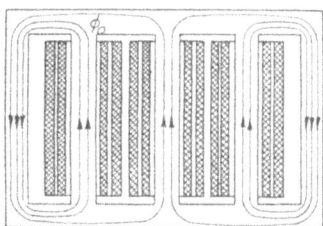

Abb. 53. Fünfschenkliger Gleichrichtertransformator.

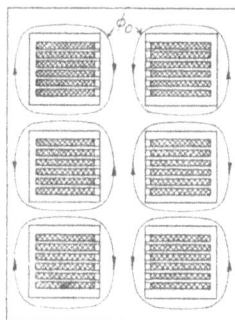

Abb. 54. Gleichrichtertransformator als dreiphasiger Manteltransformator.

Sechsphasengleichrichter mit drei Einphasentransformatoren. Arbeitet ein Gleichrichter mit drei Einphasentransformatoren, deren Primärwicklungen in Stern und deren Sekundärwicklungen in Doppelstern zusammengeschaltet sind, so erreicht man das gleiche wie mit dem fünfschenkeligen Transformator oder dem mehrphasigen Manteltransformator (s. Abb. 53 und 54). Die Kraftflüsse dreifacher Frequenz verlaufen in den Kernen der einzelnen Transformatoren. Die Gleichungen für Ströme, Spannungen usw. sind dieselben wie für die Sechsphasenschaltung mit Saugdrossel (171).

Sechsphasenschaltung mit Saugdrossel. Die gegenwärtig am häufigsten verwendete Transformatorschaltung ist die Sechsphasenschaltung mit Saugdrossel (s. Abb. 55). Bei dieser Schaltung arbeitet der Gleichrichter als Doppel-Dreiphasengleichrichter; trotzdem hat die abgegebene

Gleichspannung die für den Sechsphasenbetrieb kennzeichnende Kurvenform.

Durch die Arbeitsweise als Dreiphasengleichrichter, wobei jede Anode und Transformatorphase während einer Drittelperiode Strom führt und nicht nur während einer Sechstelperiode, erreicht man gegenüber der gewöhnlichen Sechsphasenschaltung folgende Vorteile:

1. Der Transformator wird infolge der längeren Stromführung jeder Phase besser ausgenützt.

2. Der Spannungsabfall des Gleichrichters, welcher nach den Gleichungen (22) und (22a) der Phasenzahl proportional ist, wird herabgesetzt.

3. Der Scheitelwert der Anodenströme wird vermindert, wodurch ebenfalls der Spannungsabfall des Gleichrichters verkleinert wird (siehe Kapitel II, Abb. 6 und 7).

Abb. 55 zeigt das Schaltbild der Sechsphasenschaltung mit Saugdrossel. Die Sekundärwicklung des Transformators besteht aus zwei dreiphasigen in Stern geschalteten Wicklungsgruppen, deren Sternpunkte über die Saugdrossel verbunden sind. Die Sekundärwicklungen sind so angeordnet, daß zu jeder Primärphase je eine Phase beider Dreiphasengruppen der Sekundärwicklung gehört; so liegen z. B. die beiden Sekundärphasen *1* und *4* auf dem gleichen Transformatorschenkel wie die Primärphase *A* und sind gegeneinander um 180° phasenverschoben. Die beiden Sekundärgruppen können als gegeneinander um 60° verschoben aufgefaßt werden.

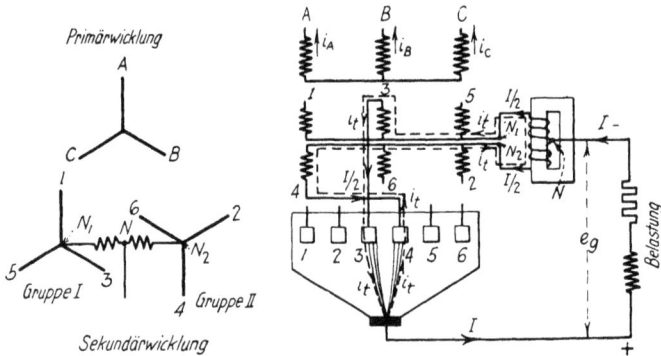

Abb. 55. Sechsphasenschaltung mit Saugdrossel.

Falls keine Saugdrossel verwendet würde und die sekundären Sternpunkte der beiden Gruppen direkt zum negativen Pole zusammengeschaltet wären, so wäre dies die gewöhnliche Doppelsternschaltung. Die Ströme und Spannungen würden der Abb. 51 entsprechen.

Würden die beiden Gruppen mit getrennten Nullpunkten arbeiten, so wäre jede Gruppe ein unabhängiger Dreiphasengleichrichter. Die

Gleichspannungen hätten dann die in Abb. 56a und b ersichtliche Kurvenform. Wie aus der genannten Abbildung hervorgeht, sind die Scheitelwerte der Sinuswellen der beiden Gruppen um 60° verschoben.

Verbindet man die Nullpunkte der beiden Gruppen, wie in Abb. 55 dargestellt, über die Saugdrossel, so arbeiten die beiden Gruppen parallel, und die Saugdrossel wirkt als Spannungsteiler. Die Spannungsverhältnisse bei dieser Schaltung zeigt Abb. 56c. Die Phasenspannungen der beiden Gruppen gegen ihre Nullpunkte sind unverändert. Die Spannungsdifferenz e_t der beiden Nullpunkte, die an der Saugdrossel wirksam ist, ist durch den Abstand der beiden in Abb. 56c stark ausgezogenen Kurven gegeben. Diese Spannung e_t ist in Abb. 56d dargestellt. Um die Spannungen der beiden Gruppen auszugleichen und den Nullpunkt N hinsichtlich der Anoden der beiden parallel arbeitenden Gruppen auf das gleiche Potential zu bringen, muß der Spannungsunterschied der beiden Gruppen von der Wicklung der Saugdrossel aufgenommen werden,

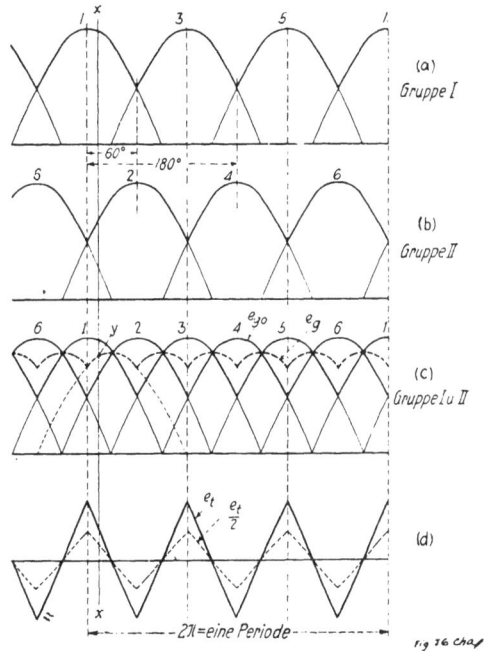

Abb. 56. Spannungsverhältnisse bei der Sechsphasenschaltung mit Saugdrossel (unter Vernachlässigung der Überlappung).

und zwar eine Hälfte durch die Wicklung $N - N_1$ und die andere Hälfte durch die Wicklung $N - N_2$. Das Potential von N ist der Mittelwert der Potentiale von N_1 und N_2; hieraus folgt die Kurve der Gleichspannung e_g in Abb. 56c. Wie später erklärt werden wird, setzt sich die Spannung e_g aus Teilen von Sinuswellen zusammen, die ihre Scheitel in den Schnittpunkten der Phasenspannungen der beiden Gruppen haben.

Arbeitsweise des Sechsphasengleichrichters mit Saugdrossel. Es sei angenommen, daß der Transformator im Punkte x (Abb. 56) eingeschaltet wird; der Lichtbogen setzt an der Anode *1*, welche die höchste Spannung besitzt, ein. In dem Maße, als der Strom dieser Anode ansteigt, erzeugt die Wicklung $N_1 - N$, durch die dieser Strom fließt, ein immer stärkeres Magnetfeld im Eisenkern der Saugdrossel. Dieses Feld induziert eine Spannung in der Wicklung $N_1 - N_2$, die so gerichtet ist, daß das Potential der Gruppe I in bezug auf den Punkt N herabgesetzt

und das Potential der Gruppe II in bezug auf den Punkt N um den gleichen Betrag vergrößert wird. Hierdurch wird das Potential der Anode 1
in bezug auf N herabgesetzt und das Potential der Anode 2 in bezug
auf N um den gleichen Betrag vergrößert, bis die Potentiale dieser
beiden Anoden im Punkte y gleich groß sind, so daß die Anode 2 der
Gruppe II mit der Anode 1
der Gruppe I parallel arbeitet. Auf diese Weise werden
die aufeinander folgenden
Anoden der beiden Grup-
pen gezwungen, andauernd
parallel zu arbeiten. Macht
man die Scheinwiderstände
der Transformatorwicklun-
gen der beiden Gruppen
gleich groß, so verteilt sich
der Belastungsstrom gleichmäßig auf die beiden Gruppen, die sich daher in stabi-
lem Parallelbetrieb befinden
und eine Gleichspannung liefern, die gleich dem Mittelwert der Spannungen der
beiden Gruppen ist; jede
Gruppe führt die Hälfte des
abgegebenen Gleichstromes
und arbeitet wie ein Dreiphasengleichrichter. Es führt
daher die Phase 1 bis zum
Schnittpunkt ihrer Span-
nungskurve mit derjenigen
der Phase 3 Strom. Die
Stromführung geht dann
während einer Überlap-
pungszeit u, die durch die
Blindwiderstände der beiden
Phasen bestimmt ist, von
Phase 1 zu Phase 3 über.

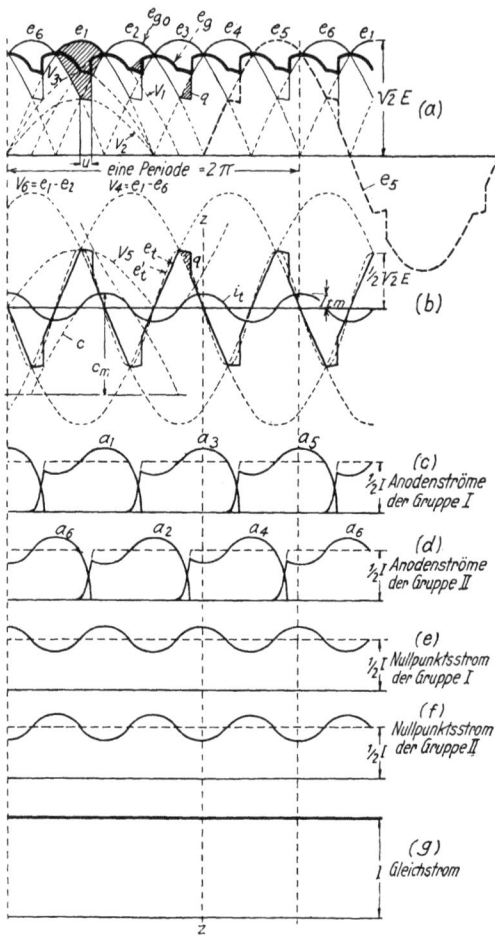

Abb. 57. Spannungs- und Stromkurven für die Sechsphasenschaltung mit Saugdrossel.

Die Gestalt der Spannungswellen unter Berücksichtigung der Überlappung der in der gleichen Dreiphasengruppe aufeinanderfolgenden
Phasen ist in der Abb. 57 dargestellt. Die Wirkung der Überlappung ist
eine Steigerung des Spannungsunterschiedes, der von der Saugdrossel
aufgenommen werden muß. Die Spannung e_t an der Saugdrossel nach
Abb. 57 unterscheidet sich daher von der Spannung e_t in Abb. 56 um

die durch die Überlappung erzeugte Zusatzspannung q. Die Gleichspannung e_g hat nun die in Abb. 57 ersichtliche Gestalt und unterscheidet sich von der Gleichspannung in Abb. 56c um die Hälfte der Spannung q.

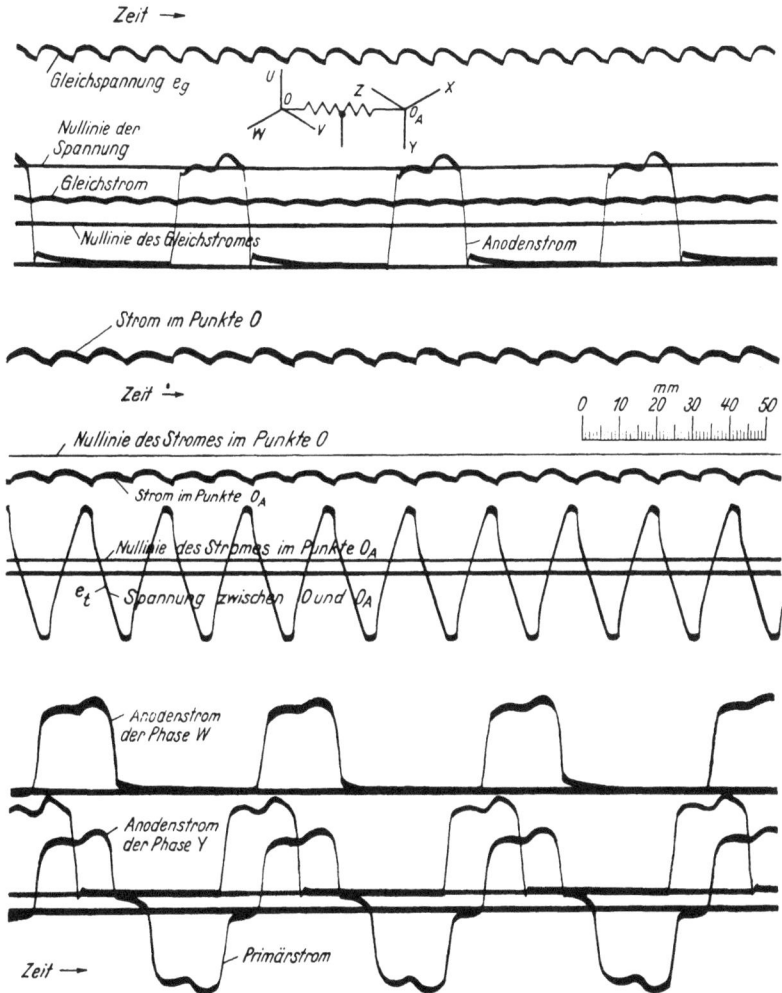

Abb. 58. Spannungs- und Strom-Oszillogramme, aufgenommen an einem Sechsphasengleichrichter mit Saugdrossel, angeschlossen an ein Drehstromnetz 12 kV, 60 Hz, Gleichstromabgabe 600 kW, 621 Volt.

Beziehungen zwischen Spannungen und Strömen. Wie aus Abb. 57 ersichtlich, besitzt die Spannung e_t eine Grundwelle von der dreifachen Frequenz des den Gleichrichter speisenden Wechselstromnetzes. Sie enthält ferner Oberwellen der dreifachen Grundfrequenz. Für die Berechnung der Saugdrossel kann die Spannung e_t in guter Annäherung durch eine sinusförmige Spannung e_t' ersetzt werden, die den gleichen

Scheitelwert besitzt wie e_t. Um in der Wicklung $N_1 - N_2$ der Saugdrossel eine der Spannung e_t entsprechende Gegenspannung zu erzeugen,
muß in dieser Wicklung ein Magnetisierungsstrom i_t von dreifacher Frequenz fließen, der gegen die Spannung e_t um 90° (auf die dritte Oberwelle bezogen) phasenverschoben ist. Der Strom i_t fließt durch den
geschlossenen Stromkreis, der von den parallel arbeitenden Phasen der
beiden Gruppen gebildet wird und ist dem normalen Belastungsstrom
überlagert (s. Abb. 55).

Die Anodenströme ohne den Magnetisierungsstrom dreifacher Frequenz sind in den Abb. 57c und d mit gestrichelten Linien eingetragen.
Die Ströme der aufeinanderfolgenden Anoden, die abwechselnd der einen
und der anderen Dreiphasengruppe angehören, sind gegeneinander um
60° verschoben. Die tatsächlichen Anodenströme einschließlich des überlagerten Stromes i_t dreifacher Frequenz entsprechen den in Abb. 57c
und d stark ausgezogenen Kurven.

Die Abb. 55 zeigt den Stromverlauf in einem bestimmten Augenblick.

Die Nullpunktströme der beiden Gruppen sind gleich dem halben
Laststrom ($I/2$), welchem der Strom i_t überlagert ist. Wenn kein Laststrom vorhanden wäre, könnte wegen der Ventilwirkung auch der Strom
i_t nicht fließen. Damit also der volle Strom i_t fließen kann, muß der
Strom $I/2$ zumindest gleich dem Scheitelwert von i_t sein. Der Belastungsstrom, bei welchem dies der Fall ist, wird Mindeststrom genannt.

Im Leerlauf tritt kein Spannungsabfall an der Saugdrossel auf, da
in der Wicklung $N_1 - N_2$ kein Strom fließt; die Gleichspannung e_{go}
(Abb. 57a) ist mit der Spannungskurve eines Sechsphasengleichrichters
nach Abb. 24 identisch.

Im Bereich zwischen dem Leerlauf und dem Mindeststrom wirkt die
Saugdrossel als ein zusätzlicher großer Blindwiderstand und verursacht
Überlappungen zwischen den aufeinanderfolgenden Phasen des Sechs-
phasensystems.

Die Veränderungen beim Übergang vom Leerlauf zur Vollast sind
in Abb. 59 dargestellt. Hier haben die Spannungs- und Stromkurven die
gleiche Gestalt wie in den Abb. 56 und 57. In Abb. 59 sind folgende
Betriebszustände dargestellt, die einander bei steigender Belastung
ablösen:

Abschnitt A: Leerlauf,
  »   B: Der Laststrom verursacht eine Überlappung von we-
       niger als 30°,
  »   C: Der Laststrom verursacht eine Überlappung zwischen
       30 und 60°,
  »   D: Mindeststrom; die Überlappung zwischen den Grup-
       pen beträgt 60°,
  »   E: Betrieb unter Vollast.

Der Betrieb unterhalb des Mindeststromes, wobei die Saugdrossel als gewöhnliche Drosselspule wirkt, weicht vom normalen Sechsphasenbetrieb mit Drosselspulen in jeder Phase insoferne ab, als die Saugdrossel eine gemeinsame äußere Induktivität für alle drei Phasen einer Gruppe

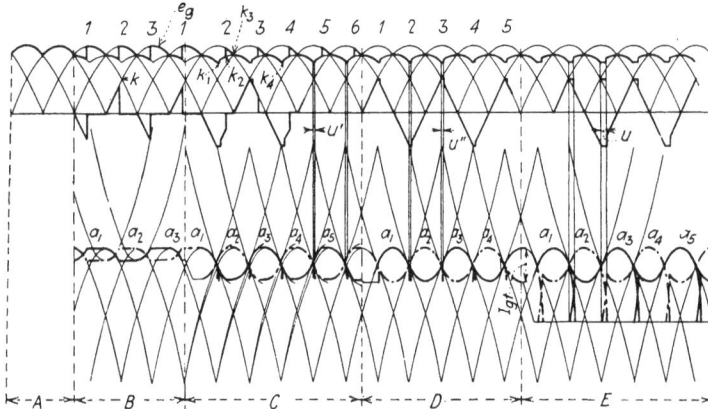

Abb. 59. Spannungs- und Stromkurven eines Sechsphasen-Gleichrichters mit Saugdrossel beim Übergang vom Leerlauf zur Vollast. (Die Nullinie der Anodenströme sind in den aufeinanderfolgenden Abschnitten nach abwärts verschoben.)

ist; hieraus folgt, daß die Beziehungen zwischen den Phasen einer Gruppe durch diese Induktivität nicht beeinflußt werden.

Bis zu einer Überlappung von 30° arbeiten die Anoden so, als ob in jeder Phase Blindwiderstand vorhanden wäre. Bei einer Überlappung von 30° werden die Spannungen zweier Phasen einer Gruppe gegen den Nullpunkt dieser Gruppe gleich groß; so besitzen im Punkte k die Anoden 1 und 3 der Gruppe I gleiches Potential. Übersteigt die Überlappung zwischen den beiden Gruppen 30°, so wird der Strom von einer Anode an die nächste Anode der gleichen Gruppe übergeben; so wird im Punkte k_1 der Strom der Gruppe I von der Anode 1 zur Anode 3 übertragen, wobei zwischen diesen Anoden eine vom Blindwiderstand des Transformators hervorgerufene kleine Überlappung u' auftritt. Die Anode 3 führt von k_1 bis k_2 Strom; k_2 ist der Endpunkt der Überlappungszeit der beiden Gruppen; in diesem Punkte erlischt die Anode 3. Diese Anode wird im Punkte k_3 wieder gezündet und führt Strom bis zum Punkte k_4, wo die Anode 5 die Stromlieferung übernimmt. Bei Erreichung des Mindeststromes (s. Abschnitt D der Abb. 59), wenn der Überlappungswinkel zwischen den Dreiphasengruppen 60° erreicht hat, d. h., wenn der Laststrom genügend groß geworden ist, um die Saugdrossel voll zu magnetisieren, arbeiten die Anoden ohne Erlöschen durch 120°. Die Wirkungsweise nach Überschreitung des Mindeststromes (Abschnitt E) ist schon im Zusammenhang mit Abb. 57 beschrieben worden.

8*

Aus Abb. 50 geht hervor, daß der Mittelwert der Gleichspannung zwischen dem in Abschnitt A dargestellten Leerlauf und dem in Abschnitt D dargestellten Betrieb mit Mindeststrom sich beträchtlich ändert. Da der Mindeststrom nur ein sehr kleiner Bruchteil des Nennstromes ist, folgt hieraus ein steil abfallender Anfang der Belastungskennlinie, wie dies Abb. 61 zeigt.

Die Kurvenform der sekundären Phasenspannung zwischen einer Anode und dem Nullpunkt der betreffenden Gruppe bei belastetem Gleichrichter zeigt die Kurve e_5 in Abb. 57a. Die Unregelmäßigkeit der positiven Halbwelle dieser Kurve wird durch die Überlappung zwischen Phase 5 und den Phasen 3 und 1 hervorgerufen. Die Unregelmäßigkeit der negativen Halbwelle ist auf die induktive Einwirkung der Phase 2 zurückzuführen, die auf demselben Schenkel liegt wie die Phase 5 und während der Sperrzeit der Phase 5 Strom führt.

Abb. 58 zeigt Oszillogramme der Spannungen und Ströme bei einem Gleichrichter 600 kW, 620 V mit Saugdrossel. Die Primärwicklung des Transformators war in Stern geschaltet und an ein Dreiphasennetz 12 kV, 60 Hz angeschlossen. Die Oszillogramme wurden bei Vollast aufgenommen.

Diese Oszillogramme stimmen mit den theoretischen Kurven der Abb. 57 überein. Die Wirkung des Magnetisierungsstromes i_t auf die Gestalt der Anoden-, Nullpunkts- und Primärströme ist in den Oszillogrammen aus dem Unterschied der Scheitelwerte aufeinanderfolgender Oberwellen zu entnehmen. Der Unterschied in der Gestalt der Stromkurven zwischen den Oszillogrammen und der Abb. 57 ist eine Folge der Welligkeit des Gleichstromes; der Strom i_t ist in Abb. 57 in vergrößertem Maßstab dargestellt.

Berechnungen. Die Konstruktion der Spannungskurven kann nach Abb. 57 und Vektordiagramm Abb. 60 erfolgen. Die Spannungen e_g und

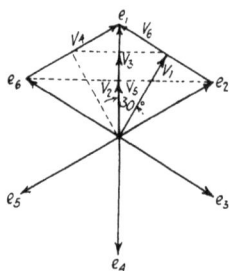

Abb. 60. Vektordiagramm für die Konstruktion der Spannungskurven e_g und e_t in Abb. 57.

e_t, die als Summen und Differenzen sinusförmiger Spannungen gebildet sind, setzen sich aus Abschnitten von Sinuswellen zusammen. Die Kurve v_2, die durch die Überlappung der Phasen 2 und 6 entsteht, liegt in der Mitte zwischen den Spannungskurven e_2 und e_6. Ein Teil der Kurve e_g entspricht dem Mittelwert von e_1 und v_2 und fällt daher mit der Kurve v_3 zusammen. Ein anderer Teil der Kurve e_g folgt dem Mittelwert von e_1 und e_2 und fällt daher mit der Kurve v_1 zusammen.

Ein Teil der Kurve e_t entspricht $e_1 - e_6$ und fällt mit der Kurve v_4 zusammen, die mit e_2 phasengleich ist. Ein weiterer Teil der Kurve e_t entspricht $e_1 - v_2$ und wird daher durch die Sinuswelle v_5 dargestellt, die nach Größe und Phasenlage mit v_2 übereinstimmt. Ein dritter Teil der Spannungskurve e_t entspricht $e_1 - e_2$; er fällt mit der Kurve v_6 zusammen, die nach Größe und Phasenlage mit e_6 übereinstimmt.

In ähnlicher Weise ist der Magnetisierungsstrom i_t aus Teilen sinusförmiger Ströme zusammengesetzt, die benötigt werden, um in der Wicklung der Saugdrossel die Spannungen v_4, v_5 und v_6 zu induzieren. Die Ströme sind daher gegen die Spannungen um 90° nacheilend.

Die Gleichungen der erwähnten Spannungskurven können aus Abb. 60 abgeleitet werden und lauten:

$$E_m = E \, \sqrt 2$$

$$e_1 = E_m \cos \omega t$$

$$e_2 = E_m \cos \left(\omega t - \frac{\pi}{3} \right)$$

$$\cdots \cdots \cdots \cdots \cdots$$

$$v_1 = \frac{E_m \sqrt 3}{2} \cos \left(\omega t - \frac{\pi}{6} \right)$$

$$v_2 = v_5 = \frac{E_m}{2} \cos \omega t$$

$$v_3 = \frac{3 \, E_m}{4} \cos \omega t$$

$$v_4 = E_m \cos \left(\omega t - \frac{\pi}{3} \right)$$

$$v_6 = E_m \cos \left(\omega t + \frac{\pi}{3} \right).$$

Wie früher erwähnt, kann für die Berechnung der Saugdrossel die an der Wicklung $N_1 - N_2$ liegende Spannung e_t angenähert durch eine sinusförmige Spannung e_t' mit dem Scheitelwert $0,5 \, E_m$ und dem Effektivwert $0,5 \, E$, deren Frequenz gleich der dreifachen Frequenz des speisenden Wechselstromnetzes ist; es hat daher bei einer Netzfrequenz von 50 Hz e_t' die Frequenz 150 Hz.

Die Ausdrücke für e_t' und den zugehörigen Magnetisierungsstrom i_t' lauten:

$$e_t' = \frac{E \sqrt 2}{2} \cos 3 \omega t$$

$$i_t' = I_t' \sqrt 2 \cos \left(3 \omega t - \frac{\pi}{2} \right).$$

Hierbei ist i_t' der Effektivwert des Magnetisierungsstromes. Die Wicklung $N_1 - N_2$ führt den Strom $\frac{I}{2}$. Die Saugdrossel ist daher für eine Leistung

$$N_s = 0,5 \, E \times 0,5 \, I = 0,25 \, E \, I \quad \cdots \cdots \cdots \quad (99)$$

zu bemessen.

Da die Gleichströme in den beiden Hälften der Wicklung $N_1 - N_2$ in entgegengesetzter Richtung fließen, heben sich ihre magnetisierenden Wirkungen auf, so daß kein ruhendes Gleichstromfeld im Eisenkern erzeugt wird. Der Eisenkern wird bloß von einem Strom dreifacher Frequenz magnetisiert, der ein Magnetfeld dreifacher Frequenz erzeugt.

Der sog. Mindeststrom ist der kleinste Belastungsstrom, bei welchem der volle Magnetisierungsstrom i_t fließen kann. Wie aus Abb. 57 ersichtlich, fließt der Strom i_t auf dem gleichen Wege wie der halbe Laststrom. Der Mindeststrom I_{gt} (s. Abb. 59 und 61) muß daher gleich dem doppelten Scheitelwert von i_t sein.

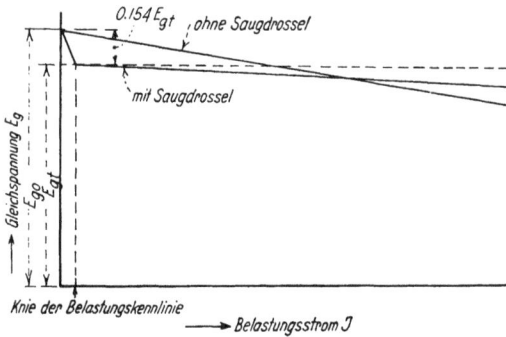

Abb. 61. Belastungskennlinien von Sechsphasengleichrichtern mit und ohne Saugdrossel.

Der Strom i_t ist der obere Teil einer sinusförmigen Stromkurve c, die in der Wicklung der Saugdrossel die Spannung v_6 erzeugt. Der Scheitelwert C_m der Kurve c ist gleich dem Scheitelwert von v_6 dividiert durch den Blindwiderstand ωL der Saugdrossel.

$$C_m = \frac{E \sqrt{2}}{\omega L}.$$

Der Scheitelwert von i_t ist:

$$I_{tm} = C_m - C_m \cos 30^0 = C_m \left(1 - \frac{\sqrt{3}}{2}\right) = \frac{E \sqrt{2}}{\omega L} \left(1 - \frac{\sqrt{3}}{2}\right) = 0,19 \frac{E}{\omega L}$$

$$I_{gt} = 2 I_{tm} = 0,38 \frac{E}{\omega L}.$$

Der Mindeststrom ist in Abb. 61 ersichtlich und beträgt gewöhnlich 0,5 bis 2% des Vollaststromes; seine Größe hängt von der Induktivität der Saugdrossel ab.

Bei den praktischen Berechnungen ist es günstiger, I_{tm} und I_{gt} als Vielfache des sinusförmigen Magnetisierungsstromes I_t' auszudrücken, der die Spannung E_t' von dreifacher Frequenz in der Wicklung der Saugdrossel erzeugt, als diese Größen auf die Induktivität L zu beziehen. Der Blindwiderstand der Saugdrossel bei dreifacher Frequenz ist:

$$X_t = 3 \omega L = \frac{E_t'}{I_t'} = \frac{0,5 E}{I_t'},$$

hieraus folgt:

$$\omega L = \frac{0,5 E}{3 I_t'}.$$

Setzt man diesen Wert von ωL in die Ausdrücke für I_{tm} und I_{gt} ein, so erhält man:

$$I_{tm} = 1,14\, I_t' \quad \ldots \ldots \ldots \quad (100)$$

$$I_{gt} = 2,28\, I_t' \quad \ldots \ldots \ldots \quad (101)$$

Die Beziehung, mittels derer man die erforderlichen Amperewindungen der Saugdrosselwicklung bestimmen kann, lautet:

$$E_t' = 0,5\, E = 4,44\, \mathfrak{z} \cdot 3\, f_1\, \Phi \cdot 10^{-8} \quad \ldots \ldots \quad (102)$$

Hier ist $\mathfrak{z}$ die Windungszahl, f_1 die Grundfrequenz des speisenden Wechselstromnetzes und Φ das Magnetfeld dreifacher Frequenz.

Der Eisenkern muß für das Feld dreifacher Frequenz gebaut werden, und damit die gleichen Verluste wie bei Netzfrequenz auftreten, soll die Kraftliniendichte ungefähr halb so groß sein, wie bei Netzfrequenz.

$$V_E = K\, B_1^{1,6}\, f_1 = K\, B_3^{1,6}\, 3\, f_1$$

$$\frac{B_3}{B_1} = \sqrt[1,6]{\frac{1}{3}} = 0,5 \quad \ldots \ldots \ldots \ldots \quad (103)$$

Hierbei ist B_1 die Kraftliniendichte (magnetische Induktion) bei der Grundfrequenz und B_3 die Kraftliniendichte bei der dreifachen Frequenz[1]).

Hinsichtlich der Typenleistung der Saugdrossel ist folgendes zu beachten: bei Umrechnung auf die Netzfrequenz bleibt die Stromstärke unverändert. Es ist nur eine Hälfte der Wicklung zu betrachten. Die Frequenz ist auf ein Drittel herabgesetzt. Die Kraftliniendichte ist verdoppelt. Die äquivalente Spannung von der Grundfrequenz an einer Wicklungshälfte ist daher ein Drittel der Spannung an der Saugdrossel. Daher beträgt die Leistung der Saugdrossel bei der Netzfrequenz:

$$\frac{1}{3}\, N_T = \frac{0,25}{3}\, E\, I = 0,083\, E\, I \quad \ldots \ldots \quad (104)$$

Gleichspannung und Spannungsabfall. Der nach Gleichung (2) berechnete Mittelwert der Gleichspannung im Leerlauf bei einem Sechsphasengleichrichter ist:

$$E_{go} = E\, \sqrt{2}\, \frac{\sin\dfrac{\pi}{6}}{\dfrac{\pi}{6}} = 1,35\, E \quad \ldots \ldots \quad (105)$$

Beim Mindeststrom ist der Scheitelwert der Gleichspannung

$$\frac{E_m \sqrt{3}}{2} = \frac{E\,\sqrt{6}}{2}$$

---

[1]) Die Gleichung (103) gilt nur annähernd, weil bei ihrer Ableitung die Wirbelstromverluste, die dem Quadrat der Kraftliniendichte proportional sind, nicht in Betracht gezogen wurden und weil der Exponent 1,6 für die Hysteresisverluste bloß ein mittlerer Wert ist.

und daher der Mittelwert der Gleichspannung

$$E_{gt} = \frac{E \sqrt{6}}{2} \frac{\sin \frac{\pi}{6}}{\frac{\pi}{6}} = 1,17 \, E \quad \ldots \ldots \ldots \quad (106)$$

Der perzentuelle Spannungsabfall vom Leerlauf bis zum Mindeststrom ist daher:

$$\frac{E_{go} - E_{gt}}{E_{gt}} = \frac{1,35 \, E - 1,17 \, E}{1,17 \, E} = 15,4 \, \%.$$

Der hohe Spannungsanstieg zwischen dem Knie in der Spannungskurve und dem Leerlauf wird manchmal als bedenklich angesehen und kann das Durchbrennen von Lampen oder Beschädigungen an anderen Einrichtungen bewirken. Da dieser Spannungsanstieg durch das Fehlen des Magnetisierungsstromes dreifacher Frequenz i_t verursacht wird, kann er durch Fremderregung der Saugdrossel mit einem Strom dreifacher Frequenz beseitigt werden. Als Stromquelle hierfür kommt ein hochgesättigter Hilfstransformator in Betracht (s. Kapitel XII).

Wird die Belastung über den Mindeststrom gesteigert, so tritt ein weiterer Spannungsabfall auf der Gleichstromseite ein, der durch die Überlappung der Phasen innerhalb jeder Dreiphasengruppe verursacht wird.

Der Überlappungswinkel u (Abb. 57a) kann aus Gleichung (16) bestimmt werden.

$$\cos u = 1 - \frac{\left(\frac{I}{2}\right) X}{E \sqrt{2} \sin \frac{\pi}{3}} = 1 - 0,408 \frac{I \, X}{E} \quad \ldots \quad (107)$$

Der gleichstromseitige Spannungsabfall ist eine Folge der Verminderung der Spannung e_g um das in Abb. 57a schraffierte Flächenstück. Diese schraffierte Fläche wird von den Kurven v_1 und v_3 begrenzt. Der Mittelwert dieses Spannungsabfalles, bezogen auf eine Sechstelperiode, ist:

$$g = \frac{1}{\frac{\pi}{3}} \int_0^u (v_1 - v_3) \, d\omega t = \frac{E \sqrt{6}/4}{\frac{\pi}{3}} \int_0^u \sin \omega t \, d\omega t$$

$$= \frac{E \sqrt{6}}{\frac{4\pi}{3}} \cdot (1 - \cos u) = 1,17 \, E \sin^2 \frac{u}{2} \quad \ldots \ldots \ldots \quad (108)$$

Setzt man für $\cos u$ den früher erhaltenen Wert ein, so erhält man

$$g = 0,239 \, I \, X \quad \ldots \ldots \ldots \ldots \quad (109)$$

und der Mittelwert der Gleichspannung jenseits des Knies der Belastungskennlinie ist:

$$E_g = E_{gt} - g = 1{,}17\,E - 0{,}239\,I\,X = 1{,}17\,E\cos^2\frac{u}{2} \quad \cdot \cdot \ (110)$$

Bei einem Gleichrichter mit in Doppelstern geschaltetem Sechsphasentransformator nach Abb. 49 ist bei demselben Strome I und demselben Blindwiderstand einer Phase X der Spannungsanfall, wie aus

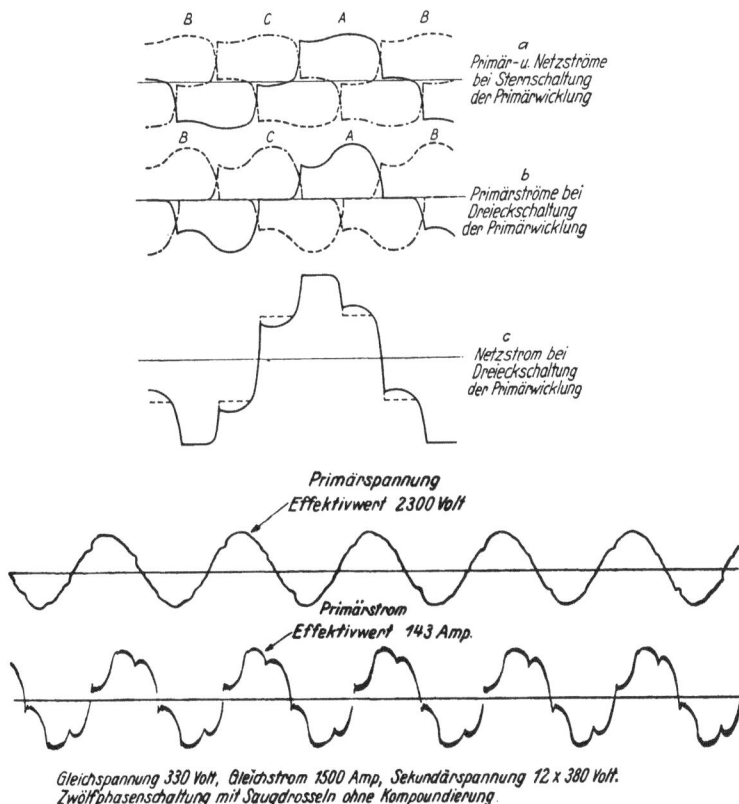

Abb. 62. Kurvenform der Primär- und Netzströme bei Sechsphasenschaltung mit Saugdrossel.
Oszillogramme der Primärspannung und des Primärstromes eines Sechsphasengleichrichters mit
Saugdrossel zum Anschluß an Drehstrom 2300 Volt, 50 Hz, Gleichstromabgabe 1500 A, 330 V.

Gleichung (75) hervorgeht, gleich $0{,}955\,IX$. Dies ist das Vierfache des
Spannungsabfalles nach Gleichung (109). Hieraus geht hervor, daß durch
die Verwendung der Saugdrossel der Spannungsabfall auf ein Viertel
jenes Wertes herabgesetzt wird, der bei in Doppelstern geschaltetem
Transformator auftritt.

Die Belastungskennlinien eines Sechsphasengleichrichters mit und
ohne Saugdrossel sind in Abb. 61 gegenübergestellt.

Primär- und Netzströme. Abb. 62a zeigt die Primär- und Netzströme für die Transformatorschaltung mit Saugdrossel nach Abb. 55 bei Sternschaltung der Primärwicklungen.

Diese Ströme wurden aus den Anodenströmen in Abb. 57 mit Hilfe der Gleichungen (68), (69) und (70) abgeleitet. Eine Addition der primären und sekundären Amperewindungen auf den einzelnen Transformatorschenkeln mit Hilfe der Gleichung (61) ergibt Restamperewindungen dreifacher Frequenz auf jedem Schenkel, deren Scheitelwert gleich $^2/_3$ des Scheitelwertes von $i_t \cdot \mathfrak{z}$ ist. Diese Amperewindungen sind für alle drei Schenkel in Phase und erzeugen Felder dreifacher Frequenz, deren Kraftlinienweg sich durch die Luft schließt. Diese Magnetfelder sind verhältnismäßig klein, einerseits weil der Strom i_t schwach ist und andererseits wegen des großen magnetischen Widerstandes ihrer Kraftlinienwege.

Die Wellenform des Primärstromes bei in Stern geschalteter Primärwicklung zeigt das Oszillogramm 6 der Abb. 58. Die Ähnlichkeit dieses Oszillogrammes mit der theoretischen Kurve der Abb. 62a ist offensichtlich. Die Gestalt der Stromkurve im Oszillogramm wird auch vom Magnetisierungsstrom des Transformators beeinflußt, der bei der Ableitung der theoretischen Kurven der Abb. 62 vernachlässigt wurde. Diesen Einfluß zeigt Abb. 63. Der Einfachheit halber ist der Laststrom i_p ohne den Magnetisierungsstrom i_t der Saugdrossel eingezeichnet. Der Magnetisierungsstrom i_0 des Haupttransformators ist als Sinuswelle dargestellt, die gegen die Phasenspannung um 90° nacheilt. Der resultierende Primärstrom, der aus dem Laststrom i_p und dem Magnetisierungsstrom i_0 besteht, wird durch die Kurve i_p' dargestellt. Der Magnetisierungsstrom i_0 ist praktisch konstant, und sein Einfluß auf die Wellenform des Primärstromes tritt bei höheren Belastungen zurück.

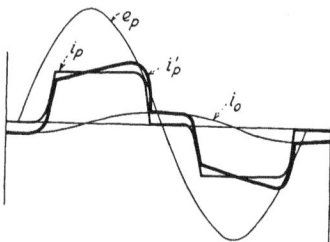

Abb. 63. Einfluß des Magnetisierungsstromes des Transformators auf die Kurvenform des Primärstromes. (e_p = primäre Phasenspannung. i_p = Primärstrom ohne i_0. i_p' = Primärstrom einschließlich i_0. i_0 = Magnetisierungsstrom.)

Die Abb. 62b zeigt die primären Phasenströme bei in Dreieck geschalteter Primärwicklung. Diese Ströme haben die gleiche Kurvenform wie die Sekundärströme, denn der Faktor k in den Gleichungen (61) bis (63) ist praktisch gleich Null, und es sind keine Restamperewindungen vorhanden. Die Abb. 62c zeigt den Netzstrom bei in Dreieck geschalteter Primärwicklung. Der Netzstrom ist gleich dem Unterschied der entsprechenden primären Phasenströme; der Strom i_t von dreifacher Frequenz bewirkt eine gewisse Unregelmäßigkeit des Netzstromes. Die Wellenform des Netzstromes, unter Vernachlässigung der dritten Oberwelle, ist gestrichelt eingezeichnet. Da der Strom i_t bei allen Belastungen, die den Mindeststrom überschreiten, praktisch konstant ist, wird sein Einfluß auf die Stromkurvenform bei höheren Belastungen geringer.

Die Abb. 62 d zeigt ein Oszillogramm der Netzwechselspannung und des Netzwechselstromes bei der Speisung eines Sechsphasengleichrichters mit Saugdrossel und in Dreieck geschalteter Primärwicklung. Der Magnetisierungsstrom der Saugdrossel ist hier im Vergleich zum Laststrom verhältnismäßig groß, und daher erscheint sein Einfluß auf die Wellenform des Netzstromes stark ausgeprägt.

Transformatorleistung. Jede Phase der Sekundärwicklung des Transformators führt den Strom $I/2$ während einer Drittelperiode. Bei Annahme rechteckiger Anodenströme ohne Überlappung und ohne den Magnetisierungsstrom dreifacher Frequenz ist der Effektivwert des Anodenstromes nach Gleichung (1):

$$A = \frac{\dfrac{I}{2}}{\sqrt{3}} \quad\quad\quad\quad\quad\quad (111)$$

Daher ist die Scheinleistung der Sekundärwicklung des Transformators, wenn die Phasenspannung mit E bezeichnet wird, gleich:

$$N_2 = 6\,E\,A = \frac{6\,E\,I}{2\,\sqrt{3}} = 1{,}73\,E\,I.$$

Die gleichstromseitig abgegebene Leistung (einschließlich des Spannungsanfalles im Lichtbogen und unter Vernachlässigung des induktiven Spannungsabfalles) ist:

$$N = E_{gt}\,I = 1{,}17\,E\,I \quad\quad\quad\quad (112)$$

Hieraus ergibt sich das Verhältnis der sekundären Scheinleistung zur gleichstromseitigen Leistungsabgabe.

$$\frac{N_2}{N} = 1{,}481\,N \quad\quad\quad\quad (113)$$

Der Primärstrom nach Abb. 62 unter Voraussetzung eines Übersetzungsverhältnisses 1:1 besitzt den Effektivwert:

$$I_p = A\,\sqrt{2} = \frac{I}{\sqrt{6}} \quad\quad\quad\quad (114)$$

Die Scheinleistung der Primärwicklung ist:

$$N_1 = 3\,E\,I_p = \frac{3\,E\,I}{\sqrt{6}} = 1{,}225\,E\,I = 1{,}047\,N \quad (115)$$

Daher ist die Transformatorleistung:

$$N_r = \frac{N_1 + N_2}{2} = \frac{(1{,}047 + 1{,}481)\,N}{2} = 1{,}264\,N \quad (116)$$

und der Leistungsfaktor

$$\lambda = \frac{N}{N_1} = \frac{N}{1,047\,N} = 0,955 \qquad \ldots \ldots \ldots \quad (117)$$

Die vorstehend angegebenen Leistungen und Ströme sind hinsichtlich der Überlappung mit dem Faktor $\sqrt{1 - 3\,\psi\,(u)}$ zu korrigieren (siehe Gleichung (19)). Die Gleichstromleistung N kann hinsichtlich der Überlappung korrigiert werden, wenn man die Spannung $E_{g\,t}$ in Gleichung (112) durch die Gleichspannung bei Belastung E_g nach Gleichung (110) ersetzt. Nachstehend werden die verschiedenen Größen unter Berücksichtigung der Überlappung angeführt. Die Korrektionsfaktoren können aus Abb. 48 bestimmt werden.

$$A = \frac{I}{2\sqrt{3}}\sqrt{1 - 3\,\psi\,(u)} . \qquad \ldots \ldots \quad (111\,a)$$

$$N = 1,17\,E\,I \cos^2 \frac{u}{2} \qquad \ldots \ldots \ldots \quad (112\,a)$$

$$N_2 = 1,481\,N\,\frac{\sqrt{1 - 3\,\psi\,(u)}}{\cos^2 \dfrac{u}{2}} \qquad \ldots \ldots \quad (113\,a)$$

$$I_p = \frac{I}{\sqrt{6}}\sqrt{1 - 3\,\psi\,(u)} \qquad \ldots \ldots \quad (114\,a)$$

$$N_1 = 1,047\,N\,\frac{\sqrt{1 - 3\,\psi\,(u)}}{\cos^2 \dfrac{u}{2}} \qquad \ldots \ldots \quad (115\,a)$$

$$N_r = 1,264\,N\,\frac{\sqrt{1 - 3\,\psi\,(u)}}{\cos^2 \dfrac{u}{2}} \qquad \ldots \ldots \quad (116\,a)$$

$$\lambda = \frac{N}{N_1} = \frac{0,955 \cos^2 \dfrac{u}{2}}{\sqrt{1 - 3\,\psi\,(u)}} \qquad \ldots \ldots \ldots \quad (117\,a)$$

Spannungsregelung mittels Sättigung der Saugdrossel. Die Belastungskennlinie der Gleichrichterschaltung mit Saugdrossel, wie sie Abb. 61 zeigt, ist durch das Knie und den raschen Spannungsanstieg bei kleinen Belastungen gekennzeichnet. Wie erwähnt, liegt dieses Knie beim Mindeststrom, der zur Magnetisierung der Saugdrossel erforderlich ist, um in ihr die Spannung e_t zu induzieren und der im allgemeinen 0,5 bis 2% des Vollaststromes beträgt.

Wird der Kern der Saugdrossel mit einem konstanten Gleichstrom vormagnetisiert, so daß er auf dem gesättigten Teil seiner Magnetisierungslinie arbeitet, so ist ein größerer Laststrom erforderlich, um die Spannung e_t zu erzeugen; d. h. das Knie der Belastungskennlinie wird nach

rechts verschoben. Je stärker die Gleichstrommagnetisierung des Kernes
der Saugdrossel wird, desto größer wird der Mindeststrom. Abb. 64
zeigt eine Reihe solcher Belastungskennlinien für verschiedene Werte der
Gleichstrommagnetisierung des Kernes, vom Zustand ohne Vormagnetisierung beginnend. Es ist ersichtlich, daß bei sehr starker Magnetisie

rung die Belastungskennlinie sich derjenigen für
die Doppelsternschaltung
ohne Saugdrossel nach
Abb. 61 nähert.

Dies ermöglicht die
Regelung der von einem
Gleichrichter abgegebenen Spannung zwischen
den durch die Belastungskennlinien mit und
ohne Saugdrossel vorgezeichneten Grenzen. Ist
die Gleichstrommagnetisierung des Kernes dem
Laststrom proportional,

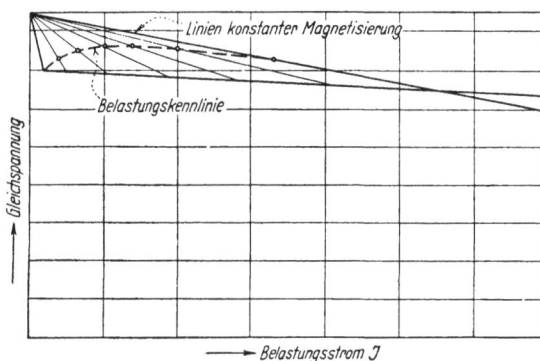

Abb. 64. Belastungskennlinie eines Sechsphasengleichrichters
mit Gleichstrommagnetisierung der Saugdrossel. Erklärung
des Verfahrens zur Kompoundierung von Gleichrichtern.

was durch Einschaltung der Magnetisierungswicklung in Reihe mit dem
Gleichstromkreis erreicht werden kann, so steigt mit wachsender Belastung auch die Gleichstrommagnetisierung, und der den Betriebszustand
kennzeichnende Punkt bewegt sich von einer Linie konstanter Magnetisierung zur nächsten und beschreibt eine Belastungskennlinie, die in
Abb. 64 gestrichelt eingezeichnet ist. Eine solche Anordnung stellt also
eine selbsttätige Kompoundierung eines Gleichrichters dar, ähnlich der
Kompoundierung eines rotierenden Umformers mittels einer Reihenschlußwicklung auf den Feldmagneten. Die selbsttätige Spannungsregelung durch eine vorgesättigte Saugdrossel kann auch mittels eines
Spannungsreglers bewirkt werden, der den Gleichstrom in der Erregerwicklung der Saugdrossel beeinflußt. Schaltbilder für die Regelung der
Gleichspannung mit Hilfe einer vorgesättigten Saugdrossel enthält das
Kapitel XII.

Ist die Saugdrossel vollständig gesättigt, so arbeitet der Gleichrichtertransformator wie bei der Doppelsternschaltung ohne Saugdrossel,
und die Ströme, Leistungen, Kupferverluste sowie der Leistungsfaktor
sind dann die gleichen wie bei dieser Transformatorschaltung. Die Transformatortypenleistungen, die im vorstehenden für die Sechsphasenschaltung ohne und mit Saugdrossel unter Zugrundelegung derselben
Gleichstromabgabe bestimmt wurden, stehen im Verhältnis $1,55\,N/1,264\,N$
$= 1,23$; demnach muß bei Verwendung der Kompoundierung mittels
vorgesättigter Saugdrossel die Transformatorleistung um 23% größer

sein. Es muß entweder die Primärwicklung des Transformators in Dreieck geschaltet oder eine in Dreieck geschaltete Tertiärwicklung vorgesehen werden, um die Magnetfelder dreifacher Frequenz im Eisenkern zu beseitigen, die sich bei Verwendung einer in Stern geschalteten Primärwicklung und einer in Doppelstern geschalteter Sekundärwicklung ausbilden. Der Leistungsfaktor an den Primärklemmen des Transformators wird herabgesetzt, wie aus Abb. 73 ersichtlich.

Nach vorstehendem ist die Kompoundierung eines Gleichrichters mit Hilfe einer vorgesättigten Saugdrossel nicht wirtschaftlich und sie wird daher nur selten angewendet.

Sechsphasen-Gabelschaltung (Doppelzickzackschaltung).

Schaltbild und Übersetzungsverhältnis. Die Doppelzickzackschaltung des Gleichrichtertransformators ist sehr verbreitet. Abb. 65 zeigt das zugehörige Transformatorschaltbild, ferner das Vektordiagramm der Spannungen und die Wellenform der Gleichspannung und der Ströme in den verschiedenen Wicklungen.

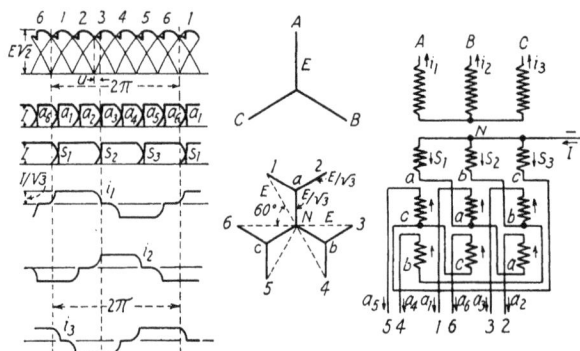

Abb. 65. Schaltbild, Vektordiagramm, Spannungs- und Stromkurven für einen sechsphasigen Gleichrichtertransformator in Gabelschaltung (Stern-Doppelzickzackschaltung).

Die Primärwicklung des Transformators ist in Stern geschaltet. Die Sekundärwicklung besteht aus drei in Stern geschalteten Wicklungsgruppen, wobei drei Wicklungsenden zu einem Nullpunkt verbunden sind. Dieser Nullpunkt ist der negative Pol des Gleichrichters. Die Spannungen der einzelnen Sekundärwicklungen sind gleich groß; es bilden daher die Anodenspannungen ein reguläres Sechsphasensystem mit einer Phasenverschiebung der einzelnen Spannungen gegeneinander von 60⁰. (korrigieren) Bei dieser Schaltung führt jede Gleichrichteranode und jeder äußere Zweig der Sekundärwicklung des Transformators den vollen Gleichstrom I während einer Sechstelperiode und die vom Nullpunkt ausgehenden sekundären Wicklungen führen diesen Strom während einer Drittelperiode. Die Kurven der Anodenströme und der Ströme in den vom Nullpunkt ausgehenden Wicklungen sind in Abb. 65 dargestellt.

Bei einer primären Phasenspannung E und einer Sekundärspannung $E/\sqrt{3}$ an jeder sekundären Wicklung ist das Übersetzungsverhältnis $\sqrt{3}:1$ und der Scheitelwert der Primärströme ist $I/\sqrt{3}$. Den Verlauf der Primärströme zeigen die Kurven i_1, i_2 und i_3.

Gleichspannung und Spannungsabfall. Die Gleichspannungskurve in Abb. 65 hat dieselbe Gestalt wie bei irgendeiner anderen Sechsphasenschaltung.

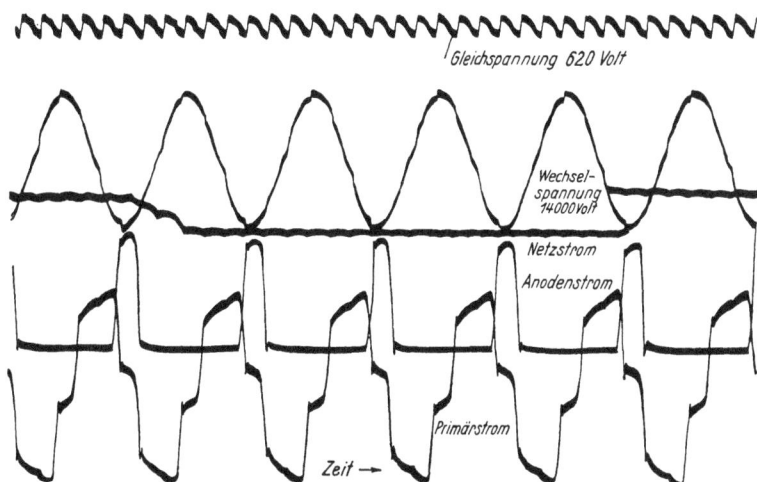

Abb. 66. Oszillogramm der Spannungen und Ströme, an einem 1200-kW-Gleichrichter mit Transformator in Gabelschaltung bei Dreiviertellast aufgenommen.

Abb. 66 zeigt ein Oszillogramm des Gleichstromes, der Primärspannungen, der Anoden- und Primärströme eines Gleichrichters mit Transformator in Gabelschaltung. Die Wellenform des Primärstromes im Oszillogramm weicht von der theoretischen Wellenform nach Abb. 65 ab, da sich der Magnetisierungsstrom des Transformators bemerkbar macht, der bei der Konstruktion der Primärstromkurve in Abb. 65 vernachlässigt wurde.

Bezeichnet man die Spannung zwischen dem sekundären Nullpunkt N und jeder Anodenklemme mit E, so ist die Gleichspannung nach Gleichung (23) unter Berücksichtigung des Spannungsabfalles infolge der Überlappung gleich:

$$E_g = \frac{E\sqrt{2}\sin\frac{\pi}{6}}{\frac{\pi}{6}}\left(1 - \frac{1-\cos u}{2}\right)$$

$$= 1{,}35\,E - 1{,}35\,E\left(\frac{1-\cos u}{2}\right) \quad\ldots\ldots\quad (118)$$

$$= 1{,}35\,E\cos^2\frac{u}{2} \quad\ldots\ldots\ldots\ldots\quad (118a)$$

Der erste Ausdruck auf der rechten Seite der Gleichung (118) stellt die mittlere Gleichspannung im Leerlauf E_{go} dar; der zweite Ausdruck entspricht dem Spannungsabfall g, der bei Belastung infolge der Überlappung auftritt.

Zur Bestimmung des Überlappungswinkels u sei angenommen, daß der Transformator eine wirksame Streureaktanz X besitzt, die der Spannung E zwischen dem Nullpunkt und den Anodenanschlüssen entspricht. Da der Blindwiderstand dem Quadrat der Windungszahl proportional ist und daher auch dem Quadrate der Spannung, so ist der Blindwiderstand jeder Wicklung bei der Gabelschaltung (entsprechend der Spannung an der Wicklung $E/\sqrt{3}$) gleich:

$$X' = \frac{\left(\dfrac{E}{\sqrt{3}}\right)^2}{E^2}\, X = \frac{X}{3} \quad \ldots \ldots \ldots \ldots \quad (119)$$

Bei der Berechnung des Überlappungswinkels kommt nur der Blindwiderstand X' nach Gleichung (119) in Betracht. Wenn nämlich in Abb. 65 der Strom I von der Anode 1 auf die Anode 2 übergeht, so verschwindet der Streufluß der Wicklung $a\,1$, während der Streufluß der Wicklung $a\,2$ auf den vollen, dem Strome I entsprechenden Wert ansteigt. Während dieses Stromüberganges ändert sich der Strom und der Streufluß der Wicklung $N\,a$ nicht, und der Blindwiderstand dieser Wicklung hat daher keinen Einfluß auf die Überlappung. Beim Stromübergang von der Anode 2 zur Anode 3 verschwindet das Streufeld der Wicklung $N\,a$, während ein Streufeld der Wicklung $N\,b$ entsprechend dem Strome I entsteht. Da die Wicklungen $a\,2$ und $b\,3$ auf dem gleichen Schenkel des Transformators liegen und miteinander verkettet sind, haben sie ein gemeinsames Streufeld; es ändern sich daher die Streufelder dieser Wicklungen nicht, wenn der Strom von der einen zur anderen übergeht, und der Blindwiderstand dieser Wicklungen hat während des Stromüberganges von der Anode 2 zur Anode 3 keinen Einfluß auf die Überlappung.

Nach vorstehendem kann für die Berechnung der Überlappung bei der Gabelschaltung angenommen werden, daß der Strom I nach jeder Sechstelperiode von einer Wicklung mit dem Blindwiderstand X' zur nächsten gleichen Wirkung übergeht. Es ist daher der Überlappungswinkel bei der Gabelschaltung nach Gleichung (16):

$$\cos u = 1 - \frac{I\,X'}{E\,\sqrt{2}\,\sin\dfrac{\pi}{6}} = 1 - 1{,}41\,\frac{I\,X'}{E} = 1 - 0{,}471\,\frac{I\,X}{E} \quad (120)$$

Setzt man den Wert für $\cos u$ nach Gleichung (120) in den zweiten Ausdruck der Gleichung (118) ein, so erhält man den Spannungsabfall:

$$g = 0{,}955\,I\,X = 0{,}318\,I\,X \quad \ldots \ldots \quad (121)$$

Transformatorleistung. Die abgegebene Gleichstromleistung einschließlich des Lichtbogenabfalles und unter Vernachlässigung des durch die Überlappung bewirkten Spannungsabfalles ist:

$$N = E_{go} I = 1{,}35 E I \quad \ldots \ldots \ldots \quad (122)$$

Unter Vernachlässigung der Überlappung sind die Effektivwerte des Anodenstromes:

$$A = \frac{I}{\sqrt{6}} \quad \ldots \ldots \ldots \ldots \quad (123)$$

des Stromes in einer vom sekundären Nullpunkt ausgehenden Wicklung:

$$S = \frac{I}{\sqrt{3}} \quad \ldots \ldots \ldots \ldots \quad (124)$$

des Primärstromes:

$$I_p = \frac{\left(\dfrac{I}{\sqrt{3}}\right)\sqrt{2}}{\sqrt{3}} = \frac{I\sqrt{2}}{3} \quad \ldots \ldots \ldots \quad (125)$$

Hieraus ergibt sich die Leistung der Sekundärwicklung des Transformators:

$$N_2 = 6 \frac{E}{\sqrt{3}} \cdot A + 3 \frac{E}{\sqrt{3}} \cdot S = 6 \frac{E}{\sqrt{3}} \cdot \frac{I}{\sqrt{6}} + 3 \frac{E}{\sqrt{3}} \cdot \frac{I}{\sqrt{3}}$$

$$= 2{,}41 E I = 1{,}79 N \quad \ldots \ldots \ldots \ldots \quad (126)$$

Ferner ist die Leistung der Primärwicklung des Transformators:

$$N_1 = 3 E I_p = 3 E \cdot \frac{I\sqrt{2}}{3} = 1{,}41 E I = 1{,}047 N \quad \ldots \quad (127)$$

Die Transformatortypenleistung beträgt demnach:

$$N_r = \frac{N_1 + N_2}{2} = 1{,}91 E I = 1{,}418 N \quad \ldots \ldots \quad (128)$$

und der Leistungsfaktor auf der Primärseite

$$\lambda = \frac{N}{N_1} = \frac{N}{1{,}047 N} = 0{,}955 \quad \ldots \ldots \ldots \quad (129)$$

Einfluß der Überlappung. Soll die Überlappung der Ströme berücksichtigt werden, so sind Korrektionsfaktoren nach Gleichung (19) und (20) anzuwenden. Die korrigierten Werte der Ströme und Transformatorleistungen sind:

$$N = E_g I = 1{,}35 E I \cos^2 \frac{u}{2} \quad \ldots \ldots \ldots \quad (122a)$$

$$A = \frac{I}{\sqrt{6}} \sqrt{1 - 6 \, \psi(u)} \quad \ldots \ldots \ldots \quad (123a)$$

$$S = \frac{I}{\sqrt{3}} \sqrt{1 - 3\,\psi(u)} \qquad \qquad \text{(124a)}$$

$$I_p = \frac{I\sqrt{2}}{3} \sqrt{1 - 3\,\psi(u)} \qquad \qquad \text{(125a)}$$

$$N_2 = \frac{6\,E}{\sqrt{3}} \cdot \frac{I}{\sqrt{6}} \sqrt{1 - 6\,\psi(u)} + \frac{3\,E}{\sqrt{3}} \cdot \frac{I}{\sqrt{3}} \sqrt{1 - 3\,\psi(u)} \quad \text{(126a)}$$

$$N_1 = 3\,E \cdot \frac{I\sqrt{2}}{3} \sqrt{1 - 3\,\psi(u)} \qquad \qquad \text{(127a)}$$

$$\lambda = \frac{N}{N_1} = 0{,}955 \, \frac{\cos^2 \frac{u}{2}}{\sqrt{1 - 3\,\psi(u)}} \qquad \qquad \text{(129a)}$$

Zwölfphasenschaltung mit Saugdrosseln.

Die Zwölfphasenschaltung mit Saugdrosseln ist die am häufigsten angewendete Zwölfphasenschaltung, weil sie den niedrigsten Spannungsabfall und die beste Ausnützung des Transformators ergibt.

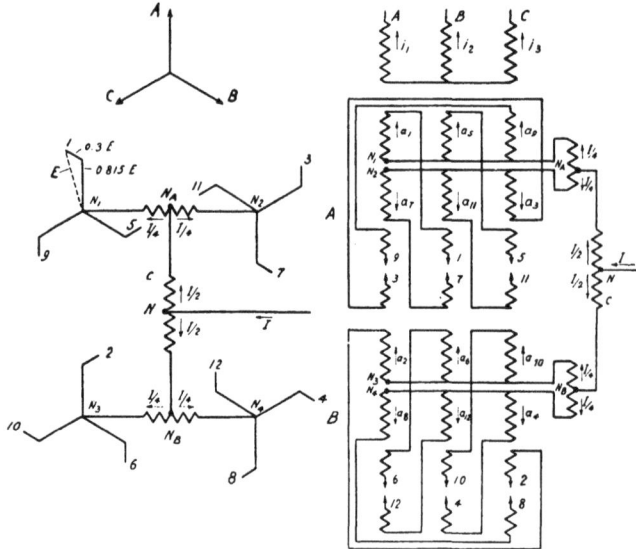

Abb. 67. Transformatorschaltbild und Vektordiagramm einer 12-Phasenschaltung mit Saugdrosseln.

Das Schaltbild und das Vektordiagramm zeigt Abb. 67, die Strom- und Spannungskurven Abb. 68. Bei dieser Schaltung werden zwei Sechsphasensysteme mit Saugdrosseln verwendet, die gegeneinander um 30 elektrische Grade verschoben sind. Jedes Sechsphasensystem arbeitet wie ein Sechsphasengleichrichter mit Saugdrossel, nur sind die Sekundär-

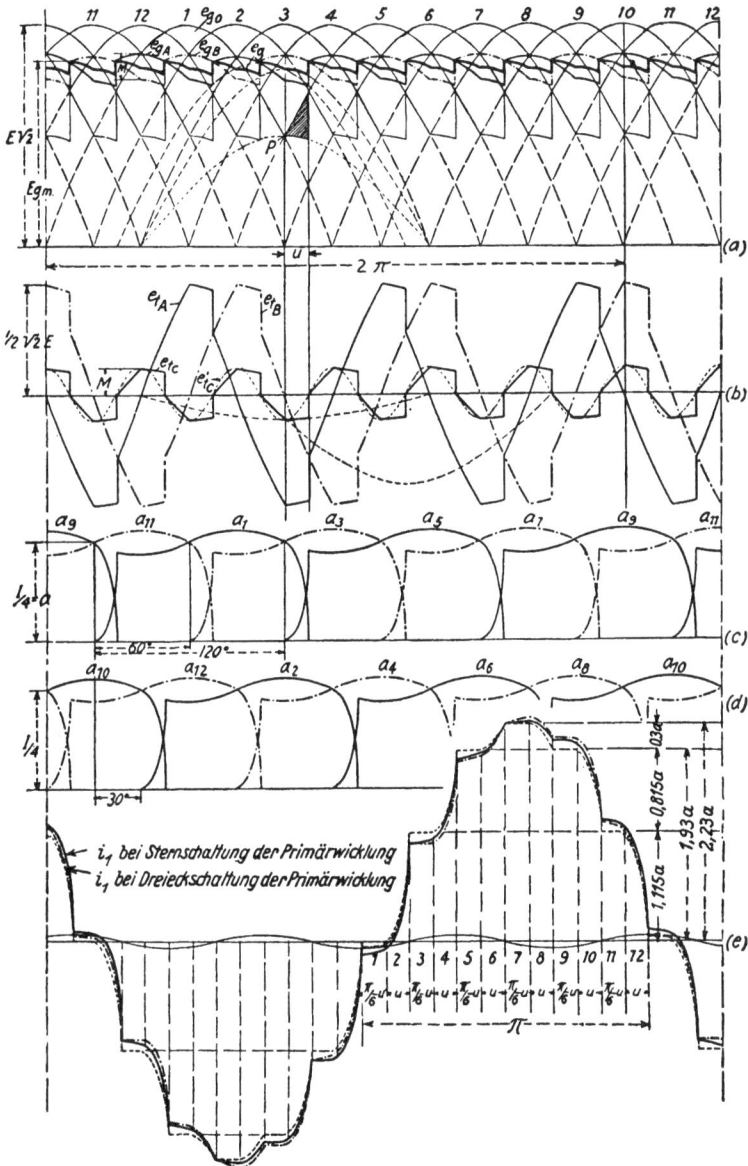

Abb. 68. Spannungs- und Stromkurven für die Zwölfphasenschaltung mit Saugdrosseln.

spannungen gegenüber den Primärspannungen um 15⁰ verschoben, damit zwischen den beiden Sechsphasensystemen die Phasenverschiebung
von 30⁰ zustande kommt. Der Parallelbetrieb der beiden Sechsphasensysteme wird durch eine dritte Saugdrossel gesichert, die zwischen die
Nullpunkte N_A und N_B der Saugdrosseln der beiden Sechsphasensysteme

9*

geschaltet ist und die Spannungsdifferenz zwischen diesen Punkten aufnimmt. Das Potential des Nullpunktes N dieser dritten Saugdrossel ist daher der Mittelwert der Potentiale von N_I und N_{II}.

In Abb. 68a sind $1, 2, 3 \ldots 12$ die Wechselspannungen zwischen den Verkettungspunkten N_1, N_2, N_3 und N_4 einerseits und den Anodenanschlüssen andererseits. Die Gleichspannung des Sechsphasensystems A zwischen dem Nullpunkt N_I und der Kathode wird durch die Kurve $e_{g\,I}$ dargestellt und ist aus den Phasenspannungen $1, 3, 5, 7, 9$ und 11 in der für die Sechsphasenschaltung mit Saugdrossel üblichen Weise abgeleitet. Ebenso erhält man aus den Phasenspannungen $2, 4, 6, 8, 10$ und 12 die Gleichspannung $e_{g\,II}$ des Sechsphasensystems B. Die resultierende Gleichspannung zwischen dem Nullpunkt N und der Kathode wird durch die Kurve e_g dargestellt; sie ist der Mittelwert der Spannungen $e_{g\,I}$ und $e_{g\,II}$. Die Abb. 68c und d zeigen die Anodenströme. Der gesamte Gleichstrom I wird von den beiden Sechsphasensystemen in Parallelschaltung geliefert, so daß jedes System mit $I/2$ belastet ist. Die beiden Dreiphasengruppen jedes Systemes arbeiten parallel wie bei der Sechsphasenschaltung mit Saugdrossel; jede Dreiphasengruppe ist daher mit $I/4$ belastet, und jede Phase führt diesen Strom durch ungefähr eine Drittelperiode. So führt beispielsweise die Phase 1 den Strom $I/4$ bis zum Schnittpunkt ihrer Spannungskurve mit derjenigen der nachfolgenden Phase 5 der gleichen Dreiphasengruppe; der Strom $I/4$ wird dann während einer Überlappungsdauer u auf die Phase 5 übertragen. Die Magnetisierungsströme dreifacher Frequenz der Saugdrosseln der beiden Sechsphasensysteme beeinflussen die Kurvenform der Anodenströme (s. Abb. 57).

Saugdrosseln. Die Kurven $e_{t\,I}$ und $e_{t\,II}$ in Abb. 68b stellen die Spannungen an den Saugdrosseln der Sechsphasensysteme A und B dar. Diese Spannungen entsprechen der Spannung e_t eines Sechsphasengleichrichters mit Saugdrossel; $e_{t\,c}$ ist die Spannung an der dritten Saugdrossel C; sie ergibt sich als Unterschied zwischen den Gleichspannungen $e_{g\,I}$ und $e_{g\,II}$. Die Grundfrequenz der Spannung $e_{t\,c}$ ist die doppelte Frequenz der Spannungen $e_{t\,I}$ und $e_{t\,II}$ oder die sechsfache Frequenz des speisenden Wechselstromnetzes. Dieser Spannung entspricht ein Magnetisierungsstrom sechsfacher Frequenz, der dem in der Saugdrossel C fließenden Gleichstrom überlagert ist. Dieser Magnetisierungsstrom fließt in dem Stromkreis zwischen den gleichzeitig stromführenden Anoden der Systeme A und B, ohne sich im Gleichstromkreis bemerkbar zu machen. Die Kurvenform der Anodenströme wird durch den Magnetisierungsstrom sechsfacher Frequenz nur in geringem Maße verändert.

Um die Leistung der Saugdrossel C zu bestimmen, wird an Stelle der Spannungskurve $e_{t\,c}$ eine sinusförmige Spannungskurve $e'_{t\,c}$ mit dem gleichen Scheitelwert M gesetzt. Dieser Scheitelwert ist nach Abb. 68 a:

$$M = E \sqrt{2} \cos 30^0 - E \sqrt{2} \cos^2 30^0 = 0{,}164\, E.$$

Der Effektivwert von e'_{tc} ist

$$E_{tc}' = \frac{M}{\sqrt{2}} = 0{,}116\, E \qquad \ldots \ldots \ldots \quad (130)$$

Die Drosselspule C führt den Strom $I/2$ und ihre Leistung ist daher

$$N_{tc} = 0{,}116\, E \cdot 0{,}5\, I = 0{,}058\, E\, I \quad (131)$$

Die Leistung der Saugdrosseln A und B ist die Hälfte der Leistung der Saugdrossel für die Sechsphasenschaltung nach Gleichung (99), da jede von diesen Drosseln nur den halben Strom führt.

$$\begin{aligned} N_{tA} = N_{tB} &= 0{,}5\, E \cdot 0{,}25\, I \\ &= 0{,}125\, E\, I \ . \ . \ . \ (132) \end{aligned}$$

Die Saugdrossel C ist beträchtlich kleiner als die Saugdrosseln A und B, sowohl wegen ihrer geringeren Nennleistung, als auch wegen der höheren Frequenz der an ihr auftretenden Spannung. Abb. 69 zeigt eine Gruppe von 3 Saugdrosseln für einen Zwölfphasengleichrichter der General Electric Co von 1000 kW für 600 V.

Gleichspannung und Spannungsabfall. Im Leerlauf sind die Saugdrosseln nicht wirksam, da kein Magnetisierungsstrom durch ihre Wicklungen fließt, und deshalb besteht die Gleichspannung im Leerlauf e_{go}

Abb. 69. Gruppe von Saugdrosseln für einen Zwölfphasengleichrichter 1000 kW, 600 V. (General Electric Co.)

aus den Scheiteln der sinusförmigen Phasenspannungen. Der Mittelwert der Leerlaufspannung eines Zwölfphasengleichrichters ist nach Gleichung (2)

$$E_{go} = E \sqrt{2} \, \frac{\sin \dfrac{\pi}{12}}{\dfrac{\pi}{12}} = 1{,}40\, E \quad \ldots \ldots \quad (133)$$

Der Übergang von der Leerlaufspannung e_{go} zur Spannung bei Belastung e_g geschieht in ähnlicher Weise, wie dies Abb. 59 zeigt. Wie bei der Sechsphasenschaltung mit Saugdrossel erfolgt der Übergang auf die Spannung e_g bei jenem Belastungsstrom, der das Fließen der vollen Magnetisierungsströme der Saugdrosseln ermöglicht. Die Gleichspannung im Übergangspunkt, d. h. die Spannung e_g für $u = 0$ besitzt einen Scheitelwert

$$E_{gm} = E \sqrt{2} \cos 30^0 \cos 15^0 = 1{,}18\,E \quad \ldots \ldots \ldots (134)$$

Der nach Gleichung (2) bestimmte Mittelwert der Gleichspannung im Übergangspunkt ist:

$$E_{gt} = 1{,}18\,E\,\frac{\sin\dfrac{\pi}{12}}{\dfrac{\pi}{12}} = 1{,}17\,E \quad \ldots \ldots \ldots (135)$$

Dahcr beträgt der perzentuelle Spannungsabfall vom Leerlauf bis zum Knie der Belastungskennlinie

$$\frac{E_{go} - E_{gt}}{E_{gt}} = \frac{1{,}40\,E - 1{,}17\,E}{1{,}17\,E} = 19{,}6^0/_0.$$

Das Verhältnis der Gleichspannung e_{gt} im Übergangspunkt zur Phasenspannung E ist dasselbe, wie bei der Sechsphasenschaltung mit Saugdrossel, während die Leerlaufspannung bei der Zwölfphasenschaltung höher ist; die Folge hiervon ist ein Spannungsanstieg vom Knie der Belastungskennlinie bis zum Leerlauf von 19,6% statt 15,4% bei der Sechsphasenschaltung.

Der Spannungsabfall infolge der Überlappung kann aus Gleichung (22) bestimmt werden, wobei der Scheitelwert $E\sqrt{2}$ durch E_{gm} zu ersetzen ist; es ist dies der Scheitelwert von e_g nach Gleichung (134).

$$g = \frac{E_{gm}\sin\dfrac{\pi}{p}}{2\,\dfrac{\pi}{p}}\,(1 - \cos u) = \frac{1{,}18\,E\sin\dfrac{\pi}{12}}{2\,\dfrac{\pi}{12}}\,(1 - \cos u)$$

$$= 0{,}586\,E\,(1 - \cos u) \quad \ldots \ldots \ldots \ldots \ldots (136)$$

Der Mittelwert der Gleichspannung bei Belastung unter Berücksichtigung des Spannungsabfalles kann mit Hilfe der Gleichung (23) in ähnlicher Weise bestimmt werden.

$$E_g = \frac{E_{gm}\sin\dfrac{\pi}{p}}{\dfrac{\pi}{p}}\left(\cos^2\dfrac{u}{2}\right) = 1{,}17\,E\cos^2\dfrac{u}{2} \quad \ldots \ldots (137)$$

Die Überlappung tritt zwischen zwei Phasen eines Dreiphasensystems ein, das mit dem Strome $I/4$ belastet ist. Besitzt eine Phase den Blindwiderstand X, so ergibt sich der Überlappungswinkel nach Gleichung (16)

$$\cos u = 1 - \frac{\frac{I}{4} X}{E \sqrt{2} \sin \frac{\pi}{3}} = 1 - 0{,}204 \frac{I X}{E} \quad \ldots \ldots \text{(138)}$$

Setzt man diesen Wert in Gleichung (136) ein, so erhält man den Spannungsabfall

$$g = 0{,}586 \, E \times 0{,}204 \frac{I X}{E} = 0{,}12 \, I \, X \quad \ldots \ldots \text{(139)}$$

Dieser Wert von g ist die Hälfte desjenigen, den man nach Gleichung (109) für die Sechsphasenschaltung mit Saugdrossel erhält, weil der Strom einer Phase bei der Zwölfphasenschaltung halb so groß ist als bei der Sechsphasenschaltung, während der Wert p für die Berechnung des Überlappungswinkels in beiden Fällen gleich 3 ist.

Sekundärspannungen des Transformators (vgl. Abb. 70). Die Phasenspannung E wird von zwei Wicklungen erzeugt, die auf verschiedenen Schenkeln des Transformators liegen und die Spannungen m und n aufweisen. Diese Spannungen sind gegeneinander um 120° phasenverschoben und schließen Winkel von 15 bzw. 45° mit dem Spannungsvektor E ein. Durch Anwendung des Sinussatzes auf das Dreieck in Abb. 70 erhält man die Beziehung

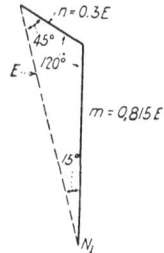

Abb. 70. Vektordiagramm für die Zwölfphasenschaltung.

$$\frac{E}{\sin 120^0} = \frac{m}{\sin 45^0} = \frac{n}{\sin 15^0}.$$

Hieraus folgt

$$m = 0{,}815 \, E; \quad n = 0{,}3 \, E \quad \ldots \ldots \text{(140)}$$

Ströme und Transformatorleistung. Die Ströme in der in Stern geschalteten Primärwicklung des Transformators können aus den Anodenströmen bestimmt werden, wie folgt:

Die Summe der Ströme im Nullpunkte der Primärwicklung ist gleich Null.

$$i_1 + i_2 + i_3 = 0 \quad \ldots \ldots \ldots \ldots \text{(141)}$$

Die Summen der Amperewindungen für die drei Schenkel des Transformators sind untereinander gleich (s. Abb. 67).

$$i_1 + 0{,}815 \, (a_1 + a_2 - a_7 - a_8) + 0{,}3 \, (a_3 - a_6 - a_9 + a_{12}) =$$
$$= i_2 + 0{,}815 \, (a_5 + a_6 - a_{11} - a_{12}) + 0{,}3 \, (- a_1 + a_4 + a_7 - a_{10})$$
$$= i_3 + 0{,}815 \, (- a_3 - a_4 + a_9 + a_{10}) + 0{,}3 \, (- a_2 - a_5 + a_8 + a_{11})$$
$$\ldots \ldots \text{(142)}$$

Löst man vorstehende Gleichungen nach i_1, i_2 und i_3 auf, so erhält man:

$$i_1 = 0{,}643 \left(- a_1 - a_2 + a_7 + a_8 \right) + 0{,}472 \left(- a_3 + a_6 + a_9 - a_{12} \right)$$
$$+ 0{,}172 \left(- a_4 + a_5 + a_{10} - a_{11} \right) \quad \ldots \ldots \ldots \ldots \quad (143)$$

$$i_2 = 0{,}643 \left(- a_5 - a_6 + a_{11} + a_{12} \right) + 0{,}472 \left(a_1 - a_4 - a_7 + a_{10} \right)$$
$$+ 0{,}172 \left(a_2 - a_3 - a_8 + a_9 \right) \quad \ldots \ldots \ldots \ldots \quad (144)$$

$$i_3 = 0{,}643 \left(a_3 + a_4 - a_9 - a_{10} \right) + 0{,}472 \left(a_2 + a_5 - a_8 - a_{11} \right)$$
$$+ 0{,}172 \left(a_1 + a_6 - a_7 - a_{12} \right) \quad \ldots \ldots \ldots \ldots \quad (145)$$

Der Strom i_1 nach Gleichung (143) ist in Abb. 68e dargestellt. Die Ströme i_2 und i_3 haben die gleiche Kurvenform, sind jedoch gegen i_1 um 120⁰ phasenverschoben. Die Addition der Amperewindungen für jeden Transformatorschenkel liefert Restamperewindungen dreifacher Frequenz m_3, die von den Magnetisierungsströmen der Saugdrosseln herrühren und für alle drei Schenkel in Phase sind.

$$m_3 = 0{,}172 \, \mathfrak{z} \left(a_1 + a_2 - a_3 - a_4 + a_5 + a_6 - a_7 - a_8 + a_9 + a_{10} \right.$$
$$\left. - a_{11} - a_{12} \right).$$

Hierbei bedeutet $\mathfrak{z}$ die Windungszahl einer Primärphase entsprechend der Phasenspannung E. Der Strom $m_3/\mathfrak{z}$ ist in Abb. 68e dargestellt; sein Scheitelwert ist das 0,51fache des Scheitelwertes des Magnetisierungsstromes dreifacher Frequenz der Saugdrossel eines Sechsphasensystems nach Abb. 67.

Die gestrichelte Kurve in Abb. 68a zeigt den Strom i_1 unter Vernachlässigung der Magnetisierungsströme der Saugdrosseln.

Bei der Berechnung des Effektivwertes I_1 des Primärstromes i_1 (gestrichelte Kurve) wird die Überlappung der Anodenströme berücksichtigt, hingegen sind die Magnetisierungsströme der Saugdrosseln vernachlässigt. Um die Rechnungen zu erleichtern, wird die Stromkurve in Abb. 68e in die Abschnitte 1 bis 12 geteilt. Die Scheitelwerte des Stromes für die verschiedenen Abschnitte werden in Abhängigkeit vom Scheitelwert a der Anodenströme angegeben. Die Kurvenform der Abschnitte 2, 4 und 6 entspricht dem ersten Teil der Anodenstromkurve, dessen Verlauf durch Gleichung (18) ausgedrückt wird. Die Abschnitte 8, 10 und 12 haben dieselbe Gestalt wie der letzte Teil der Anodenstromkurve, welcher der Gleichung (17) entspricht. In den nachfolgenden Rechnungen werden diese Teile der Stromkurve mit Hilfe der Gleichungen (17) und (18) ausgedrückt, wobei der Faktor I in diesen Gleichungen durch die besonderen Werte nach Abb. 68e zu ersetzen ist. Zur Abkürzung wurde w an Stelle des Ausdruckes $\dfrac{1 - \cos x}{1 - \cos u}$ gesetzt. Die restlichen Abschnitte der Stromkurve besitzen Rechtecksform. Der

Effektivwert wird berechnet, indem man das Quadrat des Stromes über eine Halbperiode integriert.

$$\pi I_1{}^2 = \int_0^\pi i_1{}^2 \, dx \quad . \quad . \quad . \quad . \quad . \quad . \quad . \quad . \quad (146)$$

Abschnitt:

1. $0 +$

2. $\int_0^u (1{,}115 \, a \, w)^2 \, dx +$

3. $(1{,}115 \, a)^2 \left(\dfrac{\pi}{6} - u\right) +$

4. $\int_0^u (1{,}115 \, a + 0{,}815 \, a \, w)^2 \, dx$

5. $(1{,}93 \, a)^2 \left(\dfrac{\pi}{6} - u\right) +$

6. $\int_0^u (1{,}93 \, a + 0{,}3 \, a \, w)^2 \, dx +$

7. $(2{,}23 \, a)^2 \left(\dfrac{\pi}{6} - u\right) +$

8. $\int_0^u [1{,}93 \, a + 0{,}3 \, a \, (1 - w)]^2 \, dx +$

9. $(1{,}93 \, a)^2 \left(\dfrac{\pi}{6} - u\right) +$

10. $\int_0^u [1{,}115 \, a + 0{,}815 \, a \, (1 - w)]^2 \, dx +$

11. $(1{,}115 \, a)^2 \left(\dfrac{\pi}{6} - u\right) +$

12. $\int_0^u [1{,}115 \, a \, (1 - w)]^2 \, dx.$

Durch Addition vorstehender Ausdrücke erhält man:

$$\pi I_1{}^2 = a^2 \left[14{,}9 \, \frac{\pi}{6} - 4 \int_0^u (w - w^2) \, dx\right] \quad . \quad . \quad . \quad . \quad (147)$$

Ersetzt man a durch $I/4$, so erhält man nach kleineren Umformungen:

$$I_1{}^2 = 0{,}155 \, I^2 \left[1 - 1{,}61 \, \frac{1}{\pi} \int_0^u (w - w^2) \, dx\right]$$

In Übereinstimmung mit Gleichung (20) gilt ferner:

$$\frac{1}{\pi} \int_0^u (w - w^2) \, dx = \frac{1}{\pi} \int_0^u \left[\frac{1 - \cos x}{1 - \cos u} - \left(\frac{1 - \cos x}{1 - \cos u}\right)^2\right] dx = \psi(u).$$

Hieraus folgt schließlich:

$$I_1 = 0{,}395\, I\sqrt{1 - 1{,}61\,\psi\,(u)} \quad \ldots \ldots \quad (148)$$

Die Primärströme bei in Dreieck geschalteter Primärwicklung können aus den Anodenströmen berechnet werden, indem man die Summe der Amperewindungen für jeden Transformatorschenkel gleich Null setzt. Die so bestimmten Primärströme besitzen die nachfolgend angeführten Werte:

$$\left.\begin{aligned}
i_1 &= 0{,}815\,(-a_1 - a_2 + a_7 + a_8) + 0{,}3\,(-a_3 + a_6 + a_9 - a_{12})\\
i_2 &= 0{,}815\,(-a_5 - a_6 + a_{11} + a_{12}) + 0{,}3\,(-a_1 - a_4 - a_7 + a_{10})\\
i_3 &= 0{,}815\,(+a_3 + a_4 - a_9 - a_{10}) + 0{,}3\,(+a_2 + a_5 - a_8 - a_{11})
\end{aligned}\right\} \quad (149)$$

Der Primärstrom i_1 bei in Dreieck geschalteter Primärwicklung ist in Abb. 68e durch eine strichpunktierte Kurve dargestellt. Diese Kurve fällt praktisch mit der Stromkurve bei in Stern geschalteter Primärwicklung zusammen und unterscheidet sich von dieser nur durch die Magnetisierungsströme der Saugdrosseln. Läßt man diese Magnetisierungsströme unbeachtet, so sind die Primärströme bei in Stern oder Dreieck geschalteter Primärwicklung gleich (Kurvenform nach Abb. 68a, Effektivwert nach Gleichung 148).

Der Effektivwert der Anodenströme kann mit Hilfe der Gleichung (19) bestimmt werden, wobei I durch $I/4$ und p durch 3 zu ersetzen ist, da jede Anode den Strom $I/4$ während einer Drittelperiode führt.

$$A = \frac{\dfrac{I}{4}}{\sqrt{3}}\,\sqrt{1 - 3\,\psi\,(u)} = 0{,}144\,I\sqrt{1 - 3\,\psi\,(u)} \quad \ldots \quad (150)$$

Die abgegebene Gleichstromleistung ist:

$$N = E_g \cdot I = 1{,}17\,E\,I\,\cos^2\frac{u}{2} \quad \ldots \ldots \quad (151)$$

Die Scheinleistung der Sekundärwicklung des Transformators beträgt:

$$N_2 = 12\,(0{,}815\,E + 0{,}3\,E)\,A = 1{,}93\,E\,I\sqrt{1 - 3\,\psi\,(u)} =$$

$$= 1{,}65\,N\,\frac{\sqrt{1 - 3\,\psi\,(u)}}{\cos^2\dfrac{u}{2}} \quad \ldots \ldots \quad (152)$$

Ferner weist die Primärwicklung des Transformators folgende Scheinleistung auf:

$$N_1 = 3\,E\,I_1 = 3\,E \cdot 0{,}395\,I\sqrt{1 - 1{,}61\,\psi\,(u)} = 1{,}185\,E\,I\sqrt{1 - 1{,}61\,\psi\,(u)} =$$

$$= 1{,}01\,N\,\frac{\sqrt{1 - 1{,}61\,\psi\,(u)}}{\cos^2\dfrac{u}{2}} \quad \ldots \ldots \quad (153)$$

Hieraus ergibt sich der Leistungsfaktor:

$$\lambda = \frac{N}{N_1} = 0,988 \frac{\cos^2 \frac{u}{2}}{\sqrt{1 - 1,61\, \psi(u)}} \quad\ldots\ldots\ldots (154)$$

In den vorstehenden Gleichungen ist der Einfluß der Überlappung der Anodenströme berücksichtigt. Vernachlässigt man die Überlappung, d. h. setzt man u gleich Null, so erhalten die verschiedenen im vorstehenden abgeleiteten Größen folgende Werte:

Gleichspannung . . . . $E_g = 1,17\, E$

Primärstrom . . . . $I_1 = 0,395\, I$

Anodenstrom . . . . $A = 0,144\, I$

Abgegebene Gleichstromleistung . . $N = 1,17\, EI$

Scheinleistung der Sekundärwicklung $N_2 = 1,93\, EI = 1,65\, N$

Scheinleistung der Primärwicklung . $N_1 = 1,185\, EI = 1,01\, N$

Transformator-Typenleistung . . . . $N_r = \dfrac{N_1 + N_2}{2} = 1,33\, N.$

Spannungsabfall.

In Kapitel IV wurde gezeigt, daß bei Belastung eines Gleichrichters ein Spannungsabfall infolge der von der Transformatorstreuung verursachten Überlappung der Anodenströme eintritt. Dieser Spannungsabfall ist eine Funktion des Überlappungswinkels u, der seinerseits vom Belastungsstrom und den Blindwiderständen des Transformators abhängt. Die Gleichungen (22) und (22a) geben den allgemeinen Ausdruck für den Spannungsabfall. Aus Gleichung (22a) folgt, daß der vom Blindwiderstand des Transformators verursachte Spannungsabfall dem Belastungsstrom einfach proportional ist; somit ist die Belastungskennlinie geradlinig. Außer dem von der Transformatorstreuung verursachten Spannungsabfall treten weitere Spannungsabfälle infolge der Kupferverluste des Transformators und der Änderungen des Lichtbogenabfalles mit der Belastung auf. Diese Spannungsabfälle sollen nunmehr betrachtet werden.

Spannungsabfall infolge des Blindwiderstandes. Der Blindwiderstand des Transformators wird gewöhnlich durch die Kurzschlußspannung ausgedrückt, die gemessen wird, indem man die Sekundärwicklung kurzschließt und der Primärwicklung eine solche sinusförmige Spannung aufdrückt, daß in ihr der Nennstrom fließt. Der induktive Spannungsabfall wird aus dieser Kurzschlußspannung durch Abzug der Wattkomponente, die sich aus den gemessenen Kupferverlusten ergibt, bestimmt. Der perzentuelle Blindwiderstand ist daher:

$$X\,{}^0/_0 = \frac{I_p X_p}{E_p} \cdot 100 \quad\ldots\ldots\ldots (155)$$

wobei I_p der primäre Nennstrom, X_p der äquivalente sekundäre Blindwiderstand je Phase bezogen auf die Primärwicklung und E_p die primäre Nennspannung je Phase ist.

Bei der Berechnung der verschiedenen Transformatorschaltungen in diesem Kapitel wurden der Überlappungswinkel und der Spannungsabfall als Funktionen des Gleichstromes I und des äquivalenten Blindwiderstandes X je Sekundärphase ausgedrückt. Zur Erleichterung der Rechnungen sollen diese Größen für die vier am häufigsten verwendeten Schaltungen von Gleichrichtertransformatoren als Funktionen des perzentuellen Blindwiderstandes ausgedrückt werden. Hierbei wird der Einfluß der Überlappung auf die Primärströme vernachlässigt.

1. **Doppelsternschaltung mit in Dreieck geschalteter Primärwicklung.** Bei dieser Schaltung ist der primäre Nennstrom $I_p = \dfrac{I}{\sqrt 3}$; die primäre Phasenspannung $E_p = E$; der äquivalente, auf die Primärwicklung bezogene sekundäre Blindwiderstand $X_p = X$.

Der Überlappungswinkel nach Gleichung (74) beträgt:

$$\cos u = 1 - 1{,}41 \frac{IX}{E} = 1 - 2{,}45 \frac{I_p X_p}{E_p} = 1 - 2{,}45 \frac{X^0/_0}{100} \quad (156)$$

Der gleichstromseitige Spannungsabfall, nach Gleichung (75) als Bruchteil der Leerlaufspannung ausgedrückt, ist:

$$g^0/_0 = \frac{g}{E_{g\,0}} \cdot 100 = \frac{0{,}955\,IX}{1{,}35\,E} \cdot 100 = 1{,}23 \frac{I_p X_p}{E_p} \cdot 100 = 1{,}23\,X^0/_0 \quad (157)$$

2. **Sechsphasenschaltung mit Saugdrossel.** Bei dieser Schaltung ist:

$$I_p = \frac{I}{\sqrt 6}; \quad E_p = E; \quad X_p = X.$$

Aus Gleichung (107) folgt der Überlappungswinkel:

$$\cos u = 1 - 0{,}408 \frac{IX}{E} = 1 - \frac{I_p X_p}{E_p} = 1 - \frac{X^0/_0}{100} \quad . \quad . \ (158)$$

Bei Berechnung des Spannungsabfalles kann die Gleichspannung $E_{g\,t}$ beim Knie der Belastungskennlinie als Leerlaufsspannung angesehen werden. Der gleichstromseitige Spannungsabfall nach Gleichung (109), als Bruchteil der Spannung beim Knie der Belastungskennlinie ausgedrückt, ist:

$$g^0/_0 = \frac{g}{E_{g\,t}} \cdot 100 = \frac{0{,}239\,IX}{1{,}17\,E} \cdot 100 = 0{,}5 \frac{I_p X_p}{E_p} \cdot 100 = 0{,}5\,X^0/_0 \quad (159)$$

Die Gleichungen (158) und (159) können auch für die Berechnung des Überlappungswinkels und des gleichstromseitigen Spannungsabfalles von Gleichrichtertransformatoren mit Sekundärwicklung in Doppelstern-schaltung und Primärwicklung in Sternschaltung verwendet werden, wenn diese Transformatoren einen fünfschenkeligen Kern besitzen oder als Manteltransformatoren gebaut sind (s. Abb. 53 und 54).

3. Sechsphasige Gabelschaltung (Doppelzickzackschal-tung). Bei dieser Schaltung ist:

$$I_p = \frac{I\sqrt{2}}{3} ; \quad E_p = E, \quad X_p = X.$$

Der Überlappungswinkel ergibt sich nach Gleichung (120):

$$\cos u = 1 - 0{,}471 \frac{IX}{E} = 1 - \frac{I_p X_p}{E_p} = 1 - \frac{X^0/_0}{100} \quad \cdot \cdot \ (160)$$

Der gleichstromseitige Spannungsabfall nach Gleichung (121), aus-gedrückt als Bruchteil der Leerlaufspannung, beträgt:

$$g^0/_0 = \frac{g}{E_{go}} \cdot 100 = \frac{0{,}318\ IX}{1{,}35\ E} \cdot 100 = 0{,}5 \frac{I_p X_p}{E_p} \cdot 100 = 0{,}5\ X^0/_0 \ (161)$$

4. Zwölfphasenschaltung mit Saugdrosseln. Für diese Schal-tung gilt:

$$I_p = 0{,}395\ I; \quad X_p = X, \quad E_p = E$$

$$\cos u = 1 - 0{,}204 \frac{IX}{E} = 1 - 0{,}516 \frac{I_p X_p}{E_p} = 1 - 0{,}516 \frac{X^0/_0}{100} \quad (162)$$

Bei der Berechnung des gleichstromseitigen Spannungsabfalles soll die Gleichspannung E_{gt} beim Knie der Belastungskennlinie als Leer-laufspannung angenommen werden. Der gleichstromseitige Spannungs-abfall nach Gleichung (139), bezogen auf E_{gt} lautet:

$$g^0/_0 = \frac{g}{E_{gt}} \cdot 100 = \frac{0{,}12\ IX}{1{,}17\ E} \cdot 100 = 0{,}26 \frac{I_p X_p}{E_p} \cdot 100 = 0{,}26\ X^0/_0 \ (163)$$

In Abb. 71 sind die Kurven für den Überlappungswinkel und den Spannungsanfall in Abhängigkeit vom Blindwiderstand für die verschie-denen Transformatorschaltungen nach den Gleichungen (156) bis (163) gestrichelt eingetragen. Hierbei ist zu beachten, daß der Spannungs-abfall $g\%$ bei der Doppelsternschaltung und Gabelschaltung auf die Leerlaufsspannung an den Klemmen des Transformators, hingegen bei der Sechs- und Zwölfphasenschaltung mit Saugdrosseln auf die Gleich-spannung beim Knie der Belastungskennlinie bezogen wird. Die Kurven der Abb. 71 können auch für die Bestimmung des Spannungsabfalles und des Überlappungswinkels bei anderen Belastungen als Vollast heran-gezogen werden, wenn man $X\%$ proportional der Belastung umrechnet.

Ohmscher Spannungsabfall. Bei der Ableitung der Gleichungen für den Mittelwert der Gleichspannung E_g und die abgegebene Gleichstromleistung N bei den verschiedenen Transformatorschaltungen wurde der Lichtbogenspannungsabfall als ein Teil der Gleichspannung E_g angesehen. E_g und N stellen daher die Gleichspannung und die Gleichstromleistung an den Klemmen der Sekundärwicklung des Transformators dar. Ferner wurden die Kupferverluste des Transformators vernachlässigt, so daß N auch die Leistungsaufnahme an den Primärklemmen des Transformators darstellt, wenn man von den Eisenverlusten absieht.

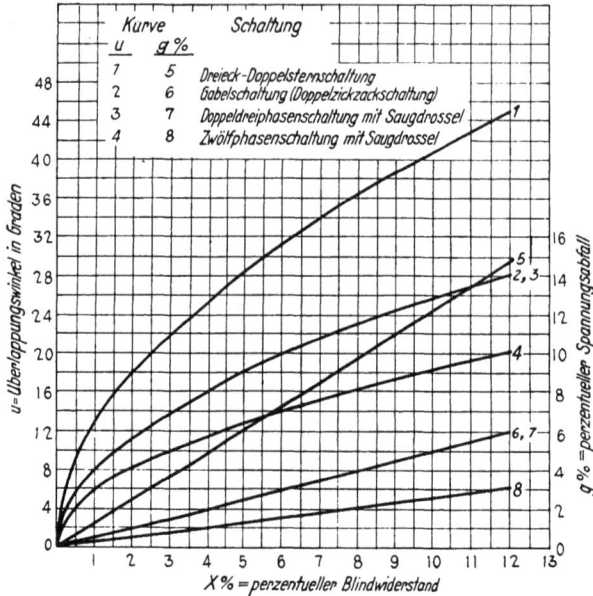

Abb. 71. Überlappungswinkel und gleichstromseitiger Spannungsabfall in Abhängigkeit vom Blindwiderstand des Transformators für vier verschiedene Transformatorschaltungen. (Der Spannungsabfall ist auf die Leerlaufspannung bezogen.)

Zieht man die Kupferverluste des Transformators in Betracht, so verringert sich die Leistungsabgabe an den Sekundärklemmen des Transformators um den Betrag dieser Verluste. Die Kupferverluste werden vom Wirkwiderstand der Wicklungen des Transformators verursacht. Dieser Widerstand hat praktisch keinen Einfluß auf die Ströme, verursacht jedoch einen Ohmschen Spannungsabfall ir. Die Verringerung der sekundären Leistungsabgabe durch die Kupferverluste des Transformators tritt daher zur Gänze als Verminderung der Gleichspannung in Erscheinung. Bezeichnet man mit V_k die Kupferverluste des Transformators in Watt und mit e_k den durch diese Verluste verursachten gleichstromseitigen Spannungsabfall, so ist e_k gleich V_k gebrochen durch den Gleichstrom I.

$$e_k = \frac{V_k}{I} \quad \ldots \ldots \ldots \ldots \quad (164)$$

Werden andere in den Hauptstromkreis eingeschaltete Apparate, wie Saugdrosseln oder Anodendrosseln verwendet, so vergrößert sich V_k um deren Kupferverluste.

Die Kupferverluste sind dem Quadrate des Belastungsstromes proportional. Der Ohmsche Spannungsabfall in Perzenten der abgegebenen Gleichspannung ist gleich dem Verhältnis der Kupferverluste zur Leistungsabgabe.

Klemmenspannung auf der Gleichstromseite. Die Gleichspannung E_g bei Belastung ist gleich der Leerlaufspannung (oder Spannung beim Knie der Belastungskennlinie), vermindert um den Spannungsabfall, der vom Blindwiderstand des Transformators, den Kupferverlusten und dem Lichtbogenabfall verursacht wird.

$$E_g = E_{g\,o} - g - e_k - e_a = E_{g\,o}\left(1 - \frac{g\,\%}{100}\right) - e_k - e_a . \quad . \quad (165)$$

$$E_{g\,o} = \frac{E_g + e_k + e_a}{1 - \dfrac{g\,\%}{100}} \quad . \quad . \quad . \quad . \quad . \quad . \quad . \quad . \quad . \quad . \quad (166)$$

Die Klemmenspannung auf der Gleichstromseite im Leerlauf ist:

$$E_{g\,L} = E_{g\,o} - e_a.$$

Bei den Transformatorschaltungen mit Saugdrosseln ist in vorstehenden Gleichungen $E_{g o}$ durch $E_{g\,t}$ (das ist die Gleichspannung im Knie der Belastungskennlinie) zu ersetzen.

In Gleichung (165) für die Klemmenspannung auf der Gleichstromseite bei Belastung sind die Größen g und e_k dem Belastungsstrom einfach proportional. Die Belastungskennlinien sind daher gerade abfallende Linien. Die Kurve des Lichtbogenabfalles e_a hat, wie aus Abb. 6 ersichtlich, die Gestalt eines konkaven Bogens.

Der Spannungsabfall bei Maschinen wird im allgemeinen als Unterschied der Spannungen im Leerlauf und bei Vollast, bezogen auf die Spannung bei Vollast, definiert. Die gleichstromseitige Klemmenspannung eines Gleichrichters im Leerlauf und bei Vollast kann mit Hilfe der Gleichungen (165) und (167) bestimmt werden, wobei auch die Beziehungen zwischen der Gleichspannung und der Sekundärspannung des Transformators, die früher für die verschiedenen Transformatorschaltungen abgeleitet wurden, herangezogen werden. Aus diesen Größen kann der Spannungsabfall berechnet werden. Angenähert ist er gleich dem perzentuellen Spannungsabfall, den der Blindwiderstand verursacht und der in den Kurven der Abb. 71 dargestellt ist, vermehrt um den Perzentsatz der Kupferverluste, bezogen auf die Gleichstromleistung.

Die Gleichung (166) kann dazu verwendet werden, die sekundäre Wechselspannung des Transformators zu bestimmen, die erforderlich ist, um eine gewünschte Gleichspannung bei Vollast zu erzielen. Beispielsweise soll die sekundäre Wechselspannung für einen sechsphasigen Gleichrichtertransformator zur Erzeugung einer gleichstromseitigen Klemmenspannung von 3000 V bei Gabelschaltung des Transformators und einem Lichtbogenabfall von 25 V bei 1000 A berechnet werden. Der Blindwiderstand des Transformators wird zu 6% angenommen und die Kupferverluste zu 30 kW. Aus Abb. 71 folgt der Spannungsabfall infolge des Blindwiderstandes des Transformators zu $g = 3\%$. Der gleichstromseitige Spannungsabfall infolge der Kupferverluste ist $e_k = \dfrac{30 \cdot 1000}{1000} = 30$ V. Aus Gleichung (166) findet man für die Gleichspannung an den Sekundärklemmen des Transformators im Leerlauf:

$$E_{go} = \frac{3000 + 30 + 25}{1 - 0,03} = 3149 \text{ V.}$$

Die sekundäre Wechselspannung ist:

$$E = \frac{E_{go}}{1.35} = \frac{3149}{1,35} = 2333 \text{ Volt.}$$

Die Klemmenspannung auf der Gleichstromseite im Leerlauf beträgt $E_{go} - e_L = 3149 - 25 = 3124$ V. Der Spannungsabfall ergibt sich zu:

$$\frac{3124 - 3000}{3000} = 4,1\,\%.$$

Leistungsfaktor.

Der primäre Leistungsfaktor ist das Verhältnis der aufgenommenen Wirkleistung in Watt zur aufgenommenen Scheinleistung in VA. Sind sowohl die Ströme als auch die Spannungen sinusförmig, so ist dieses Verhältnis gleich dem Cosinus des Phasenverschiebungswinkels. An den Primärklemmen eines Gleichrichtertransformators ist die Spannung im allgemeinen sinusförmig, nicht hingegen der Strom; dieser kann in eine Anzahl sinusförmiger Komponenten zerlegt werden, und zwar in eine Grundwelle mit derselben Frequenz wie die Spannung und in Oberwellen, deren Frequenzen Vielfache der Grundfrequenz sind. Der Effektivwert des Netzstromes ist die Quadratwurzel aus der Summe der Quadrate der einzelnen Komponenten und ist infolgedessen größer als der Effektivwert der Grundwelle. Nur die Wirkkomponente der Grundwelle überträgt jedoch eine Leistung; die Oberwellen können keine Leistung übertragen, da keine Spannungen der betreffenden Frequenzen vorhanden sind.

Bezeichnet man den Effektivwert des Netzstromes mit I_L, den Effektivwert der Grundwelle mit I_1, die Phasenspannung gegen den Nullpunkt mit E_p und den Phasenverschiebungswinkel zwischen E_p und I_1

mit φ, so ist die Wirkleistungsaufnahme in Watt an den Netzklemmen des Transformators gleich:

$$N_w = 3\,E_p\,I_1 \cos \varphi \quad \ldots \ldots \ldots \quad (168)$$

Die Scheinleistungsaufnahme in Voltampere beträgt:

$$N = 3\,E_p\,I_L \quad \ldots \ldots \ldots \ldots \quad (169)$$

Demnach ist der Leistungsfaktor:

$$\lambda = \frac{N_w}{N} = \frac{3\,E_p\,I_1 \cos \varphi}{3\,E_p\,I_L} = \frac{I_1}{I_L}\cos \varphi \quad \ldots \ldots \ldots \quad (170)$$

Aus Gleichung (170) ist ersichtlich, daß der Leistungsfaktor das Produkt zweier Faktoren darstellt. Der erste ist I_1/I_L, das Verhältnis des Effektivwertes der Grundwelle des Stromes, zum Effektivwert des Gesamtstromes. Dieser Faktor zeigt die Verzerrung der Stromkurve durch die Oberwellen an und soll als Verzerrungsfaktor v bezeichnet werden. Je größer der Faktor v ist, desto mehr nähert sich die Stromkurve der Sinusform. Wäre der Strom sinusförmig, so wäre v gleich 1. Der zweite Faktor $\cos \varphi$ stellt die Phasenverschiebung zwischen der Phasenspannung und der Grundwelle des Netzstromes dar; er soll als Verschiebungsfaktor bezeichnet werden.

Der primäre Leistungsfaktor eines Gleichrichters hängt von der Transformatorschaltung ab. Die theoretische Gleichstromleistung N, die der Berechnung der verschiedenen Transformatorschaltungen zugrunde gelegt wird, schließt sowohl die Verluste im Gleichrichter ein (da $N = E_g I$ ist und E_g den Lichtbogenabfall enthält) als auch die Kupferverluste des Transformators. N ist daher die Wirkleistungsaufnahme an den Primärklemmen des Gleichrichtertransformators. Die Eisenverluste und der Magnetisierungsstrom werden vernachlässigt. Der Leistungsfaktor ist daher das Verhältnis der abgegebenen Gleichstromleistung N zur Scheinleistung N_L an den Netzklemmen des Transformators.

$$\lambda = \frac{N}{N_L} \quad \ldots \ldots \ldots \ldots \quad (171)$$

Die Werte des Leistungsfaktors wurden mit Hilfe der Gleichung (171) für die verschiedenen in diesem Kapitel betrachteten Transformatorschaltungen berechnet [s. die Gleichungen (85), (117a), (129a), (154) und Zahlentafel V]. Für den Leistungsfaktor dieser Schaltungen gilt die allgemeine Gleichung:

$$\lambda = \frac{N}{N_L} = K\,\frac{\cos^2 \frac{u}{2}}{\sqrt{1 - c\,\psi(u)}} \quad \ldots \ldots \ldots \quad (172)$$

wobei die Konstanten K und c die verwendete Schaltung kennzeichnen und $\psi(u)$ aus Gleichung (20) folgt.

Aus den Gleichungen für den Leistungsfaktor geht hervor, daß er vom Überlappungswinkel u und daher von der Belastung abhängt. Die Wirkung des Überlappungswinkels auf den Verzerrungs- und Verschiebungsfaktor ist folgende:

Ist der Überlappungswinkel gleich Null, wie dies annähernd bei geringer Belastung der Fall ist, so ist die Stromkurve rechteckig und weicht am stärksten von der Sinusform ab. Der Verzerrungsfaktor ist

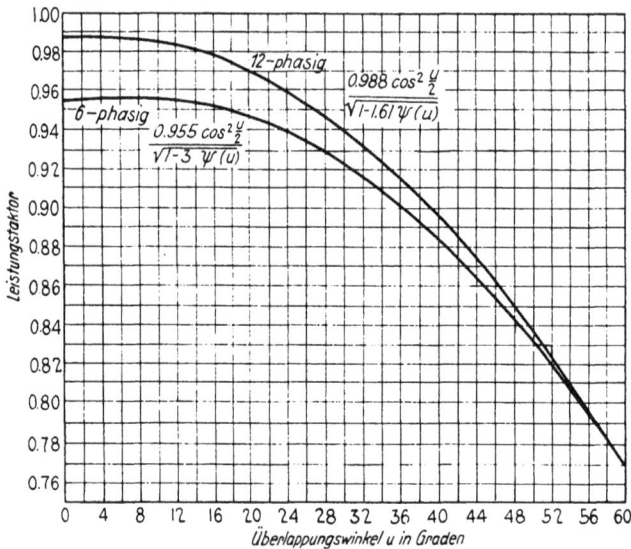

Abb. 72. Leistungsfaktoren von Sechs- und Zwölfphasengleichrichtern als Funktionen des Überlappungswinkels.

daher klein und hat den Wert der Konstanten K in Gleichung (172). Hingegen ist die Grundwelle des Netzstromes mit der Phasenspannung in Phase, und der Verschiebungsfaktor ist gleich 1. In diesem Falle ist der Leistungsfaktor demnach gleich dem Verzerrungsfaktor.

Bei wachsendem u, d. h. bei steigender Belastung, nähert sich die Stromkurve der Sinusform, so daß der Verzerrungsfaktor wächst. Gleichzeitig verschiebt sich die Stromkurve im Sinne der Nacheilung in bezug auf die Phasenspannung, der Verschiebungsfaktor nimmt daher mit steigender Belastung ab.

In Abb. 72 sind die Leistungsfaktoren für Sechs- und Zwölfphasengleichrichter in Abhängigkeit vom Überlappungswinkel u ersichtlich; die Werte sind nach den früher abgeleiteten Gleichungen für die verschiedenen Transformatorschaltungen berechnet. Abb. 73 zeigt den Leistungsfaktor für verschiedene Schaltungen in Abhängigkeit vom Blindwiderstand des Transformators. Diese Kurven wurden aus jenen der Abb. 71 und 72 abgeleitet. Der Leistungsfaktor für andere Belastungen als Voll-

last kann aus Abb. 73 ermittelt werden, wenn man für den Blindwiderstand einen der Belastung proportionalen Wert einsetzt. Demnach wird
der Leistungsfaktor bei Halblast für einen Transformator mit 6% Kurzschlußspannung aus den Kurven unter Annahme von 3% Blindwiderstand abgelesen.

Der Magnetisierungsstrom, der den Leistungsfaktor des resultierenden Netzstromes herabsetzt, ist bei allen Belastungen konstant; sein

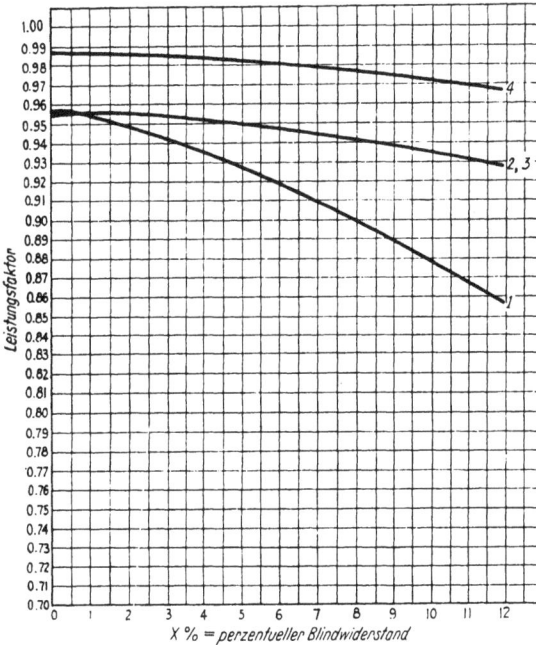

Abb. 73. Leistungsfaktoren für vier verschiedene Transformatorschaltungen, in Abhängigkeit
vom Blindwiderstand des Tranformators aufgetragen.

Kurve 1: Dreieck-Doppelsternschaltung.
Kurve 2: Doppelzickzackschaltung (Gabelschaltung).
Kurve 3: Doppelsternschaltung mit Saugdrossel.
Kurve 4: Zwölfphasenschaltung mit Saugdrossel.

Einfluß auf den Leistungsfaktor nimmt daher mit wachsender Belastung
ab und wird in der Regel bei Belastungen über 25% der Vollast vernachlässigbar.

Der primäre Leistungsfaktor eines Gleichrichters kann bestimmt
werden, indem man die mit einem Wattmeter gemessene Wirkleistungsaufnahme durch die mit einem Amperemeter und einem Voltmeter gemessene Scheinleistungsaufnahme dividiert. Ein dynamometrischer
Leistungsfaktormesser zeigt nur den Verschiebungsfaktor an, da auf
ein solches Instrument nur die Phasenverschiebung zwischen Strom und
Spannung der gleichen Frequenz wirkt.

Der Verschiebungsfaktor $\cos \varphi$ kann auch bestimmt werden, wenn man die Leistungsmessung nach der Zweiwattmetermethode vornimmt. Die Ablesungen N_A und N_B der beiden Wattmeter bedeuten:

$$N_A = E_L I_L v \cos (30^0 - \varphi)$$
$$N_B = E_L I_L v \cos (30^0 + \varphi)$$
$$N_A - N_B = 2 E_L I_L v \sin \varphi \sin 30^0$$
$$N_A + N_B = 2 E_L I_L v \cos \varphi \cos 30^0$$
$$\frac{N_A - N_B}{N_A + N_B} = \operatorname{tg} \varphi \operatorname{tg} 30^0$$
$$\operatorname{tg} \varphi = \sqrt{3 \, \frac{N_A - N_B}{N_A + N_B}}$$
$$\cos \varphi = \frac{1}{\sqrt{1 + \operatorname{tg}^2 \varphi}} = \frac{N_A + N_B}{2\sqrt{N_A{}^2 + N_B{}^2 - N_A N_B}} \quad \ldots \ . \ (173)$$

Der Verzerrungsfaktor v kann dann ermittelt werden, indem man den Leistungsfaktor λ durch den Verschiebungsfaktor $\cos \varphi$ dividiert.

Tafel der Transformatorschaltungen.

Die verschiedenen Transformatorschaltungen, die bei Gleichrichtern häufig vorkommen, wurden in diesem Kapitel eingehend besprochen. Die nachfolgende Zahlentafel V enthält Angaben sowohl über die betrachteten als auch andere Transformatorschaltungen, die bei Gleichrichtern vorkommen können. In dieser Zahlentafel werden die verschiedenen Größen sowohl unter Vernachlässigung als auch unter Berücksichtigung der Überlappung angegeben.

Zahlentafel V.

Es folgt eine Erklärung der verwendeten Bezeichnungen, ferner eine Zusammenstellung der Tafeln V-A bis V-K. Einige der angeführten Schaltungen kommen praktisch nicht in Betracht, wurden aber wegen des theoretischen Interesses aufgenommen.

Erklärung der Bezeichnungen.

E	= sekundäre Phasenspannung (Effektivwert),
I	= Gleichstrom,
N	= abgegebene Gleichstromleistung einschließlich der Verluste,
u	= Überlappungswinkel,
f	= Frequenz des speisenden Wechselstromnetzes,
$\psi (u)$	= nach Abb. 48 bestimmter Faktor,
———	= Vektordarstellung der Spannungen der Transformatorwicklungen,
- - - -	= elektrische Verbindungen,
⋏⋏⋏⋏	= Saugdrosseln.

Übersicht der Tafel V.

Tafel		Schaltung		
V-A	primär	einphasig	zweiphasig	zweiphasig	unverkettete Zweiphasen-Schaltung
	sekundär	einphas. Voll-wegschaltung	vierphasig	Zweiphas.-Sch. m. Saugdr.	6-Phasen-Sch. m. Saugdr.
V-B	primär	Stern	Dreieck	Stern m. Ter-tiärw.[1]	Stern m. prim. Nulleiter
	sekundär	Stern	Stern	Stern	Stern
V-C	primär	Stern	Dreieck	Stern	Dreieck
	sekundär	Zickzack	Zickzack	6-Phas.-Gabel-schaltung	6-Phas.-Gabel-schaltung
V-D	primär	Stern	Dreieck	Stern m. Ter-tiärw.	Stern m. Null-leiter
	sekundär	Doppelstern[2]	Doppelstern	Doppelstern	Doppelstern
V-E	primär	Stern	Dreieck	Stern m. Ter-tiärw.	Stern m. Null-leiter
	sekundär	Dreifach-Ein-phas.-Schalt.	Dreifach-Ein-phas.-Schalt.	Dreifach-Ein-phas.-Schalt.	Dreifach-Ein-phas.-Schalt.
V-F	primär	Stern	Dreieck	Stern	Dreieck
	sekundär	6-Phasen-Ring-schalt.	6-Phasen-Ring-schalt.	Doppeldrei-phasenschalt.	Doppeldrei-phasenschalt.
V-G		Drei Einphasentrafos		Fünfschenkeltrafo	
	primär	Stern	Dreieck	Stern	Dreieck
	sekundär	Doppelstern	Doppelstern	Doppelstern	Doppelstern
V-H	primär	Stern	Dreieck	Stern m. Ter-tiärw.	Stern m. Null-leiter
	sekundär	12-Phasen-Gabelschalt.	12-Phasen-Gabelschalt.	12-Phasen-Gabelschalt.	12-Phasen-Gabelschalt.
V-I	primär	Stern	Dreieck	Dreieck mit Tertiärw.	Stern m. Null-leiter
	sekundär	12-Phasen-Spaltstern	12-Phasen-Spaltstern	12-Phasen-Spaltstern	12-Phasen-Spaltstern
V-J	primär	Stern	Dreieck	Stern	Dreieck
	sekundär	12-Phasen-Sch. m. 3 Saugdr.	12-Phasen-Sch. m. 3 Saugdr.	12-Phasen-Sch. m. vierphas. Saugdr.[3]	12-Phasen-Sch. m. vierphas. Saugdr.[3]
V-K	primär	Stern u. Dreieck parallel[4]	Stern u. Dreieck parallel[4]	Stern u. Dreieck in Reihe[4]	Stern u. Dreieck in Reihe[4]
	sekundär	12-Phasen-Sternschalt.	12-Phasen-Gabelschalt.	12-Phasen-Sternschalt.	12-Phasen-Gabelschalt.

[1]) Die Tertiärwicklung ist nicht stromführend und daher ohne Einfluß auf die Wirkungs-weise des Transformators.

[2]) Die in der Tafel enthaltenen Gleichungen gelten für geringe Belastungen. Die Gleichungen für höhere Belastungen wurden auf den Seiten 94 bis 96 abgeleitet.

[3]) Die Saugdrossel besitzt 2 Kerne, deren Wicklungen miteinander verbunden sind.

[4]) Der Transformator besitzt 2 Eisenkerne; die Phasenspannungen der zugehörigen Primär-wicklungen sind gegeneinander um 30° phasenverschoben.

Art der Schaltung	Einphasen-Vollwegschaltung		Zweiphasen-Vierphasen-Schaltg.		Zweiph.-Vierphasen Schaltg. m. Saugdr.		Zweiph.-Sechsph. mit Tertiärw. u. Saugdr.	
Phasenzahl	primär	sekundär	primär	sekundär	primär	sekundär	primär	sekundär
	1	2	2	4	2	4	2	6
Vektordiagramm	E_1 $\quad$ E		E_1 $\quad$ E		E_1 $\quad$ E		$0,3E$ $\quad$ E $\quad$ $0,815\,E$	
Anodenstrom Kurvenform								
Mittelwert	$\frac{1}{2}I = 0,500\,I$		$\frac{1}{4}I = 0,250\,I$		$\frac{1}{4}I = 0,250\,I$		$\frac{1}{6}I = 0,167\,I$	
Effektivwert u. Korrektur-faktor zur Berücksichtigung der Oberlappung	$\frac{1}{\sqrt{2}}I = 0,707\,I$ $\sqrt{1-2\psi(u)}$		$\frac{1}{2}I = 0,500\,I$ $\sqrt{1-4\psi(u)}$		$\frac{1}{2\sqrt{2}}I = 0,353\,I$ $\sqrt{1-2\psi(u)}$		$\frac{1}{2\sqrt{3}}I = 0,289\,I$ $\sqrt{1-3\psi(u)}$	
Sekundär-strom Kurvenform	wie beim Anodenstrom		wie beim Anodenstrom		wie beim Anodenstrom		wie beim Anodenstrom	
Effektivwert u. Korrektur-faktor zur Berücksichtigung der Überlappung	" "		" "		" "		" "	
Primärstrom Kurvenform					$0,500\,I$		$0,836\,I$ $\quad 0,672\,I$ $\quad 0,224\,I$	
Effektivwert u. Korrektur-faktor zur Berücksichtigung der Überlappung	I $\sqrt{1-4\psi(u)}$		$\frac{1}{\sqrt{2}}I = 0,707\,I$ $\sqrt{1-4\psi(u)}$		$\frac{1}{2}I = 0,500\,I$ $\sqrt{1-4\psi(u)}$		$\frac{1}{2}\sqrt{\frac{2}{3}}I = 0,612\,I$ $\sqrt{1-3\psi(u)}$	
Formfaktor $(u=0)$	1		$\sqrt{2} = 1,41$		1		$\frac{3}{\sqrt{3}+1} = 1,10$	
Scheitelfaktor $(u=0)$	1		$\sqrt{2} = 1,41$		1		$\frac{\sqrt{3}+1}{2} = 1,36$	
Netzstrom Kurvenform	wie beim Primärstrom		Nur f. d. Mittelleiter		Nur f. d. Mittelleiter		wie beim Primärstrom	
Effektivwert u. Korrekturfak-tor zur Berücksichtigung der Überlappung	" "		I $\sqrt{1-4\psi(u)}$		$\frac{1}{\sqrt{2}}I = 0,707\,I$ $\sqrt{1-4\psi(u)}$		" "	
Formfaktor $(u=0)$	" "		1		$\sqrt{2} = 1,41$		" "	
Scheitelfaktor $(u=0)$	" "		1		$\sqrt{2} = 1,41$		" "	
T = Tertiärstrom, G = Nulleiterstrom, M = Restampere-windungen Kurvenform	M		M		M		T $\quad M=0$ $\quad 0,183\,I$	
Effektivwert u. Korrektur-faktor zur Berücksichtigung der Oberlappung	0 0		0 0		0 0		$\frac{\sqrt{3}-1}{2\sqrt{3}}I = 0,149\,I$ $\sqrt{1-3\psi(u)}$	
Transformatorleistung Leistg. d. Primärwicklg. u. Korrekturfaktor z. Berück-sichtigung. d. Oberlappung	$\left(\frac{\pi}{2\sqrt{2}} = 1,11\right)N$ $\frac{\sqrt{1-4\psi(u)}}{\cos^2\frac{u}{2}}$		$\left(\frac{\pi}{2\sqrt{2}} = 1,11\right)N$ $\frac{\sqrt{1-4\psi(u)}}{\cos^2\frac{u}{2}}$		$\left(\frac{\pi}{2\sqrt{2}} = 1,11\right)N$ $\frac{\sqrt{1-4\psi(u)}}{\cos^2\frac{u}{2}}$		$\left(\frac{\pi(1+\sqrt{3})}{3\sqrt{6}} = 1,17\right)N$ $\frac{\sqrt{1-3\psi(u)}}{\cos^2\frac{u}{2}}$	
Leistg. d. Sekundärwicklg. u. Korrekturfakt. z. Berück-sichtg. der Überlappung	$\left(\frac{\pi}{2} = 1,57\right)N$ $\frac{\sqrt{1-2\psi(u)}}{\cos^2\frac{u}{2}}$		$\left(\frac{\pi}{2} = 1,57\right)N$ $\frac{\sqrt{1-4\psi(u)}}{\cos^2\frac{u}{2}}$		$\left(\frac{\pi}{2} = 1,57\right)N$ $\frac{\sqrt{1-2\psi(u)}}{\cos^2\frac{u}{2}}$		$\left(\frac{\sqrt{2}}{3}\pi = 1,48\right)N$ $\frac{\sqrt{1-3\psi(u)}}{\cos^2\frac{u}{2}}$	
Leistg. d. Tertiärwicklg. u. Korrekturfaktor z. Berück-sichtigung d. Überlappung	—		—		—		$\left(\frac{\pi(\sqrt{3}-1)}{3} = 0,383\right)N$ $\frac{\sqrt{1-3\psi(u)}}{\cos^2\frac{u}{2}}$	
Trafo-Typenleistung	$\left(\frac{1,11+1,57}{2} = 1,34\right)N$		$\left(\frac{1,11+1,57}{2} = 1,34\right)N$		$\left(\frac{1,11+1,57}{2} = 1,34\right)N$		$\left(\frac{1,17+1,48+0,38}{2} = 1,52\right)N$	
Leistg. der Saugdr. beim Oberwellenstrom	—		—		$0,555\,N$ — $(2f)$		$0,214\,N$ — $(3f)$	
entspr. einer Trafoleistg.	—		—		$\frac{0,555 \times (2)^{1/16}}{4} = 0,274)N$		$0,214 \times (3)^{1/16} = 0,077)N$	
Netz-Leistungsfaktor	$\frac{2\sqrt{2}}{\pi}$; $\frac{0,90\cos^2\frac{u}{2}}{\sqrt{1-4\psi(u)}}$		$\frac{2\sqrt{2}}{\pi}$; $\frac{0,90\cos^2\frac{u}{2}}{\sqrt{1-4\psi(u)}}$		$\frac{2\sqrt{2}}{\pi}$; $\frac{0,90\cos^2\frac{u}{2}}{\sqrt{1-4\psi(u)}}$		$\frac{3\sqrt{6}}{\pi(1+\sqrt{3})}$; $\frac{0,856\cos^2\frac{u}{2}}{\sqrt{1-3\psi(u)}}$	
Gleichspannung	$\left(\frac{2\sqrt{2}}{\pi} = 0,9\right)E\cos^2\frac{u}{2}$		$\left(\frac{4}{\pi} = 1,27\right)E\cos^2\frac{u}{2}$		$\left(\frac{2\sqrt{2}}{\pi} = 0,9\right)E\cos^2\frac{u}{2}$		$\left(\frac{3}{2}\sqrt{\frac{3}{2}} = 1,17\right)E\cos^2\frac{u}{2}$	

Tafel V—A

Art der Schaltung		Stern–Stern	Dreieck–Stern	Stern–Stern mit Tertiärwicklung	Stern–Stern mit primärem Nulleiter
Phasenzahl		primär 3 / sekundär 3	primär 3 / sekundär 3	primär 3 / sekundär 3	primär 3 / sekundär 3
Vektordiagramm					
Anodenstrom	Kurvenform				
	Mittelwert	$\frac{1}{3}I = 0,333 I$	$\frac{1}{3}I = 0,333 I$	$\frac{1}{3}I = 0,333 I$	$\frac{1}{3}I = 0,333 I$
	Effektivwert u. Korrekturfaktor z. Berücksichtigung der Überlappung	$\frac{1}{\sqrt{3}}I = 0,577 I$ $\sqrt{1-3\psi(u)}$	$\frac{1}{\sqrt{3}}I = 0,577 I$ $\sqrt{1-3\psi(u)}$	$\frac{1}{\sqrt{3}}I = 0,577 I$ $\sqrt{1-3\psi(u)}$	$\frac{1}{\sqrt{3}}I = 0,577 I$ $\sqrt{1-3\psi(u)}$
Sekundär-strom	Kurvenform	wie beim Anodenstrom	wie beim Anodenstrom	wie beim Anodenstrom	wie beim Anodenstrom
	Effektivwert u. Korrekturfaktor z. Berücksichtigung der Überlappung	" "	" "	" "	" "
Primärstrom	Kurvenform				
	Effektivwert u. Korrekturfaktor z. Berücksichtigung der Überlappung	$\frac{\sqrt{2}}{3}I = 0,471 I$ $\sqrt{1-\frac{3}{2}\psi(u)}$	$\frac{\sqrt{2}}{3}I = 0,471 I$ $\sqrt{1-\frac{3}{2}\psi(u)}$	$\frac{\sqrt{2}}{3}I = 0,471 I$ $\sqrt{1-\frac{3}{2}\psi(u)}$	$\frac{\sqrt{3}}{3}I = 0,471 I$ $\sqrt{1-\frac{3}{2}\psi(u)}$
	Formfaktor (u=0)	—	—	—	—
	Scheitelfaktor (u=0)	—	—	—	—
Netzstrom	Kurvenform	wie beim Primärstrom		wie beim Primärstrom	wie beim Primärstrom
	Effektivwert u. Korrekturfaktor z. Berücksichtigung der Überlappung	" "	$\sqrt{\frac{2}{3}}I = 0,815 I$ $\sqrt{1-\frac{3}{2}\psi(u)}$	" "	" "
	Formfaktor (u=0)	—	$\sqrt{\frac{3}{2}} = 1,23$	—	—
	Scheitelfaktor (u=0)	—	$\sqrt{\frac{3}{2}} = 1,23$	—	—
Transformatorleistung (T=Tertiärstrom, ϑ=Nulleiterstrom, M=Restampere-windungen)	Kurvenform				
	Effektivwert u. Korrekturfaktor z. Berücksichtigung der Überlappung	$\frac{1}{3}I = 0,333 I$ 0	$\frac{1}{3}I = 0,333 I$ 0	$\frac{1}{3}I = 0,333 I$ 0	$\frac{1}{3}I = 0,333 I$ 0
	Leistg. d. Primärwicklung u. Korrekturfakt. z. Berücksichtigung d. Überlappung	$\left(\frac{2\pi}{3\sqrt{3}} = 1,21\right)N$ $\frac{\sqrt{1-9/2\,\psi(u)}}{\cos^2\frac{u}{2}}$	$\left(\frac{2\pi}{3\sqrt{3}} = 1,21\right)N$ $\frac{\sqrt{1-9/2\,\psi(u)}}{\cos^2\frac{u}{2}}$	$\left(\frac{2\pi}{3\sqrt{3}} = 1,21\right)N$ $\frac{\sqrt{1-9/2\,\psi(u)}}{\cos^2\frac{u}{2}}$	$\left(\frac{2\pi}{3\sqrt{3}} = 1,21\right)N$ $\frac{\sqrt{1-9/2\,\psi(u)}}{\cos^2\frac{u}{2}}$
	Leistg. d. Sekundärwicklg. u. Korrekturfakt. z. Berücksichtigung d. Überlappung	$\left(\frac{\sqrt{2}\,\pi}{3} = 1,48\right)N$ $\frac{\sqrt{1-3\psi(u)}}{\cos^2\frac{u}{2}}$	$\left(\frac{\sqrt{2}\,\pi}{3} = 1,48\right)N$ $\frac{\sqrt{1-3\psi(u)}}{\cos^2\frac{u}{2}}$	$\left(\frac{\sqrt{2}\,\pi}{3} = 1,48\right)N$ $\frac{\sqrt{1-3\psi(u)}}{\cos^2\frac{u}{2}}$	$\left(\frac{\sqrt{2}\,\pi}{3} = 1,48\right)N$ $\frac{\sqrt{1-3\psi(u)}}{\cos^2\frac{u}{2}}$
	Leistg. d. Tertiärwicklg. u. Korrekturfakt. z. Berücksichtigung d. Überlappung	—	—	0	—
	Trafo-Typenleistung	$\left(\frac{1,21+1,48}{2} = 1,35\right)N$	$\left(\frac{1,21+1,48}{2} = 1,35\right)N$	$\left(\frac{1,21+1,48}{2} = 1,35\right)N$	$\left(\frac{1,21+1,48}{2} = 1,35\right)N$
Leistg. der Saugdr.	beim Oberwellenstrom	—	—	—	—
	entspr. einer Trafoleistg.	—	—	—	—
Netz-Leistungsfaktor		$\frac{3\sqrt{3}}{2\pi} , \frac{0,826\cos^2\frac{u}{2}}{\sqrt{1-9/2\,\psi(u)}}$	$\frac{3\sqrt{3}}{2\pi} , \frac{0,826\cos^2\frac{u}{2}}{\sqrt{1-9/2\,\psi(u)}}$	$\frac{3\sqrt{3}}{2\pi} , \frac{0,826\cos^2\frac{u}{2}}{\sqrt{1-9/2\,\psi(u)}}$	$\frac{3\sqrt{3}}{2\pi} ; \frac{0,826\cos^2\frac{u}{2}}{\sqrt{1-9/2\,\psi(u)}}$
Gleichspannung		$\frac{3}{\pi}\sqrt{\frac{3}{2}} = 1,17\,E\cos^2\frac{u}{2}$	$\frac{3}{\pi}\sqrt{\frac{3}{2}} = 1,17\,E\cos^2\frac{u}{2}$	$\frac{3}{\pi}\sqrt{\frac{3}{2}} = 1,17\,E\cos^2\frac{u}{2}$	$\frac{3}{\pi}\sqrt{\frac{3}{2}} = 1,17\,E\cos^2\frac{u}{2}$

Tafel V—B

Art der Schaltung		Stern-Zickzack-schaltung		Dreieck-Zickzack-schaltung		Stern-Doppel-zickzackschaltung		Dreieck-Doppel-zickzackschaltung	
Phasenzahl		primär	sekundär	primär	sekundär	primär	sekundär	primär	sekundär
		3	3	3	3	3	6	3	6
Vektordiagramm									
Anodenstrom	Kurvenform								
	Mittelwert	$\frac{1}{3}I = 0,333 I$		$\frac{1}{3}I = 0,333 I$		$\frac{1}{6}I = 0,167 I$		$\frac{1}{6}I = 0,167 I$	
	Effektivwert u. Korrekturfaktor z. Berücksichtigung d. Überlappg.	$\frac{1}{\sqrt{3}}I = 0,577 I$ $\sqrt{1-3\psi(u)}$		$\frac{1}{\sqrt{3}}I = 0,577 I$ $\sqrt{1-3\psi(u)}$		$\frac{1}{\sqrt{6}}I = 0,408 I$ $\sqrt{1-6\psi(u)}$		$\frac{1}{\sqrt{6}}I = 0,408 I$ $\sqrt{1-6\psi(u)}$	
Sekundär-strom	Kurvenform	wie beim Anodenstrom		wie beim Anodenstrom		innere Wicklgn.		innere Wicklgn.	
	Effektivwert u. Korrekturfaktor z. Berücksichtigung d. Überlappung	"		"		$\frac{1}{\sqrt{3}}I = 0,577 I$ $\sqrt{1-3\psi(u)}$		$\frac{1}{\sqrt{3}}I = 0,577 I$ $\sqrt{1-3\psi(u)}$	
Primärstrom	Kurvenform	0,577 I		0,577 I		0,577 I		0,577 I	
	Effektivwert u. Korrekturfaktor z. Berücksichtigung d. Überlappung	$\frac{\sqrt{2}}{3}I = 0,471 I$ $\sqrt{1-\frac{3}{2}\psi(u)}$		$\frac{\sqrt{2}}{3}I = 0,471 I$ $\sqrt{1-\frac{3}{2}\psi(u)}$		$\frac{\sqrt{2}}{3}I = 0,471 I$ $\sqrt{1-3\psi(u)}$		$\frac{\sqrt{2}}{3}I = 0,471 I$ $\sqrt{1-3\psi(u)}$	
	Formfaktor (u=0)	$\sqrt{\frac{3}{2}} = 1,23$		$\sqrt{\frac{3}{2}} = 1,23$		$\sqrt{\frac{3}{2}} = 1,23$		$\sqrt{\frac{3}{2}} = 1,23$	
	Scheitelfaktor (u=0)	$\sqrt{\frac{3}{2}} = 1,23$		$\sqrt{\frac{3}{2}} = 1,23$		$\sqrt{\frac{3}{2}} = 1,23$		$\sqrt{\frac{3}{2}} = 1,23$	
Netzstrom	Kurvenform	wie beim Primärstrom		0,577 I 1,154 I		wie beim Primärstrom		0,577 I 1,154 I	
	Effektivwert u. Korrekturfaktor z. Berücksichtigung d. Überlappung	"		$\sqrt{\frac{2}{3}}I = 0,815 I$ $\sqrt{1-\frac{3}{2}\psi(u)}$		"		$\sqrt{\frac{2}{3}}I = 0,815 I$ $\sqrt{1-3\psi(u)}$	
	Formfaktor (u=0)	"		—		"		$\frac{3}{2\sqrt{2}} = 1,06$	
	Scheitelfaktor (u=0)	"		—		"		$\sqrt{2} = 1,41$	
T = Tertiärstrom, G = Nulleiterstrom, M = Restamperewindungen	Kurvenform	M		M		M		M	
	Effektivwert u. Korrekturfaktor z. Berücksichtigung d. Überlappung	0 0		0 0		0 0		0 0	
Transformatorleistung	Leistg. d. Primärwicklung u. Korrekturfakt. z. Berücksichtigung d. Überlappung	$\left(\frac{2\pi}{3\sqrt{3}}=1,21\right)N$ $\frac{\sqrt{1-\frac{9}{2}\psi(u)}}{\cos^2\frac{u}{2}}$		$\left(\frac{2\pi}{3\sqrt{3}}=1,21\right)N$ $\frac{\sqrt{1-\frac{9}{2}\psi(u)}}{\cos^2\frac{u}{2}}$		$\left(\frac{\pi}{3}=1,05\right)N$ $\frac{\sqrt{1-3\psi(u)}}{\cos^2\frac{u}{2}}$		$\left(\frac{\pi}{3}=1,05\right)N$ $\frac{\sqrt{1-3\psi(u)}}{\cos^2\frac{u}{2}}$	
	Leistg. d. Sekundärwicklg. u. Korrekturfakt. z. Berücksichtigung d. Überlappung	$\left(\pi\frac{2}{3}\sqrt{\frac{2}{3}}=1,71\right)N$ $\frac{\sqrt{1-3\psi(u)}}{\cos^2\frac{u}{2}}$		$\left(\pi\frac{2}{3}\sqrt{\frac{2}{3}}=1,71\right)N$ $\frac{\sqrt{1-3\psi(u)}}{\cos^2\frac{u}{2}}$		$\left(\frac{\sqrt{2}+1}{3\sqrt{2}}\pi=1,79\right)N$ $\frac{\sqrt{2}\sqrt{1-6\psi(u)}+\sqrt{1-3\psi(u)}}{(\sqrt{2}+1)\cos^2\frac{u}{2}}$		$\left(\frac{\sqrt{2}+1}{3\sqrt{2}}\pi=1,79\right)N$ $\frac{\sqrt{2}\sqrt{1-6\psi(u)}+\sqrt{1-3\psi(u)}}{(\sqrt{2}+1)\cos^2\frac{u}{2}}$	
	Leistg. d. Tertiärwicklg. u. Korrekturfakt. z. Berücksichtigung d. Überlappung	—		—		—		—	
	Trafo-Typenleistung	$\left(\frac{1,21+1,71}{2}=1,46\right)N$		$\left(\frac{1,21+1,71}{2}=1,46\right)N$		$\left(\frac{1,05+1,79}{2}=1,42\right)N$		$\left(\frac{1,05+1,79}{2}=1,42\right)N$	
Leistg. der Saugdr.	beim Oberwellenstrom	—		—		—		—	
	entspr. einer Trafoleistg.	—		—		—		—	
Netz-Leistungsfaktor		$\frac{3\sqrt{3}}{2\pi}; \frac{0,826\cos^2\frac{u}{2}}{\sqrt{1-\frac{9}{2}\psi(u)}}$		$\frac{3\sqrt{3}}{2\pi}; \frac{0,826\cos^2\frac{u}{2}}{\sqrt{1-\frac{9}{2}\psi(u)}}$		$\frac{3}{\pi}; \frac{0,955\cos^2\frac{u}{2}}{\sqrt{1-3\psi(u)}}$		$\frac{3}{\pi}; \frac{0,955\cos^2\frac{u}{2}}{\sqrt{1-3\psi(u)}}$	
Gleichspannung		$\left(\frac{3}{\pi}\sqrt{\frac{3}{2}}=1,17\right)E\cos^2\frac{u}{2}$		$\left(\frac{3}{\pi}\sqrt{\frac{3}{2}}=1,17\right)E\cos^2\frac{u}{2}$		$\left(\frac{3\sqrt{2}}{\pi}=1,35\right)E\cos^2\frac{u}{2}$		$\left(\frac{3\sqrt{2}}{\pi}=1,35\right)E\cos^2\frac{u}{2}$	

Tafel V—C

Art der Schaltung		Stern-Doppelstern		Dreieck-Doppelstern		Stern-Doppelstern mit Tertiärwicklung		Stern-Doppelstern m.prim. Nulleiter	
Phasenzahl		primär	sekundär	primär	sekundär	primär	sekundär	primär	sekundär
		3	6	3	6	3	6	3	6
Vektordiagramm									
Anodenstrom	Kurvenform								
	Mittelwert	$\frac{1}{6}I = 0,167I$		$\frac{1}{6}I = 0,167I$		$\frac{1}{6}I = 0,167I$		$\frac{1}{6}I = 0,167I$	
	Effektivwert u. Korrekturfaktor z. Berücksichtigung d. Überlappung	$\frac{1}{\sqrt{6}}I = 0,408I$		$\frac{1}{\sqrt{6}}I = 0,408I$		$\frac{1}{\sqrt{6}}I = 0,408I$		$\frac{1}{\sqrt{6}}I = 0,408I$	
		$\sqrt{1-6\psi(u)}$		$\sqrt{1-6\psi(u)}$		$\sqrt{1-6\psi(u)}$		$\sqrt{1-6\psi(u)}$	
Sekundärstrom	Kurvenform	wie beim Anodenstrom		wie beim Anodenstrom		wie beim Anodenstrom		wie beim Anodenstrom	
	Effektivwert u. Korrekturfaktor z. Berücksichtigung d. Überlappung	"		"		"		"	
		"		"		"		"	
Primärstrom	Kurvenform								
	Effektivwert u. Korrekturfaktor z. Berücksichtigung d. Überlappung	$\frac{\sqrt{2}}{3}I = 0,471I$		$\frac{1}{\sqrt{3}}I = 0,577I$		$\frac{\sqrt{2}}{3}I = 0,471I$		$\frac{1}{\sqrt{3}}I = 0,577I$	
		$\sqrt{1-3\psi(u)}$		$\sqrt{1-6\psi(u)}$		$\sqrt{1-3\psi(u)}$		$\sqrt{1-6\psi(u)}$	
	Formfaktor (u=0)	$\frac{3}{2\sqrt{2}} = 1,06$		$\sqrt{3} = 1,73$		$\frac{3}{2\sqrt{2}} = 1,06$		$\sqrt{3} = 1,73$	
	Scheitelfaktor (u=0)	$\sqrt{2} = 1,41$		$\sqrt{3} = 1,73$		$\sqrt{2} = 1,41$		$\sqrt{3} = 1,73$	
Netzstrom	Kurvenform	wie beim Primärstrom				wie beim Primärstrom		wie beim Primärstrom	
	Effektivwert u. Korrekturfaktor z. Berücksichtigung d. Überlappung	"		$\sqrt{\frac{2}{3}}I = 0,815I$		"		"	
		"		$\sqrt{1-3\psi(u)}$		"		"	
	Formfaktor (u=0)	"		$\sqrt{\frac{3}{2}} = 1,23$		"		"	
	Scheitelfaktor (u=0)	"		$\sqrt{\frac{3}{2}} = 1,23$		"		"	
T=Tertiärstrom G=Nulleiterstrom M=Restamperewindungen	Kurvenform								
	Effektivwert u. Korrekturfaktor z. Berücksichtigung d. Überlappung	$\frac{1}{3}I = 0,333I$		0		$\frac{1}{3}I = 0,333I$		I	
		$\sqrt{1-12\psi(u)}$		0		$\sqrt{1-12\psi(u)}$		$\sqrt{1-12\psi(u)}$	
Transformatorleistung	Leistg. d. Primärwicklung u. Korrekturfakt. z. Berücksichtigung d. Überlappung	$\left(\frac{\pi}{3} = 1,05\right)N$		$\left(\frac{\pi}{3} = 1,28\right)N$		$\left(\frac{\pi}{3} = 1,05\right)N$		$\left(\frac{\pi}{\sqrt{6}} = 1,28\right)N$	
		$\frac{\sqrt{1-3\psi(u)}}{\cos^2\frac{\psi}{2}}$		$\frac{\sqrt{1-6\psi(u)}}{\cos^2\frac{\psi}{2}}$		$\frac{\sqrt{1-3\psi(u)}}{\cos^2\frac{\psi}{2}}$		$\frac{\sqrt{1-6\psi(u)}}{\cos^2\frac{\psi}{2}}$	
	Leistg. d. Sekundärwicklg. u. Korrekturfakt. z. Berücksichtigung d. Überlappung	$\left(\frac{\pi}{\sqrt{3}} = 1,87\right)N$		$\left(\frac{\pi}{\sqrt{3}} = 1,81\right)N$		$\left(\frac{\pi}{\sqrt{3}} = 1,81\right)N$		$\left(\frac{\pi}{\sqrt{3}} = 1,81\right)N$	
		$\frac{\sqrt{1-6\psi(u)}}{\cos^2\frac{\psi}{2}}$		$\frac{\sqrt{1-6\psi(u)}}{\cos^2\frac{\psi}{2}}$		$\frac{\sqrt{1-6\psi(u)}}{\cos^2\frac{\psi}{2}}$		$\frac{\sqrt{1-6\psi(u)}}{\cos^2\frac{\psi}{2}}$	
	Leistg. d. Tertiärwicklg. u. Korrekturfakt. z. Berücksichtigung d. Überlappung	—		—		$\left(\frac{\pi}{3\sqrt{2}} = 0,74\right)N$		—	
						$\frac{\sqrt{1-12\psi(u)}}{\cos^2\frac{\psi}{2}}$			
	Trafo-Typenleistung	$\left(\frac{1,05+1,81}{2}=1,43\right)N$		$\left(\frac{1,28+1,81}{2}=1,55\right)N$		$\left(\frac{1,05+1,81+0,74}{2}=1,80\right)N$		$\left(\frac{1,28+1,81}{2}=1,55\right)N$	
Leistg. der Saugdr.	beim Oberwellenstrom	—		—		—		—	
	entspr. einer Trafoleistg.	—		—		—		—	
Netz-Leistungsfaktor		$\frac{3}{\pi}i\,\frac{0,955\cos^2\frac{\psi}{2}}{\sqrt{1-3\psi(u)}}$		$\frac{3}{\pi}i\,\frac{0,955\cos^2\frac{\psi}{2}}{\sqrt{1-\psi(u)}}$		$\frac{3}{\pi}i\,\frac{0,955\,E\cos^2\frac{\psi}{2}}{\sqrt{1-3\psi(u)}}$		$\frac{\sqrt{6}}{\pi}i\,\frac{0,78\cos^2\frac{\psi}{2}}{\sqrt{1-6\psi(u)}}$	
Gleichspannung		$\left(\frac{3\sqrt{2}}{\pi}=1,35\right)E\cos^2\frac{\psi}{2}$		$\left(\frac{3\sqrt{2}}{\pi}=1,35\right)E\cos^2\frac{\psi}{2}$		$\left(\frac{3\sqrt{2}}{\pi}=1,35\right)E\cos^2\frac{\psi}{2}$		$\left(\frac{3\sqrt{2}}{\pi}=1,35\right)E\cos^2\frac{\psi}{2}$	

Tafel V—D

Art der Schaltung	Stern-Dreifach-Einph. m. dreiph. Saugdrossel		Dreieck-Dreifach-Einph. m. dreiph. Saugdrossel		Stern-Dreifach-Einph. m. Tert. u. dreiph. Saugdr.		Stern-Dreifach-Einph. m. prim. Nullt. u. dreiph. Saugd.	
Phasenzahl	primär 3	sekundär 6	primär 3	sekundär 6	primär 3	sekundär 6	primär 3	sekundär 6
Vektordiagramm								

Anodenstrom

	Stern-Dreifach m. dreiph. Saugdr.	Dreieck-Dreifach m. dreiph. Saugdr.	Stern-Dreifach m. Tert.	Stern-Dreifach m. prim. Nullt.
Kurvenform				
Mittelwert	$\frac{1}{6}I = 0,167\,I$	$\frac{1}{6}I = 0,167\,I$	$\frac{1}{6}I = 0,167\,I$	$\frac{1}{6}I = 0,167\,I$
Effektivwert u. Korrekturfaktor z. Berücksichtigung d. Überlappung	$\frac{1}{3\sqrt{2}}I = 0,236\,I$ $\sqrt{1-2\psi(u)}$	$\frac{1}{3\sqrt{2}}I = 0,236\,I$ $\sqrt{1-2\psi(u)}$	$\frac{1}{3\sqrt{2}}I = 0,236\,I$ $\sqrt{1-2\psi(u)}$	$\frac{1}{3\sqrt{2}}I = 0,236\,I$ $\sqrt{1-2\psi(u)}$

Sekundärstrom

Kurvenform	wie beim Anodenstrom	wie beim Anodenstrom	wie beim Anodenstrom	wie beim Anodenstrom
Effektivwert u. Korrekturfaktor z. Berücksichtigung d. Überlappung	" "	" "	" "	" "

Primärstrom

Kurvenform	0,222 I / 0,445 I	0,333 I	0,222 I / 0,445 I	0,333 I
Effektivwert u. Korrekturfaktor z. Berücksichtigung d. Überlappung	$\frac{2\sqrt{2}}{3}I = 0,314\,I$ $\sqrt{1-3\psi(u)}$	$\frac{1}{3}I = 0,333\,I$ $\sqrt{1-4\psi(u)}$	$\frac{2\sqrt{2}}{9}I = 0,314\,I$ $\sqrt{1-3\psi(u)}$	$\frac{1}{3}I = 0,333\,I$ $\sqrt{1-4\psi(u)}$
Formfaktor $(u=0)$	$\frac{3}{2\sqrt{2}} = 1,06$	$1,00$	$\frac{3}{2\sqrt{2}} = 1,06$	$1,00$
Scheitelfaktor $(u=0)$	$\sqrt{2} = 1,41$	$1,00$	$\sqrt{2} = 1,41$	$1,00$

Netzstrom

Kurvenform	wie beim Primärstrom	0,667 I	wie beim Primärstrom	wie beim Primärstrom
Effektivwert u. Korrekturfaktor z. Berücksichtigung d. Überlappung	" "	$\frac{2}{3}\sqrt{\frac{3}{2}}I = 0,544\,I$ $\sqrt{1-3\psi(u)}$	" "	" "
Formfaktor $(u=0)$	"	$\sqrt{\frac{3}{2}} = 1,23$	"	"
Scheitelfaktor $(u=0)$	"	$\sqrt{\frac{3}{2}} = 1,23$	"	"

T = Tertiärstrom, G = Nulleiterstrom, M = Restamperewindungen

Kurvenform	M / 0,111 I	M	T, M=0 / 0,111 I	G, M=0 / 0,333 I
Effektivwert u. Korrekturfaktor z. Berücksichtigung d. Überlappung	$\frac{1}{9}I = 0,111\,I$ $\sqrt{1-12\psi(u)}$	0 0	$\frac{1}{9}I = 0,111\,I$ $\sqrt{1-12\psi(u)}$	$\frac{1}{3}I = 0,333\,I$ $\sqrt{1-12\psi(u)}$

Transformatorleistung

Leistg. d. Primärwicklung u. Korrekturfakt. z. Berücksichtigung d. Überlappung	$\left(\frac{\pi}{3} = 1,05\right)N$ $\frac{\sqrt{1-3\psi(u)}}{\cos^2\frac{u}{2}}$	$\left(\frac{\pi}{2\sqrt{2}} = 1,11\right)N$ $\frac{\sqrt{1-4\psi(u)}}{\cos^2\frac{u}{2}}$	$\left(\frac{\pi}{3} = 1,05\right)N$ $\frac{\sqrt{1-3\psi(u)}}{\cos^2\frac{u}{2}}$	$\left(\frac{\pi}{2\sqrt{2}} = 1,11\right)N$ $\frac{\sqrt{1-4\psi(u)}}{\cos^2\frac{u}{2}}$
Leistg. d. Sekundärwicklg. u. Korrekturfakt. z. Berücksichtigung d. Überlappung	$\left(\frac{\pi}{2} = 1,57\right)N$ $\frac{\sqrt{1-2\psi(u)}}{\cos^2\frac{u}{2}}$	$\left(\frac{\pi}{2} = 1,57\right)N$ $\frac{\sqrt{1-2\psi(u)}}{\cos^2\frac{u}{2}}$	$\left(\frac{\pi}{2} = 1,57\right)N$ $\frac{\sqrt{1-2\psi(u)}}{\cos^2\frac{u}{2}}$	$\left(\frac{\pi}{2} = 1,57\right)N$ $\frac{\sqrt{1-2\psi(u)}}{\cos^2\frac{u}{2}}$
Leistg. d. Tertiärwicklg. u. Korrekturfakt. z. Berücksichtigung d. Überlappung	—	—	$\frac{\pi}{6\sqrt{2}} = 0,37\,N$ $\frac{\sqrt{1-12\psi(u)}}{\cos^2\frac{u}{2}}$	—
Trafo - Typenleistung	$\left(\frac{1,05+1,57}{2}=1,31\right)N$	$\left(\frac{1,11+1,57}{2}=1,34\right)N$	$\left(\frac{1,05+1,57+0,37}{2}=1,50\right)N$	$\left(\frac{1,11+1,57}{2}=1,34\right)N$

Leistg. der Saugdr.

beim Oberwellenstrom	$0,501\,N--(2f)$	$0,501\,N--(2f)$	$0,501\,N--(2f)$	$0,501\,N--(2f)$
entspr. einer Trafoleistg.	$\frac{0,501\times(2)^{1/4}}{1/2,5}=0,193\,N$	$\frac{0,501\times(2)^{1/4}}{1/2,5}=0,193\,N$	$\frac{0,501\times(2)^{1/4}}{1/2,5}=0,193\,N$	$\frac{0,501\times(2)^{1/4}}{1/2,5}=0,193\,N$

| Netz-Leistungsfaktor | $\frac{3}{\pi} \cdot \frac{0,955\cos^2\frac{u}{2}}{\sqrt{1-3\psi(u)}}$ | $\frac{3}{\pi} \cdot \frac{0,955\cos^2\frac{u}{2}}{\sqrt{1-3\psi(u)}}$ | $\frac{3}{\pi} \cdot \frac{0,955\cos^2\frac{u}{2}}{\sqrt{1-3\psi(u)}}$ | $\frac{2\sqrt{3}}{\pi} \cdot \frac{0,9\cos^2\frac{u}{2}}{\sqrt{1-4\psi(u)}}$ |
| Gleichspannung | $\left(\frac{2\sqrt{2}}{\pi}=0,9\right)E\cos^2\frac{u}{2}$ | $\left(\frac{2\sqrt{2}}{\pi}=0,9\right)E\cos^2\frac{u}{2}$ | $\left(\frac{2\sqrt{2}}{\pi}=0,9\right)E\cos^2\frac{u}{2}$ | $\left(\frac{2\sqrt{2}}{\pi}=0,9\right)E\cos^2\frac{u}{2}$ |

Tafel V—E

Art der Schaltung		Stern–Sechsphasen-Ringschaltung		Dreieck–Sechsphasen-Ringschaltung		Stern–Doppeldreiph. Schaltg. m. Saugdrossel		Dreieck–Doppeldreiph. Schaltg. m. Saugdrossel	
Phasenzahl		primär	sekundär	primär	sekundär	primär	sekundär	primär	sekundär
		3	6	3	6	3	6	3	6
Vektordiagramm									
Anodenstrom	Kurvenform								
	Mittelwert	$\frac{1}{6} = 0,167\,I$		$\frac{1}{6}I = 0,167\,I$		$\frac{1}{6}\,I = 0,167\,I$		$\frac{1}{6}\,I = 0,167\,I$	
	Effektivwert u. Korrekturfaktor z. Berücksichtigung d. Überlappung	$\frac{1}{\sqrt{6}}I = 0,408\,I$ $\sqrt{1-6\psi(u)}$		$\frac{1}{\sqrt{6}}I = 0,408\,I$ $\sqrt{1-6\psi(u)}$		$\frac{1}{2\sqrt{3}}I = 0,289\,I$ $\sqrt{1-3\psi(u)}$		$\frac{1}{2\sqrt{3}}I = 0,289\,I$ $\sqrt{1-3\psi(u)}$	
Sekundär-strom	Kurvenform					wie beim Anodenstrom		wie beim Anodenstrom	
	Effektivwert u. Korrekturfaktor z. Berücksichtigung d. Überlappung	$(5\sqrt{10/72})I = 0,219\,I$ ✳ $(\sqrt{35,5/36})I = 0,765\,I$ ◯ $\sqrt{1-2,22\psi(u)}$ ✳ $\sqrt{1-6,30\psi(u)}$ ◯		$(\sqrt{74/40})I = 0,215\,I$ ✳ $(\sqrt{46/40})I = 0,169\,I$ ◯ $\sqrt{1-1,87\psi(u)}$ ✳ $\sqrt{1-6,56\psi(u)}$ ◯		"		"	
Primärstrom	Kurvenform								
	Effektivwert u. Korrekturfaktor z. Berücksichtigung d. Überlappung	$\frac{\sqrt{2}}{3}I = 0,471\,I$ $\sqrt{1-3\psi(u)}$		$\frac{\sqrt{2}}{5\sqrt{3}}I = 0,476\,I$ $\sqrt{1-3,78\psi(u)}$		$\frac{1}{\sqrt{6}}I = 0,408\,I$ $\sqrt{1-3\psi(u)}$		$\frac{1}{\sqrt{6}}I = 0,408\,I$ $\sqrt{1-3\psi(u)}$	
	Formfaktor $(u=0)$	$\frac{3}{2\sqrt{2}} = 1,06$		$\frac{\sqrt{51}}{7} = 1,02$		$\sqrt{\frac{3}{2}} = 1,23$		$\sqrt{\frac{3}{2}} = 1,23$	
	Scheitelfaktor $(u=0)$	$\sqrt{2} = 1,41.$		$\frac{3\sqrt{3}}{\sqrt{17}} = 1,26$		$\sqrt{\frac{3}{2}} = 1,23$		$\sqrt{\frac{3}{2}} = 1,23$	
Netzstrom	Kurvenform	wie beim Primärstrom				wie beim Primärstrom			
	Effektivwert u. Korrekturfaktor z. Berücksichtigung d. Überlappung	" "		$\sqrt{\frac{2}{3}}I = 0,815\,I$ $\sqrt{1-3\psi(u)}$		" "		$\frac{1}{\sqrt{2}}I = 0,707\,I$ $\sqrt{1-3\psi(u)}$	
	Formfaktor $(u=0)$	"		$\sqrt{\frac{3}{2}} = 1,23$		"		$\frac{3}{2\sqrt{2}} = 1,06$	
	Scheitelfaktor $(u=0)$	"		$\sqrt{\frac{3}{2}} = 1,23$		"		$\sqrt{2} = 1,41$	
T=Tertiärstrom, G=Nulleiterstrom, M=Restampere-windungen	Kurvenform								
	Effektivwert u. Korrekturfaktor z. Berücksichtigung d. Überlappung	0 0		0 0		0 0		0 0	
Transformatorleistung	Leistg. d. Primärwicklung u. Korrekturfakt. z. Berücksichtigung d. Überlappung	$\left(\frac{\pi}{3}=1,05\right)N$ $\frac{\sqrt{1-3\psi(u)}}{\cos^2\psi}$		$\left(\frac{\pi}{5}\sqrt{\frac{12}{6}}=1,06\right)N$ $\frac{\sqrt{1-3,78\psi(u)}}{\cos^2\psi}$		$\left(\frac{\pi}{3}=1,05\right)N$ $\frac{\sqrt{1-3\psi(u)}}{\cos^2\psi}$		$\left(\frac{\pi}{3}=1,05\right)N$ $\frac{\sqrt{1-3\psi(u)}}{\cos^2\psi}$	
	Leistg. d. Sekundärwicklg. u. Korrekturfakt. z. Berücksichtigung d. Überlappung	$\frac{\pi}{36}(5\sqrt{3}+\sqrt{71})=1,71)N$ $\frac{5\sqrt{3}\sqrt{1-2,22\psi(u)}+\sqrt{71}\sqrt{1-6,30\psi(u)}}{(5\sqrt{3}+\sqrt{71})\cos^2\psi}$		$\frac{\pi}{20}(\sqrt{37}+\sqrt{23})=1,71)N$ $\frac{\sqrt{37}\sqrt{1-1,87\psi(u)}+\sqrt{23}\sqrt{1-6,56\psi(u)}}{(\sqrt{37}+\sqrt{23})\cos^2\psi}$		$\left(\frac{\sqrt{2}\pi}{3}=1,48\right)N$ $\frac{\sqrt{1-3\psi(u)}}{\cos^2\psi}$		$\left(\frac{\sqrt{2}\pi}{3}=1,48\right)N$ $\frac{\sqrt{1-3\psi(u)}}{\cos^2\psi}$	
	Leistg. d. Tertiärwicklg. u. Korrekturfakt. z. Berücksichtigung d. Überlappung	— —		— —		— —		— —	
	Trafo-Typenleistung	$\frac{1,05+1,71}{2}=1,38)N$		$\frac{1,06+1,71}{2}=1,39)N$		$\frac{1,05+1,48}{2}=1,26)N$		$\frac{1,05+1,48}{2}=1,26)N$	
Leistg. der Saugdr.	beim Oberwellenstrom	—		—		$0,214\,N\,-(3f)$		$0,214\,N\,-(3f)$	
	entspr. einer Trafoleistg.	—		—		$(\frac{0,214\times(3)^{1/6}}{2}=0,071)N$		$(\frac{0,214\times(3)^{1/6}}{2}=0,071)N$	
Netz-Leistungsfaktor		$\frac{3}{\pi}$; $\frac{0,955\cos^2\psi}{\sqrt{1-3\psi(u)}}$		$\frac{3}{\pi}$; $\frac{0,955\cos^2\psi}{\sqrt{1-3\psi(u)}}$		$\frac{3}{\pi}$; $\frac{0,955\cos^2\psi}{\sqrt{1-3\psi(u)}}$		$\frac{3}{\pi}$; $\frac{0,955\cos^2\psi}{\sqrt{1-3\psi(u)}}$	
Gleichspannung		$\left(\frac{3\sqrt{2}}{\pi}=1,35\right)E\cos^2\frac{u}{2}$		$\left(\frac{3\sqrt{2}}{\pi}=1,35\right)E\cos^2\frac{u}{2}$		$\left(\frac{3}{2}\sqrt{3}=1,17\right)E\cos^2\frac{u}{2}$		$\left(\frac{3}{2}\sqrt{3}=1,17\right)E\cos^2\frac{u}{2}$	

Tafel V—F

Art der Schaltung		Stern–Doppelstern m. drei Einph. Transform.		Dreieck–Doppelstern m. drei Einph. Transform.		Stern–Doppelstern m. Fünf-Schenkel-Transf.		Dreieck–Doppelstern m. Fünf-Schenkel-Transf.	
Phasenzahl		primär	sekundär	primär	sekundär	primär	sekundär	primär	sekundär
		3	6	3	6	3	6	3	6
Vektordiagramm									
Anodenstrom	Kurvenform								
	Mittelwert	$\frac{1}{6}I = 0,167\,I$		$\frac{1}{6}I = 0,167\,I$		$\frac{1}{6}I = 0,167\,I$		$\frac{1}{6}I = 0,167\,I$	
	Effektivwert u. Korrekturfaktor z. Berücksichtigung d. Überlappung	$\frac{1}{2\sqrt{3}}I = 0,289\,I$		$\frac{1}{\sqrt{6}}I = 0,408\,I$		$\frac{1}{2\sqrt{3}}I = 0,289\,I$		$\frac{1}{\sqrt{6}}I = 0,408\,I$	
		$\sqrt{1-3\psi(u)}$		$\sqrt{1-6\psi(u)}$		$\sqrt{1-3\psi(u)}$		$\sqrt{1-6\psi(u)}$	
Sekundärstrom	Kurvenform	wie beim Anodenstrom		wie beim Anodenstrom		wie beim Anodenstrom		wie beim Anodenstrom	
	Effektivwert u. Korrekturfaktor z. Berücksichtigung d. Überlappung	"		"		"		"	
		"		"		"		"	
Primärstrom	Kurvenform								
	Effektivwert u. Korrekturfaktor z. Berücksichtigung d. Überlappung	$\frac{1}{\sqrt{6}}I = 0,408\,I$		$\frac{1}{\sqrt{3}}I = 0,577\,I$		$\frac{1}{\sqrt{6}}I = 0,408\,I$		$\frac{1}{\sqrt{3}}I = 0,577\,I$	
		$\sqrt{1-3\psi(u)}$		$\sqrt{1-6\psi(u)}$		$\sqrt{1-3\psi(u)}$		$\sqrt{1-6\psi(u)}$	
	Formfaktor (u=0)	$\sqrt{\frac{3}{2}} = 1,23$		$\sqrt{3} = 1,73$		$\sqrt{\frac{3}{2}} = 1,23$		$\sqrt{3} = 1,73$	
	Scheitelfaktor (u=0)	$\sqrt{\frac{3}{2}} = 1,23$		$\sqrt{3} = 1,73$		$\sqrt{\frac{3}{2}} = 1,23$		$\sqrt{3} = 1,73$	
Netzstrom	Kurvenform	wie beim Primärstrom				wie beim Primärstrom			
	Effektivwert u. Korrekturfaktor z. Berücksichtigung d. Überlappung	"		$\sqrt{\frac{2}{3}} = 0,815\,I$		"		$\sqrt{\frac{2}{3}} = 0,815\,I$	
		"		$\sqrt{1-3\psi(u)}$		"		$\sqrt{1-3\psi(u)}$	
	Formfaktor (u=0)	"		$\sqrt{\frac{3}{2}} = 1,23$		"		$\sqrt{\frac{3}{2}} = 1,23$	
	Scheitelfaktor (u=0)	"		$\sqrt{\frac{3}{2}} = 1,23$		"		$\sqrt{\frac{3}{2}} = 1,23$	
T=Tertiärstrom / 6=Nulleiterstrom / M=Restamperewindungen	Kurvenform								
	Effektivwert u. Korrekturfaktor z. Berücksichtigung d. Überlappung	0		0		0		0	
		0		0		0		0	
Transformatorleistung	Leistg. d. Primärwicklg. u. Korrekturfakt. z. Berücksichtigung u. Überlappung	$\left(\frac{\pi}{3}=1,05\right)N$		$\left(\frac{\pi}{\sqrt{3}}=1,28\right)N$		$\left(\frac{\pi}{3}=1,05\right)N$		$\left(\frac{\pi}{\sqrt{3}}=1,28\right)N$	
		$\dfrac{\sqrt{1-3\psi(u)}}{\cos^2\frac{u}{2}}$		$\dfrac{\sqrt{1-6\psi(u)}}{\cos^2\frac{u}{2}}$		$\dfrac{\sqrt{1-3\psi(u)}}{\cos^2\frac{u}{2}}$		$\dfrac{\sqrt{1-6\psi(u)}}{\cos^2\frac{u}{2}}$	
	Leistg. d. Sekundärwicklg. u. Korrekturfakt. z. Berücksichtigung u. Überlappung	$\left(\frac{\sqrt{2}}{3}\pi=1,48\right)N$		$\left(\frac{\pi}{\sqrt{3}}=1,81\right)N$		$\left(\frac{\sqrt{2}}{3}\pi=1,48\right)N$		$\left(\frac{\pi}{\sqrt{3}}=1,81\right)N$	
		$\dfrac{\sqrt{1-3\psi(u)}}{\cos^2\frac{u}{2}}$		$\dfrac{\sqrt{1-6\psi(u)}}{\cos^2\frac{u}{2}}$		$\dfrac{\sqrt{1-3\psi(u)}}{\cos^2\frac{u}{2}}$		$\dfrac{\sqrt{1-6\psi(u)}}{\cos^2\frac{u}{2}}$	
	Leistg. d. Tertiärwicklg. u. Korrekturfakt. z. Berücksichtigung d. Überlappung	—		—		—		—	
		—		—		—		—	
	Trafo-Typenleistung	$\left(\frac{1,05+1,48}{2}=1,26\right)N$		$\left(\frac{1,28+1,81}{2}=1,55\right)N$		$\left(\frac{1,05+1,48}{2}=1,26\right)N$		$\left(\frac{1,28+1,81}{2}=1,55\right)N$	
Leistg. der Saugdr.	beim Oberwellenstrom	—		—		—		—	
	entspr. einer Trafoleistg.	—		—		—		—	
Netz-Leistungsfaktor		$\frac{3}{\pi i}\dfrac{0,955\cos^2\frac{u}{2}}{\sqrt{1-3\psi(u)}}$		$\frac{3}{\pi i}\dfrac{0,955\cos^2\frac{u}{2}}{\sqrt{1-3\psi(u)}}$		$\frac{3}{\pi i}\dfrac{0,955\cos^2\frac{u}{2}}{\sqrt{1-3\psi(u)}}$		$\frac{3}{\pi i}\dfrac{0,955\cos^2\frac{u}{2}}{\sqrt{1-3\psi(u)}}$	
Gleichspannung		$\frac{3}{\pi}\sqrt{\frac{3}{2}}=1,17\,E\cos^2\frac{u}{2}$		$\frac{3\sqrt{2}}{\pi}=1,35\,E\cos^2\frac{u}{2}$		$\frac{3}{\pi}\sqrt{\frac{3}{2}}=1,17\,E\cos^2\frac{u}{2}$		$\frac{3\sqrt{2}}{\pi}=1,35\,E\cos^2\frac{u}{2}$	

Art der Schaltung		Stern-Zwölfphasen-Gabelschaltung		Dreieck-Zwölfph. Gabelschaltung		Stern-Zwölfph.-Gabel- schltg. m. Tertiärwicklg.		Stern-Zwölfph.-Gabel- schltg. m. prim. Nulleiter	
Phasenzahl		primär	sekundär	primär	sekundär	primär	sekundär	primär	sekundär
		3	12	3	12	3	12	3	12
Vektordiagramm		0,815 E 0,3E		0,815E 0,3E		0,815E 0,3E		0,815 E 0,3E	
Anodenstrom	Kurvenform								
	Mittelwert	$\frac{1}{12}I = 0,083\,I$		$\frac{1}{12}I = 0,083\,I$		$\frac{1}{12}I = 0,083\,I$		$\frac{1}{12}I = 0,083\,I$	
	Effektivwert u. Korrek- turfaktor z. Berücksich- tigung d. Überlappung	$\frac{1}{2\sqrt{3}}I = 0,289\,I$		$\frac{1}{2\sqrt{3}}I = 0,289\,I$		$\frac{1}{2\sqrt{3}}I = 0,289\,I$		$\frac{1}{2\sqrt{3}}I = 0,289\,I$	
		$\sqrt{1-12\psi(u)}$		$\sqrt{1-12\psi(u)}$		$\sqrt{1-12\psi(u)}$		$\sqrt{1-12\psi(u)}$	
Sekundär- strom	Kurvenform	innere Wicklgn.		innere Wicklgn.		innere Wicklgn.		innere Wicklgn.	
	Effektivwert u. Korrek- turfaktor z. Berücksich- tigung der Überlappung	$\frac{1}{\sqrt{6}}I = 0,408\,I$		$\frac{1}{\sqrt{6}}I = 0,408\,I$		$\frac{1}{\sqrt{6}}I = 0,408\,I$		$\frac{1}{\sqrt{6}}I = 0,408\,I$	
		$\sqrt{1-6\psi(u)}$		$\sqrt{1-6\psi(u)}$		$\sqrt{1-6\psi(u)}$		$\sqrt{1-6\psi(u)}$	
Primärstrom	Kurvenform	0,643 0,472I 0,172I		0,815I 0,3I		0,643 0,472I 0,172I		0,815 I 0,3I	
	Effektivwert u. Korrek- turfaktor z. Berücksich- tigung d. Überlappung	$\frac{\sqrt{2}}{3}I = 0,471\,I$		$\frac{\sqrt{4-\sqrt{3}}}{3}I = 0,502\,I$		$\frac{\sqrt{2}}{3}I = 0,471\,I$		$\frac{\sqrt{4-\sqrt{3}}}{3}I = 0,502\,I$	
		$\sqrt{1-1,61\psi(u)}$		$\sqrt{1-6\psi(u)}$		$\sqrt{1-1,61\psi(u)}$		$\sqrt{1-6\psi(u)}$	
	Formfaktor (u=o)	$\frac{3}{\sqrt{3}+1}=1,10$		$\frac{\sqrt{6}\sqrt{4-\sqrt{3}}}{\sqrt{3}+1}=1,35$		$\frac{3}{\sqrt{3}+1}=1,10$		$\frac{\sqrt{6}\sqrt{4-\sqrt{3}}}{\sqrt{3}+1}=1,35$	
	Scheitelfaktor (u=o)	$\frac{\sqrt{3}+1}{2}=1,37$		$\frac{\sqrt{6}}{\sqrt{4-\sqrt{3}}}=1,63$		$\frac{\sqrt{3}+1}{2}=1,37$		$\frac{\sqrt{6}}{\sqrt{4-\sqrt{3}}}=1,63$	
Netzstrom	Kurvenform	wie beim Primärstrom		0,815 I 0,3I 1,115I		wie beim Primärstrom		wie beim Primärstrom	
	Effektivwert u. Korrek- turfaktor z. Berücksich- tigung d. Überlappung	"		$\sqrt{\frac{2}{3}}I = 0,815\,I$		"		"	
		"		$\sqrt{1-1,61\psi(u)}$		"		"	
	Formfaktor (u=o)	"		$\frac{3}{\sqrt{3}+1}=1,10$		"		"	
	Scheitelfaktor (u=o)	"		$\frac{\sqrt{3}+1}{2}=1,37$		"		"	
T=Tertiärstrom G=Nulleiterstrom M=Restamperewindungen	Kurvenform	0,172 I M		M		0,172 I=T M=0		0,517 I=G M=0	
	Effektivwert u. Korrek- turfaktor z. Berücksich- tigung d. Überlappung	$\frac{\sqrt{3}-1}{3\sqrt{2}}I = 0,172\,I$		0		$\frac{\sqrt{3}-1}{3\sqrt{2}}I = 0,172\,I$		$\frac{\sqrt{3}-1}{\sqrt{2}}I = 0,517\,I$	
		$\sqrt{1-12\psi(u)}$		0		$\sqrt{1-12\psi(u)}$		$\sqrt{1-12\psi(u)}$	
Transformatorleistung	Leistg. d. Primärwicklung u. Korrekturfakt. z. Berück- sichtigung d. Überlappung	$\left(\frac{\pi}{6}\frac{\sqrt{2}}{(\sqrt{3}-1)}=1,01\right)N$		$\left(\frac{\pi}{6}\frac{\sqrt{4-\sqrt{3}}}{(\sqrt{3}-1)}=1,08\right)N$		$\left(\frac{\pi}{6}\frac{\sqrt{2}}{(\sqrt{3}-1)}=1,01\right)N$		$\left(\frac{\pi}{6}\frac{\sqrt{4-\sqrt{3}}}{(\sqrt{3}-1)}=1,08\right)N$	
		$\frac{\sqrt{1-1,61\psi(u)}}{\cos^2\frac{\psi}{}}$		$\frac{\sqrt{1-6\psi(u)}}{\cos^2\frac{\psi}{}}$		$\frac{\sqrt{1-1,61\psi(u)}}{\cos^2\frac{\psi}{}}$		$\frac{\sqrt{1-6\psi(u)}}{\cos^2\frac{\psi}{}}$	
	Leistg. d. Sekundärwicklg. u. Korrekturfakt. z. Berück- sichtigung d. Überlappung	$\left(\frac{\pi}{3\sqrt{2}}\frac{(\sqrt{3}+\sqrt{2}-1)}{(\sqrt{3}-1)}=2,17\right)N$		$\left(\frac{\pi}{3\sqrt{2}}\frac{(\sqrt{3}+\sqrt{2}-1)}{(\sqrt{3}-1)}=2,17\right)N$		$\left(\frac{\pi}{3\sqrt{2}}\frac{(\sqrt{3}+\sqrt{2}-1)}{(\sqrt{3}-1)}=2,17\right)N$		$\left(\frac{\pi}{3\sqrt{2}}\frac{(\sqrt{3}+\sqrt{2}-1)}{(\sqrt{3}-1)}=2,17\right)N$	
		$\frac{(\sqrt{3}-1)\sqrt{1-12\psi(u)}+\sqrt{2}\sqrt{1-6\psi(u)}}{(\sqrt{3}-1+\sqrt{2})\cos^2\frac{\psi}{}}$		$\frac{(\sqrt{3}-1)\sqrt{1-12\psi(u)}+\sqrt{2}\sqrt{1-6\psi(u)}}{(\sqrt{3}-1+\sqrt{2})\cos^2\frac{\psi}{}}$		$\frac{(\sqrt{3}-1)\sqrt{1-12\psi(u)}+\sqrt{2}\sqrt{1-6\psi(u)}}{(\sqrt{3}-1+\sqrt{2})\cos^2\frac{\psi}{}}$		$\frac{(\sqrt{3}-1)\sqrt{1-12\psi(u)}+\sqrt{2}\sqrt{1-6\psi(u)}}{(\sqrt{3}-1+\sqrt{2})\cos^2\frac{\psi}{}}$	
	Leistg. d. Tertiärwicklung u. Korrekturfakt. z. Berück- sichtigung d. Überlappung	—		—		$\left(\frac{\pi}{6\sqrt{2}}=0,37\right)N$		—	
						$\frac{\sqrt{1-12\psi(u)}}{\cos^2\frac{\psi}{}}$			
	Trafo-Typenleistung	$\left(\frac{1,01+2,17}{2}=1,59\right)N$		$\left(\frac{1,08+2,17}{2}=1,62\right)N$		$\left(\frac{1,01+2,17+0,37}{}=1,77\right)N$		$\left(\frac{1,08+2,17}{2}=1,62\right)N$	
Leistg. der Saugdr.	beim Oberwellenstrom	—		—		—		—	
	entspr. einer Trafoleistg.	—		—		—		—	
Netz-Leistungsfaktor		$\frac{6(\sqrt{3}-1)}{\pi\sqrt{2}}\frac{0,988\cos^2\frac{\psi}{}}{\sqrt{1-1,61\psi(u)}}$		$\frac{6(\sqrt{3}-1)}{\pi\sqrt{2}}\frac{0,988\cos^2\frac{\psi}{}}{\sqrt{1-1,61\psi(u)}}$		$\frac{6(\sqrt{3}-1)}{\pi\sqrt{2}}\frac{0,988\cos^2\frac{\psi}{}}{\sqrt{1-1,61\psi(u)}}$		$\frac{6(\sqrt{3}-1)}{\pi\sqrt{4-\sqrt{3}}}\frac{0,927\cos^2\frac{\psi}{}}{\sqrt{1-1,61\psi(u)}}$	
Gleichspannung		$\left(\frac{6(\sqrt{3}-1)}{\pi}=1,40\right)E\cos^2\frac{u}{2}$		$\left(\frac{6(\sqrt{3}-1)}{\pi}=1,40\right)E\cos^2\frac{u}{2}$		$\left(\frac{6(\sqrt{3}-1)}{\pi}=1,40\right)E\cos^2\frac{u}{2}$		$\left(\frac{6(\sqrt{3}-1)}{\pi}=1,40\right)E\cos^2\frac{u}{2}$	

Tafel V—H

Art der Schaltung	Stern-Zwölfph.-Spaltstern-Schaltung		Dreieck-Zwölfph.-Spaltstern-Schaltung		Stern-Zwölfph.-Spalt-stern m. Tertiärwicklg.		Stern-Zwölfph.-Spalt-stern m. prim. Nulleiter	
Phasenzahl	primär 3	sekundär 12	primär 3	sekundär 12	primär 3	sekundär 12	primär 3	sekundär 12
Vektordiagramm	0,423E 0,577E		0,423E 0,577E		0,423E 0,577E		0,423E 0,577E	
Anodenstrom — Kurvenform	*(Kurve)*		*(Kurve)*		*(Kurve)*		*(Kurve)*	
Mittelwert	$\frac{1}{12}I = 0,083I$		$\frac{1}{12}I = 0,083I$		$\frac{1}{12}I = 0,083I$		$\frac{1}{12}I = 0,083I$	
Effektivwert u. Korrekturfaktor z. Berücksichtigung d. Überlappung	$\frac{1}{2\sqrt{3}}I = 0,289I$; $\sqrt{1-12\psi(u)}$		$\frac{1}{2\sqrt{3}}I = 0,289I$; $\sqrt{1-12\psi(u)}$		$\frac{1}{2\sqrt{3}}I = 0,289I$; $\sqrt{1-12\psi(u)}$		$\frac{1}{2\sqrt{3}}I = 0,289I$; $\sqrt{1-12\psi(u)}$	
Sekundär-strom — Kurvenform	*(Kurve)*		*(Kurve)*		*(Kurve)*		*(Kurve)*	
Effektivwert u. Korrekturfaktor z. Berücksichtigung d. Überlappung	$\frac{1}{\sqrt{6}}I = 0,408I$; $\sqrt{1-6\psi(u)}$		$\frac{1}{\sqrt{6}}I = 0,408I$; $\sqrt{1-6\psi(u)}$		$\frac{1}{\sqrt{6}}I = 0,408I$; $\sqrt{1-6\psi(u)}$		$\frac{1}{\sqrt{6}}I = 0,408I$; $\sqrt{1-6\psi(u)}$	
Primärstrom — Kurvenform	*(Kurve: 0,577I; 0,667I; 0,333I)*		*(Kurve: 0,577I)*		*(Kurve: 0,577I; 0,667I; 0,333I)*		*(Kurve: 0,577I)*	
Effektivwert u. Korrekturfaktor z. Berücksichtigung d. Überlappung	$\frac{\sqrt{2}}{3}I = 0,471I$; $\sqrt{1-1,61\psi(u)}$		$\frac{\sqrt{3}}{3\sqrt{2}}I = 0,527I$; $\sqrt{1-3,68\psi(u)}$		$\frac{\sqrt{2}}{3}I = 0,471I$; $\sqrt{1-1,61\psi(u)}$		$\frac{\sqrt{3}}{3\sqrt{2}}I = 0,527I$; $\sqrt{1-3,68\psi(u)}$	
Formfaktor (u=0)	$\frac{3\sqrt{2}}{2+\sqrt{3}} = 1,14$		$\frac{\sqrt{30}}{2+\sqrt{3}} = 1,47$		$\frac{3\sqrt{2}}{2+\sqrt{3}} = 1,14$		$\frac{\sqrt{30}}{2+\sqrt{3}} = 1,47$	
Scheitelfaktor (u=0)	$\sqrt{2} = 1,41$		$\frac{6}{\sqrt{10}} = 1,90$		$\sqrt{2} = 1,41$		$\frac{6}{\sqrt{10}} = 1,90$	
Netzstrom — Kurvenform	wie beim Primärstrom		*(Kurve: 0,577I; 1,154I)*		wie beim Primärstrom		wie beim Primärstrom	
Effektivwert u. Korrekturfaktor z. Berücksichtigung d. Überlappung	"		$\sqrt{\frac{2}{3}}I = 0,815I$; $\sqrt{1-1,61\psi(u)}$		"		"	
Formfaktor (u=0)	"		$\frac{3\sqrt{2}}{2+\sqrt{3}} = 1,14$		"		"	
Scheitelfaktor (u=0)	"		$\sqrt{2} = 1,41$		"		"	
T = Tertiärstrom; G = Nulleiterstrom; M = Restamperewindungen — Kurvenform	*(Kurve: M; 0,333I)*		*(Kurve: M)*		*(Kurve: T; M=0; 0,333I)*		*(Kurve: G; M=0)*	
Effektivwert u. Korrekturfaktor z. Berücksichtigung d. Überlappung	$\frac{1}{3\sqrt{2}}I = 0,236I$; $\sqrt{1-12\psi(u)}$		0; 0		$\frac{1}{3\sqrt{2}}I = 0,236I$; $\sqrt{1-12\psi(u)}$		$\frac{1}{\sqrt{2}}I = 0,707I$; $\sqrt{1-12\psi(u)}$	
Transformatorleistung — Leistg. d. Primärwicklung u. Korrekturfakt.z.Berücksichtigung d. Überlappung	$\left(\frac{\pi\sqrt{2}}{6(\sqrt{3}-1)}=1,01\right)N$; $\frac{\sqrt{1-1,61\psi(u)}}{\cos^2\frac{u}{2}}$		$\left(\frac{\pi\sqrt{3}}{6\sqrt{2}(\sqrt{3}-1)}=1,13\right)N$; $\frac{\sqrt{1-3,68\psi(u)}}{\cos^2\frac{u}{2}}$		$\left(\frac{\pi\sqrt{2}}{6(\sqrt{3}-1)}=1,01\right)N$; $\frac{\sqrt{1-1,61\psi(u)}}{\cos^2\frac{u}{2}}$		$\left(\frac{\pi\sqrt{3}}{6(\sqrt{3}-1)}=1,13\right)N$; $\frac{\sqrt{1-3,68\psi(u)}}{\cos^2\frac{u}{2}}$	
Leistg. d. Sekundärwicklg. u. Korrekturfakt.z.Berücksichtigung der Überlappung	$\left(\frac{\pi(\sqrt{2}+\sqrt{3})}{6(\sqrt{3}-1)}=2,25\right)N$; $\frac{\sqrt{2}\sqrt{1-6\psi(u)}+\sqrt{3}\sqrt{1-12\psi(u)}}{(\sqrt{2}+\sqrt{3})\cos^2\frac{u}{2}}$		$\left(\frac{\pi(\sqrt{2}+\sqrt{3})}{6(\sqrt{3}-1)}=2,25\right)N$; $\frac{\sqrt{2}\sqrt{1-6\psi(u)}+\sqrt{3}\sqrt{1-12\psi(u)}}{(\sqrt{2}+\sqrt{3})\cos^2\frac{u}{2}}$		$\left(\frac{\pi(\sqrt{2}+\sqrt{3})}{6(\sqrt{3}-1)}=2,25\right)N$; $\frac{\sqrt{2}\sqrt{1-6\psi(u)}+\sqrt{3}\sqrt{1-12\psi(u)}}{(\sqrt{2}+\sqrt{3})\cos^2\frac{u}{2}}$		$\left(\frac{\pi(\sqrt{2}+\sqrt{3})}{6(\sqrt{3}-1)}=2,25\right)N$; $\frac{\sqrt{2}\sqrt{1-6\psi(u)}+\sqrt{3}\sqrt{1-2\psi(u)}}{(\sqrt{2}+\sqrt{3})\cos^2\frac{u}{2}}$	
Leistg. d. Tertiärwicklung u. Korrekturfakt.z.Berücksichtigung d. Überlappung	——		——		$\left(\frac{\pi}{6\sqrt{2}(\sqrt{3}-1)}=0,51\right)N$; $\frac{\sqrt{1-12\psi(u)}}{\cos^2\frac{u}{2}}$			
Trafo-Typenleistung	$\frac{1,01+2,25}{2}=1,63\,N$		$\frac{1,13+2,25}{2}=1,69\,N$		$\frac{1,01+2,25+0,51}{}=1,89\,N$		$\frac{1,13+2,25}{2}=1,69\,N$	
Leistg. der Saugdr. — beim Oberwellenstrom	——		——		——		——	
entspr. einer Trafoleistg.	——		——		——		——	
Netz-Leistungsfaktor	$\frac{6(\sqrt{3}-1)}{\pi\sqrt{2}}\cdot\frac{0,988\cos^2\frac{u}{2}}{\sqrt{1-1,61\psi(u)}}$		$\frac{6(\sqrt{3}-1)}{\pi\sqrt{2}}\cdot\frac{0,988\cos^2\frac{u}{2}}{\sqrt{1-1,61\psi(u)}}$		$\frac{6(\sqrt{3}-1)}{\pi\sqrt{2}}\cdot\frac{0,988\cos^2\frac{u}{2}}{\sqrt{1-1,61\psi(u)}}$		$\frac{6\sqrt{2}(\sqrt{3}-1)}{\pi\sqrt{3}}\cdot\frac{0,883\cos^2\frac{u}{2}}{\sqrt{1-3,68\psi(u)}}$	
Gleichspannung	$\frac{6(\sqrt{3}-1)}{\pi}=1,40\,E\cos^2\frac{u}{2}$		$\frac{6(\sqrt{3}-1)}{\pi}=1,40\,E\cos^2\frac{u}{2}$		$\frac{6(\sqrt{3}-1)}{\pi}=1,40\,E\cos^2\frac{u}{2}$		$\frac{6(\sqrt{3}-1)}{\pi}=1,40\,E\cos^2\frac{u}{2}$	

Art der Schaltung		Stern-Zwölfph.-Zickz.-Schltg. m. drei Saugdr.	Dreieck-Zwölfph.-Zickz.-Schltg. m. drei Saugdr.	Stern-Zwölfph.-Zickzack-Schltg. m. vierph. Saugdr.	Dreieck-Zwölfph.-Zickz.-Schltg. m. vierph. Saugdr.
Phasenzahl		primär 3 / sekundär 12	primär 3 / sekundär 12	primär 3 / sekundär 12	primär 3 / sekundär 12
Vektordiagramm		$0,3E$ ... $0,815E$	$0,3E$ ... $0,815E$	$0,3E$ ... $0,815E$	$0,3E$ ... $0,815E$
Anodenstrom	Kurvenform				
	Mittelwert	$\frac{1}{12}I = 0,083I$	$\frac{1}{12}I = 0,083I$	$\frac{1}{12}I = 0,083I$	$\frac{1}{12}I = 0,083I$
	Effektivwert u. Korrekturfaktor zur Berücksichtigung d. Überlappung	$\frac{1}{4\sqrt{3}}I = 0,144I$ $\sqrt{1-3\psi(u)}$	$\frac{1}{4\sqrt{3}}I = 0,144I$ $\sqrt{1-3\psi(u)}$	$\frac{1}{4\sqrt{3}}I = 0,144I$ $\sqrt{1-3\psi(u)}$	$\frac{1}{4\sqrt{3}}I = 0,144I$ $\sqrt{1-3\psi(u)}$
Sekundärstrom	Kurvenform	wie beim Anodenstrom	wie beim Anodenstrom	wie beim Anodenstrom	wie beim Anodenstrom
	Effektivwert u. Korrekturfaktor z. Berücksichtigung d. Überlappung	" "	" "	" "	" "
Primärstrom	Kurvenform	$0,483I$ / $0,558I$ $0,279I$	$0,483I$ / $0,558I$ $0,279I$	$0,483I$ / $0,558I$ $0,279I$	$0,483I$ / $0,558I$ $0,279I$
	Effektivwert u. Korrekturfaktor z. Berücksichtigung d. Überlappung	$\frac{\sqrt{3}+1}{4\sqrt{3}}I = 0,395I$ $\sqrt{1-1,61\psi(u)}$	$\frac{\sqrt{3}+1}{4\sqrt{3}}I = 0,395I$ $\sqrt{1-1,61\psi(u)}$	$\frac{\sqrt{3}+1}{4\sqrt{3}}I = 0,395I$ $\sqrt{1-1,61\psi(u)}$	$\frac{\sqrt{3}+1}{4\sqrt{3}}I = 0,395I$ $\sqrt{1-1,61\psi(u)}$
	Formfaktor ($u=0$)	$\frac{3\sqrt{2}}{\sqrt{3}+2} = 1,14$	$\frac{3\sqrt{2}}{\sqrt{3}+2} = 1,14$	$\frac{3\sqrt{2}}{\sqrt{3}+2} = 1,14$	$\frac{3\sqrt{2}}{\sqrt{3}+2} = 1,14$
	Scheitelfaktor ($u=0$)	$\sqrt{2} = 1,41$	$\sqrt{2} = 1,41$	$\sqrt{2} = 1,41$	$\sqrt{2} = 1,41$
Netzstrom	Kurvenform	wie beim Primärstrom	$0,965I$ $0,483I$ / $0,835I$	wie beim Primärstrom	$0,965I$ $0,483I$ / $0,835I$
	Effektivwert u. Korrekturfaktor z. Berücksichtigung d. Überlappung	" "	$\frac{\sqrt{3}+1}{4}I = 0,682I$ $\sqrt{1-1,61\psi(u)}$	" "	$\frac{\sqrt{3}+1}{4}I = 0,682I$ $\sqrt{1-1,61\psi(u)}$
	Formfaktor ($u=0$)	"	$\frac{3\sqrt{2}}{\sqrt{3}+2} = 1,14$	"	$\frac{3\sqrt{2}}{\sqrt{3}+2} = 1,14$
	Scheitelfaktor ($u=0$)	"	$\sqrt{2} = 1,41$	"	$\sqrt{2} = 1,41$
T=Tertiärstrom, G=Nulleiterstrom, M=Restampèrewindungen	Kurvenform	M	M	M	M
	Effektivwert u. Korrekturfaktor z. Berücksichtigung d. Überlappung	0 0	0 0	0 0	0 0
Transformatorleistung	Leistg. d. Primärwicklg. u. Korrekturfakt. z. Berücksichtigung d. Überlappg.	$\left(\frac{\pi(\sqrt{3}+1)}{6\sqrt{2}} = 1,01\right)N$ $\frac{\sqrt{1-1,61\psi(u)}}{\cos^2\frac{u}{2}}$	$\left(\frac{\pi(\sqrt{3}+1)}{6\sqrt{2}} = 1,01\right)N$ $\frac{\sqrt{1-1,61\psi(u)}}{\cos^2\frac{u}{2}}$	$\left(\frac{\pi(\sqrt{3}+1)}{6\sqrt{2}} = 1,01\right)N$ $\frac{\sqrt{1-1,61\psi(u)}}{\cos^2\frac{u}{2}}$	$\left(\frac{\pi(\sqrt{3}+1)}{6\sqrt{2}} = 1,01\right)N$ $\frac{\sqrt{1-1,61\psi(u)}}{\cos^2\frac{u}{2}}$
	Leistg. d. Sekundärwicklg. u. Korrekturfakt. z. Berücksichtigung d. Überlappg.	$\left(\frac{\pi(\sqrt{3}+1)}{3\sqrt{2}} = 1,65\right)N$ $\frac{\sqrt{1-3\psi(u)}}{\cos^2\frac{u}{2}}$	$\left(\frac{\pi(\sqrt{3}+1)}{3\sqrt{2}} = 1,65\right)N$ $\frac{\sqrt{1-3\psi(u)}}{\cos^2\frac{u}{2}}$	$\left(\frac{\pi(\sqrt{3}+1)}{3\sqrt{2}} = 1,65\right)N$ $\frac{\sqrt{1-3\psi(u)}}{\cos^2\frac{u}{2}}$	$\left(\frac{\pi(\sqrt{3}+1)}{3\sqrt{2}} = 1,65\right)N$ $\frac{\sqrt{1-3\psi(u)}}{\cos^2\frac{u}{2}}$
	Leistg. d. Tertiärwicklg. u. Korrekturfakt. z. Berücksichtigung d. Überlappg.	—	—	—	—
	Trafo-Typenleistung	$\left(\frac{1,01+1,65}{2} = 1,33\right)N$	$\left(\frac{1,01+1,65}{2} = 1,33\right)N$	$\left(\frac{1,01+1,65}{2} = 1,33\right)N$	$\left(\frac{1,01+1,65}{2} = 1,33\right)N$
Leistg. der Saugdr.	beim Oberwellenstrom	(A u. B) $0,107N$ –(3f) (C) $0,0496N$ (6f)	(A u. B) $0,107N$ –(3f) (C) $0,0496N$ (6f)	$0,272N$ –(3f)	$0,272N$ –(3f)
	entspr. einer Trafoleistg.	$\frac{0,107\times(3)^{1/16}}{6}=0,035N$ $\frac{0,050\times(6)^{1/16}}{12}=0,013N$	$\frac{0,107\times(3)^{1/16}}{6}=0,035N$ $\frac{0,050\times(6)^{1/16}}{12}=0,013N$	$\frac{0,272\times(3)^{1/16}}{6}=0,090N$	$\frac{0,272\times(3)^{1/16}}{6}=0,090N$
Netz-Leistungsfaktor		$\frac{6\sqrt{2}}{\pi(\sqrt{3}+1)}\frac{0,988\cos^2\frac{u}{2}}{\sqrt{1-1,61\psi(u)}}$	$\frac{6\sqrt{2}}{\pi(\sqrt{3}+1)}\frac{0,988\cos^2\frac{u}{2}}{\sqrt{1-1,61\psi(u)}}$	$\frac{6\sqrt{2}}{\pi(\sqrt{3}+1)}\frac{0,988\cos^2\frac{u}{2}}{\sqrt{1-1,61\psi(u)}}$	$\frac{6\sqrt{2}}{\pi(\sqrt{3}+1)}\frac{0,988\cos^2\frac{u}{2}}{\sqrt{1-1,61\psi(u)}}$
Gleichspannung		$\frac{3}{\pi}\sqrt{\frac{3}{2}} = 1,17 E\cos^2\frac{u}{2}$	$\frac{3}{\pi}\sqrt{\frac{3}{2}} = 1,17 E\cos^2\frac{u}{2}$	$\frac{3}{\pi}\sqrt{\frac{3}{2}} = 1,17 E\cos^2\frac{u}{2}$	$\frac{3}{\pi}\sqrt{\frac{3}{2}} = 1,17 E\cos^2\frac{u}{2}$

Tafel V—J

Art der Schaltung		Stern-u. Dreieckw. auf 2.Kernen in Parallelsch./ zwölfph. Doppelst.-Sch.		Stern-u.Dreieckw. auf 2.Kernen in Parallelsch./ zwölfph. Gabel-Sch.		Stern-u. Dreieckw. auf 2.Kernen in Reihensch./ zwölfph.Doppelstern-Sch.		Stern-u. Dreieckw.auf 2.Kernen in Reihensch./ zwölfph. Gabel-Sch.	
Phasenzahl		2×3	12	2×3	12	2×3	12	2×3	12
Vektordiagramm									
Anodenstrom	Kurvenform								
	Mittelwert	$\frac{1}{12}I = 0,083\,I$		$\frac{1}{12}I = 0,083\,I$		$\frac{1}{12}I = 0,083\,I$		$\frac{1}{12}I = 0,083\,I$	
	Effektivwert u. Korrekturfaktor z. Berücksichtigung d. Überlappung	$\frac{1}{2\sqrt{3}}I = 0,289\,I$ $\sqrt{1-12\,\psi(u)}$		$\frac{1}{2\sqrt{3}}I = 0,289\,I$ $\sqrt{1-12\,\psi(u)}$		$\frac{\sqrt{3}}{2\sqrt{3}(\sqrt{3}+2)}I=0,173I$ $\sqrt{1-3,68\psi(u)}$		$\frac{\sqrt{3}}{2\sqrt{3}(\sqrt{3}+2)}I=0,173I$ $\sqrt{1-3,68\psi(u)}$	
Sekundär- strom	Kurvenform	wie beim Anodenstrom				wie beim Anodenstrom			
	Effektivwert u.Korrekturfaktor z.Berücksichtigung d. Überlappung	" " "		$\frac{1}{\sqrt{6}}I = 0,408\,I$ $\sqrt{1-12\,\psi(u)}$		" " "		$\frac{1}{\sqrt{3}+2}I = 0,268\,I$ $\sqrt{1-1,61\,\psi(u)}$	
Primärstrom	Kurvenform								
	Effektivwert u.Korrekturfaktor z. Berücksichtigung d.Überlappung	Y $(1/3)I = 0,333\,I$ Δ $(1/3\sqrt{2})I = 0,236\,I$ Δ $\sqrt{1-12\,\psi(u)}$		Y $(1/3)I = 0,333\,I$ Δ $(1/3\sqrt{3})I = 0,192\,I$ Δ $\sqrt{1-12\,\psi\,I}$		$Y(2\sqrt{2}\sqrt{3}(\sqrt{3}+2))I=0,438I$ $\Delta(\sqrt{3}/0/3(\sqrt{3}+2))I=0,283I$ Δ $\sqrt{1-3,68\psi(u)}$		$Y(2\sqrt{2}\sqrt{3}(\sqrt{3}+2))I=0,438I$ $\Delta(\sqrt{3}/3(\sqrt{3}+2))I=0,253I$ Y $\sqrt{1-1,61\,\psi(u)}$	
	Formfaktor $(u=0)$	Y $\sqrt{3/2} = 1,50$ Δ $\sqrt{6} = 2,45$		Y $\frac{\sqrt{3}}{\sqrt{3}} = 1,73$ Δ $\frac{\sqrt{3}}{\sqrt{3}} = 1,73$		Y $3\sqrt{3}/(\sqrt{3}+2) = 1,14$ $\Delta\sqrt{30}/(\sqrt{3}+2) = 1,47$		Y $\frac{3\sqrt{3}}{\sqrt{3}+2} = 1,14$	
	Scheitelfaktor $(u=0)$	Y $\sqrt{6} = 2,45$		Y $\frac{\sqrt{3}}{\sqrt{3}} = 1,73$ Δ $\frac{\sqrt{3}}{\sqrt{3}} = 1,73$		Y $\sqrt{3}+2 = 1,41$ $\Delta 6/\sqrt{10} = 1,90$		Y $\sqrt{2} = 1,41$	
Netzstrom	Kurvenform					wie beim Primärstrom $i\,\gamma$		wie beim Primärstrom $i\,\gamma$	
	Effektivwert u.Korrekturfaktor z.Berücksichtigung d.Überlappung	$\frac{\sqrt{2}}{3}I = 0,471\,I$ $\sqrt{1-1,61\,\psi(u)}$		$\frac{\sqrt{2}}{3}I = 0,471\,I$ $\sqrt{1-1,61\,\psi(u)}$		" "		" "	
	Formfaktor $(u=0)$	$\frac{3\sqrt{2}}{\sqrt{3}+2} = 1,14$		$\frac{3\sqrt{2}}{\sqrt{3}+2} = 1,14$		"		"	
	Scheitelfaktor $(u=0)$	$\sqrt{2} = 1,41$		$\sqrt{2} = 1,41$		"		"	
T = Tertiärstrom 6 = Nulleiterstrom M = Restampere-windungen	Kurvenform	M_γ $M_\Delta = 0$		$M(\gamma\,und\,\Delta)$		M_γ $M_\Delta = 0$		$M(\gamma\,und\,\Delta)$	
	Effektivwert u.Korrekturfaktor z. Berücksichtigung d. Überlappung	$\frac{1}{3\sqrt{2}}I = 0,236\,I$ $\sqrt{1-12\,\psi(u)}$		0 0		Y $1/\sqrt{6}(\sqrt{3}+2)I=0,109I$ $\sqrt{1-12\,\psi(u)}$		0 0	
Transformatorleistung	Leistg. d. Primärwicklung u. Korrekturfakt. z. Berücksichtigung d.Überlappung	$\left(\frac{\pi(\sqrt{3}+2)}{12(\sqrt{3}-1)} = 1,59\right)N$ $\frac{\sqrt{1-12\,\psi(u)}}{\cos^2\frac{u}{2}}$		$\left(\frac{\pi}{3(\sqrt{3}-1)} = 1,43\right)N$ $\frac{\sqrt{1-12\,\psi(u)}}{\cos^2\frac{u}{2}}$		$\left(\frac{\pi\sqrt{6}(\sqrt{3}+2)}{8(\sqrt{3}+2)} = 1,09\right)N$ $\frac{2\sqrt{1-1,61\psi(u)}+\sqrt{3}\sqrt{1-3,68\psi(u)}}{(2+\sqrt{3})\cos^2\frac{u}{2}}$		$\left(\frac{\pi}{\sqrt{2}}\frac{\sqrt{3}}{\sqrt{3}+2} = 1,03\right)N$ $\frac{\sqrt{1-1,61\,\psi(u)}}{\cos^2\frac{u}{2}}$	
	Leistg. d.Sekundärwicklg. u.Korrekturfakt. z.Berücksichtigung d. Überlappung	$\left(\frac{\pi}{\sqrt{3}(\sqrt{3}-1)} = 2,48\right)N$ $\frac{\sqrt{1-12\,\psi(u)}}{\cos^2\frac{u}{2}}$		$\left(\frac{\pi(\sqrt{2}+1)}{3\sqrt{2}(\sqrt{3}-1)} = 2,44\right)N$ $\frac{\sqrt{1-12\,\psi(u)}}{\cos^2\frac{u}{2}}$		$\left(\frac{\pi}{2}\frac{\sqrt{3}}{(\sqrt{3}+2)} = 1,63\right)N$ $\frac{\sqrt{1-3,68\psi(u)}}{\cos^2\frac{u}{2}}$		$\left(\frac{\pi(\sqrt{3}+\sqrt{3})}{2(\sqrt{3}+2)} = 1,67\right)N$ $\frac{\sqrt{3}\sqrt{1-1,61\psi(u)}+\sqrt{3}\sqrt{1-3,68\psi(u)}}{(\sqrt{3}+\sqrt{3})\cos^2\frac{u}{2}}$	
	Leistg. d. Tertiärwicklg. u. Korrekturfakt. z.Berücksichtigung d.Überlappung	—		—		—		—	
	Trafo - Typenleistung	$\left(\frac{1,59+2,48}{2} = 2,04\right)N$		$\left(\frac{1,43+2,44}{2} = 1,94\right)N$		$\left(\frac{1,09+1,63}{2} = 1,36\right)N$		$\left(\frac{1,03+1,67}{2} = 1,35\right)N$	
Leistg. der Saugdr.	beim Oberwellenstrom	—		—		—		—	
	entspr.einer Trafoleistg.	—		—		—		—	
Netz-Leistungsfaktor		$\frac{6(\sqrt{3}-1)}{\pi\sqrt{2}}\frac{0,988\cos^2\frac{u}{2}}{\sqrt{1-1,61\psi(u)}}$		$\frac{6(\sqrt{3}-1)}{\pi\sqrt{2}}\frac{0,988\cos^2\frac{u}{2}}{\sqrt{1-1,61\psi(u)}}$		$\frac{(\sqrt{3}+2)}{\pi}\sqrt{\frac{3}{6}}\frac{0,968\cos^2\frac{u}{2}}{\sqrt{1-1,61\psi(u)}}$		$\frac{(\sqrt{3}+2)}{\pi}\sqrt{\frac{3}{2}}\frac{0,968\cos^2\frac{u}{2}}{\sqrt{1-1,61\psi(u)}}$	
Gleichspannung		$\left(\frac{6(\sqrt{3}-1)}{\pi} = 1,40\right)E\cos^2\frac{u}{2}$		$\left(\frac{6(\sqrt{3}-1)}{\pi} = 1,40\right)E\cos^2\frac{u}{2}$		$\left(\frac{4}{\pi} = 1,27\right)E\cos^2\frac{u}{2}$		$\left(\frac{4}{\pi} = 1,27\right)E\cos^2\frac{u}{2}$	

Tafel V—K

Parallelschaltung von Anoden.

Dem je Anode zulässigen Strom sind Grenzen gesetzt einerseits durch die Möglichkeit der Wärmeabfuhr, anderseits durch die Tatsache, daß bei sehr großen Anodenströmen die Stromverteilung auf der Anodenoberfläche ungleichmäßig und unstabil wird. Deshalb werden bei Gleichrichtern für hohe Stromstärken stets mehrere Anoden parallel geschaltet, die entweder in ein und demselben Gleichrichtergefäß angeordnet sein können oder auch in mehreren Gefäßen.

Die Parallelschaltung mehrerer Anoden ohne besondere Vorkehrungen ist jedoch nicht möglich, weil die Lichtbogencharakteristik in einem großen Bereich fallend ist und daher bei einer zufälligen Ungleichheit der Strombelastung der beiden parallel geschalteten Anoden die Anode, die den größeren Strom führt, den kleineren Spannungsabfall aufweist und daher die gesamte Strombelastung an sich zieht.

Bei der Parallelschaltung müssen daher den Anoden Widerstände vorgeschaltet werden, so daß die Gesamtcharakteristik jedes Anodenstromkreises stets steigend ist. Ohmsche Widerstände kommen wegen der Verluste praktisch nicht in Frage und man verwendet daher Anodendrosseln. Am einfachsten ist es, in jede Anodenzuleitung eine Eisendrossel entsprechender Induktivität einzuschalten, wobei die einzelnen Drosseln voneinander vollkommen unabhängig sind. Diese Anordnung hat zwei Nachteile. Die Drosseln fallen wegen der Vorsättigung durch die Gleichstromkomponente des Anodenstromes sehr groß aus, und anderenteils bewirken die Drosseln längere Überlappungsperioden und damit einen Spannungsabfall. Diese Nachteile lassen sich vermeiden, wenn man die Drosseln der parallel geschalteten Anoden zu einer Verteildrossel zusammenfaßt (siehe Abb. 74). Die den beiden Anoden zugeordneten Wicklungen werden auf einem gemeinsamen

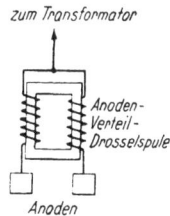

Abb. 74. Anodenverteildrosselspule für den Anschluß zweier Anoden in Parallelschaltung an eine Sekundärphase des Gleichrichtertransformators.

Eisenkern so angeordnet, daß sich ihre magnetisierenden Wirkungen gegenseitig aufheben, solange die Ströme der beiden parallel geschalteten Anoden gleich sind. Jede Ungleichheit der Anodenströme erzeugt ein Feld, welches in jener Wicklung, die den höheren Strom führt, eine Gegenspannung, und in jener Wicklung, die den kleineren Strom führt, eine Zusatzspannung induziert. Auf diese Weise werden die Ströme der beiden Anoden ausgeglichen (62). Das Prinzip der Verteildrosseln mit im normalen Betrieb feldfreiem Eisenkern läßt sich auch auf die Parallelschaltung von drei und mehreren Anoden erweitern.

Man kann auch jede Sekundärphase des Transformators mit gesonderten Wicklungen für die verschiedenen parallel arbeitenden Anoden versehen. Bei dieser Anordnung tritt jeder Neigung einer Anode, einen höheren Strom als die anderen Anoden an sich zu ziehen, eine Verminderung der Klemmenspannung dieser Anode entgegen, die eine Folge des größeren Spannungsabfalles in der Streureaktanz der zugehörigen Sekundärwicklung bei der höheren Strombelastung ist. Um dieses Verfahren wirksam zu machen, sind die parallel geschalteten Wicklungen jeder Phase so auf dem Eisenkern anzuordnen, daß sich ihre Streufelder nicht gegenseitig beeinflussen; mit anderen Worten, diese Wicklungen sollen möglichst wenig miteinander verkettet sein. Hätten diese Wicklungen ein gemeinsames Streufeld, so würde dieses alle Wicklungen in gleicher Weise beeinflussen und ein Unterschied in ihren Strombelastungen würde keine ausgleichende Spannung hervorrufen.

Eine Wicklungsanordnung zum Parallelbetrieb von je zwei Anoden ist in Abb. 80 für den Transformator eines Zwölfphasengleichrichters mit Saugdrosseln ersichtlich. Der Transformator besitzt Scheibenspulen. Die Primärwicklung besteht aus zwei parallelen Zweigen, von denen jeder eine Hälfte des Eisenkerns einnimmt. Eine der parallel geschalteten Sekundärwicklungen liegt dem einen Primärzweig gegenüber und die andere dem anderen Primärzweig, derart, daß die Spulen der beiden parallel arbeitenden Wicklungen voneinander vollkommen getrennt sind und jede Wicklung ein besonderes Streufeld besitzt.

Bei Transformatoren mit Zylinderspulen (konzentrischer Wicklung) kann man die Wicklungen des einen Sechsphasensystems innerhalb der Primärwicklung und die Wicklungen des zweiten Sechsphasensystems außerhalb der Primärwicklung anordnen.

Bei einem Zwölfphasentransformator mit Saugdrosseln kann entweder eine gemeinsame Saugdrossel für die parallel arbeitenden Wicklungen oder für jedes der parallel arbeitenden Sechsphasensysteme eine besondere Saugdrossel vorgesehen werden. Die letztgenannte Anordnung ermöglicht eine bessere Stromverteilung zwischen den parallel arbeitenden Anoden infolge des höheren Widerstandes in den Stromkreisen der einzelnen Anoden.

Bei Sechsphasentransformatoren in Gabelschaltung können vollkommen unabhängige Sekundärwicklungen vorgesehen werden oder es können nur die äußeren Wicklungen für jede Anode gesondert vorhanden sein, während die inneren Wicklungen, die vom Transformatornullpunkt ausgehen, für die parallel arbeitenden Anoden gemeinsam sind.

Von den im Vorstehenden beschriebenen Anordnungen zur Ermöglichung des Parallelbetriebs der Anoden werden bei kleinen Leistungen in der Regel Verteildrosseln, bei großen Leistungen Transformatoren mit mehrfachen Sekundärwicklungen verwendet.

Die Wirkung von Rückzündungen auf die Transformatorwicklungen.

Gleichrichtertransformatoren sind bei Rückzündungen sehr hohen Beanspruchungen ausgesetzt. (Bezüglich Rückzündungsvorgänge vgl.

Kapitel III.) Aus den Abb. 19 und 32 ist ersichtlich, daß ein sehr hoher Strom in der von der Rückzündung betroffenen Phase des Transformators fließt. Dieser Strom ist beträchtlich höher als der Anodenstrom beim gleichstromseitigen Kurzschluß, wobei alle Anoden in der normalen Richtung (von der Anode zur Kathode) Strom liefern und die Bedingungen jenen bei Normalbetrieb des Gleichrichters ähnlich sind, nur daß die Ströme in den Sekundärphasen größer sind und infolge stärkerer Überlappung länger dauern. Hingegen fließt bei einer Rückzündung der Strom in der betroffenen Phase in verkehrter Richtung und alle anderen Phasen schicken ihren Strom in diese Phase hinein. Arbeitet außerdem der Gleichrichter mit anderen Gleichstromquellen parallel, so fließt bei der Rückzündung Gleichstrom vom positiven Pol des Gleichstromnetzes über die Kathode zu der von der Rückzündung betroffenen Anode (s. Abb. 19).

Rückzündungsversuche. An einer Gleichrichtereinheit mit 12 Anoden für eine Dauerleistung von 1200 kW bei 600 V mit Transformator in Gabelschaltung wurden sowohl Rückzündungs- als auch Kurzschlußversuche durchgeführt. Das hierbei aufgenommene Oszillogramm (Abb. 32) zeigt einen Spitzenstrom von etwa 17 000 A in der von der Rückzündung betroffenen Anode. Bei Aufnahme dieses Oszillogrammes wurde eine metallische Verbindung einer Anode mit der Kathode hergestellt und auf diese Weise eine Rückzündung künstlich nachgeahmt, da es sehr schwer ist eine tatsächlich auftretende Rückzündung oszillographisch aufzunehmen. Der Gleichrichter war gleichstromseitig abgeschaltet; es trat daher keine Rückspeisung vom Gleichstromnetz ein, und infolgedessen stellt diese Prüfung noch nicht den schlimmsten Fall dar, der eintreten kann.

Bei einem gleichstromseitigen Kurzschluß desselben Gleichrichters ergab sich ein Spitzenwert des Gleichstromes von ungefähr 23 000 A entsprechend 5000 A Anodenstrom. Der Strom in der von der Rückzündung betroffenen Phase ist also das Drei- bis Vierfache des Anoden-

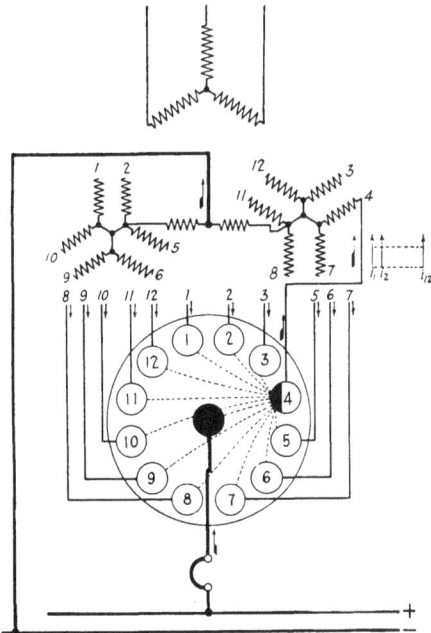

Abb. 75. Stromverlauf während einer Rückzündung bei einem Doppel-Sechsphasengleichrichter mit Saugdrossel.

stromes bei gleichstromseitigem Kurzschluß bzw. bei Rückspeisung aus dem Gleichstromnetz noch höher.

Daher erfordert die Konstruktion der Gleichrichtertransformatoren größte Aufmerksamkeit. Besonders ist auf die Abstützung der Spulen und die Anordnung der Sekundärwicklungen zu achten. Um übermäßige elektrodynamische Beanspruchungen der Sekundärwicklungen zu vermeiden, muß jede Sekundärwicklung, für die eine Rückzündung in Frage kommt, über die ganze Länge der zugehörigen Primärwicklung verteilt sein.

In Abb. 75 ist der Stromverlauf während einer Rückzündung bei einem Gleichrichter mit 12 Anoden, der an einen Doppel-Dreiphasentransformator mit Parallelwicklungen und Saugdrossel angeschlossen ist, dargestellt. Von den übrigen Anoden fließen Ströme zu der von der Rückzündung betroffenen Anode 4 und in die Sekundärwicklung 4 des Transformators. Beim normalen Betrieb des Gleichrichters und während eines gleichstromseitigen Kurzschlusses arbeiten die Wicklungen 3 und 4 parallel, und es fließen in ihnen Ströme gleicher Größe und Richtung. Bei der Wicklungsanordnung nach Abb. 76a sind die Amperewindungen im Normalbetrieb über den ganzen Schenkel verteilt und im Gleichgewicht. Bei einer Rückzündung der Anode 4 führt jedoch die Wicklung 4 einen wesentlich höheren Strom als die anderen Wicklungen und die Stromrichtung in Wicklung 4 ist die entgegengesetzte der normalen; es würde daher zwischen der Wicklung 4 und der Primärwicklung sich ein starker Streufluß ausbilden und die entstehenden elektrodynamischen Kräfte würden die Spule 4 nach abwärts drücken und die Isolation beschädigen.

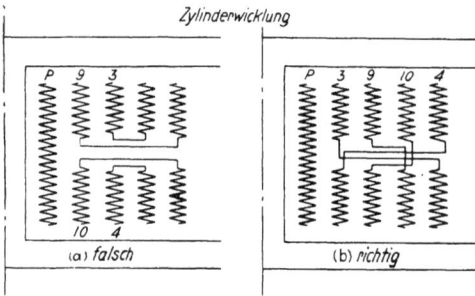

Abb. 76. Anordnung der Primär- und Sekundärwicklungen auf einem Schenkel eines Gleichrichtertransformators bei Doppel-Sechsphasenschaltung nach Abb. 75.

Zur Verminderung der elektrodynamischen Kräfte im Rückzündungsfall muß jede Wicklung über die volle Länge des Schenkels verteilt sein, wie dies in Abb. 76b für Zylinderspulen dargestellt ist. Bei einer derartigen Anordnung der Sekundärwicklung sind die Primär- und Sekundärwicklungen symmetrisch zueinander, sowohl im Normalbetrieb als auch im Rückzündungsfall.

Bestimmung der Kupferverluste des Transformators.

Die Kupferverluste eines Gleichrichtertransformators können durch Addition der $i^2 r$-Verluste in den Primär- und Sekundärwicklungen be-

rechnet werden, wobei die Effektivwerte der Ströme und die Wechselstromwiderstände (Werkwiderstände bei Wechselstrom) der verschiedenen Wicklungen einzusetzen sind. Die Effektivwerte der Ströme können
aus dem Gleichstrom mit Hilfe der bereits abgeleiteten Gleichungen
berechnet werden. Die Wechselstromwiderstände der Wicklungen ergeben sich aus den Kupferverlustmessungen am Transformator. Bei
diesen Messungen schließt man die Sekundärwicklung ganz oder teilweise
kurz und führt der Primärwicklung eine verringerte Wechselspannung
zu, derart, daß auf der Primärseite des Transformators der Nennstrom
fließt. Die Wechselstromwiderstände der Wicklungen, die man bei diesem
Versuch mit sinusförmigen Strömen ermittelt, weichen ein wenig von
den Wechselstromwiderständen im Gleichrichterbetrieb mit nicht sinusförmigen Strömen ab, doch kann dies vernachlässigt werden.

Es folgen einige Beispiele über die Berechnung der Kupferverluste.

Sechsphasenschaltung mit Saugdrossel. Bei dieser Schaltung beträgt der Primärstrom unter Berücksichtigung der Überlappung:

$$I_p = \frac{I}{\sqrt{6}} \sqrt{1 - 3\,\psi(u)}.$$

Es sind zwei Kurzschlußversuche nötig, deren Schaltungen die
Abb. 77 zeigt. Bei dem ersten Versuch werden die Kupferverluste gemessen, wenn eine Sekundärwicklung kurzgeschlossen ist; es ist dann der
Sekundärstrom gleich dem Primärstrom. Bei dem zweiten Versuch sind
während der Verlustmessung beide Sekundärwicklungen kurzgeschlossen.

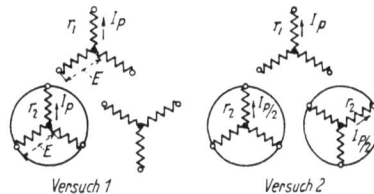

Abb. 77. Messungen zur Bestimmung
der Kupferverluste eines Gleichrichtertransformators in Doppel-Dreipha-
senschaltung mit Saugdrossel. (Die
Widerstände r_1 und r_2 entsprechen
den Widerständen r_p und r_s in den
Gleichungen (174) bis (178).)

Versuch 1   Versuch 2

Der Strom in jeder Sekundärphase ist nunmehr gleich dem halben Primärstrom. In der Primärwicklung fließt in beiden Fällen der Nennstrom. Die
Kupferverluste V_k, die bei jedem dieser Versuche mittels Wattmeter
gemessen werden, lassen sich, wie folgt, berechnen:

$$V_{k1} = 3\,I_p^2\,r_p + 3\,I_p^2\,r_s \quad\ldots\ldots\ldots\ldots \quad (174)$$

$$V_{k2} = 3\,I_p^2\,r_p + 6\,(I_p/2)^2\,r_s \quad\ldots\ldots\ldots \quad (175)$$

Durch Auflösung dieser Gleichungen nach r_p und r_s erhält man:

$$r_p = \frac{2\,V_{k2} - V_{k1}}{3\,I_p^2} \quad\ldots\ldots\ldots\ldots \quad (176)$$

$$r_s = \frac{V_{k1} - V_{k2}}{1{,}5\,I_p^2}. \quad\ldots\ldots\ldots\ldots \quad (177)$$

Im Gleichrichterbetrieb sind die Effektivwerte der Primär- und Sekundärströme unter Berücksichtigung der Überlappung gleich:

$$I_p = \frac{I}{\sqrt{6}} \sqrt{1 - 3\,\psi(u)}$$

$$A = \frac{I}{2\sqrt{3}} \sqrt{1 - 3\,\psi(u)} = \frac{I_p \sqrt{2}}{2}.$$

Die Kupferverluste betragen:

$$V_{kg} = 3\,I_p^2\,r_p + 6\,A^2\,r_s.$$

Setzt man die Werte für r_p und r_s aus den Gleichungen (176) und (177) ein, so erhält man

$$V_{kg} = (2\,V_{k2} - V_{k1}) + 2\,(V_{k1} - V_{k2}) = V_{k1} \quad \ldots \ldots (178)$$

Aus Gleichung (178) ist ersichtlich, daß die gesamten Kupferverluste des Transformators im Gleichrichterbetrieb gleich den Verlusten beim Versuch *1* mit einer kurzgeschlossenen Sekundärwicklung sind.

Bei einem anderen Übersetzungsverhältnis des Transformators als 1:1 ist der sekundäre Widerstand r_s mit dem Quadrat des Verhältnisses Sekundärspannung/Primärspannung zu multiplizieren.

Sechsphasengabelschaltung. Bei dieser Schaltung sind die Widerstände r_p, r_s und r_b der Primärwicklung sowie der inneren und der äußeren Zweige der Sekundärwick-

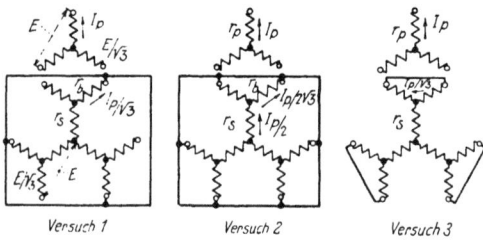

Versuch 1   Versuch 2   Versuch 3

Abb. 78. Messungen zur Bestimmung der Kupferverluste eines Gleichrichtertransformators in Stern-Doppelzick-zackschaltung.

lung zu bestimmen. Es sind demnach drei Kupferverlustmessungen bei auf verschiedene Arten kurzgeschlossenen Sekundärwicklungen erforderlich. Drei derartige Prüfschaltungen sind in Abb. 78 dargestellt. In dieser Abbildung sind Sekundärströme bei den verschiedenen Messungen mit dem Nennstrom I_p auf der Primärseite eingetragen; hiebei ist das Übersetzungsverhältnis 1:1 zwischen jeder Primär- und Sekundärwicklung (d. h. ein Übersetzungsverhältnis $1:\sqrt{3}$ zwischen primärer und sekundärer Phasenspannung) angenommen.

Die bei diesen drei Versuchsschaltungen gemessenen Kupferverluste sind die folgenden:

$$V_{k1} = 3\,I_p^2\,r_p + 3\left(\frac{I_p}{\sqrt{3}}\right)^2 (r_b + r_s) \quad \ldots \ldots \ldots (179)$$

$$V_{k2} = 3\,I_p^2\,r_p + 3\left(\frac{I_p}{2}\right)^2 r_s + 6\left(\frac{I_p}{2\sqrt{3}}\right)^2 r_b \quad \ldots \ldots (180)$$

$$V_{k3} = 3\,I_p^2\,r_p + 6\left(\frac{I_p}{\sqrt{3}}\right)^2 r_b \quad \ldots \ldots \ldots \ldots (181)$$

Durch Auflösung der Gleichungen (179), (180) und (181) erhält man die nachfolgenden Werte für r_p, r_s und r_b:

$$r_p = \frac{- 2/3\ V_{k1} + 8/9\ V_{k2} + 1/9\ V_{k3}}{I_{p2}} \quad \ldots \ldots \ (182)$$

$$r_s = \frac{2\ V_{k1} - 4/3\ V_{k2} - 2/3\ V_{k3}}{I_p{}^2} \quad \ldots \ldots \ldots \ (183)$$

$$r_b = \frac{V_{k1} - 4/3\ V_{k2} + 1/3\ V_{k3}}{I_p{}^2} \quad \ldots \ldots \ldots \ (184)$$

Die Effektivwerte der Ströme in den Transformatorwicklungen im Gleichrichterbetrieb nach Zahlentafel V-C, jedoch entsprechend einem Übersetzungsverhältnis $1 : \sqrt{3}$ zwischen primärer und sekundärer Phasenspannung umgerechnet, sind die folgenden:

Primärstrom:

$$I_p = \frac{I\sqrt{2}}{\sqrt{3}}\ \sqrt{1 - 3\ \psi(u)}.$$

Sekundärstrom in den inneren in Stern geschalteten Wicklungen:

$$S = \frac{I}{\sqrt{3}}\ \sqrt{1 - 3\ \psi(u)} = \frac{I_p}{\sqrt{2}}.$$

Sekundärstrom in den äußeren Wicklungszweigen:

$$A = \frac{I}{\sqrt{6}}\ \sqrt{1 - 6\ \psi(u)}$$

$$= \frac{I_p}{2}\ \sqrt{\frac{1 - 6\ \psi(u)}{1 - 3\ \psi(u)}}.$$

Die Kupferverluste des Transformators im Gleichrichterbetrieb betragen:

$$V_{kr} = 3\ I_p{}^2\ r_p + 3\ S^2\ r_s + 6\ A^2\ r_b$$

$$= 3\ I_p{}^2\ r_p + \frac{3\ I_p{}^2}{2}\ r_s + \frac{6\ I_p{}^2}{4}\left(\frac{1 - 6\ \psi(u)}{1 - 3\ \psi(u)}\right) r_b$$

$$= I_p{}^2\left[3\ r_p + 1{,}5\ r_s + 1{,}5\ r_b\ \frac{1 - 6\ \psi(u)}{1 - 3\ \psi(u)}\right] \quad \ldots \ldots \ (185)$$

Bei einem Überlappungswinkel von 20^0, der ungefähr der Vollast entspricht, weist das Verhältnis $\dfrac{1 - 6\ \psi(u)}{1 - 3\ \psi(u)}$ in Gleichung (185) den Wert 0,95 auf. Setzt man dieses Verhältnis gleich 1, so entsteht ein Fehler von 5% bei den Kupferverlusten der äußeren Wicklungszweige oder 1,8% bei den gesamten Kupferverlusten des Transformators, da die Zweigwicklungen ungefähr 37% der Transformatorleistung ausmachen. Unter dieser nach vorstehendem zulässigen Annahme und nach Einsetzung der Widerstandswerte aus den Gleichungen (182), (183) und (184) in die Gleichung (185) erhält man:

$$V_{kr} = 5/2\ V_{k1} - 4/3\ V_{k2} - 1/6\ V_{k3} \quad \ldots \ldots \quad (186)$$

Zwölfphasenschaltung mit Saugdrossel. Bei dieser Schaltung lauten die Ausdrücke für den Primär- und Sekundärstrom nach den Gleichungen (148) und (150) wie folgt:

$$I_p = 0{,}395\ I \sqrt{1 - 1{,}61\ \psi\ (u)},$$

$$A = 0{,}144\ I \sqrt{1 - 3\ \psi\ (u)} = 0{,}364\ I_p \sqrt{\frac{1 - 3\ \psi\ (u)}{1 - 1{,}61\ \psi\ (u)}}\ .$$

Da alle Sekundärphasen symmetrisch sind, sind ihre Widerstände gleich, und es sind nur zwei Versuche erforderlich, um den Primär- und Sekundärwiderstand je Phase zu ermitteln. Um die Sekundärwicklungen nicht zu stark zu überlasten, sind bei diesen Versuchen mindestens zwei sekundäre Wicklungsgruppen kurzzuschließen. Die Versuchsschaltungen zeigt Abb. 79.

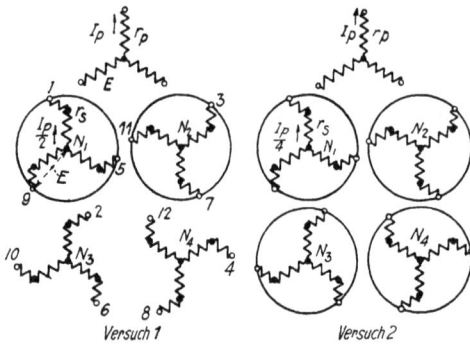

Abb. 79. Messungen zur Bestimmung der Kupferverluste des Transformators für einen Zwölfphasen-Gleichrichter mit Saugdrosseln.

Beim ersten Versuch sind die beiden Sekundärwicklungen mit den Nullpunkten N_1 und N_2 kurzgeschlossen, die Primärwicklung wird mit dem Nennstrom gespeist und die Messung der Kupferverluste vorgenommen. Bei einem Übersetzungsverhältnis 1:1 ist dann der Strom in jeder Sekundärphase gleich der Hälfte des Primärstromes und die mit dem Wattmeter gemessenen Kupferverluste betragen:

$$V_{k1} = 3\ I_p{}^2\ r_p + 6 \left(\frac{I_p}{2}\right)^2 r_s \quad \ldots \ldots \quad (187)$$

Beim zweiten Versuch werden alle Sekundärwicklungen kurzgeschlossen und die Kupferverluste gemessen. Der Strom in jeder Sekundärwicklung ist ein Viertel des Primärstromes und die gemessenen Kupferverluste sind:

$$V_{k2} = 3\ I_p{}^2\ r_p + 12 \left(\frac{I_p}{4}\right)^2 r_s \quad \ldots \ldots \quad (188)$$

Löst man die Gleichungen (187) und (188) nach r_p und r_s auf, so erhält man:

$$r_p = \frac{2\ V_{k2} - V_{kj}}{3\ I_p{}^2} \quad \ldots \ldots \ldots \quad (189)$$

$$r_s = \frac{V_{k1} - V_{k2}}{0{,}75\ I_p{}^2} \quad \ldots \ldots \ldots \quad (190)$$

Im Gleichrichterbetrieb sind die Kupferverluste des Transformators die folgenden:

$$V_{kg} = 3\,I_p{}^2\,r_p + 12\,A^2\,r_s$$
$$= 3\,I_p{}^2\,r_p + 12\,r_s\,(0{,}364\,I_p)^2\,\frac{1-3\,\psi\,(u)}{1-1{,}61\,\psi\,(u)}\,.$$

Bei einem Blindwiderstand des Transformators von 6% ergibt sich ein Überlappungswinkel u von ungefähr 15° und das Verhältnis $\dfrac{1-3\,\psi\,(u)}{1-1{,}61\,\psi\,(u)}$ hat den Wert 0,988. Dieses Verhältnis kann daher für alle praktischen Zwecke gleich 1 gesetzt werden, und man erhält:

$$V_{kg} = 3\,I_p{}^2\,r_p + 1{,}59\,I_p{}^2\,r_s \quad . \quad . \quad . \quad . \quad . \quad (191)$$

Setzt man in die Gleichung (191) die Werte von r_p und r_s aus den Gleichungen (189) und (190) ein, so ergibt sich:

$$V_{kg} = (2\,V_{k2} - V_{k1}) + 2{,}12\,(V_{k1} - V_{k2}) = 1{,}12\,V_{k1} - 0{,}12\,V_{k2} \quad (192)$$

Berechnung von Gleichrichtertransformatoren. Beispiel.

Der Transformator soll für einen Gleichrichter mit 12 Anoden verwendet werden, dessen Lichtbogenabfall der Kurve C in Abb. 6c entspricht und soll eine Leistung von 3000 kW bei 600 V auf der Gleichstromseite abgeben. Der Anschluß erfolgt an Drehstrom 13 200 V, 60 Hz. Der Transformator soll auf der Primärseite in Stern geschaltet sein und auf der Sekundärseite Doppel-Sechsphasenschaltung mit Saugdrossel besitzen. Die Sekundärwicklung soll aus zwei voneinander unabhängigen Sechsphasenwicklungen bestehen, deren jede mit einer Saugdrossel ausgerüstet sein soll. Das Schaltbild zeigt Abb. 81.

Berechnungen. Der Transformator ist für einen Blindwiderstand $X = 6\%$ auszulegen.

Die gesamten Kupferverluste V_k im Haupttransformator und in den Saugdrosseln werden zu 30 kW angenommen.

Der Gleichstrom bei Vollast beträgt:

$$I = \frac{3000 \cdot 1000}{600} = 5000 \text{ Amp.}$$

Aus der Kurve C in Abb. 6c ergibt sich der Lichtbogenabfall des Gleichrichters bei Vollast zu $e_l = 23$ V.

Der von den Kupferverlusten V_l verursachte gleichstromseitige Spannungsabfall zwischen Leerlauf und Vollast beträgt:

$$e_k = \frac{V_k}{I} = \frac{30 \cdot 1000}{5000} = 6 \text{ Volt.}$$

In Übereinstimmung mit Kurve 7 der Abb. 71 ist der von der Transformatorstreuung hervorgerufene gleichstromseitige Spannungsabfall zwischen Leerlauf und Vollast $g = 3\%$ der Spannung im Knie der Belastungskennlinie.

Die auf die Sekundärwicklung des Transformators bezogene Gleichspannung beim Knie der Belastungskennlinie (diese Belastung kann praktisch als Leerlauf angesehen werden) ergibt sich in Übereinstimmung mit Gleichung (166) zu:

$$E_{g\,t} = \frac{E_g + e_L + e_k}{1 - \dfrac{g\,\%}{100}} = \frac{600 + 23 + 6}{1 - 0{,}03} = 648 \text{ Volt.}$$

Die Wechselspannung je Phase der Sekundärwicklung des Transformators im Leerlauf beträgt in Übereinstimmung mit Gleichung (106):

$$E_s = \frac{E_{g\,t}}{1{,}17} = 554 \text{ Volt.}$$

Aus der Kurve 3 der Abb. 71 ergibt sich bei einem Blindwiderstand des Transformators von 6% der Überlappungswinkel $u = 20^0$.

Der Transformator besitzt 12 Sekundärwicklungen, je eine für jede Anode; je zwei Anoden führen gleichzeitig Strom. Der Effektivwert des Anodenstromes beträgt:

$$A = \frac{1}{2} \cdot \frac{I}{2\sqrt{3}} \sqrt{1 - 3\,\psi(u)}$$

$$= \frac{1}{2} \cdot \frac{5000}{2\sqrt{3}} \cdot 0{,}078 = 706 \text{ Amp.}$$

Die Scheinleistung der Sekundärwicklung des Transformators ist:

$$N_2 = \frac{12\,E_s\,A}{1000} = \frac{12 \cdot 554 \cdot 706}{1000} = 4694 \text{ kVA.}$$

Die primäre Phasenspannung ergibt sich zu:

$$E_p = \frac{13\,200}{\sqrt{3}} = 7622 \text{ Volt.}$$

Der Primärstrom beträgt:

$$I_p = \frac{I}{\sqrt{6}} \sqrt{1 - 3\,\psi(u)} \cdot \frac{E_s}{E_p}$$

$$= \frac{5000}{\sqrt{6}} \cdot 0{,}978 \cdot \frac{554}{7622} = 145 \text{ Amp.}$$

Hieraus folgt die Scheinleistung der Primärwicklung:

$$N_1 = \frac{3\,E_p\,I_p}{1000} = \frac{3 \cdot 7622 \cdot 145}{1000} = 3316 \text{ kVA.}$$

Ferner ergibt sich die Typenleistung des Transformators als Mittelwert der Scheinleistungen der Primär- und Sekundärwicklung zu:

$$N_r = \frac{4694 + 3316}{2} = 4005 \text{ kVA}.$$

Bemessung. Die Primärwicklung ist für 7622 V und 145 A je Phase zu bemessen, die Sekundärwicklung für 554 V, 706 A.

Bei der Bemessung muß man sich an die vorhandenen Typen anpassen. Nach den Daten eines ähnlichen Transformators wählt man die Windungsspannung. Im vorliegenden Fall soll sie 34,6 V je Windung betragen.

Die Windungszahl einer Sekundärphase ist 554/34,6 = 16.

Die Windungszahl einer Primärphase beträgt 7622/34,6 = 220.

Aus dem Ausdruck für die induzierte Spannung ergibt sich der magnetische Kraftfluß für jeden Schenkel des Eisenkernes zu:

$$\Phi = \frac{\text{Windungsspannung}}{4,44 \cdot \text{Frequenz}} \cdot 10^8$$

$$= \frac{34,6}{4,44 \cdot 60} \cdot 10^8 = 13 \cdot 10^6.$$

Wir wählen einen Wert von 12 600 Gauß für die Induktion im Eisen und erhalten:

$$F = \frac{13 \cdot 10^6}{12 600} = 1030 \text{ cm}^2.$$

Alle Spulen erhalten wegen der Kurzschlußfestigkeit Kreisform. Der Eisenkern wird mit kreuzförmigem Querschnitt ausgeführt.

Die Anordnung und Verbindung der Spulen auf jedem Schenkel des Transformators zeigt Abb. 80. In Abb. 81 ist das zugehörige Vektordiagramm ersichtlich.

Die Primärwicklung besitzt zwei parallele Zweige, deren jeder die Hälfte des Schenkels

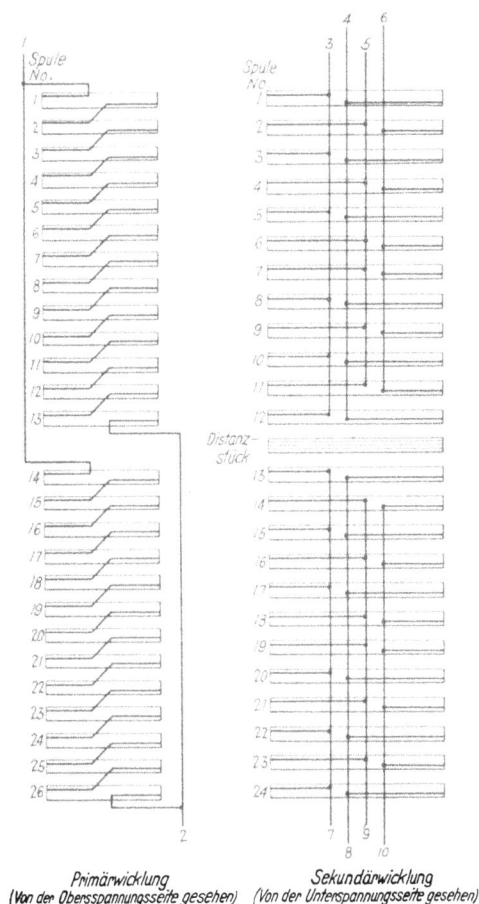

Primärwicklung
(Von der Oberspannungsseite gesehen)

Sekundärwicklung
(Von der Unterspannungsseite gesehen)

Abb. 80. Anordnung und Schaltung der Primär- und Sekundärwicklungen auf einem Schenkel eines Dreiphasen/Doppel-Sechsphasentransformators für einen Zwölfphasengleichrichter 3000 kW, 600 V.

einnimmt. Die Sekundärwicklungen sind derart angeordnet, daß die Wicklungen der parallel arbeitenden Sechsphasengruppen verschiedenen Zweigen der Primärwicklung gegenüberliegen. Durch diese Anordnung wird eine gute Stromverteilung zwischen den parallel arbeitenden Anoden erzielt, da die Wicklungen, die mit einem Paar parallel arbeitender Anoden verbunden sind, z. B. die Wicklungen *3—4* und *7—8* in den Abb. 80 und 81 auf entgegengesetzten Hälften des Kernes angeordnet sind und daher vollkommen gesonderte Streufelder besitzen Hierdurch wird auch der Strom im Rückzündungsfall herabgesetzt, da die von der Rückzündung betroffene Phase nur die Hälfte des Eisenkernes einnimmt und daher mit der Primärwicklung schlecht verkettet ist.

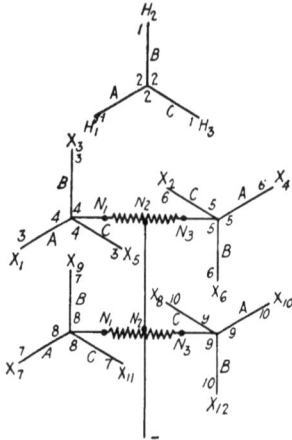

Abb. 81. Vektordiagramm des Gleichrichtertransformators Abb. 80.

Sowohl die Primärwicklung als auch die Sekundärwicklung bestehen aus Scheibenspulen. Für die Primärwicklung wird Flachkupfer $3 \times 11,5$ mm mit Papier- und Wollisolation gewählt. Die Primärwicklung besteht aus 26 Scheibenspulen, wovon je 13 einen Parallelzweig bilden. Die Sekundärwicklung besteht aus Flachkupfer, $4,5 \times 11,5$ mm mit Papier- und Wollisolation und enthält 24 Spulen, wovon je 6 parallel geschaltet sind und eine Anode speisen.

Die Kupferverluste können aus den Abmessungen der Spulen berechnet werden; ebenso die Eisenverluste aus dem Eisengewicht und der Induktion. Es folgt eine Aufstellung der Bemessungsgrundlagen und die Berechnung der Kupfer- und Eisenverluste:

Primärwicklung.

Primärspannung.	7622 V je Phase bei 60 Hz		
Primärstrom	145 A		
Windungsspannung	34,6 V/Windung		
Gesamtwindungszahl.	220×3		
Anzahl der Spulen je Phase	$20 + 4 + 2$		
Windungen je Spule.	18	12	16
Lagenzahl einer Spule	9	6	8
Windungen in einer Lage	2	2	2
Abmessungen des Leiters	$3 \times 11,5$ mm mit Papier- und Wollisolation; zwei Leiter parallel geschaltet		

Mittlere Windungslänge . . . . . . 1587 mm

Gesamte Leiterlänge . . . . . . $1{,}587 \times 220 \times 3 = 1047{,}4$ m des zweifach parallel geschalteten Kupferleiters $3 \times 11{,}5$ mm

Kupfergewicht . . . . 650 kg

Widerstand bei 75° C . . . . . . 0,0279 Ω

I^2R Verlust bei 75° C . . . . . . 6600 W

Kupferverlust bei Gleichrichterbetrieb, geschätzt . . . . . . 8500 W

Sekundärwicklung.

Sekundärspannung . . . . 554 V je Phase

Sekundärstrom . . . . 706 A

Gesamtwindungszahl . . . . $16 \times 4 \times 3$

Anzahl der Spulen 24

Windungszahl einer Spule 16

Lagenzahl 8

Windungen in einer Lage 2

Leiterabmessungen . . . . $4{,}5 \times 11{,}5$ mm Flachkupfer mit Papier- und Wollisolation; 6 Leiter parallel geschaltet

Mittlere Windungslänge . . . . . 2150 mm

Gesamte Leiterlänge . . . . . . $2{,}15 \times 16 \times 4 \times 3 = 412{,}8$ m der sechs parallelen Leiter $4{,}5 \times 11{,}5$ mm oder mit entsprechendem Zuschlag für die Verbindungen 420 m

Kupfergewicht . . . . 1160 kg

Gleichstromwiderstand bei 75° C . . 0,0279 Ω

I^2R Verlust bei 75° C . . . . . 13900 W

Kupferverlust bei Gleichrichterbetrieb, geschätzt . . . . 18000 W

Eisenkern.

Induktion . . . . 12600 Gauß

Querschnitt . . . . 1030 cm²

Fenster . . . . 380×1016 mm

Gewicht . . . . 5200 kg

Verlustziffer . . . . 2,65 W/kg

Gesamte Eisenverluste . . . . . . 13800 W

Zusammenstellung.

Eisenverluste . . . . 13,8 kW
Kupferverluste . . . . 26,5 kW
Kupfergewicht . . . . 1810 kg
Eisengewicht . . . . 5200 kg
Gesamtgewicht der aktiven Teile . . 7010 kg

Saugdrosseln. Da zwei Saugdrosseln verwendet werden, führt jede von ihnen die Hälfte des Gleichstromes, also 2500 A. Jede Wicklungshälfte einer Saugdrossel ist mit 1250 A belastet. Die Wechselspannung an der Saugdrossel ist in guter Annäherung gleich der Hälfte der sekundären Phasenspannung des Haupttransformators, also 277 V und von dreifacher Frequenz (180 Hz). Die nachfolgende Aufstellung zeigt den Berechnungsgang einer Saugdrossel für diese Verhältnisse:

Wicklung.

Wechselspannung . . . . 277 V, 180 Hz
Gleichstrom in einer Wicklung . . . 1250 A
Windungsspannung . . . . 13,85 V
Gesamtwindungszahl. . . . . $\dfrac{277}{13,85} = 20$ Windungen
Anzahl der Spulen 4
Windungzahl einer Spule 5
Lagenzahl 1
Windungen in einer Lage 5
Leiterabmessungen . . . . 16 × (2,6 × 15,4 mm) mit doppelter Baumwollisolation
Gesamtlänge . . . . 18,9 m
Kupfergewicht . . . . 110 kg
Widerstand bei 75° C . . . . 0,00061 Ω
I^2R Verlust bei 75° C . . . . . . 953 W
Mit dem Wattmeter bestimmter
  Kupferverlust bei 75° C . . . . 1000 W

Eisenkern.

Induktion . . . . 5500 Gauß
Eisenquerschnitt . . . . 316 cm²
Gesamtgewicht . . . . 499 kg
Verlustziffer in W/kg 2,2
Gesamte Eisenverluste . . . . . . 1100 W
Magnetisierungs-Voltampere je kg . . 4,4
Gesamte Blindleistung für die Magnetisierung . . . . 2200 VA
Magnetisierungsstrom . . . . . . $\dfrac{2200}{277} = 7{,}9$ A

Bei den beiden Saugdrosseln betragen die Kupferverluste zusammen
2 kW und die Eisenverluste zusammen 2,2 kW.

Die Anordnung und Schaltung der Wicklungen bei jeder Saugdrossel geht aus Abb. 82
hervor. Auf jedem Schenkel liegen 2 Spulen.
Die innere Spule eines Schenkels ist mit der
äußeren Spule des anderen Schenkels in Reihe
geschaltet; beide Spulen zusammen bilden
eine Wicklungshälfte. Durch diese Schaltung
erreicht man folgendes:

1. Die Ohmschen Widerstände der beiden
Wicklungshälften der Saugdrossel sind gleich
groß. Dies ist zur Erzielung einer gleichmäßigen Stromverteilung zwischen ihnen erforderlich.

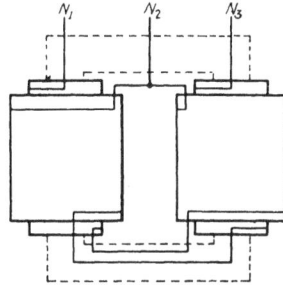

Abb. 82. Anordnung und Schal-
tung der Spulen bei der zum
Gleichrichtertransformator nach
Abb. 80 gehörigen Saugdrossel.

2. Die Summe der Gleichstrom-Amperewindungen auf jedem Schenkel ist gleich Null, wodurch eine Vorsättigung des Eisenkernes durch den
Gleichstrom vermieden wird.

Wirkungsgrad und Spannungsabfall. Im nachfolgenden wird die
Berechnung des Wirkungsgrades und Spannungsabfalles für einen
Gleichrichter 3000 kW, 600 V durchgeführt.

Wirkungsgrad.

Belastung	25	50	75	100 %
Laststrom	1250	2500	3750	5000 Amp.
Lichtbogenabfall	25	23	22,5	23,2 Volt
Verluste im Gleichrichter.	31,3	57,5	84,5	116 kW
Eisenverluste im Haupttransformator und in den Saugdrosseln	16	16	16	16 kW
Kupferverluste im Haupttransformator und in den Saugdrosseln	1,8	7,1	16,3	28,5 kW
Summe der Verluste	49,1	80,6	116,8	160,5 kW
Leistungsabgabe	750	1500	2250	3000 kW
Leistungsaufnahme	799,1	1580,6	2366,8	3160,5 kW
Wirkungsgrad	93,8	94,8	95	94,9 %

Spannungsabfall.

Sekundäre Phasenspannung $E = 554$ V.

Gleichspannung im Leerlauf, auf die Sekundärwicklung bezogen: $E_{go} =$
1,35 $E = 748$ V.

Gleichspannung beim Knie der Belastungskennlinie auf die Sekundärwicklung bezogen: $E_{g0} = 1{,}17 E = 648$ V.

Magnetisierungsstrom für beide Saugdrosseln zusammen: $I_t' = 2 \cdot 7{,}9 =$
= 15,8 A.

Gleichstrom beim Knie der Belastungskennlinie nach Gleichung (101)
$2{,}28 I_t' = 2{,}28 \cdot 15{,}8 = 36$ A (dies entspricht 0,7% des Vollaststromes).

Blindwiderstand des Transformators $X = 6\%$.

Spannungsabfall bei Vollast infolge des Blindwiderstandes $g\% \cdot E_{gt} = 0{,}5\,X\% \cdot E_{gt} = 0{,}03 \cdot 648 = 19{,}5$ V.

Kupferverluste $V_k = 28\,500$ W.

Spannungsabfall bei Vollast infolge der Kupferverluste $\dfrac{28\,500}{5000} = 5{,}7$ V.

Diese Spannungsabfälle sind der Belastung proportional.

Abb. 83. Öltransformator für einen Zwölfphasengleichrichter 3000 kW, 600 V, ohne Ölkessel. (BBC.)

Konstruktion der Gleichrichtertransformatoren.

Gleichrichtertransformatoren werden meist als dreiphasige Kerntransformatoren gebaut. Die Wahl der Spulenbauart (ob Scheibenspulen oder Zylinderspulen) wird durch die Spannung und Leistung des Transformators bestimmt.

Wegen der hohen Ströme im Rückzündungsfall muß große Sorgfalt auf die mechanische Festigkeit verwendet werden. Die Spulen und Verbindungsleitungen sind gut abzustützen. Die Sekundärwicklungen und die Verbindungen auf der Sekundärseite müssen besonders gut isoliert werden, um Durchschläge infolge der Überspannungen, die im Gleichrichterbetrieb auf der Sekundärseite des Transformators auftreten, zu vermeiden.

Abb. 84. Gleichrichtertransformator aus Abb. 83 im Ölkessel.

Abb. 85. Gleichrichtertransformator in Doppelzickzackschaltung für einen Gleichrichter 1000 kW, 600 V (aus dem Ölkessel herausgehoben).

Abb. 83 zeigt einen Brown-Boveri-Transformator für einen Gleichrichter 3000 kW, 600 V. Der Transformator besitzt Doppelsechsphasenschaltung mit Saugdrossel und Scheibenspulen. Die Spulen werden durch Federn zusammengepreßt. Eine Außenansicht dieses Transformators zeigt Abb. 84.

Abb. 85 zeigt einen Transformator in Gabelschaltung für einen 1000-kW-Gleichrichter. Er besitzt Zylinderspulen. Ein Anzapfungsumschalter für stromlose Betätigung ist an dem Transformator oben ersichtlich.

VII. Kapitel. Bemessung und Konstruktion der Eisengleichrichter.

Bevor die Einzelheiten der Konstruktion von Eisengleichrichtern besprochen werden, soll die einfachste Anordnung eines solchen Gleichrichters und seiner Zubehörteile an Hand der Abb. 86 beschrieben

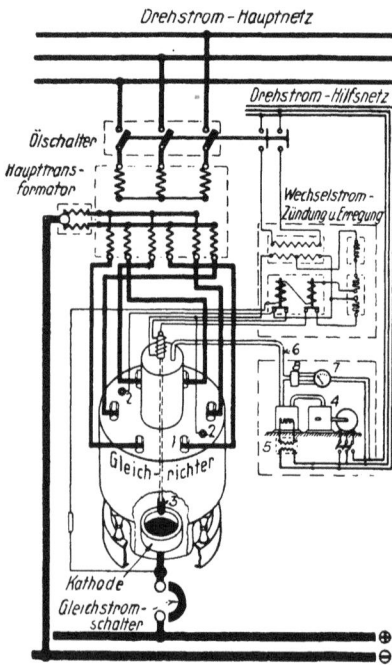

Abb. 86. Prinzipschaltbild eines Eisengleichrichters und seiner Nebeneinrichtungen.

1 ... Hauptanoden
2 ... Erreganoden
3 ... Zündanode
4 ... zweistufige Vakuumpumpe
5 ... Heiztransformator
6 ... Vakuumleitung
7 ... Vakuummeter
8 ... Vakuumventil.

werden. Der Haupttransformator ist primärseitig über einen Ölschalter an das Wechselstromnetz angeschlossen, während die Enden der Sekundärwicklungen mit den Anoden des Gleichrichters verbunden sind. Der Nullpunkt der Sekundärwicklung ist der Minuspol des Gleichstromnetzes. Die Kathode ist mit der positiven Sammelschiene über den Gleichstromschalter verbunden. Alle Hilfseinrichtungen für die Inbetriebsetzung und die Aufrechterhaltung des Betriebes sind auf der rechten Seite der Abbildung ersichtlich.

Der Gleichrichter ist in perspektivischer Ansicht abgebildet, wobei durch die unteren Teile ein Schnitt geführt ist, um das Innere des Gleichrichters, insbesondere das mit Quecksilber gefüllte Kathodengefäß, zu zeigen. Vom oberen Ende des Gleichrichtergefäßes geht eine Rohrleitung 6 zu einer zweistufigen Vakuumpumpe 4. Das Vakuum wird durch ein Vakuummeter 7, das an einen Vakuumhahn 8 angeschlossen ist, angezeigt. Die Zünd- und Erregungseinrichtung, aus einem

Transformator, Widerständen und Relais bestehend, wird für die Zündung des Lichtbogens im Gleichrichter mit Hilfe der Zündanode 3 und für die Aufrechterhaltung eines Hilfslichtbogens an den Erregeranoden 2 verwendet. Die Hilfseinrichtungen des Gleichrichters werden von einem besonderen Wechselstromnetz gespeist.

Der Gleichrichter wird folgendermaßen in Betrieb genommen: Man schaltet den Ölschalter ein und schließt dadurch den Haupttransformator an das speisenden Wechselstromnetz und gleichzeitig mittels der Hilfskontakte am Ölschalter den Zünd- und Erregertransformator an das Hilfsnetz an. Der Gleichrichter wird automatisch gezündet und die Erregung setzt ein; nun können die Hauptanoden bei Einschaltung irgendeiner Gleichstrombelastung den erforderlichen Strom liefern.

Die Erscheinungen, die während des Betriebes in einem Gleichrichtergefäß auftreten, wurden in den Kapiteln II und III ausführlich besprochen. An dieser Stelle soll nun die Konstruktion von Gleichrichtern verschiedener Erzeugerfirmen beschrieben werden.

Gleichrichtergefäße.

Bemessung. Die Bemessung der Gleichrichtergefäße erfolgt gegenwärtig empirisch. Wegen des bedeutenden Einflusses bestimmter Einzelheiten auf die Betriebseigenschaften eines Gleichrichters gehört zur Konstruktion eines guten Gleichrichters beträchtliche Entwicklungsarbeit und langjährige Erfahrung. Gegenwärtig begrenzt das Auftreten von Rückzündungen die Leistungsfähigkeit der Gleichrichter, und die Anstrengungen der Konstrukteure sind hauptsächlich darauf gerichtet, Rückzündungen bei den betriebsmäßigen Belastungen auszuschalten.

Zum Unterschied von anderen elektrischen Maschinen und Apparaten kann ein und dasselbe Gleichrichtergefäß in einem weiten Bereich von Gleichspannungen und für jede in Starkstromnetzen vorkommende Frequenz verwendet werden. Aus diesem Grunde können die Erzeuger von Gleichrichtern mit einer beschränkten Zahl von Größen das ganze Anwendungsgebiet beherrschen und die Gleichrichtergefäße in größeren Stückzahlen auf Lager erzeugen.

Ein Eisengleichrichter besteht aus einem vakuumdichten Kessel, einer Kathode und mehreren Anoden; Kathode und Anoden sind vom Kessel isoliert. Außer diesen Hauptteilen besitzt jeder Gleichrichter Einrichtungen für die Zündung und Aufrechterhaltung des Lichtbogens, ferner verschiedene Vorkehrungen zur Lenkung des Quecksilberdampfstromes, sowie zur Kühlung und Temperaturregelung des Kessels und der Anoden.

Es ist Vorsorge zu treffen, daß das Gleichrichtergefäß zur Kontrolle und für Reparaturen geöffnet werden kann. Die Baustoffe, die im In-

neren des Gleichrichtergefäßes verwendet werden, müssen temperatur-
beständig sein und dürfen keine Gase abgeben. Alle Schweißnähte müssen
vakuumdicht sein. Die Einführungen müssen derart gebaut sein, daß

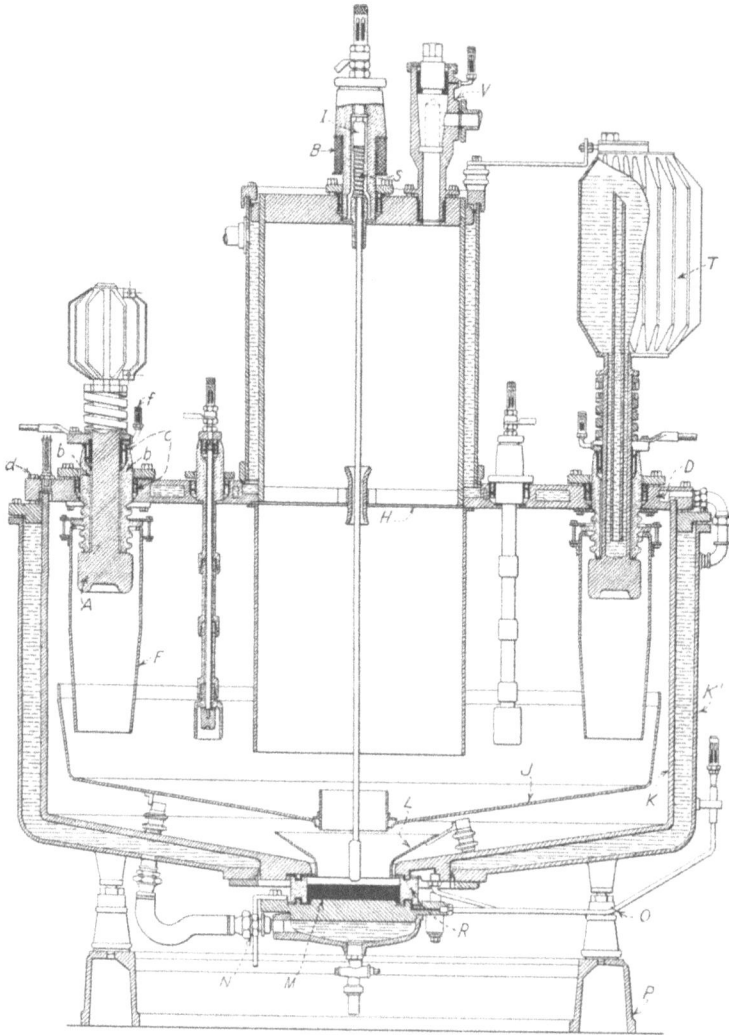

Abb. 87. Querschnitt durch einen Eisengleichrichter, Bauart Brown Boveri; links eine luftgekühlte,
rechts eine wassergekühlte Anode.

sie auch bei Temperaturschwankungen vakuumdicht bleiben. Die Anoden und die Kathode sind so anzuordnen, daß bei den betriebs-
mäßig auftretenden Spannungen und Gasdrücken keine Überschläge
möglich sind. Die Anoden müssen gegen den von der Kathode kommenden Quecksilberdampf abgeschirmt sein. Der Quecksilberdampf soll

gegen die kühlen Gefäßwände gelenkt werden, um dort zu kondensieren. Das kondensierte Quecksilber wird zur Kathode geleitet und vor Eintritt in das Kathodengefäß filtriert. Die Kühlvorrichtungen des Gleichrichters sind so zu bemessen, daß das Quecksilber rasch kondensiert und die Gefäßtemperatur sowie der Quecksilberdampfdruck unterhalb jener Werte gehalten werden können, bei denen Rückzündungen

Abb. 88. 12-Anoden-Eisengleichrichter, Bauart Brown Boveri, Nennleistung 3000 kW bei 600 V.

auftreten. Die Anoden werden gekühlt, um die Anodenverluste abzuleiten und örtliche Erhitzungen an der Anodenoberfläche zu verhindern.

Abb. 87 zeigt einen Schnitt durch einen Brown-Boveri-Gleichrichter mit einer luftgekühlten Anode links und einer wassergekühlten Anode rechts. Abb. 88 zeigt einen Gleichrichter dieser Bauart mit 12 wassergekühlten Anoden und einer Vakuumpumpe. Die Nennleistung dieses Gefäßes ist 3000 kW bei 600 V mit wassergekühlten Anoden laut Abbildung und 3500 kW bei 1500 V mit luftgekühlten Anoden. Abb. 89

zeigt einen anderen Brown-Boveri-Gleichrichter, mit einer Nennleistung von 4000 kW bei 600 V Gleichspannung.

Abb. 90 ist die Schnittzeichnung und Abb. 91 die Ansicht eines Gleichrichtergefäßes der General Electric Co. mit 6 Anoden für 500 kW Nennleistung bei 600 V oder 750 kW bei 1500 V. Einen größeren Gleichrichter der General Electric Co. mit 12 Anoden, für eine Nennleistung von 1000 kW bei 600 V, stellt die Abb. 92 dar. Abb. 93 zeigt einen Gleichrichter ähnlicher Bauart und gleicher Leistung, jedoch mit Graphitanoden, die mit Mycalex[1]) isoliert und abgedichtet sind. Die Bauart dieser Anoden ist aus Abb. 106 ersichtlich.

Abb. 94 ist die Ansicht eines Gleichrichtergefäßes der A.E.G.; Abb. 95 zeigt einen Schnitt durch die Zündvorrichtung dieses Gleichrichters. Die Erregeranoden sind in Abb. 94 nicht eingezeichnet; sie sind denen der Abb. 87 ähnlich, liegen jedoch näher bei der Kathode, bestehen aus Graphit und sind von metallischen Schutzrohren umgeben. Abb. 96 zeigt einen Schnitt durch einen Gleichrichter der S.S.W. mit angebauter Vakuumpumpe; Abb. 97 ist ein Schnitt durch die Zündeinrichtung dieses Gleichrichters. Ferner finden wir in Abb. 98 einen Schnitt durch ein Gleichrichtergefäß der Westinghouse Co. und in Abb. 99 einen Schnitt durch einen Gleichrichter der Bergmann-Werke.

Die erwähnten Abbildungen zeigen, daß die Konstruktionen der einzelnen Firmen im Gleichrichterbau weit mehr voneinander abweichen, als es sonst bei elektrischen Maschinen der Fall ist.

Die dargestellten Gleichrichtergefäße unterscheiden sich in der Form, in der Anordnung der Kondensräume, in der Kühlung, in der Bauart der Anoden, der Kathode und der Einführungen.

Kühlung des Gleichrichtergefäßes. Es ist notwendig, die Verlustwärme von den Kesselwänden, der Kathode und den Anoden abzuleiten. Die Temperatur der Anodenumgebung ist unterhalb eines bestimmten Wertes zu halten, da sonst die Ventilwirkung versagen würde. Das Gefäß K ist von einem Wassermantel K' umgeben, durch den das Kühlwasser zirkuliert (s. die Abb. 87, 90, 94, 96 und 100). Das Gleichrichtergefäß steht gewöhnlich auf Isolatoren, die am Kühlmantel befestigt sind. Auch für die Kathode ist ein Kühlmantel vorgesehen; das Wasser tritt unterhalb der Kathodenplatte M ein und wird durch das gebogene Rohr N in den Wassermantel des Gleichrichtergefäßes geleitet. Der in den Abb. 87 und 100 ersichtliche Schlauch dient zur Isolation der Kathode vom Gleichrichtergefäß (s. Kapitel III, Abb. 18). Ist der negative Pol des Gleichstromnetzes geerdet, so muß die Zuleitung des Kühlwassers zur Kathode durch einen isolierenden Gummischlauch erfolgen. Dieser Schlauch muß eine beträchtliche Länge besitzen, damit die darin enthaltene

---

[1]) Siehe W. W. Brown »Mycalex, ein bearbeitungsfähiger Isolierstoff«, American Machinist, 12. Dezember 1929.

Wassermenge einen hohen Widerstand bietet, da die Kathode gegen
Erde die volle Gleichspannung aufweist und der von der Kathode zur
Erde fließende Strom nur einige Milliampere betragen darf, um elektrolytische Wirkungen zu vermeiden. Bei einer 600-V-Anlage ist der Gummischlauch gewöhnlich etwa 3 bis 4,5 m lang. Der Ohmsche Widerstand
der im Schlauch enthaltenen Wassersäule hängt von der Länge und vom
Durchmesser des Schlauches sowie von der chemischen Beschaffenheit
des Wassers ab. Bei einer 3000-V-Anlage mit geerdetem negativem Pol

Abb. 89. 24-Anoden-Eisengleichrichter, Bauart Brown Boveri, Nennleistung 4000 kW bei 600 V
mit luftgekühlten Anoden.

wäre dieser Schlauch außerordentlich lang, und deshalb werden Eisengleichrichteranlagen für Spannungen über 1500 V mit Wasserrückkühlern
ausgerüstet, die gegen Erde vollständig isoliert sind (s. Kapitel VIII).

Nach dem Durchfließen des Wassermantels der Kathode bespült
das Kühlwasser die Gefäßwände, fließt dann durch den hohlen Deckel
(Anodenplatte), kühlt auf diese Weise das ganze Gleichrichtergefäß
und führt die Wärme ab, die bei der Kondensation des Quecksilberdampfes frei wird. Zwischen dem Wassermantel und dem Deckel bestehen zwei bis vier Rohrverbindungen; nach dem Deckel bespült das
Kühlwasser den Kondensdom und gelangt dann entweder in ein Abfluß-
rohr oder in die Rückkühlanlage.

Will man das Vakuumgefäß aus dem Wassermantel herausnehmen, so genügt bei der Bauart nach Abb. 87 die Lösung einiger Schrauben, mit denen das Vakuumgefäß am Wassermantel befestigt ist. Das Gleichrichtergefäß kann dann mit Hilfe der Traghaken am Kondensdom aus dem Wassermantel herausgehoben werden.

Um die Kühlung des Gleichrichtergefäßes wirksamer zu gestalten und um die Bewegung des Quecksilberdampfes im Inneren des Gleichrichtergefäßes entsprechend zu lenken, besitzen einige Gleichrichtergefäße im Inneren Wasserkühlzylinder W (vgl. Abb. 96 und .98). Bei Gleichrichtern, die keine derartigen besonderen Kühlvorrichtungen und auch keine Kondensdome besitzen, muß der Deckel des Gleichrichtergefäßes besonders gut gekühlt werden.

Gleichrichtergefäße. Der Zylinder oder Kessel, in dem die Gleichrichtung unter Vakuum vor sich geht, ist der wichtigste Teil des Gleichrichters. Die Form des Gefäßes und seine Größe für eine bestimmte Leistung schwanken je nach der Herstellerfirma. Der Durchmesser hängt von der Zahl und Größe der Anoden und von ihrer Anordnung ab; im nachstehenden folgen einige Angaben über den Durchmesser des Gleichrichtergefäßes bei verschiedenen Leistungen.

Gleichrichterleistung bei 600 Volt in kW	Durchmesser des Gleichrichtergefäßes in mm
500	900 bis 1200
1000	1200 » 1500
2000	1500 » 1800
3000	1800 » 2100
4500	2400 » 2750
6500	2750 » 3000

Der Abstand von den Anoden bis zum Mittelpunkt der Kathode schwankt bei einem 500-kW-Gleichrichter zwischen 635 und 890 mm; bei einem 2000-kW-Gleichrichter beträgt dieser Abstand zwischen 900 und 1150 mm Die Höhe des Kessels beträgt 600 bis 1200 mm. Die Strombelastbarkeit eines Gleichrichtergefäßes bei einer bestimmten Spannung hängt nicht nur von seiner Größe sondern auch von der Kühlung des Kessels und der Anoden und von der Form und Größe der letzteren ab. Der Kessel selbst ist gewöhnlich aus Walzstahl hergestellt und seine innere Oberfläche ist mit einem Sandstrahlgebläse behandelt und sorgfältig gereinigt.

Die Kessel K werden bei manchen Gleichrichterbauarten gepreßt, während bei anderen Konstruktionen die Grundplatten an die zylindrischen Kesselwände angeschweißt werden. Auf das Schweißen ist bei Gleichrichtergefäßen große Sorgfalt zu verwenden. Manche Hersteller glühen die Kessel nach dem Schweißen aus. Jener Teil der Kesseloberfläche, der mit dem Wasser in Berührung kommt, ist mit einem Anstrich

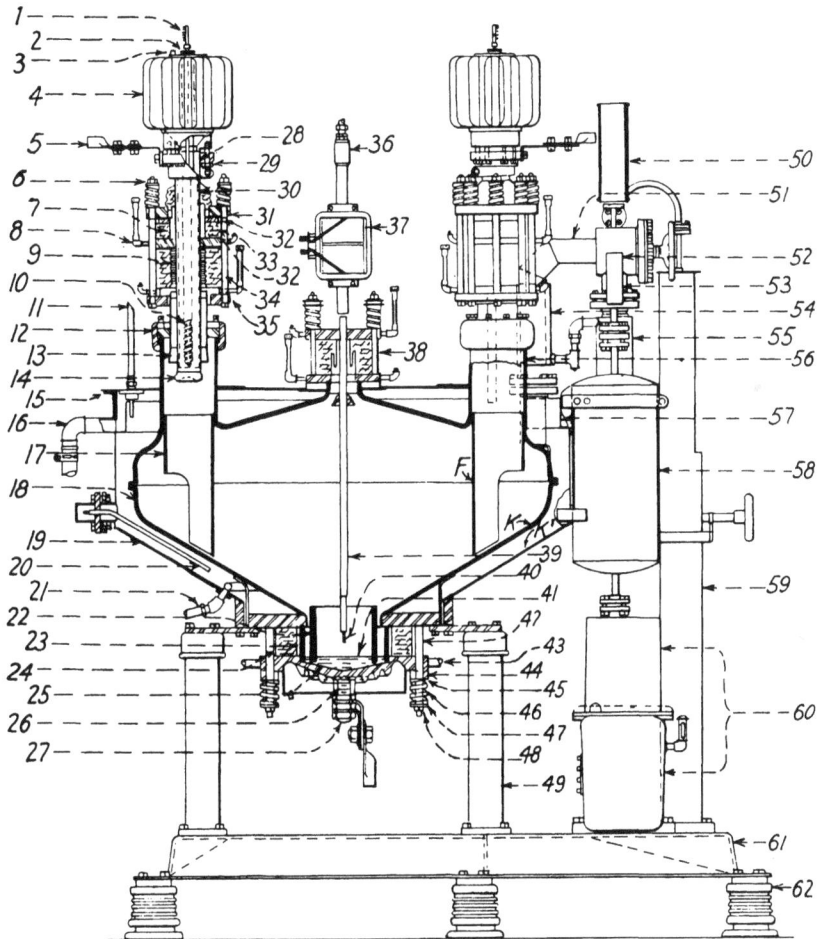

Abb. 90. Schnitt durch einen Eisengleichrichter mit 6 Anoden. (General Electric Co.)

1 Anschluß des Anodenheizkörpers
2 Schutzrohr des Anodenheizkörpers
3 Verschlußschraube des Anodenkühlers
4 Anodenkühler
5 Anodenanschluß
6 Isolator-Preßbolzen
7 Oberes Anoden-Isolierrohr aus Glimmer
8 Quecksilberdichtung mit Standglas
9 Anodenisolator
10 Anodenheizkörper
11 Thermometer am Deckel
12 Anodenbefestigungsring
13 Anodenschutzrohr
14 Anode
15 Deckel des Gleichrichtergefäßes
16 Kühlwasserabfluß aus dem Wassermantel
17 Anodenschild
18 Vakuumgefäß
19 Wassermantel des Gleichrichtergefäßes
20 Wassermantelheizkörper
21 Kühlwasserzufuhr zum Wassermantel
22 Innerer Quarzring an der Kathode
23 Äußerer Quarzring an der Kathode
24 Kathodenisolator aus Porzellan
25 Quarzringhalter
26 Kathode
27 Kathodenanschluß
28 Abdichtung des Anodenkühlers
29 Befestigung des Anodenkühlers
30 Schutzrohr aus Porzellan
31 Oberer Flansch der Anodenbestigung
32 Asbestscheiben

33 Oberer Anodenisolator aus Porzellan
34 Isolierrohr über dem Anodenbolzen
35 Unterer Flansch der Anodenbefestigung
36 Zündanode
37 Zündspule
38 Isolator der Zündanode
39 Schutzrohr der Zündanode
40 Zündstift am unteren Ende der Zündanode
41 Kathodenquecksilber
42 Isolierrohr über dem Kathodenbefestigungs-
   bolzen
43 Kühlwasserzufluß der Kathode
44 Großer Isolierring
45 Großer Eisenring
46 Druckfeder
47 Eisenscheibe
48 Mutter des Kathodenbefestigungsbolzens
49 Gefäßstütze
50 Vakuummeter
51 Vakuumleitung
52 Vakuumventil
53 Quecksilberauffanggefäß
54 Wassermantel der Vakuumleitung
55 Quecksilber-Kondensationspumpe
56 Anodenstutzen des Gleichrichtergefäßes
57 Kühlwasser-Überlauf
58 Zwischen-Vakuum-Behälter
59 Kompressionsvakuummeter nach Mc. Leod
60 Rotierende Vakuumpumpe
61 Grundrahmen des Gleichrichters
62 Isolator der Grundrahmenbefestigung

zu versehen, um Korrosionen zu vermeiden, insbesondere dann, wenn der negative Pol des Gleichstromnetzes geerdet ist.

Außer den Hauptanoden, deren es 6, 12, 18 oder 24 geben kann, sind an dem Deckel des Gleichrichtergefäßes die Erregeranoden befestigt (vgl. Abb. 87 und 99). Bei manchen Gleichrichtern können die Anoden nach Lösen einiger Schrauben entfernt werden (s. Abb. 87). Bei einigen Konstruktionen können die Gleichrichtergefäße aus ihren Wassermänteln

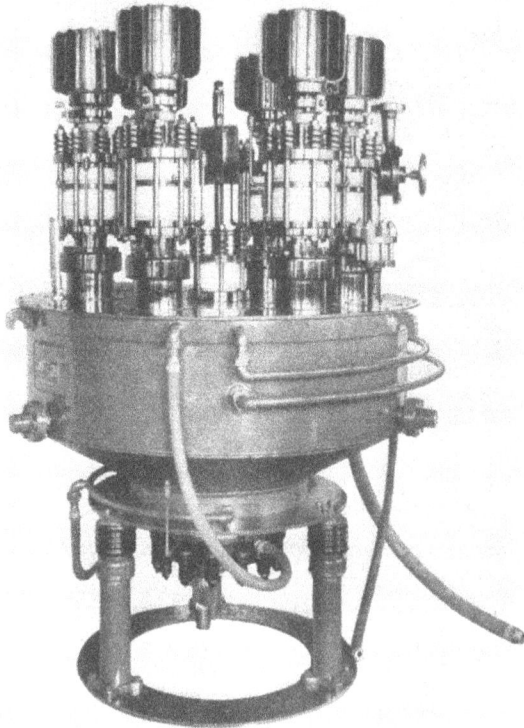

Abb. 91. Eisengleichrichter der General Electric Company
mit 6 Anoden, Nennleistung 500 kW, bei 600 V.

herausgehoben werden. Hierdurch ist es möglich, bei Störungen das Innere des Gleichrichtergefäßes und auch seine Außenseite zu besichtigen; die Außenseite ist dem Wasser ausgesetzt und soll daher in Zeitabständen von 1 bis 2 Jahren gereinigt und mit einem neuen Anstrich versehen werden.

Bei allen Eisengleichrichtern sind die Anoden durch den Deckel des Gefäßes hindurchgeführt und die Abdichtung gegen das Vakuum, die ein wesentlicher Teil der Konstruktion ist, erfolgt mit Dichtungen der verschiedensten Bauarten, die später beschrieben werden sollen.

Einrichtungen zur Lenkung des Quecksilberdampfstromes und des Lichtbogens. Alle neueren Eisengleichrichter besitzen metallische Anodenschutzrohre.

An der Kathode wird für je 1000 A Gleichstrom 5 bis 10 g Quecksilber in der Sekunde verdampft; diese Menge ist beträchtlich größer als die für die Stromleitung erforderliche. Bei dem hochgradigen Vakuum im Inneren des Gleichrichtergefäßes bewegt sich der Quecksilberdampf mit einer sehr hohen Geschwindigkeit (ca. 200 m/s). Infolgedessen ist das Innere des Gleichrichtergefäßes mit in turbulenter Bewegung befindlichem Quecksilberdampf erfüllt. Gelangt dieser Dampf in die Umgebung der Anoden, so kann eine Quecksilberkondensation an der Anodenoberfläche eintreten und dies kann die Ursache einer Rückzündung sein. Ferner steigert die Anhäufung von Quecksilberdampf im Lichtbogenbereich den Druck und damit auch den Spannungsabfall und die Verluste; es verringert sich auch die Durchschlagsspannung zwischen der Kathode und den Anoden.

Diese Tatsachen werden beim Bau von Glasgleichrichtern in der Weise berücksichtigt, daß die Anoden in enge und geknickte Glasarme

Abb. 92. Eisengleichrichter der General Electric Company mit 12 Anoden, Nennleistung 1000 kW, bei 600 V.

eingeschlossen werden, wodurch sie dem direkten Einfluß des Quecksilberdampfes entzogen werden. Derselbe Grundsatz wird auch beim Bau von Eisengleichrichtern angewandt, indem Anodenschutzrohre vorgesehen werden, die dem Quecksilberdampf den direkten Zutritt zu den Anoden zu verwehren.

Weiterhin sind Vorkehrungen für die Rückleitung des kondensierten Quecksilbers zur Kathode zu treffen. Würde sich das Quecksilber beim Herabfließen zur Kathode an irgendeiner Stelle in größeren Mengen ansammeln, so könnte an einer solchen Stelle außerhalb des Kathodengefäßes ein Kathodenfleck entstehen.

Man ist bestrebt, die an der Kathode verdampfte Quecksilbermenge herabzusetzen. Dies erreicht man durch Kühlung des Kathodenquecksilbers oder durch Fixierung des Kathodenflecks mittels eines Metallstiftes oder Metallringes. Manche Hersteller sind der Ansicht, daß die Fixierung des Kathodenfleckes zu einem geringeren Spannungsabfall führt und die Zündung erleichtert. Gewöhnlich wird über der Kathode

Abb. 93. 12-Anoden-Gleichrichter der General Electric Company,
mit Mycalex-Dichtungen.

ein Filter angeordnet, der Verunreinigungen, die aus den Gefäßwänden stammen, nicht in das Kathodenquecksilber gelangen läßt. Die Größe des Quecksilberspiegels an der Kathode hat keinen praktischen Einfluß auf die verdampfte Quecksilbermenge.

In Abb. 96 ist der Weg des Quecksilberdampfes durch Pfeile und der des Lichtbogens durch gestrichelte Linien angedeutet. Der Quecksilberdampf wird von der Kathode durch den Quarzzylinder Q gegen die zylindrischen Kühler W gelenkt. Zwischen dem Deckel und den

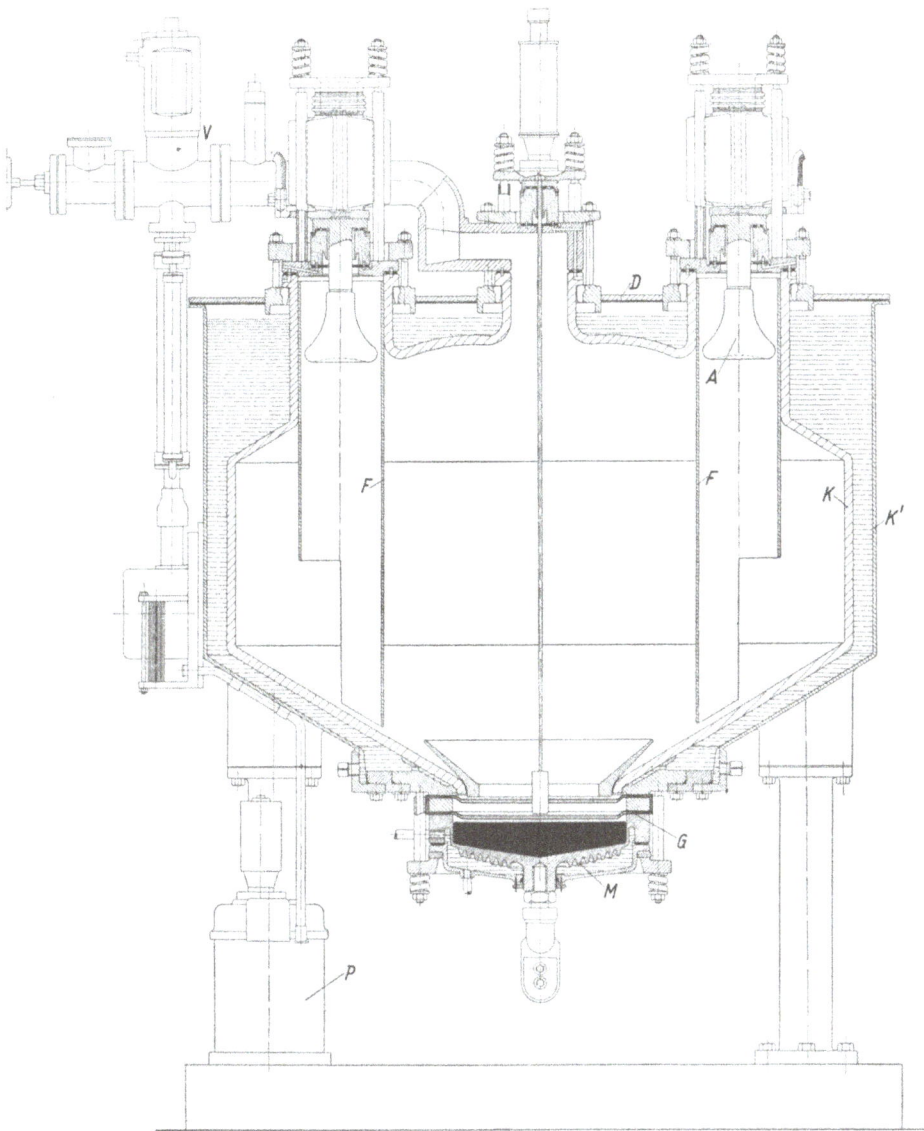

Abb. 94. Querschnitt durch einen Eisengleichrichter der Allgem. Elektricitäts-Ges.

Kühlern ist ein genügend großer Abstand, so daß der Quecksilberdampf nach Durchströmung der Kühler seinen Weg zu den Gefäßwänden nehmen kann. Es ist zu beachten, daß bei dieser Gleichrichterbauart die Hauptanoden tief im Inneren des Kessels liegen und der obere Teil des Gefäßes zur Kondensation herangezogen wird, ohne daß ein besonderer Kondensationsdom vorhanden wäre.

Kathode. Die Kathode ist ein mit Quecksilber gefüllter Behälter am Boden des Gleichrichtergefäßes. Die geringste erforderliche Quecksilbermenge an der Kathode kann aus der Geschwindigkeit der Verdampfung und Kondensation bei der größten Belastung theoretisch bestimmt werden. Die in dem Kathodengefäß zurückbleibende Quecksilbermenge muß für die ordnungsgemäße Zündung ausreichen.

Bei allen Gleichrichtergefäßen ist die Kathode vom Kessel isoliert. Der Grund hierfür ist in Kapitel III auseinandergesetzt worden. Es ist ein Isolator R zwischen dem Kessel und der Kathodenplatte M eingeschaltet. Dieser Isolierring besteht meist aus Porzellan und ist an seinem unteren Ende gegen die Kathodenplatte und an seinem oberen Ende gegen den Boden des Gleichrichtergefäßes abgedichtet. Obwohl die Spannungsdifferenz zwischen Gleichrichtergefäß und Kathode nur 5 bis 25 V bei Vollast beträgt, ist auf die Kathodenisolation Sorgfalt zu verwenden. Es muß nämlich das kondensierte Quecksilber zur Kathode zurückgeleitet werden, ohne den Isolator zu überbrücken; sonst könnte der Kathodenfleck entlang dem herabfließenden Quecksilber nach aufwärts klettern und auf die Gefäßwände gelangen; dies könnte zum Bruch des Isolierringes oder zu einer Beschädigung der Kesselwände führen. Um derartige Störungen zu vermeiden, sehen manche Hersteller einen Quarzzylinder Q über der Kathode vor, wie dies aus Abb. 90, 96

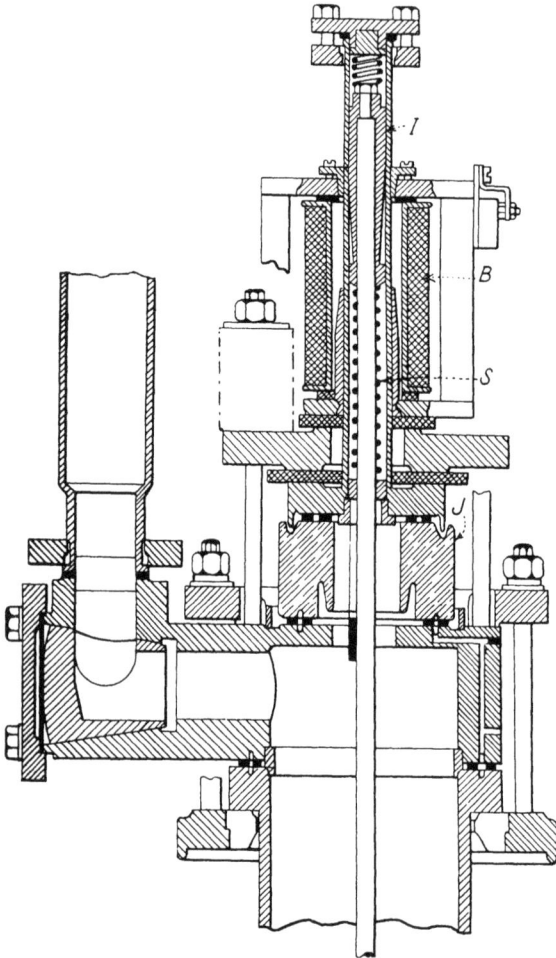

Abb. 95. Zündvorrichtung des Gleichrichters Abb. 94.

und 98 ersichtlich ist. Bei der Bauart nach Abb. 94 ist kein Isolierring vorhanden, und die Abdichtung erfolgt mit Hilfe eines Gummiringes G zwischen der Kathodenplatte und dem Boden des Gleichrichtergefäßes. Dieser
Gummiring ist so angeordnet, daß ein großer Kriechweg zwischen dem
Gleichrichtergefäß und der Kathodenplatte entsteht. Die Kathodenplatte
wird durch Federn gegen den Isolierring gepreßt (s. Abb. 88 und 90).

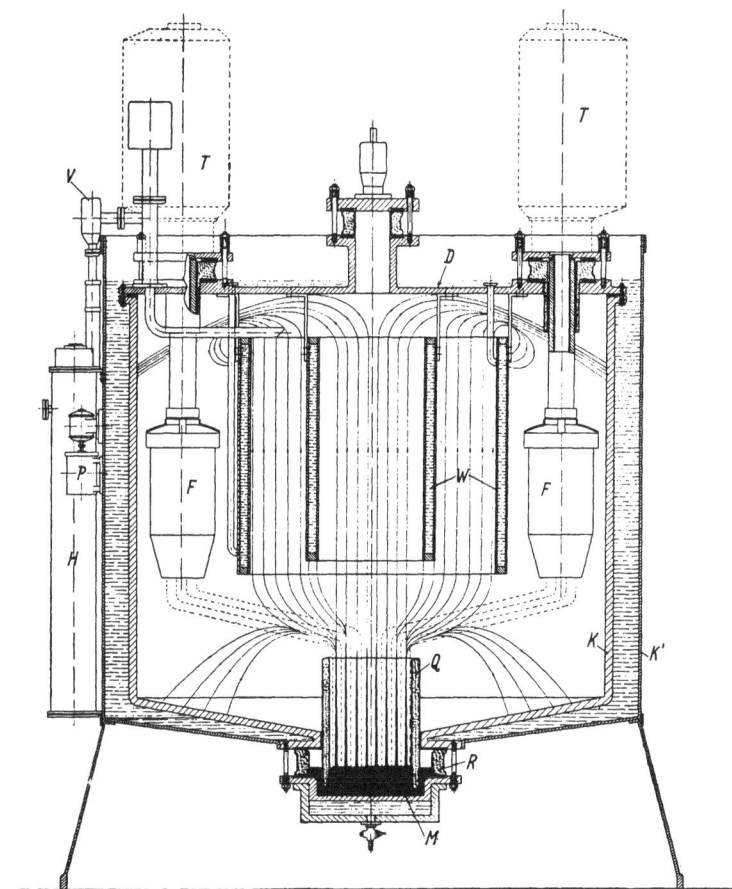

Abb. 96. Querschnitt durch einen Eisengleichrichter der Siemens-Schuckert-Werke.

In Abb. 99 ist eine Kathodenbauart dargestellt, die von den bei
anderen Gleichrichtern üblichen Bauarten abweicht. Die Stromzu-
leitung zur Kathode erfolgt von oben mit Hilfe eines isolierten Kupfer-
bolzens, der an seinem unteren Ende eine in das Kathodenquecksilber
tauchende Metallplatte trägt.

Das Kathodenquecksilber ist nur wenige Zentimeter tief und seine
Oberfläche schwankt zwischen 100 und 1000 cm². Die verwendete Queck-

silbermenge ist bei den verschiedenen Fabrikaten verschieden. Die Firma Brown Boveri verwendet 0,9 bis 1,4 kg Quecksilber für 100 A; die General Electric Co. hingegen 2,2 bis 4,5 kg Quecksilber für 100 A. Bei der Bauart der General Electric Co, die in den Abb. 90, 91, 92 und 93 ersichtlich ist, wird der Durchmesser der Kathode in erster Linie dadurch bestimmt, daß die entsprechende Öffnung im Boden des Gleichrichtergefäßes für Besichtigung und Reparaturen verwendet wird.

Hauptanoden. Die Anoden A sind in einem Kreis auf dem Zylinderdeckel D (Anodenplatte) angeordnet und von diesem isoliert. Bei Gleichrichtern großer Leistung mit sehr großer Anodenzahl liegen die Anoden manchmal auf zwei Kreisen, wobei darauf Bedacht genommen wird, daß die Lichtbogenlänge für alle Anoden gleich lang ist.

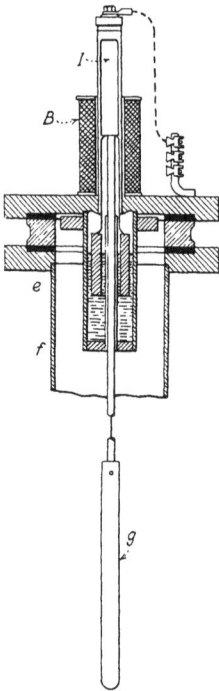

Es stehen sowohl Eisen- als auch Graphitanoden im Gebrauch. Die Gestalt der Anoden ist bei den verschiedenen Gleichrichterbauarten verschieden. Die Anode besteht im allgemeinen aus dem Anodenkopf und dem Schaft. Bei einigen Gleichrichterbauarten ist der Schaft zur Kühlung oder Heizung der Anode hohl (s. Abb. 87 und 90). Die untere Oberfläche der Eisenanoden (s. z. B. Abb. 87) ist konkav, damit sich der Lichtbogen gleichmäßig über die Oberfläche verteilt und die Bildung von heißen Flecken vermieden wird. Bei einigen Anodenbauarten ist die Oberfläche mit Einschnitten versehen. Sie muß bei Eisenanoden rein und hochpoliert sein. Diese Anoden werden aus einem Spezialstahl erzeugt, der frei von Verunreinigungen ist. Die Graphitanoden (s. Abb. 106) haben eine gefurchte Oberfläche und sind an einem Gewindebolzen befestigt. Das Bindemittel für den Graphit muß so beschaffen sein, daß die Anoden unter der Einwirkung des Lichtbogens nicht zerfallen. Die Temperatur an der Anodenoberfläche beträgt bei normaler Belastung ungefähr 600° C, entsprechend dunkler Rotglut. Bei dieser Temperatur geben die Anoden Metall- und Kohlendämpfe ab. Die der Kathode zugewandte Oberfläche der Anoden ist gewöhnlich so groß, daß die spezifische Stromdichte an der Anode zwischen 5 und 10 A/cm² projizierter Oberfläche beträgt.

Die Anoden sind von metallischen Schutzrohren F umgeben. Bei einigen Gleichrichterbauarten werden die Schutzrohre vom Anodenisolator getragen; bei anderen Konstruktionen sind sie am Deckel des Gleichrichtergefäßes befestigt. Der Hauptzweck der Anodenschutzrohre ist der Schutz der Anoden gegen den Quecksilberdampfstrahl. Die Länge

Abb. 97. Zündvorrichtung des Gleichrichters Abb. 96.

und Gestalt der Schutzrohre sowie die Größe ihrer Öffnungen üben einen bedeutenden Einfluß auf die Arbeitsweise des Gleichrichters aus. Schutzrohre von größerem Durchmesser verursachen einen kleineren Lichtbogenabfall, lassen jedoch mehr Quecksilberdampf durch; die praktisch ausgeführten Abmessungen beruhen auf einem Kompromiß zwischen diesen widersprechenden Einflüssen.

Ein wesentlicher Fortschritt im Bau der Eisengleichrichter war die Einschaltung von Gittern in den Lichtbogenweg innerhalb der Anodenschutzrohre. Durch das Hinzufügen der Gitter wurden die Betriebseigenschaften der Gleichrichter wesentlich verbessert (vgl. Kapitel III). Es wurden verschiedene Gitterbauarten entwickelt, von denen einige aus konzentrischen Zylindern und andere aus radialen Platten bestehen. In Abb. 101 sind zwei Arten von Gittern dargestellt.

Werden die Gitter an den Anodenschutzrohren isoliert befestigt und mit Stromzuführungen versehen, so können sie als Steuergitter verwendet werden. Die Wirkungsweise der mit gesteuerten Gittern ausgerüsteten Quecksilberdampfventile, der sogenannten „Stromrichter" wird im XV. Kapitel besprochen.

Die Anoden sind am Deckel des Vakuumgefäßes mittels isolierender Einführungen befestigt. Diese müssen vakuumdicht und gegen die hohen Temperaturen beim Gleichrichterbetrieb widerstandsfähig sein; sie müssen ferner mechanisch fest sein, um den Stößen beim Transport und bei der Aufstellung sowie den Beanspruchungen, die durch Wärmedehnungen entstehen, standhalten zu können. Die Isolatoren bestehen aus Porzellan oder ähnlichen Isolierstoffen, welche die erforderlichen Eigenschaften besitzen. Die Fugen zwischen den Anoden und den Isolatoren einerseits und den Isolatoren und dem Deckel des Gleichrichtergefäßes andererseits müssen gegen das Vakuum abgedichtet werden.

Der Zusammenbau der Anode mit dem Isolator muß derart erfolgen, daß bei Wärmedehnungen der metallischen Teile keinerlei mechanische Beanspruchungen auf den Isolator übertragen werden und daß derartige Dehnungen die Abdichtung nicht beeinflussen. Dies wird gewöhnlich durch Federn erreicht, die einen gleichbleibenden Druck zwischen den Einzelteilen aufrechterhalten, wie dies die Abb. 87, 90 und 94 zeigen.

Die Verluste an den Anoden wurden in Kapitel II besprochen. Die durch diese Verluste erzeugte Wärme wird teils von der Anodenoberfläche durch Strahlung und teils vom Anodenschaft durch Wärmeleitung abgegeben. Einige Gleichrichter sind derart gebaut, daß der größte Teil der Anodenverluste durch den Schaft abgeleitet wird. Um dies zu erreichen, wird der Anodenschaft mit einem Kühlkörper versehen. Zwei Bauarten derartiger Kühlkörper zeigt Abb. 87. Der größere Kühlkörper auf der rechten Seite der Abbildung ist mit Wasser gefüllt, wobei das Wasser nach dem Thermosiphonprinzip umläuft. Der kleinere Kühlkörper auf der linken Seite der Figur besitzt Luftkühlung. Die Anoden mit wassergefüllten Kühlkörpern besitzen eine beträchtlich größere Strombelastbarkeit als die Anoden mit luftgekühlten Kühlkörpern. Bei der Anodenbauart nach Abb. 106 ist die Oberfläche des die Anode umschließenden Stutzens mit Kühlrippen versehen, welche vom Kühlwasser umspült werden.

Anodenheizkörper. Bei einigen Gleichrichterbauarten sind die Anoden hohl und mit Quecksilber gefüllt, in welches elektrische Heizkörper eintauchen. So sind z. B. die Anoden der Gleichrichter in den Abb. 90, 91 und 92 mit solchen Heizkörpern im Inneren des Anodenschaftes ausgerüstet.

Bei der Bauart nach Abb. 106 umgibt der Anodenheizkörper den Anodenschaft. Der Heizkörper steckt in einer Isolierhülse, durch die seine Anschlüsse hindurchgehen. Bei einer anderen Gleichrichterkonstruktion sind die Heizkörper im Wassermantel in der Nähe der Anoden vorgesehen.

Die Anoden werden mittels der Heizkörper während der Zeiten geringer Belastung oder bei Leerlauf

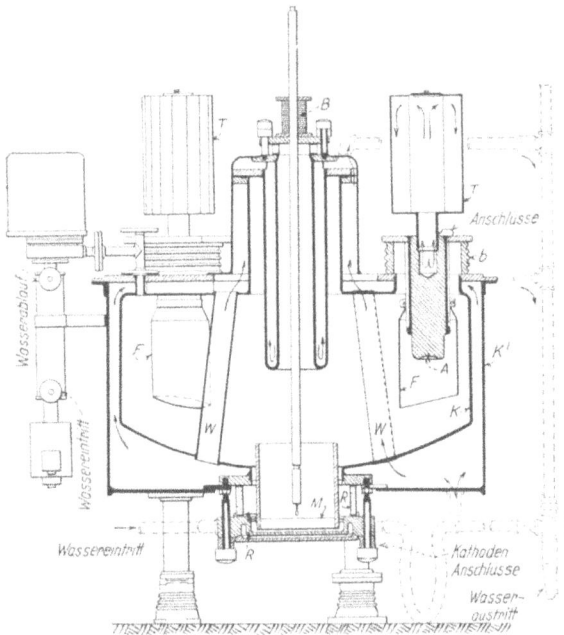

Abb. 98. Querschnitt durch einen Eisengleichrichter der Westinghouse-Gesellschaft.

geheizt, um die Kondensation von Quecksilber an den Anoden zu vermeiden, da eine solche Kondensation Rückzündungen verursachen kann. Die Anodenheizkörper müssen auch während des Ausheizens (Formierens) des Gleichrichters eingeschaltet sein.

Zünd- und Erregeranoden. Alle beschriebenen Gleichrichter besitzen Zündanoden, die bei einigen Gleichrichterbauarten auch als Erregeranoden zur Aufrechterhaltung des Erregerlichtbogens dienen, während bei anderen Bauarten besondere Erregeranoden vorgesehen sind. Die Schaltungen für die Zündung und Erregung sind in Abb. 133 dargestellt. Die Zünd- und Erregeranoden sind an eine Niederspannungsquelle angeschlossen.

Die Konstruktion der Erregeranoden zeigen die Abb. 87 und 99. Wegen der geringen Stromstärke und Spannung sind diese Anoden kleiner

als die Hauptanoden und liegen näher bei der Kathode. Die Erregeranoden und ihre Bolzen sind von Metall- oder Porzellanschutzrohren umgeben. Die Anschlußbolzen der Hilfsanoden gehen durch den Deckel
des Gleichrichtergefäßes hindurch und sind von ihm ebenso wie die Anschlüsse der Hauptanoden isoliert.

Die Zündanode besteht aus Wolfram oder Molybdän und liegt in
nächster Nähe der Kathodenoberfläche. Sie ist durch eine Stange mit
einem Eisenkern I verbunden, auf den eine Magnetspule B wirkt, die
im Kondensdom oder am Deckel des Gleichrichtergefäßes befestigt ist.

Die Länge der Stange kann
durch eine Schraube verändert
werden. Der Eisenkern I wird
normalerweise in seiner oberen
Stellung gehalten, wie dies die
Abb. 87, 95 und 97 zeigen. In
den Abb. 87 und 95 erfolgt
dies durch eine Feder S, hingegen in Abb. 97 durch den
Auftrieb des Zylinders e im
Quecksilber. Erregt man die
Zündspule B kurzzeitig, so
taucht die Zündanode in
das Kathodenquecksilber und
schließt den Zündstromkreis,
um ihn bei Stromloswerden der
Zündspule unter Bildung des
Zündfunkens zu unterbrechen.

Bei einem anderen Zünd-
verfahren für Großgleichrichter
wird eine ruhende Zündanode
verwendet, mit der das Kathodenquecksilber in Berührung gebracht wird. Dies kann
auf folgende Weise geschehen:

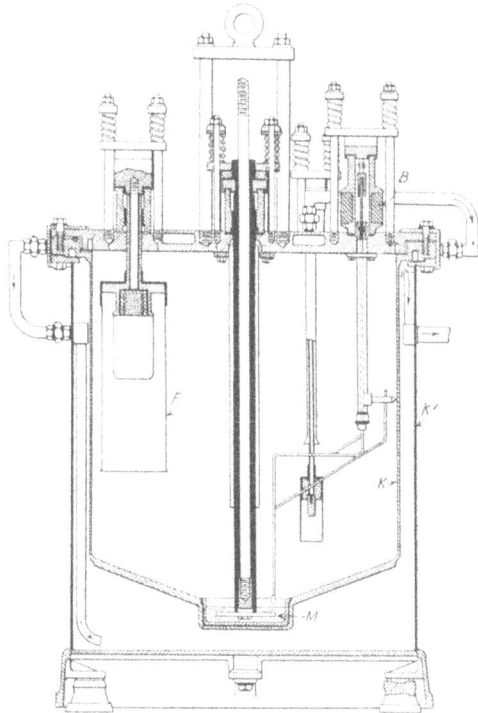

Abb. 99. Querschnitt durch einen Eisengleichrichter
der Bergmann-Elektrizitätsgesellschaft.

In Abb. 102 ist P der Boden
des Gleichrichtergefäßes, A die Zündanode und M die Quecksilbermenge, welche die Kathode bildet. N ist das obere Ende des u-förmi-
gen Rohres D, das mit Quecksilber gefüllt ist und F ist ein Eisenkern
in dem anderen Schenkel des Rohres, der zu einer Verdrängungskammer
erweitert ist. Dieser Eisenkern F unterliegt der magnetischen Einwirkung
der Spule C. Um den Gleichrichter zu zünden, wird diese Spule erregt;
der Eisenkern wird herabgezogen und das Quecksilber spritzt durch die
Düse N gegen die Zündanode A; hiedurch wird der Zündstromkreis
zeitweilig geschlossen. Es bildet sich ein Lichtbogen und die Zündung

ist durchgeführt; der Strom in der Zündspule wird unterbrochen, der Eisenkern kehrt in seine Ausgangsstellung zurück und die Zündvorrichtung steht für eine neuerliche Betätigung bereit (Spritzzündung).

In der Literaturstelle wird ein anderes Verfahren für die Zündung von Eisengleichrichtern beschrieben. Ein kleiner Bimetallstreifen taucht unter einem Winkel in das Kathodenquecksilber ein, derart, daß beim Hindurchschicken eines Stromes sich der Streifen infolge der ungleichen Ausdehnung der Metalle, aus denen er besteht, krümmt, so daß sein Ende sich von der Quecksilberoberfläche entfernt, wodurch der Zündkreis unterbrochen und ein

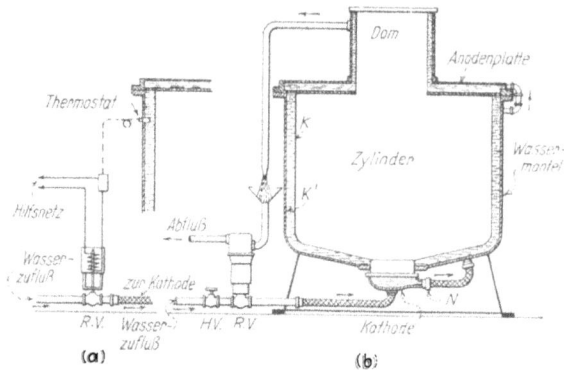

Abb. 100. Anordnung der Wasserkühlung eines Eisengleichrichters.

kleiner Lichtbogen gebildet wird. Ein Glasrohr, das sich mit dem Bimetallstreifen bewegt, verhindert, den Niederschlag von Quecksilber auf dem Streifen und daher das Festsetzen des Hauptlichtbogens auf ihm, der ihn in kurzer Zeit abschmelzen würde.

Die bei Quecksilberdampfglasgleichrichtern üblichen Zündverfahren werden im XIV. Kapitel besprochen.

Vakuumleitungen. Der Anschluß zur Vakuumpumpe erfolgt in der Regel an der höchsten Stelle des Gleichrichtergefäßes; so z. B. in Abb. 87 an der Spitze des Kondensdomes; das Vakuumrohr kann durch den von Hand zu betätigenden Hahn V

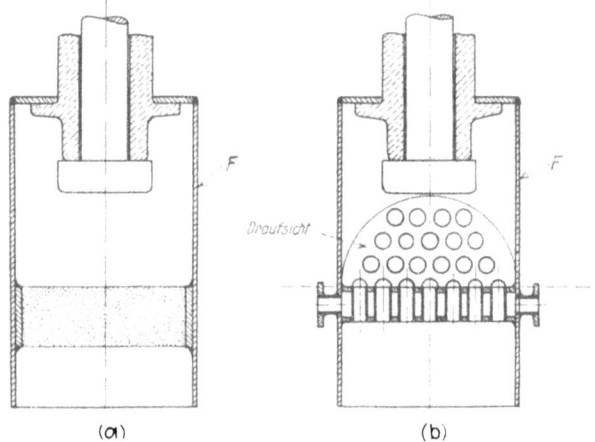

Abb. 101. Zwei Bauarten von in den Anodenschutzrohren montierten Gittern.

abgeschlossen werden. In Abb. 96 ist der Pumprohranschluß am oberen Ende der Kühlzylinder W angebracht und der Abschluß erfolgt durch den Hahn V. Bei manchen Konstruktionen wird das Ventil mechanisch fernbetätigt. Bei der in den Abb. 94 und 96 dargestellten Bauart sind die Vakuumpumpen, und zwar die durch einen Vertikalmotor angetriebene rotierende Pumpe P und die Quecksilberdampfstrahlpumpe H unmittelbar am Wassermantel befestigt, wodurch sich kurze Vakuumleitungen ergeben. Ein anderer Vorteil dieser Bauweise liegt darin, daß bei der Aufstellung des Gleichrichters die Ansschlüsse zu den Vakuumpumpen nicht hergestellt werden müssen, da die Vakuumpumpen schon in der Fabrik an den Gleichrichter angebaut werden.

Dichtungen.

Wie bereits erwähnt ist eine wichtige Bedingung für die zufriedenstellende Arbeitsweise von Quecksilberdampfgleichrichtern die Aufrechterhaltung eines guten Vakuums im Gleichrichtergefäß. Das Vakuum soll in der Größenordnung von $^1/_{100}$ bis $^1/_{1000}$ mm QS liegen, was ungefähr $^1/_{1\,000\,000}$ des atmosphärischen Luftdruckes entspricht. Bei Glasgleichrichtern ist das Problem einfacher, weil kein Isolierstoff zwischen den Anodeneinführungen und dem Glaskolben benötigt wird, da der Glaskolben selbst ein Isolator ist. Es ist ferner leicht möglich, die Anodeneinführungen in das Glas einzuschmelzen. Bei den Eisengleichrichtern muß jedoch ein Durchführungsisolator zwischen dem Anodenbolzen und dem Gefäßdeckel vorgesehen werden (s. Abb. 87), wobei eine vollkommen vakuumdichte Abdichtung, sowohl zwischen der Porzellandurchführung und dem Deckel, als auch zwischen dem metallischen Anodenbolzen und der Porzellandurchführung erforder-

lich ist. Bei einem großen Gleichrichter müssen mehrere Meter derartiger Stoßstellen abgedichtet werden, und die Dichtungen müssen Temperaturen von 100° C ohne Zerstörung und ohne Gasabgabe aushalten. Ferner dürfen diese Dichtungen durch die großen Quecksilberdampfmengen, die der Lichtbogen erzeugt, nicht angegriffen werden und müssen genügend robust

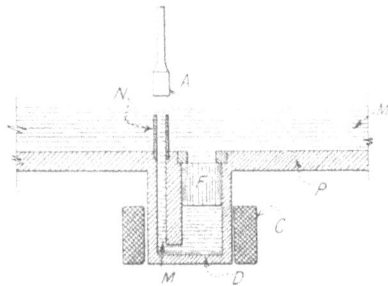

Abb. 102. Zündvorrichtung unter Verwendung einer ruhenden Zündanode.

sein, um den mechanischen Beanspruchungen während des Transportes und der Aufstellung standzuhalten.

Obwohl die Wirkung kleinerer Undichtheiten durch die Leistungsfähigkeit der neuesten Bauarten von Quecksilberdampfstrahlpumpen beseitigt werden kann, ist es wesentlich, daß so wenig Luft als möglich in das Gleichrichtergefäß eindringt, weil selbst eine kleine Luftmenge, welche die Gleichrichterwirkung noch nicht stört, bei den hohen Temperaturen im Gleichrichter eine Oxydation und damit eine Verunreinigung der inneren Teile des Gleichrichters bewirken würde.

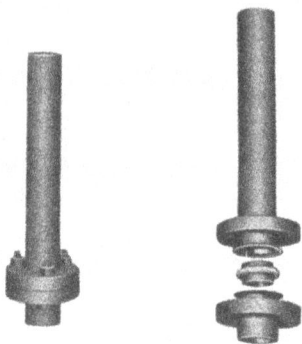

Abb. 103. Gummidichtungen für Rohrverbindungen.

Eine gute Dichtung für Eisengleichrichter muß folgenden Bedingungen entsprechen: a) sie muß vakuumdicht sein; b) sie muß von eingeschlossenen Gasen frei sein; c) sie
muß hohen Temperaturen standhalten;
d) sie muß eine ausreichende Festigkeit
aufweisen. Ferner müssen die Dichtungen den folgenden Betriebsanforderungen entsprechen: 1. einfacher Zusammenbau und leichte Zugänglichkeit;
2. lange Lebensdauer, d. h. weder Abnützung noch Zerstörung; 3. keine Instandhaltung; 4. gute isolierende Eigenschaften; 5. leichte Entdeckung von
undichten Stellen.

In den Abb. 104a, b und c sind einige von physikalischen Apparaten
bekannte Bauarten auswechselbarer Dichtungen schematisch dargestellt,
während die Dichtungen d bis h für die Verwendung in Eisengleichrichtern
gebaut sind. Abb. a stellt eine gewöhnliche Dichtung für die Verbindung
zweier Glasrohre dar, wobei das Ende des einen Rohres kegelförmig ist
und das Ende des anderen Rohres einen dazu passenden Hohlkegel bildet; eine Quecksilbermenge Q deckt die Stoßstelle ab und verhindert
das Eindringen von Luft in den Konus. Die Abb. b stellt eine Leitungs-
einführung für Vakuumapparate dar. Die in der Abbildung mit D be-
zeichneten Durchführungsleiter sind in die Glasrohre G eingeschmolzen,
welche auch das Quecksilber von den Drähten fernhalten. Abb. c zeigt
die bekannte Packung zwischen zwei Flanschen. Die Bauart der
Dichtungen d und e für Eisengleichrichter beruht auf dem Konusprinzip a

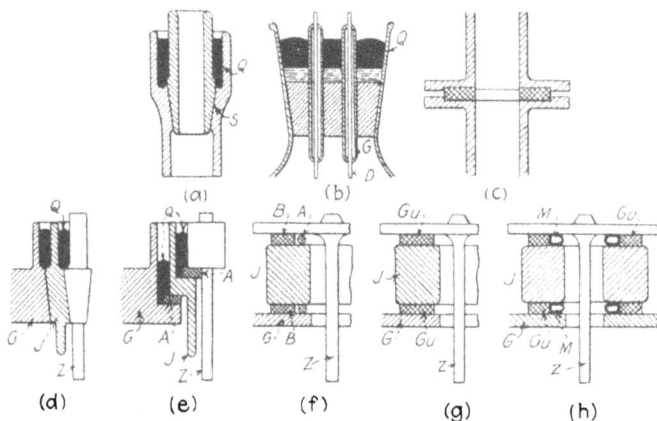

Abb. 104. Schematische Darstellung verschiedener Bauarten von Dichtungen.

und den Packungen c; es erweist sich aber als notwendig, die Dichtungen wegen der Isolation zwischen dem Leiter und den Gefäßwänden doppelt anzuordnen.

Bei der Bauart nach Abb. d ist der Isolator J im Gefäßdeckel befestigt und der Leiter Z im Isolator; in beiden Fällen sind die Dichtungsflächen konisch. Bei der Bauart nach Abb. e, der sog. Quecksilberdichtung, ist der Isolator J in den Gefäßdeckel G eingesetzt und der Leiter Z in den Isolator, wobei gepreßte Isolierringe A aus Gummi oder Asbest verwendet werden, die von Quecksilber bedeckt sind. (Wegen Einzelheiten dieser Dichtung sei auf Abb. 107 verwiesen.) Die Dichtungen nach den Abb. f, g und h sind aus den Flanschenpackungen nach Abb. c entwickelt. Bei der Bauart nach Abb. f wird ein gewöhnlicher Bleiring B verwendet, der durch einen Aluminiumring A gegen die Einwirkung des Quecksilbers geschützt ist. Die Dichtungen nach den Abb. g und h sind Packungen mit Gummiringen. In Abb. g wird bloß ein Gummiring verwendet, während bei der Gummidichtung nach Abb. h außer dem Gummiring ein Metallring M vorhanden ist, der das Eindringen von Gasen, die der Gummiring abgibt, in das Gleichrichtergefäß verhindert. Die Anwendung dieser Dichtungen auf Eisengleichrichter ist aus den Abb. 87, 90, 94, 96 und 99 ersichtlich; im nachfolgenden werden die wichtigsten Bauarten von Abdichtungen, nämlich Einschmelzungen, Quecksilberdichtungen, Zweistufendichtungen und Gummidichtungen besprochen.

Einschmelzungen. Zweifellos würde man die idealste Dichtung erhalten, wenn man die Leitungseinführungen in das Gleichrichtergefäß einschmelzen würde, wie dies bei Glasgleichrichtern geschieht. Dieses Verfahren kann auch bei Eisengleichrichtern angewendet werden, wenn man leicht schmelzbare Legierungen und einen Porzellanisolator mit metallisierter Oberfläche verwendet. Es sind verschiedene Verfahren dieser Art bekannt, nur haben sie bisher eine sehr beschränkte Anwendung gefunden. In Abb. 105 ist eine derartige Durchführung dargestellt. Wegen der verschiedenen Wärmedehnung ist das Porzellan nicht direkt mit dem

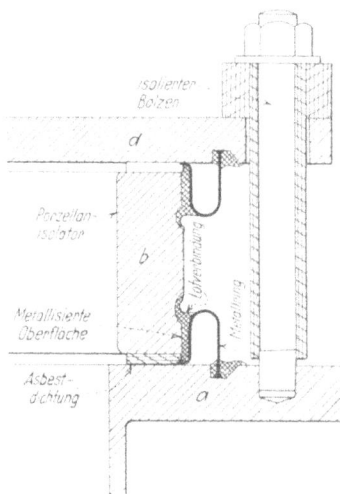

Abb. 105. Gelötete Dichtung des Gleichrichters Abb. 98.

eisernen Kessel verbunden, sondern es ist ein biegsamer Metallring zwischen die beiden Teile eingeschaltet, um übermäßige Beanspruchungen zu vermeiden. Die Dichtung wird zwischen dem Metallring und dem Porzellanisolator hergestellt und dann der Ring in die an der Oberfläche des Gleichrichterkessels und der Elektrode vorgesehenen Nuten eingelötet. Um örtliche Überlastung des Porzellans zu vermeiden, werden als nachgiebige Zwischenlage Asbestringe eingefügt. Diese Asbestringe schützen auch die empfindlichen Teile der Dichtung gegen das Amalgamieren durch den Quecksilberdampf (149).

Die Société Alsacienne de Constructions Mécaniques verwendet einen Anodenisolator, der aus Metallplatten besteht, welche mit Email überzogen, auf hohe Temperatur erhitzt und unter Druck zu einem festen Körper vereinigt werden. Das verwendete Email hat den gleichen Ausdehnungskoeffizienten, wie die Metallplatten. Durch diese Konstruktion wird sowohl die Isolation als auch die Abdichtung erreicht (208). Der Kathodenisolator kann ähnlich gebaut werden.

Die General Electric Co. verwendet eine sog. Mycalexdichtung bei ihren neueren Gleichrichtern. Ein Schnitt durch diese Dichtung ist in Abb. 106 ersichtlich; einen mit Mycalexdichtungen ausgestatteten Gleichrichter zeigt Abb. 93. Mycalex ist ein Gemisch von Glimmer und borsaurem Blei. Es ist grau gefärbt, hat ein metallisches Aussehen und soll besser isolieren als Porzellan. Durch Erhitzung auf dunkle Rotglut wird es plastisch und kann in diesem Zustand durch Pressen in Stahlformen in jede gewünschte Form gebracht werden. Es ist mechanisch widerstandsfähiger als Porzellan, außer gegen Druck, jedoch nicht so hitzebeständig wie Porzellan oder Glimmer. Das Mycalex kann mit Metallteilen durch Gießen vereinigt werden, wodurch eine sehr feste und dichte Verbindung entsteht. Es kann gedreht, gefeilt, gesägt und poliert werden.

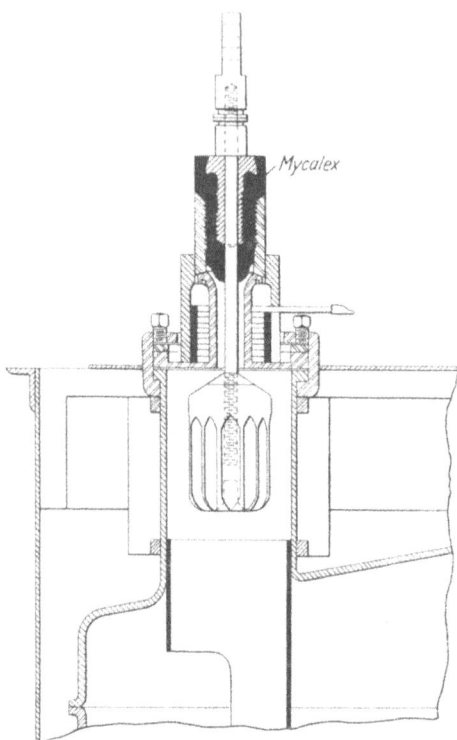

Abb. 106. Zusammenbau einer Graphitanode mit einer Mycalexdichtung und einem Anodenheizkörper. Diese Konstruktion ist bei dem Gleichrichter Abb. 93 in Verwendung.

Quecksilberdichtungen. In Abb. 107 ist eine Quecksilberdichtung von B.B.C. für Anodeneinführungen dargestellt; die Anwendung dieser Dichtung bei Gleichrichtern zeigt Abb. 87.

In Abb. 107 bedeutet *b* den Isolator, *c* die Dichtungsringe, die aus Asbest, Gummi oder irgendeinem anderen Stoff sein können, der gegen

Quecksilber abdichtet. Diese Ringe liegen in einem Hohlraum des Gleichrichterdeckels *a*. Wie aus Abb. 87 ersichtlich, wird der Isolator *b*, der den Anodenbolzen *A* hält, mittels Federn gegen die Dichtungsringe gepreßt. Durch das Rohr *f* wird Quecksilber in den Raum *g* gebracht und gegen das Abfließen in das Gleichrichtergefäß durch die Dichtungsringe *c* gesichert; auf diese Weise entsteht ein vollkommen vakuumdichter Abschluß. Das Quecksilber wird gegen die atmosphärische Luft durch eine weitere Dichtung *e* abgeschlossen, die aus Asbest, Gummi oder

einem ähnlichen Stoff bestehen kann, der mit Hilfe eines Flansches *d* gegen die Isolatoroberfläche gepreßt wird.

Die Anoden des in Abb. 90 dargestellten Gleichrichters der General Electric Co. sind ebenfalls mit Quecksilberdichtungen ausgerüstet, die im Prinzip den beschriebenen Dichtungen ähnlich sind, jedoch in Konstruktionseinzelheiten abweichen. Ein Schnitt durch diese Quecksilberdichtung ist in Abb. 108 ersichtlich.

Zweistufendichtung. Die A.E.G. verwendet eine Dichtung aus Aluminium und Blei. Diese Dichtung ist eine sog. Kaskadendichtung; sie

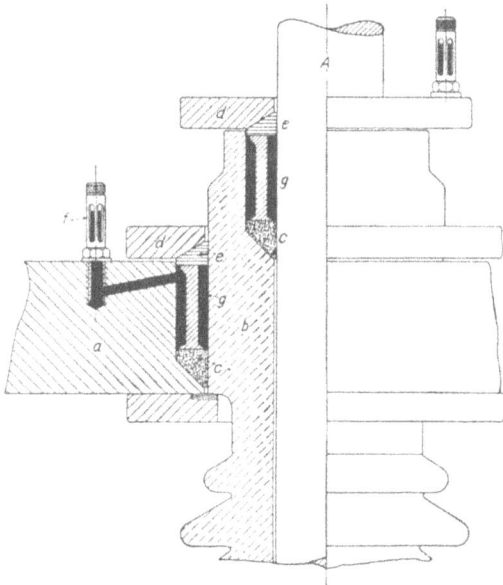

Abb. 107. Quecksilberdichtung (in Verwendung bei dem Gleichrichter Abb. 87).

ist in Abb. 94 und 95 und schematisch in Abb. 109 dargestellt. Der Porzellanisolator *b* und die Oberflächen der Flanschen *d* sind genau geschliffen. Der Isolator besitzt Einkerbungen; Bleiringe, die von dünnen Aluminiumringen umgeben sind, liegen sowohl innerhalb als auch außerhalb der Kerben. Wie aus Abb. 94 ersichtlich, werden die Metallpackungen mittels Schraubenfedern unter hohen Druck gesetzt. Die Aluminiumringe verhindern das Auseinanderfließen der Bleiringe. Die Einkerbungen werden durch Metallrohre an einen luftleeren Behälter angeschlossen, der den Druck derart verteilen soll, daß jede Dichtung nur einen Teil des vollen Druckunterschiedes aushalten muß. Wenn von außen Luft eindringt, so muß sie durch die Kerben hindurch und wird entfernt, bevor sie zur zweiten Dichtung gelangt, da der Zwischenbehälter an eine Vakuumpumpe angeschlossen ist. Zur Kontrolle und Prüfung muß jede Dichtung mit einer Vakuumleitung versehen sein; ist das Gleichrichtergefäß undicht, so wird Schritt für Schritt jede Vakuumleitung mit dem Vakuummeter verbunden, um die fehlerhafte Dichtung festzustellen.

Gummidichtungen. Bei dem in Abb. 96 dargestellten Gleichrichter sind Gummidichtungen verwendet, die im Prinzip den Dichtungen nach Abb. 104h entsprechen. Die Gummiringe, welche die Dichtung bilden, werden durch Eisenringe M geschützt, die den Quecksilberdampf abhalten. Für diesen Verwendungszweck wurde eine besondere Gummisorte entwickelt, die nicht viel Gase oder eingeschlossene Luft abgibt, wenn sie erwärmt wird, und die gegen hohe Temperaturen und hohe Drücke widerstandsfähig ist. Die Eisenringe sollen nicht nur die Gummiringe schützen, sondern auch die Abgabe von Gasen und Luft verhindern.

Gummidichtungen werden auch bei anderen Gleichrichterbauarten an

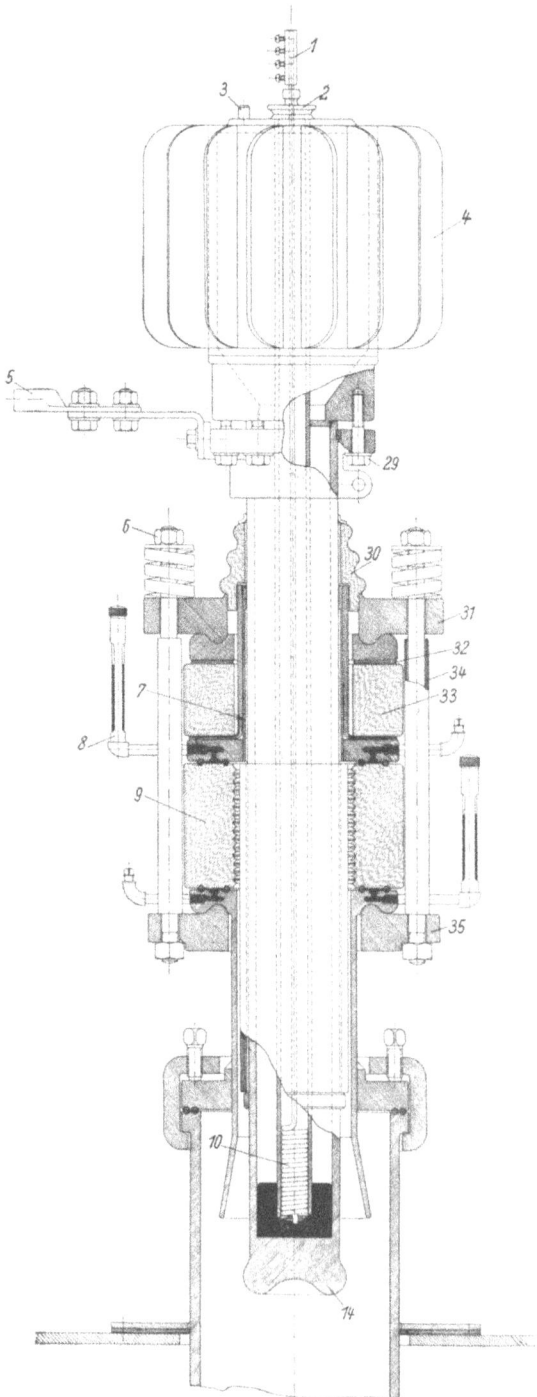

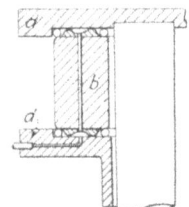

Abb. 108. Anordnung einer Anode mit Quecksilberdichtung im Gleichrichter Abb. 90.

Abb. 109. Zweistufendichtung des Gleichrichters Abb. 94.

solchen Stellen verwendet, die nur geringen Temperaturschwankungen ausgesetzt sind. Eine Gummidichtung, die in großem Umfang zur Herstellung von Verbindungen zwischen Vakuumleitungen verwendet wird, zeigt Abb. 103.

Allgemeines. Es wurden zahlreiche andere Dichtungen mit wechselndem Erfolg gebaut. Diese Dichtungen besaßen jedoch nur eine kurze Lebensdauer. Bei Metalldichtungen geht die innere Elastizität nach verhältnismäßig kurzer Zeit verloren. Gummi und ähnliche Stoffe werden infolge der häufigen Temperaturschwankungen, welche den Alterungs- und Zersetzungsvorgang, dem diese Stoffe unterworfen sind, beschleunigen, rasch zerstört.

Es ist leicht einzusehen, daß die einfachste Dichtung die beste ist, wenn sie den Stößen beim Transport und bei der Aufstellung widersteht und wenn es möglich ist, undichte Stellen rasch aufzufinden. Da bei einem Großgleichrichter bis zu 50 Dichtungsstellen vorkommen können, ist es von großer Wichtigkeit, daß eine fehlerhafte Dichtung rasch entdeckt werden kann, um sie ohne Zeitverlust reparieren zu können.

Der große Vorteil der Quecksilberdichtung liegt in der Tatsache, daß eine Undichtheit durch leichtes Absinken des Quecksilberspiegels im Quecksilberstandrohr angezeigt wird. Durch Steigerung des Druckes auf die Dichtungsringe, etwa durch Anziehen der Schrauben, kann die Undichtheit beseitigt werden. Das Quecksilber, das in das Gleichrichtergefäß eingedrungen ist, kann leicht ohne Betriebsunterbrechung ersetzt werden.

Die Hilfsanoden werden gewöhnlich mit Dichtungen derselben Bauart ausgerüstet, wie die Hauptanoden. Bei einigen der beschriebenen Gleichrichter besitzt auch die Kathode die gleiche Dichtung, wie die Hauptanoden. Die Konstruktion der Kathodendichtung ist jedoch insofern viel einfacher, als die Kathode nur eine sehr geringe Spannung in bezug auf das Gleichrichtergefäß aufweist und hier daher eine viel einfachere Isolation genügt (s. Abb. 87, 90 und 94).

VIII. Kapitel. Entwurf und Konstruktion des Gleichrichterzubehörs.

Vakuumpumpen.

Allgemeines. Alle Eisengleichrichter sind mit Vakuumpumpen ausgerüstet, die im Bedarfsfall in Betrieb gesetzt werden. Ein je höheres Vakuum im Gleichrichtergefäß aufrechterhalten wird, desto größer ist die Betriebssicherheit und der Wirkungsgrad des Gleichrichters. Das Vorhandensein von Fremdgasen steigert den Lichtbogenabfall und vergrößert die Wahrscheinlichkeit des Eintretens von Rückzündungen. Die Vakuumpumpen sind derart bemessen, daß nicht nur die Gase, die von den Metallteilen des Gleichrichters bei Erwärmung unter Vakuum allmählich abgegeben werden, entfernt werden können, sondern daß auch kleine Undichtheiten den Betrieb nicht stören.

Eine schematische Darstellung der Anordnung der Hilfseinrichtungen zur Aufrechterhaltung des Vakuums zeigt Abb. 110.

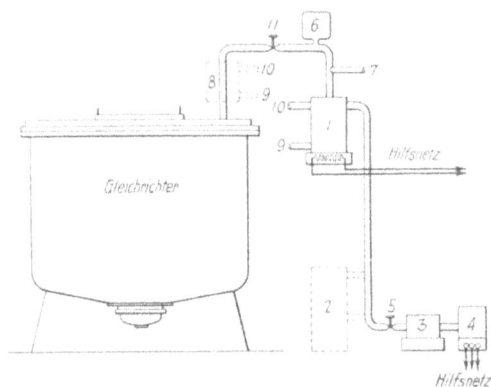

Die übliche Pumpeinrichtung besteht aus einer rotierenden Vorvakuumpumpe, einer elektrisch geheizten Hochvakuumpumpe nach dem Diffusions- bzw. Kondensationsprinzip (Quecksilberdampfstrahlpumpe), einem Zwischenbehälter und einem Hahn zwischen den beiden Pumpen. Das Rückschlagventil 5 verhindert, daß bei Versagen der Pumpe, etwa durch Ausbleiben der Spannung für ihren Antriebsmotor, vom äußeren Luftdruck Öl in das Gleichrichtergefäß gepreßt wird.

Abb. 110. Schematische Anordnung der Vakuumhaltung.

1 = Hochvakuumpumpe. 2 = Zwischenbehälter. 3 = Rotierende Vakuumpumpe. 4 = Motor der rotierenden Vakuumpumpe. 5 = Ventil. 6 = Vakuummeter. 7 = Prüfleitung. 8 = Wassermantel der Vakuumleitung. 9 = Wassereintritt. 10 = Wasseraustritt. 11 = Vakuumventil.

Der Hahn *11* wird von Hand betätigt und ermöglicht es, das Gleichrichtergefäß abzuschließen, wenn die Vakuumleitung auf Undichtheiten untersucht wird oder Arbeiten am Vakuummeter bzw. an den Pumpen vorgenommen werden sollen.

Es ist bis jetzt nicht gelungen, rotierende Pumpen zu bauen, die ein genügend hohes Vakuum für den ordnungsgemäßen Betrieb von Großgleichrichtern erzeugen; vielmehr ist mit rotierenden Pumpen höchstens ein Vakuum von 0,01 mm QS unter günstigen Umständen erreichbar. Andererseits gibt es noch keine Quecksilberdampfstrahlpumpe, die imstande wäre, gegen den atmosphärischen Luftdruck zu fördern. Schaltet man zwei oder mehrere Quecksilberdampfstrahlpumpen in Reihe, so steigt der Druck, gegen den eine solche Anordnung fördern kann, auf ungefähr 10 bis 20 mm QS. Dieser letztgenannte Druck muß daher von der rotierenden Pumpe aufrechterhalten werden. Wie bereits erwähnt, ist es am vorteilhaftesten, eine rotierende Pumpe und eine Quecksilberdampfstrahlpumpe in Reihe zu schalten, wobei die erstgenannte den Druck auf 20 mm QS oder weniger herabsetzt, während die andere ihn von diesem Werte auf ungefähr 0,0001 mm QS ermäßigt.

Die Fördermenge neuerer Quecksilberdampfstrahlpumpen beträgt mehr als 10 l/s, wobei ein Vakuum von 0,001 bis 0,000001 mm QS er-

reichbar ist. Die modernen Eisengleichrichter können mit automatisch
gesteuerten Vakuumpumpen ausgerüstet werden. Sobald der Druck
auf einen bestimmten Wert ansteigt, wird der Pumpensatz in Betrieb
gesetzt; ist das richtige Vakuum erreicht, so werden die Pumpen
wieder stillgesetzt. Die Steuerung der Pumpen erfolgt durch Vakuummeter.

Die rotierende Vakuumpumpe hat das Luft-Gas-Gemisch aus dem
Gleichrichtergefäß bis auf den äußeren Luftdruck zu verdichten, nachdem das Gemisch schon vorher durch die Quecksilberdampfstrahlpumpe
vorverdichtet wurde. Die rotierende Pumpe und die Quecksilberdampf-

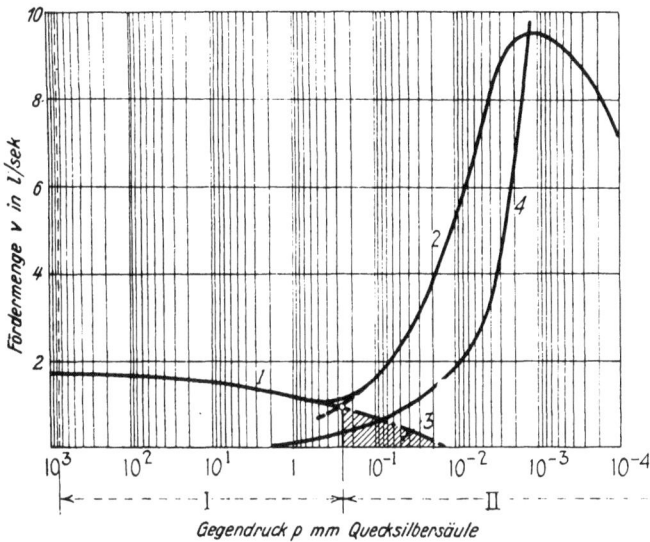

Abb. 111. Kurven der Förderleistung von Quecksilberdampfstrahlpumpen und rotierenden
Vakuumpumpen, in Abhängigkeit vom Druck in mm Quecksilbersäule.

strahlpumpe müssen nicht nur die nötige Leistungsfähigkeit besitzen,
sondern sie müssen auch eine genügende Überdeckung ihrer Arbeits-
bereiche aufweisen.

Die Kennlinien einer rotierenden Ölpumpe und einer Quecksilberdampfstrahlpumpe sind in Abb. 111 ersichtlich. Die Fördermenge der
rotierenden Pumpe in Abhängigkeit vom Druck ist durch die Kurve 1
dargestellt und die der Quecksilberdampfstrahlpumpe durch Kurve 2.
Die Abb. 111 zeigt auch das Überdeckungsgebiet. Die Ordinaten sind die
Fördermengen der Pumpen, hingegen die Abszissen Drücke in mm QS
absolut. Die Kurve 4 ist ein theoretisches pv-Diagramm für die denkbar
günstigste Arbeitsweise der Quecksilberdampfstrahlpumpe, die jedoch
in der Praxis nicht erreicht werden kann.

Vorvakuumpumpen.

Rotierende Pumpen. Die Verwendung rotierender Pumpen ist manchmal als Nachteil des Eisengleichrichters angesehen worden, was jedoch bei der Einfachheit der Wirkungsweise der heutigen rotierenden Pumpen nicht berechtigt ist. Typische Konstruktionen solcher Pumpen zeigen die Abb. 112, 113 und 114; in allen diesen Abbildungen bedeutet *9* den drehbaren Teil (Rotor), der exzentrisch in einem zylindrischen Raum liegt und von einem Motor mittels der Welle *19* angetrieben wird. In einem Schlitz des Rotors *9* befinden sich zwei Platten *11*, die durch Federn nach außen gedrückt werden. Wenn sich der Rotor *9* dreht, so

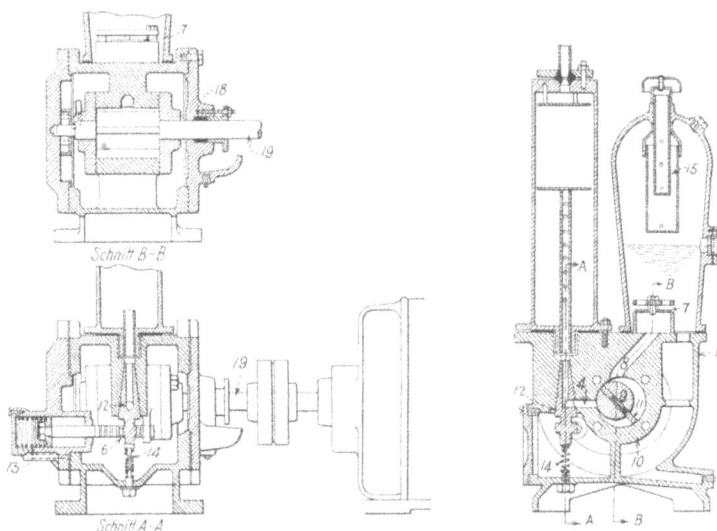

Abb. 112. Rotierende Vakuumpumpe von Brown Boveri mit automatischem Öldruckventil.

verursacht die Bewegung der Flügel *11* eine saugende Wirkung an der Öffnung *4* der Vakuumleitung und die Gase, die in das Pumpengehäuse *10* hineingesaugt werden, werden von den Flügeln durch die Leitung *8*, das Rückschlagventil *7*, den Ölbehälter und den Auspufftopf *15* in die Atmosphäre befördert. Der Auspufftopf soll das Öl gegen Luftfeuchtigkeit schützen.

Das mit einer rotierenden Pumpe erreichbare Vakuum hängt vom Dampfdruck und der Temperatur der zur Abdichtung verwendeten Flüssigkeit ab und beträgt $2,5 \times 10^{-2}$ bis $1,5 \times 10^{-2}$ mm QS absolut bei der Normaltemperatur von 20^{0} C. Dieses Grenzvakuum kann vom Partialdruck des Wasserdampfes, der als Feuchtigkeit im Öl enthalten ist, stark beeinflußt werden, so daß unter bestimmten Umständen das erreichbare Vakuum nicht ausreicht, um die richtige Arbeitsweise der mit der Vorvakuumpumpe in Reihe geschalteten Hochvakuumpumpe zu

sichern. Jede Vakuumpumpe wird mit einem doppelten Gehäuse ausgeführt, damit bei einer Undichtheit des inneren Gehäuses nicht Luft,
sondern nur Öl eindringt, welches keinen Schaden verursacht.

Das Wasser sammelt sich am Boden der Pumpe und gelangt durch
eine Öffnung in das äußere Gehäuse; es wird ohne Betriebsunterbrechung
von Zeit zu Zeit abgelassen.

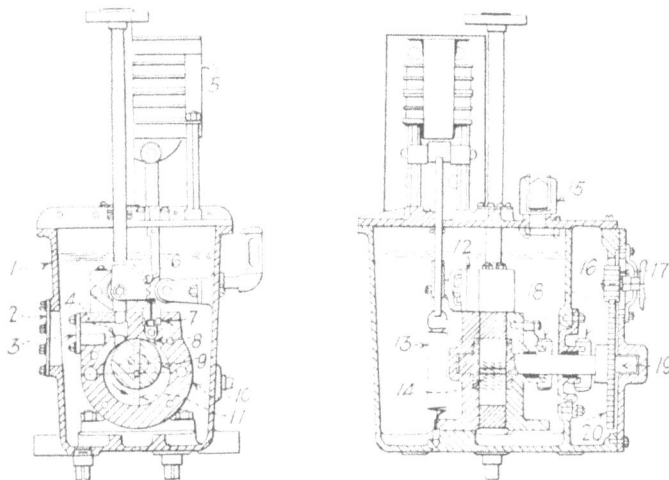

1 Ölkasten	8 Luftaustritt	14 Feder
2 Filterreinigungsöffnung	9 Rotor	15 Ventil
3 Filter	10 Pumpengehäuse	16, 17 Ritzel auf der Motorwelle
4 Lufteintritt	11 Flügel	18 Stopfbüchsen
5 Magnetspule	12 selbsttätiges Vakuumventil	19 Rotorwelle
6 Zahnradsegment	13 Feder	20 Zahnrad
7 Ventil		

Abb. 113. Rotierende Vakuumpumpe der General Electric Company mit durch eine Magnetspule
betätigtem Ventil.

Selbsttätige Vakuumventile. Die rotierenden Vakuumpumpen sind
mit Rückschlagventilen auf der Saugseite ausgerüstet, die die Saugleitung
abschließen, wenn die rotierende Pumpe stehen bleibt und auf diese
Weise das Eindringen von Öl in die Quecksilberdampfstrahlpumpe verhindern.

Das Vakuumventil Bauart Brown Boveri nach Abb. 112, wird
mittels eines Zahnradsegmentes und einer Zahnstange 6 gesteuert, die
mit dem Kolben im Antriebszylinder verbunden ist. Der Kolben wird
durch den Öldruck einer kleinen Hilfspumpe, die von der Welle der rotierenden Pumpe angetrieben wird, betätigt. Wird die Vakuumpumpe
in Betrieb gesetzt, so bewegt der Öldruck der Hilfspumpe den Kolben
entgegen der Feder 13 und öffnet das Ventil. Bleibt die Pumpe stehen,
so verschwindet der Öldruck, und die Feder 13 bringt den Kolben in seine
Ausgangsstellung zurück und schließt das Ventil.

Das Ventil wird durch die Feder 14 auf seinem Sitz gehalten. Auf
der Saugseite der Pumpe über dem Ventil 12 ist ein zylindrisches Gefäß

angebracht, das mit Platten versehen ist. Dieses Gefäß soll verhindern, daß Öl in die Quecksilberdampfstrahlpumpe eintritt, falls das Ventil aus irgendeinem Grund nicht schließen sollte. Das Gefäß dient auch als Kondensator für die Öldämpfe.

Die rotierende Vakuumpumpe der General Electric Co. ist in Abb. 113 dargestellt; sie ist mit einem elektromagnetisch betätigten Vakuumventil auf der Saugseite beim Anschluß der Leitung zum Zwischenbehälter versehen. Das Ventil wird durch die Magnetspule 5 mittels einer Zahnstange und des Zahnradsegmentes 6 betätigt und von einem Zentrifugalschalter auf der Welle des Pumpenmotors gesteuert. Nähert sich der Motor seiner normalen Geschwindigkeit, so schließt der Zentrifugalschalter den Stromkreis der Magnetspule, wodurch das Ventil geöffnet wird. Bleibt der Motor stehen, so wird die Magnetspule abgeschaltet und das Ventil durch die Feder 13 geschlossen.

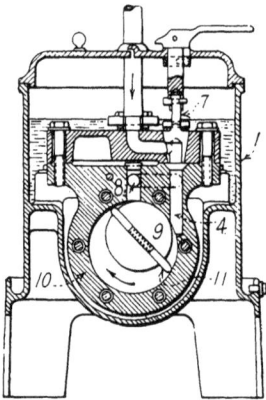

Abb. 114. Rotierende Vakuumpumpe der AEG.

Aus Abb. 88 ist die Anbringung der rotierenden Pumpe und der Quecksilberdampfstrahlpumpe ersichtlich. Die rotierende Pumpe ist auf einem isolierten Rahmen montiert, der sich in der Nähe des Gleichrichtergefäßes befindet. Die Quecksilberdampfstrahlpumpe ist unmittelbar am Gleichrichtergefäß befestigt. Die Abb. 90 und 92, Kapitel VII zeigen eine andere Anordnung. Die rotierende Pumpe mit ihrem Antriebsmotor ist an dem Grundrahmen des Gleichrichters befestigt und die Quecksilberdampfstrahlpumpe am Gleichrichtergefäß. Außer den Pumpen ist ein Zwischenbehälter vorhanden, der zwischen der Quecksilberpumpe und der rotierenden Pumpe eingeschaltet ist. In diesem Behälter werden die von der Quecksilberpumpe geförderten Gase aufgespeichert, wodurch eine Herabsetzung der Betriebszeit der rotierenden Pumpe ermöglicht wird.

Quecksilber-Hochvakuumpumpen.

Es gibt verschiedene Typen von Hochvakuumpumpen, bei denen ein Quecksilberdampfstrahl verwendet wird. Die Pumpen, die bei Quecksilberdampfgleichrichtern verwendet werden, besitzen meist Stahlgehäuse, während die kleineren Typen, die für Laboratoriumszwecke gebraucht werden, aus Glasröhren bestehen.

Diffusionspumpen. Die Diffusionspumpe nach Gaede beruht auf der Diffusion von Gasen in den Quecksilberdampf. Eine Gaede-Pumpe ist in Abb. 115 dargestellt. Im Inneren eines Glasgefäßes B befindet sich ein Eisenzylinder C, der einen einstellbaren Schlitz S besitzt und unten in einen mit Quecksilber gefüllten Ringraum G taucht. Die Breite des

Schlitzes kann mit Hilfe der Schrauben H verstellt werden. Am Boden des Gefäßes B befindet sich eine Quecksilbermenge A, in die ein Zylinder D taucht. Das Gefäß, aus dem die Luft ausgepumpt werden soll, ist bei F angeschlossen und die Vorvakuumpumpe bei V. Die Quecksilbermenge A wird erhitzt und der Quecksilberdampf steigt an der Außenseite des Zylinders D in das zylindrische Gefäß C. Beim Schlitz S diffundieren die Gase, die ausgepumpt werden sollen in den Quecksilberdampf, während an der Außenseite des Zylinders C der Quecksilberdampf

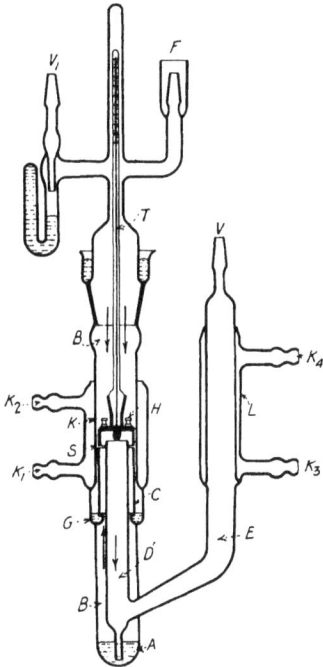

Abb. 115. Quecksilberdampf-
Diffusionspumpe nach Gaede.

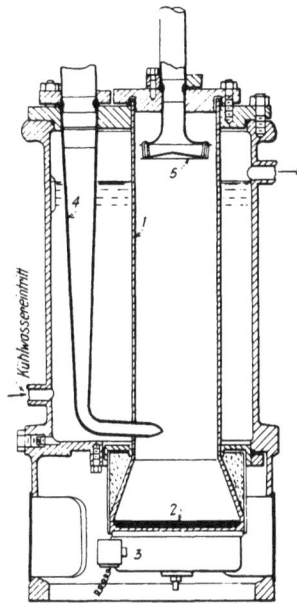

Abb. 116. Quecksilberdampfstrahlpumpe von Brown Boveri.

in die Gase diffundiert und durch das Kühlwasser im Wassermantel K, das zwischen den Anschlüssen K_1 und K_2 zirkuliert, niedergeschlagen wird. Die Gase, welche durch den Schlitz S in den Quecksilberdampf diffundieren, werden in den Zylinder D getrieben, dann durch das Rohr E und die Öffnung V in die Vorvakuumpumpe. An der Außenseite des Rohres E ist der Wassermantel L angebracht, durch den zwischen den Anschlüssen K_3 und K_4 Wasser hindurchfließt, um den Quecksilberdampf zu kondensieren, welcher in das Rohr E eindringt. Damit die Pumpe mit bestem Wirkungsgrad arbeitet, muß der Quecksilberdampf auf einer ungefähr konstanten Temperatur erhalten werden, die von der Breite des Schlitzes S abhängt. Aus diesem Grunde befindet sich über dem Zy-

linder D das Thermometer T, das die Temperatur des Quecksilberdampfes anzeigt.

Die in Abb. 116 dargestellte Pumpe beruht auf dem Prinzip der
Gaede-Pumpe (Abb. 115) und wird bei den Gleichrichteranlagen Fabrikat
Brown Boveri verwendet. Die Pumpe besteht aus einem mit Kühlmantel
versehenen Stahlzylinder, auf dessen Boden eine gewisse Quecksilbermenge vorhanden ist. Die Heizvorrichtung ist unten am Apparat angebracht und bildet ein geschlossenes Ganzes, das leicht ausgewechselt
werden kann. Die Wirkungsweise der Pumpe ist die folgende: Wird die
Heizvorrichtung eingeschaltet, so steigen aus dem siedenden Quecksilber
Dämpfe auf und saugen die Gase aus der Düse 4, die mit dem Gleichrichter verbunden ist. Beim Aufsteigen des Gemisches aus Gasen und
Dämpfen im Zylinder der Quecksilberpumpe kommt der Quecksilberdampf mit den kalten Zylinderwänden in Berührung, wird niedergeschlagen und tropft in den Quecksilberbehälter, während die Gase an
der Platte 5 vorbei in den Zwischenbehälter der rotierenden Pumpe ge-
saugt werden, der so nahe als möglich bei der Quecksilberpumpe angeordnet ist. Der Heizkörper der Pumpe verbraucht 500 W. Eine Hochvakuumpumpe der Firma Brown Boveri neuerer Konstruktion und
größerer Leistung (s. Abb. 88) besitzt einen 1000-W-Heizkörper.

In Abb. 121 ist eine Quecksilberdampfpumpe zu sehen, die nach dem
Injektorprinzip arbeitet. Das Quecksilber bildet die kurzgeschlossene
Sekundärwicklung eines Transformators und wird durch Wirbelströme
zum Kochen gebracht; der erzeugte Quecksilberdampf geht durch die
Düse S hindurch und gelangt in ein Rohr, das zum Auslaß A führt.
Der Quecksilberdampfstrahl saugt die Luft aus dem Rohr E, reißt sie
mit und treibt sie durch die Öffnung A hinaus. Der Quecksilberdampf
wird durch den Wassermantel W kondensiert und das Quecksilber kehrt
durch das Rohr R in den Behälter D zurück. In dem Rohr, das zur Öffnung A führt, sind Querwände eingebaut, um ein Entweichen des Quecksilberdampfes zu verhindern.

Kondensationspumpen. Die Hochvakuumpumpe nach dem Kondensationsprinzip von Langmuir ist in Abb. 117 schematisch dargestellt;
eine praktische Ausführung zeigt Abb. 118. Die Pumpe besteht aus einem
Metallzylinder A mit zwei Öffnungen, und zwar einer am oberen Ende C,
die zu dem Gefäß führt, welches evakuiert werden soll, und einer
weiteren Öffnung B, die zum Zwischenreservoir oder zur rotierenden
Pumpe führt. Der Zylinder A ist von einem Wassermantel umgeben,
durch den Kühlwasser fließt. Am Boden des Zylinders A befindet sich
eine Quecksilbermenge, in die eine Düse F taucht. Über dieser Düse ist
die Ablenkplatte E angebracht. Das untere Ende des Zylinders A ist
von dem Isoliermantel H umgeben. Ein elektrischer Heizkörper K liegt
unter dem Quecksilberbehälter.

Die Wirkungsweise der Pumpe ist die folgende: Das Quecksilber wird mit Hilfe des elektrischen Heizkörpers erhitzt, der entstehende Quecksilberdampf steigt in der Düse F auf, stößt gegen die Ablenkplatte E und wird nach abwärts gelenkt. Bei der Bewegung nach abwärts reißt der Quecksilberdampf aus dem Raume C durch den Ringspalt zwischen der Ablenkplatte E und dem Zylinder A Gase mit. Der Quecksilberdampf wird bei der Berührung der Wände des Zylinders A kondensiert und tropft in das Quecksilbergefäß, während die Gase durch die Öffnung B von der rotierenden Vakuumpumpe angesaugt und in die Atmosphäre befördert werden. Der kleine Pumpentyp erfordert ungefähr 500 g Quecksilber und einen

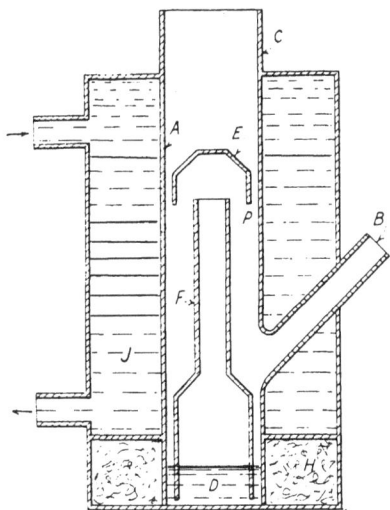

Abb. 117. Schematische Darstellung der Quecksilber-Kondensationspumpe von Langmuir.

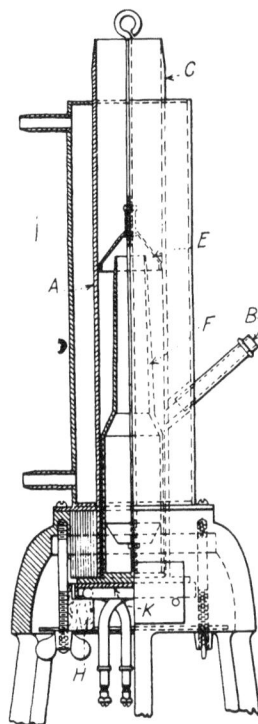

Abb. 118. Konstruktion der Vakuumpumpe von Langmuir.

Heizkörper von 300 W. Der Kondensator benötigt 1 l Wasser/min. Diese Pumpe hat eine theoretische Fördermenge von etwa 5 l/s. Es ist möglich, Pumpen bedeutend größerer Leistung nach diesem Prinzip zu bauen, wobei die Heizleistung, die Kühlwasser- und die Quecksilbermenge entsprechend zu vergrößern sind.

Zweistufige Pumpen. Abb. 119 zeigt eine zweistufige Kondensationspumpe, die in Verbindung mit der rotierenden Pumpe nach Abb. 113 die Erreichung eines Vakuums unterhalb 0,1 Mikron ermöglicht. Der Quecksilberdampf bewegt sich durch das Rohr F und die beiden Löcher E, wird nach abwärts abgelenkt und reißt die durch das Rohr C zugeführten aus dem Gleichrichtergefäß stammenden Gase mit.

14*

Dreistufige Pumpen. Die in Abb. 120 dargestellte Quecksilberpumpe ist eine dreistufige Kondensationspumpe. Der ringförmige Quecksilberbehälter liegt auf dem inneren Schenkel eines Manteltransformators H. Dieser Transformator ist an das Wechselstrom-Hilfsnetz angeschlossen. Das Quecksilber Q bildet die kurzgeschlossene Sekundärwicklung. Der

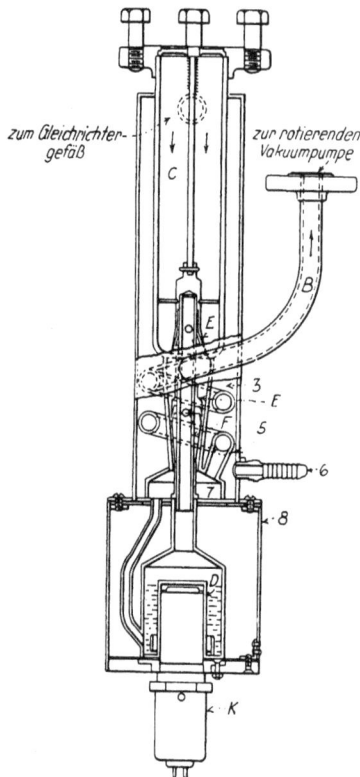

E erste Stufe
3 Wassermantel
F zweite Stufe
5 Ausblaseleitung
6 Wassereintritt
K elektrischer Heizkörper

7 Kompressions-
   kammer
8 Verdampfergefäß
D Quecksilber-
   verdampfer

Abb. 119. Zweistufige Quecksilber-Kondensationspumpe der General Electric
Company.

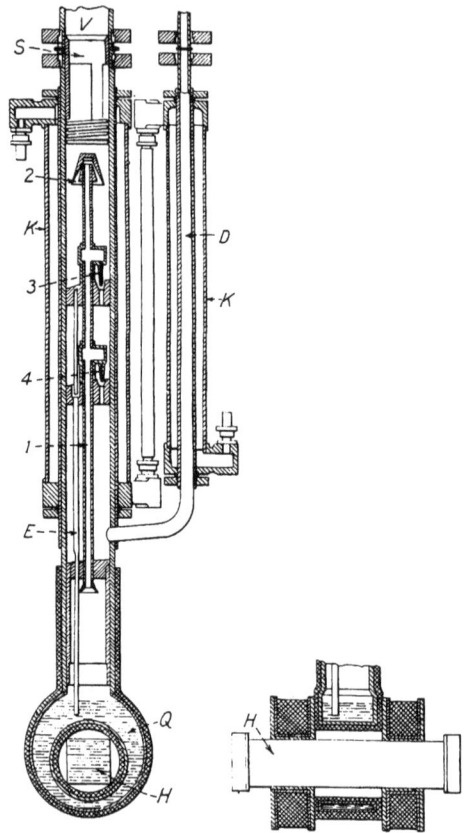

Abb. 120. Dreistufige Quecksilber-Kondensationspumpe der AEG.

erzeugte Quecksilberdampf streicht durch das mittlere Rohr 1 zur oberen Düse 2 und wird dort nach abwärts umgelenkt. Die auf diese Weise erzielte Saugwirkung dient der Entlüftung des Raumes V, der mit dem Gleichrichtergefäß verbunden ist (vgl. Abb. 94). Die Saugwirkung wird durch die Düsen 3 und 4 unterstützt. Ein Teil des im Rohre 1 aufsteigenden Quecksilberdampfes strömt durch diese Düsen aus und befördert die Gase in das Rohr D, welches zum Zwischenbehälter führt. Die Düsen *2, 3* und *4* sind in Reihe geschaltet, wie aus der Abbildung ersichtlich. Das kondensierte Quecksilber sammelt sich und fließt durch das Rohr *E* in das Quecksilbergefäß zurück. Die ausgepumpten Gase gelangen in den Vorvakuumbehälter oder Zwischenbehälter, der mit der Pumpe durch einen doppelten Vakuumhahn und ein Rückschlagventil verbunden ist. Der Zwischenbehälter wird mit Hilfe einer zweistufigen, rotierenden Ölpumpe ausgepumpt. Das Gehäuse der Quecksilberpumpe und das

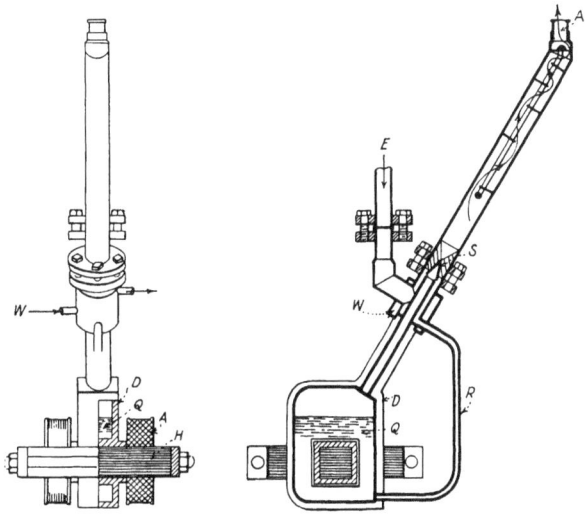

Abb. 121. Quecksilber-Vakuumpumpe nach dem Injektorprinzip.

Rohr *D* sind von Wassermänteln *K* umgeben, durch die Kühlwasser fließt.

Leistungsfähigkeit der Hochvakuumpumpen. Die Daten der wichtigsten Hochvakuumpumpen sind in der nachfolgenden Zahlentafel zusammengestellt:

	Fördermenge cm³/s	Fördert gegen einen Druck von mm QS	erreichbares Vakuum mm QS
Rotierende Quecksilberpumpe nach Gaede . . .	100	10	10^{-4}
Molekularpumpe nach Gaede	1400	0,01	10^{-6}
Diffussionspumpe nach Gaede	80	0,01	10^{-6}
Kondensationspumpe nach Langmuir			
Einstufig	4000	0,27	10^{-6}
Zweistufig	4000	2,00	10^{-6}
Zweistufige Gaede-Pumpe	60000	20	10^{-6}
Kondensationspumpe von Brown Boveri (einstufig)			
alt	2500	0,1	10^{-6}
neu	30000	0,45	10^{-6}

Vakuummeßgeräte.

Vakuummeter von McLeod (Kompressionsvakuummeter). Dieses Vakuummeter ist allgemein bekannt und wird in Laboratorien häufig verwendet. Seine Wirkungsweise beruht auf dem Boyleschen Gesetz, wonach bei vollkommenen Gasen das Produkt aus Druck und Volumen konstant ist. Das Vakuummeter besteht aus einem Glasrohr, das an einem Ende durch einen Gummischlauch mit einem gegen die Atmosphäre offenen Quecksilberbehälter verbunden ist und am anderen Ende mit dem Vakuumgefäß. Bei der Messung wird zunächst der Quecksilberspiegel gesenkt und das Meßgefäß mit Gasen aus dem Behälter gefüllt, dessen Vakuum gemessen werden soll. Dann wird der Quecksilberspiegel gehoben, bis das Quecksilber im Hauptrohr in der Höhe des obersten Punktes der Skala im Meßrohr, welche nach Tausendstel mm QS (Mikron) geteilt ist, steht. Infolge des Druckes, der im Meßrohr eingesperrten Gase steht der Quecksilberspiegel in diesem Rohre niedriger als im Hauptrohr; der Höhenunterschied der Quecksilberspiegel in den beiden Rohren ist ein Maß des Vakuums. Das Kompressionsvakuummeter hat verschiedene Nachteile, da Korrekturen der Meßresultate erforderlich sind und ferner sowohl das Barometerrohr als auch das Meßgefäß und Kapillarrohr aus Glas hergestellt werden müssen, wodurch Störungen im praktischen Betriebe möglich sind.

Ein verbessertes Vakuummeter dieser Art zeigt Abb. 122.

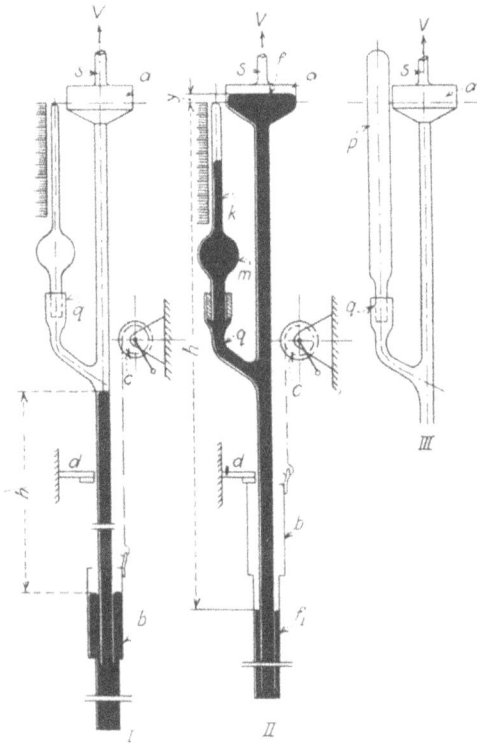

Abb. 122. Kompressionsvakuummeter von Mc. Leod.

Hier besitzt die Barometerröhre eine Erweiterung an ihrem oberen Ende in der Höhe der Spitze des Kapillarrohres. Diese Erweiterung a hat einen Querschnitt f, der groß ist im Vergleich mit der ringförmigen Oberfläche f_1 des Quecksilbers, die mit der Außenluft in Berührung steht. Durch diese Bemessung wird die Verschiebung des Quecksilbergefäßes, die notwendig ist, um die Höhe der Quecksilbersäule im Barometerrohr einzustellen, von der Meereshöhe, dem Luftdruck und der Umgebungstemperatur praktisch unabhängig. Das Quecksilbergefäß b wird gehoben bis es einen Anschlag d berührt und hierbei steigt das Quecksilber im Kapillarrohr k auf die Höhe, die dem zu messenden Vakuum entspricht. Um die Kuppenbildung (Meniskusbildung) zu kompensieren wird die Quecksilberoberfläche f um einen entsprechenden Betrag y gehoben.

Bei der Messung mit diesem Vakuummeter ist folgender Vorgang einzuhalten:

1. Man hebe das Quecksilbergefäß b bis zum Anschlag d.

2. Wenn diese Stellung erreicht ist (Meßstellung, Abb. 122), kann der Druck auf der am Kapillarrohr angebrachten Teilung entweder in mm QS oder in Mikron abgelesen werden.

3. Man läßt das Gefäß los und das Quecksilber fällt in seine Normallage zurück.

Die vorgenommenen Verbesserungen ermöglichen es, die wichtigsten Teile dieses Apparates aus Metall herzustellen, mit Ausnahme des Meßgefäßes und des Kapillarrohres; es ist nicht mehr notwendig, den Quecksilberspiegel im Barometerrohr zu beobachten. Die Handhabung des Kompressionsvakuummeters ist sehr einfach und erfordert weder besondere Aufmerksamkeit noch besondere Kenntnisse.

Nachteile des Kompressionsvakuummeters sind einerseits die Unmöglichkeit direkter Ablesung und andererseits die mangelnde Eignung zur selbsttätigen In- und Außerbetriebsetzung des Vakuumpumpensatzes in Abhängigkeit vom Vakuum. Ferner ist das Vakuummeter von McLeod heikel und zeigt den Druck leicht kondensierbarer Dämpfe nicht an. Diese Nachteile sind bei folgenden Bauarten von Vakuummetern vermieden:

1. Hitzdrahtvakuummeter,
2. Ionisationsvakuummeter,
3. statische Viskositäts-Vakuummeter,
4. Glimmentladungs-Vakuummeter.

Hitzdrahtvakuummeter. Wird ein Draht, der in ein gasgefülltes Gefäß eingeschlossen ist, durch einen elektrischen Strom geheizt, so muß die dem Draht zugeführte elektrische Energie durch Strahlung und Wärmeleitung abgeführt werden. Bei Drücken in der Nähe des normalen Luftdruckes ist die Wärmeleitfähigkeit eines Gases vom Druck praktisch unabhängig. Wird jedoch der Druck soweit herabgesetzt, daß die freie Weglänge der Moleküle im Verhältnis zum Abstand des Drahtes von den Gefäßwänden groß ist, so nimmt die Wärmeleitfähigkeit des Gases mit sinkendem Druck rasch ab. Diese physikalische Eigenschaft wird in einer Reihe von Einrichtungen zur Messung des Gasdruckes durch Bestimmung der Wärmeleitfähigkeit verwertet. Alle derartigen Vorrichtungen müssen jedoch so gebaut sein, daß die Strahlungsverluste im Vergleich mit den Verlusten durch Wärmeleitung des Gases klein sind, und es muß der Einfluß der Raumtemperatur berücksichtigt werden. Auf diesem Prinzip beruhen die Hitzdrahtvakuummeter. Ein Draht, der sich in dem Gas befindet, dessen Druck gemessen werden soll, wird durch einen elektrischen Strom geheizt und die Temperaturänderung des Drahtes zur Anzeige des Druckes herangezogen.

Hitzdrahtvakuummeter von Brown Boveri. Dieses in Abb. 123 dargestellte Vakuummeter besteht aus vier Platindrahtwiderständen, die zu einer Wheatstoneschen Brückenschaltung verbunden sind. Zwei der Widerstände, AB und DC, befinden sich in atmosphärischer Luft und die beiden anderen, AD und BC, in dem Gefäß, dessen Vakuum zu messen ist. Jede Herabsetzung des Druckes im Raum um die Drähte AD und BC setzt die Wärmeleitfähigkeit des eingeschlossenen

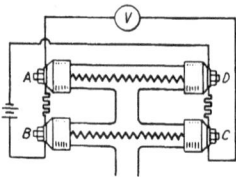

Abb. 123. Prinzipschaltbild des Hitzdraht-Vakuummeters von Brown Boveri.

Gases herab. Bei gleichbleibendem Heizstrom wächst der Widerstand der Brückenzweige AD und BC und daher die Spannung zwischen A und C.

Diese Spannung ist daher ein Maß für den Druck. Die 4 Zweige der Wheatstoneschen Brücke haben bei atmosphärischem Druck den gleichen Ohmschen Widerstand, und es besteht daher kein Spannungsunterschied zwischen den Punkten A und C. Schwankungen der Umgebungstemperatur haben praktisch keinen Einfluß auf die Anzeige dieses Vakuummeters, weil alle Zweige der Brückenschaltung genau denselben Temperaturkoeffizienten besitzen und auch alle der Umgebungstempe-

ratur unterworfen sind, so daß auf diese Weise keine Potentialdifferenz entsteht. Die Abb. 124 zeigt die Änderung der Spannung zwischen den Punkten A und C in Abhängigkeit vom Gasdruck.

Die Abb. 123 läßt auch die praktische Form dieses Instrumentes erkennen. Die Glasröhren bilden ein »H« und enthalten Platinspiralen im Vakuum. Die beiden äußeren der Luft ausgesetzten Platinwiderstände sind auf Preßspan gewickelt und bilden mit den beiden inneren Widerständen die Wheatstonesche Brücke. Das ganze Instrument ist gegen Beschädigung durch einen Aluminiumdeckel geschützt. Abb. 125 zeigt die äußere Ansicht und die Befestigungs-

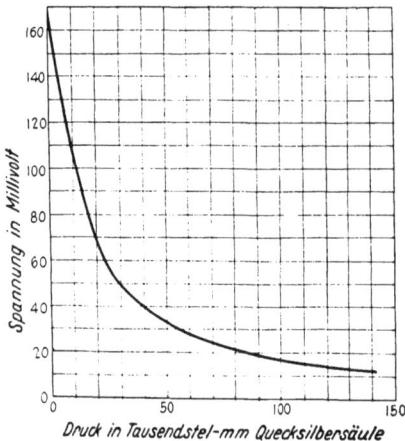

Abb. 124. Eichkurve (Spannung in Millivolt, Druck) eines Hitzdrahtvakuummeters von Brown Boveri.

art zweier Typen von Hitzdrahtvakuummetern von Brown Boveri. Alle Hitzdrahtvakuummeter werden mit Hilfe eines Normalinstrumentes geeicht.

Das Hitzdrahtvakuummeter kann sowohl bei Gleichstrom als auch bei Wechselstrom verwendet werden. Die Abb. 126 zeigt das Schaltbild für Gleichstrom. Die Punkte *B* und *D* der Wheatstoneschen Brücke *1* sind in einen Stromkreis eingeschaltet, der aus der Batterie *2*, der Sicherung *3*, den Widerständen *4* und *5* und dem Shunt *6* besteht. Das Gleichstrommillivoltmeter *8* kann mit Hilfe der zweipoligen Steckvorrichtung *7* entweder an den Shunt *6* zur Messung des der Brücke zugeführten Stromes oder an die Punkte *A* und *C* der Brücke zur Messung des Vakuums angeschlossen werden.

Vor jeder Druckmessung wird der der Brücke zugeführte Strom gemessen und erforderlichenfalls der Widerstand *5* verstellt, um den

Abb. 125. Zwei Bauarten von Hitzdrahtvakuummetern zum Anschluß an die Vakuumleitung zwischen Gleichrichter und Quecksilberdampfstrahlpumpe. Das rechts abgebildete Vakuummeter ist moderner Bauart mit Meßbrücke in Bakelitgehäuse. In der Abbildung links ist *a* die Vakuumleitung mit der Abzweigung *b*; *c* ist eine Flanschverbindung mit Gummidichtung; in dem Teil *d* wird mittels Quecksilberdichtung das Meßgerät befestigt.

richtigen Stromwert, der durch eine rote Marke am Instrument ersichtlich ist, zu erhalten. Dann wird der Stecker in die Stellung *1* gebracht und das Instrument abgelesen. Das Instrument kann eine Mikron-Teilung haben oder das Vakuum wird mittels einer Eichkurve (Abb. 124) bestimmt.

Das Hitzdrahtvakuummeter selbst erfordert keine Wartung, doch muß die zugehörige Akkumulatorenbatterie von Zeit zu Zeit geladen werden. Um die Batterieladung und das häufige Nachregeln des Heizstromes zu ersparen, wurde das Instrument für Wechselstrom eingerichtet. Das Schaltbild ist in Abb. 127 ersichtlich. Das Wechselstrominstrument ist ein dynamometrisches Instrument mit mechanischer

Dämpfung. Der Strom wird von der Sekundärwicklung des Transformators *8* geliefert und fließt durch den Shunt *6*, die Feldspule des Instrumentes *3*, die Sicherung *4*, den Wider-
stand *5* und den Eisendrahtwider-

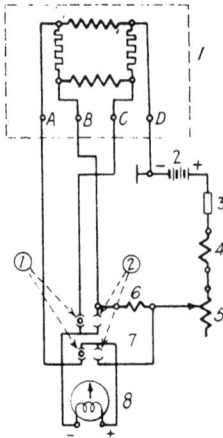

Abb. 126. Schaltbild eines Hitzdrahtvakuummeters für Gleichstrom (BBC).

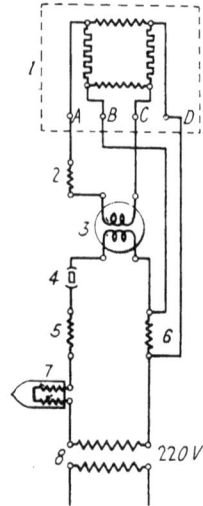

Abb. 127. Schaltbild eines Hitzdrahtvakuummeters für Wechselstrom (BBC). Zum Ausgleich der Netzspannungsschwankungen dient
eine Eisenwasserstofflampe *7*.

Abb. 128. Kontaktvakuummeter von Brown Boveri.

stand *7*. Vom Shunt *6* fließt der Strom zu den Klemmen *B* und *D* des
Vakuummeters und heizt die vier Zweige der Wheatstone-Brücke. Bei

fallendem Druck wachsen die Widerstände der Zweige AD und BC; damit wächst auch die Spannung zwischen den Klemmen A und C und schickt einen Strom durch die bewegliche Spule des Instrumentes.

Dieser Strom erzeugt zusammen mit dem Feld der festen Spule das Drehmoment, welches die bewegliche Spule und den Zeiger verdreht.

Das Wechselstromgalvanometer ist nur dann für die Anzeige des Druckes geeignet, wenn der zugeführte Strom konstant bleibt. Spannungsschwankungen des Netzes werden durch den Eisendrahtwiderstand 7 aufgenommen. Man kann auch auf andere

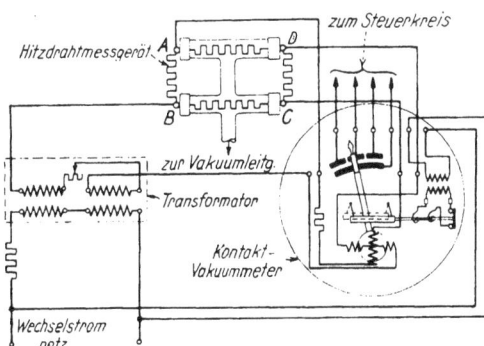

Abb. 129. Schaltbild eines Hitzdraht-Kontaktvakuummeters mit Transformator für konstanten Strom (BBC).

Weise einen konstanten Strom erzeugen, und zwar: a) mit einem gesättigten Transformator; b) die Primärwicklungen eines gesättigten und eines ungesättigten Transformators sind in Reihe und ihre Sekundärwicklungen gegeneinander geschaltet (s. Abb. 129).

Die äußere Ansicht des Galvanometers zeigt Abb. 128; es ist in Tausendstel mm QS (Mikron) geteilt. Die Abb. 129 zeigt die Verwendung desselben Galvanometers und der gleichen Hitzdrahtanordnung in einer verbesserten Schaltung. Dieses Instrument wird auch als Kontaktvakuummeter verwendet.

Das direktzeigende Hitzdrahtvakuummmeter, das sowohl für Gleichstromanschluß als auch für Wechselstromanschluß gebaut werden kann, ist im praktischen Gleichrichterbetrieb von großem Wert. Wenn nicht

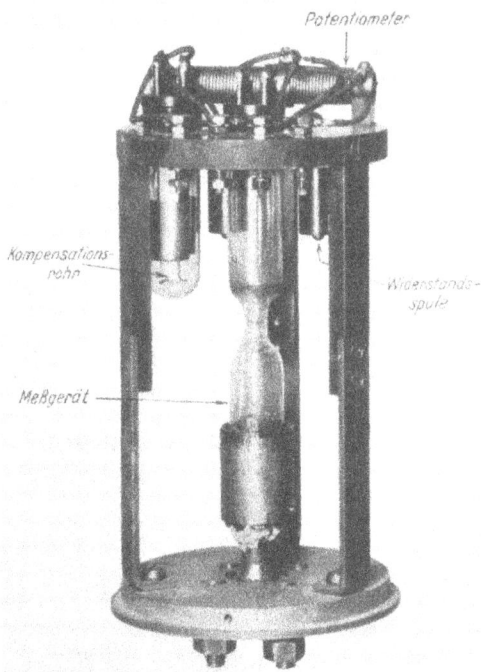

Abb. 130. Hitzdrahtvakuummeter der General Electric Company.

besondere Gründe dage-
gen sprechen, wird das
Wechselstrominstrument
verwendet, da bei diesem
keine Batterie benötigt
wird (224).

**Hitzdrahtvakuumme-
ter der General Electric Co.**
Dieses in Abb. 130 darge-
stellte Instrument wirkt
ähnlich wie das im vor-
stehenden beschriebene.
Es besteht aus einem Wi-
derstandsmanometer, ei-
nem Kompensationsrohr,
2 festen Widerständen und
einem Potentiometer zum
Einregulieren; diese Teile
sind zu einer Wheatstone-
schen Brücke verbunden
(vgl. Abb. 132). Bei Hand-
bedienung wird in Ver-
bindung mit diesem Va-
kuummeter ein Anzeige-
instrument verwendet,

Abb. 131. Vakuumregler der General Electric Company.

während in automatischen Unterstationen ein kontaktgebendes Instrument (Vakuumregler), das in Abb. 131 dargestellt ist, zur Verwendung gelangt. Die Spule des Instrumentes ist an Stelle des üblichen
Galvanometers der Brückenschaltung eingeschaltet. Das sog. Wider-
standsmanometer, welches einen Zweig der Wheatstone-Brücke bildet,
besteht aus einem Drahtwiderstand, der in einen Glaskolben eingeschlossen ist, welcher durch ein Rohr mit dem Gleichrichtergefäß in
Verbindung steht. Das sog. Kompensationsrohr ist ebenfalls ein
Zweig der Wheatstone-Brücke und besteht aus einem Widerstand
gleicher Art, der in ein vollkommen abgeschlossenes Glasgefäß eingeschlossen ist. Die beiden anderen Zweige der Brücke bestehen aus
festen Widerständen. Die Brücke ist an eine kleine Akkumulatorenbatterie angeschlossen, die von einem Glühkathodengleichrichter geladen wird.

Der Vakuumregler nach Abb. 131 besitzt 3 Kontakte, wovon 2 für
die Regelung des Vakuums im Gleichrichter bestimmt sind und einer für
den Schutz des Gleichrichters gegen zu niedriges Vakuum. Ein kleiner
Synchronmotor betätigt die Kontakte in regelmäßigen Zeitabständen,
gewöhnlich von 30 s.

Ionisations- und Glimmentladungsvakuummeter. Diese Vakuummeter haben noch keine praktische Verwendung in Eisengleichrichteranlagen gefunden und es sei daher auf die Literaturstelle (191) verwiesen, wo eine kurze Beschreibung dieser Instrumente gegeben wird.

Eine Methode der Vakuummessung beruht auf dem Prinzip, daß eine bestimmte Beziehung zwischen dem Dampfdruck im Gleichrichtergefäß und der elektrischen Leitfähigkeit des Quecksilberdampfes besteht. Die Anordnung umfaßt einen kleinen Transformator, der als Stromquelle für den Hilfslichtbogen dient und ein an die Klemmen des Hilfslichtbogens angeschlossenes Voltmeter, das unmittelbar in mm QS geeicht sein kann. Das Prinzip sowohl als auch die Vorrichtung ist sehr einfach. Die Anzeige dieses Instrumentes ist jedoch von der Belastung des Gleichrichters nicht vollkommen unabhängig und deshalb wurde dieser Apparat bis jetzt noch nicht praktisch verwendet.

Ein anderes Verfahren beruht auf einem ähnlichen Prinzip und verwendet eine Lichtbogenstrecke im Stromkreis eines Hilfstransformators. Bei niedrigen Drücken bietet die

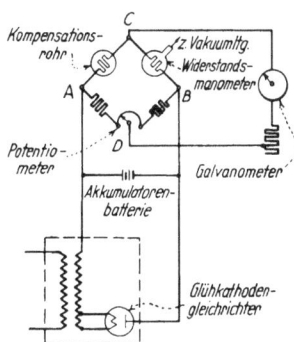

Abb. 132. Schaltbild des Hitzdrahtvakuummeters Abb. 130.

Lichtbogenstrecke einen unendlich großen Widerstand, während bei hohen Drücken sich eine Entladung ausbildet und der in dem Stromkreis fließende Strom mit einem in mm QS geteilten Instrument gemessen werden kann. Auch diesem Verfahren haften die erwähnten Nachteile an.

Zündung und Erregung.

Um einen Gleichrichter in Betrieb zu setzen, muß auf der Kathodenoberfläche ein Kathodenfleck erzeugt werden. Bei Glasgleichrichtern kann man dies erreichen, indem man den ganzen Glaskolben kippt, wodurch ein Stromkreis zwischen der Zündanode und der Kathode geschlossen wird; sobald dieser Strom unterbrochen wird, entsteht ein Lichtbogen.

Die Kippzündung ist bei Eisengleichrichtern nicht verwendbar und es müssen daher andere Zündverfahren angewandt werden. Damit ferner die Hauptanoden auch bei sehr geringer Belastung in Betrieb sein können, ist es nicht nur notwendig, den Lichtbogen zu zünden, sondern auch ihn aufrecht zu erhalten, d. h. den Kathodenfleck bei sehr kleinen Belastungen mittels eines Erregerlichtbogens zu erhalten. Im nachstehenden wird eine Reihe von typischen Anordnungen für die Zündung und Erregung beschrieben.

Zündung und Erregung mit Gleichstrom. Das Schaltbild hierzu ist Abb. 133a. Die Zündanode *1* ist mittels eines Metallstabes am Eisen-

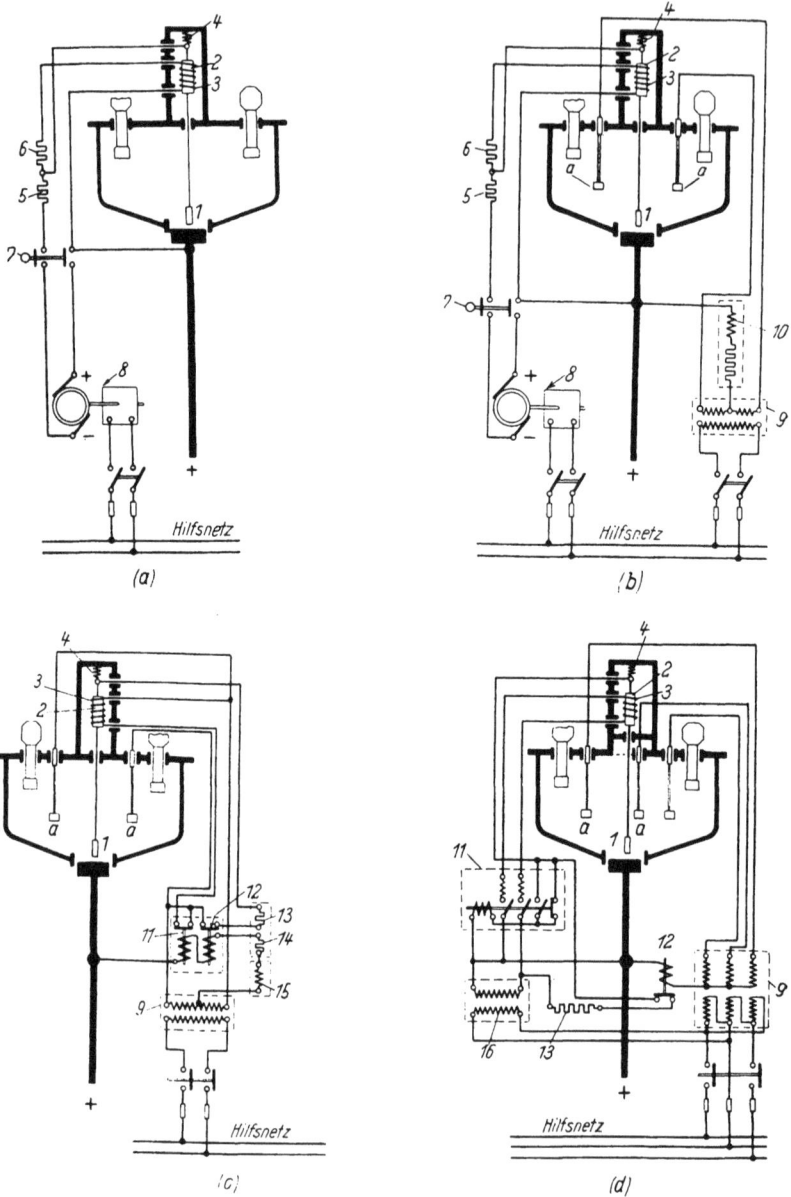

Abb. 133. Vier Schaltbilder für die Zündung und Erregung.

kern *2* befestigt, der unter der Einwirkung der Magnetspule *3* steht. Wenn der Druckknopfschalter *7* geschlossen wird, so fließt ein Strom durch die Magnetspule *3*, wobei der Eisenkern *2* entgegen der Feder *4* nach abwärts gezogen wird, so daß die Zündanode *1* in das Quecksilber eintaucht.

Hierdurch wird die Magnetspule *3* und der Widerstand *6* kurzgeschlossen, wobei der Widerstand *5* den Strom begrenzt. Sobald die Magnetspule *3* kurzgeschlossen wird, zieht die Feder *4* die Anode *1* aus dem Quecksilber in ihre Anfangsstellung zurück, die ungefähr 25 mm über der Quecksilberoberfläche liegt. Auf diese Weise wird ein Lichtbogen zwischen dem Quecksilber und der Anode *1* gezogen und der Kathodenfleck gebildet. Solange der Stromkreis durch den Schalter *7* geschlossen ist, wird der Erregerlichtbogen aufrechterhalten. Wenn die Belastung so groß ist, daß man keinen Erregerlichtbogen braucht, kann der Schalter *7* nach erfolgter Zündung wieder geöffnet werden. Die Zündung erfolgt in

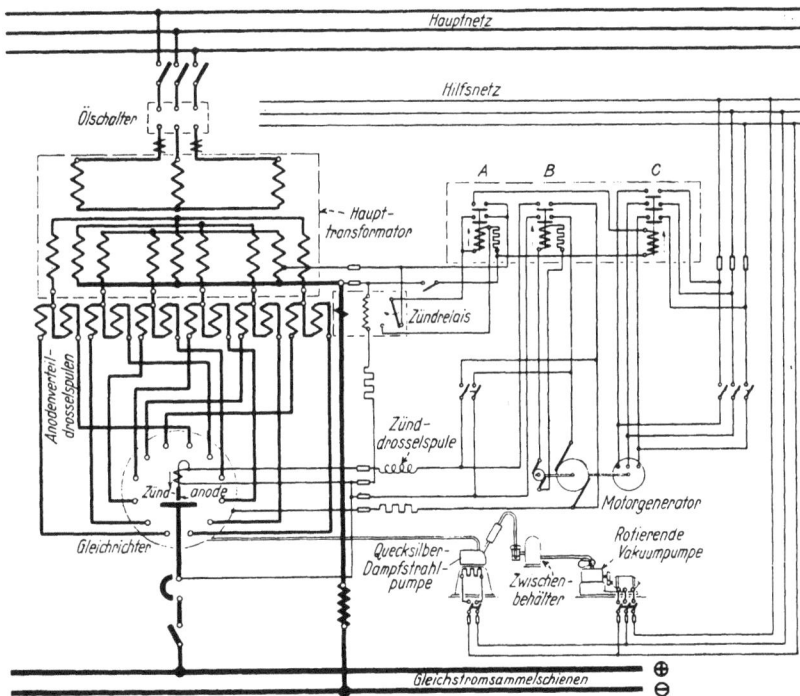

Abb. 134. Schaltbild eines Eisengleichrichters der AEG mit Zündstromkreis.

sehr kurzer Zeit. Bei Gleichstromzündung wird der Zündstrom von einem kleinen Zündumformer *8* geliefert. Der Zündumformer wird für 65 bis 90 V, 5 bis 15 A bemessen. Manchmal wird eine Gegencompoundwicklung des Generators verwendet, wobei die Spannung von 90 V im Leerlauf auf 20 V bei Vollast abfällt.

Abb. 134 zeigt die Schaltung eines Gleichrichters der A.E.G. Dieser Gleichrichter besitzt 12 Anoden und ist an einen Sechsphasentransformator mit Gabelschaltung angeschlossen. Je zwei Anoden des Gleichrichters arbeiten parallel; zur gleichmäßigen Aufteilung der Belastung zwi-

schen den parallel arbeitenden Anoden werden Anodendrosselspulen verwendet. Die Zündung und Erregung erfolgt durch Gleichstrom. Jeder
Gleichrichter besitzt einen besonderen Zündumformer, der aus einem
Drehstrommotor, einem Gleichstromgenerator und einer Erregermaschine
besteht. Der Generator besitzt Gegencompoundwicklung und liefert eine
Leerlaufspannung von 110 V, die bei 10 A auf 16 V abfällt. Erregeranoden sind nicht vorgesehen; soll der Gleichrichter häufig unbelastet
laufen, so bleibt der Zündumformer ständig in Betrieb. Ist der Gleichrichter ständig belastet, so wird der Umformer abgeschaltet, jedoch selbsttätig in Betrieb gesetzt, wenn der Lichtbogen im Gleichrichter erlischt.

Eine andere Anordnung für die Zündung und Erregung mit Gleichstrom ist in Abb. 137 dargestellt. Die Besonderheit dieser Anordnung
liegt darin, daß für die Zündung und Erregung ein kleiner Glasgleichrichter vorgesehen ist.

Gleichstromzündung und Wechselstromerregung. Bei der im vorstehenden beschriebenen Gleichstromerregung treten bei plötzlicher
Unterbrechung des Erregerlichtbogens Überspannungen auf, die die
Stromwendung des kleinen Umformers schädigen. Diese Schwierigkeiten werden verringert, wenn der Umformer nur den Zündstrom liefert und für die Erregung zwei Erregeranoden vorgesehen sind, die an
einen Einphasentransformator angeschlossen werden. Das Schaltbild
ist aus Abb. 133b ersichtlich. Der Einphasentransformator 9 und die
beiden Erregeranoden a bilden einen einphasigen Vollweggleichrichter,
der einen kleinen Belastungswiderstand und eine Drosselspule 10 speist.

Zündung und Erregung mit Wechselstrom. Das beste Verfahren für
die Zündung und Erregung von Gleichrichtern zeigen die Abb. 133c
und 86. Die Energie sowohl für die Zündung als auch für die Erregung
wird dem vom Stationstransformator gespeisten Wechselstromnetz entnommen. Für die Inbetriebsetzung des Gleichrichters ist nur die
Schließung des Schalters erforderlich, der den Zünd- und Erreger-
stromkreis mit dem Hilfsnetz verbindet. Dieser Schalter wird zweck-
mäßigerweise auf der Primärseite des Hilfstransformators 9, vorgesehen.
Sobald er geschlossen wird, bekommt die Magnetspule 3 über die
Kontakte des Relais 11 Strom von der Sekundärwicklung des Transformators; die Magnetspule stößt die Zündanode 1 nach abwärts bis
sie in das Kathodenquecksilber eintaucht. Nun ist folgender Stromkreis geschlossen: Vom linken Ende der Sekundärwicklung des Transformators über die Kontakte des Relais 12, den Widerstand 13,
die Zündanode, die Kathode, die Spulen der Relais 11 und 12, den
Widerstand 14 und die Drosselspule 15 zum Mittelpunkt der Sekundärwicklung des Hilfstransformators. Der in diesem Kreise fließende Strom
bewirkt, daß das Relais 11 seine Kontakte öffnet und die Spule 3 abschaltet (infolge seiner Einstellung auf eine höhere Stromstärke spricht
das Relais 12 nicht an) worauf die Zündanode durch eine Feder hoch-

gezogen wird und bei der Entfernung von der Quecksilberoberfläche einen Lichtbogen zieht. Da die Erregeranoden *a* an die Sekundärwicklung des Hilfstransformators *9* angeschlossen sind, setzen Lichtbögen zwischen ihnen und der Kathode ein. Der Erregerstrom, der von der Kathode durch die Relaisspulen *11* und *12*, den Widerstand *14* und die Drosselspule *15* zum Mittelpunkt der Sekundärwicklung des Transformators *9* fließt, bewirkt nun, daß das Relais *12* seine Kontakte öffnet und die Zuleitung zur Zündanode unterbricht. Die Kontakte der Relais *11* und *12* bleiben offen, solange der Erregerstrom fließt; erlischt der Lichtbogen, so werden die Kontakte geschlossen und die Zündung

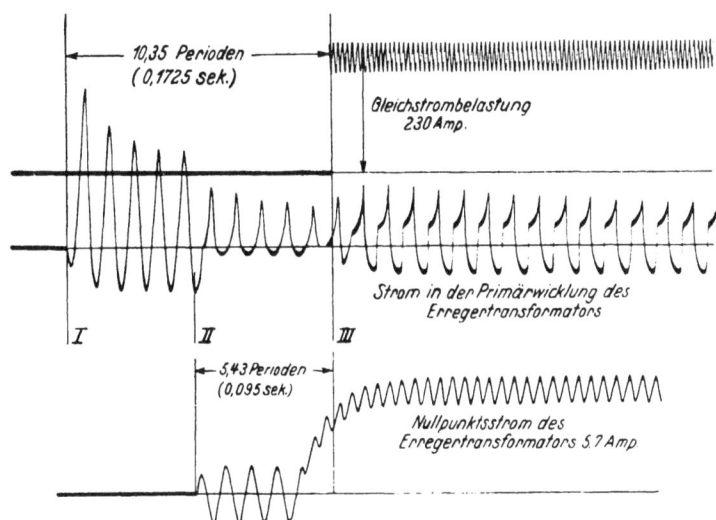

10,35 Perioden
(0,1725 sek.)

Gleichstrombelastung
230 Amp.

Strom in der Primärwicklung des
Erregertransformators

I   II   III

5,43 Perioden
(0,095 sek.)

Nullpunktsstrom des
Erregertransformators 5,7 Amp.

Abb. 135. Oszillogramm des Zündvorganges bei einem Gleichrichter, dessen Zündung und Erregung nach Abb. 133 c geschaltet war.

erfolgt von neuem innerhalb 1 bis 2 s. Der Lichtbogen an den Hauptanoden setzt unmittelbar nach der Zündung ein, wenn die gleichstromseitige Belastung angeschlossen ist.

Der Zündvorgang eines nach Abb. 133c geschalteten Gleichrichters ist in dem Oszillogramm Abb. 135 aufgezeichnet. Die mittlere Kurve stellt die Stromstärke auf der Primärseite des Erregertransformators dar und die obere Kurve.den vom Gleichrichter gelieferten Gleichstrom. Die untere Kurve zeigt den Strom im Nullpunkt des Erregertransformators, demnach sowohl den Zündstrom, als auch den Erregerstrom. Im Punkte *I* wird der Erregertransformator eingeschaltet. Im Zeitpunkte *II* berührt die Zündanode die Quecksilberoberfläche und bei *III* übernehmen die Hauptanoden die Last. Das Anwachsen des Erregerstromes ist aus der unteren Kurve ersichtlich; es erfordert einen Zeitraum von 4 Perioden. Die Gesamtzeit, die von der Einschaltung des

Erregertransformators bis zum Einsetzen des Stromes an den Hauptanoden verfloß, betrug nur 10,35 Perioden oder 0,1725 s, die Zeit vom
Eintauchen der Zündanode bis zum Einsetzen der Erregung 4 Perioden.

Wie aus Abb. 86 ersichtlich, ist der Schalter des Erregertransformators gewöhnlich mit dem Hauptschalter des Gleichrichtertransformators gekuppelt, so daß bei Schließung des Hauptschalters auch der
Erregertransformator eingeschaltet wird und die Zündung und Erregung
selbsttätig und praktisch augenblicklich erfolgt. Die Leistung des

Abb. 136. Zünd- und Erregereinrichtung Bauart Brown Boveri, nach Schaltbild 133c.

Erregertransformators beträgt ungefähr 1,5 kVA und die Spannung der
Sekundärwicklung dieses Transformators ist $2 \cdot 116$ V. Die Erreger-
Drosselspule bezweckt die Aufrechterhaltung des Erregerstromes und die
Herabsetzung seiner Welligkeit, während der Widerstand die Größe des
Erregerstromes bestimmt. Die Drosselspule und der Erregertrans-
formator sind zusammen mit dem Heiztransformator der Hoch-
vakuumpumpe in einem Ölkessel untergebracht. Eine vollständige
Zünd- und Erregereinrichtung der beschriebenen Bauart zeigt Abb. 136.

Abb. 133d zeigt das Schaltbild für Wechselstromzündung und
Wechselstromerregung eines Gleichrichters mit 3 Erregeranoden, die
an ein dreiphasiges Hilfsnetz angeschlossen sind.

Kühlvorrichtungen.

Der Quecksilberdampfgleichrichter ist ein ruhender Umformer; er
besitzt keine rotierenden Teile, die durch natürliche Ventilation die Ver-

lustwärme abführen. Daher müssen besondere Vorkehrungen zur Abfuhr der im Gleichrichter erzeugten Verlustwärme getroffen werden, denn die Oberfläche des Gleichrichtergefäßes ist im allgemeinen zu klein, um die erzeugte Wärmemenge ohne Überschreitung der zulässigen Temperatur abzugeben.

Es ist üblich, zur Abfuhr der Verluste Wasserkühlung anzuwenden. In Kapitel VII (Abb. 100) wurde die Strömung des Kühlwassers beschrieben. Hinsichtlich der erforderlichen Kühlwassermenge sind folgende Größen von Einfluß.

1. Die Lichtbogenverluste. Sie können in Kilokalorien ausgedrückt werden nach der Gleichung

$$Q^{\mathrm{kcal/h}} = I \cdot e_L \cdot 0,86.$$

Hier bedeutet I den Gleichstrom und e_L den Lichtbogenabfall.

2. Die Oberfläche des Gefäßes und ihre Temperatur.

3. Die Raumtemperatur, die Meereshöhe und andere örtliche Bedingungen.

4. Die Eintritts- und Austrittstemperatur des Wassers.

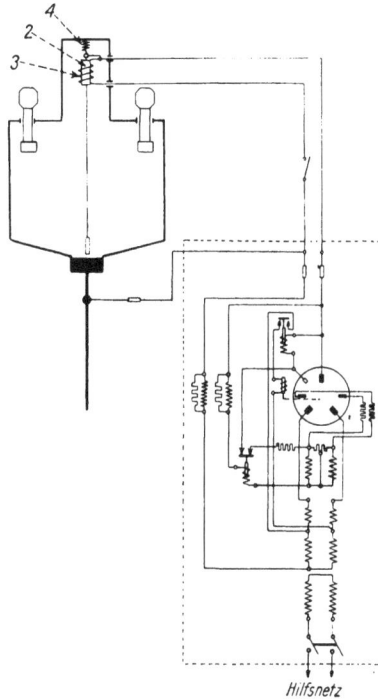

Abb. 137. Schaltbild für Gleichstromzündung mit einem Hilfsgleichrichter zur Lieferung des Zündstromes.

Die durch das Wasser abzuführende Wärmemenge beträgt 50 bis 90% der gesamten Verlustwärme. 1 kW erwärmt 14,38 l Wasser/min um 1° C. Ist beispielsweise ein Gleichrichtergefäß mit 1000 A belastet und beträgt der Spannungsabfall 20 V, so ist eine Kühlwassermenge von 11,4 l/min erforderlich, wenn die Eintrittstemperatur des Wassers 20° und die Austrittstemperatur 45° C, somit also die Erwärmung des Wassers 25° C beträgt. Zieht man die Wärmeabgabe durch Strahlung und Konvektion in Betracht, so verringert sich der Kühlwasserbedarf gegenüber dem vorstehend angegebenen Wert. Er beträgt 0,75 bis 1,25 l/min für je 100 A.

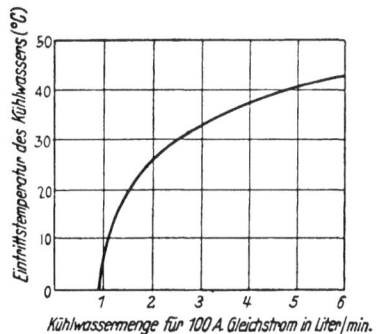

Abb. 138. Der Kühlwasserbedarf eines Gleichrichters in Abhängigkeit von der Eintrittstemperatur des Kühlwassers bei Raumtemperaturen bis 40° C.

15*

Gegenwärtig sind 4 verschiedene Verfahren der Wasserkühlung in Verwendung:

1. Unmittelbare Frischwasserkühlung,
2. mittelbare Frischwasserkühlung,
3. Kreislaufkühlung mit natürlicher oder künstlicher Wasserbewegung,
4. kombinierte Frischwasser- und Kreislaufkühlung.

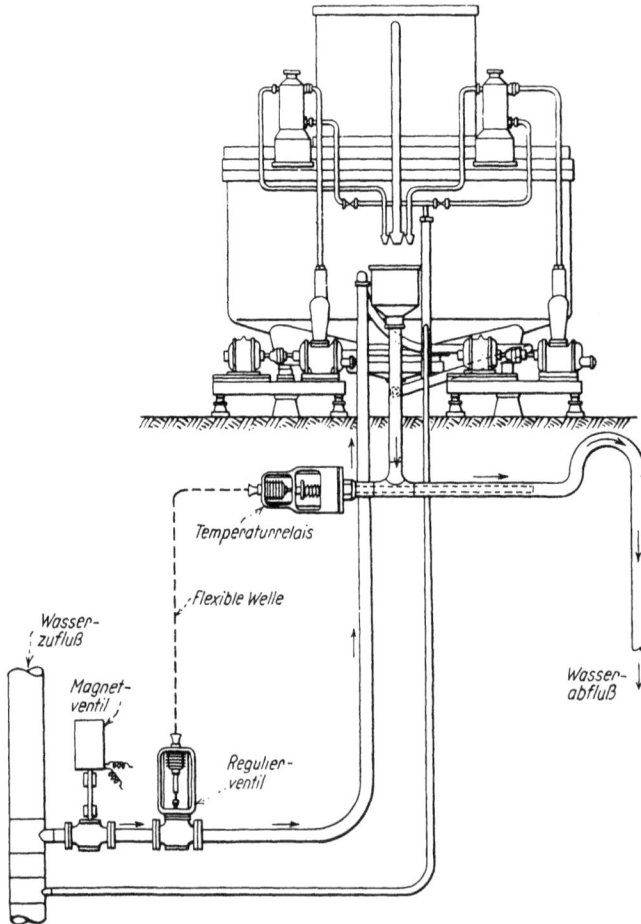

Abb. 139. Frischwasserkühlung des Gleichrichters und der Vakuumpumpen. Die Wasserströmung wird durch ein Regulierventil in Abhängigkeit von der Temperatur geregelt. Das Magnetventil wird in selbsttätigen oder fernbetätigten Anlagen zum Ein- und Ausschalten der Wasserkühlung verwendet.

Unmittelbare Kühlung. Dieses Verfahren ist das einfachste und billigste. Das Wasser wird einem Wasserlauf entnommen, strömt durch den Gleichrichter und fließt dann ab. In Abb. 138 ist die erforderliche Kühlwassermenge für verschiedene Eintrittstemperaturen und für eine

Raumtemperatur von 40⁰ C ersichtlich. Um den Wasserverbrauch in Zeiten geringer Belastung herabzusetzen, kann der Wasserzufluß durch ein von einem Thermostaten beeinflußtes Ventil geregelt werden; der Thermostat hält die Ablauftemperatur des Wassers konstant. Es wird daher nicht mehr Wasser verbraucht, als erforderlich ist, um einen Anstieg der Temperatur des Gleichrichters über die höchst zulässige Betriebstemperatur hinaus zu verhindern. Eine derartige Kühlanordnung ist in Abb. 100b und mit einem anderen Regulierventil in Abb. 139 dargestellt. Abb. 100a zeigt eine elektrische Steuerung zur Konstanthaltung der Temperatur. In Abb. 140 ist ein thermostatisches Regulierventil dargestellt. Das vom Gleichrichter kommende warme Wasser strömt an dem temperaturempfindlichen Teil vorüber, der mit einer leicht verdampfbaren Flüssigkeit gefüllt ist. Die Temperaturschwankungen bewirken, daß dieses Element sich in Übereinstimmung mit der Temperatur ausdehnt und zusammenzieht. Die Bewegungen des Elementes verändern die Öffnung des Wassereinlaßventiles.

Mittelbare Kühlung. Enthält das Wasser Säuren oder Verunreinigungen, die Anfressungen am Gleichrichtergefäß oder Verstopfungen der Wasserrohre bewirken können, so darf es nicht unmittelbar zur Kühlung des Gleichrichtergefäßes verwendet werden. In diesem Falle kann der Gleichrichter durch einen geschlossenen Wasserkreislauf gekühlt werden; das vom Gleichrichter abströmende Wasser wird mittels des vorhandenen verunreinigten Wassers rückgekühlt. Hierbei wird die Anordnung gewöhnlich so getroffen, daß das Frischwasser durch einen besonderen Kühler fließt, der nach dem Gegenstromprinzip arbeitet, während das Kühlwasser des Gleichrichters mit Hilfe einer rotierenden Pumpe zwischen dem Gleichrichter und dem Kühler in Umlauf gesetzt wird. Die Ablagerungen erfolgen im Kühler, der leicht und ohne Unterbrechung des Gleichrichterbetriebes gereinigt werden kann.

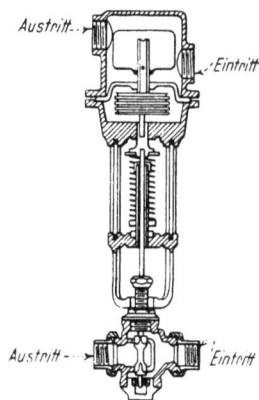

Abb. 140. Direktwirkendes temperaturabhängiges Regulierventil.

Kreislaufkühlung. Dieses Verfahren wird angewandt, wenn kein Kühlwasser zur Verfügung steht oder wenn das vorhandene Kühlwasser Verunreinigungen enthält. Hierfür benötigt man einen Radiator, einen Kühlventilator und eine Wasserumlaufpumpe mit den erforderlichen Antriebsmotoren, ferner die erforderlichen Rohrleitungen und Steuerorgane. Da die Temperatur der Kühlluft im Sommer meist über 30⁰ C beträgt, ist die erreichbare Temperaturdifferenz für den Betrieb des Kühlers begrenzt, und es sind große Luft- und Wassermengen erforderlich. Die Lufttemperatur wird gewöhnlich mit 35⁰ C angenommen;

die zulässige Temperatur des Gleichrichters liegt zwischen 50 und 60° C; daher beträgt das Temperaturgefälle im Kühler nur 15 bis 25° C.

Die Anordnung einer Kühlanlage mit Wasserkühler und Kühlventilator ist in Abb. 141 dargestellt. Der Radiator und der Ventilator liegen in der Abbildung tiefer als der Gleichrichter. Der Kühler könnte auch in gleicher Höhe, wie der Gleichrichter oder über ihm aufgestellt werden. Der Radiator, die Wasserpumpe und alle Rohrleitungen sind gegen Erde isoliert, um Anfressungen durch Erdströme zu vermeiden. Der Ventilatormotor ist vom Ventilatorflügel durch eine Isolierkuppelung isoliert, ebenso der Pumpenmotor von der Pumpe. Um die Kühlwasserleitungen stets mit Kühlwasser gefüllt zu halten, ist über dem Gleichrichter ein Ausdehnungsgefäß angebracht. Am Gleichrichtergefäß selbst sieht man einen Überströmhahn vor, um bei der Füllung des Kühlrohrsystems die Luft entweichen lassen zu können. Im normalen Betrieb ist dieser Hahn geschlossen. Um das verdunstete Wasser zu ersetzen, wird in das Ausdehnungsgefäß von Zeit zu Zeit Wasser nachgefüllt. Das Kühlsystem kann mit Hilfe eines abnehmbaren Gummischlauches unmittelbar an die Wasserleitung angeschlossen werden, so daß es möglich ist, den Gleichrichter mit Frischwasser zu kühlen, wenn die Rückkühleinrichtung außer Betrieb gesetzt werden muß.

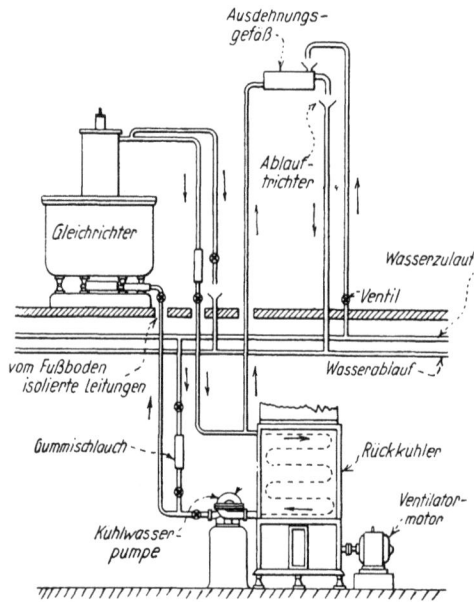

Abb. 141. Rückkühlanlage für das Kühlwasser eines Eisengleichrichters. (Der Gummischlauch wird nur bei Frischwasserkühlung verwendet und sonst entfernt.)

Abb. 143 zeigt die Einzelteile des Kühlers. Eine Anlage mit Kühlern dieser Bauart ist in Abb. 144 ersichtlich. Jeder Kühler hat eine Leistung von ungefähr 30000 kcal/h bei einer Temperaturdifferenz von 20° C. Die Luftausströmöffnungen der Kühler können verschlossen werden, um die Warmluft im Winter für die Heizung des Gebäudes zu verwenden.

Eine andere bei Gleichrichtern übliche Kühlerbauart zeigt Abb. 145.

Kombinierte Kreislauf- und Frischwasserkühlung. Um die Größe der Rückkühlvorrichtungen herabzusetzen, kann eine kombinierte Kreislauf- und Frischwasserkühlung verwendet werden. In diesem Falle arbeitet die Kreislaufkühlung bei geringen Belastungen allein, während bei großen Belastungen Frischwasser zugesetzt wird.

Besondere Kühlverfahren. Das in Abb. 142 dargestellte System ist in jenen Fällen das bestgeeignete, wo der Raum begrenzt ist und die Selbstkühlung Schwierigkeiten verursacht. Da die im Gleichrichter und im Transformator erzeugte Wärme durch das Kühlwasser abgeführt wird, ist keine besondere Ventilation der Unterstation nötig, und es entfallen alle kostspieligen Luftleitungen. Der Gleichrichter wird zu ebener Erde aufgestellt, während die Kühlvorrichtung, die aus dem Kühler und dem Ventilator besteht, auf dem Dach des Gebäudes angebracht wird. Die Höhe A kann 90 m oder mehr betragen. Durch Aufstellung eines besonderen Kühlers für das im Kühlmantel verwendeten Wassers neben dem Gleichrichter erreicht man eine Herabsetzung des auf das Gleichrichtergefäß wirkenden Druckes. Der ebenerdig aufgestellte Transformator besitzt ebenfalls Wasserkühlung und wird von der Rückkühleinrichtung auf dem Dach mit Kühlwasser versorgt.

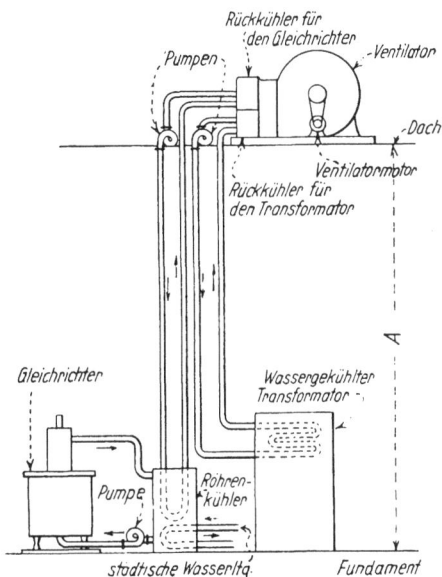

Abb. 142. Rückkühlanlage für die Kühlwasser eines Eisengleichrichters und seines Transformators mit einem auf dem Dach des Gebäudes aufgestellten Rückkühler.

Kühlwasser. In Bahnanlagen ist meist der negative Pol geerdet; in diesem Fall liegt die volle Gleichspannung zwischen Gleichrichtergefäß und Erde. Wird daher der Gleichrichter durch ein geerdetes Kühlsystem gekühlt, z. B. durch die städtische Wasserleitung, so fließt ein Strom vom Gleichrichter zur Erde über das Kühlwasser. Selbst wenn man in die Kühlwasserzuleitung einen Gummischlauch einschaltet und das Wasser verhältnismäßig rein ist, so ist doch immer ein Erdstrom vorhanden, dessen Stromstärke sich aus der Gleichspannung und dem Widerstand der Wassersäule zwischen Gleichrichter und Erde ergibt. Wird der Gleichrichter mit Leitungswasser gekühlt und das Wasser mittels einer geerdeten Leitung abgeführt, so sind zwei Wege für den Erdstrom vorhanden, und zwar einer über den Wasserzulauf und einer über den Wasserablauf.

Der Erdstrom zerlegt die Wassermoleküle in Wasserstoff- und Sauerstoffionen. Die negativ geladenen Sauerstoffionen werden zu den Teilen des Gefäßes, die sich auf hohem Potential befinden, hingezogen und verursachen Rostbildung und Korrosionen. Wenn das Wasser

Chlorverbindungen enthält, die sich durch den elektrischen Strom zersetzen, so greift das Chlor das Eisen an. Da die Quecksilberdampfstrahlpumpe mit den Gleichrichtergefäß metallisch verbunden ist, weist sie dasselbe Potential wie der Gleichrichter auf. Wird sie mittels eines geerdeten Kühlsystems gekühlt, so tritt ähnlich wie beim Gleichrichtergefäß Rostbildung ein, wenn auch in geringerem Maße, da der für den Erdstrom zur Verfügung stehende Wasserquerschnitt beträchtlich kleiner ist. Der Erdstrom kann durch Verwendung eines genügend langen

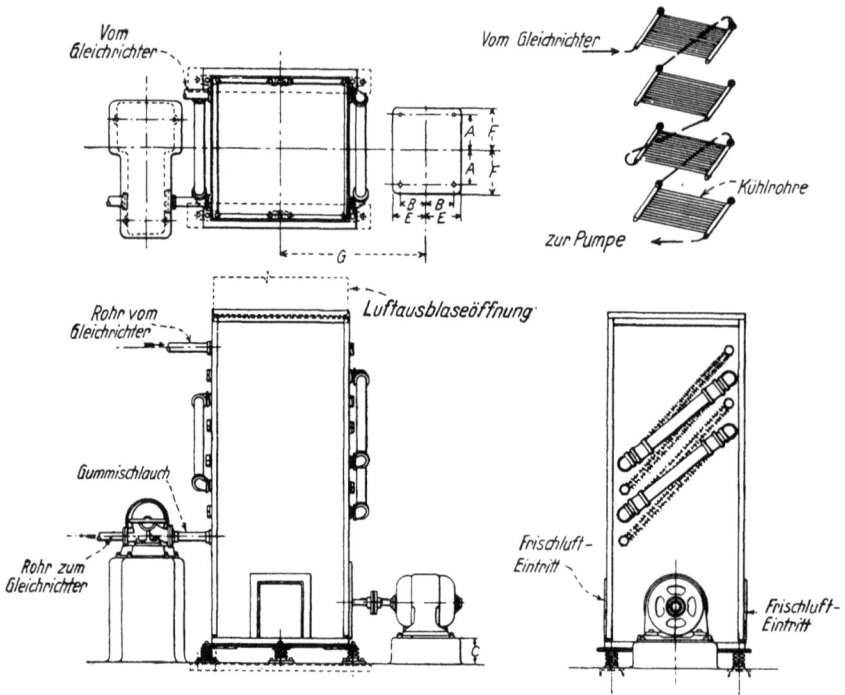

Abb. 143. Rückkühler für einen 2000-A-Gleichrichter.

Gummischlauches auf einen ungefährlichen Wert herabgedrückt werden. Die Anfressungen sind kleiner beim Wasserauslaß, weil dort eine freie Ausströmung stattfindet, während der Gummischlauch bei der Wasserzuströmung zum Gleichrichter nicht als vollständiger Isolator wirkt, da eine gewisse Stromleitung längs seiner inneren Oberfläche besteht, die durch Ablagerungen unterstützt wird. Die Korrosionen können natürlich durch Verwendung einer Rückkühlanlage vollständig vermieden werden. Rückkühlung ist für Gleichspannungen über 1500 V jedenfalls zu empfehlen, da bei diesen Spannungen ein übermäßig langer Gummischlauch nötig wäre, um den Erdstrom auf einen zulässigen Wert herabzusetzen.

Abb. 144. Rückkühlanlage in der Gleichrichterunterstation Congress Street der Connecticut Company (BBC).|

Abb. 145. Rückkühler für einen Eisengleichrichter (BBC).

Ist der positive Pol des Gleichstromnetzes geerdet, so kann kein Erdstrom fließen, da sich dann das Gleichrichtergefäß auf Erdpotential befindet.

Auf Grund von Versuchen und Erfahrungen, die durch Beobachtung von mehreren hundert Gleichrichteranlagen durch einige Jahre gewonnen wurden, kann man sagen, daß das Kühlwasser folgende Eigenschaften haben muß, damit nur geringfügige Rostbildungen auftreten:

Größte Gesamthärte 14
größter Gehalt an Chloriden, Sulfaten und Nitraten,
    berechnet nach dem Rückstand 0,85/100000
größter Chloridgehalt 0,65/100000
kleinster spezifischer Widerstand . . . 2000 bis 2500 Ohm/cm³

Um die Eignung des Kühlwassers zu beurteilen, ist die Kenntnis folgender Daten von Nutzen:

> Verdampfungsrückstände,
> Aschenrückstände,
> Gesamthärte,
> zeitweilige Härte (Alkaligehalt),
> konstante Härte,
> Chlorgehalt,
> Sulfatgehalt,
> Nitratgehalt,
> Soda- und Pottaschegehalt,
> spezifischer Widerstand in Ohm/cm³.

Besitzt das Wasser die oben angeführten Eigenschaften, so kann es unmittelbar zur Kühlung des Gleichrichtergefäßes verwendet werden, andernfalls ist eine Rückkühlanlage nötig.

IX. Kapitel. Inbetriebsetzung und Betrieb von Eisengleichrichtern.

Formierung und Inbetriebsetzung.

Ein Eisengleichrichter muß vor Inbetriebsetzung einem Formierungs-, (Ausheiz- oder Entgasungs)prozeß unterworfen werden. Der Zweck dieses Ausheizprozesses ist zunächst das Austreiben der in den Gefäßwänden, soweit sie dem Lichtbogen ausgesetzt sind, besonders auch in den Anoden eingeschlossenen Gase. Ferner sind auch Feuchtigkeit, Fett und andere Verunreinigungen zu entfernen. Das Ausheizen, das zum Teil bereits in der Fabrik erfolgt, besteht in einer Erhitzung des Gefäßes und der im Vakuum befindlichen Teile auf eine höhere Temperatur als die normale Betriebstemperatur bei gleichzeitigem Evakuieren. Die Temperatur des Gleichrichters im normalen Betrieb ist, wie erwähnt, niedriger als beim Formieren; der Gleichrichter gibt daher im Normalbetrieb nur sehr wenig Gase ab, die von den Vakuumpumpen ohne weitere entfernt werden können, ohne das ordnungsgemäße Arbeiten des Gleichrichters zu gefährden. Die für den Formierungsprozeß erforderliche Zeit hängt von der Konstruktion des Gleichrichters, den verwendeten Baustoffen und von dem Formierungsverfahren ab.

Um die Formierung unter Verwendung vorhandenen Kraftstromes durchführen zu können, sind Sondereinrichtungen, wie veränderliche Heizwiderstände, Ausheiztransformatoren und zusätzliche Schalteinrichtungen erforderlich.

Formieren oder Ausheizen. Der größere Teil des Ausheizvorganges wird in der Fabrik erledigt, indem der Gleichrichter durch Ausspülen mit Alkohol sorgfältig gereinigt, dann getrocknet und schließlich mit elektrischem Strome ausgeheizt wird.

Um den Ausheizvorgang abzukürzen, entfernt man zunächst alle Feuchtigkeit und die vorhandenen Gase aus dem Kessel. Zu diesem Zweck wird der Gleichrichter erhitzt, indem man entweder heißes Wasser durch den Kühlmantel fließen läßt oder indem man einen elektrischen Heizkörper im Innern des Gefäßes anordnet und den Heizstrom allmählich steigert, bis der Deckel des Gleichrichtergefäßes eine Temperatur von 70 bis 80° C erreicht. Dieser Vorgang dauert ungefähr 24 h, und während dieser Zeit arbeiten ständig die Vakuumpumpen und entfernen die Feuchtigkeit und die Gase aus dem Gleichrichtergefäß.

Während der Trocknung und auch während der nachfolgenden Formierung mit elektrischem Strom verwendet man vorteilhafterweise sowohl ein Hitzdrahtvakuummeter, als auch ein Vakuummeter nach McLeod. In Anlagen, bei denen im Normalbetrieb kein Vakuummeter nach McLeod in Verwendung steht, wird ein tragbares Kompressionsvakuummeter nur während des Formierungsvorganges angeschlossen.

Durch Verwendung der beiden Vakuummeter ist es möglich zu bestimmen, bis zu welchem Grade die Feuchtigkeit aus dem Gleichrichtergefäß entfernt wurde. Das Kompressionsvakuummeter nach McLeod mißt nur den Druck der nicht verflüssigbaren vollkommenen Gase, während der Gehalt an Wasserdampf nicht gemessen wird, weil der in das Meßrohr gelangte Wasserdampf beim Eindringen des Quecksilbers in das Rohr verdichtet und kondensiert wird. Das Hitzdrahtvakuummeter mißt andererseits sowohl den Druck der Dämpfe als auch den der vollkommenen Gase, so daß der Interschied der Ablesungen der beiden Instrumente als Maß für die im Gleichrichtergefäß vorhandenen Wasserdampfmenge angesehen werden kann.

Ist der Wasserdampf größtenteils entfernt, so daß der Gleichrichter Strom führen kann, so beginnt das Formieren durch Belastung des Gleichrichters mit elektrischem Strom.

Die Art des Formierens hängt von den Einrichtungen in der Unterstation ab. Ist Gleichstrom vorhanden, so kann jede einzelne Anode für sich über Widerstände belastet werden. Zwischen jeder Anode und der Kathode wird ein Lichtbogen gebildet, wobei man zunächst mit niedrigen Stromstärken beginnt und diese mit Hilfe regelbarer Widerstände allmählich steigert.

Nachdem alle Anoden auf diese Weise bei geringer Belastung formiert wurden, wird der Gleichrichter an den Haupttransformator an-

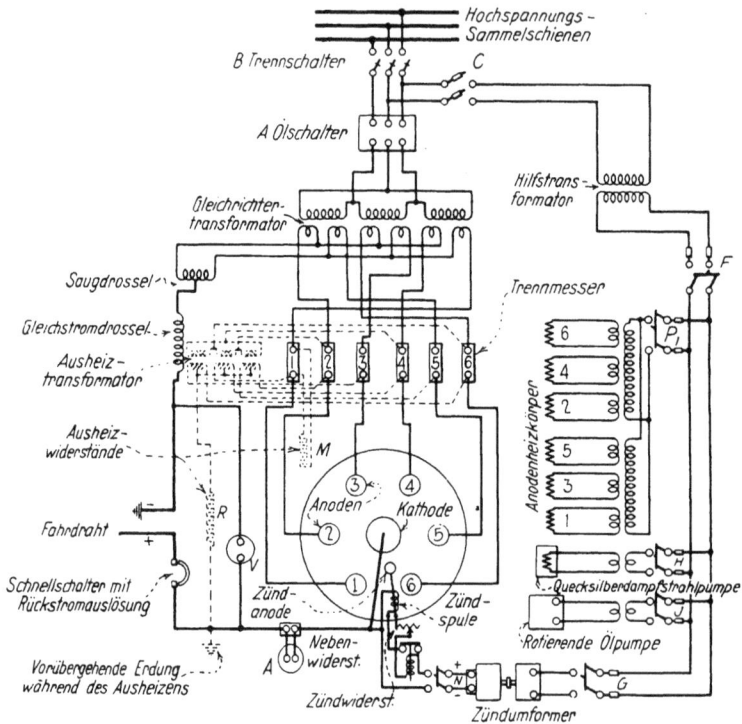

Abb. 146. Schaltbild eines Eisengleichrichters der General Electric Company. Der Ausheiztransformator und die Ausheizwiderstände sind gestrichelt angedeutet.

geschlossen und der Formierungsprozeß fortgesetzt, wobei der Gleichrichter bereits auf das Gleichstromnetz arbeitet. Dieses Stadium des Formierungsprozesses besteht aus einem normalen Gleichrichterbetrieb unter sorgfältig kontrollierten Bedingungen und mit allmählich steigender Belastung.

Ausheiztransformator. Der beste und schnellste Weg für die Formierung eines Gleichrichters, ist jedoch die Verwendung eines besonderen Ausheiztransformators von etwa 150 bis 200 kVA. Der Zweck dieses Transformators ist die Herabsetzung der Anodenspannung auf etwa 50 bis 90 oder 50 bis 300 V, je nach der Bauart des Gleichrichters.

Als Belastung bei dieser Art der Formierung wird ein Wasserwiderstand oder irgendein anderer Widerstand verwendet. Der Ausheiztransformator besitzt eine dreiphasige Primärwicklung und eine drei-, sechs- oder zwölfphasige Sekundärwicklung. Er ist umschaltbar, so daß man verschiedene Sekundärspannungen entnehmen kann.

Abb. 147 zeigt das typische Schaltbild eines Ausheiztransformators, der zum Formieren verschiedener Gleichrichter für Spannungen von 600 bis 1500 V verwendet werden kann.

Schaltungen für Ausheiztransformatoren. Die Primärwicklung des Ausheiztransformators wird an drei Sekundärphasen des Gleichrichter-transformators abgeschlossen, die ein symmetrisches Dreiphasensystem bilden. Die Primärwicklung wird für Reihen-Parallelschaltung ausgeführt. Für Anlagen von 600 V Gleichspannung oder weniger schaltet man die Wicklungen parallel. Bei höheren Spannungen bis 1500 V wird die Reihenschaltung angewendet. Beide Schaltungen ergeben eine für das Ausheizen des Gleichrichters geeignete Sekundärspannung.

Einphasiges Ausheizen. Während der ersten Stadien des Ausheizens werden die Anoden nacheinander mit einphasigem Halbwellenstrom belastet. Zu diesem Zweck wird eine Anode an irgendeine Sekundärphase des Ausheiztransformators angeschlossen. Die Kathode wird über den Ausheizwiderstand mit dem Nullpunkt des Ausheiztransformators verbunden.

Wenn die Zündung des Lichtbogens Schwierigkeiten bereitet, kann die Spannung gesteigert werden, indem man den Widerstand statt an den Nullpunkt, an eine andere Phase des Ausheiztransformators anschließt.

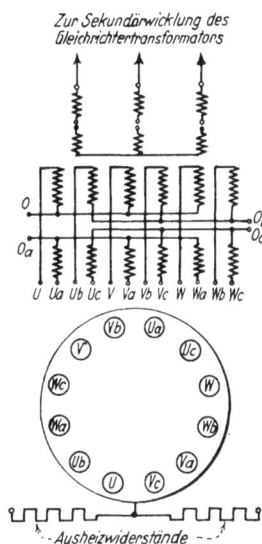

Abb. 147. Schaltbild eines Ausheiztransformators für Eisengleichrichter (BBC).

Erfordert das Ausheizen mehr Strom, als eine einzige Wicklung des Transformators abgeben kann, so können zwei Phasen, wie V und V_a in Abb. 147 parallel geschaltet und an eine Anode angeschlossen werden.

Sechsphasiges Ausheizen. Nach dem einphasigen Formieren jeder Anode steht der Gleichrichter für das sechsphasige Ausheizen bereit. Sechs Anoden werden an ein Sechsphasensystem, z. B. U, U_a, V, V_a, W und W_a in Abb. 147 angeschlossen. Die Nullpunkte 0 und 0_a werden mit den Ausheizwiderständen verbunden. Es brauchen nicht alle sechs Anoden sofort zu brennen, wenn aber nach einer angemessenen Zeit nicht alle Anoden Strom führen, so muß man das einphasige Formieren wiederholen.

Ausheizen in Doppelsechsphasenschaltung. Ist ein Ausheizen in Doppelsechsphasenschaltung möglich, so werden die Sekundärklemmen des Ausheiztransformators mit den gleichbezeichneten Anoden verbunden wie beim normalen Gleichrichterbetrieb. Die Nullpunkte 0 und 0_a werden mit einem Ausheizwiderstand und die Nullpunkte 0_b und 0_c mit dem anderen Ausheizwiderstand verbunden (vgl. Abb. 147).

Ein besonderer Widerstand für jedes Sechsphasensystem ist notwendig, um alle Anoden zur Stromführung zu zwingen. Wäre ein einziger Widerstand vorhanden, so bestünde die Möglichkeit, daß die Anoden, die an ein Sechsphasensystem angeschlossen sind, entweder einen höheren Strom führen als die anderen 6 Anoden oder aber den Gesamtstrom an sich reißen. Die Folge wäre eine ungleichmäßige Formierung und möglicherweise eine Überlastung einiger Anoden.

Es ist erwünscht bei der Formierung eines Gleichrichters mittels Ausheiztransformator die niedrigstmögliche Spannung anzuwenden, um die Größe der Belastungswiderstände und den Leistungsbedarf für das Ausheizen herabzusetzen. Anderseits kann man, bevor der Gleichrichter ausgeheizt ist, oft die Anoden bei niedrigen Spannungen nicht zum Zünden und ruhigen Brennen bringen. Um diese Schwierigkeit zu überwinden, kann man 6 Anoden an eine Stromquelle höherer Spannung, z. B. an die Sekundärwicklung des Gleichrichtertransformators anschließen und mit schwachen Strömen belasten, während die anderen 6 Anoden an den Ausheiztransformator angeschlossen werden und bei niedriger Spannung mit den hohen Strömen belastet werden, die für das Formieren notwendig sind. Die 6 Anoden, die bei höherer Spannung arbeiten, wirken als Erregeranoden; sie ermöglichen das ruhige Brennen der anderen Anoden, die ausgeheizt werden.

In einer Anlage mit weitgehender Spannungsregelung mittels Stufentransformator oder Drehregler ist es nicht notwendig, einen Ausheiztransformator zu verwenden, da man hier mit der niedrigsten Betriebsspannung ausheizen kann.

Formieren nach Untersuchung und Reparatur. Wird der Gleichrichter aus irgendeinem Grunde nach einer bestimmten Betriebzeit geöffnet, so ist es notwendig, den Formierungsprozeß in einem gewissen Umfang zu wiederholen. Dauerte das Offenstehen nicht sehr lang und war der Gleichrichter vorher durch längere Zeit in Betrieb, so kann er nach dem Evakuieren des Gefäßes gewöhnlich ohne jedwedes Formieren eingeschaltet werden. Es ist jedoch notwendig, auf die Aufrechterhaltung des Vakuums zu achten und zunächst den Gleichrichter nur schwach zu belasten. Da die meisten Anlagen gewöhnlich während der Nacht mit geringer Belastung laufen, so soll die Wiedereinschaltung vorzugsweise in der Nacht vorgenommen werden. Besitzt der Gleichrichtertransformator Anzapfungen, so ist zunächst die niedrigste Gleichspannung einzustellen.

Besondere Erscheinungen beim Formieren. Während des Formierens treten gewöhnlich folgende besondere Erscheinungen auf. Beim Beginn des Formierungsvorganges schwankt der Strom und das Vakuum nimmt durch Freiwerden von Dämpfen und Gasen (besonders an den Anoden) rasch ab. Der Lichtbogen kann sogar vollständig erlöschen, und es kann eine höhere Brennspannung erforderlich werden. Das Vakuum ist sorgfältig zu überwachen; wenn der Druck auf 0,015 bis 0,02 mm QS steigt, ist das Formieren zu unterbrechen und erst bei höherem Vakuum fortzusetzen, da andernfalls innere Kurzschlüsse auftreten können. Es ergeben sich manchmal auch Schwierigkeiten bei der Zündung des Lichtbogens, so daß das Zündrelais durch längere Zeit arbeiten muß, bevor sich der Lichtbogen bildet. Beim Fortschreiten des Formierungsvorganges werden diese Erscheinungen allmählich schwächer. Beim Formieren mit einem Mehrphasentransformator ist es möglich, daß anfangs nur einige Anoden Strom führen, so daß die Gleichspannung niedriger ist als normal und daß diese Spannung innerhalb weiter Grenzen schwankt, wenn sich weitere Anoden zeitweilig an der Stromführung beteiligen. Beim Fortschreiten des Formierens wird die Belastung allmählich auf 50 bis 100% des Nennstromes gesteigert. Das Formieren mit Strom dauert gewöhnlich 12 bis 15 h, worauf der Gleichrichter auf das Netz geschaltet werden kann. Diese Zeit hängt von der Gründlichkeit des Formierens in der Fabrik ab, ferner von den vorhandenen Einrichtungen zur Spannungsregulierung sowie von der Bauart des Gleichrichtergefäßes und der Pumpen.

Vorschrift für das Formieren von Gleichrichtern.[1]

Für das Ausheizen wird ein Spezialtransformator, der die Spannung des Haupttransformators herabsetzt, und ein Belastungswiderstand verwendet.

Das ordnungsgemäße Ausheizen zerfällt in drei Teile. Zuerst erfolgt das »einanodige Ausheizen mit Halbwellenstrom«, wobei jeweils nur eine Anode an die volle Phasenspannung angeschlossen ist und der Strom nur während jener Halbperiode fließt, in welcher die Anode positiv ist; ein Widerstand (M in Abb. 146) begrenzt den Strom. Die hohe Spannung wird angewendet, weil zu Beginn des Ausheizens der Lichtbogenabfall so groß ist, daß bei niedriger Spannung kein Lichtbogen zustande kommt. Eine Rückzündung ist bei diesem Halbwellenbetrieb fast unmöglich.

Der zweite Teil des Ausheizvorganges besteht im Gleichrichterbetrieb mit niedriger Spannung, wobei Kühlwassermenge und Kühl-

---

[1] Dem Vorschriftenbuch GEH-474 B der General Electric Co. entnommen.

wasserspiegel so geregelt wird, daß der Kondensraum des Gleichrichters auf hohe Temperatur erhitzt wird. Der Strom wird allmählich bis auf den ungefähren Vollaststrom des Gleichrichters gesteigert.

Der dritte Teil umfaßt einen Gleichrichterbetrieb mit Überlast, wobei die Anoden auf eine höhere Temperatur erhitzt werden, als sie im normalen Betrieb annehmen. Während dieses Teiles des Ausheizvorganges wird die Kondensraumtemperatur innerhalb der für den sicheren Betrieb erforderlichen Grenzen gehalten.

Einanodiges Ausheizen mit Halbwellenstrom. Vor dem Beginn des Ausheizens muß man sich überzeugen, daß die richtige Quecksilbermenge bei den Anodeneinführungen eingefüllt wurde (s. Abb. 90 und 108).

1. Es ist eine provisorische Schlauchverbindung zum Wassermantel an jener Stelle herzustellen, wo der Wasserregler eingeschaltet ist. Man läßt das Kühlwasser durch diesen provisorischen Auslaß ausfließe, wodurch es vom Deckel des Vakuumgefäßes ferngehalten wird, so daß dieser sich stark erhitzt. Der Wassermantel ist ungefähr zur Hälfte mit Wasser zu füllen und dann ist der Wasserzufluß abzuschließen, da während des einanodigen Ausheizens mit Halbwellenstrom kein Wasser durch den Kühlmantel fließen darf.

2. Die Pumpen werden in Betrieb gesetzt. Das Gleichrichtergefäß ist auf 1 Mikron zu evakuieren. Der Motorgenerator für die Zündung und Erregung wird angelassen und die Anodenheizwiderstände werden eingeschaltet. Die Heizwiderstände müssen 2 h vor dem Beginn des Ausheizens unter Strom stehen. Ist der Gleichrichter mit einem Wassermantel ausgerüstet, so ist das Wasser auf 50° C zu erhitzen, bevor man mit dem Ausheizen durch Lichtbögen beginnt.

3. Die Kathode ist durch eine provisorische Erdleitung, die in Abb. 146 gestrichelt eingezeichnet ist, zu erden. Alle Anodentrennschalter sind zu öffnen. Der Widerstand M ist parallel zum geöffneten Trennschalter 1 zu schalten, wie dies in Abb. 146 durch gestrichelte Linien angedeutet ist.

4. Der Ölschalter ist einzuschalten, worauf der Stromkreis für das einanodige Ausheizen mit Halbwellenstrom geschlossen ist. Das Gleichstromamperemeter soll ungefähr 25 A zeigen, und die Gleichspannung ist ungefähr die Hälfte der Phasenspannung des Transformators. Sowohl die Spannung als auch der Strom sind zunächst unstetig, werden aber beim Fortschreiten des Ausheizprozesses ruhiger. Es entwickeln sich Gase, und das Vakuum fällt. Steigt der Druck über 50 Mikron, so muß der Strom ausgeschaltet werden bis wieder ein besseres Vakuum erreicht ist.

5. Nach einer halben Stunde ist der Ölschalter auszuschalten und der Widerstand M bei der Anode 2 anzuschließen, welche durch eine halbe Stunde mit Halbwellenstrom zu belasten ist.

6. In gleicher Weise sind die restlichen Anoden auszuheizen.

Anmerkung: Das Erwärmen des Gleichrichtergefäßes mittels der Anodenheizwiderstände und der Wassermantelheizwiderstände, ferner das Ausheizen mit Halbwellenstrom dauert im allgemeinen nicht über 6 h; diese Zeit muß jedoch ausgedehnt werden, wenn die Anoden in außergewöhnlichem Maße Gase abgeben, oder wenn der Strom nach halbstündiger Belastung einer Anode noch nicht stetig geworden ist.

7. Folgende Ablesungen sind halbstündig zu notieren: Zeit, Vakuum, Kathodenstrom, Temperatur der Kathode, des Wassermantels und des Deckels.

Nach Beendigung des einanodigen Ausheizens mit Halbwellenstrom soll die Lichtbogenspannung so klein sein, daß mit dem Ausheizen bei niedriger Spannung, entweder in Sechsphasen- oder in Dreiphasenschaltung begonnen werden kann.

Sechsphasiges Ausheizen. 1. Die Gefäßtemperatur wird durch Veränderung des Wasserzuflusses geregelt. Es ist besonders anzustreben, daß die oberen Teile des Kessels so rasch als möglich heiß werden. Deshalb ist nur eine kleine Kühlwassermenge zu verwenden (gerade genug, um den Kathodenisolator auf einer Temperatur unter 50° C zu halten; bei höheren Temperaturen kann er springen).

2. Die Primärwicklung des Ausheiztransformators ist an eine Sekundärwicklung des Haupttransformators anzuschließen und die Sekundärwicklung des Ausheiztransformators mit den Anoden zu verbinden, wobei der Widerstand R einzuschalten ist, wie dies in Abb. 146 mit gestrichelten Linien angedeutet ist.

Alle Anodentrennschalter sind zu öffnen. Die Anoden und Kühlmantelheizwiderstände sollen nach dem Ausheizen mit Halbwellenstrom weiter eingeschaltet bleiben und die Vakuumpumpen arbeiten dauernd. Bevor mit dem sechsphasigen Ausheizen begonnen wird, ist das Vakuumgefäß auf 1 Mikron oder noch weiter zu evakuieren, da der Lichtbogen im Hochvakuum viel leichter zündet. Der Ölschalter A ist zu schließen. Es fließt dann ein gleichgerichteter Strom von etwa 50 A bei 35 bis 40 V.

Sollte der Lichtbogen häufig erlöschen, so ist an 5 Anoden die Ausheizspannung und an die sechste Anode die volle Phasenspannung zu legen. Zu diesem Zweck entfernt man die Ausheizleitung von der Anode 1 und verbindet diese Anode über den Ausheizwiderstand M mit der zugehörigen Phase des Haupttransformators. Die höhere Spannung an der Anode 1 bewirkt die Aufrechterhaltung des Lichtbogens bis der Lichtbogenabfall so klein geworden ist, daß der Lichtbogen auch bei der niedrigeren Spannung ruhig brennt. Nun wird der Widerstand M entfernt und der ordnungsgemäße sechsphasige Ausheizbetrieb von neuem begonnen.

3. Sinkt der Druck auf 4 Mikron, oder ist der Gleichrichter bereits durch mindestens eine Stunde mit 50 A belastet worden, so ist die Hei-

zung der Anoden und des Wassermantels zu unterbrechen und der Strom auf 150 A zu steigern. Mit diesem Strom ist der Gleichrichter zu belasten bis ein Vakuum von 4 Mikron erreicht ist, zum mindesten aber durch eine Stunde.

4. In ähnlicher Weise soll der Strom auf 200, 300, 400, 450, 600, 750 und 900 A mit Hilfe der verschiedenen Schalter, die am Widerstand R angebracht sind, gesteigert werden. Hiebei sind dieselben Ablesungen zu machen, wie beim Ausheizen mit Halbwellenstrom.

Anmerkung. Das schlechteste zulässige Vakuum beträgt 10 Mikron. Steigt der Druck über diesen Wert, so muß der Strom vorübergehend herabgesetzt oder ausgeschaltet werden bis das Vakuum den Wert von 1 Mikron erreicht.

Zur Beachtung. Der Deckel des Vakuumgefäßes muß bis zu diesem Zeitpunkt trocken bleiben. Der Wasserstand kann mit Hilfe des provisorischen Auslaßschlauches leicht beeinflußt werden.

5. Wenn der Gleichrichter mit 900 A ausgeheizt wurde, so ist der Wasserspiegel allmählich über den Deckel des Gleichrichtergefäßes zu heben und die Temperatur auf 55° C herabzusetzen. Man muß darauf achten, daß die Temperatur nicht unter 55° C fällt; diese Temperatur wird dann während des restlichen Teiles des Ausheizens aufrechterhalten. Wird die Wasserströmung derart geregelt, daß die Temperatur des Deckels 55° C beträgt, so ist damit selbsttätig die Kathodentemperatur niedriger als vorher.

Nun ist das Ausheizen bei den folgenden Belastungen und Belastungszeiten zu vollenden:

$$
\begin{aligned}
950 \text{ A} &\ldots\ldots 2 \text{ h}, \\
300 \text{ A} &\ldots\ldots .15 \text{ min}, \\
1050 \text{ A} &\ldots\ldots 2 \text{ h}, \\
300 \text{ A} &\ldots\ldots .15 \text{ min}, \\
1250 \text{ A} &\ldots\ldots 2 \text{ h}, \\
300 \text{ A} &\ldots\ldots .15 \text{ min}, \\
1660 \text{ A} &\ldots\ldots 1 \text{ min}.
\end{aligned}
$$

Anmerkung: Das niedrigst zulässige Vakuum während des Ausheizens unter Überlast beträgt 8 Mikron. Man achte sorgfältig darauf, daß keine Überlastung eingeschaltet wird, wenn das Vakuum den vorgenannten Wert nicht erreicht.

6. Während die Anoden noch sehr heiß sind, schalte man den Wechselstrom ab und bestreiche die Anodenkühler mit Schellack. Werden die Kühler aus irgendeinem Grunde geöffnet, so müssen sie von neuem im heißen Zustande mit Schellack abgedichtet werden.

7. Sobald als möglich nach der Beendigung des Ausheizens sind alle Bolzen der Anodenkühler nachzuziehen, da sie durch die Erhitzung während des Ausheizens gelockert sind. Man entfernt die Kupferzu-

leitungen und zieht dann die Bolzen nach. Die Schrauben der Anoden-preßringe müssen ebenfalls nachgezogen werden.

8. Man entferne die provisorische Schlauchverbindung und bringe den Wasserregulator in Ordnung.

9. Der Wassermantel ist mit kaltem Wasser auszuspülen.

Zwölfphasiges Anheizen. Besitzt der Gleichrichter der auszuheizen ist 12 Anoden, so müssen diese in zwei Gruppen zu je 6 Anoden geteilt und zunächst die eine Gruppe den vorstehend angeführten Überlastungen ausgesetzt werden und dann die andere.

Das im nachfolgenden angegebene Schema ermöglicht den Übergang der Belastung von einer Gruppe auf die andere bei steigendem Strom, derart, daß alle 12 Anoden allmählich und gleichzeitig ausgeheizt werden. Von diesem Schema abgesehen, unterscheidet sich das Ausheizen eines Gleichrichters mit 12 Anoden nicht von dem eines Gleichrichters mit 6 Anoden. Es sind die gleichen Vorsichtsmaßregeln hinsichtlich Wasserströmung, Temperatur und Vakuum zu ergreifen.

Nummern der Anoden	Ampere	Zeit
1—3—5—7—9—11	50 150 200 300	Bis das Vakuum von 4 Mikron konstant gehalten wird, mindestens aber 1 Stunde.
2—4—6—8—10—12	50 150 200 300 400 450 500	Wie oben.
1—3—5—7—9—11	300	15 min.
1—3—5—7—9—11	400 450 600 750 900	Bis das Vakuum von 4 Mikron konstant gehalten wird, mindestens aber 1 Stunde.
2—4—6—8—10—12	600	15 min.
2—4—6—8—10—12	750 900	Bis das Vakuum von 4 Mikron konstant gehalten wird, mindestens aber 1 Stunde.

Besondere Vorsichtsmaßregeln. Das sechsphasige Ausheizen kann bei einem Gleichrichter mit 6 Anoden in ungefähr 18 h und bei einem Gleichrichter mit 12 Anoden in ungefähr 36 h durchgeführt werden; diese Zeit muß jedoch verlängert werden, wenn sich während des Ausheizens etwas Abnormales zeigt. Auf folgende Punkte ist besonders zu achten:

1. Temperatur. Wie im vorstehenden erwähnt, ist es unbedingt notwendig, daß der obere Teil des Gleichrichtergefäßes erhitzt wird, bevor die Belastung mit großen Ausheizströmen erfolgt. Um dies zu

erleichtern, wird die Wasserkühlung des Deckels ausgeschaltet, bis die Vollast erreicht ist; außerdem erfolgt die Kühlung des Gleichrichters während des Ausheizens nicht mit kaltem, sondern mit angewärmtem Wasser.

2. Unter Umständen sind die Vakuumablesungen kein verläßlicher Führer beim Ausheizen, wenn nämlich die Pumpen so leistungsfähig sind, daß stets ein gutes Vakuum abgelesen wird, auch wenn die Anoden in übermäßiger Weise Gase abgeben. In diesem Falle muß jede einzelne Stromstufe durch so lange Zeit eingeschaltet werden, daß das ordnungsgemäße Ausheizen der Anoden sichergestellt ist.

3. An den Ausheizwiderstand ist ein Drehspulvoltmeter anzuschließen und während des Ausheizens sorgfältig zu beobachten. Hiebei zeigt sich, daß bei jeder Stromsteigerung die Spannung ein wenig abnimmt und dann den alten Wert nahezu wieder erreicht. Bei einer Steigerung des Stromes um 100 A ist ein plötzlicher Spannungsabfall auf der Gleichstromseite um 15% zu erwarten. Beträgt dieser Spannungsabfall aber 50%, so zeigt dies an, daß der Strom zu rasch gesteigert wurde. Schwankungen der Gleichspannung sind ein sicheres Zeichen dafür, daß die Anoden stark gasen. Wird dies beobachtet, so muß der Strom sofort herabgesetzt werden und den Anoden Zeit zur Entgasung gelassen werden, bevor der Strom neuerlich gesteigert wird.

Dreiphasiges Ausheizen. Hat der mitgelieferte Ausheiztransformator eine dreiphasige Sekundärwicklung, so muß dreiphasig ausgeheizt werden. Nachdem das einphasige Ausheizen mit Halbwellenstrom beendet ist, ist folgendermaßen vorzugehen:

1. Die Wasserführung ist dieselbe wie beim sechsphasigen Ausheizen. Alle bei sechsphasigen Ausheizen erwähnten Vorsichtsmaßregeln sind zu beachten.

2. Man schließe den Ausheiztransformator und den Belastungswiderstand R nach Abb. 146 an, jedoch derart, daß nur 3 Anoden angeschlossen werden, z. B. die Anoden 1, 3 und 5. Alle Anodentrennschalter

Nummern der Anoden	Ampere	Zeit
1—3—5	50 150 200 300	Bis das Vakuum von 4 Mikron konstant gehalten wird, mindestens aber 1 Stunde.
2—4—6	50 150 200 300 350 450	Wie oben.
1—3—5	300	15 min.
1—3—5	350 450	Bis das Vakuum von 4 Mikron konstant gehalten wird, mindestens aber 1 Stunde.

sind zu öffnen und hierauf der Ölschalter zu schließen. Es fließen dann
ungefähr 50 A bei 50 V. Sollte der Lichtbogen nicht zünden, so ist eine
der nicht stromführenden Anoden an die volle Phasenspannung des
Haupttransformators anzuschließen, wie dies beim sechsphasigen Ausheizen unter Punkt 2 beschrieben wurde. Hierbei ist vorstehende
Zahlentafel zu beachten.

Anmerkung: Die Wassermantel- und Anodenheizkörper sind bei
150 A auszuschalten.

3. Wenn die beiden Anodengruppen mit 450 A ausgeheizt sind, hebt
man den Wasserspiegel über den Deckel des Gefäßes, wie dies für das
sechsphasige Ausheizen unter 5 auseinandergesetzt wurde. Dann wird das
Ausheizen jeder Anodengruppe unter nachfolgenden Belastungen beendet:

$$150 \text{ A} \ldots \ldots \ldots 15 \text{ min,}$$
$$600 \text{ A} \ldots \ldots \ldots 2 \text{ h,}$$
$$150 \text{ A} \ldots \ldots \ldots 15 \text{ min,}$$
$$700 \text{ A} \ldots \ldots \ldots 2 \text{ h,}$$
$$900 \text{ A} \ldots \ldots \ldots 1 \text{ min.}$$

Inbetriebsetzung des Gleichrichters. Wenn der Gleichrichter aufgestellt und mit der Vakuumpumpe verbunden ist, kontrolliert man die
Dichtungen und füllt sie bis zur richtigen Höhe mit Quecksilber. Fällt
der Quecksilberspiegel nicht nach kurzer Zeit herab, so kann der Gleichrichter als vakuumdicht angesehen werden. Dies gilt natürlich nur für
Quecksilberdichtungen. Bei anderen Dichtungen wird eine undichte
Stelle nur durch die Verschlechterung des Vakuums angezeigt.

Vor Öffnen des Ventils (in Abb. 87, 94 und 96 mit *V* bezeichnet)
zwischen dem Gleichrichter und der Vakuumpumpe ist die Vakuumleitung auf Dichtheit zu prüfen. Dies geschieht, indem man die Vakuumpumpe laufen läßt und das Vakuummeter beobachtet. Wenn das Vakuum
in der Leitung innerhalb einer Stunde nicht auf 0,005 mm QS gebracht
werden kann, so ist die Leitung wahrscheinlich undicht und die Verbindungen müssen nachgesehen werden. Nach Erreichen eines Vakuums
von 3 bis 5 Mikron (0,003 bis 0,005 mm QS) wird die Vakuumpumpe ab-
gestellt und das Vakuum in regelmäßigen Zeitabständen abgelesen. Tritt
kein beträchtlicher Abfall des Vakuums ein, so wird das Ventil zum Gleichrichtergefäß geöffnet und dann neuerlich das Vakuummeter abgelesen.

Sind sowohl der Gleichrichter als auch die Vakuumleitung auf
Dichtheit geprüft und ist das erforderliche Vakuum erreicht, so kann die
Inbetriebsetzung des Gleichrichters erfolgen. Beim Einschalten des
Gleichrichters ist folgende Reihenfolge einzuhalten:

1. Öffnen des Kühlwasserhahnes,
2. Zünden des Hilfslichtbogens im Gleichrichter.
3. Schließen des Wechselstromschalters,
4. Schließen des Gleichstromschalters.

Während der ersten zwei Betriebsmonate einer neuen Anlage ist der Aufrechterhaltung des Vakuums besondere Sorgfalt zu widmen. Waren die Vakuumpumpen durch eine beträchtliche Zeit außer Betrieb, so empfiehlt es sich, bei Inbetriebsetzung der Station zuerst die Quecksilberpumpe durch ungefähr 15 min laufen zu lassen, so daß ihre Pumpwirkung einsetzt, bevor die rotierende Pumpe in Gang gesetzt wird.

Abschalten des Gleichrichters. Der Gleichrichter wird vom Netz abgeschaltet, indem zunächst der automatische Schalter in der Kathodenleitung geöffnet wird und dann der Ölschalter auf der Wechselstromseite, welcher auch die Erregung ausschaltet. Hierauf werden sämtliche Schalter der Hilfsstromkreise geöffnet und der Kühlwasserzufluß zum Gleichrichter und zur Vakuumpumpe gesperrt.

Instandhaltung. Die Betriebserfahrung vieler Jahre beweist, daß ein Gleichrichter keiner Abnützung unterworfen ist. Die Elektroden und das Quecksilber befinden sich im Vakuum, so daß keine Oxydation oder Zersetzung eintreten kann. Da der Gleichrichter ein vollkommen ruhender Apparat ist, gibt es keinen Bürstenersatz und keinen Verbrauch an Schmier- und Putzmitteln. Die Lebensdauer eines Eisengleichrichters ist daher unbegrenzt und die jährlichen Instandhaltungskosten sind verhältnismäßig niedrig. Ferner ist die Überwachung sehr einfach und besteht hauptsächlich in der Sorge für das Vakuum. Bei Frischwasserkühlung wird die Kühlwassermenge in Abhängigkeit von der Belastung geregelt. Die Quecksilberdichtungen sind wöchentlich bei Betriebsschluß nachzusehen, während der Gleichrichter noch warm ist. Die Vorvakuumpumpe erfordert wenig Aufmerksamkeit, ebenso die Wasserumlaufpumpe in Anlagen, die mit Rückkühlung des Wassers arbeiten. Wie bei allen elektrischen Anlagen müssen alle Schaltapparate von Zeit zu Zeit nachgesehen und erforderlichenfalls überholt werden.

Bei Frischwasserkühlung und hohen Gleichspannungen muß die äußere Oberfläche des Gleichrichtergefäßes nachgesehen und, falls sich Rostspuren zeigen, frisch gestrichen werden. Trotz grundsätzlicher Verwendung reinen Wassers kann es vorkommen, daß Sand im Kühlmantel gefunden wird, der die Kühlwirkung beeinträchtigt und daher entfernt werden muß.

Bei Gleichrichtern, die durch längere Zeit in Betrieb waren, überziehen sich manchmal die Isolatoren im Innern des Gleichrichtergefäßes mit einer Eisenschicht. Diese Schicht kann zu Überschlägen längs der Isolatoren führen und soll daher in Zeitabständen von einigen Jahren entfernt werden.

Wie bei allen anderen elektrischen Einrichtungen hängen auch bei Gleichrichtern die Instandhaltungskosten zu einem großen Teil von der regelmäßigen und sorgfältigen Kontrolle ab.

Wirkung von plötzlichen Überlastungen und Kurzschlüssen. Die Betriebserfahrung hat ergeben, daß ein richtig gebauter Gleichrichter, der ausgeheizt ist und ein ordnungsgemäßes Vakuum aufweist, zahlreiche Kurzschlüsse aushalten kann, ohne Zerstörungen oder Abnützungen an irgendwelchen Teilen. Über 200 satte Kurzschlüsse, die an zwei Typen von Brown Boveri Gleichrichtern, und zwar Type GRZ-56 und GRZ-1612, teils in der Fabrik in Camden, N. Y., und teils durch die Commonwealth Edison Company in Chicago durchgeführt wurden, beweisen die Kurzschlußsicherheit der Großgleichrichter. Einige Oszillogramme, die während dieser Kurzschlußversuche aufgenommen wurden, sind in Kapitel XIV wiedergegeben. Die Kurzschlußversuche wurden zum Teil in Zeitabständen von 10 s wiederholt; es ist dies die Zeit, die man gewöhnlich vor der selbsttätigen Wiedereinschaltung verstreichen läßt.

Parallelbetrieb von Quecksilberdampfgleichrichtern.

Allgemeines. In diesem Abschnitt soll der Parallelbetrieb von Quecksilberdampfgleichrichtern untereinander, ferner mit Einankerumformern und Motorgeneratoren besprochen werden.

Die Belastungskennlinien der parallel arbeitenden Einheiten sind dafür maßgebend, ob ein Parallelbetrieb möglich und zufriedenstellend ist. Da zwei Gleichrichter untereinander parallel arbeiten können, wenn sie aus zwei voneinander unabhängigen Wechselstromnetzen gespeist werden und sogar wenn diese Netze verschiedene Frequenzen aufweisen, sind auch die Eigenschaften der speisenden Netze zu berücksichtigen.

Der Parallelbetrieb zweier Maschinen wird als befriedigend angesehen, wenn die Lastverteilung stabil ist und wenn die Änderung der Belastung jeder Einheit der Änderung der Gesamtbelastung proportional ist.

Grundsätzliches. Es sei angenommen, daß zwei Gleichstrommaschinen von gleicher Leistung und gleichem Spannungsabfall auf gemeinsame Sammelschienen arbeiten. Die Belastung steigt in einem bestimmten Ausmaß. Dann steigt die Belastung jeder einzelnen Maschine im gleichen Ausmaße. Demnach sind auch jetzt die von den beiden Maschinen gelieferten Ströme untereinander gleich. Übernimmt eine Maschine eine größere Belastung als die andere, so sinkt ihre Spannung, während die andere Maschine eine höhere Spannung behält; hiedurch wird selbsttätig der Ausgleich der Belastungen herbeigeführt. Wenn zwei Maschinen A und B mit den Belastungskennlinien, die in Abb. 149 stark ausgezogen sind, parallel geschaltet werden und auf ein gemeinsames Verbrauchsnetz, beispielsweise ein Bahnnetz (Abb. 148a), arbeiten; wenn ferner der Widerstand der Leitungen zwischen den beiden Maschinen vernachlässigbar ist, dann verteilt sich die Belastung auf die beiden Maschinen in Übereinstimmung mit ihren Belastungskennlinien. Es sei z. B. der Gesamtstrom I, die Klemmspannung der Maschinen E und die Ströme, die von den beiden Maschinen geliefert werden $I_{_1}$ und $I_{_B}$. Ändert sich der Gesamtstrom auf einen Wert I', so liefern die Maschinen die Ströme $I_{_1}'$ und $I_{_B}'$, entsprechend der Klemmenspannung E'. In ähnlicher Weise kann für irgendeine andere Belastung der Strom, den jede Maschine liefert, aus den Belastungskennlinien bestimmt werden.

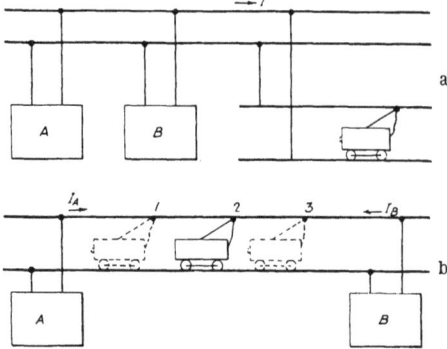

Abb. 148. Bahnspeisung durch zwei Maschinen, die a) in der gleichen Unterstation, b) in verschiedenen Unterstationen aufgestellt sind und parallel arbeiten.

Sind die beiden Maschinen in voneinander weit entfernten Unterstationen aufgestellt (Abb. 148b), so daß die Leitungen zwischen ihnen einen beträchtlichen Widerstand besitzen, so verursacht dieser Leitungswiderstand einen zusätzlichen Spannungsabfall, und man muß für die Bestimmung des Stromes, den jede Maschine liefert, Belastungskennlinien verwenden, die den zusätzlichen Spannungsabfall der Leitungen berücksichtigen.

Bewegt sich eine Belastung (elektrisches Triebfahrzeug) längs der Leitung zwischen den beiden Stationen, so ist die Spannung in irgendeinem Punkt gleich der Klemmungspannung der Maschine,

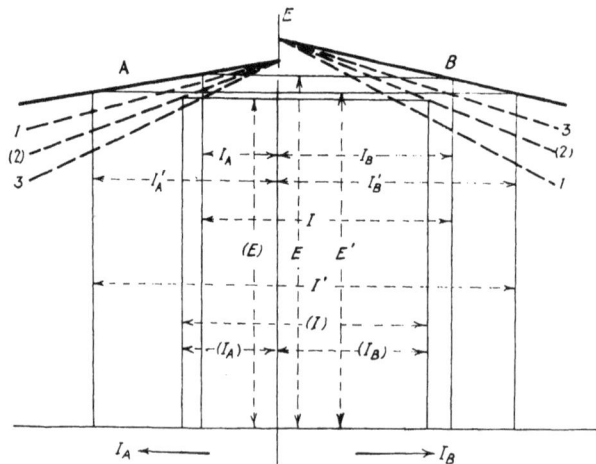

Abb. 149. Belastungskennlinien zweier parallel arbeitender Maschinen zur Feststellung der Lastaufteilung unter verschiedenen Betriebsbedingungen. Die stark ausgezogenen Linien sind die Belastungskennlinien an den Maschinenklemmen. Die gestrichelt eingetragenen Belastungskennlinien beziehen sich auf verschiedene Punkte des Netzes.

vermindert um den Spannungsabfall der Leitung zwischen der Maschine und diesem Punkt. Die Belastungskennlinien der Maschinen sind daher für verschiedene Stromentnahmepunkte verschieden, und in Abb. 149

werden diese Kennlinien für die Punkte 1, 2 und 3 durch gestrichelte Linien dargestellt. Für eine bestimmte Gesamtbelastung, die im Punkte 2 entnommen wird, kann die Stromverteilung zwischen den beiden Maschinen durch Verwendung der Belastungskennlinien für diesen Punkt in ähnlicher Weise bestimmt werden wie in Abb. 148a.

Aus Abb. 149 geht hervor, daß es im Falle der Abb. 148b unmöglich ist, zu erreichen, daß sich die Belastung zwischen den beiden Maschinen stets proportional aufteilt, selbst wenn ihre Kennlinien gleich sind, da die Last ihre Lage ändert, wodurch ein veränderlicher Leitungswiderstand eingeführt wird.

Stabilität des Betriebes und Lastaufteilung. Die Abb. 150 zeigt die Kennlinien zweier Maschinen verschiedener Leistungen, aber mit gleichen Leerlaufs- und Vollastspannungen. Der Parallelbetrieb dieser beiden Maschinen ist einwandfrei.

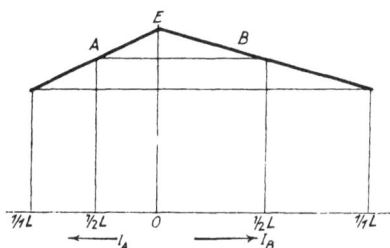

Abb. 150. Belastungskennlinien zweier parallel arbeitender Maschinen verschiedener Leistung, aber gleichem Spannungsabfall zwischen Leerlauf und Vollast.

In Abb. 151 ist der Fall dargestellt, daß eine Maschine A compoundiert ist, während die andere Maschine B eine fallende Belastungskennlinie aufweist. In diesem Falle übernimmt die Maschine B niemals mehr als ungefähr 50% ihrer vollen Leistung, während die Maschine A den gesamten Überschuß abgeben muß. Solche Verhältnisse sind nicht befriedigend, weil die Maschine B nicht voll ausgenützt wird und die Maschine A alle Belastungsstöße übernehmen muß.

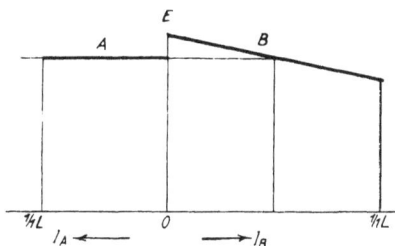

Abb. 151. Belastungskennlinien zweier parallel arbeitender Maschinen, von denen die eine eine flache und die andere eine abfallende Charakteristik hat.

Wäre die Maschine A übercompoundiert, so wären die Verhältnisse noch schlechter, da die Belastung von einer Maschine auf die andere verschoben würde und es unmöglich wäre, einen stabilen Parallelbetrieb aufrechtzuerhalten.

Manchmal ist es sehr erwünscht, den mittleren Tageswirkungsgrad einer alten Umformerstation, die mit sehr niedrigem Belastungsfaktor arbeitet, zu verbessern. Ist die Station mit Einankerumformern oder Motorgeneratoren ausgerüstet, so kann eine beträchtliche Verbesserung durch das Parallelschalten eines Gleichrichters zu den alten Maschinen erzielt werden.

Die Wirkungsgrade der rotierenden Umformer sind bei Überlast und Teillasten niedriger als der Wirkungsgrad des Gleichrichters. Deshalb ist es zur Erzielung eines guten mittleren Tageswirkungsgrades der

Anlage anzustreben, daß die beiden verschiedenen Umformertypen solche Belastungskennlinien erhalten, daß der rotierende Umformer immer fast vollbelastet arbeitet, während die vorübergehenden Leistungsspitzen vom Quecksilberdampfgleichrichter gedeckt werden. Angenommen, die Belastungskennlinien des Motorgenerators sei auf der rechten Seite der Abb. 149 dargestellt und die Belastungskennlinie des Quecksilberdampfgleichrichters auf der linken Seite; dann geht aus der Abbildung hervor, daß der Gleichrichter bei weitem den größten Teil einer bestimmten Leistungssteigerung übernimmt. Beim Normalstrom I, der vom Gleichrichter und Motorgenerator im Verhältnis 1:2 geliefert wird, besitzt die Spannung den Wert E. Nun sei eine bedeutende Überlastung entsprechend dem Strome I' dem Netz auferlegt und die Spannung fällt auf den Wert E'. Der Gesamtstrom I' ist fast doppelt so groß wie I, aber der vom Motorgenerator gelieferte Strom ist nur um etwa 30 % gewachsen, während der Strom, den der Gleichrichter abgibt, um fast 150 % angestiegen ist. Hieraus geht hervor, daß bei einem solchen System eine Belastungsänderung nur eine sehr geringe Änderung der Leistungsabgabe des Motorgenerators bewirkt, daß dieser daher unter praktisch konstanter Belastung arbeitet, d. h. mit bestem Wirkungsgrad.

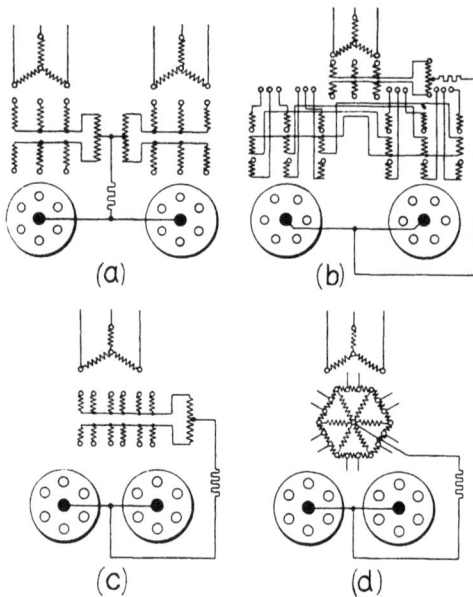

Abb. 152. Parallelschaltung von zwei Gleichrichtern. a) Anschluß an getrennte Transformatoren. b) Anschluß an einen Transformator über Anodendrosseln. c) Anschluß an einen Transformator mit Sekundärwicklung in Doppelsechsphasenschaltung. d) Anschluß an einen Transformator mit Sekundärwicklung in Polygonschaltung.

Speisung der Gleichrichter aus verschiedenen Netzen. Wie erwähnt, ergibt sich aus der Wirkungsweise eines Quecksilberdampfgleichrichters, daß eine Energieabgabe von der Gleichstromseite an die Wechselstromseite ohne ganz besondere Vorkehrungen unmöglich ist, da der Strom im allgemeinen nur von den Anoden zur Kathode fließt. Gerade dieser Umstand ermöglicht den Parallelbetrieb von Gleichrichtern, die aus verschiedenen Netzen, entweder gleicher oder verschiedener Frequenz gespeist werden. Bei Frequenzschwankungen in einem der Wechselstromnetze treten keinerlei störende oder gefährliche Erscheinungen auf, wie etwa die Kommutatorüberschläge bei Einankerumformern. Man kann auch ein und denselben Gleichrichter an verschiedene Netze anschließen, indem man einen Teil der Anoden aus dem einen Netz und die übrigen Anoden aus dem anderen Netz speist (s. Kapitel IV, Abb. 21).

Sonderfälle. Beim Anschluß von zwei Gleichrichtergefäßen an einen Haupttransformator soll auf jedes Gleichrichtergefäß der richtige Anteil der Gesamtbelastung entfallen. Die Spannungsabfallkennlinien von Gleichrichtergefäßen wurden in Kapitel II, Abb. 6a bis c, dargestellt. Für einen ordnungsgemäßen Parallelbetrieb ist es erforderlich, genügend große Induktivitäten den Anoden jedes Gleichrichters vorzuschalten, um eine geeignete Belastungskennlinie zu erreichen, die den Parallelbetrieb der Gleichrichter in einem gegebenen Belastungsbereich sichert. Die Anwendung von Anodendrosseln zur Ermöglichung des Parallelbetriebes zeigt Abb. 152b. Die Drosselspulen sind derart angeschlossen, daß das Magnetfeld vom Unterschied der Ströme zweier parallel arbeitender Anoden erzeugt wird und die Induktivität ist daher dem Grade der Abweichung von der gleichmäßigen Stromverteilung proportional (s. Kapitel VI, Abb. 74). Diese Drosselspulen heißen Balancedrosseln oder Verteildrosseln.

Man kann die gleiche Wirkung durch Ausnützung der Streuinduktivität des Haupttransformators erzielen, indem man für jeden Gleichrichter einen eigenen Transformator verwendet oder eine Doppelsechsphasenschaltung nach den Abb. 152a und c.

In Abb. 152b ist eine Schaltung ersichtlich, bei der 2 Gleichrichter an einen Transformator angeschlossen sind, der eine polygonale Sekundärschaltung mit Anzapfungen für ein zwölfphasiges Anodenspannungssystem besitzt.

X. Kapitel. Anwendung der Quecksilberdampfgroßgleichrichter.

Allgemeines. Das Anwendungsgebiet der Eisengleichrichter ist sehr groß. Sie werden überall dort verwendet, wo eine Umformung von Wechselstrom in Gleichstrom erforderlich ist, und ihre Anwendung bietet große Vorteile, wenn ihre besonderen Eigenschaften den Betriebsanforderungen entsprechen. Zu den Betrieben, für die Gleichrichter besonders geeignet sind, gehören Anlagen mit hohen Gleichspannungen und ferner solche Anlagen, in denen starke Belastungsschwankungen und große aber kurzzeitige Stromstöße vorkommen, wie z. B. Hauptbahnen, Straßenbahnen, Untergrundbahnen, Hochbahnen und Walzwerke. Im Bahnbetrieb sind dreimal so viel Gleichrichter in Verwendung, als für alle anderen Zwecke zusammengenommen.

Die nächstwichtigste Anwendung von Gleichrichtern ist die für allgemeine Licht- und Kraftversorgung; es folgen Sonderantriebe, Aufzüge, Grubenlokomotiven usf. und schließlich Gleichrichter für elektrochemische Zwecke. Das letztgenannte Anwendungsgebiet wurde den Gleichrichtern erst vor kurzem durch die Entwicklung von Einheiten für hohe Strombelastung (Hochstromgleichrichter) erschlossen. Nun wird der Verwendung von Gleichrichtern für elektrochemische Zwecke immer größere Aufmerksamkeit gewidmet und in naher Zukunft kann dies eines der wichtigsten Anwendungsgebiete für Großgleichrichter werden. Die Vorteile des Großgleichrichters für elektrochemische Betriebe sind die folgenden: Störungen auf der Primärseite, z. B. Spannungsänderungen bei Kurzschlüssen, sind für den Gleichrichterbetrieb nicht so schädlich wie beispielsweise für den Betrieb von Einankerumformern; es ist wenig Instandhaltung erforderlich, da kein Teil des Gleichrichters einer Abnützung unterworfen ist, während bei den rotierenden Maschinen der Ersatz der Bürsten die Instandhaltungskosten wesentlich erhöht. Schließlich kann ein Gleichrichter im Gegensatz zu Einankerumformern seine Polarität nicht umkehren, was gerade für elektrochemische Prozesse von größter Wichtigkeit ist.

Die beiden Faktoren, welche am meisten dazu beitrugen, die Einführung der Gleichrichter zu erleichtern, sind: einerseits die Tatsache, daß ein Gleichrichter ein ruhender Apparat ist, der bei allen Belastungen einen hohen Wirkungsgrad aufweist und andererseits, daß er sehr wenig Aufmerksamkeit erfordert. Diese Vorteile drücken sich unmittelbar in den Betriebsrechnungen aus und manchmal in so entschiedener Weise, daß durch die Ersparnis an Betriebskosten die Anschaffungskosten des Gleichrichters rasch amortisiert werden können. Besonders dort, wo der Umformer mit einem niedrigen Jahresbelastungsfaktor arbeitet, wie bei der Stromversorgung von Walzwerken, Aufzügen, Straßenbahnen usf. sind die mit Großgleichrichtern erzielbaren Betriebskostenersparnisse erheblich.

Nennströme und Nennspannungen. Im Jahre 1910 war ein Gleichrichter mit 18 Anoden notwendig, um 150 A gleichzurichten, während im Jahre 1924 der zehnfache Strom, also 1500 A von einem Gleichrichter mit 12 Anoden geliefert wurde. In den darauffolgenden Jahren stieg die Strombelastbarkeit eines Gleichrichters mit

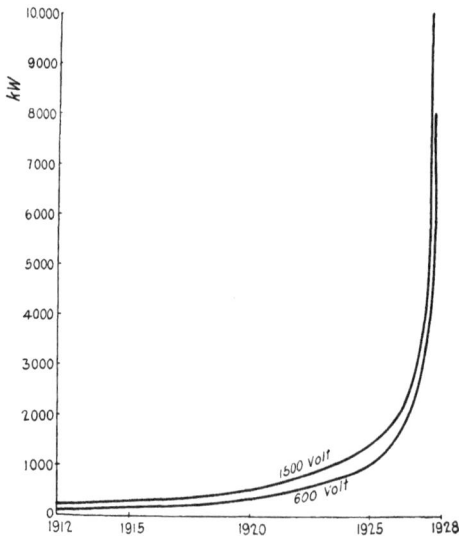

Abb. 153. Leistungssteigerung der Eisengleichrichter für 600 und 1500 Volt seit 1912.

12 Anoden noch weiter, und zwar im Jahre 1925 auf 2000 A, 1926 auf 3000 A und 1927 auf 6000 A.

Aus Abb. 1 (Kapitel I) ist die Steigerung der Spannungen im gleichen Zeitraum ersichtlich. Abb. 153 zeigt die Steigerung der in Gleichrichtern umgeformten Leistungen.

Der Quecksilberdampfgleichrichter ist im wesentlichen ein Umformer für Dauerbelastung, da nur sehr kleine Massen für die Aufspeicherung der im Betrieb entwickelten Verlustwärme vorhanden sind; trotzdem ist er in hohem Maße augenblicklich überlastbar, hauptsächlich infolge des Fehlens rotierender Teile.

Das Gleichrichtergefäß selbst kann für verschiedene Spannungen verwendet werden. Abb. 154 zeigt die Leistungskurven verschiedener Gleichrichter, Fabrikat Brown Boveri. Aus dieser Abbildung geht hervor, daß die Strombelastbarkeit der Gleichrichter bis zu 300 V konstant ist und bei höheren Spannungen abnimmt. Die umgesetzte Leistung in kW steigt mit der Spannung.

Dezentralisation. Um die Verluste in den Speisekabeln zu verringern, wurde bei einigen neueren Gleichrichteranlagen für Bahnbetrieb eine dezentralisierte Aufstellung der einzelnen Gleichrichter durchgeführt. Die Quecksilberdampfgroßgleichrichter eignen sich hierzu aus folgenden Gründen: Eine

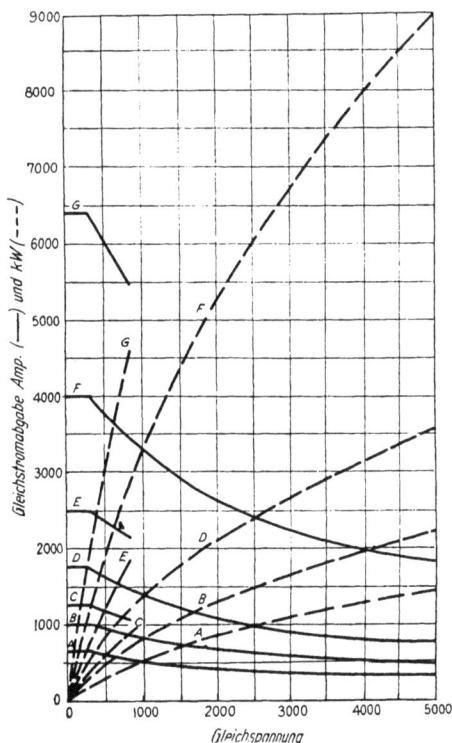

Abb. 154. Leistungskurven verschiedener Typen von Brown-Boveri-Gleichrichtern.

Gleichrichteranlage kann mit geringen Kosten vollautomatisch ausgeführt werden. Es sind keine besonderen Fundamente und sehr wenig Raum erforderlich, daher sind die Gebäudekosten nur gering. Sehr rasches Inbetriebsetzen; Geräuschlosigkeit; hohe augenblickliche Überlastbarkeit.

Bei Anwendung der Dezentralisation können Gleichrichter sogar in Dreileiteranlagen für 250 V Gleichspannung von Nutzen sein, obwohl der Wirkungsgrad eines Gleichrichters bei dieser Spannung niedriger ist als der anderer Umformer. Die Dreileiteranlagen in großen Städten leiden häufig unter beschränktem Raum für die Umformerstationen, die oft unterhalb des Straßenniveaus liegen. Die Gleichrichter sind geräuschlose, ruhende Apparate und benötigen keine Luftkühlung; sie sind daher leicht unterzubringen und verursachen geringere Gebäudekosten.

Die größeren Umformungsverluste der Gleichrichter bei niedrigen Spannungen werden durch die geringeren Verluste in den Speisekabeln infolge der dezentralisierten Aufstellung und durch die niedrigeren Herstellungskosten der Gebäude wettgemacht.

Betriebseigenschaften.

Wirkungsgrad. Im Gegensatz zu rotierenden Umformern wird in einem Gleichrichter die elektrische Energie nicht zuerst in mechanische Energie umgeformt und dann wieder in elektrische Energie einer anderen Stromart zurückverwandelt, sondern die Umformung erfolgt unmittel-

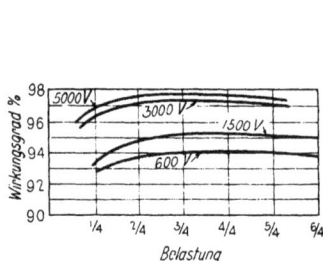

Abb. 155. Gesamtwirkungsgrad von Gleichrichteranlagen für 600, 1500, 3000 und 5000 Volt in Abhängigkeit von der Belastung.

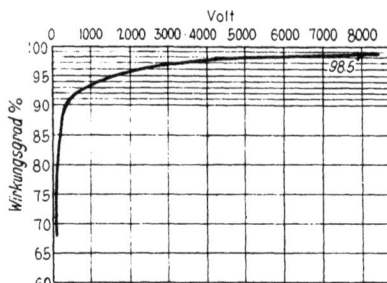

Abb. 156. Gesamtwirkungsgrad eines 1500-kW-Gleichrichters in Abhängigkeit von der Gleichspannung.

bar ohne Zwischenstufen. Die Verluste und andere Nachteile der Umformung mittels rotierender Maschinen werden entweder bedeutend herabgesetzt oder vollständig beseitigt. In einem Gleichrichter treten keine Eisen-, Kupfer-, Reibungs- und Luftwirbelverluste auf und der Verlust infolge des Lichtbogenabfalles wächst nicht mit dem Quadrat des Stromes, wie der Stromwärmeverlust elektrischer Maschinen, sondern ist eine lineare Funktion des Stromes und von der Betriebsspannung vollkommen unabhängig. Hieraus folgen zwei wichtige Eigenschaften des Gleichrichters: Der Wirkungsgrad ist von der Belastung des Gleichrichters fast unabhängig; da die Verluste im Gleichrichter bei allen Betriebsspannungen praktisch gleich groß sind, so wächst der Wirkungsgrad mit steigender Betriebsspannung. In Abb. 156 ist der Gesamtwirkungsgrad eines 1500-kW-Gleichrichters als Funktion der Gleichspannung dargestellt, wobei die Verluste im Transformator und in den Hilfseinrichtungen berücksichtigt sind. Die Kurven der Abb. 155 zeigen die Gesamtwirkungsgrade normaler Gleichrichter für 600, 1500, 3000 und 5000 V Gleichspannung. Der charakteristische hohe Wirkungsgrad der Gleichrichter bei Teilbelastungen ist in solchen Fällen von besonderer Wichtigkeit, in denen der Umformer mit einem niedrigen Jahresbelastungsfaktor arbeitet. Die Abb. 157 und 158 zeigen vergleichsweise die Wirkungsgrade von Gleichrichtern und rotierenden Umformern.

Unzweifelhaft sind die niedrigen Verluste der Gleichrichter bei hohen Gleichspannungen ein Grund für die Wahl des Gleichstromes bei der Bahnelektrifizierung. Aus der nachfolgenden Zahlentafel sind die Vorteile eines Quecksilberdampfgleichrichters von 2000 kW im Vergleich mit einem Motorgenerator derselben Leistung bei 3000 V Gleichspannung ersichtlich. Unter Annahme eines Belastungsfaktors von

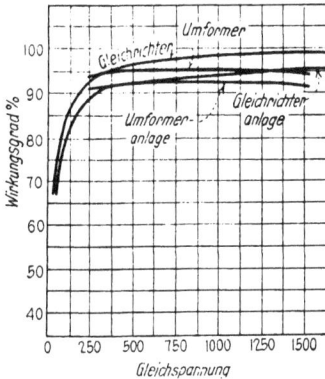

Abb. 157. Vergleich zwischen den Gesamtwirkungsgraden von Gleichrichtern und rotierenden Umformern in Abhängigkeit von der Gleichspannung.

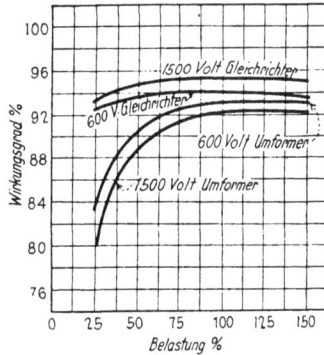

Abb. 158. Vergleich zwischen den Gesamtwirkungsgraden von Gleichrichtern und rotierenden Umformern für 600 und 1500 Volt in Abhängigkeit von der Belastung.

40% (800 kW durch 24 h) beträgt der tägliche Energiebedarf 19 200 kWh; es sollen täglich Belastungen von 150% durch 2 h, 50% durch 8 h, 30% durch 8 h, 5% durch 4 h und Leerlauf durch 2 h vorkommen. Die untenstehende Zahlentafel beweist, daß durch Verwendung des Gleichrichters an Stelle des Motorgenerators in diesem besonderen Falle ein bedeutender Gewinn erzielt wird.

Zeit: Stunden	Belastung kW	Wirkungsgrad		Energieverlust in kWh	
		Gleichrichter	Motorgenerator	Gleichrichter	Motorgenerator
2	3000	97,0	90,9	185	600
8	1000	96,8	86,4	264	1260
8	600	95,5	81,8	226	1070
4	100	82,9	46	82	470
2	0	—	—	38	232
				795	3632

Die Ersparnis beträgt daher in 24 h 2837 kWh oder jährlich 1035 000 kWh.

Weitere Ersparnisse in den jährlichen Kosten erzielt man bei Verwendung eines Gleichrichters im vorstehend beschriebenen Falle durch

die niedrigeren Anschaffungskosten des Gleichrichters, die ungefähr 55%
der Kosten des Motorgenerators ausmachen und durch die niedrigeren
Kosten der Unterstation, da für den Gleichrichter nur ein kleineres
Gebäude genügt und keine Fundamente und Kühlkanäle nötig sind.

Da Gleichstrommotoren bei 2000 V zufriedenstellend arbeiten,
steht der Verwendung einer Gleichspannung von 4000 V für Bahnbetrieb nichts im Wege. Tatsächlich stehen auch Bahnen mit dieser
Spannung im Betrieb.

Umformungsverluste und Belastungsfaktor. Bei fast allen elektrischen Bahnen ist der Belastungsfaktor niedrig und infolgedessen
arbeiten die Umformer die längste Zeit unter kleiner Last oder sogar
unbelastet. Da alle rotierenden Maschinen verhältnismäßig große Leer-
laufverluste durch Reibung, Luftwirbelung usw. aufweisen, sind die
Gleichrichter mit ihren kleinen Verlusten bei niedriger Belastung und
im Leerlauf für Bahnbetrieb besonders geeignet. Es ist daher die Verwendung von Gleichrichtern zur Speisung von Bahnnetzen besonders
bei sehr niedrigem Belastungsfaktor, wie er gewöhnlich bei Fernbahnen
auftritt, in hohem Maße wirtschaftlich.

Messungen, die in Netzen durchgeführt wurden, die durch Gleichrichter, Einankerumformer und Motorgeneratoren gespeist werden,
bestätigen die vorstehende Feststellung. Die Zahlen über den mittleren
Wirkungsgrad dieser drei Arten von Umformern sind im nachstehenden
zusammengestellt:

Zahlentafel VIII.

Leistung kW	Gleich- spannung Volt	Belastungs- faktor %	Wirkungsgrad		
			Gleichrichter %	Einanker- umformer %	Motor generator %
1000	1500	65	95	—	86
3000	1500	12	89	72,5	
500	600	40	92	88,6	

Weitere Angaben über den Gesamtwirkungsgrad von Gleichrichteranlagen mit 1000 bis 2000 kW Einzelleistung bei 600, 1500 und 3000 V
Gleichspannung und bei verschiedenen Belastungsfaktoren sind der
nachfolgenden Zahlentafel zu entnehmen.

Zahlentafel IX.

600 Volt		1500 Volt		3000 Volt	
Wirkungs- grad %	Belastungs- faktor %	Wirkungs- grad %	Belastungs- faktor %	Wirkungs- grad %	Belastungs- faktor %
92,0	70				
92,3	60	95,5	65	95,3	40
91,8	55	90,3	16		
91,5	48	89,3	12,5		
90,2	25				

Parallelbetrieb und Spannungsregelung. Da ein Gleichrichter samt seinem Transformator eine fallende Belastungskennlinie aufweist, arbeitet er ohne besondere Einrichtungen mit einer anderen Einheit parallel und die Last verteilt sich so, wie beim Parallelbetrieb zweier Transformatoren. Die abgegebene Gleichspannung kann durch entsprechende Änderung der Anoden-Wechselspannung verändert werden; dies kann entweder durch Stufenschalter am Transformator (zur Umschaltung im stromlosen Zustand oder unter Last) oder durch Induktionsregler (Drehtransformatoren) erfolgen. Die Gleichspannung kann auch durch mit Gleichstrom vorgesättigte Saugdrosseln oder Anodendrosseln geregelt werden; die Einzelheiten dieses Verfahrens werden in Kapitel XII besprochen. Ferner kann die Spannungsregelung durch gesteuerte Gitter erfolgen. Eine Spannungsregelung ist manchmal mit Rücksicht auf die Betriebsbedingungen erforderlich, beispielsweise zur Lastverteilung bei Parallelbetrieb eines Gleichrichters mit einem rotierenden Umformer. In vielen Fällen genügen einige Anzapfungen am Transformator.

Leistungsfaktor. Der Leistungsfaktor eines großen Mehrphasengleichrichters (sechs- oder zwölfphasig) ist je nach der Transformatorschaltung etwa 0,93 bis 0,96. Er nimmt bei Überschreitung von $3/4$ der vollen Belastung langsam ab, hingegen stärker bei Belastungen unter Viertellast und beträgt bei Zehntellast ungefähr 0,80. Der Leistungsfaktor kann nicht verändert werden, wie bei einem Synchronmotor. Er ist jedoch besser als der einer normalen Industrieanlage.

Netzfrequenzen und Primärspannungen. Die Gleichrichter können für jede Frequenz und jede Primärspannung verwendet werden; ein und derselbe Gleichrichter kann aus zwei verschiedenen Wechselstromnetzen gespeist werden (s. Kapitel IV, Abb. 21). Ferner besteht keine Schwierigkeit für den Parallelbetrieb von Gleichrichtern, die an verschiedene Netze mit abweichenden Frequenzen angeschlossen sind. Diesbezüglich sei auf Kapitel IX verwiesen.

Freiheit von Lärm und Erschütterungen. Der Gleichrichter selbst ist im Betrieb geräuschlos, denn ein Gleichrichtertransformator arbeitet so ruhig, wie ein gewöhnlicher Krafttransformator. Das Gleichrichtergefäß verursacht keinerlei Erschütterungen im Betrieb und daher sind keine besonderen Fundamente erforderlich. Das Geräusch der rotierenden Vakuumpumpe ist schwach, da die Leistung dieser Pumpe klein ist. Eine andere Geräuschquelle besteht in einer Gleichrichteranlage nicht.

Einschalten. Einer der bedeutendsten Vorteile des Quecksilberdampfgleichrichters gegenüber dem Einankerumformer ist die Einfachheit der Inbetriebsetzung. Wie im vorstehenden ausgeführt wurde, erfordert das Zünden des Lichtbogens nur einige Sekunden. Dies macht den Gleichrichter in hervorragender Weise für selbsttätige Bahnunterwerke geeignet.

Raumtemperatur. Praktisch wird die ganze im Gleichrichtergefäß selbst entwickelte Wärmemenge mit Ausnahme der an den Anoden erzeugten durch das Kühlwasser abgeführt. Infolgedessen hat die Raumtemperatur auf den Gleichrichterbetrieb wenig Einfluß. Dies ist ein weiterer Vorteil des Eisengleichrichters, da er in Gebäuden oder Räumen aufgestellt werden kann, die keine künstliche Ventilation besitzen oder eine hohe Temperatur aufweisen.

Gleichrichteranlagen. Im nachstehenden werden einige wichtige und typische Gleichrichteranlagen beschrieben und die besonderen Einrichtungen einer jeden kurz erwähnt. Den Gleichrichteranlagen für Bahnbetrieb ist ein größerer Raum gewidmet, da dies das wichtigste Anwendungsgebiet für Gleichrichter ist.

Bahnanlagen.

Watertown—Milwaukee. Ein typisches Beispiel für die Verwendung von Gleichrichtern im Fernbahnbetrieb bilden die drei Unterstationen der Strecke Watertown—Milwaukee mit Gleichrichtern von je 550 kW und 600 V. Die Unterstationen liegen in Entfernungen von etwa 10 km in Nemahbin, Oconomowoc und Pipersville; sie sind durch 600-V-Leitungen verbunden, die auch von handbetätigten Einankerumformerstationen gespeist werden.

Um der Tatsache Rechnung zu tragen, daß ein Dreiwagenzug, bei der Anfahrt in der Nähe einer Unterstation einen Strom von 3500 A aufnimmt, während die Gleichrichter nur 1840 A durch 30 s abgeben können, wurden Lastbegrenzungswiderstände eingebaut. Die Anordnung dieser Unterstationen mit den sehr billigen Gebäuden, die durch die Verwendung von Gleichrichtern ermöglicht wurden, wird in Kapitel XI gezeigt.

Berliner Hochbahn. Der elektrische Betrieb auf der Berliner Hochbahn wurde zum Teil Mitte 1928 eröffnet. Das elektrifizierte Bahnnetz umfaßt eine Länge von ungefähr 150 km und besteht aus zwei Schleifen

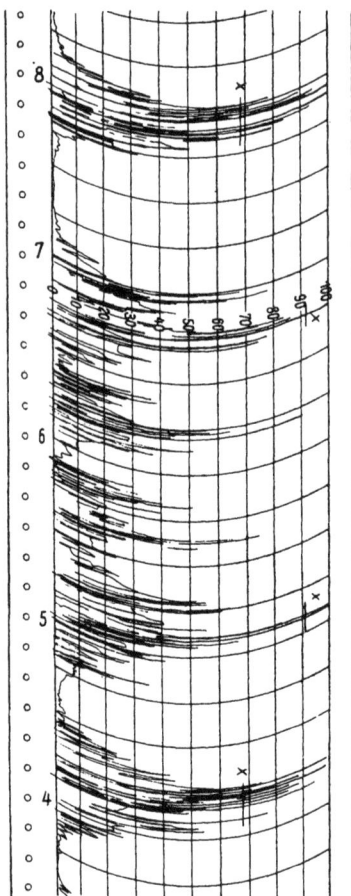

Abb. 159. Belastungsdiagramm der Unterstation Oconomowoc der Milwaukee Electric Railway and Light Company (der Multiplikator für die Ströme ist 20).

um das Stadtinnere und aus verschiedenen Linien, die von diesen Schleifen abzweigen. Der schematische Lageplan in Abb. 160 zeigt die Unterstationen, die Unterteilungspunkte der dritten Schiene und das 30-kV-Wechselstromnetz. Mit Ausnahme der Unterstationen, die an den drei Hauptkreuzungspunkten liegen und deren jede wegen der großen Belastung mehrere Gleichrichtereinheiten besitzt, sind alle Unterstationen mit zwei Gleichrichtereinheiten ausgerüstet. Es sind dies 31 Unterstationen, die in Abb. 160 durch kleine Rechtecke dargestellt sind.

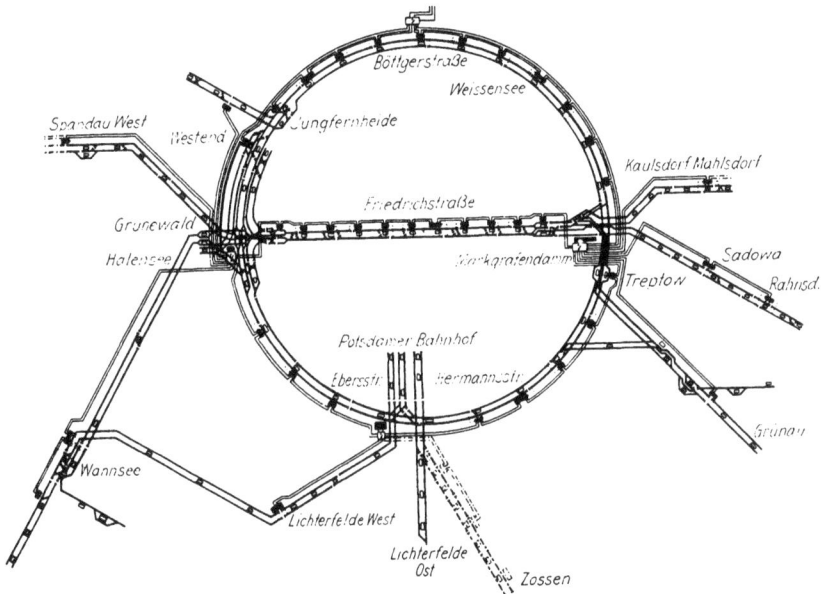

Abb. 160. Lageplan der Berliner Hochbahnen. (——... Dritte Schiene, Betriebsspannung 800 Volt, ☐... Haltestellen, ⊢⊢... Streckenabschnitte, ▬... Gleichrichter-Unterstationen, —!... 30-kV-Kabel).

Diese Stationen werden von vier Stellen aus ferngesteuert. Die Gleichrichter in den drei großen Unterstationen an den Hauptkreuzungspunkten und die Gleichrichter für die Ausläuferlinien werden halbautomatisch betätigt. Die Einrichtung der Unterstationen besteht aus 98 Gleichrichtern samt Transformatoren mit einer Gesamtleistung von 117 600 kW; 92 dieser Gleichrichter wurden von Brown Boveri geliefert.

Die Ausläuferlinien werden von mehreren Unterstationen gespeist, deren jede mehrere Gleichrichtereinheiten enthält. Diese Unterstationen liegen in größeren Abständen voneinander als diejenigen der Schleife. In der Schleife beträgt der Abstand der Unterstationen zwischen 0,4 und 1,5 km, und die Unterstationen liegen hier in der Nähe der Haltestellen. Aus den Abb. 160 und 189 geht hervor, daß die dritten Schienen beider Geleise bei jeder zweiten Unterstation abwechselnd unterbrochen sind.

17*

Es liegt hier der Fall einer idealen dezentralisierten Stromversorgung vor, da bei dem größten Teil der Strecken die Umformung in einer Anzahl kleiner Stationen erfolgt, die in der Nähe der Belastungszentren liegen, d. h. die Leitungsabschnitte werden an den Stellen der größten Stromentnahme gespeist. Hieraus folgen niedrige Verluste im Gleichstromnetz sowie eine geringe Anzahl und Länge der Gleichstromspeisekabel. Ferner erreicht man bei diesem System geringere Streuströme und daher weniger Anfressungen an Gas- und Wasserrohren und eine Herabsetzung der Beeinflussung von Schwachstromkreisen durch die Welligkeit des Gleichstromes.

Wegen des kurzen Zugabstandes ist es nicht möglich, die Gleichrichter je nach Bedarf ein- und auszuschalten. Sie sind deshalb ständig in Betrieb, und da sie nur während verhältnismäßig kurzer Zeit Leistung abgeben, ist der Belastungsfaktor niedrig.

Für diesen Betrieb ist ein Umformer erforderlich, der einen möglichst hohen Wirkungsgrad bei geringen Belastungen hat, damit man einen hohen mittleren Wirkungsgrad erreicht; da ferner viele Unterstationen gebraucht werden, müssen die Bau- und Instandhaltungskosten so niedrig als möglich sein. Der Quecksilberdampfgleichrichter ist hierfür der geeignetste Umformer, da er einen hohen Wirkungsgrad bei geringen Belastungen aufweist, nur leichte Fundamente und einfache Gebäude benötigt, keine rotierenden Teile besitzt, und die vom Gleichrichter und seinem Transformator entwickelte Wärme durch Wasserkühlung abgeführt werden kann, so daß keine Belüftungseinrichtungen und keine besonders hohen Räume erforderlich sind. Die Erdung des positiven Poles brachte außerdem noch eine wesentliche Vereinfachung beim Einbau dieser Gleichrichter.

Durch die Verwendung von Gleichrichtern wurde es möglich, den Raum unter den Stadtbahnbogen bei der Hochbahn ohne kostspielige Umbauten für die Unterbringung der Umformerstationen auszunützen. Wegen weiterer Einzelheiten über diese Unterstationen und ihre Steuer- und Schutzeinrichtungen sei auf Kapitel XI und die Literaturstellen (182) und (203) verwiesen.

Die Gleichrichter wurden so ausgelegt, daß jeder von ihnen die von einem normalen Zug benötigte Leistung abgeben kann. Die Nennleistung jedes Gleichrichters ist 1200 kW bei 800 V. Bei der Auswahl der Gleichrichtertype war aber nicht die Dauerleistung bestimmend, sondern die größten geforderten Überlastungen. In den Zeiten des größten Verkehres beträgt das Zugsintervall 90 s und die Belastung ist hiebei 3000 A durch 40 s und 300 A durch 50 s. Diese ungünstigen Verhältnisse treten jedoch nur ein, wenn eine Gleichrichtereinheit defekt ist und die beiden benachbarten Einheiten außer ihrer normalen Belastung noch die Hälfte der auf den defekten Gleichrichter entfallenden Leistung liefern müssen. Die Belastung schwankt daher nach der in Abb. 161 eingetragenen Kurve. Der rechte Teil dieser Kurve zeigt die Belastung beim stärksten Verkehr, aber ohne Defekt in einer Nachbarstation.

Der Mittelwert des Stromes für den linken Teil der Kurve beträgt 1460 A und der Effektivwert 2015 A. Da die Nennleistung der Gleich-

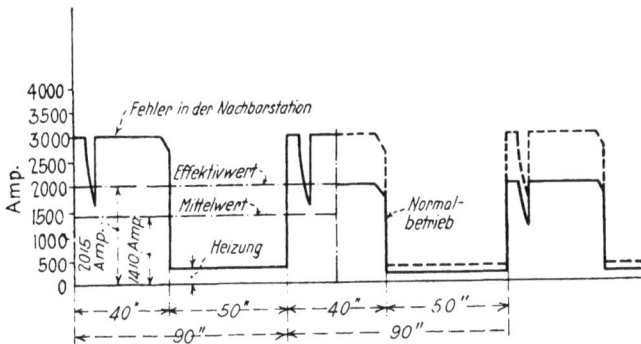

Abb. 161. Belastungsdiagramm für die Eisengleichrichter der Berliner Hochbahn im Normalbetrieb und während einer Störung in der Nachbarstation.

richter 1200 kW bei 800 V beträgt, was einer Stromstärke von 1500 A entspricht, so sind die Gleichrichter während 40 s in jeder Belastungsperiode von 90 s um 100% überlastet. Überlastungen von dieser Dauer können nicht eigentlich als Überlastungen, sondern eher als intermittierende Belastungen angesehen werden.

Fast alle Transformatoren dieser Anlage besitzen Doppelsechsphasenschaltung mit Saugdrosseln und haben eine Reaktanz von 9 bis 9½%. Der Spannungsabfall beträgt, wie aus Abb. 162 ersichtlich, 6,5 bis 7% bei Vollast. Bei der Doppelsternschaltung darf die Reaktanz nur etwa 4,5% betragen. damit der gleiche Spannungsabfall entsteht, in-

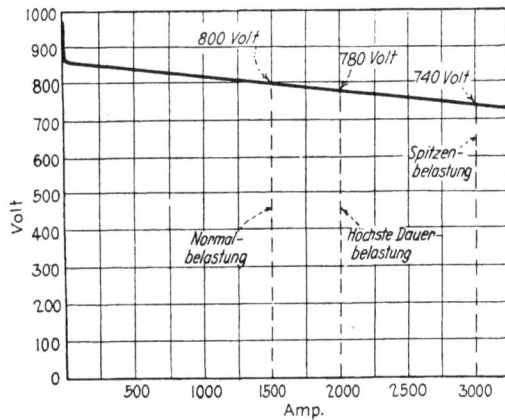

Abb. 162. Belastungskennlinie der Eisengleichrichter der Berliner Hochbahn.

folgedessen wäre der Kurzschlußstrom auf mehr als das Doppelte gesteigert. Die Prüfungen in den BBC-Fabriken ergaben, daß der Kurzschlußstrom bei Einschaltung der Glättungsdrosselspulen auf der Gleichstromseite einen Höchstwert von 18000 A erreicht. Dieser Strom wurde oszillographisch bestimmt. Zur Durchführung der Versuche wurden verschiedene große Kraftwerke gekuppelt. Im Kurzschluß betrug der

Spannungsabfall auf der Primärseite der Transformatoren etwa 18%. Unter Annahme eines unendlich leistungsfähigen Netzes erhält man einen Kurzschlußstrom von etwa 21000 A, entsprechend einer Kurzschlußleistung der Transformatoren von ungefähr 15000 kVA. Anschließend an diese Kurzschlußversuche wurden ausgedehnte Belastungsversuche unter Nachahmung der tatsächlichen Betriebsverhältnisse durchgeführt.

Hauptlinien.

Mailänder Nordbahn (Milano—Meda und Milano—Saronna). Die Mailänder Nordbahn, die einige wichtige Bahnlinien mit Dampfbetrieb in Norditalien betreibt, entschloß sich im Jahre 1927, ihre Bahnlinien wegen der großen Verkehrsdichte mit 3000 V Gleichstrom zu elektrifizieren. Die Fahrleitungen der Strecken Milano—Meda und Milano—Saronna wird von der Unterstation Novate gespeist, die drei Gleichrichter von je 2000 kW bei 3000 V enthält. Bei Ausdehnung der Elektrifizierung ist die Errichtung weiterer Unterstationen geplant.

Abb. 163 zeigt ein Prinzipschaltbild der Unterstation Novate. Die Gleichrichter werden von einem 22 kV Drehstromnetz von 42 Hz gespeist. Jeder Gleichrichter besitzt 12 Anoden und ist an einen Transformator, dessen Sekundärwicklung doppelte Sechsphasen-Gabelschaltung aufweist, angeschlossen. Sowohl im Pluspol als auch im Minuspol jedes Gleichrichters ist je ein Gleichstromschalter vorgesehen. Der Schalter des Pluspoles ist ein Schnellschalter mit Rückstromauslösung und ist durch einen Strombegrenzungswiderstand überbrückt. Die Schutzeinrichtungen sollen eine selektive Abschaltung im Rückzündungsfall gewährleisten, so daß nur der von der Rückzündung betroffene Gleichrichter ausgeschaltet wird, während die anderen weiter in Betrieb bleiben. Tritt beispielsweise im Gleichrichter *I* eine Rückzündung auf, so fließen die Kurzschlußströme im Sinne der in Abb. 163 eingetragenen Pfeile. Der Schnellschalter des Gleichrichters *I* wird durch Rückstrom ausgelöst und bewirkt seinerseits durch elektrische Verriegelung die Ausschaltung des Schalters im negativen Pol. Der Ölschalter des Gleichrichters *I* wird durch unverzögerte Überstromrelais ausgelöst. Durch das Ausschalten des Schnellschalters des Gleichrichters *I* verschwindet die Überlastung des Gleichrichters *II*, bevor der Wechselstromschalter dieses Gleichrichters ausschaltet.

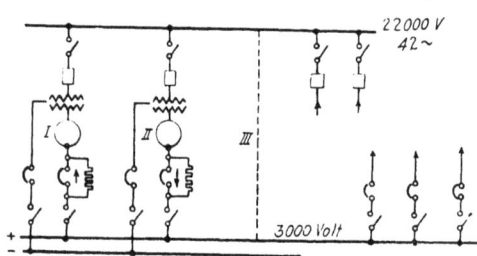

Abb. 163. Prinzipschaltbild der Bahnunterstation Novate bei Mailand.

Beleuchtungs- und Kraftnetze.

Aus der vorangegangenen Besprechung der Eigenschaften des Quecksilberdampfgleichrichters ergibt sich, daß er vorteilhafterweise zur Gleichstromversorgung von Licht- und Kraftnetzen sowie von Gleichstromdreileiternetzen dienen kann. Eine Reihe von Gleichrichteranlagen speist die Beleuchtungsnetze großer Städte. In Wien werden Eisengleichrichter sowohl für die Stromversorgung der Straßenbahn als auch für die Speisung des Licht- und Kraftnetzes verwendet.

Elektrochemische Anlagen.

Gegenwärtig werden Eisengleichrichter bei der Erzeugung von Aluminium, Zink, Wasserstoff, Chlor usf. angewendet. Im nachstehenden werden einige solcher Anlagen angeführt:

1. I. G. Farbenindustrie A.-G.: 500 kW, 1800/3500 V Gleichspannung; 200 kW 12000 V Gleichspannung.
2. Aluminiumindustrie A.-G. Neuhausen, Schweiz: 7200 kW, 450 V Gleichspannung. Diese Gleichrichter liefern den Strom für die Erzeugung von Aluminium aus geschmolzenem Bauxit. Die Spannung kann von 200 bis 500 V geregelt werden.
3. Consolidated Mining and Smelting Company, Trail, Canada: 16800 kW, 500 V Gleichspannung. Diese Anlage dient der elektrolytischen Zinkgewinnung aus einer Zinksulfatlösung.

Hinsichtlich des Einflusses der Welligkeit des Gleichstromes auf den elektrochemischen Wirkungsgrad sei auf Kapitel V verwiesen.

XI. Kapitel. Unterstationen.

Die Lage von Unterstationen.

Die Verteilung der Unterstationen hängt eng zusammen mit der Frage der wirtschaftlichen Kraftverteilung, deren Erörterung jedoch über den Rahmen dieses Buches hinausgeht. Eine eingehende Studie über diesen Gegenstand wurde von der American Electric Railway Association ausgearbeitet.

Die wirtschaftliche Stromverteilung für Bahnanlagen fordert eine Anzahl verhältnismäßig kleiner Umformerstationen, die in verschiedenen Punkten längs der Strecke liegen müssen, um Ersparnisse an Leitungskupfer zu erzielen, die Verluste in den Speiseleitungen herabzusetzen und eine hohe Fahrdrahtspannung auf der ganzen Strecke aufrechtzuerhalten. Ferner wird auf diese Weise die elektrolytische Gefährdung von Rohrleitungen durch Streuströme, die bei der Gleichstromverteilung über große Entfernungen auftritt, verringert. Die Gleichstromversorgung von einer Anzahl kleinerer Unterstationen in verschiedenen Punkten des Netzes an Stelle einer Konzentration der Umformer in ein oder zwei großen Stationen steigert auch die Betriebssicherheit des Systems und ermöglicht die Fortsetzung der Speisung des Netzes bei Elementarkatastrophen (Feuer, Sturm u. dgl.), die nur eine Station betreffen.

Städtische Straßenbahnen sind gewöhnlich in Abschnitte eingeteilt, deren jeder durch eine Umformerstation in der Nähe des Belastungsschwerpunktes gespeist wird. Wenn sich das Netz vergrößert, werden neue Stationen in den Ausläuferpunkten errichtet, um an diesen Stellen die Spannung zu heben und die neuen Streckenabschnitte mit Strom

Abb. 164. Unterstation Jefferson der Portland Electric Power Company mit 2 Gleichrichtern je 750 kW, 1350 V.

zu versorgen. Bei Fernbahnen liegen die Unterstationen gewöhnlich in regelmäßigen Abständen längs der Linie und an wichtigen Knotenpunkten.

Um die Bedienungskosten herabzusetzen, werden die Unterstationen für Eisenbahnbetrieb gewöhnlich als vollautomatische oder fernbetätigte Stationen gebaut; im letzteren Falle erfolgt die Fernbetätigung entweder von einer Zentralstelle aus oder von der nächstgelegenen handbedienten Unterstation.

Der Gleichrichter ist für Eisenbahn-Unterstationen aus folgenden Gründen besonders geeignet:

Er ist ein ruhender, wassergekühlter Apparat, der keine Ventilation erfordert, so daß die Gebäude für die Unterstationen leichter und einfach sein können.

Er ist geräuschlos und kann daher immer im Lastzentrum angeordnet werden, auch in einem Wohngebiet oder Amtsgebäude.

Er ist leicht und mit verhältnismäßig geringen Kosten für selbsttätigen Betrieb und Fernbetätigung einzurichten, und zwar wegen der Einfachheit des Inbetriebsetzens und Ausschaltens und wegen der geringen Zahl der erforderlichen Schutzeinrichtungen.

Anordnung von Unterstationen.

Beim Entwurf von Gleichrichterunterstationen sind folgende allgemeine Erwägungen anzustellen: Die Grundfläche und Höhe der Station soll so klein als möglich sein, soweit dies mit der Sicherheit und bequemen Bedienung vereinbar ist. Alle Apparate sollen zwecks Kontrolle und Reparaturen leicht zugänglich und die Leitungen möglichst kurz sein.

Bei handbetätigten Unterstationen ist die Sicherheit und Bequemlichkeit des Bedienungspersonals und die Leichtigkeit der Betätigung und Überwachung der Einrichtungen von größter Wichtigkeit. Das Gebäude muß gut gelüftet, beleuchtet und beheizt sein und die anderen erforderlichen Vorkehrungen für den Aufenthalt von Menschen müssen getroffen werden. Alle Instrumente, Betätigungsschalter und Signallampen müssen auf einer Schalttafel vereinigt werden, so daß der Bedienungsmann die Anlage überwachen und steuern kann. Beim Entwurf automatischer Unterstationen braucht auf den Aufenthalt von Menschen keine Rücksicht genommen zu werden, so daß ein kleineres Gebäude leichterer Bauart ohne Heizung verwendet werden kann. Die Anzeige- und Steuerapparate sollen in der Nähe der gesteuerten Einrichtungen angebracht sein, wodurch sich kurze Steuerleitungen ergeben.

Eine Gleichrichteranlage enthält im allgemeinen die folgenden Einrichtungen: Trennschalter, Stromwandler, Ölschalter, Gleichrichtertransformator, Gleichrichtergefäß mit Vakuumpumpen, Zünd- und Erregereinrichtung, Gleichstromschalter, eine Schalttafel mit Schutz- und Steuerapparaten und verschiedene Gleichstromabzweige. Außerdem kann eine Unterstation Apparate für die Wechselstromzuleitungen, Meßgeräte und Zähler für Wechselstrom, Überspannungsableiter und Wellenglättungseinrichtungen enthalten.

Neben der Kraftzuleitung für den Gleichrichtertransformator benötigt man ein Niederspannungshilfsnetz für die Hilfsbetriebe. Häufig ist auch eine Gleichstromquelle für die Ölschalterauslösung vorgesehen. Das Hilfsnetz kann ein- oder dreiphasig sein. Gewöhnlich ist es mittels eines Hilfstransformators an das Hauptnetz angeschlossen. Als Gleichstromquelle dient meist eine Batterie.

Die Wechselstromschalteinrichtungen können je nach der Wechselspannung in Freiluftanlagen oder Gebäudeanlagen untergebracht werden.

Umformer. Der Gleichrichtertransformator kann ebenfalls als Freiluft- oder Innenraumtransformator ausgeführt werden. Gleichrichtergefäße werden derzeit nur zur Aufstellung in Gebäuden gebaut. Transformator und Gleichrichtergefäß sind derart anzuordnen, daß die Verbindungen zwischen den Sekundärklemmen des Transformators und den Gleichrichteranoden so kurz als möglich ausfallen. Bei Verwendung eines Innenraumtransformators können die Verbindungen unmittelbar

zwischen den Sekundärklemmen und den Gleichrichteranoden liegen.
Befindet sich der Transformator in der Freiluftanlage, so werden die
Sekundärleitungen in Kabeln geführt.

Der Gleichrichterzylinder ist isoliert aufgestellt. Liegt der positive
Pol des Gleichstromnetzes am Fahrdraht, wie dies in Eisenbahnanlagen
allgemein üblich ist, so ist um das Gleichrichtergefäß und die Vakuumpumpe ein Schutzgitter anzubringen. Da die Kathode am tiefsten Punkt
des Gleichrichtergefäßes liegt, so erfolgt die Verbindung von ihr zur
positiven Gleichstromsammelschiene durch ein Kabel. Liegt die Gleichstromsammelschiene im Stockwerk unterhalb des Gleichrichtergefäßes,
so kann der Kathodenanschluß auch durch Kupferschienen erfolgen,
welche durch eine Öffnung im Fußboden hindurchgehen.

Zur Kontrolle und für Reparaturen sind Vorkehrungen für das
Herausheben des Transformatorkernes aus dem Ölkessel sowie für das
Zerlegen des Gleichrichtergefäßes zu treffen. Die Mindesthöhe des Ge-
bäudes wird gewöhnlich durch diese Anforderungen bestimmt.

Kühlung. Die Gleichrichtertransformatoren sind Öltransforma-
toren mit Luft- oder Wasserkühlung. Wird ein Öltransformator mit
natürlicher Luftkühlung als Innenraumtransformator ausgeführt, so
müssen im Boden oder in der Wand Ventilationsöffnungen vorgesehen
werden, um die Luftzirkulation zu erleichtern.

Das Gleichrichtergefäß und die Quecksilberdampfstrahlpumpe besitzen Wasserkühlung. Das Kühlwasser kann dem Wasserleitungsnetz
oder einem Wasserlauf entnommen werden. Um Anfressungen oder
Wassersteinbildungen zu vermeiden soll das Wasser frei von Verunreinigungen sein (s. Kapitel VIII). Auch eine Rückkühlanlage kann vorgesehen werden, wenn reines Kühlwasser nicht zur Verfügung steht. Wird
das Kühlwasser einem geerdeten Wasserleitungsnetz entnommen, so
muß zwischen dem Gleichrichtergefäß und der Wasserleitung ein langer
Gummischlauch eingeschaltet werden, um den Erdstrom auf wenige
Milliampere herabzusetzen, damit keine elektrolytischen Anfressungen
des Gleichrichtergefäßes auftreten. Bei Gleichrichtern, die mit hohen
Gleichspannungen arbeiten, wäre ein außerordentlich langer Gummischlauch erforderlich; aus diesem Grunde werden Gleichrichter für
Gleichspannungen über 1500 V, die mit geerdetem Minuspol arbeiten,
im allgemeinen mit einer Rückkühlanlage ausgestattet.

Eine solche Anlage wird auch verwendet, wenn kein Wasser vorhanden ist, ferner wenn das Wasser teuer oder verunreinigt ist.

Wird für das Kühlwasser eine Rückkühlanlage mit Umlaufpumpe
verwendet, so sind Kühler, Wasserpumpe und Wasserrohre gegen Erde
zu isolieren, um elektrolytische Wirkungen zu vermeiden. In die Wasserrohre zwischen Gleichrichter und Kühler muß man Gummischläuche
einschalten, damit bei zufälliger Erdung des Kühlers kein allzu großer
Strom zur Erde fließt.

Das Ausdehnungsgefäß der Rückkühlanlage muß isoliert aufgestellt werden; es liegt höher als der höchste Punkt des Kühlsystems, um alle Leitungen stets mit Wasser gefüllt zu halten.

Die Kühlluft für den Kühler kann aus dem Freien angesaugt und im Sommer nach außen, im Winter zu Heizungszwecken in das Innere der Unterstation ausgeblasen werden.

In ungeheizten Stationen, in denen die Temperatur im Winter unter 0° fällt, muß dem Kühlwasser der Rückkühlanlage Alkohol oder Glyzerin beigemengt werden, um das Einfrieren zu verhindern. Zahlentafel X enthält die Gefrierpunkte von Alkohol-Wassergemischen.

Zahlentafel X.

Gefrierpunkte verschiedener Mischungen von Wasser und Alkohol.

Alkoholgehalt der Mischung		Spezifisches Gewicht der Mischung	Gefrierpunkt der Mischung in Grad Celsius
Gewichts- prozent	Volum- prozent		
0	0	1,000	0
5	6,2	0,991	— 1,9
10	12,4	0,984	— 4,2
15	18,5	0,977	— 7,0
20	24,5	0,971	— 10,7
25	30,4	0,965	— 15,2
30	36,2	0,958	— 20,0
35	41,9	0,949	— 25,3
40	47,4	0,940	— 30,8
45	52,2	0,929	— 36,2
50	57,3	0,919	— 41,9

Da der Gleichrichter gewöhnlich wärmer ist als die Hochvakuumpumpe, so kann diese im allgemeinen nicht mit dem Kühlwasser des Gleichrichters gekühlt werden. Wenn es nicht möglich ist, die kleine Wassermenge für die Kühlung der Quecksilberdampfstrahlpumpe einem Wasserleitungsnetz zu entnehmen, so muß für diese Pumpe eine eigene Rückkühlanlage vorgesehen werden.

Schalttafel. Auf der Schalttafel werden die Steuer- und Schutzapparate, Instrumente, Gleichstromschalter und Gleichstromsammelschienen montiert. In kleinen Umformerstationen mit Gleichrichtern geringer Leistung ist es üblich, die Schalttafelfelder für die Gleichstromableitungen neben den Feldern mit den Steuer- und Schutzapparaten für die Gleichrichter anzuordnen. In großen Umformeranlagen werden die Gleichstromschalter und Gleichstromsammelschienen häufig im Keller oder in Zellen getrennt von der Betätigungsschalttafel montiert.

Kabel und Drähte. Die Steuerleitungen zwischen der Schalttafel und den verschiedenen Apparaten werden in Kabelkanäle verlegt, die an der Rückseite der Schalttafel enden. Die Verbindungskabel zwischen den Anoden und den Sekundärklemmen des Gleichrichtertransformators sollen besser isoliert werden, als sonst für die betreffende Betriebsspannung üblich ist, da in Störungsfällen Überspannungen an den Sekundärklemmen des Transformators auftreten. Für Gleichspannungen bis 1500 V werden im allgemeinen Anodenzuleitungen verwendet, die für 2500 bis 5000 V Betriebsspannung isoliert sind. Die Kabelquerschnitte sind nach dem Effektivwert des Anodenstromes zu bemessen. Die Zünd- und Erregerleitungen und die Zuleitungen der Anoden- und Gefäßheizwiderstände sind zum Schutze gegen Überspannungen für die gleiche Betriebsspannung wie die Anodenzuleitungen zu isolieren. Zwischen den Sekundärklemmen und dem Nullpunkt des Transformators werden Überspannungsableiter eingeschaltet, um den Transformator, den Gleichrichter und die Leitungen gegen Überspannungen zu schützen.

Bei Verwendung von Wellenglättungseinrichtungen ist den Verbindungen zwischen den Schwingungskreisen und den Gleichstromsammelschienen besondere Aufmerksamkeit zuzuwenden. Die Verbindungsdrähte sollen so kurz als möglich sein, damit der Spannungsabfall in diesen Drähten beim Hindurchfließen der Hochfrequenzströme klein ist, denn dieser Spannungsabfall beeinträchtigt die Wirksamkeit der Wellenfilter (s. Kapitel XIII).

Handbetätigte Unterstationen.

In einer handbetätigten Unterstation erfolgt das Ein- und Ausschalten durch einen Bedienungsmann. Vor Einschaltung des Gleichrichters muß das Vakuum kontrolliert und der Kühlwasserhahn geöffnet werden. Besitzt der Gleichrichter Temperaturmeßeinrichtungen, so sind die Temperaturen abzulesen. Beim Inbetriebsetzen des Gleichrichters wird durch Schließen des Wechselstromschalters der Gleichrichtertransformator an das speisende Netz angeschlossen. Die Hilfskreise werden entweder durch Hilfskontakte des Wechselstrom-Hauptschalters oder mit einem besonderen Schalter eingeschaltet. Der Gleichrichter zündet dann selbsttätig und der Erregerlichtbogen setzt ein. Nun kann der Gleichrichter durch Schließen des Gleichstromschalters zur Stromabgabe herangezogen werden. Das Einschalten des Gleichrichters kann daher durch bloßes Schließen des Wechselstrom- und Gleichstromschalters erfolgen.

Da der Gleichrichter ein ruhender Umformer mit fester Polarität ist und bei ihm ein Rückspeisen von der Gleichstromseite auf die Wechselstromseite ausgeschlossen ist, so entfällt beim Einschalten eines Gleichrichters das Synchronisieren, die Kontrolle der Polarität und der Spannung. Es kann auch der Gleichstromschalter zuerst geschlossen werden.

Beim Betrieb des Gleichrichters muß die Wasserströmung und die Temperatur des Gefäßes in regelmäßigen Zeitabständen beobachtet werden, um den Gleichrichter gegen Überhitzung zu schützen.

Die Quecksilberdampfstrahlpumpe ist dauernd in Betrieb. Die rotierende Vakuumpumpe wird angelassen, wenn das Vakuum auf einen bestimmten Wert gefallen ist, und wieder stillgesetzt, sobald das Vakuum genügend hoch ist. Die rotierende Vakuumpumpe soll nicht ohne die Quecksilberdampfstrahlpumpe in Betrieb sein, weil sonst der Druck im Gleichrichtergefäß zu hoch ansteigen würde (s. Abb. 111). Wenn aus irgendeinem Grunde die Quecksilberdampfstrahlpumpe so lange ausgeschaltet wurde, daß das Quecksilber ausgekühlt ist, so muß bei der Inbetriebsetzung die Quecksilberdampfstrahlpumpe durch mehrere Minuten eingeschaltet sein, bevor die rotierende Pumpe angelassen wird, damit für das Erhitzen des Quecksilbers und für die Bildung einer genügenden Menge Quecksilberdampfes Zeit vorhanden ist, so daß die Quecksilberdampfstrahlpumpe ihre volle Pumpwirkung ausübt. Ist die Quecksilberdampfstrahlpumpe in Betrieb, so muß darauf geachtet werden, daß genügend Kühlwasser für sie vorhanden ist, um ihre Pumpwirkung zu sichern und das Eindringen von Quecksilberdampf in die rotierende Pumpe, das die Folge ungenügender Kühlung wäre, zu vermeiden.

Der Gleichrichter wird durch Ausschalten des Gleichstrom- und Wechselstromschalters sowie der Erregung stillgesetzt. Wird der Gleichrichter für längere Zeit ausgeschaltet, so ist auch die Quecksilberdampfstrahlpumpe auszuschalten und das Ventil zwischen ihr und dem Gleichrichter zu schließen.

Das Schaltbild eines handbetätigten Gleichrichters, Fabrikat Brown Boveri zeigt Abb. 165. Dem Schaltbild ist eine ausführliche Legende beigegeben. Die Arbeitsweise der Zündung und Erregung wurde in Kapitel VIII auseinandergesetzt. Wie aus dem Schaltbild ersichtlich, ist der Gleichrichter gegen Überlastungen und Kurzschlüsse durch magnetische und thermische Überlastrelais geschützt. Der Gleichstromschalter besitzt Rückstromauslösung und bewirkt bei einer Rückzündung die Abschaltung des Gleichrichters von der Gleichstromsammelschiene. An dem Wechselstromschalter ist eine Auslösespule vorgesehen, welche von einem Stromwandler gespeist wird und normalerweise durch einen Hilfskontakt des Gleichstromschalters kurzgeschlossen ist. Sie wird beim Öffnen des Gleichstromschalters erregt, um bei Rückzündung auch den Wechselstromschalter auszuschalten (Wandlerauslösung). Der Gleichrichter ist durch ein Kontaktthermometer gegen übermäßige Erwärmung geschützt; dieses löst bei Erreichung einer Temperatur von 60° C den Wechselstromschalter aus.

Automatische Unterstationen.

In einer automatischen Unterstation müssen alle Schalthandlungen, die in einer handbetätigten Station vom Bedienungsmann besorgt werden, von den automatischen Einrichtungen durchgeführt werden. Die Station

muß auch selbsttätig gegen alle Schäden, die im Betrieb auftreten
können, geschützt sein.

Als ruhende Maschine ist der Gleichrichter besonders gut für automatischen Betrieb geeignet und ein handbetätigter Gleichrichter kann

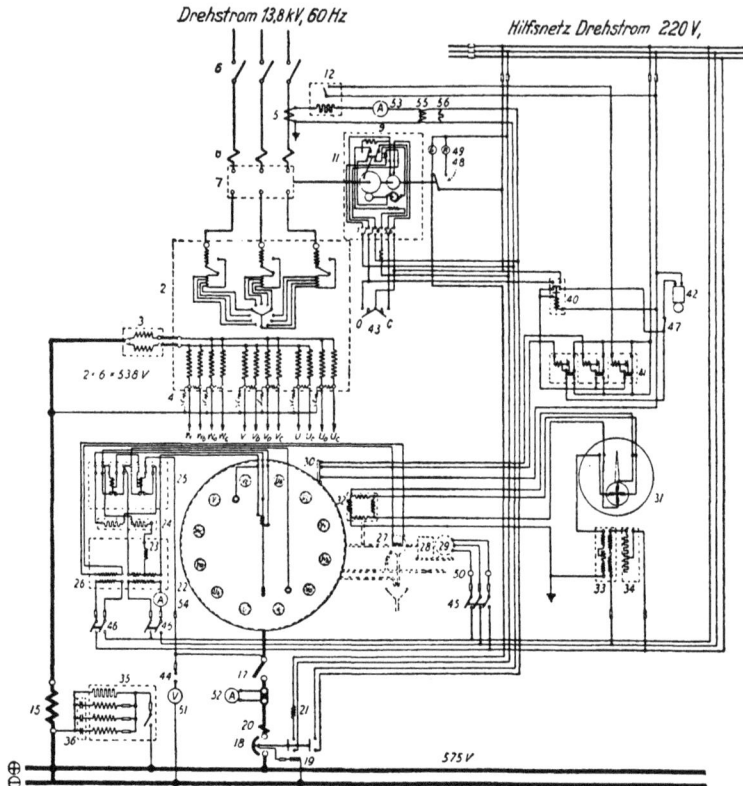

Abb. 165. Schaltbild eines handbetätigten Eisengleichrichters, Fabrikat Brown-Boveri.

1 Gleichrichter. 2 Gleichrichter-Transformator. 3 Saugdrossel. 4 Überspannungsableiter. 5 Stromwandler. 6 Trennschalter. 7 Ölschalter. 8 Überstromauslöser. 9 Wandlerauslösung für den Ölschalter. 11 Motorantrieb für den Ölschalter. 12 Thermisches Überlastrelais. 15 Gleichstromdrosselspule. 17 Gleichstrom-Trennschalter. 18 Gleichstrom-Automat. 19, 20 Spannungs- und
Stromspule der Rückstromauslösung für den Gleichstromautomaten. 21 Auslösemagnet für den
Gleichstromautomaten. 22 Erreger- und Zündtransformator. 23 Erregerdrosselspule. 24 Erreger-
und Zündwiderstände. 25 Zündrelais. 26 Isoliertransformator. 27 Quecksilberdampfstrahlpumpe.
28 Rotierende Vakuumpumpe. 29 Motor der rotierenden Vakuumpumpe. 30 Kontaktthermometer.
31 Vakuummeter. 32 Hitzdrahtmeßbrücke für das Vakuummeter. 33 Hilfstransformator für die
Hitzdrähte. 34 Vorschaltwiderstand des Hilfstransformators. 35 Querkreisdrosselspulen. 36 Querkreiskondensatoren. 40 Auslöserelais. 41 Fallklappen. 42 Glocke. 43 Steuerschalter für die Fernbetätigung des Ölschalters. 45 Hebelschalter für die rotierende Vakuumpumpe. 46 Hebelschalter
für den Erreger- und den Isoliertransformator. 47 Schalter für die Signalglocke. 48 Hilfskontakt
des Ölschalters. 49 Signallampen. 50 Thermische Kleinautomaten. 51 Gleichstromvoltmeter.
52 Gleichstromampermeter. 53 Wechselstromampermeter. 54 Erregerampermeter. 55 Stromwandler für die Wandlerauslösung. 56 Parallelwiderstand zum Stromwandler.

durch Hinzufügen der selbsttätigen Steuereinrichtungen für das Inbetriebsetzen und Ausschalten, für die Betätigung der Vakuumpumpe
und den Schutz der Anlage für automatischen Betrieb umgebaut werden.

Einschalten und Stillsetzen. Das Kommando zum Einschalten oder Stillsetzen der Unterstation kann durch einen Steuerschalter (Fernbetätigung), durch einen Zeitschalter oder durch belastungsabhängige Einrichtungen gegeben werden.

Erfolgt die Steuerung durch einen Zeitschalter, so wird die Unterstation zu bestimmten Tageszeiten ein- und ausgeschaltet. Der Zeitschalter kann auch mit einer Vorrichtung versehen werden, die die Unterstation an Samstagen und Sonntagen stillsetzt.

Am häufigsten werden lastabhängige Vorrichtungen für die Steuerung automatischer Unterstationen verwendet. Diese Vorrichtungen bestehen aus Spannungs-, Strom- und Zeitrelais. Sinkt die Fahrdrahtspannung in der Nähe der Unterstation, was auf starke Belastung hindeutet, so bewirkt das Spannungsrelais die Einschaltung des Gleichrichters nach einer bestimmten Zeit. Ist die Belastung vorüber, so bewirkt das Stromrelais nach einer Verzögerungszeit die Ausschaltung des Gleichrichters. Zeitverzögerung ist notwendig, um ein zu häufiges Ein- und Ausschalten der Station bei rasch vorübergehenden Belastungsänderungen zu vermeiden.

Besitzt die Unterstation mehrere Gleichrichter, so können weitere Einheiten zugeschaltet werden, wenn die Belastung der Station die Leistung des in Betrieb stehenden Gleichrichters überschreitet, und sie können ausgeschaltet werden, wenn die Belastung abnimmt.

Für diese Steuerung kann ein thermisches Relais oder ein elektromagnetisches Relais mit Zeitverzögerung herangezogen werden. Die Aufeinanderfolge der führenden Einheit und der übrigen kann mit Hilfe eines Umschalters verändert werden, damit alle Gleichrichter ungefähr die gleiche Zahl von Betriebsstunden erreichen. Wenn ein Gleichrichter nichts ordnungsgemäß arbeitet oder automatisch ausgeschaltet wird, so schaltet sich die nächste Einheit selbsttätig ein.

Sobald das Einschaltkommando gegeben wird, erfolgt die Schließung des Wechselstromschalters, wodurch der Gleichrichtertransformator unter Spannung gesetzt wird. Gleichzeitig wird die Zündung und Erregung eingeschaltet und die Wasserzirkulation in Gang gesetzt; dies kann bei Frischwasserkühlung durch elektromagnetisch betätigte Ventile oder bei Rückkühlung durch Einschalten des Motors der Kreislaufpumpe geschehen. Diese Vorgänge werden durch Hilfskontakte des Wechselstromschalters eingeleitet. Sobald der Lichtbogen im Gleichrichter brennt, wird der Gleichstromschalter durch die vom Gleichrichter gelieferte Spannung oder die Spannung eines Hilfsnetzes geschlossen.

Wird das Ausschaltkommando gegeben, so wird der Wechselstromschalter ausgeschaltet, wodurch der Gleichrichtertransformator, die Zündung, Erregung und der Wasserumlauf außer Betrieb gesetzt werden. Der Gleichstromschalter wird durch einen Kontakt des Wechselstromschalters ausgelöst.

Wiedereinschaltung. Wird der Wechselstromschalter durch Überlast oder Kurzschluß ausgelöst, so kann er automatisch nach einer bestimmten Zeit mit Hilfe eines Wiedereinschaltrelais neuerlich eingelegt
werden. Bei andauerndem Kurzschluß wird der Schalter nach einer
bestimmten Zahl von Wiedereinschaltungen gesperrt.

Abb. 166. Schalttafel für die automatische Steuerung von zwei Gleichrichtern 500 kW, 600 V,
und von drei Gleichstromspeiseleitungen (General Electric Company).

Steuerung der Vakuumpumpen. Die rotierende Vakuumpumpe
wird derart gesteuert, daß im Gleichrichter ein gutes Vakuum dauernd
aufrechterhalten wird; ihre Steuerung ist unabhängig vom Betrieb
des Gleichrichters. Wie erwähnt, ist die Quecksilberdampfstrahlpumpe ständig in Betrieb. Die rotierende Vakuumpumpe wird eingeschaltet, wenn sich das Vakuum auf einen bestimmten Wert verschlechtert und stillgesetzt, sobald das erforderliche Vakuum erreicht
ist. Die Einschaltung und Stillsetzung der Vakuumpumpe erfolgt durch
Kontakte des Vakuummeters. Die Steuereinrichtung der Vakuumpumpe

schützt diese ferner gegen das Weiterarbeiten bei Ausbleiben des Kühlwassers oder bei Unterbrechung des Heizstromes der Quecksilberdampfstrahlpumpe; sie gewährleistet den erforderlichen Zeitraum zwischen der Einschaltung der Quecksilberdampfstrahlpumpe und der rotierenden Vakuumpumpe.

Temperaturkontrolle. Bei einigen Gleichrichterbauarten sind Einrichtungen zur Regelung der Anoden- und Gefäßtemperatur vorhanden. Wird der Gleichrichter mit Frischwasser gekühlt, so kann die Wassertemperatur durch Regelung der Kühlwassermenge mit Hilfe eines temperaturabhängigen Regulierventils beeinflußt werden (s. Abb. 100, Kapitel VII). Besitzt der Gleichrichter eine Rückkühlanlage, so regelt man die Wassertemperatur, indem man den Ventilator des Rückkühlers stillsetzt, wenn die Wassertemperatur auf einen bestimmten Mindestwert gefallen ist, und ihn einschaltet, sobald die Temperatur einen bestimmten Höchstwert erreicht. Wird Gefäßheizung angewendet, so erfolgt die Ein- und Ausschaltung der Heizkörper durch ein thermisches Relais derart, daß die Gefäßtemperatur innerhalb bestimmter Grenzen gehalten wird. Anodenheizkörper werden mittels Isoliertransformatoren an das Wechselstromhilfsnetz angeschlossen. Die Anodenheizkörper werden von einem Stromrelais eingeschaltet, wenn der Laststrom unter einen bestimmten Mindestwert sinkt.

Schutzvorkehrungen. Automatische Gleichrichter werden mit Schutzeinrichtungen gegen folgende Störungsfälle versehen:

Gegen hohe Überlastungen (Kurzschlüsse): Überlastrelais, die an Stromwandler auf der Wechselstromseite angeschlossen sind und den Wechselstromschalter auslösen.

Gegen andauernde Überlastung: thermische Überlastrelais, die den Wechselstromschalter ausschalten und ihn durch eine bestimmte Zeit offenhalten, um die Abkühlung des Gleichrichters und des Transformators zu ermöglichen.

Gegen Rückstrom: dieser Schutz bezweckt die Abschaltung des Gleichrichters im Rückzündungsfall.

Gegen Überhitzung des Gleichrichtergefäßes: ein Kontaktthermometer löst den Wechselstromschalter aus und sperrt ihn in der ausgeschalteten Stellung oder hält ihn solange geöffnet, bis die Gefäßtemperatur auf einen zulässigen Wert gesunken ist.

Der Schutz gegen Versagen der Wasserkühlung erfolgt durch ein Wasserströmungsrelais, das den Gleichstromschalter auslöst und ihn so lange offenhält, bis das Wasser wieder fließt.

Der Schutz gegen das Arbeiten bei zu niedrigem Vakuum wird durch einen Kontakt des Vakuummeters oder durch ein Vakuumrelais besorgt, welches den Wechselstromschalter auslöst und ihn entweder sperrt oder so lange offenhält, bis wieder ein gutes Vakuum vorhanden ist.

Abb. 167. Schaltbild eines automatischen Gleichrichters, Fabrikat Brown-Boveri.

Drehstrom - Hilfsnetz 220V
60V Wechselstrom
32V Gleichstrom
Einschalt- und Ausschalt-
Kommando-Schienen

1 C Meisterwalze. 1 M Steuerapparat für Handbetätigung. 3 Steuerrelais. 8 Hilfsschalter. 20 Elektromagnetisches Wasserventil. 26 X Temperatursignal. 26 Z Temperaturabschaltung. 43 Umschalter. 48 X Signal bei unvollständiger Einschaltung. 49 Thermisches Überlastrelais für Wechselstrom. 51—1, 51—2, 51—3 Sekundäre Überstromrelais für Wechselstrom. 52 Ölschalter. 52 M Motorantrieb des Ölschalters. 52 X Hilfsrelais. 63 V Vakuummeter. 63 V X Steuerrelais für die Vakuumpumpe. 63 V Z Signal für zu niedriges Vakuum. 63 V W Y Signal für das Versagen der Vakuumpumpe oder der Kühlwasserzufuhr. 63 W I Wasserströmungsrelais für den Gleichrichter. 63 W 2 Wasserströmungsrelais für die Vakuumpumpe. 72 Gleichstromschalter mit Rückstromauslösung. 72 S Einschaltspule. 72 T Auslösemagnet. 79 Wiedereinschaltrelais. 86 Abschaltrelais. 89 Gleichstrom-Trennschalter. 301 Wechselstrom-Trennschalter. 306 Stromwandler. 311 Druckknopf für Handbetätigung. 312 Druckknopf für Handausschaltung. 314 Steuerschalter für Handbetätigung. 315 Hebelschalter für die rotierende Vakuumpumpe. 316 Hebelschalter für die Quecksilberdampfstrahlpumpe. 321 Gleichrichtertransformator. 323 Saugdrossel. 325 Gleichrichter. 326 Erreger- und Zündtransformator. 327 Zündrelais. 328 Erregerdrosselspule. 329 Erreger- und Zündwiderstände. 335 Rotierende Vakuumpumpe. 336 Quecksilberdampfstrahlpumpe. 337 Isoliertransformator zur Quecksilberdampfstrahlpumpe. 338 Hitzdrahtelement des Vakuummeters. 339 Transformator für das Vakuummeter. 340 Vorwiderstand. 346 Signallampen. 351 Gleichstromvoltmeter. 356 Gleichstromamperemeter. 376—1 Wechselstromzeiger für den Gleichrichter. 376—3 Erregerstromzeiger.

Drehstrom – Sammelschienen

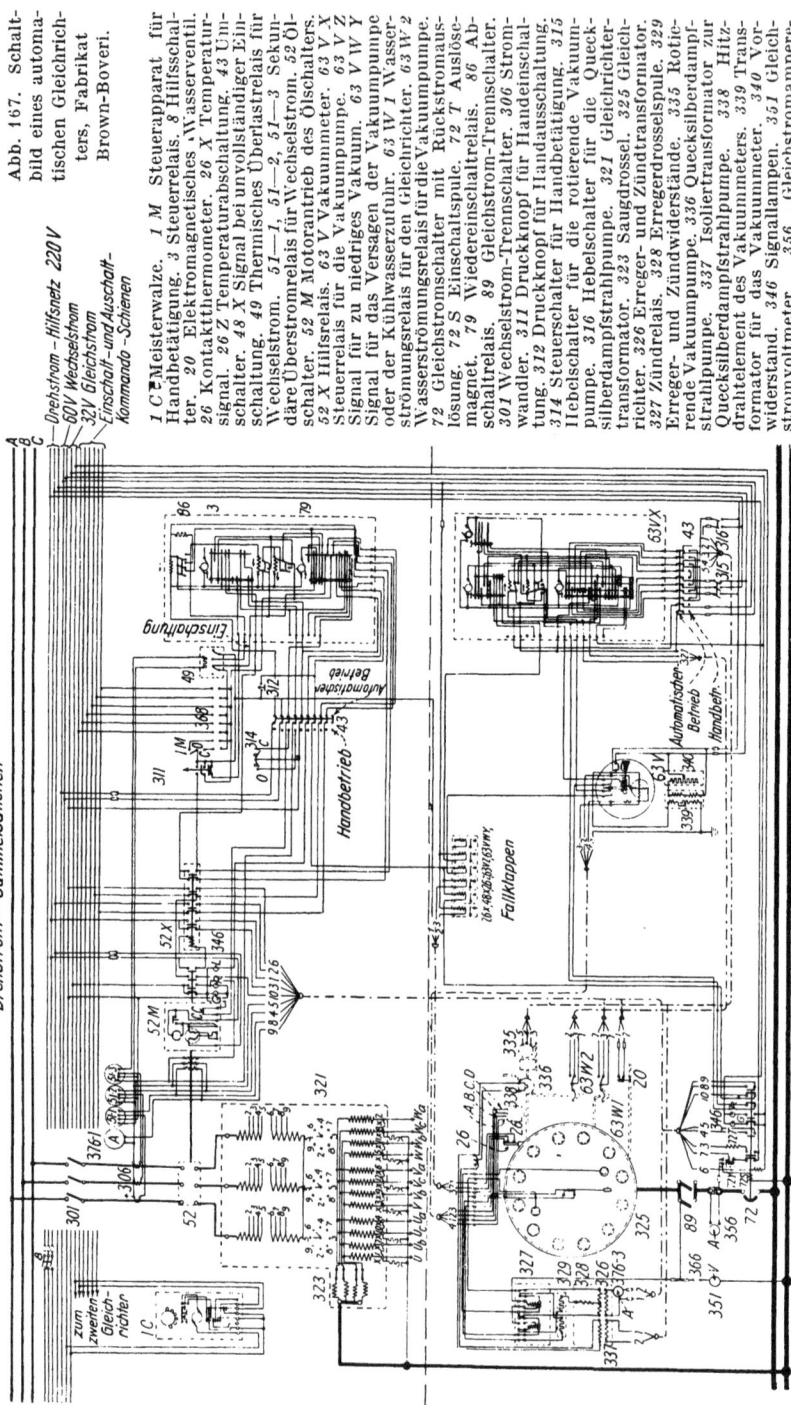

Einschaltung

Automatischer Betrieb

Handbetrieb

Fallklappen

Automatischer Betrieb

Handbetr.

Gleichstromsammelschienen

Der Schutz gegen unvollständige Inbetriebsetzung erfolgt durch Relais, welche den Wechselstromschalter auslösen und sperren, wenn der Einschaltvorgang nicht innerhalb einer bestimmten Zeit beendet ist.

Ein Schutz des Gleichrichters gegen Absinken der Wechselspannung, gegen einphasigen Lauf und gegen Phasenumkehr ist nicht notwendig, da eine Umkehr der Phasen keinen Einfluß auf die Wirkungsweise des Gleichrichters hat und bei zu niedriger Spannung oder einphasigem Be-

trieb die Gleichspannung abnimmt, so daß die Belastung zurückgeht und keine ernste Gefährdung des Gleichrichters eintreten kann.

Hingegen kann ein Schutz gegen Spannungsrückgang, einphasigen Lauf oder Phasenumkehr für die Wechselstrommotoren der Hilfsbetriebe des Gleichrichters erforderlich sein.

Der Schutz der Vakuumpumpe wurde bereits im Zusammenhang mit ihrer Steuerung besprochen. Besondere Schaltungen für den Selektivschutz von Gleichrichtern werden später beschrieben.

Schaltbilder. Abb. 167 zeigt das Schaltbild eines selbsttätigen 3000 kW-Gleichrichters. Die Einzelteile der Ausrüstung sind in der der Abbildung bei-

Abb. 168. Steuerrelais für die selbsttätige Steuerung der Vakuumpumpe (Brown-Boveri).

gegebenen Legende angeführt. Der Zeitschalter *1C* und die Relais *3*, *79* und *63VX* sind als Schaltwalzen ausgeführt und werden durch Schwingankermotoren angetrieben. Ein derartiger Motor besteht aus einem zweipoligen bewickelten Anker, der sich zwischen den Polen eines permanenten Magneten befindet und auf den eine Feder wirkt. Wird an den Anker eine Wechselspannung angeschlossen, so schwingt er in ihrem Takte und diese Schwingungen werden durch ein Zahngesperre (Sperrad und Klinke) in eine Drehbewegung der Schaltwalze umgewandelt. In Abb. 168 ist ein solches Relais dargestellt.

Die Einheit kann durch die Schaltuhr *1C* oder durch den Steuerschalter *1M* ein- und ausgeschaltet werden. Arbeitet der Gleichrichter mit mehreren anderen zusammen, so kann er auch in Abhängigkeit von der Belastung an den Sammelschienen oder als Ersatz für einen anderen Gleichrichter eingeschaltet werden. Diese Art der Steuerung erfordert einen Umschalter zur Wahl der führenden Einheit.

Sobald das Einschaltkommando gegeben wird, erhält die Meisterwalze *3* Spannung und bewegt ihre Kontakte in die Einschaltstellung. Hat die Meisterwalze diese Stellung erreicht, so beginnt das Wiedereinschaltrelais *79* zu laufen. Sobald der erste Kontakt des Relais *79* geschlossen ist, wird der Einschaltmechanismus des Ölschalters *52* erregt und schaltet den Ölschalter ein. Sollte der Ölschalter nach der ersten Einschaltung auslösen, so wird er in bestimmten Zeitabständen durch das Relais *79* neuerlich eingeschaltet. Löst der Ölschalter auch nach der letzten vorgesehenen Wiedereinschaltung aus, so bewegt sich das Relais *79* in die Sperrstellung und übermittelt das Einschalt- oder Ausschaltkommando an die nächste Einheit. Dieselbe Schaltreihenfolge wird bei Auslösung des Ölschalters infolge Überlastung eingehalten.

Ist der Ölschalter eingeschaltet, so steht das Hilfsrelais *52X* unter Spannung, und damit ist das elektromagnetische Wasserventil *20* und der Zünd- und Erregertransformator *326* eingeschaltet; das Kühlwasser beginnt zu fließen und der Gleichrichter wird gezündet. Wenn der Erregerlichtbogen brennt und der Gleichrichtertransformator eingeschaltet ist, tritt an den Gleichstromklemmen Spannung auf, wodurch der Einschaltmagnet des Gleichstromschalters *72* erregt wird, der den Schalter schließt und damit den Gleichrichter auf die Gleichstromsammelschiene schaltet.

Wird das Ausschaltkommando gegeben, so bewegt sich das Relais *3* in die Ausschaltstellung und löst den Ölschalter aus. Nun wird das Relais *52 X* spannungslos und schaltet das elektromagnetische Ventil und den Erregertransformator aus. Ferner wird auch der Gleichstromschalter ausgelöst.

Der Gleichrichter ist gegen Kurzschlüsse durch elektromagnetische Überlastrelais *51* auf der Wechselstromseite geschützt, die den Ölschalter auslösen. Gegen langandauernde Überlastungen schützt das thermische Überlastrelais *49*, das den Gleichrichter durch Betätigung des Relais *3* ausschaltet und eine Wiedereinschaltung verhindert, bevor der Gleichrichter sich genügend abgekühlt hat. Den Schutz des Gleichrichtergefäßes gegen Überhitzung besorgt das Kontaktthermometer *26*, das den Gleichrichter durch Betätigung des Relais *86* ausschaltet, wenn die Temperatur einen bestimmten Wert überschreitet. Gegen das Weiterarbeiten bei Ausbleiben des Kühlwassers schützt das Wasserströmungsrelais *63 W 1*, welches die Schließung des Gleichstromschalters verhindert, bevor das Wasser fließt, und ihn ausschaltet, falls die Wasserzufuhr während des Betriebes versagt. Gegen das Arbeiten bei zu niedrigem

Vakuum ist der Gleichrichter durch einen Kontakt am Vakuummeter *63 V* geschützt, der das Relais *86* betätigt, falls der Druck über einen bestimmten Wert steigt.

Der Gleichstromschalter ist mit einem Rückstromauslöser versehen. Erleidet der Gleichrichter eine Rückzündung, so wird der Gleichstromschalter durch den Rückstrom ausgelöst und schaltet den Gleichrichter von der Gleichstromsammelschiene ab. Gleichzeitig schaltet der Ölschalter aus und unterbricht den Kurzschluß. Er wird einige Sekunden später durch das Relais *79* wieder eingeschaltet, wodurch der Gleichrichter neuerlich in Betrieb gesetzt wird.

Die Vakuumpumpe wird zur Aufrechterhaltung eines guten Vakuums automatisch gesteuert, unabhängig davon, ob der Gleichrichter in Betrieb ist oder nicht. Die Steuerung der Vakuumpumpe erfolgt durch das Kontaktvakuummeter *63 V* und das Steuerrelais *63 VX*. Die Quecksilberdampfstrahlpumpe arbeitet ständig. Die rotierende Vakuumpumpe wird durch das Kontaktvakuummeter und Relais *63 VX* angelassen, wenn der Druck im Gleichrichtergefäß über einen bestimmten Höchstwert steigt und wird stillgelegt, wenn ein ausreichendes Vakuum erreicht ist. Das Relais *63 VX* besteht aus drei Elementen *A*, *B* und *C*, deren jedes durch einen Schwingankermotor angetrieben wird. Das Element *A* hat vier Kontaktstellungen. In der Stellung *1* steht nur der Heiztransformator der Quecksilberdampfstrahlpumpe unter Strom. In der Stellung *2* ist der Heiztransformator und der Motor der rotierenden Pumpe eingeschaltet. In der Stellung *3* ist der Motor ausgeschaltet und in der Stellung *4* ist sowohl der Motor als auch der Heiztransformator ausgeschaltet. Die Stellungen *1* und *2* sind normale Betriebsstellungen.

Die Quecksilberdampfstrahlpumpe ist gegen den Betrieb ohne Kühlwasser durch das Wasserströmungsrelais *63 W 2* geschützt, welches das Relais *A* bei Ausbleiben des Wassers in die Stellung *4* bewegt, wodurch die Heizung der Quecksilberdampfstrahlpumpe ausgeschaltet wird. Wird der Strom des Heiztransformators unterbrochen, so bewegt sich das Relais *A* in die Stellung *3* und schaltet den Motor der Vakuumpumpe aus; hierdurch wird verhindert, daß die rotierende Pumpe ohne die Quecksilberdampfstrahlpumpe weiterarbeitet. Sobald die normalen Betriebsbedingungen wiederhergestellt sind, nehmen die Vakuumpumpen automatisch den Betrieb wieder auf. Wird die Quecksilberdampfstrahlpumpe nach einer Betriebsunterbrechung wieder in Betrieb gesetzt, so erfolgt das Anlassen der rotierenden Pumpe erst eine bestimmte Zeit nach Einschaltung der Quecksilberdampfstrahlpumpe. Die Einhaltung dieses Zeitraumes wird durch das Relais *C* gewährleistet. Durch das Relais *B* erzielt man eine kurze Verzögerung des Ingangsetzens des Relais *C* bei momentanem Ausbleiben des Kühlwassers oder Heizstromes.

Der vielpolige Umschalter *43* wird verwendet, um von der automatischen Steuerung des Gleichrichters und der Vakuumpumpe auf Handbetrieb überzugehen, wobei die Steuerrelais ausgeschaltet werden. Die Anzeigevorrichtung *30* läßt die Art jeder in der Einrichtung auftretenden Störung erkennen.

Abb. 169 zeigt eine Schalttafel zur Steuerung zweier automatischer Gleichrichter, Fabrikat Brown Boveri, für 1000 kW, 600 V.

Abb. 169. Schalttafel für die automatische Steuerung von 2 Gleichrichtern 1000 kW, 600 V (Brown Boveri).

Selektivschutz von Gleichrichtern.

Tritt eine Rückzündung ein, so fließt der Strom zu der von der Rückzündung betroffenen Anode aus dem Wechselstromnetz über die anderen Anoden des Gleichrichters und aus dem Gleichstromnetz über die Kathode. Die Rückzündungserscheinungen und der Stromverlauf bei einer Rückzündung wurden in Kapitel III besprochen. Aus Abb. 19 geht hervor, daß während einer Rückzündung ein Rückstrom auf der Gleichstromseite auftritt, der von den parallel arbeitenden Maschinen geliefert wird. Eine Rückzündung ist einem Kurzschluß auf der Sekundärseite des Transformators und auf der Gleichstromseite praktisch gleichwertig; es muß sowohl der Gleichstromschalter als auch der Wechselstromschalter ausgeschaltet werden, um die Rückzündung zu unterbrechen. Arbeiten mehrere Gleichrichter in einer Unterstation

oder in benachbarten Unterstationen parallel, so bedeutet eine Rückzündung in einem Gleichrichter einen Kurzschluß für die übrigen; die
Schutzeinrichtungen sollen bewirken, daß nur der von der Rückzündung
betroffene Gleichrichter so schnell als möglich ausgeschaltet wird, während die übrigen Gleichrichter in Betrieb bleiben. Diese selektive Abschaltung ist für die Aufrechterhaltung des Betriebes von größter Wichtigkeit. Der Gleichrichter, bei dem die Rückzündung aufgetreten ist,
kann nach dem Erlöschen des Rückzündungslichtbogens sofort wieder

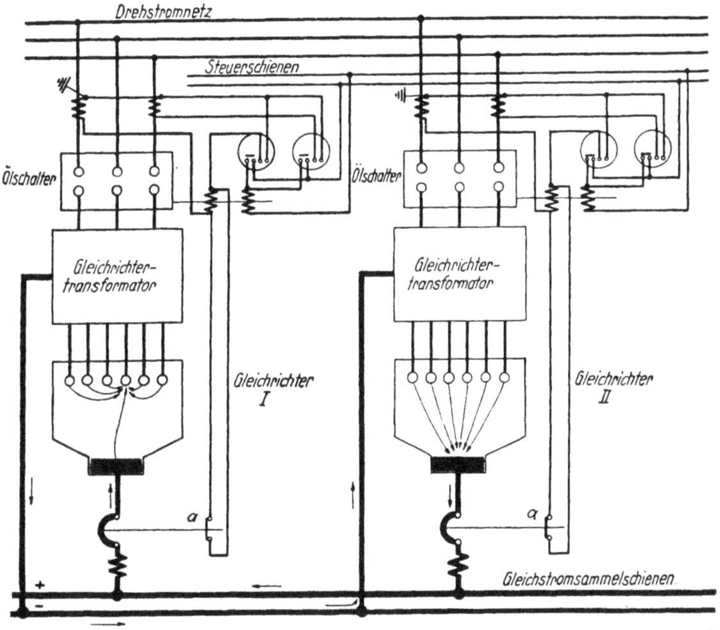

Abb. 170. Schaltbild des Selektivschutzes von Gleichrichtern für den Rückzündungsfall durch
Rückstromauslösung der Gleichstromschalter und Wandlerauslösung der Wechselstromschalter.

in Betrieb genommen werden; der Betrieb der Anlage ist daher durch
die Rückzündung nicht gestört worden, da die anderen Gleichrichter
die Belastung der von der Rückzündung betroffenen Einheit während
ihrer kurzzeitigen Ausschaltung leicht übernehmen können.

Die selektive Abschaltung wird durch besondere Auslösevorrichtun-
gen erreicht, welche auf die abnormalen Verhältnisse ansprechen, die
während einer Rückzündung auftreten. Einige dieser Selektivschutz-
einrichtungen werden im nachstehenden beschrieben.

Selektivschutz durch Rückstromauslösung. Abb. 170 zeigt zwei
parallel arbeitende Gleichrichter. Die Wechselstromschalter sind mit
normalem Überstromschutz durch Überstromrelais, die einen Gleich-
stromauslösungsmagneten betätigen, versehen. Außerdem ist jeder
Ölschalter mit einem Stromwandlerauslöser ausgerüstet, der bei ein-

geschaltetem Gleichstromschalter durch einen Hilfskontakt dieses Schalters kurzgeschlossen ist. Der Gleichstromschalter ist mit einem polarisierten Rückstromauslöser versehen, der ihn bei Stromumkehr auslöst.

Wenn beim Gleichrichter *I* eine Rückzündung eintritt, so fließt der Rückstrom vom Gleichrichter *II*, wie die Pfeile in der Abbildung andeuten; hierdurch wird der Gleichstromschalter des Gleichrichters *I* ausgelöst und schaltet diesen von der Gleichstromsammelschiene ab. Beim Öffnen des Gleichstromschalters öffnet sich auch der Hilfskontakt *a*, wodurch der Kurzschluß des Auslösemagneten beseitigt wird. Da die Rückzündung im Gleichrichter noch vorhanden ist, bewirkt der hohe Kurzschlußstrom, der von der Sekundärwicklung des Stromwandlers durch den Auslöse-magneten des Wechsel-stromschalters fließt, die Ausschaltung die-ses Schalters, wodurch der Gleichrichter vom Wechselstromnetz ab-getrennt und die Rück-zündung unterbrochen wird.

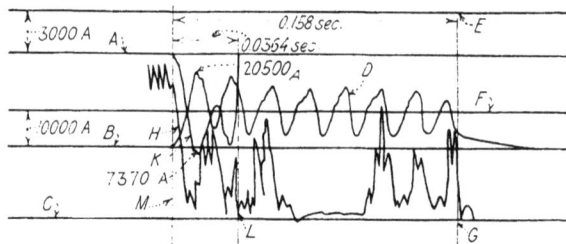

Abb. 171. Oszillogramm der selektiven Abschaltung im Rück-zündungsfall. *A* Nullinie für den Gleichstrom. *B* Nullinie für den Strom in der von der Rückzündung betroffenen Anode. *C* Nullinie für die Gleichspannung. *D* Strom in der von der Rück-zündung betroffenen Anode. *G* Augenblick der Abschaltung durch den Wechselstromschalter. *H* Gleichspannung. *K* Rück-strom. *L* Augenblick der Abschaltung durch den Gleichstrom-schalter. *M* Beginn der Rückzündung.

Da die Ausschalt-zeit des Gleichstrom-schalters kürzer ist als die Auslösezeit der Überstromauslösung des Ölschalters, so wird der Kurzschluß auf der Gleichstromseite durch den Gleichstromschalter des von der Rückzündung betroffenen Gleichrichters unterbrochen, be-vor die Überstromauslösung des anderen Gleichrichters in Wirksamkeit tritt; der zweite Gleichrichter bleibt also im Betrieb.

Die Wirkungsweise dieser Anordnung zeigt das Oszillogramm Abb. 171. Dieses Oszillogramm stellt eine Rückzündung dar, die im Zeitpunkte *M* eintritt. Der Gleichstromschalter wird durch den Rück-strom im Punkte *L* nach 0,0364 s ausgelöst und schaltet den Gleichrichter von der Gleichstromsammelschiene ab. Die Rückzündung hält bis zum Ausschalten des Ölschalters an, das 0,158 s nach dem Eintritt der Rück-zündung erfolgt. Der Rückstrom erreichte einen Höchstwert von 7370 A. Der Spitzenwert des Stromes in der von der Rückzündung betroffenen Phase betrug 20500 A. Der Gleichstromschalter besaß Freiauslösung und magnetische Blasung.

Die Wandlerauslöser sprechen beim normalen Betrieb des Gleich-richters nicht an. Wenn der Gleichstromschalter offen ist und keine Rückzündung eintritt, so fließt durch die Auslösespulen nur der Magnetisierungsstrom des Gleichrichtertransformators, der für die Auslösung des Schalters nicht ausreicht. Der Wandlerauslöser ist so bemessen, daß er auch auf den Stromstoß beim Schließen des Wechselstromschalters nicht anspricht.

Der Rückstromauslöser des Gleichstromschalters kann durch einen permanenten Magneten oder durch eine Spannungsspule, die an eine Batterie oder an die Gleichstromklemmen des Gleichrichters angeschlossen ist, polarisiert sein. Wird die Spannungsspule von der Gleichrichterspannung gespeist, so muß der Rückstromauslöser derart bemessen sein,

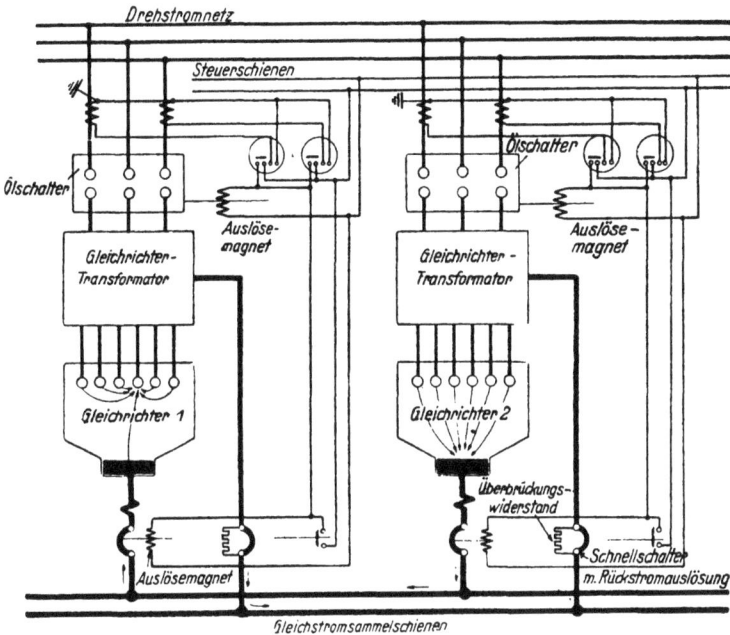

Abb. 172. Schaltbild des Selektivschutzes von Gleichrichtern durch 2 Gleichstromschalter.

daß seine Wirkung durch den niedrigen Wert der Gleichspannung während einer Rückzündung nicht in Frage gestellt ist.

An Stelle der Rückstromauslöser bei den Gleichstromschaltern können polarisierte Rückstromrelais auf der Gleichstromseite verwendet werden. Tritt in einem Gleichrichter Rückzündung auf, so spricht sein Rückstromrelais an und schaltet gleichzeitig den Gleichstromschalter und den Wechselstromschalter aus; die übrigen parallel arbeitenden Gleichrichtereinheiten bleiben dabei in Betrieb.

Abb. 172 zeigt ein Selektivschutzsystem mit zwei Gleichstromschaltern für jede Gleichrichtereinheit. Der eine von diesen Schaltern, der in die positive Leitung eingebaut ist, ist ein normaler Überstromschalter mit einem Auslöser. Der Schalter in der Minusleitung ist ein

Schnellschalter mit Rückstromauslösung. Der Schnellschalter ist durch einen Lastbegrenzungswiderstand überbrückt. Die Wechselstromschalter besitzen normale Überstromauslösung. Die Schnellschalter sind normal geschlossen, ob der Gleichrichter in Betrieb steht oder nicht. Tritt beispielsweise beim Gleichrichter *1* eine Rückzündung ein, so wird der Schnellschalter dieses Gleichrichters durch den Rückstrom ausgelöst und schaltet den Überbrückungswiderstand ein. Dieser Widerstand begrenzt den Rückstrom, der von den Gleichstromsammelschienen in den von der Rückzündung betroffenen Gleichrichter fließt, auf einen Wert unterhalb der Einstellung der Überstromrelais der Schalter in der positiven Leitung, so daß diese Relais nicht ansprechen. Durch Hilfskontakte des Schnellschalters des Gleichrichters *1* wird der Wechselstromschalter und Gleichstromschalter dieses Gleichrichters ausgeschaltet, wodurch der Gleichrichter sowohl von den Wechselstrom als von den Gleichstromsammelschienen abgetrennt wird. Wenn die Wechselstrom- und Gleichstromschalter der von der Rückzündung betroffenen Einheit ausgeschaltet sind, kann der Schnellschalter automatisch wieder eingeschaltet werden. Die Überbrückungswiderstände führen nur während eines Bruchteiles einer Sekunde Strom und werden dementsprechend bemessen. Man kann die beiden Gleichstromschalter eines Gleichrichters auch hintereinander in eine Gleichstromleitung einschalten

Statt der in Abb. 172 ersichtlichen Spannungsauslöser werden auch Wandlerauslöser nach Abb. 170 verwendet.

Selektive Auslösung bei ungleicher Stromverteilung. Besitzt der Gleichrichtertransformator Doppeldreiphasenschaltung mit Saugdrossel, so kann die Ungleichheit der Ströme in beiden Wicklungshälften der Saugdrossel während einer Rückzündung zur selektiven Ausschaltung des betreffenden Gleichrichters herangezogen werden. Eine derartige Anordnung zeigt Abb. 173a. Zwischen die beiden Wicklungshälften der Saugdrossel ist ein Widerstand eingeschaltet, dessen Mittelpunkt den negativen Pol bildet. Die Auslösemagneten des Wechselstrom- und Gleichstromschalters sind parallel geschaltet und an den Widerstand angeschlossen. Unter normalen Betriebsbedingungen sind die Ströme in den beiden Hälften des Widerstandes gleich und entgegengesetzt, so daß zwischen den beiden Enden des Widerstandes kein Spannungsunterschied besteht. Tritt eine Rückzündung ein, so kehrt sich der Strom in einer Wicklungshälfte der Saugdrossel um, wie dies in der Abbildung durch einen Pfeil angedeutet ist; nunmehr tritt eine Spannung am Widerstand auf und mittels der Auslösungsmagneten werden die Schalter dieses Gleichrichters ausgeschaltet.

In Abb. 173b ist eine andere Anordnung für die selektive Ausschaltung dargestellt, die ebenfalls die im Rückzündungsfall auftretende Ungleichheit der Ströme in den Wicklungshälften der Saugdrossel für die Abschaltung ausnützt. An Stelle des Widerstandes ist ein Relais mit zwei Wicklungen eingeschaltet. Unter normalen Betriebsbedingungen sind die Ströme in den beiden Wicklungen des Relais gleich und entgegengesetzt, so daß die magnetisierende Wirkung auf den Relaiskern gleich Null ist. Im Rückzündungsfall addieren sich die Amperewindungen der beiden Wicklungen, wodurch das Relais seinen Kontakt schließt und die Auslösung der Schalter veranlaßt.

Abb. 173c zeigt das Schaltbild einer selektiven Auslösung für einen Doppelsechsphasengleichrichter mit zwei Saugdrosseln. Bei dieser Schaltung sind zwei parallele Sechsphasensysteme vorhanden, deren jedes eine Saugdrossel besitzt. Die Nullpunkte dieser beiden Saug-

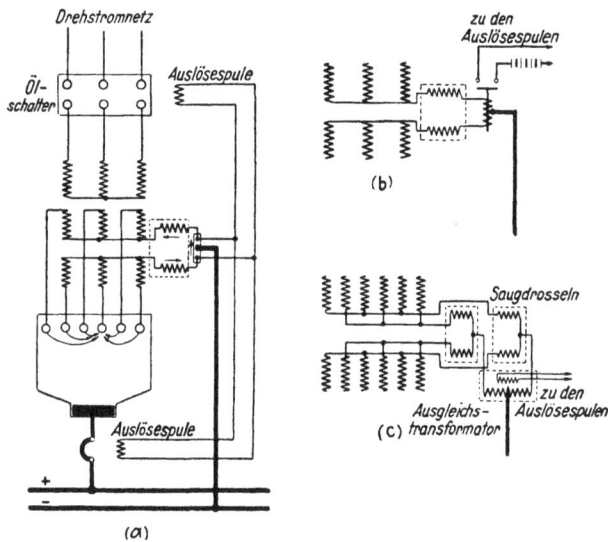

Abb. 173. Schaltbild für die selektive Abschaltung von Gleichrichtern im Rückzündungsfall unter Ausnützung der Unsymmetrie der Saugdrosselströme.

drosseln sind über eine dritte Saugdrossel an die negative Gleichstromsammelschiene angeschlossen; diese dritte Saugdrossel besitzt eine Sekundärwicklung zur Speisung der Auslösemagneten der Schalter. Unter normalen Betriebsbedingungen sind die Ströme in den beiden Wicklungshälften der dritten Saugdrossel gleich und entgegengesetzt, so daß kein Magnetfeld in ihrem Eisenkern entsteht. Tritt in dem Gleichrichter eine Rückzündung auf, so sind die Ströme in den beiden Wicklungshälften der dritten Saugdrossel ungleich, wodurch ein Magnetfeld im Eisenkern der Drossel erzeugt wird, das in der Sekundärwicklung eine Spannung induziert und die Schalter auslöst.

Die Schaltung nach Abb. 173c wird in den Gleichrichterunterstationen der Berliner Hochbahn für die Momentanauslösung der Wechselstromschalter im Rückzündungsfall angewendet. Die Selektivschutzanordnung dieser Unterstationen zeigt das Schaltbild Abb. 187 (Näheres s. Literaturstelle 284).

Anordnung von Unterstationen.

Im nachfolgenden sind einige typische Gleichrichterunterstationen beschrieben und abgebildet, und zwar:

1. Bridgeport (Congress Street); Unterstation der Connecticut Co,
2. die Unterstation Maypole der Commonwealth Edison Co, Chicago,
3. die Unterstation Nemahbin der Milwaukee Electric Railway and Light Co in Wisconsin,
4. die Unterstation Rockfield der Montreal Tramways Co,
5. Berliner Hochbahngesellschaft,
6. Unterstation Wyoming der Philadelphia Rapid Transit Co,
7. Pariser Stadtbahn (Untergrundbahn),
8. fahrbare Unterstation der Stadt Calgary,
9. Anlage der Consolidated Mining and Smelting Co, Trail, Canada.

Unterstation Bridgeport, Congress Street der Connecticut Co. Abb. 174 zeigt einen Teil dieser Unterstation, in welcher 5 Gleichrichtergefäße mit je 12 Anoden aufgestellt sind.

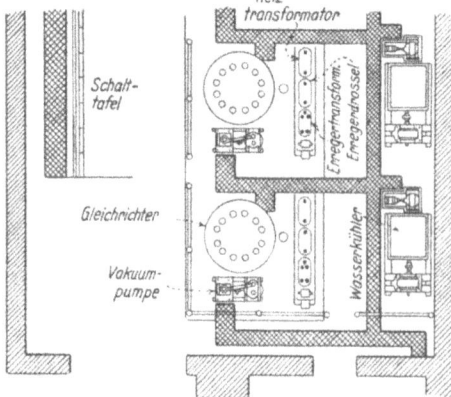

Abb. 174. Anordnung der Unterstation Congress Street in Bridgeport mit 2 von den dort aufgestellten 5 Gleichrichtern 1200 kW, 600 V.

In der Nähe jedes Gleichrichtergefäßes ist die zugehörige Vakuumpumpe und die Zünd- und Erregereinrichtung angeordnet. An der Wand befinden sich die Rückkühleinrichtungen, bestehend aus Röhrenkühlern, Umlaufpumpen und Ventilatoren. Die Bauart dieser Rückkühler ist den Abb. 143 und 144 zu entnehmen. Die Kühlluft wird aus dem Maschinenraum selbst entnommen und je nach der Jahreszeit entweder nach außen oder wieder in den Maschinenraum ausgeblasen. Die Bedienungsschalttafel ist in Abb. 174 ersichtlich und besteht aus 20 Feldern, wovon 14 für die abgehenden 600-V-Gleichstromkabel, 5 für die Gleichrichter und 1 für die ankommenden Leitungen bestimmt sind. Das Gebäude ist auf das Einfachste ausgeführt und besitzt eine Grundfläche von 0,027 m² je kW installierte Leistung. Die Transformatoren, die Hochspannungssammelschienen, die Ölschalter der ankommenden Leitung und die Ölschalter der einzelnen Gleichrichter sind in einer Freiluftanlage untergebracht.

Eine Sammelschiene liegt in der ganzen Länge des Gebäudes über den Gleichrichtertransformatoren. Es ist dies die negative Stationssammelschiene, an die sämtliche Transformatornullpunkte angeschlossen sind. Die negativen Klemmen aller Instrumente der Station werden durch eine gemeinsame Leitung mit dieser Sammelschiene verbunden; alle übrigen Teile des negativen Poles liegen außerhalb des Gebäudes. (Näheres siehe 193.)

Unterstation Maypole der Commonwealth Edison Co in Chicago.
Jeder der beiden BBC-Gleichrichter dieser Unterstation leistet dauernd

Abb. 175. Innenansicht der Unterstation Congress Street.

3000 kW, 5000 A, 600 V und ist um 50%, durch 2 h und um 200% durch 1 min überlastbar. Diese Leistung wird mit einem einzigen Gleichrichtergefäß mit 12 wassergekühlten Anoden erreicht. Die Gleichrichter-Öltransformatoren mit natürlicher Luftkühlung sind an das Drehstromnetz 12 kV, 60 Hz mit geerdetem Nulleiter der Commonwealth Edison Co angeschlossen. Die Gleichrichter und die 600-V-Speiseleitungen werden vollautomatisch betätigt. Die 12000-V-Schaltanlage wird von der nächstgelegenen bemannten Unterstation ferngesteuert. Die Anordnung der Apparate in der Anlage zeigt Abb. 176. Eine Ansicht eines Gleichrichters samt Transformator und Hilfsbetrieben gibt Abb. 177. In Abb. 178 ist die Betätigungsschalttafel ersichtlich.

Die Einschaltung jeder Einheit erfolgt durch einen Zeitschalter, der zu irgendeiner vorbestimmten Zeit die üblichen Steuereinrichtungen

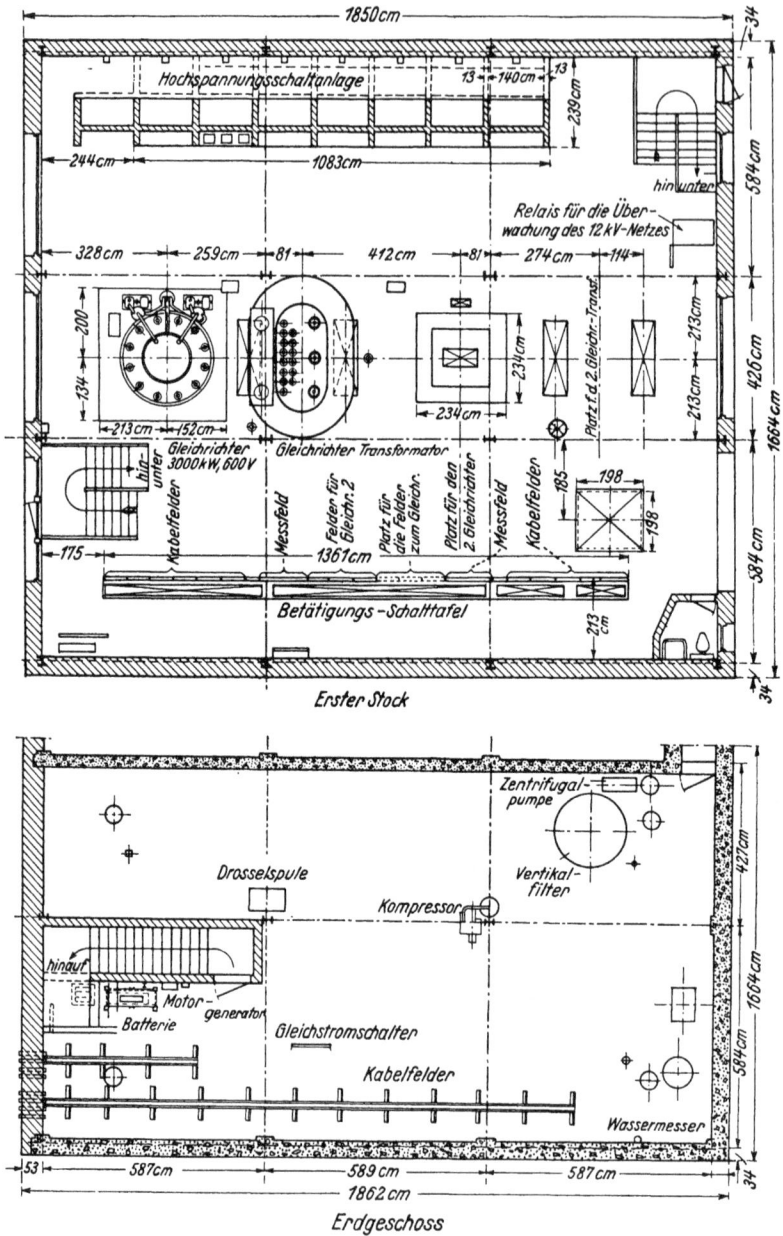

Abb. 176. Grundrisse des I. Stockwerkes und des Erdgeschosses der Gleichrichter-Unterstation Maypole der Stadt- und Hochbahn von Chicago.

in Gang setzt. Es wird dann durch die Meisterwalze der Wechselstrom-schalter geschlossen, der Zünd- und Erregerlichtbogen im Gleichrichter-

Abb. 177. Innenansicht der Unterstation Maypole.

Abb. 178. Steuertafel in der Unterstation Maypole.

gefäß gebildet, die Kühlwasserströmung in Gang gebracht und durch
Schließen des Gleichstromschalters der Gleichrichter an die 600-V-Sam-

melschiene angeschlossen. Zwecks Ausschaltung des Gleichrichters löst die Meisterwalze den Wechselstromschalter aus, der durch Hilfskontakte die Ausschaltung der Erregung und des Gleichstromschalters bewirkt.

Die Vakuumpumpen arbeiten unabhängig von den erwähnten Schaltvorgängen und die Steuerung der Pumpen ist stets in Tätigkeit, ob der Gleichrichter eingeschaltet ist oder nicht, falls er nicht zur Vornahme von Reparaturen oder aus anderen Gründen außer Dienst gestellt wird.

Die Kühlwassermenge wird in Abhängigkeit von der Belastung durch die Temperatur des abfließenden Wassers, die mittels eines Kontaktthermometers gemessen wird, gesteuert. Die Temperaturmeßvorrichtung betätigt ein Regulierventil im Wasserzulauf.

Die Anlage besitzt folgende Schutzeinrichtungen:

Überstromrelais auf der Hochspannungsseite gegen starke Überlastungen und Kurzschluß.

Langandauernde Überlastungen unterhalb der Einstellgrenze der Überstromrelais, die eine unzulässige Erhitzung des Gleichrichters bewirken können, werden durch ein thermisches Relais abgeschaltet. Der Gleichrichter ist ferner durch ein Temperaturrelais geschützt, das bei 60° C Gefäßtemperatur ein Warnungssignal gibt, und bei 65° C den Gleichrichter ausschaltet. Weitere Schutzeinrichtungen sind vorgesehen gegen das Ausbleiben des Kühlwassers für die Vakuumpumpen, ferner für den Fall, daß in den Pumpenstromkreisen Sicherungen durchschmelzen oder die Hilfsstromversorgung ausbleibt. Schutzwiderstände und Überspannungsableiter an den Anoden dienen dem Überspannungsschutz. In dieser Anlage wird das Kühlwasser filtriert.

Das Gebäude ist von einfacher Bauart und hat eine Grundfläche von 0,05 m² pro kW installierter Leistung unter Berücksichtigung des Platzbedarfes der Transformatoren.

Bezüglich weiterer Einzelheiten sei auf die Literaturstelle 227 verwiesen.

Unterstation Nemahbin der Milwaukee Electric Railway and Light Company. Abb. 179 zeigt die Ansicht und Abb. 180 Grund und Aufriß dieser Station.

Die Unterstation besitzt eine Freiluftschaltanlage.

Es sind Lastbegrenzungswiderstände in die Speiseleitungen eingebaut, um Überlastungen zu verhindern. Wären die Begrenzungswiderstände nicht vorhanden, so würde die Station bei starker Überlastung durch den Überstromschutz außer Betrieb gesetzt werden; die Folge wäre eine sehr niedrige Fahrdrahtspannung in der Umgebung der Station und damit eine Herabsetzung der möglichen Zugsgeschwindigkeit. Die Lastbegrenzungswiderstände bewirken, daß eine Abschaltung der Station niemals erforderlich wird.

Die Schalter, welche im Normalbetrieb die Begrenzungswiderstände kurzschließen, öffnen sich, wenn die Belastung 1800 A erreicht, und schließen sich bei ungefähr 1000 A wieder. Die außerhalb des Unterstationsgebäudes angebrachten Widerstände sind durch Blechverschalungen gegen Witterungseinflüsse geschützt. Die Einrichtungen sind leicht zugänglich; Defekte an den Widerständen ziehen andere Teile der Stationseinrichtung nicht in Mitleidenschaft.

Abb. 179. Unterstation Nemahbin der Milwaukee Electric Railway and Light Company.

Das Unterstationsgebäude ist von einfacher Bauart und hat eine Grundfläche von 0,049 m² pro kW installierter Leistung einschließlich der Transformatoren oder von etwa 0,029 m² pro kW für den Gleichrichter und seine Hilfsbetriebe allein, ohne Berücksichtigung des Platzbedarfes des Transformators.

Die Unterstation besitzt eine Rückkühlanlage, da gutes Kühlwasser nicht vorhanden ist. Ein Elektroventilator bläst Luft gegen den Transformator und Gleichrichter und dann durch den Kühler. Im Winter wird eine Mischung von Wasser und Alkohol verwendet und der Ventilator stillgesetzt. Ventilator, Kühler und Pumpe sind geerdet. Einige

Schwierigkeiten verursachten Anfressungen der Wasserröhren und des
Wassermantels. Sie wurden durch Verwendung von destilliertem
Wasser mit Zusatz von Alkalien zum Teil überwunden.

Für das Kühlwasser ist ein Wasserreiniger vorgesehen. Die Wasser-
geschwindigkeit wird beim Durchfließen dieses Wasserreinigers herabgesetzt, und die festen Körper scheiden sich ab. Durch Öffnen eines
Spülventils kann der Wasser-
reiniger durchgespült werden,
ohne daß eine Störung in der
Wasserversorgung eintritt.

**Unterstation Rockfield der
Montreal Tramway Company.**
In den Abb. 181 bis 186 ist
diese typische vollautomatische Gleichrichteranlage dargestellt.

Das Gebäude ist ein ein-
stöckiger Ziegelbau und hat
eine Grundfläche von 0,04 m²
pro kW installierter Leistung,
wobei der Platzbedarf der
Transformatoren bereits in-
begriffen ist. In der Unterstation können im Vollaus-
bau 4 Gleichrichter aufgestellt
werden.

Augenblicklich sind zwei
automatische Gleichrichter
für je 1200 kW, 600 V samt
Transformatoren, Wechsel-
stromschaltanlage, Kreislaufkühlung und Oberwellenglättungseinrichtung aufgestellt.

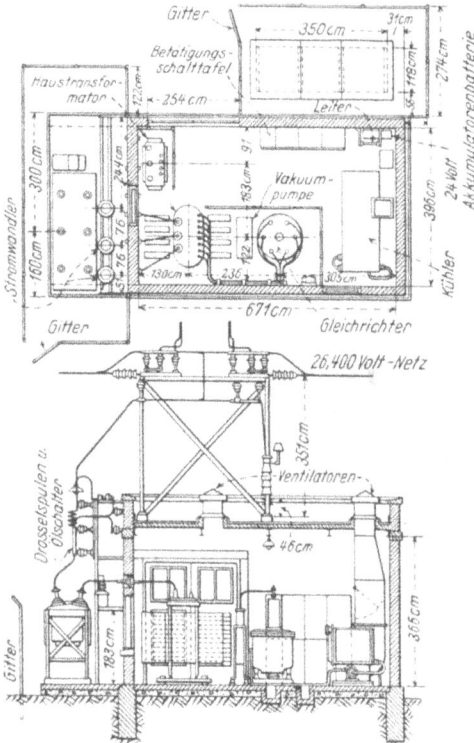

Abb. 180. Grund- und Aufriß der Unterstation
Nemahbin.

Es sind zwei Schalter für die ankommenden Wechselstromleitungen und
6 automatische Gleichstrom-Kabelschalter vorgesehen.

Zu ebener Erde sind die Gleichrichtergefäße und die Wechselstromschalter untergebracht. Ein Fünftonnenkran erleichtert das Öffnen der
Gleichrichtergefäße bei Revisionen und Reparaturen. Die Transformatoren sind in besonderen durch Rolläden verschlossenen Räumen
aufgestellt. Bei warmem Wetter werden die Rolläden geöffnet, um
die Ventilation zu erleichtern. In jedem Transformatorenraum kann ein
5 t-Flaschenzug befestigt werden, der für das Herausheben des Transformatorkernes aus dem Ölkessel dient. Die Primärklemmen des Transformators sind durch ein Dreileiterkabel mit dem Ölschalter verbunden;

die Sekundärklemmen stehen über Wanddurchführungen mit den Gleichrichteranoden in Verbindung.

Im Keller des Gebäudes sind die Wasserkühler, die Gleichstromdrosselspulen, die Wellenfilter und die Gleichstromschalter untergebracht. Die Kühler sind gegen Erde isoliert. Die Ausdehnungsgefäße der Kühler befinden sich im Gleichrichterraum. Die Rohrleitungen zu den Gleichrichtern und Ausdehnungsgefäßen gehen durch Isolatoren im Fußboden. Die Kühlluft wird aus dem Keller entnommen und in die Transformatorkammern ausgeblasen. Die Bedienungsschalttafel liegt in einem besonderen Raum am vorderen Ende des Gebäudes. Die Gleichstromschaltanlage befindet sich im Keller unmittelbar unter der Bedienungsschalttafel.

Die Gleichrichter werden durch Zeitschalter und lastabhängige Steuerrelais automatisch gesteuert. Die Steuerung ist ähnlich der in Abb. 167 dargestellten. Auf der Bedienungsschalttafel (Abb. 186) sind die Steuer- und Meßgeräte für zwei Gleichrichter und 6 Gleichstromkabel zu je 2000 A montiert. Für 2 weitere Gleichrichter, ferner für zwei Gleichstromkabel sind leere Schalttafelfelder vorhanden. Bezüglich weiterer Einzelheiten sei auf die Literaturstellen 241 und 260 verwiesen.

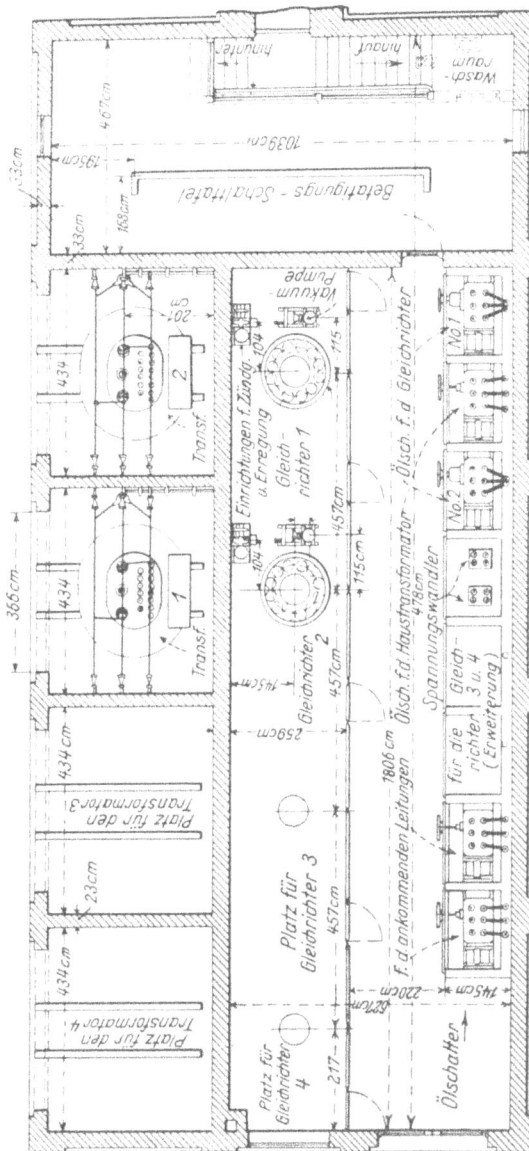

Abb. 181. Grundriß der Gleichrichter-Unterstation Rockfield der Montreal Tramways Company.

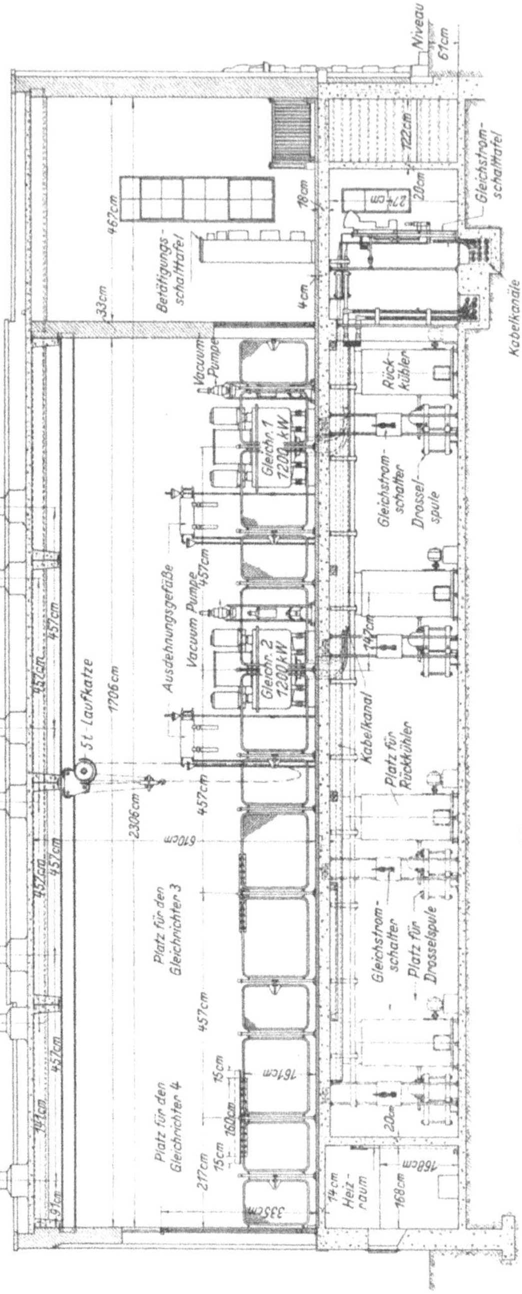

Längsschnitt.

Abb. 182. Unterstation Rockfield; Längsschnitt.

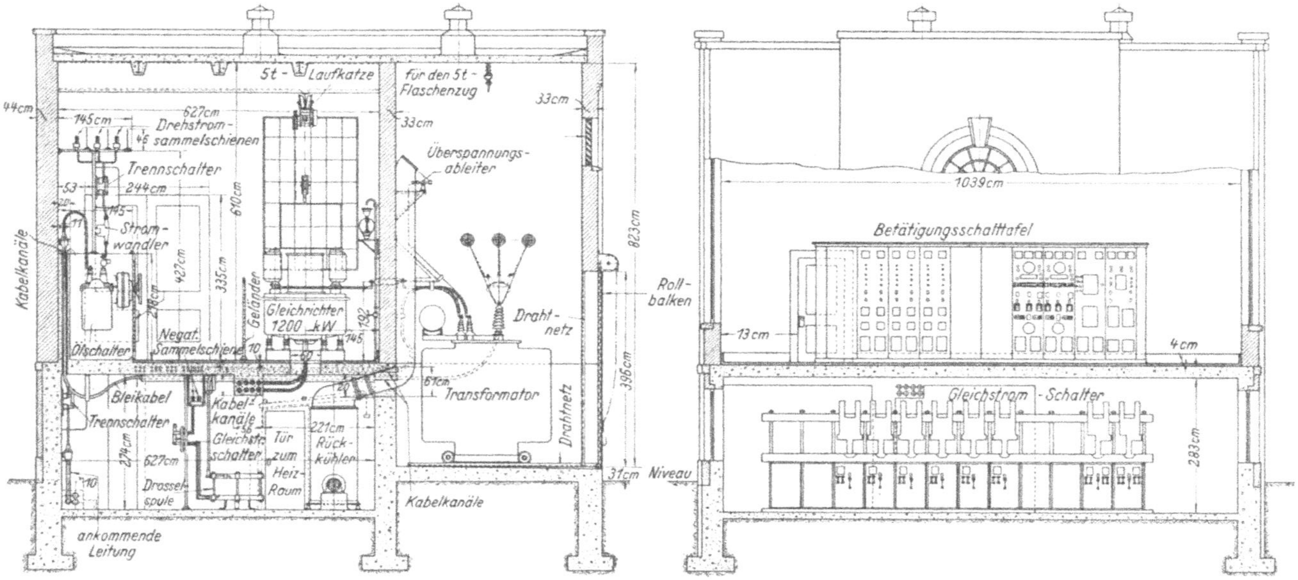

Abb. 183. Unterstation Rockfield, Schnitte durch die Gleichrichteranlage und die Schaltanlage.

Abb. 184. Innenansicht der Unterstation Rockfield mit 1200 kW-Gleichrichtern (BBC).

Abb. 185. **Erdgeschoß der Unterstation Rockfield** mit Rückkühlern, Gleichstromdrosselspulen und Wellenfiltern.

Berliner Hochbahn. In Kapitel X wurde der Entwurf dieser Bahn-
anlage ausführlich beschrieben. Im nachfolgenden sollen die Unterstationen und deren Steuer- und Schutzeinrichtungen besprochen werden.

Wie erwähnt, ist die dritte Schiene mit dem negativen Pol des
Gleichstromnetzes verbunden, was der allgemeinen Praxis widerspricht.
Der größte Teil der Gleichrichter wird ferngesteuert. Abb. 187 zeigt ein
Schaltbild dieser Steuerung. 31 Unterstationen mit insgesamt 62 Gleich-
richtern sind automatisch und werden von 4 verschiedenen Punkten aus

Abb. 186. Steuertafel der Unterstation Rockfield.

gesteuert. Die beiden Gleichrichter einer Unterstation arbeiten voneinander unabhängig. Die dritten Schienen sind in Sektionen unter-
teilt, wie aus Abb. 187 ersichtlich. Im Normalbetrieb sind die einzelnen
Sektionen durch Schnellschalter untereinander verbunden; bei schweren
Fehlern in einem Gleichrichter wird ein besonderer ferngesteuerter
Sektionsschalter geschlossen und die Schnellschalter werden ausgeschaltet. Diese Überbrückungsmethode ermöglicht eine selektive Abschaltung im Kurzschlußfall.

Die Gleichrichter sind an ein Drehstromnetz 30 kV, 50 Hz angeschlossen, das durch 2 Dampfkraftwerke gespeist wird. Der Strom für
den Bahnbetrieb wird in besonderen Generatoren erzeugt und mit be-

sonderen Kabeln fortgeleitet; hierdurch ist die Bahnspeisung von der allgemeinen Stromversorgung vollkommen unabhängig.

Steuerung. Für jede ferngesteuerte Station ist in der Kommandostelle ein Sendeapparat vorhanden; der Empfangsapparat befindet sich in der Station. Die Ausrüstung besteht aus synchron umlaufenden Verteilern mit rotierenden Segmenten, ähnlich den Apparaten für Schnelltelegraphie. Die einzelnen Segmente sind mit den Steuerapparaten verbunden.

Die Steuerung umfaßt das Schließen und Öffnen der Ölschalter und Trennschalter auf der Hochspannungsseite, ferner das Schließen und Öffnen der Gleichstromschnellschalter und der Sektionsschalter. Jede

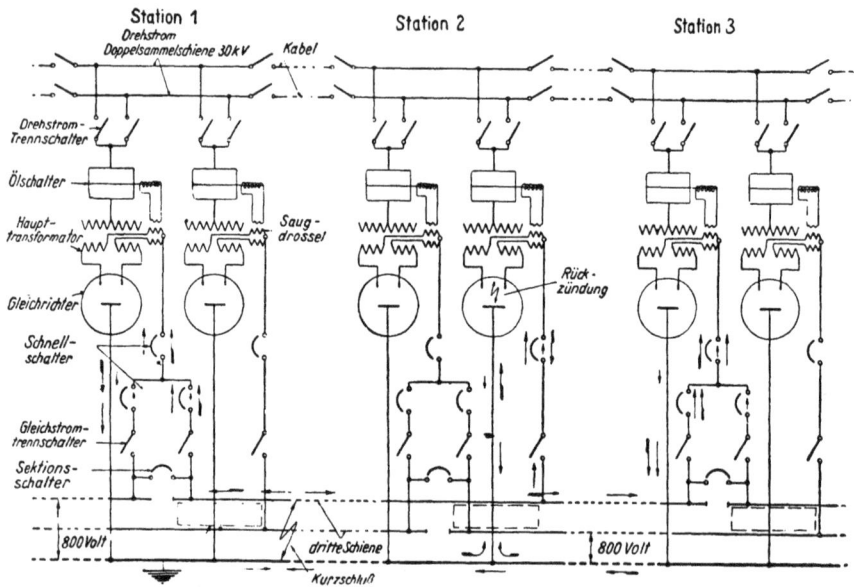

Abb. 187. Vereinfachtes Schaltbild der Unterstationen der Berliner Hochbahn. Die Wirkungsweise des Selektivschutzes ist durch Einzeichnen des Stromverlaufes im Kurzschluß- und Rückzündungsfall erläutert.

Betätigung dieser Schalter wird in die Kommandostation rückgemeldet, sobald sie vollendet ist. Die Belastung der Unterstation und selbsttätige Abschaltungen werden in ähnlicher Weise rückgemeldet.

Überlast-, Kurzschluß- und Rückzündungsschutz. Die Gleichrichter sind gegen Überlastungen, Kurzschlüsse und Rückzündungen durch Schnellschalter auf der Gleichstromseite mit Überstrom- und Rückstromauslösung, ferner durch Ölschalter auf der Wechselstromseite geschützt. Die Anordnung der Ölschalter, Schnellschalter und Sektionsschalter sowie die Art der Unterteilung in Sektionen ist in Abb. 187 ersichtlich. Alle Abschnitte, an die Gleichrichter angeschlossen sind, sind im normalen Betrieb untereinander durch die in Abb. 187 ersichtlichen Schnellschalter verbunden. Die Schnellschalter besitzen Überstrom- bzw. Rück-

stromauslösung. Die Schalter sind auf hohe Auslöseströme (4000 bis
5000 A) eingestellt und schalten daher nur bei Kurzschlüssen. Diese verhältnismäßig hohe Stromeinstellung ist zulässig, da die Gleichrichter
durch einige Sekunden stark überlastbar sind. Überlastungen von weniger
als 4000 bis 5000 A und längerer Dauer werden durch die Ölschalter nach
2 bis 3 s abgeschaltet. Diese Verzögerungszeit wurde gewählt, damit die
Schalter erst nach Abklingen des Stoßkurzschlußstromes ausschalten.

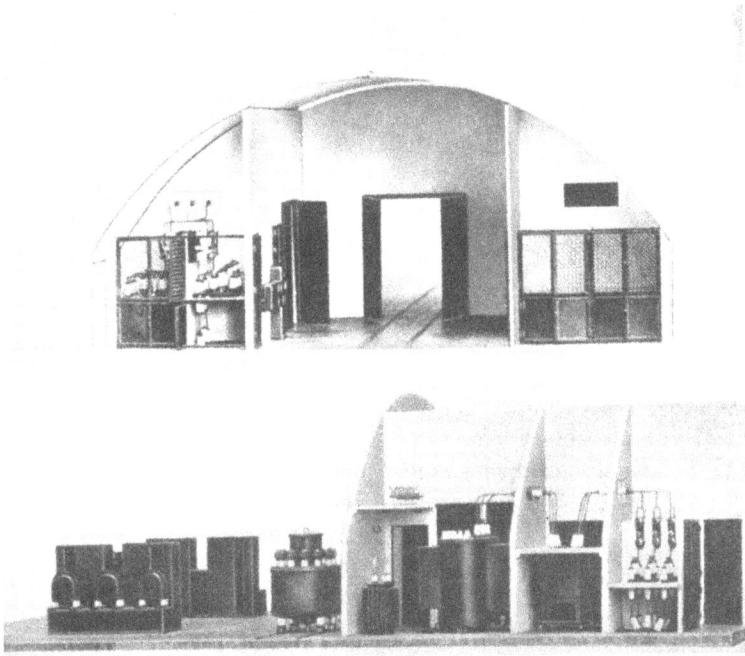

Abb. 188. Modell der Anordnung einer Unterstation der Berliner Hochbahn, die unter den ge-
wölbten Bogen des Bahnkörpers untergebracht ist.

Im Rückzündungsfall bewirkt eine besondere Auslösevorrichtung die so-
fortige Ausschaltung der Ölschalter; die Auslösespule dieser Vorrichtung
wird unmittelbar vom Strom im sekundären Nullpunkt erregt (vgl. Abb.
173c). Hierbei beträgt die vom Ölschalter abzuschaltende Leistung wegen
der Transformatorstreuung nur etwa 20 MVA und daher ist das momen-
tane Ausschalten des Stoßkurzschlußstromes zulässig. In Abb. 187 ist
die Stromrichtung durch Pfeile angedeutet. Vollausgezogene Pfeile
zeigen die Stromrichtung bei Kurzschluß an, während die Stromrichtung
im Rückzündungsfall durch gefiederte Pfeile gekennzeichnet ist; die
kurzen Pfeile stellen die Stromrichtung im Normalbetrieb dar.

Kurzschluß. Es sei angenommen, daß ein Kurzschluß an der
von den Gleichrichtern *1, 2, 3* usf. gespeisten dritten Schiene zwischen
den Gleichrichtern *1* und *2* eintritt (s. Abb. 187). Durch Verfolgung der

Abb. 189. Unterstation Jannowitzbrücke der Berliner Hochbahn.

vollausgezogenen Pfeile kann man feststellen, daß die Schalter gleichzeitig ansprechen und den fehlerhaften Abschnitt der dritten Schiene zwischen den Stationen *1* und *3* abschalten. Der fehlerhafte Streckenabschnitt ist daher isoliert; es ist jedoch nur der Gleichrichter

Abb. 190. Unterstation Tiergarten der Berliner Hochbahn.

2 ausgeschaltet, während die Gleichrichter *1* und *3* mit den anschließenden Streckenabschnitten verbunden bleiben.

Rückzündung. Angenommen, daß im Gleichrichter *2* (Abb. 187) eine Rückzündung auftritt, so kann durch Verfolgung der gefiederten Pfeile festgestellt werden, daß der von der Rückzündung betroffene Gleichrichter vom Netz abgeschaltet wird, wodurch die Rückspeisung der anderen Gleichrichter in die beschädigte Einheit verhindert wird. Die Schalter der Gleichrichter *1* und *3* lösen nicht aus, da der Stromstoß durch die Induktivität und den Widerstand der dritten Schiene

Abb. 191. Unterstation Halensee der Berliner Hochbahn mit 9 Gleichrichtern 1200 kW, 800 V.

begrenzt ist. Die Rückzündung wird durch den Ölschalter abgeschaltet, der, wie erwähnt, in diesem Falle augenblicklich auslöst.

Aufbau der Unterstationen. Eine typische Anordnung, die in einer Reihe von in Stadtbahnbogen untergebrachten Stationen verwendet wird, zeigt Abb. 188; diese Abbildung ist die Photographie eines Modells. Bilder derartiger Unterstationen sind die Abb. 189 und 190. Aus diesen Abbildungen sind die Trennwände zwischen den Hochspannungsapparaten und der übrigen Einrichtung sowie die Hebezeuge zum Öffnen der Gleichrichtergefäße ersichtlich. Jede Gleichrichtereinheit besteht aus der Hochspannungsschaltanlage, dem Gleichrichtertransformator mit Saugdrossel, dem Eisengleichrichter samt Vakuumpumpen und den Gleichstromschalteinrichtungen.

In den Punkten, in denen Bahnstrecken vom Hauptringe abzweigen, liegen große Gleichrichterstationen. Abb. 191 zeigt den Gleichrichterraum der Unterstation Halensee mit 9 Gleichrichtern von je 1200 kW bei 800 V. Die Vakuumpumpen sind direkt auf die Gleichrichtergefäße montiert, wodurch der Transport eines Gleichrichters von einem Aufstellungsort zu einem anderen oder der Ersatz eines defekten Gleichrichters durch einen Reservegleichrichter sehr erleichtert wird.

Gegen Ölbrände wurden besondere Vorsichtsmaßregeln getroffen; alle Apparate, die Öl enthalten sind in gesonderten Kammern aufgestellt, zwischen denen keine Verbindungen bestehen. Auf einer Seite des Gebäudes befinden sich die 30-kV-Kabel-Endverschlüsse, die Kabel-

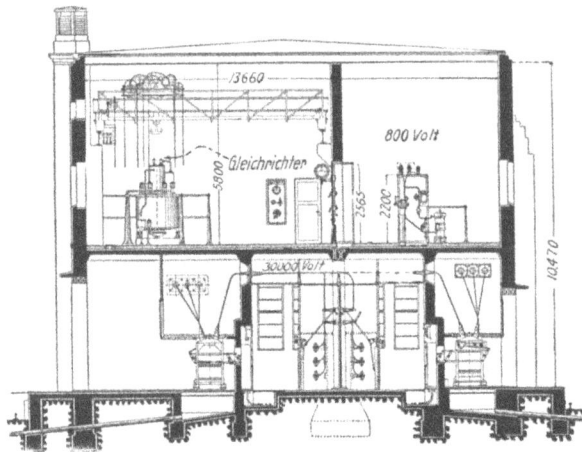

Abb. 192. Unterstation Tegel der Berliner Untergrundbahn. (Maße in mm.)

ölschalter, die Hilfstransformatoren und die Erdungsdrosselspulen. In der Mitte des Erdgeschosses sind die 30-kV-Sammelschienen angebracht. Ein Raum am Ende des Gebäudes ist als Reparaturwerkstätte eingerichtet. Der Gleichrichterraum und die Werkstätte werden von einem 15-t-Kran bestrichen, so daß Gleichrichter und Transformatoren leicht transportiert werden können. Am anderen Ende des Gebäudes sind die Transformatoren und ihre Ölschalter untergebracht. Im 2. Stock sind die Gleichrichter, die 800-V-Sammelschienen, die Schnellschalter, die Speisekabel, die Schalttafel und die Akkumulatorenbatterie untergebracht.

Alle 30-kV-Trennschalter sind mit den zugehörigen Ölschaltern derart verriegelt, daß die Trennschalter nicht betätigt werden können, wenn die Ölschalter geschlossen sind.

Außer der 800-V-Sammelschiene ist noch eine Ausheizsammelschiene vorhanden, an die jeder Gleichrichter zur Formierung angeschlossen werden kann. Als Belastung beim Formieren dient ein Wasserwiderstand.

Um das Auftreten von vagabundierenden Strömen zu verhindern, die Gas- und Wasserrohre durch elektrolytische Anfressungen gefährden würden, sind die Kabel, die zu den Fahrschienen führen, ebenso isoliert wie die Zuleitungen zur dritten Schiene.

Außer den Unterstationen für die Speisung der Hauptlinien sind mehrere Gleichrichterstationen für die Untergrundbahnstrecken vorhanden. Den Querschnitt einer solchen Unterstation (Gleichrichterstation Tegel) zeigt Abb. 192. Die allgemeine Anordnung ist ähnlich, wie vorstehend beschrieben (s. Literaturstelle 284).

Abb. 193. Unterstation Wyoming in Philadelphia mit 3 vollautomatischen Eisengleichrichtern 1000 kW, 600 V.

Bezüglich weiterer Einzelheiten über die Gleichrichteranlagen der Berliner Hochbahn sei auf die Literaturstellen 182, 203 und 235 verwiesen.

Unterstation Wyoming der Philadelphia Rapid Transit Co. Diese Unterstation enthält 3 automatische Gleichrichter mit je 12 Anoden für 1000 kW, 600 V samt den zugehörigen Transformatoren für den Anschluß an Drehstrom 13200 V, 60 Hz. Abb. 193 zeigt eine Innenansicht der Unterstation. Jeder Gleichrichter samt seinen Vakuumpumpen und seinem Kompressionsvakummeter ist auf einer Grundplatte montiert, die auf Isolatoren ruht. Die Anodenzuleitungen führen zu einer Schalttafel, die hinter den Gleichrichtern sichtbar ist. Von dort gehen Kabel zu Mauerdurchführungen und weiter zu den Gleichrichtertransformatoren, die im Freien aufgestellt sind. Sechs Kabel, die vom Ausheiztransformator kommen, sind so montiert, daß jeder Gleichrichter an den Ausheiztransformator angeschlossen werden kann. Dieser Transformator und der beim Ausheizen verwendete Belastungswiderstand sind in einer Ecke

Abb. 194. Blick auf die Freiluftanlage der Unterstation Wyoming.

Abb. 195. Unterstation La Nation der Pariser Stadtbahn.

der Unterstation aufgestellt. Für die Anodenheizkörper sind besondere Isoliertransformatoren vorgesehen. Die Bedienungsschalttafel (in der Abbildung nicht sichtbar) befindet sich am linken Ende des Gleichrichterraumes. Hinter ihr sind die Lastbegrenzungswiderstände und die Motorgeneratoren für die Zündung aufgestellt.

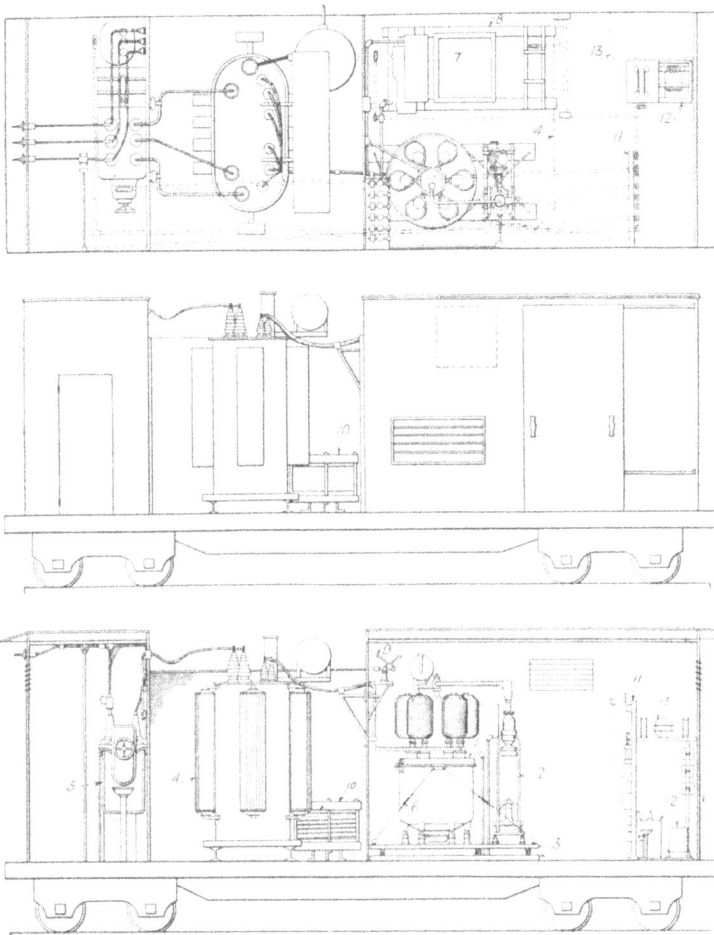

Abb. 196. Grundriß, Aufriß und Innenansicht der fahrbaren Eisengleichrichteranlage der Stadt Calgary.

1 Gleichrichtergefäß. *2* Vakuumpumpe. *3* Rahmen für den Gleichrichter und die Vakuumpumpe. *4* Transformator. *5* Ölschalter. *6* Spanndrähte für das Gleichrichtergefäß. *7* Kühler. *8* Befestigungsrahmen des Kühlers. *9* Überspannungsableiter. *10* Luftdrosselspule für die Glättungseinrichtung. *11* Schalttafel. *12* Zünd- und Erregereinrichtungen. *13* Glättungseinrichtung. *14* Schutzgitter.

Die Gleichrichter werden durch eine lastabhängige Einrichtung gesteuert; bei niedriger Fahrdrahtspannung wird die führende Einheit eingeschaltet; die weiteren Einheiten werden dann in Betrieb gesetzt, wenn die Belastung der Station die Leistungsfähigkeit der bereits in Betrieb stehenden Einheiten überschreitet. Die Reihenfolge der Gleichrichter kann durch einen besonderen Umschalter verändert werden.

Abb. 194 zeigt die Freiluftstation mit den Gleichrichtertransformatoren, den Saugdrosseln, und den Ölschaltern für die Gleichrichter und die Drehstromspeisekabel.

Abb. 197. Ansicht der fahrbaren Gleichrichteranlage in Calgary.

Unterstation La Nation der Pariser Stadtbahn. Eine Anlage, die zeigt, wie leicht sich Gleichrichter gegebenen Raumverhältnissen anpassen, ist die Unterstation La Nation der Pariser Stadtbahn. Die gesamte Einrichtung wurde ohne jedwede bauliche Veränderung auf einer Plattform der Untergrundbahnstation montiert. Die Station ist in Abb. 195 dargestellt. Nach mehrjährigem Betrieb wurde die gesamte Einrichtung dieser Unterstation vor kurzem in eine neue Gleichrichterstation übertragen, die in der Nähe errichtet wurde.

Fahrbare Unterstationen. Der Quecksilberdampfgleichrichter eignet sich sehr gut für fahrbare Unterstationen. Im Jahre 1926 wurde in Deutschland eine fahrbare Unterstation für 500 A mit Glasgleichrichtern in Betrieb gesetzt. Sie war für Anschluß an Drehstrom, 10 kV, 50 Hz, gebaut und zur Speisung eines Lichtnetzes oder eines Bahnnetzes bestimmt. Vier ähnliche Anlagen wurden nachgeliefert. Die Station wurde auf ein Automobil mit Anhängewagen montiert. Der Anhänger war in drei Teile geteilt; vorne befand sich die Hochspannungsapparatur, in der Mitte der Transformator und rückwärts die beiden Glaskolben und die Gleichstromschaltapparatur.

Die erste vollautomatische, fahrbare Unterstation mit einem Eisengleichrichter für 600 kW, 575 V wurde 1929 in der Stadt Calgary in

Kanada in Betrieb gesetzt und arbeitet seither vollkommen zufriedenstellend. Die Anordnung der Einzelteile zeigt Abb. 196. Es ist ein Frei-
lufttransformator 4 und ein Innenraumölschalter 5 auf einem Eisenbahn-
wagen montiert. Der Gleichrichter 1 mit der Vakuumpumpe 2, dem
Kühler 7, der Schalttafel 11, der Zünd- und Erregereinrichtung 12 und
dem Filter 13 sind auf der anderen Seite des Waggons untergebracht.
Der Gleichrichter und die Pumpe sind auf einem Rahmen 3 befestigt
und durch Stahldrähte verspannt; diese Drähte können entfernt werden,
wenn der Gleichrichter an die gewünschte Stelle gebracht wurde. Abb.
197 zeigt eine Photographie dieser Unterstation (vgl. Literaturstellen
280 und 294).

**Elektrochemische Zinkgewinnungsanlage der Consolidated Mining
and Smelting Co. in Trail.** Eine der bemerkenswertesten Gleichrichteranlagen für elektrochemische Zwecke wurde kürzlich für die Consolidated
Mining and Smelting Co. in Trail, Canada, gebaut. Sie enthält drei ein-

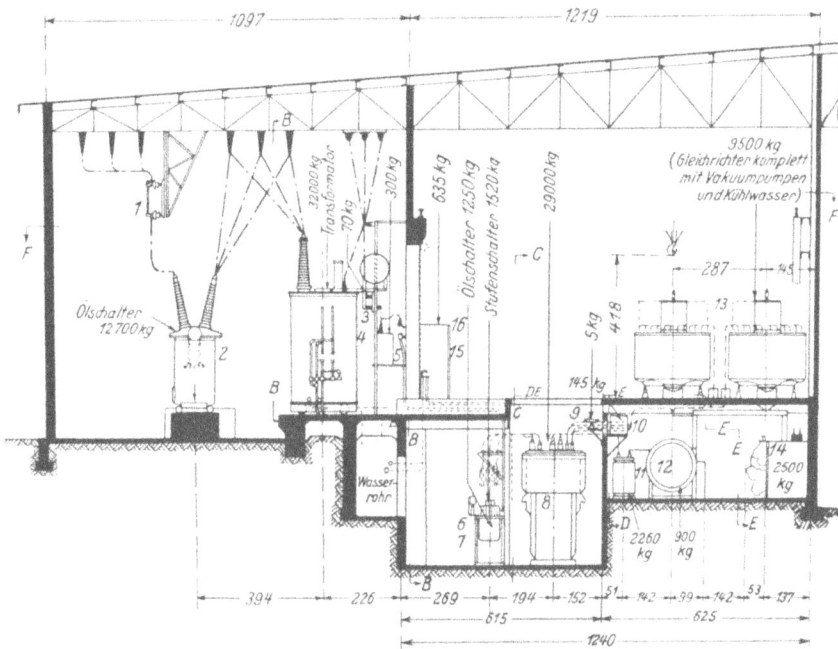

Abb. 198. Schnitt durch die Gleichrichteranlage der Consolidated Mining and Smelting Company in Trail, Canada. Diese Anlage mit 3 Gleichrichtereinheiten zu je 10 000 A, 460 bis 560 Volt
dient der elektrolytischen Zinkgewinnung.

1 87 kV-Trennschalter
2 87 kV-Ölschalter
3 13,2 kV-Trennschalter
4 Transformatoren 60/13,2 kV
5 Stromwandler
6 13,2 kV-Ölschalter
7 13,2 kV-Stufenschalter zur Betätigung unter
   Last für die Regelung der Gleichspannung
8 Gleichrichtertransformator

9 Überspannungsableiter
10 Anodenleitungen
11 Saugdrossel
12 Gleichstromdrossel
13 Gleichrichtergefäße (zwei für eine Gleichrichtereinheit)
14 Gleichstromverteilungsschalttafel
15 Gleichrichterschalttafel
16 Steuertafel für die 60 kV-Anlage

phasige Transformatoren zu je 8500 kVA, 60/13,2 kV und drei Gleich-
richtertransformatoren. An jeden Gleichrichtertransformator sind zwei
Gleichrichter angeschlossen, die 10000 A bei einer unter Last regelbaren
Spannung von 460 bis 560 V abgeben. Die Gesamtanordnung ist in den
Abb. 198 und 199 ersichtlich und läßt zahlreiche interessante Einzelheiten
erkennen. Die Transformatoren und Ölschalter der Gleichrichter sind in
Gruben untergebracht, woraus sich eine Ersparnis in der lichten Höhe

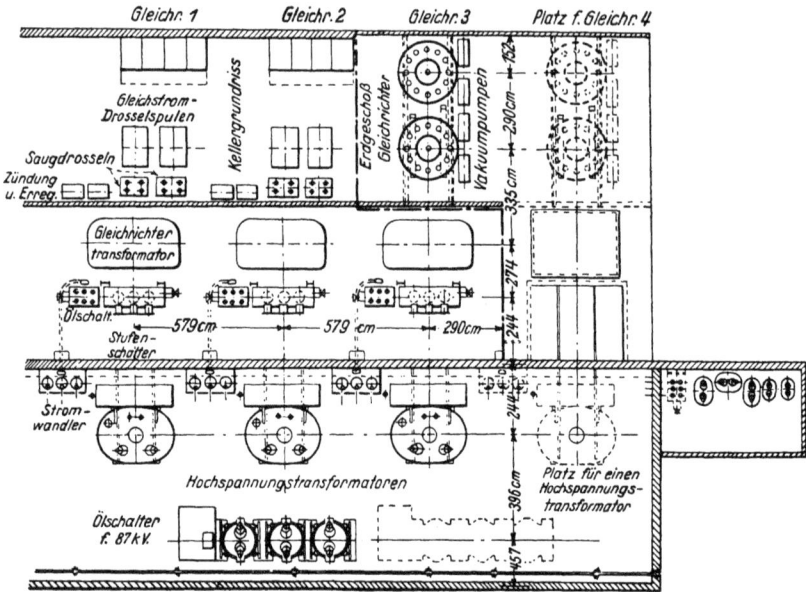

Abb. 199. Grundriß der Gleichrichteranlage der Consolidated Mining and Smelting Company;
die Abbildung zeigt die Anordnung der Einzelteile im Erdgeschoß und im Hauptgeschoß (siehe
rechts oben).

des Gebäudes ergibt. Für eine weitere Gleichrichtereinheit ist Platz
vorgesehen. Der von jedem Gleichrichter abgegebene Gleichstrom von
10000 A speist eine unabhängige Gruppe von Zinkelektrolysezellen.

XII. Kapitel. Spannungsregelung und Spannungsabfall.

In den Kapiteln IV und VI wurde dargelegt, daß die Gleichspannung
eines Gleichrichters in einer bestimmten Beziehung zur Sekundärspannung des Transformators steht. Es wurde ferner gezeigt, daß die Überlappung der Anodenströme, die eine Folge der Induktivität des Transformators ist, bewirkt, daß der Gleichrichter eine schwach abfallende
Belastungskennlinie aufweist. Das Verhältnis der Gleichspannung zur
Wechselspannung und der Spannungsabfall hängen von der Trans-

formatorschaltung ab; in Kapitel VI wurden diese Größen für verschiedene Schaltungen abgeleitet.

Für viele Verwendungszwecke von Gleichrichtern ist eine Regelung der Gleichspannung erforderlich. Es kommt vor, daß Gleichrichter in Bahnanlagen mit Compoundgeneratoren parallel arbeiten. Die starken Belastungsschwankungen im Bahnbetrieb erfordern in diesem Falle eine automatische und rasche Spannungsregelung.

In elektrolytischen Anlagen muß die Spannung geregelt werden, um einen konstanten Strom aufrechtzuerhalten. Manchmal werden auch verschiedene Spannungen für verschiedene Phasen des elektrolytischen Prozesses benötigt. Für diesen Betrieb genügt Handregelung.

In Gleichstromdreileiteranlagen wird gewöhnlich eine konstante Spannung in den Speisepunkten aufrechterhalten und die Umformer müssen so geregelt werden, daß der Spannungsabfall der Speiseleitungen kompensiert wird. Hier erfolgen die Belastungsänderungen langsam und die Spannung kann von Hand nachgeregelt werden.

Zur Regelung der Gleichspannung in Gleichrichteranlagen werden folgende Verfahren angewandt:

1. Spannungsregelung auf der Primärseite des Transformators,
   a) Spannungsregelung durch Anzapfungen am Haupttransformator,
   b) Spannungsregelung mittels eines besonderen Reguliertransformators,
   c) Spannungsregelung mittels Induktionsreglers;
2. Spannungsregelung auf der Sekundärseite des Transformators,
   a) Spannungsregelung durch Anodendrosselspulen,
   b) Spannungsregelung mittels einer gesättigten Saugdrossel,
   c) Spannungsregelung mit einer Sekundärwicklung auf der Saugdrossel,
   d) Spannungsregelung mit einem Zusatzgenerator.
3. Spannungsregelung durch Gittersteuerung.

1. Spannungsregelung durch Vorrichtungen auf der Primärseite des Transformators.

a) Anzapfungen am Haupttransformator. Da die Gleichspannung in einer bestimmten Beziehung zur Sekundärspannung des Transformators steht, so kann sie durch Änderung des Übersetzungsverhältnisses mittels Anzapfungen auf der Primärseite geregelt werden. Für den Übergang von einer Anzapfung zur anderen können Stufenschalter für stromlose Umschaltung oder Stufenschalter für Umschaltung unter Last verwendet werden.

In Fällen, wo eine kurze Unterbrechung der Stromlieferung des Gleichrichters nicht schädlich ist, werden Stufenschalter für stromlose

Betätigung verwendet, weil sie einfacher und billiger sind als die unter Last umschaltbaren Stufenschalter. Da der Gleichrichter in sehr kurzer Zeit ein- und ausgeschaltet werden kann, ist die Stromunterbrechung bei der Umschaltung sehr kurz. Die Anzapfschalter für stromlose Umschaltung sind im Transformatorkessel untergebracht und werden mit einem Handgriff von außen betätigt.

Unter Last umschaltbare Stufenschalter werden angewendet, wenn eine Stromunterbrechung unzulässig ist; es gibt verschiedene Konstruktionen solcher Stufenschalter. Das Schaltbild einer der verschiedenen vorhandenen Stufenschalterkonstruktionen zeigt Abb. 200.

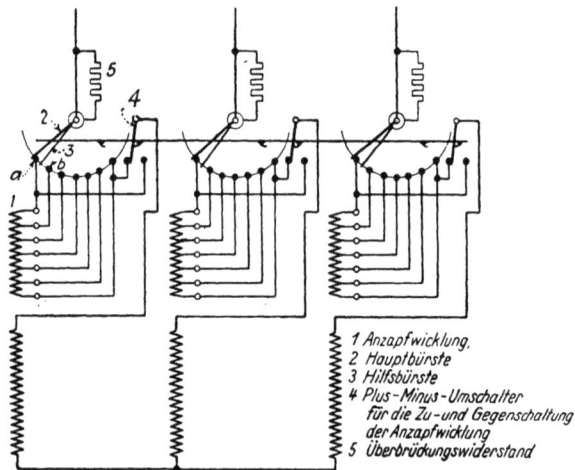

Abb. 200. Dreipoliger Transformatoren-Stufenschalter für Betätigung unter Last mit Haupt- und Hilfsbürsten und Überbrückungswiderständen sowie Plus-Minus-Schalter.

Jeder Pol des Stufenschalters ist mit zwei Kontakthebeln *2* und *3* ausgestattet. Die Kontakthebel bewegen sich über eine Reihe ruhender Kontakte, die im Kreise angeordnet und mit den Transformatoranzapfungen verbunden sind. Bei der Umschaltung z. B. vom Kontakt *a* auf den Kontakt *b* berührt zuerst die Hilfsbürste *3* den Kontakt *b*, und zwar noch bevor die Hautbürste *2* den Kontakt *a* verläßt; auf diese Weise wird der Überbrückungswiderstand *5* an die Stufenspannung gelegt. Nachdem sich die Kontaktbürste *2* vom Kontakt *a* entfernt hat, fließt der Laststrom vorübergehend über die Hilfsbürste *3* und den Widerstand *5*, und zwar so lange, bis die Bürste *2* den Kontakt *b* berührt. Der Umschalter *4* wird betätigt, wenn der Kontakthebel *2* in seine rechte Endstellung gelangt und er schaltet die Zusatzwicklungen von Spannungserhöhung auf Spannungsverminderung um, so daß der Regelbereich verdoppelt wird (Plus-Minus-Umschalter).

Abb. 201 zeigt das Schaltbild einer anderen Bauart von Stufenschaltern für Umschaltung unter Last. Die Primärwicklung des Transformators besteht aus zwei parallel geschalteten Wicklungsteilen mit Anzapfungen in der Mitte. Die Umschaltung erfolgt durch Öffnen eines Lastschalters (B_1 oder B_2) und Änderung der Anzapfung im stromlosen Zustand. Dann wird die betreffende Wicklung wieder eingeschaltet und die andere unterbrochen, worauf der Stufenwähler dieser Wicklung in eine Stellung gebracht wird, die der Stellung des anderen Stufenwählers entspricht. Auf diese Weise werden die Stufenwähler stromlos umgestellt.

Die Stufenschalter können handbetätigt, ferngesteuert oder automatisch gesteuert werden, und zwar in Abhängigkeit von der Spannung,

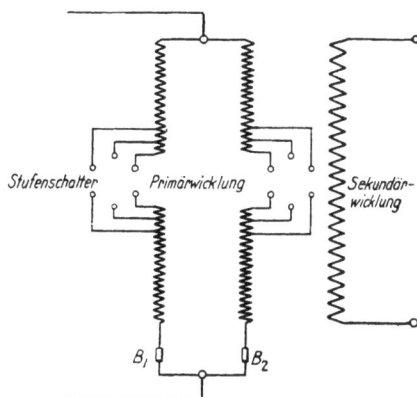

Abb. 201. Schaltbild einer Transformatorphase mit Stufenschalter für Umschaltung unter Last. Die Primärwicklung besitzt zwei parallele Zweige. Der Stufenschalter besteht aus stromlos arbeitenden Stufenwählern (Anzapfschaltern) und einem Lastschalter.

dem Strom und anderen Größen. Abb. 200 zeigt das Schaltbild eines automatisch gesteuerten Stufenschalters der in Abb. 202 dargestellten Bauart. Der Stufenschalter besitzt Motorantrieb und wird in Abhängigkeit von der Gleichspannung und dem Gleichstrom durch das Relais *1*

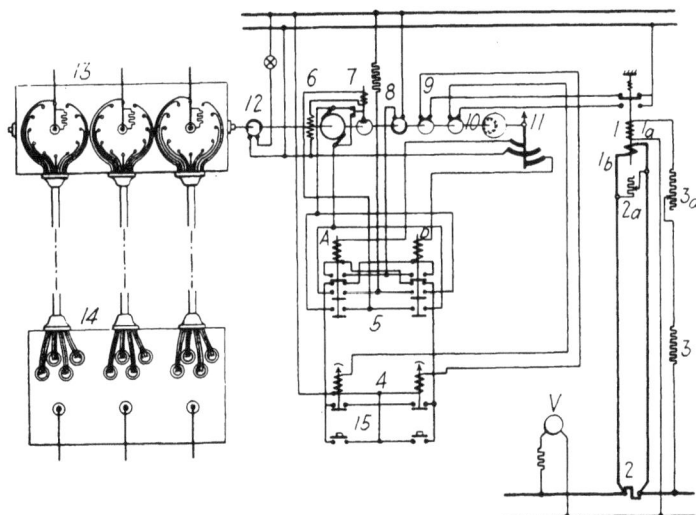

Abb. 202. Schaltbild eines Transformator-Stufenschalters mit Motorantrieb und selbsttätiger Steuerung.

1 Steuerrelais. *1a* Spannungsspule, *1b* Stromspule. *2* Nebenwiderstand. *2a* Justierbarer Nebenwiderstand. *3* Fester Vorwiderstand. *3a* Regelbarer Vorwiderstand. *4* Zeitrelais. *5* Umkehrschütz für den Antriebsmotor. *A* Schütz für Spannungserhöhung. *D* Schütz für Spannungsverminderung. *6* Motor. *7* Bremsmagnet. *8, 9, 10* Hilfskontakte. *11* Endschalter. *12* Signalkontakt. *13* Stufenschalter. *14* Transformator. *15* Druckknöpfe für Handbetätigung. *V* Voltmeter. Die Schalter *8, 9, 10* und *12* machen für jede Stufe eine volle Umdrehung.

gesteuert. Die Schütze *5 A* und *5 D* werden durch die Relais *1* und *4* betätigt und schalten den Motor *6* für Rechts- oder Linkslauf ein. Um zu vermeiden, daß der Stufenschalter bei momentanen Belastungsstößen arbeitet, ist das Verzögerungsrelais *4* vorgesehen. Der Bremsmagnet *7* verhindert eine Bewegung des Motors über die richtige Stellung hinaus. Die Hilfskontakte *8, 9* und *10* und der Endschalter *11* sichern die richtige Arbeitsweise des Stufenschalters.

b) **Spannungsregelung mittels eines gesonderten Regeltransformators.** Wenn eine große Zahl von Anzapfungen erforderlich ist, wird manchmal ein gesonderter Regeltransformator angewandt, der mit dem Haupttransformator in Reihe geschaltet ist. Dadurch wird der Haupttransformator einfacher. Der Stufenschalter ist in diesem Fall an den Reguliertransformator angebaut.

c) **Spannungsregelung mittels eines Induktionsreglers.** Die von einem Gleichrichter abgegebene Gleichspannung kann durch Regelung der dem Gleichrichtertransformator zugeführten Wechselspannung mittels eines Induktionsreglers verändert werden. Die Schaltung des Induktionsreglers ist die übliche. Der Induktionsregler kann von Hand betätigt, oder mit elektrischer Fernbetätigung oder automatischer Steuerung ausgerüstet werden. Arbeiten mehrere Gleichrichtereinheiten parallel in der gleichen Anlage, so kann entweder für jede Gleichrichtereinheit ein gesonderter Induktionsregler vorgesehen werden oder aber ein gemeinsamer Induktionsregler für alle Gleichrichter. Die erstgenannte Anordnung ist zwar kostspieliger, aber betriebssicherer.

Wird eine Regelung der Gleichspannung zwischen einer oberen Grenze Eg_1 und einer unteren Grenze Eg_2 verlangt, und schwankt außerdem die zugeführte Wechselspannung zwischen den Grenzen Ep_1 und Ep_2, so ergibt sich der gesamte Regelbereich auf der Primärseite des Transformators zu:

$$e = \frac{E_{g1}}{E_{g2}} \, E_{p1} - E_{p2} \qquad \ldots \ldots \ldots \quad (193)$$

Wenn der Stufenschalter Plus-Minus-Schaltung besitzt, beträgt der Spannungsregulierbereich des Reglers $e/2$.

Der Strom, für den ein Induktionsregler zu bemessen ist, ist der aus dem Wechselstromnetz bei der niedrigsten Netzspannung und der Nennleistung des Transformators aufgenommene Strom. Wird die primäre Leistungsaufnahme des Transformators mit N_p bezeichnet, so ist die Leistung des Reglers gleich:

$$N_r = K \, \frac{^1/_2 \, e \, N_p}{E_{p2}} \cdot \frac{E_{p1}}{E_{p2}} \qquad \ldots \ldots \ldots \quad (194)$$

Der Faktor K berücksichtigt den Wirkungsgrad des Induktionsreglers.

Vergleich zwischen der Spannungsregelung durch Stufenschalter und durch Induktionsregler. Bei Verwendung eines Stufenschalters für Umschaltung unter Last wird die Spannung in Stufen geregelt, die besonders bei größerem Regulierbereich ziemlich grob sind. Der Transformator erhält Anzapfungen, wodurch er komplizierter und teurer wird. Wird ein Induktionsregler verwendet, so ist die Spannungsregelung stetig und die Spannung kann genau auf den gewünschten Wert eingestellt werden. Der Transformator hat keine Anzapfungen und ist daher einfacher. Andererseits verursacht ein Induktionsregler zusätzliche Verluste, ein Stufenschalter nicht. Ein Induktionsregler ist im allgemeinen teurer als ein Stufenschalter, besonders bei hohen Wechselspannungen, da hier ein besonderer Transformator für die Erregung des Induktionsreglers und ein Serientransformator zwischen der Sekundärwicklung des Induktionsreglers und den Zuleitungen zum Haupttransformator notwendig wird.

Die Wahl zwischen Stufenschalter und Induktionsregler wird durch die Betriebsbedingungen und durch wirtschaftliche Erwägungen beeinflußt.

2. Verfahren zur Spannungsregelung auf der Sekundärseite des Transformators.

a) Mittels Anodendrosseln. Wie erwähnt tritt bei Belastung des Gleichrichters ein gleichstromseitiger Spannungsabfall auf, der eine Folge der Überlappung der Anodenströme ist. Der Spannungsabfall ist der Streureaktanz des Transformators proportional, wie aus Gleichung (22a) in Kapitel IV hervorgeht. Drosselspulen in den Anodenzuleitungen wirken als Erhöhung der Transformator-Induktivität. Dies ermöglicht eine Regelung der Gleichspannung durch Anodendrosselspulen mit veränderlicher Induktivität.

Bei der Schaltung nach Abb. 203 sind drei Anodendrosseln mit je zwei Wicklungen in Verwendung. Die beiden Wicklungen einer Drosselspule gehören zu Phasen, welche untereinander um 180 elektrische Grade verschoben sind. Da die beiden Phasen, die an eine Drosselspule angeschlossen sind, nicht gleichzeitig Strom führen, beeinflussen sich die beiden Wicklungen dieser Drosselspule gegenseitig nicht und der Eisenkern ist nur für das Magnetfeld zu bemessen, das von einer Wicklung erzeugt wird. Jeder Kern hat ferner eine Erregerwicklung; die drei Erregerwicklungen sind in Reihe geschaltet und über einen Regulierwiderstand R an die Gleichrichterklemmen angeschlossen. Durch Veränderung der Gleichstromvorsättigung der Kerne wird die Induktivität der Drosselspulen geregelt und dadurch der von der Überlappung der Anodenströme herrührende Spannungsabfall verändert. Die Spannungsregelung kann selbsttätig erfolgen, indem der Widerstand R in Abhängigkeit von der Gleichspannung geregelt oder durch die Erregerwicklungen der Laststrom hindurchgeschickt wird.

b) Spannungsregelung mittels einer vorgesättigten Saugdrossel. Die Arbeitsweise einer vorgesättigten Saugdrossel wurde in
Kapitel VI erwähnt. Abb. 204 zeigt das Schaltbild für diese Art Spannungsregelung. Der Eisenkern der Saugdrossel wird mittels einer Wicklung C, die über einen Regulierwiderstand R an die Gleichrichterklemmen
angeschlossen ist, mit Gleichstrom erregt. Der Erregerstrom wird zur
Erhöhung der Gleichspannung verstärkt und zur Verminderung der
Gleichspannung geschwächt.

Die Spannungsregelung kann auch hier mit den gleichen Mitteln
wie bei den vorgesättigten Anodendrosseln selbsttätig erfolgen. Die

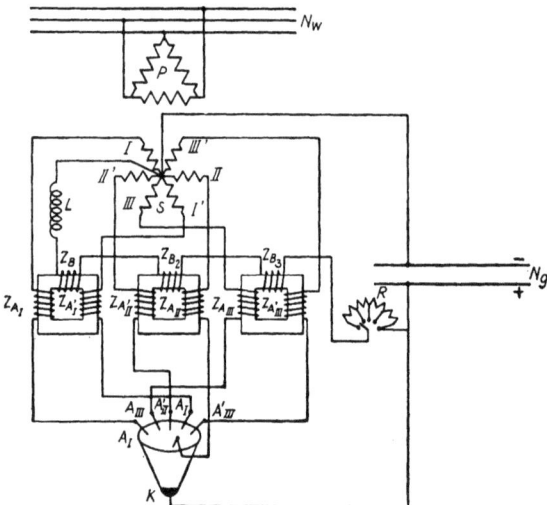

Abb. 203. Schaltbild eines Gleichrichters mit Spannungs-
regelung durch Gleichstromvorsättigung der Anodendrosseln.
A = Anoden, K = Kathode, L = Gleichstromdrosselspule,
N_g = Gleichstromnetz, N_w = Wechselstromnetz, P --- =
Primärwicklung des Transformators, R --- = Regelwider-
stand, S --- = Sekundärwicklung des Transformators, Z_A =
Wicklungen der Anodenverteildrosseln für die Anodenströme,
Z_B = Wicklungen für die Gleichstromvorsättigung der Ano-
denverteildrosseln.

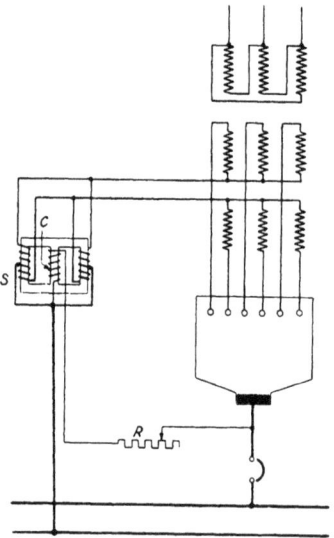

Abb. 204. Schaltbild eines Sechsphasengleichrichters mit Gleichstromvorsättigung der Saugdrossel
zwecks Spannungsregelung.

Belastungskennlinie eines Sechsphasengleichrichters mit Vorsättigung
der Saugdrossel durch den Laststrom zeigt Abb. 205. Die Gestalt dieser
Kurve kann durch Anzapfungen der Erregerwicklung innerhalb der in
Abb. 64 ersichtlichen Grenzen verändert werden. Abb. 69 zeigt eine
vorgesättigte Saugdrossel für einen Zwölfphasengleichrichter.

Wie in Kapitel VI ausgeführt wurde, arbeitet bei Compoundierung
des Gleichrichters durch Vorsättigung der Saugdrossel der Gleichrichter
und der Haupttransformator wie bei der Doppelsternschaltung ohne
Saugdrossel. Bei dieser Schaltung ist die Typenleistung des Gleichrichtertransformators um 23% größer als bei der Sechsphasenschaltung mit

Saugdrossel. Ferner ist der Leistungsfaktor an den Primärklemmen des Gleichrichtertransformators niedriger und der Wirkungsgrad des Gleichrichters verschlechtert sich infolge der höheren Amplitude der Anodenströme, auf die in Kapitel II, Abb. 7, hingewiesen wurde. Den Verlauf des Leistungsfaktors für einen Sechsphasengleichrichter mit vorgesättigter Saugdrossel zeigt Abb. 205.

c) Spannungsregelung durch eine Sekundärwicklung auf der Saugdrossel. Dieses in Abb. 206 dargestellte Verfahren zur Spannungsregelung ist im Prinzip dem vorstehend besprochenen Verfahren ähnlich. Wie in Abb. 206a dargestellt, besitzt die Saugdrossel eine Sekundärwicklung S, die an

einen äußeren Widerstand Z angeschlossen ist. In dieser Wicklung wird eine Spannung dreifacher Frequenz induziert und infolgedessen fließt in ihr ein Strom dreifacher Frequenz. Die entmagnetisierende Wirkung dieses Stromes bewirkt eine entsprechende Steigerung des Stromes dreifacher Frequenz in der Hauptwicklung der Saugdrossel. Durch diese Erhöhung des Stromes dreifacher Frequenz wird der Übergangspunkt der Belastungskennlinie (Abb. 61 und 64) nach rechts verschoben. Durch

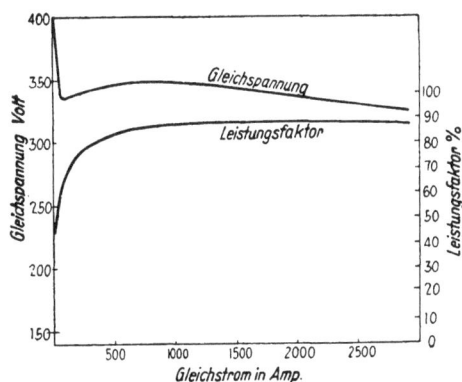

Abb. 205. Belastungscharakteristik und Leistungsfaktorkurve eines Gleichrichters, der mittels einer durch den gelieferten Gleichstrom vorgesättigten Saugdrossel compoundiert ist.

Veränderung des Scheinwiderstandes Z kann der Magnetisierungsstrom dreifacher Frequenz und damit die Lage des Übergangspunktes der Belastungskennlinie verändert werden. Man erreicht so das gleiche Ergebnis, wie mit der Gleichstromvorsättigung des Kernes der Saugdrossel, die unter b beschrieben und in Abb. 204 dargestellt ist; es wird als die Gleichspannung durch Veränderung

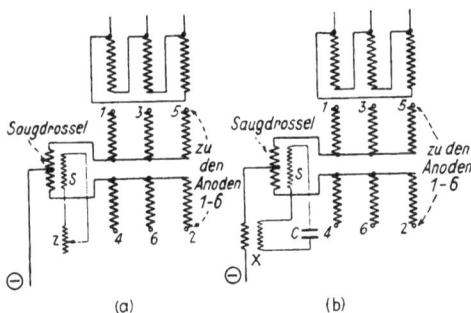

Abb. 206. Schaltbilder für die Regelung der von einem Gleichrichter gelieferten Spannung mittels einer Sekundärwicklung auf der Saugdrossel.

des Scheinwiderstandes Z in ähnlicher Weise geregelt, wie mittels des Widerstandes R in Abb. 204.

Abb. 206b zeigt eine Schaltanordnung für die selbsttätige Compoundierung von Gleichrichtern mittels einer Sekundärwicklung auf der Saugdrossel. Die Sekundärwicklung S ist an eine Drosselspule mit Eisenkern X in Reihe mit einem Kondensator C angeschlossen. Der Eisenkern der Drosselspule besitzt Gleichstromerregung durch den Laststrom. Die Vorsättigung des Eisenkernes verringert die Induktivität der Drosselspule und auf diese Weise wird erreicht, daß der Scheinwiderstand des Stromkreises in Abhängigkeit von der Gleichstrombelastung schwankt, wodurch eine compoundierte Belastungskennlinie erzielt wird. Der gesamte Scheinwiderstand der an die Wicklung S angeschlossen ist, ist gleich dem Blindwiderstand X vermindert um den Blindwiderstand des Kondensators C bei dreifacher Frequenz. Die Kapazität C bewirkt eine Steigerung des Einflusses der Gleichstrommagnetisierung der Drosselspule X auf den Scheinwiderstand des Stromkreises.

d) **Spannungsregelung durch einen Booster-Generator.** Die Gleichspannung kann auch in der Weise geregelt werden, daß in Reihe mit dem Gleichrichter ein Gleichstromgenerator eingeschaltet wird, der von einem Motor angetrieben und dessen Spannung durch Feldregelung verändert wird. Der Generator kann die Gleichrichterspannung erhöhen oder verringern, so daß die Nennspannung des Generators nur die Hälfte des gewünschten Spannungsregelbereiches beträgt. Der Nennstrom des Generators ist gleich dem Nennstrom des Gleichrichters. Soll die Gleichspannung zwischen den Grenzen E_{g1} und E_{g2} geregelt werden und ist der Strom I, so beträgt die Nennleistung des Generators

$$N_{\mathrm{G}} = \frac{E_{g1} - E_{g2}}{2} \cdot J \quad . . (195)$$

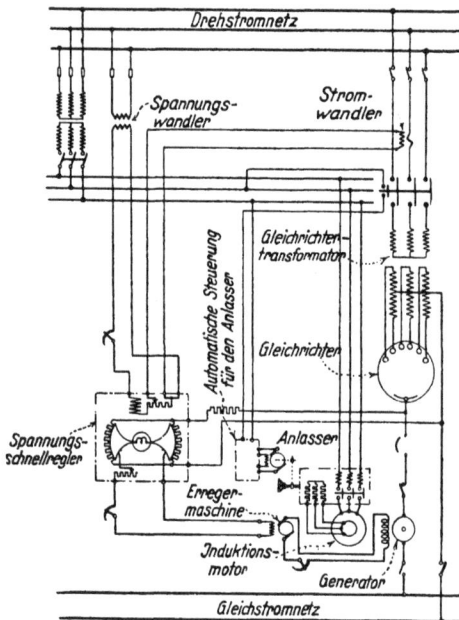

Abb. 207. Schaltbild eines Gleichrichters mit Spannungsregelung durch einen automatisch gesteuerten Booster-Generator.

Abb. 207 zeigt das Schaltbild eines Gleichrichters mit Booster-Generator und selbsttätigem Spannungsregler. Der Generator ist mit einer Erregermaschine gekuppelt und von einem Drehstromasynchronmotor angetrieben der einen Selbstanlasser mit Motorantrieb besitzt. Das Feld der Erregermaschine wird durch den Spannungsregler beeinflußt, dessen Widerstände eine Brückenschaltung bilden. Bei dieser Schaltung ist es möglich, die Felderregung zwischen zwei entgegengesetzten Werten zu verändern; ist der Regler in der Mittelstellung, so liegt die Feldwicklung an der Spannung O. Der Regler wird durch die Wechsel-

spannung und die Primärstromstärke über Spannungs- und Stromwandler beeinflußt; es wird daher die Gleichspannung derart geregelt,
daß Schwankungen der Wechselspannung kompensiert werden und eine
Compoundierung erzielt wird.

Der Motorgenerator wird durch einen Hilfskontakt am Ölschalter
automatisch angelassen, da der Selbstanlasser Spannung bekommt, wenn
dieser Kontakt geschlossen ist.

Ein Booster-Generator wird selten verwendet, da er eine rotierende
Maschine ist, die viel Aufmerksamkeit erfordert und den Gesamt-
wirkungsgrad der Anlage herabsetzt. Nur wenn die Wechselspannung
sehr hoch ist, so daß teure Apparate für die Spannungsregelung auf der
Wechselstromseite erforderlich wären, kommt ein Booster-Generator in
Betracht.

3. Spannungsregelung durch Gittersteuerung.

Bei dieser Art Spannungsregelung wird der Zeitpunkt innerhalb
der Periode, in welchem der Anodenstrom einsetzt, verändert.

Es wurde früher ausgeführt, daß die Stromführung in einem Gleichrichter durch die Bewegung von Elektronen von der Kathode zur Anode
und von Ionen gegen die Kathode zustande kommt. Dieser Stromfluß
setzt voraus, daß die Anode in bezug auf die Kathode positiv ist. Es
fließt kein Strom, wenn die Anode in bezug auf die Kathode negativ
ist. Das Potential der Kathode ist gleich dem Potential der stromführenden Anode, abzüglich des Spannungsabfalles im Lichtbogen. Wird
ein Gleichrichter aus einem mehrphasigen Wechselstromnetz gespeist,
so wird jede Anode in dem Augenblick positiv in bezug auf die Kathode,
wenn ihre Spannungswelle diejenige der stromführenden Anode schneidet;
der Strom wird dann während einer Überlappungszeit von einer Anode
auf die andere übertragen; während dieser Zeit sind die Potentiale der
beiden Anoden infolge des Blindwiderstandes der Transformatorwicklungen untereinander gleich.

Die Gestalt der Gleichspannungskurve bei Belastung zeigt Abb. 25.
Infolge der Überlappung wird der Mittelwert der Gleichspannung um
einen Betrag herabgesetzt, welcher der schraffierten Fläche in der Abbildung entspricht.

Durch Beeinflussung des elektrischen Feldes zwischen einer Anode
und der Kathode durch Gitter wird der Zeitpunkt, in welchem die Stromführung der Anode beginnt, verschoben. Dieses Verfahren der Verschiebung des Beginnes der Stromführung der einzelnen Anoden kann
zur Regelung der Gleichspannung herangezogen werden, wie dies Abb. 208
zeigt. Die Anoden beginnen normal mit der Stromführung im Schnittpunkt der Spannungswellen. Wenn daher die Anode 3 Strom führt, so
beginnt die Stromführung der Anode 4 im Punkte A, und der Mittelwert
der Gleichspannung (unter Vernachlässigung der Überlappung) ist

durch die Gerade a dargestellt. Durch Verschiebung des Stromführungs-
beginnes der Anoden, so daß an der Anode *4* der Strom statt im Punkte A
erst im Punkte B einsetzt, wird erreicht, daß die Anode *3* bis zum Punkte

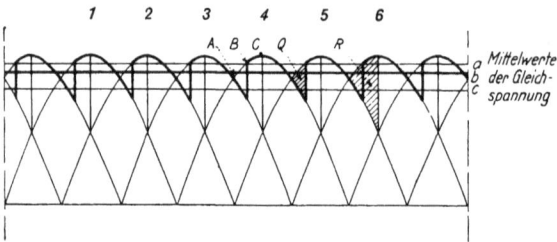

Abb. 208. Kurven der Anodenspannungen und der Gleichspannung eines Mehrphasengleichrichters zur Erläuterung
des Spannungsregelverfahrens durch Beeinflussung des Einsetzens der Anodenströme.

B allein Strom führt und
die Gleichspannungskur-
ve bekommt die Gestalt
der in der Abbildung stark
ausgezogenen Linie. Der
Mittelwert der Gleich-
spannung entspricht dann
der Geraden b; gegenüber
dem früheren Mittelwert a
ist er um die schraffierte
Fläche Q verringert. Wird
der Stromführungsbeginn
an den Anoden noch weiter verzögert, etwa bis zum Punkte C, so wird
die Gleichspannung um die schraffierte Fläche R vermindert und ihr
Mittelwert entspricht dann der Geraden c.

Aus Abb. 208 geht hervor, daß auf diese Weise die Gleichspannung
in weiten Grenzen verändert werden kann, ohne daß sich die zugeführte
Wechselspannung ändert.

Der Stromführungsbeginn der Anoden kann durch Einschaltung
von Gittern besonderer Bauart in den Stromweg zu den Anoden und durch
Anlegen von Spannungen an diese Gitter, so daß sie in bezug auf die

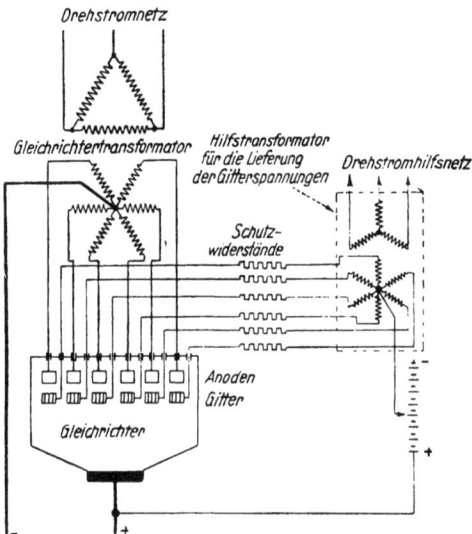

Abb. 209. Schaltbild für die Regelung der Gleichspannung eines Mehrphasengleichrichters durch
Gittersteuerung.

Kathode bis zu dem Zeitpunkt
des gewünschten Stromführungs-
beginnes negativ sind, geregelt
werden. Das Potential der Gitter
in bezug auf die Kathode kann
durch eine Batterie mittels eines
synchron umlaufenden Kontak-
tes oder durch ähnliche Mittel
gesteuert werden.

Eine Anordnung zur Rege-
lung der Gleichspannung durch
Gittersteuerung zeigt Abb. 209.
Die Anoden sind an einen Mehrphasentransformator mit den
Phasenspannungen E_1, E_2 usf.
angeschlossen, wie dies Abb. 210
zeigt. Die Gitter sind an einen
mehrphasigen Hilfstransformator angeschlossen, der die Spannungen G_1, G_2 usf. liefert und die

gleiche Phasenzahl und Frequenz wie der Gleichrichtertransformator aufweist. Der Nullpunkt des Hilfstransformators ist mit der Kathode über eine Gleichspannungsquelle verbunden, die, wie in Abb. 209, eine Batterie sein kann. Der positive Pol der Batterie ist mit der Kathode verbunden und der negative Pol mit dem Nullpunkt des Hilfstransformators.

Die Einrichtung nach Abb. 209 arbeitet folgendermaßen: Das Potential eines Gitters in bezug auf die Kathode ist gleich dem Potential der Phase des Hilfstransformators, an die das Gitter angeschlossen ist, vermindert um die Batteriespannung. Hat das Gitter ein positives Wechselstrompotential gleich der Batteriespannung, so ist sein Potential in bezug auf die Kathode gleich 0. In Abb. 210 ist bei einer Batteriespannung D_2 das Potential des Gitters 2, das zur Anode 2 gehört, im Punkte B gleich 0 in bezug auf die Kathode. Vorher ist das Gitter in bezug auf die Kathode negativ und die Anode 2 ist gesperrt. Nachher ist das Gitterpotential in bezug auf die Kathode positiv und die Anode 2 beginnt Strom zu führen. Hatte die Batterie die Spannung D_1, so ist das Gitterpotential in bezug auf die Kathode im Punkte A gleich 0, so daß der Strom an der Anode 2 im

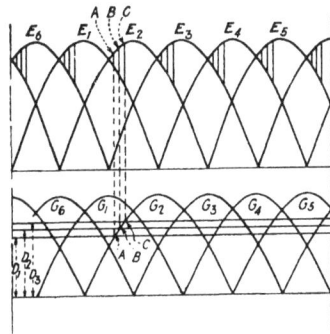

Abb. 210. Anoden- und Gitterspannungskurven zur Erläuterung der Wirkungsweise der Spannungsregelung durch Gittersteuerung.

Punkte A einsetzt. Ist die Batteriespannung gleich D_3, so wird das Gitterpotential in bezug auf die Kathode im Punkte C gleich 0. Daraus ergibt sich, daß das Einsetzen des Stromes an den Anoden und damit die Gleichspannung durch Veränderung der Batteriespannung beeinflußt werden kann.

Weitere Verfahren zur Steuerung der Entladungen in Dampfentladungsgefäßen mittels Gittern werden im 15. Kapitel besprochen.

Mit Hilfe der Gittersteuerung ist es möglich, die von einem Gleichrichter abgegebene Spannung in ähnlicher Weise zu regeln, wie die Spannung eines Gleichstromgenerators mittels Feldregelung. Da bei der Veränderung des elektrischen Feldes in einem Gleichrichter keine Zeitverzögerung auftritt, so wirkt die Regelung augenblicklich; bloß die Verzögerung, die durch die verwendeten Regler bedingt wird, tritt in Erscheinung.

Bei der Anwendung dieses Verfahrens ist es möglich, die Gleichspannung in jeder gewünschten Weise zu regeln. Es kann daher die Belastungskennlinie des Gleichrichters compoundiert und Schwankungen der Wechselspannung ausgeglichen werden. Die hierfür erforderlichen Apparate sind von der Leistung des Gleichrichters und von der

Primärspannung praktisch unabhängig und unterscheiden sich hierdurch vorteilhaft von den anderen Regulierverfahren für Gleichrichter.

Verfahren zur Unterdrückung des Anstieges der Leerlaufspannung bei Gleichrichtern mit Saugdrosseln. Abb. 61 ist die Belastungskennlinie eines Gleichrichters mit Saugdrossel. Sie zeigt einen Spannungsanstieg bei kleinen Belastungen. Wie in Kapitel VI erwähnt, liegt das Knie der Belastungskennlinie bei 0,5 bis 2% des Vollaststromes. Der Spannungsanstieg bei kleinen Belastungen ist manchmal unangenehm, da er zum Durchbrennen von Glühlampen oder zu Isolationsdefekten bei elektrischen Bahneinrichtungen führen kann. Zur Beseitigung dieses Spannungsanstieges kann eines der nachstehend angeführten Verfahren angewendet werden.

Das erste Verfahren besteht darin, an die Klemmen des Gleichrichters einen Belastungswiderstand anzuschließen, der den Mindeststrom aufnimmt. Dieser Widerstand kann entweder dauernd angeschlossen bleiben oder automatisch eingeschaltet werden, wenn der Belastungsstrom unter einen bestimmten Mindestwert sinkt.

Ein zweites Verfahren besteht darin, eine der beiden Dreiphasengruppen des Transformators auszuschalten und den Gleichrichter bei geringer Belastung bloß mit drei Phasen zu betreiben.

Bei Dreiphasenbetrieb ist die Gleichspannung im Leerlauf gleich der Spannung beim Knie der Belastungskennlinie Abb. 61. Da dieser Dreiphasenbetrieb nur bei geringer Belastung durchgeführt wird, ist der Gleichrichter und der Transformator nicht überlastet.

Bei einem dritten Verfahren zur Vermeidung des Spannungsanstieges im Leerlauf wird die Saugdrossel von einer äußeren Stromquelle mit einem Strom dreifacher Frequenz erregt. Wie in Kapitel VI ausgeführt wurde, ist der Anstieg der Gleichspannung durch das Fehlen eines Laststromes begründet, der den erforderlichen Magnetisierungsstrom dreifacher Frequenz für die Saugdrossel liefern könnte; infolgedessen muß durch Fremderregung der Saugdrossel mit einem Strom dreifacher Frequenz der Spannungsanstieg beseitigt werden können.

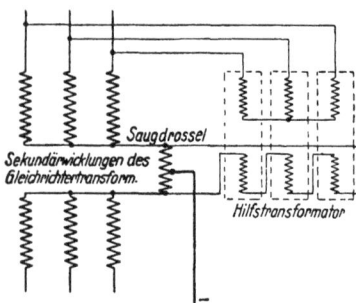

Abb. 211. Schaltbild der Verwendung von Hilfstransformatoren zur Unterdrückung des Spannungsanstieges im Leerlauf bei einem Gleichrichter mit Saugdrossel.

Abb. 211 zeigt das zugehörige Schaltbild. Es werden drei einphasige Hilfstransformatoren verwendet, deren Primärwicklungen in Stern und deren Sekundärwicklungen in offenem Dreieck geschaltet sind. Die Sekundärwicklungen sind an die Saugdrossel angeschlossen. Diese Hilfstransformatoren sind hochgesättigt, weshalb Spannungen von dreifacher Frequenz in ihren

Sekundärwicklungen auftreten, die einen Strom dreifacher Frequenz durch die Saugdrosselwicklung schicken. Bei Dreieckschaltung der Sekundärwicklungen heben sich die Spannungen der Grundfrequenz an den Klemmen der Saugdrossel auf, während die Spannungen dreifacher Frequenz für alle drei Phasen die gleiche Phasenlage besitzen und sich daher addieren. Die Leistung der Hilfstransformatoren ist etwa $^1/_{800}$ der Leistung des Haupttransformators.

XIII. Kapitel. Fernsprechstörungen durch Gleichrichter.

Es werden manchmal Störungen in Fernsprechstromkreisen durch Einwirkung von Starkstromkreisen beobachtet. Solche Störungen werden besonders durch elektrische Bahnen mit geerdeter Rückleitung und Wechselstrombetrieb verursacht. Manchmal werden auch durch Gleichstrombahnen mit Gleichrichterspeisung Fernsprechstörungen bewirkt, wobei die Welligkeit der Gleichspannung die Ursache ist. Im vorliegenden den Kapitel soll die Einwirkung von elektrischen Bahnen, die durch Gleichrichter gespeist werden, auf Fernsprechstromkreise behandelt werden.

Ein Bahnstromkreis besteht aus einer Oberleitung und einer geerdeten Rückleitung; er bildet eine Schleife, in welcher der Strom von der Unterstation über die Oberleitung zu den Triebmotoren und durch die geerdete Rückleitung zurück zur Unterstation fließt. Dieser Strom erzeugt ein magnetisches Feld, das in Abb. 212 durch gestrichelte Linien dargestellt ist. Die Potentialdifferenz zwischen der Oberleitung und der Erde erzeugt ferner ein elektrostatisches Feld, das in Abb. 212 durch vollausgezogene Linien ersichtlich gemacht ist. Verläuft ein zweidrähtiger Fernmeldestromkreis in der Nähe der Eisenbahnlinie, so unterliegt er der Einwirkung des magnetischen und elektrischen Feldes des Bahnstromes, und es kann folgendes eintreten:

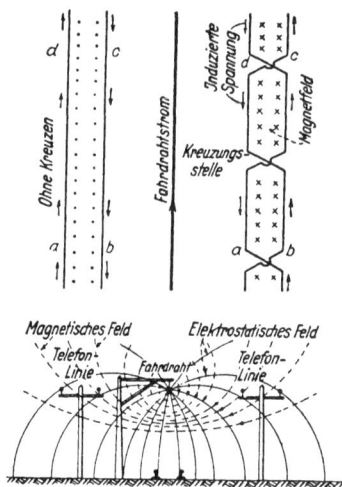

Abb. 212. Einwirkung des magnetischen und elektrostatischen Feldes eines Fahrdrahtes auf benachbarte Schwachstromleitungen und der Erfolg des Kreuzens der Schwachstromleitungen hinsichtlich Verminderung der in ihnen induzierten Spannung.

1. Durch Einwirkung des elektrostatischen Feldes des Fahrdrahtes nehmen die Drähte der Fernmeldeleitung eine bestimmte Spannung gegen Erde an. Auch zwischen den beiden Drähten kann eine Spannung auftreten, wenn sie auf verschiedenen Äquipotentialflächen liegen.

2. Das magnetische Feld kann in den Zwischenraum zwischen den beiden Leitern des Fernmeldestromkreises eindringen und Spannungen zwischen den Drähten induzieren.

3. Das magnetische Feld verläuft auch im Raume zwischen den beiden Drähten des Fernmeldestromkreises und der Erde, so daß durch magnetische Induktion Spannungen gegen Erde erzeugt werden.

Elektrostatische Induktion. Die Potentialdifferenz zwischen den Fernmeldeleitungen und der Erde hängt von der gegenseitigen Lage der Fernmelde- und der Starkstromleitungen (das heißt von der Lage der Fernmeldeleitungen im elektrostatischen Feld des Fahrdrahtes) ab, ist jedoch unabhängig von der Länge der Parallelführung zwischen Fernmelde- und Starkstromleitung. Jede Spannungsänderung im Starkstromkreis verursacht eine Änderung des elektrostatischen Feldes und damit eine Änderung der statischen Ladung der Fernmeldeleitungen, wodurch in diesen Leitungen ein Ladestrom erzeugt wird. Die Größe dieses Ladestromes ist der Änderungsgeschwindigkeit der Spannung und der Länge der Parallelführung beider Stromkreise proportional; der Ladestrom ist aber nicht in allen Teilen des Fernmeldekreises gleich groß. Ist die Spannungsänderung im Starkstromkreis eine Folge des Vorhandenseins von Wechselspannungskomponenten, so hat der Ladestrom in den Fernmeldedrähten die Frequenz dieser Wechselspannungen.

Elektromagnetische Induktion. Eine Stromänderung in der Starkstromleitung verursacht eine Änderung des magnetischen Feldes und induziert eine Spannung zwischen den beiden Fernmeldeleitungen und eine Spannung zwischen jeder Leitung und Erde. Die induzierte Spannung ist von der gegenseitigen Induktivität zwischen Fernmeldestromkreis und Starkstromkreis (d. i. von der gegenseitigen Lage und der Länge der Parallelführung der Leitungen) und von der Änderungsgeschwindigkeit des Stromes bzw. von seiner Frequenz abhängig. Aus Abb. 212 geht hervor, daß infolge des großen Abstandes der beiden Fernmeldeleitungen von der Erde die zwischen diesen Leitungen und der Erde induzierte Spannung beträchtlich höher ist als die induzierte Spannung der beiden Drähte gegeneinander. Der Strom in den Fernmeldeleitungen, der durch die induzierte Spannung hervorgerufen wird, ist in allen Teilen der Leitungen gleich groß.

Störungen. Die in Fernmeldestromkreisen durch benachbarte Starkstromkreise, insbesondere elektrische Bahnen, induzierten Ströme können die Arbeitsweise der Fernmeldeanlage stören, d. h. diese Ströme können den Betrieb der Signalapparate oder die Verständigungsmöglichkeit im Telephon gefährden.

Wie früher erwähnt, ist der in einem Fernmeldekreis elektrostatisch induzierte Strom der Länge der Parallelführung proportional. Dies gilt auch für die elektromagnetisch induzierte Spannung, und da der Scheinwiderstand eines bestimmten Fernmeldestromkreises konstant und von der Länge der Parallelführung unabhängig ist, ist der von der elektromagnetisch induzierten Spannung hervorgerufene Strom ebenfalls der Länge der Parallelführung proportional.

Spannungs- und Stromänderungen in einem Bahnnetz, welche Störungen in benachbarten Fernmeldekreisen hervorzurufen geeignet sind, können durch Belastungsänderungen, Kurzschlüsse oder durch das Auftreten von Wechselstrom- und Wechselspannungskomponenten im Bahnnetz bewirkt werden. Die von einem Gleichrichter gelieferte Spannung und demzufolge auch der gelieferte Strom, sind nicht vollkommen konstant, sondern sie weisen Oberwellen auf, deren Frequenzen innerhalb des hörbaren Bereiches liegen, wie in Kapitel V ausgeführt wurde. Daher können Störungen auftreten, wenn eine Fernsprechleitung in der Nähe eines Fahrdrahtes oder Speisekabels einer Gleichstrombahn mit Gleichrichterspeisung verläuft.

Die von einem Einankerumformer gelieferte Gleichspannung weist ebenfalls Oberwellen auf, die in einer Reihe von Fällen zu Störungen geführt haben. Diese Oberwellen sind jedoch klein, und die Geräusche im Telephon infolge der Kommutation der Triebmotoren übertönen in der Regel die erwähnten vom Einankerumformer herrührenden Oberwellen. Die störende Wirksamkeit der Welligkeit der Spannungskurve eines Gleichrichters, der nur mit einer Gleichstromdrosselspule und mit keiner weiteren Hilfseinrichtung zur Verbesserung der Wellenform ausgerüstet ist, ist drei- bis fünfmal so groß als die eines Einankerumformers und tritt daher viel stärker hervor.

Arbeitet ein Gleichrichter mit einem Einankerumformer in der gleichen Unterstation parallel, so bewirkt die Welligkeit der vom Gleichrichter gelieferten Spannung einen Oberwellenstrom zwischen dem Gleichrichter und dem Einankerumformer, der für einen solchen Strom einen verhältnismäßig niedrigen Scheinwiderstand aufweist und die Sammelschienenspannung der Unterstation ist bedeutend gleichförmiger als die Spannung des Gleichrichters. Arbeitet ein Gleichrichter und ein Einankerumformer in getrennten Unterstationen parallel, wobei eine Speiseleitung zwischen diesen Unterstationen verlegt ist, so kann der Oberwellenstrom, der vom Gleichrichter zum Einankerumformer fließt, schwere Störungen in Telephonleitungen bewirken. Ein ähnlicher Störungsfall kann eintreten, wenn zwei in verschiedenen Unterstationen aufgestellte, auf ein gemeinsames Gleichstromnetz arbeitende Gleichrichter von Wechselstromnetzen verschiedener Frequenz gespeist werden oder so geschaltet sind, daß zwischen den Oberwellen der Gleichspannung der beiden Gleichrichter eine Phasenverschiebung entsteht, so daß in der Gleichstromleitung ein Oberwellenstrom fließt.

Die induzierende Wirkung eines Bahnnetzes auf einen Fernmeldestromkreis kann auch vom Ort der Belastung abhängen. Dies wird durch Abb. 213 erläutert, die ein von Gleichrichtern gespeistes Bahn-netz darstellt. Es sei angenommen, daß eine parallelgeführte Fern-meldeleitung *a b c* der Einwirkung des Fahrdrahtes auf der Strecke *a c* ausgesetzt ist. Ist der Triebwagen im Punkte *b* angelangt, der in der Mitte zwischen den beiden Unterstationen liegt, so sind die von den Oberleitungsströmen in den Streckenabschnitten *a b* und *b c* der Fernmelde-leitung induzierten Span-nung gleich und entgegen-gesetzt, und es tritt daher keine Störung auf. Hin-gegen zeigen sich Störun-

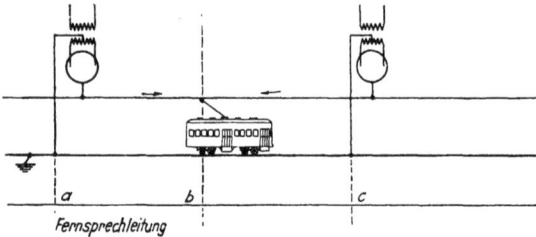

Abb. 213. Der Einfluß der Stellung des fahrenden Motor-wagens auf die Störwirkung, die auf eine benachbarte Schwachstromleitung ausgeübt wird.

gen, wenn der Triebwagen an anderen Orten steht. Ist nur die Strecke *a b* der Fernmeldeleitung der Einwirkung des Fahrdrahtes ausgesetzt, so ist die Störung am größten, wenn sich der Triebwagen in *b* befindet. Das vorstehende Beispiel wurde bloß zur Erläuterung der Tatsache an-geführt, daß sowohl die Lastverteilung als auch die Länge der Parallel-führung bei der Untersuchung von Störungen zu beachten ist.

Spannungsoberwellen. Die Gleichspannungskurve eines Gleich-richters besteht aus einer Gleichspannung und aus übergelagerten Wechselspannungen; es sind dies die oberen Teile der sinusförmigen Sekundärspannungskurven. Die Grundfrequenz der Oberwellen ist gleich dem Produkt aus der Frequenz des speisenden Wechselstromnetzes und der sekundären Phasenzahl. Es hat daher die Gleichspannungs-kurve eines Sechsphasengleichrichters, der an ein 50periodiges Dreh-stromnetz angeschlossen ist, eine Oberwelle von 300 Hz (s. Kapitel V). Außerdem treten gerade und ungerade Vielfache von 300 Hz auf.

In Zahlentafel XI sind die Effektivwerte der der Gleichspannung überlagerten Oberwellen eines Sechsphasengleichrichters bei 60 Hz an-gegeben. Es sind dies die höchsten und niedrigsten Werte, die in Gleich-

Zahlentafel XI.

Frequenz der Oberwelle	Effektivwert der Oberwellenspan-nung in % des Mittelwertes der Gleichspannung
360	4,5 bis 5,95
720	1,26 » 1,37
1080	0,53 » 0,90
1440	0,61 » 0,72
1800	0,4 » 0,8
2160	0,43 » 0,62
2520	0,41 » 0,44
2880	0,35 » 0,36

richteranlagen gemessen wurden. Aus Zahlentafel XI geht hervor, daß der Effektivwert dieser Oberwellen mit steigender Frequenz rasch abnimmt. Hinsichtlich weiterer Einzelheiten sei auf Kapitel V, Abb. 35, 36, 38, 39 und 40, ferner auf die Zahlentafeln III und IV verweisen.

Kennzeichen des Belastungsstromkreises. Da bisher Störungen durch Licht- und Kraftanlagen nicht beobachtet wurden, sollen hier nur Bahnanlagen mit geerdeter Rückleitung in Betracht gezogen werden. Abb. 214 ist das Schaltbild einer Bahn-anlage, wobei die Triebwagen- oder Lokomotivmotoren einen Scheinwider-stand Z_2 aufweisen und der Schein-widerstand des Fahrdrahtes pro Längen-einheit Z_1 beträgt. Der Scheinwider-stand jedes Motors ist von der Klem-menspannung abhängig und der Schein-widerstand des Triebwagens oder der Lokomotive von der Schaltung der Motoren (in Reihe oder parallel).

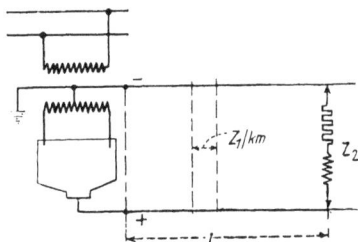

Abb. 214. Prinzipschaltbild eines Gleich-richters, der ein Bahnnetz mit beweglicher Belastung (durch fahrende Triebfahrzeuge) speist.

Im nachstehenden werden einige Schätzwerte über die Induktivität von Bahnnetzen für verschiedene Spannungen mitgeteilt. Diese Werte sind für Vorarbeiten genügend genau. Hiebei kann der Ohmsche Wider-stand vernachlässigt werden. Die Induktivität einer Bahnausrüstung für 600 V beträgt 0,5 bis 0,25 mH (2 bis 4 Motoren parallel geschaltet); bei 1500 V ist die Induktivität 2 bis 1 mH, bei 3000 V 5 bis 2,5 mH. Die Induktivität des Fahrdrahtes ist in der Größenordnung von 2 mH/km. Bei einer bestimmten Fahrdrahtspannung und Belastung ist die Ent-fernung der Unterstationen voneinander durch den zulässigen Spannungs-abfall mehr oder weniger festgelegt. Angenommen diese Unterstations-entfernungen betragen für 600, 1500 und 3000 V 4, 8 und 16 km; es seien ferner keine Speiseleitungen oder Parallelwege vorhanden. Dann kann die Induktivität des Belastungsstromkreises leicht berechnet werden. Es ergeben sich die größten und kleinsten Werte der Induktivität des Belastungstromkreises, wie folgt:

$$\text{bei } 600 \text{ V } 0,5 \text{ bis } 8 \text{ mH,}$$
$$\text{bei } 1500 \text{ V } 2 \text{ bis } 17 \text{ mH,}$$
$$\text{bei } 3000 \text{ V } 5 \text{ bis } 35 \text{ mH.}$$

Die kleineren Werte sind richtig, wenn die Lokomotive in der Nähe der Unterstation ist und die größeren, wenn die Lokomotive oder der Triebwagen am weitesten von ihr entfernt sind. Die mittlere Indukti-vität im Belastungsstromkreis bei der Bewegung der Lokomotive ist daher in 600, 1500, 3000 V-Anlagen 8,5/2, 19/2 und 40/2 mH.

21*

Die vorstehenden Zahlen gelten nur für eine einzelne in einem Punkt gespeiste Linie. Gewöhnlich umfassen die Bahnanlagen ein Netz von Fahrdrahtleitungen und Speiseleitungen, welch letztere sowohl als Kabelleitungen als auch als parallel mit dem Fahrdraht verlaufende Freileitungen ausgeführt werden; ferner sind gewöhnlich mehrere Motorwagen oder Lokomotiven gleichzeitig auf der Strecke, so daß der Scheinwiderstand der Anlage in der Praxis meist bedeutend niedriger ist, als vorstehend angegeben. Deshalb dürften die gemessenen Induktivitätswerte von 600, 1500 und 3000 V-Netzen, die im nachstehenden angegeben werden, von Interesse sein.

Es ergab sich die mittlere Induktivität bei einem 600-V-Straßenbahnnetz zu 0,6 bis 1,5 mH; bei einem 1500-V-Hauptbahn mit ungewöhnlich starkem Verkehr zu 2,5 bis 5 mH; bei einer 3000-V-Hauptbahn zu 3 bis 10 mH.

Vergleicht man diese Zahlen mit den früher angegebenen, so sieht man, daß die gemessenen Mittelwerte nur die Hälfte bis ein Viertel der angenommenen Werte ausmachen. Dies ist eine Folge des Umstandes, daß alle Bahnanlagen, in denen Messungen vorgenommen wurden, stark verzweigt waren und daß in den meisten Anlagen rotierende Umformer oder Motorgeneratoren von niedrigem Scheinwiderstand mit den Gleichrichtern parallel arbeiteten.

Ferner ergaben diese Messungen, daß die Induktivität des Gleichrichters samt Transformator in der Größenordnung von 0,1 mH und die eines Einankerumformers in der Größenordnung von 0,1 bis 0,15 mH liegt. Eine einfache Rechnung zeigt, daß in diesem Falle beim Parallelbetrieb eines Gleichrichters mit einem Einankerumformer in der gleichen oder in einer benachbarten Unterstation, der letztere durch seine niedrige Induktivität den Scheinwiderstand des Netzes herabsetzt, ferner den überlagerten Wechselströmen einen bequemen Weg bietet und daher als Filter wirkt.

Oberwellen. Die Oberwellenströme, die in den Bahnnetzen von den Spannungen nach Zahlentafel XI hervorgerufen werden, können durch Division der Oberwellenspannungen durch den Scheinwiderstand $Z = Z_2 + l Z_1$ bestimmt werden. Der Wert von $l Z_1$ ist gleich Null, wenn die Lokomotive oder der Triebwagen an der Unterstation vorüberkommt, und erreicht einen Höchstwert, wenn die Lokomotive am Ende der Oberleitung anlangt.

Es sei angenommen, daß eine Bahnanlage für 1500 V, 2000 A, die durch Quecksilberdampfgleichrichter gespeist wird, eine Induktivität von 0,8 mH besitzt; verwendet man die Mittelwerte der Spannungen nach Zahlentafel XI, so erhält man die Oberwellenströme entsprechend der nachfolgenden Zahlentafel XII. Der Effektivwert des resultierenden Oberwellenstromes ist 17,6 A oder 0,88% des Gleichstromes.

Zahlentafel XII.

Frequenz der Oberwelle	Spannung	Scheinwider-stand	Strom Amp	Strom %
360	31,4	1,8	15,60	0,870
720	7,9	3,6	2,20	0,110
1080	4,3	5,4	0,80	0,040
1440	3,9	7,2	0,55	0,028
1800	3,2	9,0	0,35	0,018

Da der Ohmsche Widerstand des Gleichrichters samt seinem Transformator vernachlässigbar und auch deren Induktivität sehr klein ist, tragen sie wenig zur Begrenzung der Oberwellenströme bei. Aus der Berechnung der Oberwellenströme geht hervor, daß sie durch die Einschaltung einer Drosselspule in die Fahrleitung eine Verringerung erfahren, sodaß die Störungen abnehmen. In Tafel XIII sind Meßresultate zusammengestellt, die in einem städtischen Bahnnetz aufgenommen wurden und die den vorteilhaften Einfluß einer Gleichstromdrosselspule oder eines mit dem Gleichrichter parallel arbeitenden Einankerumformers zeigt. Da im betrachteten Fall der Fahrdraht eine Induktivität von etwa 0,6 mH besitzt und die Drosselspule ungefähr 2,8 mH, so wird eine Herabsetzung der Oberwellenströme im Verhältnis 0,6/3,4 erreicht, nämlich im Verhältnis der gesamten Scheinwiderstände des Belastungsstromkreises ohne und mit Gleichstromdrosselspule. Diese Rechnungsweise stimmt mit den Meßwerten nach Zahlentafel XIII gut überein.

Zahlentafel XIII.

Frequenz der Oberwelle	Effektivwert des Oberwellenstromes in % des Mittelwertes des Gleichstromes		
	Gleichrichter allein	mit einer Gleich-stromdrosselspule von 2,8 mH	mit Drosselspule und parallel geschaltetem Einankerumformer
360	1,47	0,4	0,162
720	0,21	0,048	0,0097
1080	0,092	0,023	0,0082
1440	0,08	0,0147	0,0031
1800	0,046	0,0092	0,0031

Wirkung der Oberwellenspannungen und -ströme. Magnetische Induktion. Bevor wir die Messungen, die in der Praxis der Störungsbefreiung angewandt werden, in allen Einzelheiten besprechen, soll dargelegt werden, wie die Oberwellenströme und Oberwellenspannungen in den Fahrdrähten und Speiseleitungen von Gleichstrombahnen auf benachbarte Fernmeldeleitungen einwirken.

Die Spannungen, die in einem Fernmeldestromkreis durch elektrische oder magnetische Felder erzeugt werden können, sind von zweierlei Art: 1. Die Spannungen, die zwischen den beiden Drähten des Schwachstromkreises infolge der Verschiedenheit der Lage der beiden Drähte zum störenden Stromkreis induziert werden und die Ströme durch die Apparate am Ende der Leitung hindurchschicken und 2. die Spannungen, die zwischen den beiden Drähten eines Schwachstromkreises und der Erde induziert werden; diese Spannungen senden Ströme durch die Apparate am Ende der Leitung, wenn ein Unterschied im Scheinwiderstand oder in der Ableitung der beiden Leitungen besteht.

Sowohl die Spannungen zwischen den Drähten als auch die Spannungen der Drähte gegen Erde können durch elektrostatische oder elektromagnetische Induktion hervorgerufen werden; es hat sich jedoch in allen bis jetzt untersuchten Bahnanlagen ergeben, daß die elektrostatisch induzierten Spannungen praktisch vernachlässigbar sind, und wir wollen daher unsere Betrachtungen auf die Störungen beschränken, die durch elektromagnetische Induktion entstehen.

Abb. 212 zeigt in einem vereinfachten Schaltbild die Wirkungen des magnetischen Feldes des Stromes in einem Fahrdraht auf benachbarte Telephonleitungen. Die induzierte Spannung ist durch Pfeile angedeutet. Die Vorteile, die durch das Kreuzen der Telephondrähte erreicht werden können, sind durch die Darstellung auf der rechten Seite der Abbildung erläutert. Man sieht, daß die in den Drahtstücken vor und hinter einer Kreuzungsstelle induzierten Spannungen gleich und entgegengesetzt sind und daher einander aufheben. In der nicht gekreuzten Leitung auf der linken Seite der Abb. 212 addieren sich hingegen die in den einzelnen Drahtstücken induzierten Teilspannungen. In der Praxis sind die in Telephonleitungen mit häufiger Kreuzung induzierten Spannungen und Ströme sehr klein im Vergleich zu den in nicht gekreuzten Leitungen induzierten. Da die Lokomotive oder der Triebwagen eine ortsveränderliche Störungsstelle darstellt, ist der Wirksamkeit des Kreuzens der Telephonleitungen eine praktische Grenze gesetzt. Selbstverständlich bewirkt das Kreuzen der Leitungen keine Herabsetzung der Spannungen zwischen den Leitungen und der Erde.

Abb. 215 stellt schematisch eine Fahrleitung dar, die von einem Gleichrichter gespeist wird und mit der auf ihrer ganzen Länge eine Telephonleitung parallel verläuft. Im nachstehenden werden die Gleichungen für die durch die Oberwellen des Fahrleitungsstromes in der Telephonleitung induzierten Spannungen abgeleitet. Hierbei werden folgende Bezeichnungen gebraucht:

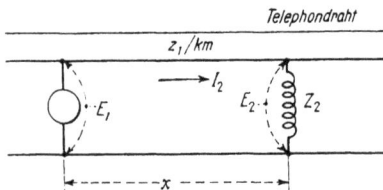

Abb. 215. Prinzipschaltbild eines von einem Gleichrichter gespeisten Fahrdrahtes, zu dem eine Telephonleitung parallel geführt ist.

f = Frequenz irgendeiner Oberwelle des vom Gleichrichter gelieferten Stromes,

$\omega = 2\pi f$,

$E_1 =$ Oberwellenspannung der Frequenz f an den Gleichrichterklemmen,

$Z_2 =$ Scheinwiderstand der Last (Lokomotive oder Triebwagen),

$z_1 =$ Scheinwiderstand der Oberleitung und der Schienenrückleitung pro Längeneinheit,

$Z_1 =$ gesamter Scheinwiderstand der Oberleitung und der Schienenrückleitung zwischen dem Gleichrichter und der Last,

$x =$ Abstand zwischen Gleichrichter und Last,

$m =$ gegenseitige Induktivität zwischen Fahrdraht und Telephonleitung pro Längeneinheit,

$e_t =$ elektromagnetisch in der Telephonleitung induzierte Spannung der Frequenz f pro Längeneinheit,

$E_t =$ in der Telephonleitung induzierte Gesamtspannung der Frequenz f.

Der Oberwellenstrom der Frequenz f in der Oberleitung beträgt:

$$J_2 = \frac{E_1}{Z_1 + Z_2} \quad\cdots\cdots\cdots\cdots (196)$$

oder

$$J_2 = \frac{E_1}{x\,z_1 + Z_2} \quad\cdots\cdots\cdots\cdots (197)$$

Die in der Telephonleitung pro Längeneinheit induzierte Spannung der Frequenz f beträgt

$$e_t = \omega\,m\,J_2 \cdots\cdots\cdots\cdots\cdots (198)$$

Die induzierte Gesamtspannung der Frequenz f ist

$$E_t = \omega\,m\,x\,J_2 \cdots\cdots\cdots\cdots (199)$$

Durch Einsetzen des Wertes für den Strom J_2 aus Gleichung (197) in Gleichung (199) erhält man

$$E_t = \frac{\omega\,m\,x\,E_1}{x\,z_1 + Z_2}$$

oder

$$E_t = \frac{\omega\,m\,E_1}{z_1 + \dfrac{Z_2}{x}} \quad\cdots\cdots\cdots\cdots (200)$$

Ist die Distanz x groß, so wird der Ausdruck Z_2/x klein und kann im Vergleich zu z_1 vernachlässigt werden. Für eine unendlich lange Parallelführung ergibt sich aus Gleichung (200):

$$E_t = \frac{\omega\,m\,E_1}{z_1} \quad\cdots\cdots\cdots\cdots (201)$$

Die induzierte Spannung für eine lange Parallelführung kann demnach aus der Oberwellenspannung an den Gleichrichterklemmen, der gegenseitigen Induktivität zwischen Fahrdraht und Telephonleitung und der Selbstinduktion des Bahnstromkreises berechnet werden.

Wie früher angegeben, ist sowohl die zwischen den Drähten eines Telephonnetzes induzierte Spannung, als auch die induzierte Spannung der Drähte gegen Erde vom Standpunkte der induktiven Störungen von Interesse, und zwar die Spannungen gegen Erde wegen ihrer Wirkung auf Unsymmetrien der Telephonleitung. Das nachfolgende Beispiel zeigt die Größenordnung der Spannungen von 360 Hz, die zwischen den Drähten untereinander und ferner zwischen den Drähten und der Erde bei einer ungekreuzten zweidrähtigen Telephonleitung auftreten können, die mit einem einfachen Fahrdraht einer 1500-V-Gleichstrombahn, welche von einem Sechsphasengleichrichter bei 60 Hz ohne Glättungseinrichtung gespeist wird.

Es sei angenommen, daß sowohl der Fahrdraht als auch die Telephonleitungen 6,1 m über der Erde geführt sind; der Abstand zwischen den Telephondrähten soll 300 mm betragen.

Die gegenseitige Induktivität m zwischen dem Bahnstromkreis und dem aus den beiden Telephondrähten gebildeten Stromkreis beträgt ungefähr 0,0044 mH/km. Die gegenseitige Induktivität m zwischen dem Bahnstromkreis und jenem Stromkreis, der aus den beiden parallelgeschalteten Telephondrähten und Erde besteht, ist ungefähr 0,31 mH/km.

Die Spannung E_1 von 360 Hz sei mit 75 V angenommen.

Die Induktivität der Last soll 2 mH betragen. Die Selbstinduktion des Fahrdrahtes und der Schienenrückleitung wird mit 2,2 mH/km angenommen.

Aus Gleichung (201) ergibt sich die Spannung von 360 Hz, die zwischen den Drähten der Telephonleitung unter der Annahme induziert wird, daß sich die Lokomotive in unendlich großer Entfernung von der Unterstation befindet. Sie beträgt:

$$E_t = \frac{\omega \, m \, E_1}{z_1} = 0,15 \text{ Volt.}$$

In ähnlicher Weise ergibt sich die Spannung der Drähte gegen Erde zu:

$$E_t = \frac{2262 \cdot 0,5 \cdot 10^{-3} \cdot 75}{2262 \cdot 3,5 \cdot 10^{-3}} = 10,7 \text{ Volt.}$$

Mit Hilfe der Gleichung (200) wurden die induzierten Spannungen für verschiedene Stellungen der Lokomotive berechnet. Sie sind in der nachfolgenden Tabelle zusammengestellt.

Entfernung von der Lokomotive zur Unter-station in km	In der Fernmeldeleitung induzierte Spannung von 360 Hertz	
	der Drähte gegen-einander	der Drähte gegen Erde
0	0	0
3,2	0,117	8,4
8	0,135	9,6
16	0,142	10,1
unendlich	0,150	10,7

Die vorstehende Zahlentafel läßt erkennen, daß eine Strecke von 8 km zwischen Lokomotive und Unterstation vom Standpunkte der induzierten Spannung bis auf einen Unterschied von 10% mit einer unendlich langen Strecke praktisch gleichbedeutend ist.

Telephonstörungsfaktor. Zur Beurteilung des Geräusches, das kleine Ströme in Telephonkreisen verursachen, muß man sich vor Augen halten, daß ein kleiner Bruchteil eines Mikrowatt bei Sprachfrequenz einen hörbaren Ton im Fernsprecher verursacht. Die hörbaren Frequenzen in einem Telephonstromkreis liegen zwischen 100 und 4000 Hz. Infolgedessen machen sich alle Streuströme in Telephonstromkreisen, deren Frequenzen innerhalb der erwähnten Grenzen liegen, störend bemerkbar. In den letzten Jahren wurden verschiedene Spezialapparate konstruiert, um solche Ströme zu messen; z. B. der Telephonstörungsmesser, der Geräuschmesser der Western Electric Co, der Geräuschspannungsmesser und der Unsymmetriemesser für Messungen in Schwachstromkreisen. Ferner wurden harmonische Analysatoren sowohl für Starkstrom als auch für Schwachstrom entwickelt (Literaturstellen 196 bis 200).

Die relative Störwirkung der in Schwachstromkreisen induzierten Spannungen und der von ihnen erzeugten Ströme wurde gemessen und man fand eine empirische Abhängigkeit von der Frequenz. Da jedoch die von Starkströmen in benachbarten Schwachstromleitungen induzierten Spannungen der Größe dieser Ströme und ihrer Frequenz proportional sind, so ist die relative Störwirkung von Strömen verschiedener Frequenzen, die in den Starkstromleitungen fließen, der Frequenz proportional. Die Störwirkung wird daher nicht durch die erwähnte Funktion dargestellt, sondern durch diese Funktion multipliziert mit der Frequenz, welches Produkt in Abb. 216 dargestellt ist. Die Ordinaten dieser Kurve sind in willkürlichen Einheiten angegeben. Definitionsgemäß ist der Telephonstörungsfaktor einer bestimmten Oberwelle einer Gleich- oder Wechselspannung oder eines Stromes gleich dem Effektivwert der betreffenden Oberwelle, multipliziert mit dem Faktor aus Abb. 219, dividiert durch den Effektivwert der betrachteten Spannung oder des betrachteten Stromes. Sind mehrere Oberwellen vorhanden, so ist der Telephonstörungsfaktor der quadratische Mittelwert der Störungsfaktoren der einzelnen Oberwellen.

$$\text{Störungsfaktor} = \frac{\sqrt{(H_1 W_1)^2 + (H_2 W_2)^2 + (H_3 W_3)^2} + \cdots}{E_g \,(\text{Effektivwert})} \qquad (202)$$

wobei H_1, H_2 ... die Effektivwerte der Oberwellenspannungen sind und W_1, W_2 ... die entsprechenden Störungsfaktoren.

Im vorstehenden wurde die Wirkung der Oberwellenströme in Starkstromleitungen auf Schwachstromkreise besprochen. Gewöhnlich sind jedoch die Verhältnisse in den Starkstrom- und Schwachstromkreisen zu verwickelt, um eine Berechnung der in den Telephonleitungen

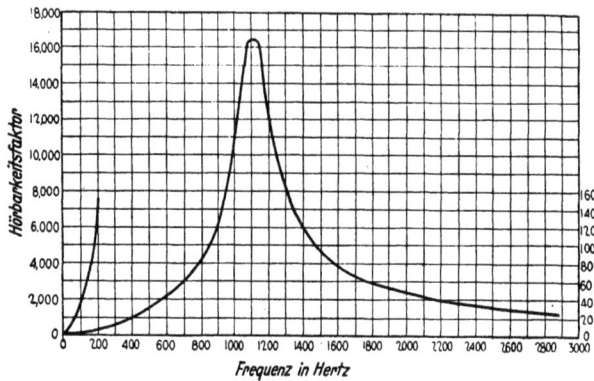

Abb. 216. Kurve des Hörbarkeitsfaktors für die Berechnung des Telephonstörungsfaktors von Spannungen und Strömen. (Die linke Kurve gibt den Anfangsteil der anderen Kurve in dem rechts eingetragenen vergrößerten Ordinatenmaßstab.)

induzierten Spannungen und Ströme zu ermöglichen. An Stelle einer Störungsberechnung auf Grund des Stromverlaufes in der Starkstromleitung ist daher im allgemeinen die Bestimmung der Oberwellen der Spannung jener Stromerzeuger oder Umformer vorzuziehen, die das Starkstromnetz speisen.

Es ist interessant, die Störwirkungen von Sechs- und Zwölfphasengleichrichtern bei einer Frequenz des speisenden Drehstromnetzes von 60 Hz zu vergleichen, wobei diese Störwerte aus den theoretischen Werten der Oberwellenspannungen ermittelt werden, die in Kapitel V abgeleitet wurden. In Zahlentafel XIV sind die theoretischen Störwerte für verschiedene Überlappungswinkel entsprechend verschiedenen Belastungen zusammengestellt. Aus der Definition des Störungsfaktors folgt, daß er von der Gleichspannung unabhängig ist, obwohl die Störungen in Telephonleitungen der Größe der Oberwellenspannungen und daher auch der Gleichspannung proportional sind. Dies wird in einem gewissen Ausmaße durch den größeren Abstand zwischen Starkstromleitungen und Telephonleitungen bei höheren Spannungen ausgeglichen.

Zahlreiche Störungsmessungen an Sechsphasengleichrichtern, die in den Vereinigten Staaten in 600 und 1500-V-Bahnnetzen in Betrieb stehen, ergaben Störwerte von 110 bis 150 bei ½ bis ¾ Last entsprechend einem Überlappungswinkel u von ungefähr 15⁰.

Zahlentafel XIV.

Theoretische Störwerte von Gleichrichtern.

	Überlappungswinkel u			
	0⁰	10⁰	20⁰	30⁰
Sechsphasengleichrichter bei 60 Hz	70	100	185	260
Zwölfphasengleichrichter bei 60 Hz	35	54	90	135

In einer Anzahl von Bahnanlagen mit Gleichrichterspeisung ergeben sich Störungen bei einem Störwert der Gleichspannung von 50, während manchmal trotz eines Störwertes von 150 und mehr keine Störungen auftreten. Dies hängt wesentlich davon ab, in welchem Maße die Telephonleitungen der induzierenden Wirkung der Starkstromleitungen ausgesetzt sind und ferner von den Eigenschaften des Starkstromnetzes, wie z. B. den Schienenverbindungen, dem Vorhandensein von Rückspeisekabeln usf. Verschiedene Versuche haben gezeigt, daß es in besonders ungünstigen Fällen zur sicheren Vermeidung von Störungen notwendig ist, die Welligkeit der Spannung des Gleichrichters auf ein Zehntel ihres ursprünglichen Wertes herabzusetzen; in den meisten Fällen ist eine Verminderung auf $^1/_5$ ausreichend und liefert befriedigende Ergebnisse. Man erreicht dies, indem man den Gleichrichter mit den im nachstehenden besprochenen Wellenglättungseinrichtungen ausrüstet und so die hauptsächlichsten Oberwellenspannungen im gewünschten Maße herabsetzt.

Wellenfilter. Für die Glättung der von Gleichrichtern gelieferten Gleichspannung wurden viele Schaltungen vorgeschlagen und verwendet. Die einfachste Maßnahme ist die Einschaltung einer Drosselspule auf der Gleichstromseite. Die Oberwellenspannung, die dem vom Gleichrichter gespeisten Netz aufgedrückt wird, vermindert sich im Verhältnisse des Scheinwiderstandes des Netzes zum gesamten Scheinwiderstand des Stromkreises einschließlich der Drosselspule. Da, wie im vorstehenden ausgeführt wurde, der Scheinwiderstand eines Bahnnetzes von Bruchteilen eines mH bis zu mehreren mH betragen kann, so ist eine große Drosselspule notwendig, um die Oberwellenspannungen bloß auf die Hälfte oder ein Drittel ihres ursprünglichen Wertes herabzusetzen.

Ist nur eine Spannungoberwelle stärker zu vermindern, so kann dies dadurch geschehen, daß zur Drosselspule ein Kondensator von der

Kapazität $C = 1/\omega^2 L$ parallel geschaltet wird, wobei L die Induktivität der Drosselspule in Abb. 217 ist. Die Drosselspule und der Kondensator sind bei der Frequenz der auszumerzenden Oberwelle in Resonanz und bilden für diese Oberwelle einen sehr großen Widerstand, so daß praktisch die betreffende Oberwellenspannung vollständig absorbiert wird. Diese Anordnung hat jedoch den Nachteil, daß Schwingungen im Gleichstromnetz eintreten können. Der Blindwiderstand des Netzes verändert sich ständig je nach der augenblicklichen Stellung der Triebfahrzeuge und kann Werte annehmen, bei denen der ganze Stromkreis für eine der höheren Oberwellen der Gleichrichterspannung in Resonanzschwingungen gerät. Diese Verhältnisse treten wohl nur zeitweise auf, nichtsdestoweniger verursachen sie ernste Störungen.

Drei andere Schaltungen für Glättungseinrichtungen unter Verwendung von Quer-

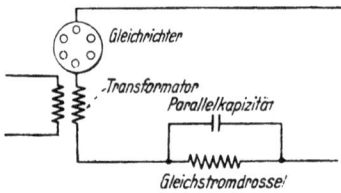

Abb. 217. Oberwellenglättungseinrichtung, bestehend aus einer Gleichstromdrosselspule mit parallelgeschaltetem Kondensator.

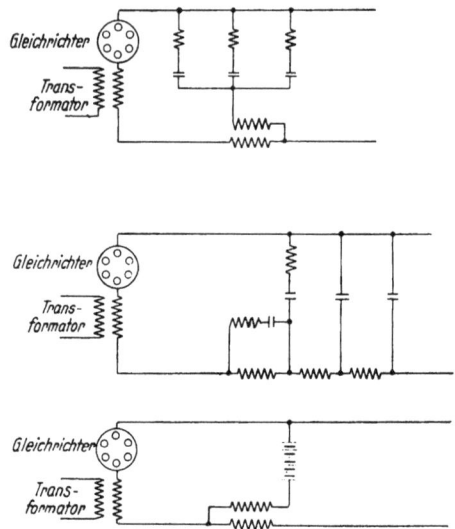

Abb. 218. Prinzipschaltbilder von drei Oberwellenglättungseinrichtungen für Gleichrichter.

kreisen aus Kondensatoren und Drosseln, die auf verschiedene Oberwellenfrequenzen abgestimmt sind, ferner von Gleichstromdrosseln mit Sekundärwicklungen und von Akkumulatorenbatterien zeigt Abb. 218.

Eine weitere Möglichkeit zur Beseitigung der Oberwellen besteht darin, daß man in eine Gleichstromleitung die Ständerwicklungen eines Wechselstromgenerators einschaltet, dessen Spannung der Oberwellenspannung des Gleichrichters gleich und entgegengesetzt ist, wobei der Generator durch einen Synchronmotor angetrieben wird, der am gleichen Wechselstromnetz angeschlossen ist, wie der Gleichrichter. Eine Anlage dieser Art ist kostspielig und hat ferner den Nachteil, daß rotierende Maschinen verwendet werden.

Die Erfahrung hat gezeigt, daß die wirksamste und billigste Lösung darin besteht, daß man für jede Oberwellenspannung an den Klemmen des Gleichrichters einen Kurzschluß durch einen Schwingungskreis vorsieht (Abb. 218 oben), der aus einer Drosselspule und einem Kondensator in Reihenschaltung besteht und zwischen die Schwingungskreise (Querkreise) und den Gleichrichter eine entsprechend dimensionierte Gleichstromdrosselspule einschaltet, an welcher die durch die Querkreise fließenden Oberwellenströme Spannungsabfälle erzeugen, wodurch sich die Oberwellenspannungen dieser Frequenzen entsprechend verringern. Die Drosselspule und der Kondensator sind auf die betreffende Oberwelle abgestimmt, indem ihre Blindwiderstände bei der Frequenz dieser Oberwelle gleich groß sind; es gilt daher die Gleichung:

$$p\,n\,\omega\,L_n = \frac{1}{p\,n\,\omega\,C_n}$$

$$L_n = \frac{1}{(p\,n\,\omega)^2\,C_n}, \quad \ldots \ldots \ldots \quad (203)$$

wobei p die Phasenzahl, n die Ordnungszahl der Oberwelle, L_n die Induktivität der Querkreisdrosselspule in Henry, C_n die Kapazität des Querkreiskondensators in Farad und $\omega = 2\,\pi\,f$ ist; f ist die Frequenz des speisenden Wechselstromnetzes (s. Kapitel V). In einem Querkreis dieser Art fließt wegen des Kondensators kein Gleichstrom, sondern der Oberwellenstrom, dessen Stromstärke durch den Blindwiderstand der Gleichstromdrosselspule für die betreffende Frequenz begrenzt wird (s. Abb. 219).

In allen Störungsfällen, mit Ausnahme der ganz besonders ernsten, genügt es, die drei am stärksten ausgeprägten Oberwellen zu beseitigen; es ist niemals notwendig, mehr als vier Querkreise vorzusehen. Ein und dieselbe Gleichstromdrosselspule wirkt mit allen Querkreisen zusammen und sie verringert auch jene Oberwellen, für die keine Querkreise vorgesehen sind.

Bei den Berechnungen für irgendeine Oberwelle, für die ein Querkreis vorgesehen wird, kann die Gleichstromdrosselspule und der Querkreis als geschlossener Stromkreis für die betrachtete Oberwelle angesehen werden. Der Spannungsabfall in diesem Stromkreis, der vom Oberwellenstrom verursacht wird, besteht aus dem induktiven Spannungsabfall an der Gleichstromdrosselspule und dem Ohmschen Spannungsabfall, hervorgerufen durch den Widerstand der Gleichstromdrosselspule und des Querkreises. Der Ohmsche Spannungsabfall im Querkreis ist klein im Vergleich mit dem induktiven Abfall an der Gleichstromdrosselspule und ist gegen ihn um 90⁰ phasenverschoben. Es kann also für die Berechnung des Oberwellenstromes im Querkreis angenommen werden, daß die ganze Oberwellenspannung von der Gleichstromdrosselspule verzehrt wird. Der Ohmsche Spannungsabfall im Querkreis, hervorgerufen durch die Verluste des Kondensators und den Widerstand der Drosselspule und der Verbindungsdrähte, ist die Ursache für das Auftreten einer Restspannung der betreffenden Oberwelle an den Netz-

klemmen. Das Verhältnis der Oberwellenspannung an der Gleichstromdrosselspule zur Restspannung an den Netzklemmen stellt die durch den
Filter erzielte Herabsetzung der betreffenden Oberwelle dar und ist daher
ein Maß für die Wirksamkeit des Filters. Da der Oberwellenstrom irgendeiner Frequenz in der Gleichstromdrosselspule und im Querkreis ein und
denselben Wert besitzt, so ist leicht einzusehen, daß der Reduktionsfaktor
gleich dem Verhältnis des Blindwiderstandes der Gleichstromdrosselspule zum effektiven Widerstand des Querkreises bei der betrachteten
Frequenz ist.

Bezeichnet man mit L_0 die Induktivität der Gleichstromdrosselspule und mit R_n den Widerstand des Querkreises für die $n$te Oberwelle, so ist der Reduktionsfaktor für diese Oberwelle gleich

$$B_n = \frac{p\,n\,\omega\,L_0}{R_n} \qquad \ldots \ldots \ldots \ldots \quad (204)$$

Der Widerstand des Querkreises liegt hauptsächlich in der Querkreisdrosselspule; diese ist also der bestimmende Faktor für das Ausmaß
der Herabsetzung der betreffenden Oberwellenspannung durch den
Filter. Es ist daher erwünscht, daß die Querkreisdrosselspulen niedrigen
Widerstand aufweisen. Die Querkreisdrosselspulen sollen aus Litzen-
draht gewickelt werden, um den Einfluß des Skineffektes herabzusetzen,
der bei hohen Frequenzen den Widerstand des Drahtes erheblich vergrößert. Auch für die Verbindungsleitungen zu den Gleichstromsammelschienen sind Litzendrähte zu verwenden. Diese Verbindungsleitungen
soll so kurz als möglich sein und sollen nicht auf metallischer Unter-
lage verlegt werden. Der Wechselstromwiderstand eines Drahtes bei
360 Hz ist ungefähr das Doppelte seines Gleichstromwiderstandes.

Die Qualität Q einer Querkreisdrosselspule kann definiert werden
als Verhältnis ihres Blindwiderstandes zu ihrem Wirkwiderstand der
gleich dem Gesamtwiderstand des Querkreises gesetzt werden kann.

$$Q_n = \frac{p\,n\,\omega\,L_n}{R_n} \qquad \ldots \ldots \ldots \ldots \quad (205)$$

Aus den Gleichungen (204) und (205) ergibt sich folgender Ausdruck
für die Induktivität der Querkreisdrosselspule:

$$L_n = \frac{Q_n\,L_0}{B_n} \qquad \ldots \ldots \ldots \ldots \quad (206)$$

Bei schweren Störungen ist es notwendig, die drei hauptsächlichsten
Oberwellen auf $1/10$ ihres Wertes herabzusetzen. Erfahrungsgemäß ist
in gewöhnlichen Fällen eine Herabsetzung auf ein Fünftel ausreichend.
Es darf daher der Wechselstromwiderstand jedes Querkreises einschließ-
lich der Verbindungsleitungen zu den Sammelschienen ein Fünftel des
Blindwiderstandes der Gleichstromdrosselspule nicht überschreiten.

Beim Entwurf einer Glättungseinrichtung der in Abb. 219 dargestellten Art sind folgende Umstände in Betracht zu ziehen:

Obwohl die Wechselspannung an jedem Querkreis fast Null ist,
so liegt doch an jedem Kondensator eine beträchtliche Wechselspannung,
weil der Oberwellenstrom hindurchfließt; diese Spannung ist der
Gleichspannung überlagert
und der Scheitelwert der resultierenden Spannung be-
stimmt die Nennspannung
des Kondensators. Ferner haben die Kondensatoren eine
bestimmte Strombelastbar-
keit pro Mikrofarad, die nicht
überschritten werden soll. Die
Strombelastbarkeit hängt von
der Bauart des Kondensa-
tors ab.

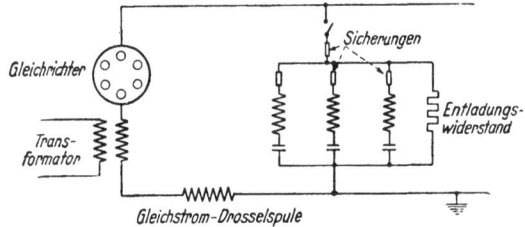

Abb. 219. Schaltbild einer Glättungseinrichtung, bestehend aus einer Gleichstromdrosselspule und Schwingungskreisen, die auf jene Spannungsoberwellen abgestimmt sind, die unterdrückt werden sollen.

Die Querdrosselspule ist so zu bemessen, daß sie den im Querkreis
fließenden Strom ohne unzulässige Erwärmung führen kann. Ihr Widerstand darf jenen Wert nicht überschreiten, der sich nach Gleichung (204)
aus der gewünschten Herabsetzung der Oberwellenspannung ergibt,
wobei der zusätzliche Widerstand in den Verbindungsdrähten und der
Verlust im Kondensator zu berücksichtigen ist.

Die Gleichstromdrosselspule muß für den Nenndauerstrom des
Gleichrichters bemessen sein und genügende Induktivität besitzen, um die
Oberwellenströme in den Querkreisen auf passende Werte zu begrenzen.

In Kapitel V wurde gezeigt, daß die Oberwellenspannungen durch
die Gleichspannung, die Phasenzahl und die Belastung des Gleichrichters
bestimmt werden. Ist der Gleichrichter mit einer Gleichstromdrosselspule und mit Querkreisen ausgerüstet, so ist der Strom in jedem Querkreis gleich der betreffenden Oberwellenspannung dividiert durch den
Blindwiderstand der Gleichstromdrosselspule bei dieser Frequenz. Hierbei ist angenommen, daß im Gleichstromnetz keine Oberwellen auftreten. Da die in den Querkreisen fließenden Ströme bekannt sind,
so ist die Mindestzahl der Kondensatoren durch deren Strombelastbarkeit bestimmt. Abb. 220 ist ein Schaubild, aus dem die Ströme
in den Querkreisen für die 4 ersten Oberwellen eines Sechsphasengleichrichters in Abhängigkeit von der Induktivität der Gleichstromdrosselspule zu entnehmen sind. Die Kurven wurden unter Zugrundelegung der theoretischen Werte der Oberwellenspannungen berechnet. Die oberen Skalen gelten für 25 Hz und die unteren Skalen
für 60 Hz, ferner für 600, 1500 und 3000 V Gleichspannung.

Beim Entwurf von Wellenfiltern steht die Wahl zwischen einer
großen Anzahl von Kapazitäts- und Induktivitätswerten offen, die den

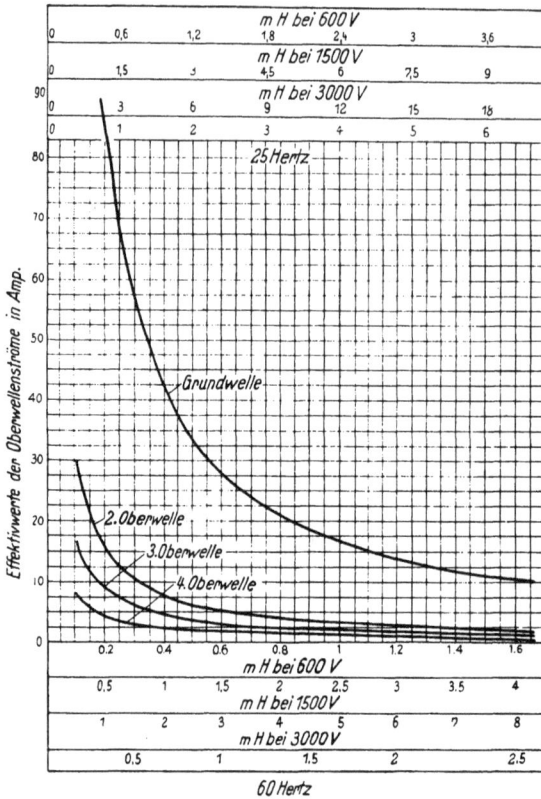

Abb. 220. Abhängigkeit der Ströme in den Querkreisen für die ersten vier Oberwellen eines Sechsphasengleichrichters von der Induktivität der Gleichstromdrosselspule.

Gleichungen (203) und (204) genügen und den übrigen vorstehend angegebenen Bedingungen entsprechen. Die Werte, die man für die Ausführung auswählt, werden durch ökonomische Erwägungen bestimmt. Wie aus Abb. 220 hervorgeht, sind die Oberwellenströme in den Querkreisen um so größer, je kleiner die Induktivität der Gleichstromdrosselspule ist; infolgedessen sind größere Kondensatoren erforderlich. Für bestimmte Werte der Induktivität der Gleichstromdrosselspule und der Kapazität der Querkreiskondensatoren sind die Gesamtkosten der Glättungseinrichtung am kleinsten. Außer den Kosten sind auch die Kupferverluste in der Gleichstromdrosselspule und der Raumbedarf in Betracht zu ziehen. Im allgemeinen ist bei einer bestimmten Gleichspannung die Induktivität der Gleichstromdrosselspule für die wirtschaftlichste Wellenfilteranordnung um so niedriger je größer die Nennleistung des Gleichrichters ist; je höher bei

Gleichspannung Volt	Leistung kW	Gleichstromdrosselspule mH	Frequenz der Oberwelle Hz	Querkreis-	
				drosselspule mH	kondensator μ F
600	500	0,6	360	3,26	60
			720	3,26	15
			1080	1,45	15
600	1000	0,4	360	2,17	90
			720	3,26	15
			1080	1,45	15
600	3000	0,28	360	1,30	150
			720	3,26	15
			1080	1,45	15

einer bestimmten Nennlei-
stung die Gleichspannung ist,
desto größer ist die Induktivität der Gleichstromdrosselspule für den wirtschaftlich-
sten Wellenfilter.

Im vorstehenden werden
die Konstanten von Wellenfiltern für einige Sechsphasengleichrichter bei 60 Hz angegeben, die nach den vorstehend
auseinandergesetzten Grundsätzen bemessen wurden.

Die Gleichstromdrossel-
spule und die Querkreisdrosselspulen der in vorstehender
Zahlentafel angeführen Wellenfilter sind Luftdrosselspulen ohne Eisenkern.

Die Induktivität solcher
Drosselspulen kann nach der
Formel $L = 4\,\pi\,^2 a\,.N^2 p\,10^{-6}$
berechnet werden, wobei L

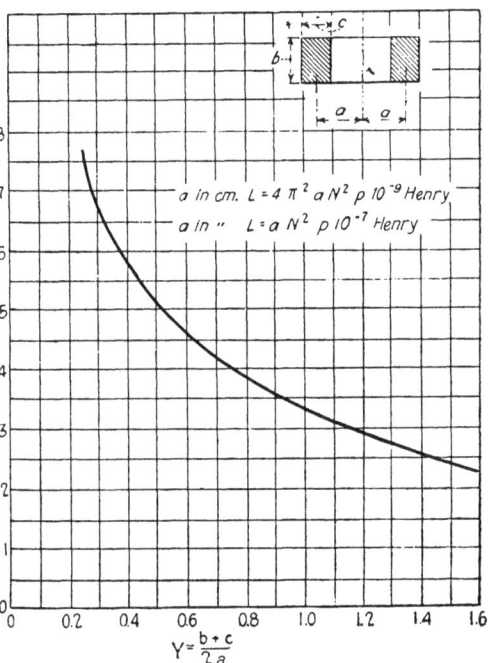

Abb. 221. Kurve für die Berechnung der Induktivität von Luftdrosselspulen.

die Induktivität in mH, a der
mittlere Radius in cm und N die Windungszahl der Drosselspule ist;

p ist eine Funktion von $\dfrac{b+c}{2\,a}$; hier ist b die Höhe und c die radiale

Breite der Spule (s. Abb. 221). Für die günstigste Ausnützung des
Kupfers geben verschiedene Autoritäten Werte für das vorstehende
Verhältnis von 0,68 bis 0,73 an. Es besteht aber ein großer Bereich mit
guter Materialausnützung auch außerhalb dieser Werte. Die Formel ist
vollständig exakt für solche Drosselspulen, die aus vieladrigen Kupfer-
seilen gewickelt sind; bei massiven Leitern verringert der Skineffekt
die Induktivität L in einem bestimmten Ausmaß. Die Querkreisdrosselspulen werden nach derselben Formel berechnet.[1]

---

[1] Hinsichtlich der Berechnung eisenfreier Drosselspulen sei ferner auf die
Formeln von Korndörfer (Elektrotechn. Z. 1917, Heft 44, S. 521), sowie auf einen
Aufsatz des Bearbeiters: „Die Berechnung eisenfreier Drosselspulen" Elektrotechn.
u. Maschinb. 1928, Heft 5 und auf eine Arbeit von R. Edler: „Beitrag zur Berechnung eisenloser Banddrosselspulen", Arch. Elektrotechn. 26. Bd., S. 755, 1932,
verwiesen.

XIV. Kapitel. Prüfung der Großgleichrichter und ihrer Hilfseinrichtungen.

Meßinstrumente.

Die Ströme auf der Primärseite des Gleichrichtertransformators sind nicht sinusförmig und enthalten im allgemeinen Oberwellen von beträchtlicher Größe. Die verwendeten Strommesser müssen so gebaut sein, daß ihre Genauigkeit durch die Frequenz des Stromes wenig beeinflußt wird. Hitzdrahtinstrumente oder dynamometrische Instrumente eignen sich für diesen Zweck am besten.

Die Gleichspannung und der Gleichstrom enthalten Wechselstromkomponenten, die der Gleichstromkomponente überlagert sind. Zur Messung des Mittelwertes, d. h. der Gleichstromkomponente bedient man sich der Drehspulinstrumente. Für die Messung des Effektivwertes werden Dreheiseninstrumente, Hitzdrahtinstrumente oder dynamometrische Instrumente verwendet.

Bei oszillographischen Aufnahmen der Ströme und Spannungen in Gleichrichterstromkreisen ist der richtigen Einstellung der Dämpfung der Oszillographenschleife Aufmerksamkeit zuzuwenden, hauptsächlich wegen der steilen Wellenfronten, die bei den Strömen und Spannungen vorkommen. Bei der Auswertung von Oszillogrammen, die an Gleichrichtern aufgenommen wurden, ist zu beachten, daß diese Oszillogramme häufig auf steilen Kurvenästen Spitzen oder Schwingungen zeigen, die eine Folge unrichtiger Dämpfung der Schleife sind. Nimmt man gleichzeitig Oscillogramme der Ströme und Spannungen in verschiedenen Teilen des Gleichrichterstromkreises auf, so sind die Leitungen derart anzuordnen, daß keine hohen Spannungen zwischen den einzelnen Oszillographenschleifen auftreten, um Überschläge zu vermeiden. Oszillographiert man die Ströme verschiedener Anoden unter Benützung von Nebenwiderständen, so sind diese Nebenwiderstände auf der Sekundärseite des Transformators in der Nähe des Sternpunktes einzuschalten und nicht etwa in die Anodenzuleitungen, weil die Spannung zwischen bestimmten Anoden oder zwischen Anode und Kathode ungefähr das Doppelte der Gleichspannung beträgt; diese Spannung kann Durchschläge im Oszillographen bewirken, wenn die Nebenschlüsse bei den Anodenanschlußklemmen der Sekundärwicklung des Transformators eingeschaltet werden.

Bei der Aufnahme von Oszillogrammen der Anodenströme verwendet man induktionsfreie Nebenwiderstände. Stromwandler gewöhnlicher Bauart können für diesen Zweck wegen des Fehlers, der durch die Vorsättigung des Eisenkernes des Stromwandlers durch die Gleichstromkomponente des Anodenstromes entsteht, nicht verwendet werden. Ist der Kern durch die Gleichstromkomponente vorgesättigt, so ist ein großer Magnetisierungsstrom notwendig, um die sekundäre Klemmenspannung zu induzieren. Da der Sekundärstrom gleich dem Primärstrom, vermindert um den Magnetisierungsstrom, ist, so werden durch den großen Magnetisierungsstrom bedeutende Übersetzungsfehler und Fehlwinkel bewirkt. Diese Fehler können verringert werden, wenn der Stromwandler mittels einer Tertiärwicklung durch den vom Gleichrichter abgegebenen Strom derart magnetisiert wird, daß die Wirkung der Gleichstromkomponente des Anodenstromes aufgehoben wird.

Die vorstehenden Gesichtspunkte für die Verwendung von Stromwandlern bei der Aufnahme von Oszillogrammen gelten auch für die Verwendung von Stromwandlern in den Anodenleitungen für Amperemeter und Zähler (s. Literaturstellen 143 und 144).

Bestimmung der Betriebseigenschaften.

Die Betriebseigenschaften einer Gleichrichteranlage können durch folgende Prüfungen bestimmt werden:

1. Messung des Lichtbogenabfalles im Gleichrichtergefäß,
2. Prüfung des Gleichrichtertransformators,
3. Bestimmung des Wirkungsgrades aus den Verlusten,
4. Belastungsprüfungen des Gleichrichters,
5. Isolationsprüfungen des Gleichrichters,
4. Prüfung der Vakuumpumpen und Vakuummeßgeräte.

1. Messung des Lichtbogenabfalles im Gleichrichtergefäß. Der Lichtbogenabfall in einem Gleichrichtergefäß kann leicht bestimmt werden, indem man von einer Anode zur Kathode Gleichstrom hindurchschickt und den Spannungsabfall mißt. Die mit diesem Verfahren erhaltenen Werte des Lichtbogenabfalles gelten jedoch nicht für den in Bewegung begriffenen Lichtbogen, der in einem Gleichrichter während des Betriebes vorhanden ist, weil im Gleichrichterbetrieb jede Anode nur während eines Teiles einer Periode Strom führt und sich der Lichtbogen periodisch von einer Anode zur anderen bewegt, so daß der Spannungsabfall sowohl an der Anode als auch im Lichtbogen selbst von dem Abfall in einem ruhenden Lichtbogen abweicht, weil die Ionisationsverhältnisse verschieden sind.

Bei der Messung des Lichtbogenabfalles im Gleichrichterbetrieb verursacht die große Schwankung der Spannung zwischen Anode und Kathode Schwierigkeiten; diese Spannung ist verhältnismäßig gering, wenn die Anode Strom führt, hingegen hoch in der Sperrphase. So ist z. B. bei einem Sechsphasengleichrichter für 600 V die Spannung zwischen Anode und Kathode während der Stromführungszeit der Anode (Brennspannung) etwa 25 V, während sie in der Sperrzeit 1300 V beträgt.

Zur Messung des Lichtbogenabfalles eines Gleichrichters im Betrieb kann eines der folgenden Verfahren angewandt werden:

Bestimmung des Lichtbogenabfalles durch Verlustmessung. Die Verluste in einem Gleichrichtergefäß, wenn der Gleichrichter unter konstanter Belastung arbeitet, können durch Messung der an das Kühlwasser und der durch Strahlung abgegebenen Wärmemenge bestimmt werden. Man ermittelt die an das Kühlwasser abgegebene Wärmemenge durch Messung der Kühlwassermenge, sowie der Eintritts- und Austrittstemperatur. Die Strahlungsverluste können aus Größe und Temperatur der strahlenden Oberflächen berechnet werden, wenn die Raumtemperatur bekannt ist. Aus den Verlusten berechnet man den Spannungsabfall, indem man sie durch den Laststrom dividiert.

Dieses Verfahren ist verhältnismäßig einfach und liefert ziemlich genaue Ergebnisse.

Das Wattmeterverfahren. Der Spannungsabfall in einem Gleichrichter kann durch Messung der Verluste mit einer Hochstromtype des Siemens-Dynamometers oder mit der Kelvinschen Waage bestimmt werden. Die Stromspule des Wattmeters wird in eine Anodenleitung eingeschaltet und seine Spannungsspule zwischen Anode und Kathode. Dividiert man die mit dem Wattmeter gemessenen Verluste durch den Mittelwert des Anodenstromes, der von einem Drehspulinstrument angezeigt wird, so erhält man den Effektivwert des Lichtbogenabfalles. Ist der Gleichrichter symmetrisch, so ist der Lichtbogenabfall für alle Anoden praktisch gleich groß. Um bei diesem Verfahren genaue Ergebnisse zu erzielen, sollen die Messungen mit einer niedrigen Gleichspannung (etwa 100 V oder weniger) durchgeführt werden, damit der Spannungsabfall im Lichtbogen im Vergleich mit der Sperrspannung nicht zu klein ist.

Eine Abänderung des vorstehenden Verfahrens dient zur genauen Messung des Lichtbogenabfalles bei hohen Gleichspannungen unter Verwendung einer Glühkathodenröhre in Verbindung mit dem Wattmeter. Die Spannungsspule des Wattmeters ist mit einem äußeren Widerstand in Reihe geschaltet; zu ihr parallel liegt die Glühkathodenröhre, deren Heizfaden mit dem Anodenanschluß der Spannungsspule verbunden ist. Während der Brennzeit der Anode ist der Heizfaden positiv und die Glühkathodenröhre nicht stromdurchlässig; während der Sperrzeit der betreffenden Anode ist der Heizfaden der Röhre negativ und der größte Teil des Stromes fließt durch die Röhre. Bei diesem Verfahren kann eine Spannungsspule für niedrige Spannung verwendet werden, ohne daß die Gefahr des Durchbrennens besteht.

Die Verwendung von Wattmetern, deren Stromspulen in die Anodenleitungen eingeschaltet sind, ist manchmal unbequem, besonders bei hohen Strömen, da ein Spezial-Hochstromwattmeter verwendet werden muß und besondere Vorkehrungen zur Abschirmung des Instrumentes gegen magnetische Streufelder notwendig sind. Es wurde daher ein Verfahren zur Messung der Verluste in einem Gleichrichtergefäß unter

Verwendung von Stromwandlern und normalen Leistungsmessern entwickelt. Um die Fehler durch die Vormagnetisierung der Stromwandler mit der Gleichstromkomponente der Anodenströme zu beseitigen, besitzen die Stromwandler zwei Primärwicklungen, die an zwei diametrale Phasen des Gleichrichtertransformators angeschlossen werden, so daß sich die Gleichstromkomponenten der beiden Anodenströme aufheben. Bei diesem Verfahren kann die Leistungsaufnahme und Leistungsabgabe des Gleichrichters gemessen und die Differenz als Verlust im Gleichrichtergefäß angesehen werden. Um genaue Resultate zu erhalten, werden die Messungen bei niedriger Gleichspannung durchgeführt, so daß die Verluste im Gleichrichter im Vergleich zu den Meßgrößen beträchtlich sind.

Oszillographisches Verfahren. Der Spannungsabfall im Gleichrichter kann durch eine oszillographische Aufnahme der Spannung zwischen Anode und Kathode bestimmt werden. Natürlich soll man die Spannung während der Brennzeit der Anode in einem größeren Maßstab aufzeichnen, um den Wert des Spannungsabfalles genau zu bestimmen. Man erreicht dies, indem man den Gleichrichter bei niedriger Spannung betreibt, so daß der Spannungsabfall ein merklicher Teil der Gesamtspannung zwischen Anode und Kathode ist. Bei einem anderen Verfahren verwendet man einen Schaltapparat der durch einen kleinen Synchronmotor angetrieben wird und den Oszillographen während der Sperrzeit der Anode abschaltet, wodurch es möglich wird, den vollen Ablesebereich für die Aufzeichnung der Spannung während der Brennzeit auszunützen.

2. Prüfung von Gleichrichtertransformatoren. Gleichrichtertransformatoren werden ähnlich wie andere Leistungstransformatoren geprüft. Die Prüfung betrifft das Übersetzungsverhältnis, die Isolationsfestigkeit, die Eisenverluste und besteht ferner aus einem Kurzschlußversuch und aus Belastungsprüfungen.

Die Prüfung des Übersetzungsverhältnisses wird gewöhnlich bei herabgesetzter Spannung durchgeführt. Die Isolationsprüfung der Primärwicklung erfolgt nach den Vorschriften für Leistungstransformatoren. Hingegen ist die Sekundärwicklung mit einer höheren Spannung, als diesen Vorschriften entspricht, zu prüfen, um den Überspannungen Rechnung zu tragen, die auf der Sekundärseite von Gleichrichtertransformatoren auftreten können. Die Eisenverluste werden bei der Nennspannung gemessen.

Zur Bestimmung der Streuung und der Kupferverluste macht man den üblichen Kurzschlußversuch, indem man die Sekundärwicklung teilweise oder vollständig kurzschließt und die Spannung sowie die Verluste beim Nennstrom in der Primärwicklung mißt. Da die Kupferverluste im Gleichrichterbetrieb im allgemeinen nicht mit den beim Kurzschlußversuch gemessenen Verlusten übereinstimmen, müssen diese

Kupferverluste berechnet werden, wie dies in Kapitel VI für verschiedene Transformatorschaltungen angegeben wurde.

Die Belastungsversuche an einem Gleichrichtertransformator können nicht nach der Rückspeisungsmethode, die bei der Prüfung von Leistungstransformatoren angewendet wird, erfolgen, da die Leistung der Primärwicklung und der Sekundärwicklung bei Gleichrichtertransformatoren verschieden ist. Belastungsversuche können nur in Verbindung mit dem Gleichrichter durchgeführt werden.

3. Berechnung des Gesamtwirkungsgrades aus den Einzelverlusten. Der Gesamtwirkungsgrad einer Gleichrichteranlage bei verschiedenen Belastungen kann aus den Einzelverlusten des Gleichrichtergefäßes, des Transformators und der Hilfseinrichtungen berechnet werden. Die Verluste im Gleichrichtergefäß berechnet man aus dem bei verschiedenen Belastungen gemessenen Lichtbogenabfall. Die Eisenverluste des Transformators werden als konstant bei allen Belastungen angenommen. Die Kupferverluste werden dem Quadrat der Belastung proportional gesetzt. Der Energiebedarf der Hilfseinrichtungen wird unter Berücksichtigung ihrer Betriebsdauer einbezogen.

4. Belastungsprüfungen. Die Betriebseigenschaften eines Gleichrichters erfährt man durch Belastungsprüfungen unter Bedingungen, die den tatsächlichen Betriebsbedingungen nahekommen. Das Prüfungsprogramm soll in Übereinstimmung mit der garantierten Leistung der Einrichtung oder nach einem bestimmten Belastungsverlauf, der die Betriebsbedingungen nachahmt, aufgestellt werden. In bestimmten Zeitabständen können auch Kurzschlüsse herbeigeführt werden.

Bei den Belastungsprüfungen kann der Gleichrichter auf einen Widerstand arbeiten oder die Leistung kann durch einen Motorgenerator ins Netz zurückgespeist werden. In diesem Falle sind nur die Verluste des Gleichrichters und des Motorgenerators zu decken.

Während der Belastungsprüfungen sind die folgenden Messungen und Beobachtungen zu machen:

Ablesung der Wechselströme und Gleichströme.

Ablesung der Wechselspannungen und Gleichspannungen bei verschiedenen Belastungen zur Bestimmung der Belastungskennlinie.

Ablesung der Leistungsaufnahme und -abgabe mittels eines Leistungsmessers auf der Primärseite des Transformators und eines Amperemeters und Voltmeters auf der Gleichstromseite zur Bestimmung der Wirkungsgradkurve. Um den Gesamtwirkungsgrad der Gleichrichtereinheit zu ermitteln, muß auch der Leistungsbedarf der Hilfseinrichtungen bestimmt werden. Der so ermittelte Gesamtwirkungsgrad ist mit dem aus den Einzelverlusten berechneten zu vergleichen. Bei Belastungsversuchen mit veränderlicher Belastung mißt man die aufgenommene und abgegebene Energie mit Wattstundenzählern, um den mittleren Wirkungsgrad wäh-

rend einer vollständigen Belastungsperiode zu bestimmen. Den Leistungsfaktor berechnet man aus den Ablesungen der Leistungs-, Strom- und
Spannungsmesser auf der Wechselstromseite.

Ferner sind die Temperaturen des Gleichrichters und Transformators sowie die Ein- und Austrittstemperaturen des Kühlwassers zu
messen. Wenn möglich ist auch die Kühlwassermenge zu bestimmen.
Das Vakuum ist mit Hitzdrahtvakuummetern und mit Kompressions-
vakuummetern nach McLeod zu messen. Über das Eintreten von Rückzündungen und andere abnormale Ereignisse sind Aufzeichnungen zu
führen, wobei das Vakuum, der Strom und die Temperatur zur Zeit solcher
Vorkommnisse zu notieren sind. Besondere Aufmerksamkeit ist dem
Vakuum und dem Zustand des Gleichrichters unmittelbar nach Kurzschlüssen, sowie seiner Fähigkeit, nach Kurzschlüssen oder Rückzündungen
den Betrieb wieder aufzunehmen, zuzuwenden.

Wenn möglich sind die Spannungen und Ströme bei normalen Belastungen und bei Kurzschlüssen oszillographisch aufzunehmen.

Der Zustand der Anodeneinführungen ist in regelmäßigen Zeitabständen zu kontrollieren.

5. Isolationsprüfungen an Gleichrichtern. Die Anoden und die
Kathode des Gleichrichters sind vom Gefäß und das Gefäß ist gegen
Erde isoliert. Ist der Gleichrichter in Betrieb, so hat das Gefäß praktisch das Potential der Kathode; die Kathode ist nur deshalb vom Gefäß isoliert, um eine Stromleitung durch die Gefäßwände und die Bildung von Kathodenflecken auf ihnen zu verhindern (s. Kapitel III).
Aus diesem Grunde ist keine Prüfung der Isolation zwischen Kathode
und Gefäß notwendig. Die höchste Betriebsspannung zwischen einer
Anode und der Kathode bzw. dem Kessel eines mehrphasigen Gleichrichters ist das Doppelte der Anodenspannung gegen den Transformatornullpunkt. Nach den Vorschriften des AIEE beträgt die Prüfspannung
zwischen Anode einerseits, Kathode und Kessel anderseits das Vierfache der Anodenspannung gegen den Transformatornullpunkt plus
1000 V. Um jedoch den Überspannungen Rechnung zu tragen, die in
den Anodenstromkreisen auftreten können, und entsprechend der Tatsache, daß die Durchschlagspannung des Quecksilberdampfes bei höheren
Temperaturen abnimmt, wird im allgemeinen eine höhere Prüfspannung
angewandt. Die Prüfspannung, die zwischen Gleichrichtergefäß und
Kathode einerseits und Erde anderseits anzuwenden ist, beträgt das
Zweifache der höchsten in Betrieb auftretenden Gleichspannung plus
1000 V. Die gleiche Prüfspannung soll für die Hilfseinrichtungen angewendet werden, die das Potential des Gleichrichtergefäßes aufweisen.

6. Prüfung der Vakuumpumpen und Vakuummeßgeräte. Es kann
im Gleichrichtergefäß ein um so höheres Vakuum aufrechterhalten
werden, je größer die Leistungsfähigkeit der Vakuumpumpen ist. Diese

kann nicht allein nach der Höhe des Vakuums beurteilt werden, die im angeschlossenen Gleichrichtergefäß aufrechterhalten wird, weil in den gewöhnlichen Gleichrichtern kleine Undichtigkeiten immer auftreten und die Anoden und andere Teile des Gleichrichters eingeschlossene Gase bei Erhitzung abgeben. Die Leistungsfähigkeit einer Vakuumpumpe muß daher nach der Gasmenge pro Sekunde beurteilt werden, die sie bei einem bestimmten Druck fördern kann.

Diese Leistungsfähigkeit kann auf zwei Arten gemessen werden:

a) Es wird mit der Pumpe aus einem geschlossenen Behälter bekannten Inhaltes die Luft ausgepumpt und der Druck im Behälter in bestimmten Zeitabständen mit einem Vakuummeter gemessen, das keine merkliche Anzeigeverzögerung aufweist. Die mittlere Leistungsfähigkeit der Pumpe kann dann berechnet werden.

b) Eine bestimmte und regelbare Luftmenge wird auf der Saugseite der Pumpe einströmen gelassen und das Vakuum, welches die Pumpe bei verschiedenen einströmenden Luftmengen aufrechtzuerhalten vermag, gemessen. Dieses Verfahren ist praktischer als das erste, aber zu seiner Ausführung sind Spezialventile notwendig, welche das Einlassen äußerst kleiner Luftmengen in den Saugraum der Pumpe ermöglichen. Diese Ventile, die aus Kapillarröhren bestehen, bei denen entweder die Länge oder der Querschnitt oder beides in einfacher Weise verändert werden kann, müssen sehr exakt angefertigt sein, damit man mit ihnen reproduzierbare Ergebnisse erzielen kann. Die Ventile werden geeicht, indem man sie mit einem geschlossenen Behälter von bekanntem Inhalt verbindet, und die Luftmenge, die durch das Ventil in den Behälter eindringt, durch Druckmessung bestimmt.

Das hohe Vakuum, das für Quecksilberdampfgleichrichter erforderlich ist, läßt geeignete Geräte für die genaue Messung sehr niedriger Gasdrücke unerläßlich erscheinen. Als Normalinstrument für die Eichung verschiedener Vakuummeter verwendet man fast ausschließlich das Kompressionsvakuummeter nach McLeod. In diesem Gerät, das in Kapitel VIII beschrieben wurde, wird ein bestimmtes Gasvolumen vom restlichen Gasinhalt des Gleichrichters abgetrennt und verdichtet; die erreichte Volumsverringerung, die unmittelbar an einer Skala abgelesen werden kann, ist nach dem Boyleschen Gesetz ein Maß für den Gasdruck vor der Verdichtung. In Geräten, die als Normalinstrumente verwendet werden sollen, muß der Inhalt des Meßrohres geeicht werden, indem man es mit einer Flüssigkeit vollständig anfüllt; auf diese Weise beseitigt man die Fehler durch mögliche Schwankungen des Innendurchmessers. Nachdem dies geschehen ist, kann die Skala für den Gasdruck berechnet werden und dieses Instrument zeigt den Gasdruck genau an, wenn dafür Sorge getragen wird, daß keine kondensierbaren Dämpfe in das Gerät gelangen. Absolut richtige Werte können mit diesem Instrument nur dann gemessen werden, wenn alle Dämpfe, wie Wasserdampf, Öldampf usf. vor der Messung kondensiert oder absorbiert werden. Die Einrichtung hierzu besteht aus Gefäßen, die durch flüssige Luft oder flüssigen Sauerstoff auf — 183⁰C gekühlt werden, um die Dämpfe niederzuschlagen. Glaskolben, die mit Phosphorpentoxyd gefüllt sind, absorbieren die vorhandene Feuchtigkeit. Die zurückbleibenden nicht verflüssigbaren Gase folgen den Gasgesetzen; ihr Druck wird durch das Vakuummeter von McLeod richtig angezeigt.

Experimentaluntersuchungen.

Die Wirkung verschiedener Konstruktionseinzelheiten, Werkstoffe und Transformatorschaltungen auf die Betriebseigenschaften eines Gleichrichters, ferner der Einfluß verschiedener Arbeitsbedingungen kann durch Experimentaluntersuchungen bestimmt werden. Bei solchen Versuchen ist es vorteilhaft, wenn der Gleichrichter mit Beobachtungsfenstern ausgestattet ist, die es ermöglichen, die Lichtbögen an den Anoden und an der Kathode zu betrachten. Ferner soll ein Gleichrichtertransformator vorhanden sein, mit dem man verschiedene Schaltungen herstellen kann. Die Vorgänge im Lichtbogen kann man am besten in der Weise beobachten, daß man ihn durch eine stroboskopische Scheibe betrachtet. Die Scheibe soll so viele radiale Schlitze haben, als der Antriebsmotor Polpaare besitzt, so daß der Lichtbogen in einem bestimmten Zeitpunkt innerhalb der Periode beobachtet werden kann, wenn der Motor mit synchroner Geschwindigkeit läuft (s. Kapitel III und Literaturstelle 243).

Im nachfolgenden wird eine Anzahl derartiger Untersuchungen beschrieben.

Spannungsabfall im Gleichrichterlichtbogen. Gegenstand der Untersuchung ist: Der Einfluß des Anodenmaterials, der Form und Größe der Anoden, des Durchmessers und der Gestalt der Anodenschutzrohre, der Anordnung der verschiedenen Dampf- und Lichtbogenführungen, der Bauart der Kathode, sowie des Abstandes zwischen Anoden und Kathode auf den Spannungsabfall. Der Einfluß der Temperatur und des Vakuums im Gleichrichter, ferner der Kühlwassertemperatur auf den Spannungsabfall. Der Einfluß des Vorhandenseins von Luft und anderen Gasen. Der Einfluß des Scheitelwertes und der Dauer der Anodenströme. Die Veränderungen des Spannungsabfalles mit der Belastung. Der Vergleich des Spannungsabfalles bei Gleichstrom und bei Wechselströmen verschiedener Frequenzen.

Die Zündung des Gleichrichters mit Wechselstrom und Gleichstrom. Der Einfluß von Temperatur und Druck auf die Zündung. Der Mindeststrom, der zur Aufrechterhaltung des Lichtbogens an den Erregeranoden und an den Hauptanoden bei verschiedenen Temperaturen und Drucken benötigt wird.

Die Verdampfungsgeschwindigkeit des Quecksilbers bei verschiedenen Bauarten und verschieden starker Kühlung der Kathode und ihre Wirkung auf den Lichtbogenabfall.

Rückzündungen und Überspannungen. Die Bedingungen, welche auf das Auftreten von Rückzündungen Einfluß haben. Rückzündungsbelastung bei verschiedenen Gleichspannungen; die Wirkung des Druckes und der Temperatur im Vakuumgefäß, der Anodentemperatur, des Vorhandenseins von Verunreinigungen im Gleichrichter und von kondensiertem Quecksilber an den Anoden. Die Wirkung des Anodenmaterials und der Anordnung der Lichtbogenführungen.

Überspannungen beim Erlöschen des Gleichrichterlichtbogens. Der Einfluß der Stromstärke, der Geschwindigkeit der Stromänderung, des Druckes und der Temperatur im Gleichrichter auf die Größe der Überspannungen.

Rückstrom. Man mißt den Rückstrom, der an einer Anode während ihrer Sperrzeit auftritt; der Einfluß des Laststromes, der Betriebsspannung, des Druckes und der Temperatur im Gleichrichter auf die Größe des Rückstromes; die Beziehung zwischen dem Rückstrom und dem Auftreten von Rückzündungen. In Kapitel III wurde festgestellt, daß die Rückzündungen in enger Beziehung zum Rückstrom stehen. Der Rückstrom ist daher für die Erforschung der Rückzündungen von besonderem Interesse (Literaturstelle 248).

Da der Rückstrom in der Größenordnung einiger Milliamp. ist und demnach außerordentlich klein im Vergleich mit dem Belastungsstrom, müssen besondere Verfahren zu seiner Messung angewandt werden. Die Abb. 222 und 223 zeigen zwei Schaltungen zur Messung des Rückstromes.

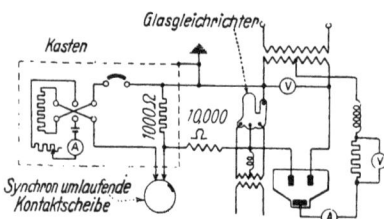

Abb. 222. Schaltbild für die Rückstrommessung mit einem zum Meßstromkreis parallel geschalteten Hilfsgleichrichter.

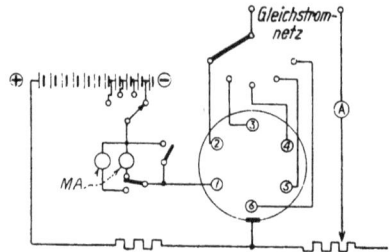

Abb. 223. Schaltung zur Messung des Rückstromes und Feststellung des Einflusses der Stromführung anderer Anoden auf den Rückstrom.

Die Schaltung nach Abb. 222 bezieht sich auf ein Verfahren zur unmittelbaren Messung des Rückstromes eines Einphasengleichrichters mit zwei Anoden im normalen Betrieb. Es wird hier ein zweites Gleichrichtergefäß verwendet, welches den normalen Belastungsstrom durchläßt, hingegen dem Rückstrom den Weg versperrt und ihn zwingt, durch den Meßstromkreis zu fließen. Eine synchron umlaufende Kontaktscheibe ermöglicht die Messung in jedem Zeitpunkt innerhalb einer Periode (Literaturstelle 145).

Bei einem anderen Verfahren zur Rückstrommessung wird ein Oszillograph verwendet, der durch eine synchron umlaufende Kontaktscheibe mit einem Nebenwiderstand in einer Anodenzuleitung verbunden ist. Rückstromoszillogramme können auch mit der Schaltung nach Abb. 222 aufgenommen werden, indem man die Oszillographenschleife an Stelle des Meßgerätes einschaltet.

Abb. 223 zeigt eine Schaltung zur Rückstrommessung unter Bedingungen, die den normalen Betriebsbedingungen eines Gleichrichters nahekommen und die für die Erforschung der den Rückstrom beeinflussenden Größen besonders geeignet ist. Die Anode *1* ist an den negativen Pol einer veränderlichen Gleichstromquelle, die eine Akkumulatorenbatterie oder eine Gleichstromdynamo sein kann, angeschlossen. Im Gleichrichtergefäß wird ein Lichtbogen gebildet und irgendeine der anderen Anoden wird über einen Widerstand an eine Gleichstromquelle angeschlossen. Der Strom der Anode *1* wird mit einem Milliamperemeter mit verschieden Meßbereichen gemessen. Zum Schutz der Instrumente bei Überschlägen von der Anode zur Kathode werden die Instrumente durch einen Schalter kurzgeschlossen. Dieser Schalter wird nur für die Dauer der Ablesungen geöffnet.

Mit der Schaltung nach Abb. 223 ist es leicht möglich, den Einfluß folgender Faktoren auf den Rückstrom zu bestimmen: a) Das Potential der Anode *1*, b) die Belastung der stromführenden Anoden, c) die Lage der stromführenden Anode in bezug auf die Anode *1*, d) der Einfluß von Anodenschutzrohren, -schutzschilden und Gittern.

Die Kennzeichen einer Gleichrichterschaltung. Eine Untersuchung über die Wellenform der Ströme und Spannungen bei verschiedenen Belastungen von Leerlauf bis Kurzschluß. Strom- und Spannungsverhältnisse während einer Rückzündung.

Obwohl man Rückzündungen nicht willkürlich erzeugen kann, ist es doch möglich, die Verhältnisse in den äußeren Stromkreisen während einer Rückzündung künstlich nachzuahmen, wenn oszillographische Aufnahmen gemacht werden sollen oder die Wirkung der Rückzündung auf den Transformator, die Schutzeinrichtungen und andere Teile der Gleichrichterschaltung bestimmt werden sollen.

Die Bedingungen während einer Rückzündung können auf folgende Arten künstlich herbeigeführt werden:

1. Man kann, während der Gleichrichter unter Belastung arbeitet, auf eine Anode Überspannungen einwirken lassen. Dieses Verfahren kommt den Vorgängen während einer natürlichen Rückzündung sehr nahe, aber die Rückzündung tritt nicht unter allen Umständen und jedenfalls nicht im gewünschten Zeitpunkt auf.

2. Es kann Quecksilber auf die Anodenoberfläche gespritzt werden. Dieses Verfahren liefert ungefähr dieselben Ergebnisse, wie das vorgenannte, aber es erfordert umfangreiche Vorkehrungen innerhalb des Gleichrichters.

3. Man kann eine äußere Verbindung zwischen einer Anode und der Kathode herstellen, wenn der Gleichrichter in Betrieb ist. Bei diesem Verfahren fließt der Strom von den anderen Anoden in die von der Rückzündung betroffene (d. h. mit der Kathode verbundene) Anode und dann zur Kathode und durch die äußeren Leitungen. Dieses Verfahren ist das einfachste und sehr geeignet zum Herbeiführen der äußeren Bedingungen bei einer Rückzündung; es kann jedoch, wie leicht einzusehen ist, nicht zur Nachahmung der inneren Vorgänge während einer Rückzündung herangezogen werden.

Versuche mit Gleichrichtern, die in Anlagen eingebaut sind.

Am 30. September 1928 machte die Commonwealth Edison Company eine Reihe von Kurzschlußversuchen an den Gleichrichtern der Unterstation Lawnsdale. Die Schaltung dieser Gleichrichter zeigt Abb. 224. Jede Einheit besteht aus 2 Gleichrichtergefäßen, die an einen Transformator angeschlossen sind. Die Primärwicklung des Transformators ist in Stern geschaltet und die Sekundärwicklung besitzt Doppelsechsphasenschaltung mit Saugdrossel. Die Kurzschlußspannung des Transformators beträgt 5,5%.

Die Nennleistung jedes Gleichrichtergefäßes ist 600 kW, 621 V, 966 A Gleichstrom. Der Anschluß erfolgt an ein Drehstromnetz 12 kV, 60 Hz.

Jeder Gleichrichter war durch einen besonderen Gleichrichterautomaten, dessen Ausschaltzeit zwischen der eines normalen Selbstschalters und der eines Schnellschalters liegt, geschützt; dieser Schalter besaß Blasspulen und Rückstromauslösung.

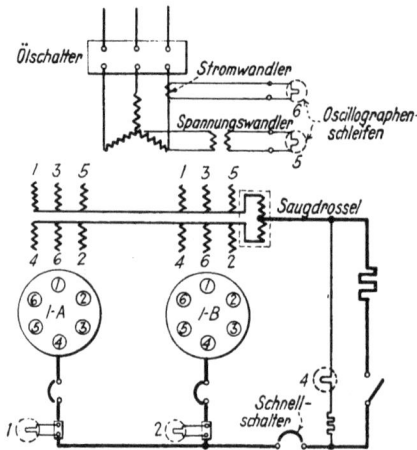

Abb. 224. Schaltung, die für die Kurzschlußversuche in der Unterstation Lawndale der Commonwealth Edison Company in Chicago angewendet wurde.

Die Kurzschlüsse wurden durch einen Schnellschalter mit einer Ausschaltzeit von einer halben Periode abgeschaltet.

Der Primärstrom und die Spannung einer Phase, ferner die Gleichströme, die von beiden Gleichrichtern geliefert wurden und die Spannung an den Gleichstromsammelschienen wurden oszillographisch aufgenommen.

Diese Versuche sind deshalb von besonderem Interesse, weil die Leistung des Drehstromnetzes im Verhältnis zu der Leistung der Gleichrichter sehr hoch war und die Versuche in kurzen Zeitabständen vorgenommen wurden. Während einiger Versuche traten Rückzündungen auf, die ebenfalls oszillographisch festgehalten wurden.

Es wurden im ganzen 19 Versuche gemacht, und zwar die meisten in Zeitabständen von 1,5 bis 3 min. Die ersten fünf Versuche wurden

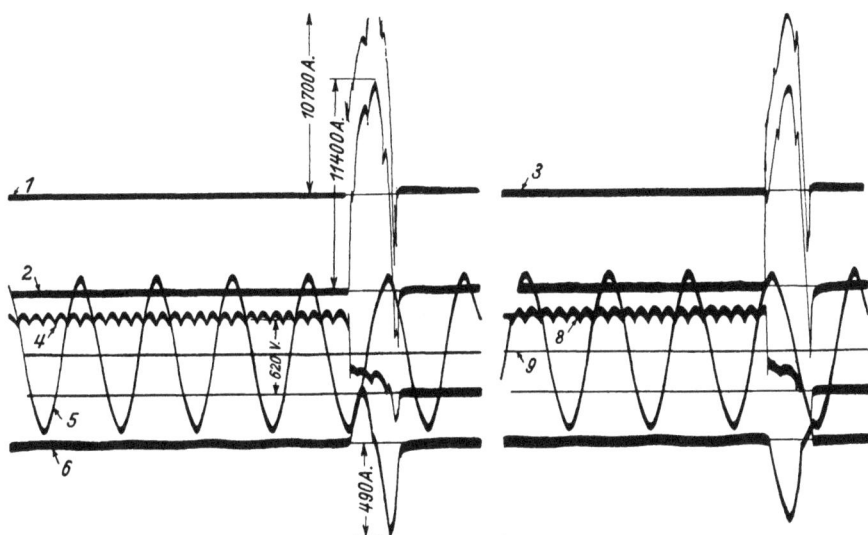

Abb. 225. Oszillogramme der Kurzschlußversuche Nr. 8 und 10 an den Gleichrichtern der Unterstation Lawndale.

① Vom Gleichrichter *1—A* abgegebener Gleichstrom.

②, ③ Vom Gleichrichter *1—B* abgegebener Gleichstrom.

④ Spannung an den Gleichstromsammelschienen.

⑤ Primäre Phasenspannung.

⑥ Primärstrom.

⑧ Spannung an den Gleichstromsammelschienen.

⑨ Nullinie der primären Phasenspannung.

unter Vorschaltung von Widerständen von 0,126 bis 0,012 Ohm durchgeführt. Bei den weiteren Versuchen wurden ein satter Kurzschluß der Gleichstromsammelschienen mit einem Kabel herbeigeführt.

Das Vakuum betrug zu Beginn der Versuche 0,0013 mm QS, mit dem Vakuummeter von McLeod gemessen. Am Ende der Versuche war das Vakuum 0,0024 mm QS.

In den Abb. 225, 226 und 227 sind vier Oszillogramme dargestellt, die während dieser Versuche aufgenommen wurden. Die Strom- und Spannungswerte aus diesen Oszillogrammen sind in Zahlentafel XV zusammengestellt.

Analyse der Oszillogramme. Bei den Oszillogrammen der Abb. 225 ist aus den Kurven *1* und *2* zu ersehen, daß der Kurzschluß durch den Schnellschalter in etwa einer Halbperiode unterbrochen wurde. Der gleichstromseitige Kurzschlußstrom erreichte seinen Scheitelwert nach einer Zeit von ungefähr 0,3 Perioden (0,005 s). Die mittlere Geschwindigkeit des Stromanstieges ist ungefähr 2 000 000 A pro s.

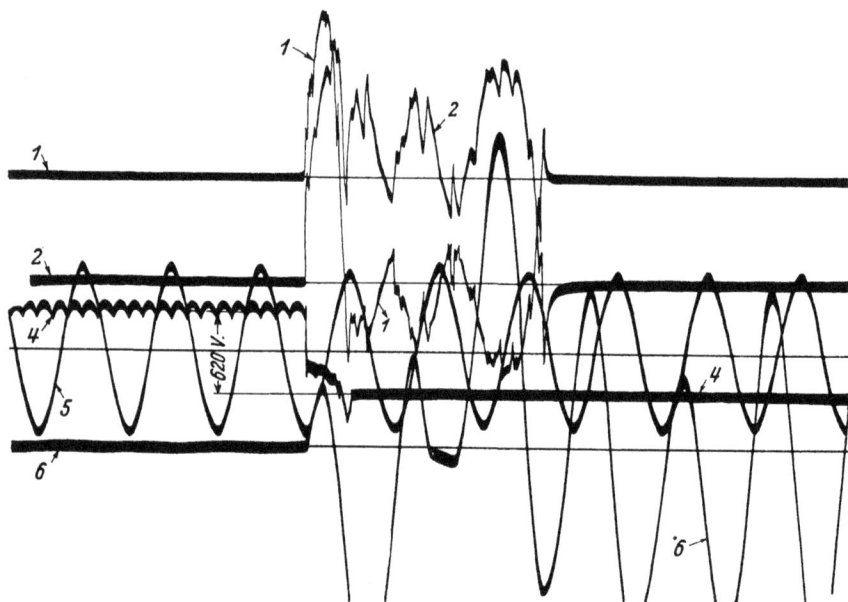

Abb. 226. Oszillogramm des Kurzschlußversuches 9 in der Unterstation Lawndale; auf den Kurzschluß folgt eine Rückzündung.

① Vom Gleichrichter *1—A* abgegebener Gleichstrom.
② Vom Gleichrichter *1—B* abgegebener Gleichstrom.
④ Spannung an den Gleichstromsammelschienen.
⑤ Primäre Phasenspannung.
⑥ Primärstrom.

Die Gleichspannung an den Gleichstromsammelschienen zeigt Kurve *4*. Im Leerlauf hat diese Spannung einen Wechselstromanteil, dessen Frequenz gleich dem Produkt aus der Frequenz des Drehstromnetzes und der Phasenzahl ist. Bei Eintritt des Kurzschlusses fällt die Gleichspannung ab. Die Restspannung während des Kurzschlusses ist auf den Ohmschen und induktiven Spannungsabfall in den Leitungen zurückzuführen. Die Spannung verringert sich, wenn die Geschwindigkeit der Stromsteigerung abnimmt und wird negativ, wenn der Stromkreis unterbrochen wird. In der Spannung des Drehstromnetzes (Kurve *5*) tritt während des Kurzschlusses wegen der verhältnismäßig hohen Leistung dieses Netzes keine merkliche Änderung ein.

Die Kurve *6* zeigt den Wechselstrom in einer Phase. Der Unterschied in der Form der Stromwellen zwischen den Oszillogrammen *8* und *10* ist eine Folge des Umstandes, daß der Kurzschluß zu verschiedenen Zeitpunkten innerhalb der Periode eintrat.

In den Oszillogrammen Abb. 226 und 227 folgte dem Kurzschluß eine Rückzündung im Gleichrichter *1 A*. Der Kurzschluß wurde,

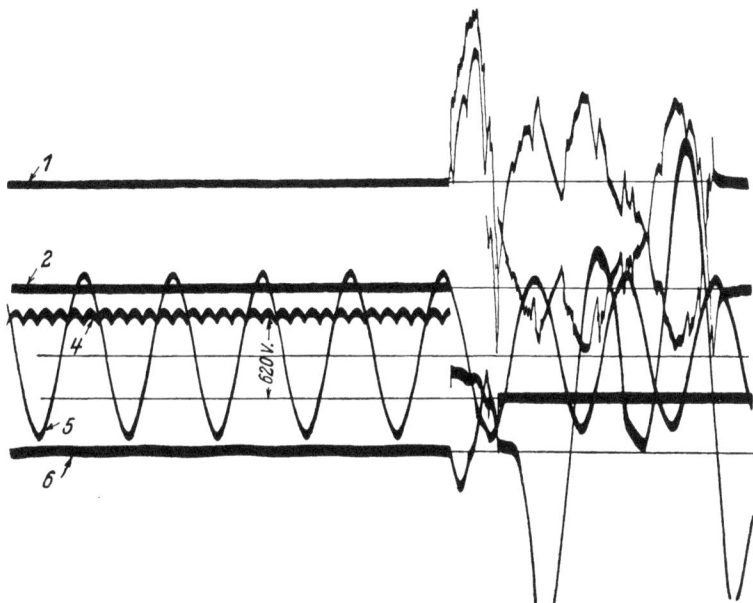

Abb. 227. Oszillogramm des Kurzschlußversuches *11* in der Unterstation Lawndale; auf den Kurzschluß folgt eine Rückzündung.

① Vom Gleichrichter *1—A* abgegebener Gleichstrom.
② Vom Gleichrichter *1—B* abgegebener Gleichstrom.
④ Spannung an den Gleichstromsammelschienen.
⑤ Primäre Phasenspannung.
⑥ Primärstrom.

ebenso wie bei Aufnahme der Oszillogrammen Abb. 225 durch den Schnellschalter unterbrochen. Es trat jedoch während der Abschaltung eine Rückzündung ein. Nach der Ausschaltung des Schnellschalters lieferte der Gleichrichter *1 B* in den Gleichrichter *1 A* Strom. Der Rückstrom in dem von der Rückzündung betroffenen Gleichrichter ist aus diesem Grunde gleich dem Vorwärtsstrom im anderen Gleichrichter, wie aus den Kurven *1* und *2* hervorgeht. Der Gleichstromschalter des von der Rückzündung betroffenen Gleichrichters *1 A* wurde durch die Rückstromauslösung in ungefähr 2,3 Perioden nach dem Einsetzen der Rückzündung ausgeschaltet; er trennte die beiden Gleichrichter voneinander und setzte damit der Rückspeisung vom Gleichrichter *1 B* in den Gleichrichter *1 A*

Zahlentafel XV.

Oszillo-gramm-Nr.	Scheitelwert des Kurzschlußstromes auf der Gleich-stromseite			Scheitelwert des Rückstromes aus dem Gleichstrom-netz im Rück-zündungsfall	Spannung an den Gleichstrom-sammelschienen		Primärstrom in einer Phase (Scheitelwert)		Spannung des Dreh-strom-netzes (Effektiv-wert)
	Gleichr. 1 A kA	Gleichr. 1 B kA	Summe kA	kA	im Leer-lauf Volt	im Kurz-schluß Volt	im Kurz-schluß Amp.	bei Rück-zündung kA	kV
8	10,7	11,4	22,1	. . .	620	180	500	. . .	12,1
9	8,9	12,2	19[1])	10,5	620	170	305	1,5	11,2
10	10,3	10,9	20,6[1])	. . .	620	160	442	. . .	12,1
11	9,4	12,2	20,7[1])	9,2	620	130	390	1,48	11,2

ein Ende. Wie aus der Primärstromkurve *6* hervorgeht, dauerte die Rückzündung im Gleichrichter *1 A* an, bis sie durch das Ausschalten des Ölschalters unterbrochen wurde. Die Wechselspannung fiel während der Rückzündung um etwa 8% ab, wie die Kurve *5* zeigt. Die Maßstäbe für die Gleichstromkurven in den Oszillogrammen der Gleichrichter *1 A* und *1 B* stehen im Verhältnis 188:175.

XV. Kapitel: Glasgleichrichter und Glühkathodengleichrichter.

Während früher als Gleichrichter für große Leistungen nur der Eisengleichrichter in Betracht kam, ist es in letzter Zeit gelungen, die Leistungsfähigkeit von Glasgleichrichtern und Glühkathodengleich-richtern wesentlich zu steigern, so daß sie in vielen Fällen mit Eisengleich-richtern auch bei größeren Leistungen erfolgreich in Konkurrenz treten können. Glasgleichrichter und insbesondere Glühkathodengleichrichter beanspruchen unser Interesse auch besonders deshalb, weil sich die Ent-wicklung der Gittersteuerung gerade bei diesen Bauarten vollzogen hat, dies schon aus dem Grunde, weil die Vorgänge in Glühkathodenröhren leichter zu übersehen und zu kontrollieren sind, als die in den großen Gleichrichtern.

Die in den Kapiteln II bis V entwickelte Theorie der Quecksilber-dampfgleichrichter ist ohne weiteres auch bei Quecksilberdampfgleich-richtern mit Glasgefäß anwendbar.

Glasgleichrichter. Die Verwendung von Glas macht bei den Ka-thoden- und Anodeneinführungen besondere Isolatoren überflüssig; an die Stelle der Durchführungen treten die Einschmelzungen, bei welchen sich aus den vielen früher angewandten Konstruktionen heute die Hütchen- oder Kappeneinschmelzung einerseits (Abb. 228) und die Stab-

---

[1]) Der Scheitelwert des Summenstromes ist kleiner als die Summe der Scheitel-werte der Einzelströme, weil diese nicht gleichzeitig auftreten.

einschmelzung andererseits (Abb. 229) entwickelt haben. Die Glasgefäße werden bei der Erzeugung evakuiert und zugeschmolzen. Es entfallen daher in den Glasgleichrichteranlagen die Vakuumpumpen und -Meßgeräte. Die Lebensdauer der Glasgleichrichtergefäße beträgt je nach Art der Belastung bis zu 20000 Betriebsstunden und mehr.

Die Größe der Glaskolben ist durch die Schwierigkeit der Herstellung beschränkt. Eine Steigerung der Leistungsfähigkeit der einzelnen Gefäße, die bei der seit langem bekannten einfachen Ventilatorkühlung mittels eines unterhalb des Kolbens sitzenden Flügels etwa 400 A pro Kolben beträgt,

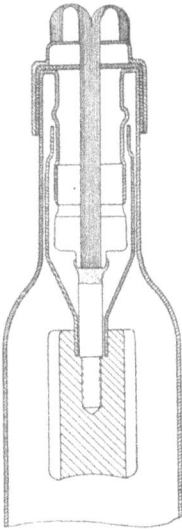

Abb. 228. Hütchen-
einschmelzung.

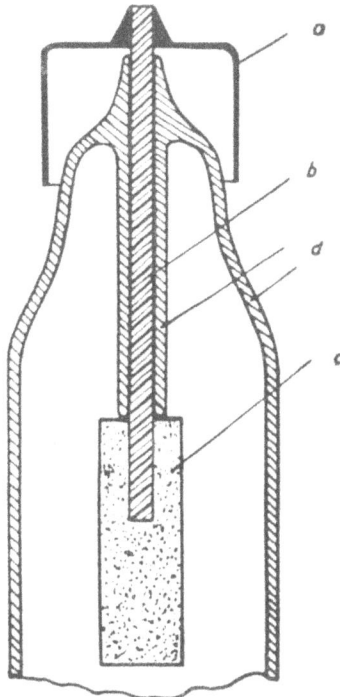

Abb. 229. Stabeinschmelzung
(»ELIN«).

wurde einerseits durch wirksamere Kühlverfahren, andererseits durch Fortschritte in der Beherrschung und Lenkung der Quecksilberdampfströmung in den Anodenarmen des Glaskolbens ermöglicht.

Von in der Praxis nicht durchgedrungenen Kühlverfahren (Ölkühlung, Wasserkühlung) abgesehen, war es die Gegenstromkühlung der »ELIN«, welche eine wesentliche Steigerung der Kolbenleistung mit sich brachte. Auf diese Weise gekühlte Kolben werden für 750 A Nennstrom bei 440 V gebaut. In der Gleichrichteranlage der Grazer Tramwaygesellschaft liefern 6 gegenstromgekühlte Kolben 3300 A Dauerstrom bei 550 V. Abb. 230 zeigt ein im Betrieb befindliches 2-Kolben-Aggregat, Abb. 231 einen Kolben der erwähnten Anlage.

Gramisch, Stromrichter.

23

Wie aus den Abbildungen ersichtlich, sind diese Kolben von eng
anliegenden Luftführungen umgeben, durch welche die von einem Gebläse
gelieferte Kühlluft mit großer Geschwindigkeit strömt. Voraussetzung
für diese Bauart war es, daß die früher bei Glasgleichrichtern allein
übliche Kippzündung durch andere Zündverfahren, bei denen der Kolben
unbewegt bleibt, ersetzt wurde. Von solchen »statischen« Zündungen
für Glasgleichrichter wurde eine Unzahl von Konstruktionen vorgeschlagen und erprobt. Heute sind gebräuchlich: Die Spritzzündung und

Abb. 230. Gegenstromgekühltes Doppelaggregat für 1100 A, 550 V Dauerleistung in der
Glasgleichrichteranlage der Grazer Tramwaygesellschaft. (»ELIN«.)

die Tauchzündung der SSW, die Hochfrequenzzündung der Hewittic-Co
und die Kontraktionszündung der »ELIN«.

Bei der Spritzzündung wird in einem mit der Kathodenwanne kom-
munizierenden, seitlichen Ansatz des Kolbens ein eiserner Schwimmer
durch einen äußeren Elektromagneten beim Zündvorgang nach abwärts
gezogen und das dabei verdrängte Quecksilber durch eine unterhalb der
Quecksilberoberfläche liegende Düse gegen die Zündanode gespritzt
(Abb. 232).

Die Tauchzündung beruht darauf, daß die bewegliche Zündanode
durch einen Elektromagneten aus dem Quecksilber herausgehoben wird.
Bei der Hochfrequenzzündung wird ein hochfrequenter Spannungsstoß
zum Durchschlagen der Zündstrecke ausgenützt.

Die von F. Geyer erfundene Kontraktionszündung beruht auf der
Einschnürung stromdurchflossener flüssiger Leiter (Pinch-Effekt). Bei
entsprechend großem Strom führt diese Einschnürung zum Abreißen der

Flüssigkeitssäule und zur Lichtbogenbildung. Abb. 233 zeigt das Schaltbild der Kontraktionszündung. Die Kathodenwanne des Gleichrichterkolbens GK besitzt einen angesetzten Zündstutzen Z_A; im Momente des Einschaltens des Erregerkreises E_R fließt ein Strom über den geschlossenen Kontakt des Unterbrecherrelais U durch die Primärwicklung des

Abb. 231. Glasgleichrichterkolben für Gegenstromkühlung, in der Versandstellung am Kranhaken hängend; charakteristisch die schlanke, fast zylindrische Form des Kondensationsdomes. («ELIN».)

Zündtransformators Z_T der sekundär einen starken über die Quecksilberkathode K zum Zündstutzen Z_A fließenden Strom induziert. Die Quecksilberbrücke reißt unter kräftiger Funkenbildung ab, der Erregerstrom beginnt zu fließen und das Relais U unterbricht den Zündstrom. Auch der in Abb. 231 dargestellte Kolben für Gegenstromkühlung besitzt Kontraktionszündung.

Nicht nur eine Steigerung der Strombelastbarkeit, sondern auch eine Steigerung der Gleichspannung bei Glasgleichrichtern ist in neuerer Zeit

23*

gelungen. Die Hinaufsetzung der zulässigen Sperrspannung wird durch Einrichtungen erzielt, die den überschüssigen Quecksilberdampf und den am Ende der Brennzeit vor den Anoden vorhandenen jonisierten Dampf von den Anoden ableiten, das sind mehrfach geknickte Arme mit Kondensationsräumen (Saugstutzen) an den Knickstellen, ferner Einbauten vor den Anoden. Abb. 234 zeigt einen nach diesen Grundsätzen gebauten Glasgleichrichterkolben zur Abgabe von 13000 V, 50 A.

Glühkathodengleichrichter. Das Quecksilberdampfentladungsgefäß mit Glühkathode hat sich aus der Hochvakuumglühkathodenröhre (Elektronenröhre) entwickelt. Die Elektronenröhren haben einen Spannungs-

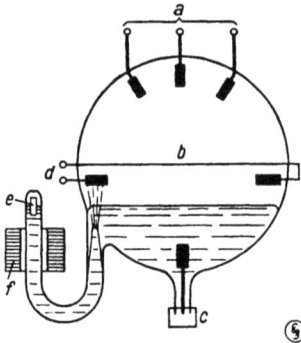

Abb. 232. Spritzzündung für Glasgleichrichter (SSW). *a* Hauptanoden, *b* Gleichrichterkolben, *c* Kathode, *d* Anschlüsse der Erregeranoden, *e* Eisenkern, *f* Spule.

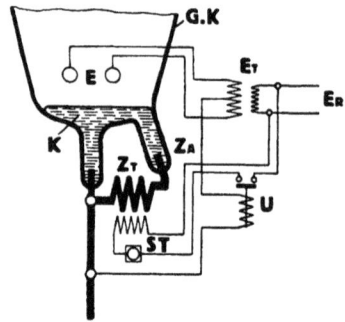

Abb. 233. Schaltbild der Kontraktionszündung (»ELIN«). *GK* Glaskolben, *E* Erregeranoden, *ET* Erregertransformator, *EH* Wechselstrom-Hilfsnetz, *K* Kathode, *ZA* Zündstutzen, *ZT* Zündtransformator, *U* Unterbrecherrelais, *ST* Kleinautomat.

abfall von 100 bis 1000 V und mehr; aus diesem Grunde sind sie im allgemeinen bei Starkstromanlagen nicht verwendbar. Der hohe Spannungsabfall ergibt sich dadurch, daß die von der Kathode zur Anode wandernden Elektronen eine negative Raumladung darstellen, die den Austritt der Elektronen aus der Kathode durch abstoßende Kräfte erschwert und durch eine hohe Brennspannung überwunden werden muß.

Um den Spannungsabfall herabzusetzen, war es daher erforderlich, die Raumladung zu kompensieren, was durch die Füllung der Röhre mit Gasen oder Dämpfen gelang. Das Gas oder der Dampf werden durch Elektronenstoß ionisiert und die Ionen, die sich langsam gegen die Kathode bewegen, bilden eine positive Raumladung, die der Elektronenraumladung entgegenwirkt.

Ältere Versuche, den Spannungsabfall eines Hochvakuumgefäßes auf die geschilderte Weise herabzusetzen, scheiterten daran, daß die Glühkathode durch das Bombardement der positiven Ionen in kurzer Zeit ihre Emissionsfähigkeit verlor. Hull hat gezeigt, daß diese Beschädigung der emittierenden Schicht der Glühkathode erst dann nicht mehr auftritt, wenn die Brennspannung unterhalb des sogenannten kritischen

Spannungsabfalles liegt. Die Ionen haben dann nicht die nötige Wucht, um durch ihren Anprall das Gefüge der Glühkathode zu verändern.

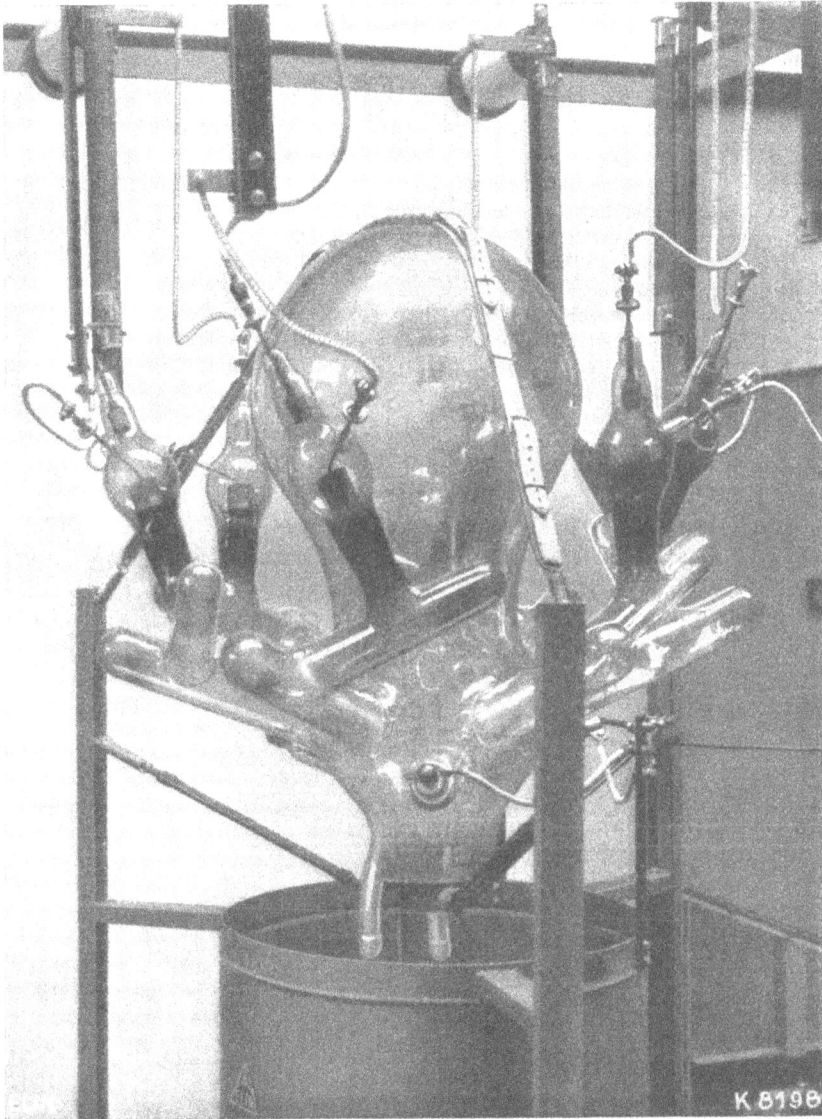

Abb. 234. Hochspannungsglasgleichrichterkolben für eine Gleichstromabgabe von 50 A bei 13 kV. (»ELIN«.)

Praktisch kommen für die Füllung von Glühkathodenröhren einatomige Gase (Edelgase) und Quecksilberdampf in Frage. Die Röhren mit Gasfüllung haben den Nachteil, daß sich der Gasdruck im Betrieb ändert, da die Metallteilchen, die von der Zerstäubung der Elektroden herrühren, sich an den Glaswänden niederschlagen und dabei erhebliche Gasmengen absorbieren. Unter Umständen werden die absorbierten Gase bei Erwärmung wieder abgegeben, so daß die Druckverhältnisse in solchen Röhren nicht stabil sind.

Das Quecksilberdampfglühkathodenrohr (Abb. 235) enthält einen Tropfen Quecksilber im unteren Teil, dem sogenannten Kathodenhals. Dieser Quecksilbertropfen verdampft im Betrieb zum Teil und liefert den zur Ionenbildung erforderlichen Dampf. Der Quecksilberdampfdruck in der Entladungsröhre ist durch die Temperatur des Quecksilbertropfens eindeutig bestimmt. Diese Abhängigkeit wird durch die Abb. 236 dargestellt. Die Temperatur des Quecksilbertropfens liegt um etwa 10 bis 20⁰ höher als die der Glaswand.

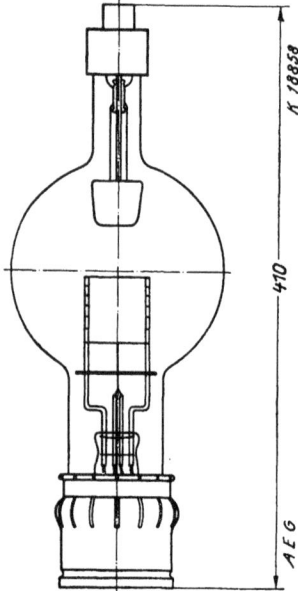

Abb. 235. Quecksilberdampfventil mit Glühkathode.

Der Spannungsabfall der Glühkathodenröhre mit Quecksilberdampffüllung beträgt unter normalen Verhältnissen 8 bis 12 V. Der kritische Spannungsabfall für Quecksilberdampf beträgt 22 V.

Gegenüber dem Quecksilberdampfgleichrichter mit flüssiger Kathode und Eisengefäß (Eisengleichrichter) hat der Quecksilberdampf-Glühkathodengleichrichter wohl eine kleinere Strombelastbarkeit (derzeit maximal 1000 bis 2000 A statt 15000 A); es fallen aber bei ihm die großen Schwierigkeiten fort, die bei Verwendung einer flüssigen Quecksilberkathode durch die Entwicklung überaus großer Quecksilberdampfmengen im Kathodenfleck entstehen. Diese Dampfmengen, die zur Aufrechterhaltung des Lichtbogens nicht benötigt werden, strömen mit großer Geschwindigkeit in den Dampfraum und müssen von den Anoden ferngehalten und kondensiert werden. Mit steigender Betriebsspannung wächst die Gefahr, daß

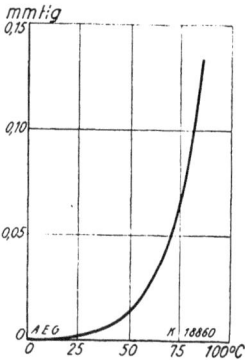

Abb. 236. Abhängigkeit des Quecksilberdampfdruckes von der Temperatur.

der überschüssige Quecksilberdampf zu Rückzündungen Veranlassung gibt. Die Elektronenemission durch den Kathodenfleck bedingt auch eine höhere Brennspannung der Gleichrichter mit flüssiger Kathode (20 bis 30 V).

Während bei Hochvakuumglühkathodenröhren der Anodenstrom eine stetige Funktion der Anodenspannung ist, wie die Kennlinie Abb. 237

zeigt, steigt beim Quecksilberdampfgleichrichter mit Glühkathode, wie bei allen Dampfentladungsgefäßen, der Anodenstrom plötzlich auf den durch die äußeren Widerstände bestimmten Wert an, wenn die Zündspannung erreicht ist, bei welcher durch lawinenartige Ausbreitung der Ionisation sich der Lichtbogen bildet (vgl. Abb. 238). Der oszillographisch feststellbare Verlauf der Brennspannung während der Brennzeit hängt von der Strombelastung und von der Quecksilbertemperatur ab. Sowohl bei Überlastung des Quecksilberdampfentladungsgefäßes durch zu

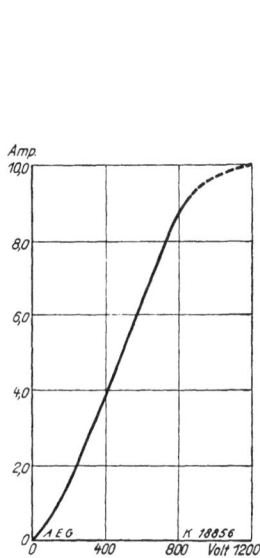

Abb. 237. Kennlinie einer Hochvakuumglühkathodenröhre (Elektrodenröhre).

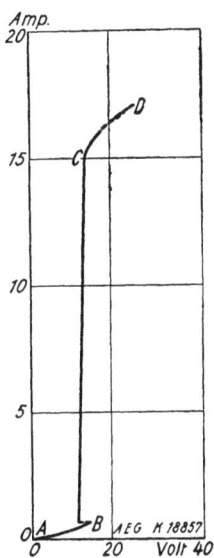

Abb. 238. Kennlinie eines Quecksilberdampfventiles mit Glühkathode.

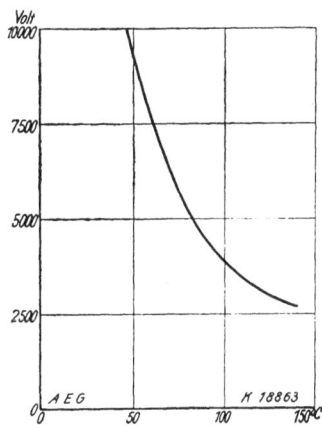

Abb. 239. Abhängigkeit der Rückzündungsspannung von der Temperatur bei Quecksilberdampfventilen mit Glühkathode.

großen Anodenstrom, als auch bei zu niedriger Quecksilbertemperatur steigt die Brennspannung an. Bei zu großer Strombelastung, wenn der Anodenstrom sich der Gesamtemission der Kathode nähert (Sättigungsstrom), herrscht Elektronenmangel und die Erhöhung der Brennspannung dient der Elektronenerzeugung. Bei zu niedriger Quecksilbertemperatur ist die Dampfdichte so gering, daß die zur Kompensation der Elektronenraumladung nötige Menge positiver Ionen nicht erzeugt wird. Um trotz der Elektronenraumladung die Stromlieferung aufrechtzuerhalten, ist dann eine höhere Brennspannung erforderlich.

Bei zu hoher Quecksilbertemperatur verringert sich jene Sperrspannung eines Quecksilberdampfglühkathodenventils, bei der Rückzündung eintritt, außerordentlich rasch (Abb. 239). Deshalb wird auch bei diesen Ventilen die Strombelastung bei steigender Betriebsspannung herabgesetzt.

Glühkathoden. Glühkathodenventile für hohe Stromstärken erfordern besondere Glühkathodenkonstruktionen, wobei folgende Eigenschaften anzustreben sind:

1. Große emittierende Oberfläche,
2. Kleine strahlende Oberfläche, um die Wärmeverluste niedrig zu halten,
3. Geringe Wärmekapazität, damit die Anheizzeit kurz ist.

Man unterscheidet direkt geheizte und indirekt geheizte Glühkathoden. Bei einer direkt geheizten Glühkathode erfolgt die Elektronenemission unmittelbar von der Oberfläche des vom Heizstrom durchflossenen Leiters. Es ist dies ein mit Metalloxyden überzogenes Wolframband, dessen Betriebstemperatur etwa 850° C beträgt. Die Bandform des Heizleiters bei direkt geheizten Glühkathoden ergibt sich aus dem Streben nach einer möglichst großen emittierenden Oberfläche bei kleinem Heizstrom, also kleinem Leiterquerschnitt. Da man die Banddicke aus Festigkeitsgründen nicht unter ein bestimmtes Maß herabsetzen kann, benötigen direkt geheizte Glühkathoden ohne besondere Strahlungsschutzvorkehrungen 10 bis 15 W für 1 A Emissionsstrom. Direkt geheizte Glühkathoden haben den großen Nachteil, daß eine geringfügige, durch irgendwelche sekundäre Ursachen bewirkte Überhitzung einer Stelle des Heizleiters zur vorzeitigen Zerstörung der Glühkathode führt. An einer derartigen Stelle mit höherer Temperatur konzentriert sich nämlich der Emissionsstrom und bewirkt, daß die Stelle immer heißer wird, bis der Heizleiter an dieser Stelle abschmilzt. Verschiedene Ausführungsformen direkt geheizter Kathoden zeigt Abb. 240.

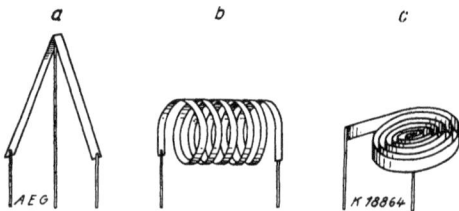

Abb. 240. Verschiedene Bauarten direkt geheizter Glühkathoden. (AEG.)

Bei indirekt geheizten Kathoden ist der vorerwähnte Nachteil vermieden. Hier hat der Heizleiter nur die Aufgabe, den emittierenden Körper auf die erforderliche Temperatur zu erhitzen. Meist ist der Heizleiter ein Wolframwendel im Innern des zylindrischen Emissionskörpers. Der Heizleiter weist eine Temperatur von 1500 bis 1800° auf und erhitzt den Emissionskörper durch Wärmestrahlung (vgl. Abb. 241). Umgibt man die emittierenden Oberflächen mit einem Strahlungsschutz, der entsprechende Öffnungen für den Durchtritt des Emissionsstromes aufweist, so kann man bei größeren Kathoden mit einer Heizleistung von 1 W für 1 A Emissionsstrom auskommen. Diese Heizleistung kann im Betrieb mit einem größeren Anodenstrom noch weiter herabgesetzt werden, weil die emittierenden Oberflächen durch Ionenbombardement geheizt werden. Ein Quecksilberdampfglühkathodenventil mit indirekt

geheizter Glühkathode und wirksamem Strahlungsschutz benötigt von
einer bestimmten Strombelastung an überhaupt keine Kathodenheizung,
was insbesondere bei niedrigen Betriebsspannungen mit Rücksicht auf

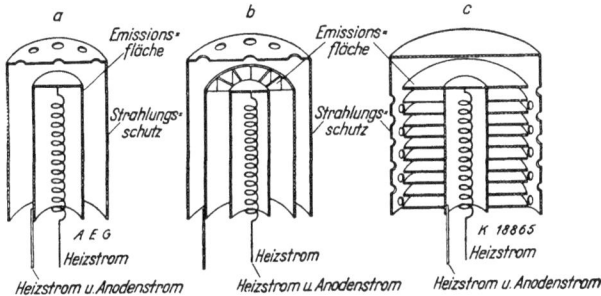

Abb. 241. Verschiedene Bauarten indirekt geheizter Glühkathoden. (AEG.)

den Wirkungsgrad wertvoll ist. Allerdings bedingt eine derart reich-
liche Bemessung des Strahlungsschutzkörpers eine längere Anheizzeit
(bis 15 min).

Die Lebensdauer eines Glühkathodenventils wird durch die Zerstäubung der Glühkathode begrenzt und beträgt nach den bisherigen
Erfahrungen im Mittel etwa 6000 Brennstunden.

XVI. Kapitel: Gittergesteuerte Dampfentladungsgefäße.

Prinzip der Gittersteuerung von Dampfentladungen.

Während die Vorgänge in Hochvakuumentladungsgefäßen durch ein
Gitter zwischen Kathode und Anode vollkommen steuerbar sind, besteht
bei Dampfentladungen nur eine beschränkte Steuerbarkeit durch das
Gitter, indem wohl das Einsetzen der Entladung bei positiver Anodenspannung durch Anlegen einer negativen Spannung von bestimmtem
Mindestwert an das Gitter verhindert werden kann, jedoch keine Möglichkeit besteht, eine bereits bestehende Lichtbogenentladung durch das
Steuergitter zu beeinflussen. Legt man bei bestehender Lichtbogenentladung eine negative Spannung beliebiger Größe an das Gitter, so
sammeln sich um das Gitter positive Ionen in solcher Menge an, daß
die negative Gitterladung kompensiert wird. Hat die Lichtbogenentladung einmal eingesetzt, so ist der Verlauf des Anodenstromes nur
durch die Spannungen und Widerstände im Hauptstromkreis bestimmt.
Wenn jedoch der Anodenstrom einmal durch Null hindurchgeht, der
Lichtbogen also erlischt und die Ionisation verschwindet, ist die Steuerfähigkeit des Gitters wiederhergestellt. Bei manchen Anwendungen der
Gittersteuerung von Dampfentladungen, z. B. bei der Spannungsregelung von Quecksilberdampfgleichrichtern durch Steuergitter oder bei

einigen Verfahren zur Periodenumformung durch gesteuerte Dampfentladungsgefäße (Wechselumrichter) ergibt sich ein natürlicher Nulldurchgang des Anodenstromes und demnach die Wiederherstellung der
Steuerfähigkeit des Gitters jeweils am Ende der Brennzeit der einzelnen
Anoden. Hingegen tritt bei einem Wechselrichter, d. i. ein gesteuertes
Dampfentladungsgefäß zur Umformung von Gleichstrom in Wechselstrom, kein natürlicher Nulldurchgang des Anodenstromes ein. Hier muß
durch besondere Vorgänge, z. B. durch Entladung eines Kondensators,
der Anodenstrom auf Null herabgedrückt werden, um die Steuerfähigkeit
des Gitters wiederherzustellen.

Trotz der bloß begrenzten Steuerbarkeit der Dampfentladung bietet
die Einführung der Gittersteuerung bei Dampfentladungsgefäßen derartige technische Möglichkeiten, daß sie als einer der wichtigsten Fortschritte der Starkstromtechnik in der letzten Zeit angesehen werden muß.

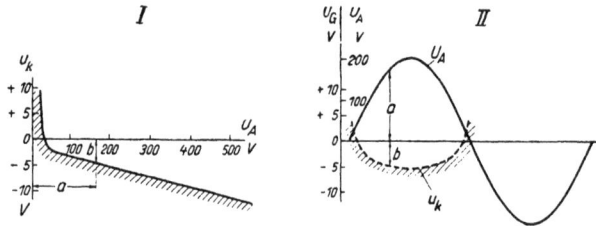

Abb. 242. I Abhängigkeit der kritischen Gitterspannung von der Anodenspannung. II Verlauf
der kritischen Gitterspannung bei sinusförmiger Anodenspannung.

Man bezeichnet jene Gitterspannung, welche gerade noch das Einsetzen des Anodenstromes verhindert, als kritische Gitterspannung u_k.
Je nach der Bauart des Ventils kann die kritische Gitterspannung entweder negativ sein und in der aus Abb. 242 ersichtlichen Weise von der
Anodenspannung abhängen oder positiv und weniger von der Anodenspannung abhängig sein. Maßgebend hierfür ist, ob das elektrische
Feld der Anode an der Kathode stark oder schwach ist (großer oder
kleiner Durchgriff). Trägt man unter der Annahme, daß die kritische
Gitterspannung der Abb. 242 I entspricht, die zu den Momentanwerten
der sinusförmigen Anodenspannung gehörigen kritischen Gitterspan-
nungen auf, so erhält man das Diagramm Abb. 242 II. Solange die
Gitterspannung in dem schraffierten Gebiet bleibt, ist die Entladung
gesperrt.

Methoden der Gittersteuerung. Für die praktische Anwendung ist
es erforderlich, dem Gitter eine Spannung aufzudrücken, die in einem
bestimmten Zeitpunkt die Kurve der kritischen Gitterspannung durch-
schneidet. Diese Kurve ändert sich mit dem Dampfdruck und der Strombelastung. Es ist wichtig, den Zeitpunkt des Einsetzens des Anodenstromes von diesen Einflüssen möglichst zu befreien. Aus diesem Grunde
soll die Gitterspannung im Schnittpunkt mit der Kurve der kritischen

Gitterspannung möglichst steil ansteigen. Die bekannten Gittersteuerungsverfahren entsprechen dieser Anforderung in verschiedenem Grade.

1. **Steuerung durch Gittergleichspannung.** Legt man an das Steuergitter eines Dampfentladungsgefäßes eine Gleichspannung, so kann man die Entladung ganz unterdrücken, solange die Gitterspannung unterhalb der kritischen Spannung bleibt. Berührt die Horizontale, welche die Gittergleichspannung darstellt, die Kurve der kritischen Spannung, so springt der Mittelwert des Anodenstromes von Null auf die Hälfte des Stromes, der ohne Gittersteuerung auftritt, um bei weiterer Erhöhung der Gitterspannung stetig auf den vollen Wert des Anodenstromes anzusteigen. Mit Gittergleichspannung allein ist nur eine halbe Aussteuerung des Dampfentladungsgefäßes möglich.

Der Schnitt zwischen der Gitterspannung und der Kurve der kritischen Gitterspannung ist in diesem Falle schleifend und der Zeitpunkt des Einsetzens des Anodenstromes hängt stark vom Dampfdruck und von der Ionisation ab.

2. **Steuerung durch abwechselndes Anlegen einer positiven und einer negativen Gleichspannung an das Gitter mittels eines synchron angetriebenen Schaltapparates (Cooper Hewitt, BBC).** Zur Vermeidung des schleifenden Schnittes zwischen Gitterspannung und kritischer Spannung legt man an das Gitter dauernd eine negative Gleichspannung und erst im Zündmoment die für die Freigabe der Anode erforderliche positive Spannung.

Der Mittelpunkt einer Steuerbatterie wird mit der Kathode verbunden. Mittels eines Schaltapparates, der von einem kleinen Synchronmotor angetrieben wird, erhält das Gitter abwechselnd Verbindung mit dem positiven und negativen Pol der Steuerbatterie. Verdreht man den ruhenden Teil des Schaltapparates, so kann man den Zeitpunkt der Umschaltung von der negativen auf die positive Steuerspannung und somit das Einsetzen des Anodenstromes verschieben. Das Verfahren ist gleichbedeutend mit der Verwendung einer Gitterwechselspannung rechteckiger Kurvenform und ermöglicht eine von den Schwankungen der kritischen Gitterspannung unabhängige Regelung. Man bezeichnet diese Steuerung, weil sie einen Steuerkommutator benötigt, als elektromechanische Steuerung.

3. **Steuerung durch Phasenverschiebung der Gitterwechselspannung (Toulon).** Legt man an das Steuergitter eine Wechselspannung von der gleichen Frequenz, wie die der Anodenspannung und verschiebt die Phasenlage der Gitterspannung in bezug auf die Anodenspannung, so kann man jeden Punkt der Periode als Zündpunkt wählen (siehe Abb. 243). Dabei muß die Amplitude der Gitterwechselspannung wesentlich größer sein als die maximale kritische Spannung, damit die Gitterspannung im Schnittpunkt mit der Kurve der kritischen

Gitterspannung steil verläuft. Die Steilheit kann durch Verzerrung der Wechselspannung, etwa durch Einschalten einer hochgesättigten Drossel erhöht werden (Stoßsteuerung). Das Steuerverfahren nach Toulon ist eine rein elektrische Steuerung, mit der die gleiche Wirkung erzielt werden kann, wie mit der unter 2. beschriebenen elektromechanischen Steuerung.

4. Steuerung durch überlagerte Gleich- und Wechselspannung (G. W. Müller). Statt die Gitterwechselspannung in der Phase zu verschieben, wie bei dem Verfahren nach Toulon, kann man auch die Nullinie der Gitterwechselspannung durch eine überlagerte Gleichspannung heben oder senken und dadurch den Zündmoment verschieben. Dieses Verfahren eignet sich besonders für solche Fälle, in denen die Steuerung in Abhängigkeit von einer veränderlichen Gleichspannung vorgenommen werden soll, z. B. Spannungsregelung von Gleichrichtern, Akkumulatorenladung usw.

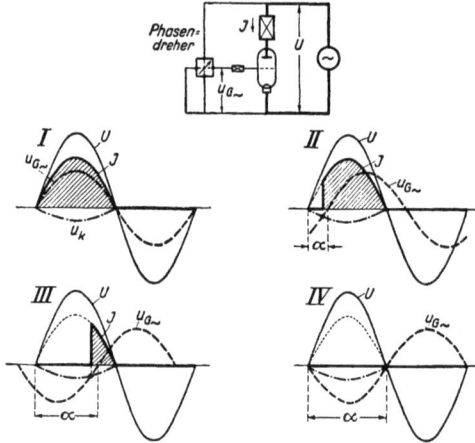

Abb. 243. Steuerung durch Phasenverschiebung der Gitterwechselspannung (Toulon, AEG). I Gitterspannung und Anodenspannung in Phase, voller Anodenstrom. II schwache, III starke Nacheilung der Gitterspannung, Anodenstrom abnehmend. IV Nacheilung der Gitterspannung 180°. Anodenstrom gleich Null.

5. Steuerung durch Änderung der Amplitude der Gitterwechselspannung. Dieses Steuerverfahren ermöglicht nur eine halbe Aussteuerung des Dampfentladungsgefäßes (Regelung zwischen dem halben und dem vollen Anodenstrom) und liefert zum Teil schleifende Schnitte zwischen der Gitterspannung und der Kurve der kritischen Gitterspannung. Es ist daher weniger vorteilhaft.

6. Steuerung durch Überlagerung zweier Wechselspannungen verschiedener Frequenz (Schenkel). Dieses Verfahren hat ein sehr spezielles Anwendungsgebiet und wird bei der Besprechung der Umrichter mit Spätzündung näher beschrieben.

Anwendungen der gittergesteuerten Dampfentladungsgefäße.

Nach einem Vorschlag von Wechmann bezeichnet man Dampfentladungsgefäße mit und ohne gesteuerten Gittern allgemein als Stromrichter.

Die Stromrichter werden eingeteilt in:

I. Gleichrichter,

II. Wechselrichter, das sind gesteuerte Dampfentladungsgefäße, die Gleichstrom in Wechselstrom umformen und daher die Wirkungsweise der Gleichrichter umkehren,

III. Umrichter, das sind gesteuerte Dampfentladungsgefäße, die entweder Gleichstrom in Gleichstrom anderer Spannung umformen (Gleichstromtransformatoren, Gleichumrichter) oder Wechselstrom in Wechselstrom anderer Frequenz (ruhende Frequenzumformer, Wechselumrichter).

I. Gleichrichter mit gesteuerten Gittern.

1. Abschalten von gleichstromseitigen Kurzschlüssen oder von Rückzündungen. Diesbezüglich sei auf S. 33 verwiesen.

2. Spannungsregelung von Gleichrichtern durch Gittersteuerung. ((vgl. auch S. 307). Früher mußten zur Spannungsregelung in Gleichrichteranlagen Stufentransformatoren oder Drehtransformatoren vorgesehen werden, die für die volle Regulierleistung bemessen waren und erhebliche Kosten verursachten. Die Verwendung gesteuerter Gitter zur

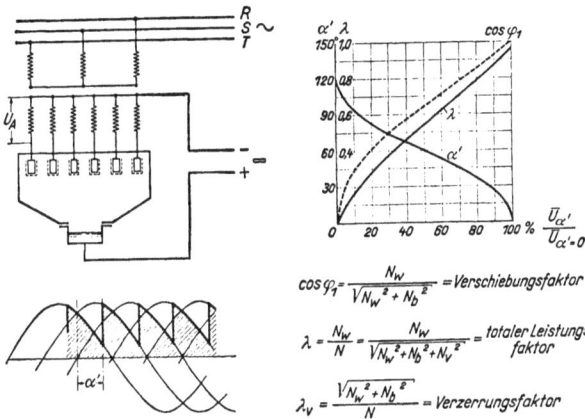

$$\cos \varphi_1 = \frac{N_w}{\sqrt{N_w{}^2 + N_b{}^2}} = \text{Verschiebungsfaktor}$$

$$\lambda = \frac{N_w}{N} = \frac{N_w}{\sqrt{N_w{}^2 + N_b{}^2 + N_v{}^2}} = \text{totaler Leistungsfaktor}$$

$$\lambda_v = \frac{\sqrt{N_w{}^2 + N_b{}^2}}{N} = \text{Verzerrungsfaktor}$$

Abb. 244. Prinzipschaltbild eines Gleichrichters mit Spannungsregelung durch Gittersteuerung; Kurvenform der Gleichspannung; Abhängigkeit des Leistungsfaktors vom Ausmaße der Spannungsregelung.

Spannungsregelung ermöglicht wesentliche Ersparnisse, weil die Steuereinrichtungen nur für die kleinen Gitterströme zu bemessen sind. Der primäre Leistungsfaktor bei Spannungsregelung durch Gittersteuerung ist unter Vernachlässigung des Magnetisierungsstromes des Gleichrichtertransformators gleich dem Verhältnis der regulierten zur vollen Gleichspannung und weist daher bei weitgehender Herabregelung der Gleichspannung niedrige Werte auf. Dies bedeutet jedoch keinen so großen praktischen Nachteil, weil bei stark verringerter Gleichspannung die vom Gleichrichter entnommene Leistung so gering ist, daß von einer durch den schlechten Leistungsfaktor bewirkten Überlastung des Wechselstromnetzes keine Rede sein kann. Bei Spannungsregelung durch gesteuerte Gitter ist in der Regel eine Gleichstromdrosselspule vorzusehen, um die zackige Kurve der Gleichspannung zu glätten. Abb. 244 zeigt die Kurvenform der Gleichspannung bei einem gesteuerten Sechsphasengleichrichter und die Abhängigkeit des Leistungsfaktors vom Ausmaß der Spannungsregelung. In den in der Abbildung ersichtlichen Formeln für den totalen Leistungsfaktor, den Verschiebungsfaktor und den Verzerrungsfaktor bedeutet

N_w die aufgenommene Wirkleistung,

N_b die aufgenommene Blindleistung und

N_v das Produkt aus der Spannung und dem Effektivwert der Oberwellenströme.

Unter den vielen Anwendungsmöglichkeiten des Quecksilberdampfgleichrichter mit Spannungsregelung durch Gittersteuerung ist das An-

Abb. 245. Eisengleichrichter 575 V, 5000 A mit Spannungsregelung durch Gittersteuerung für Straßenbahnbetrieb (AEG).

lassen und die verlustlose Drehzahlregelung großer Gleichstrommotoren besonders hervorzuheben. Hier tritt der gesteuerte Gleichrichter an die Stelle des Ward Leonard-Umformers.

Abb. 245 zeigt einen gittergesteuerten Eisengleichrichter der AEG für 575 V, 5000 A. Abb. 246 einen Eisengleichrichter von BBC für 520 kW dessen Gleichspannung durch Gittersteuerung zwischen 0 und 20000 V regelbar ist.

II. Wechselrichter.

Wechselrichter sind Stromrichter zur Umformung von Gleichstrom in Wechselstrom. Ein Wechselrichter (engl. inverter) wirkt als Umschalter, der den Gleichstrom nacheinander verschiedenen Teilen des Transformators zuführt. Im Gegensatz zu Gleichrichtern, die ohne besondere Steuerung des Lichtbogens arbeiten können, ist bei Wechselrichtern eine Steuerung unentbehrlich. Nur des Interesses halber sei hier die mechanische Steuerung für Wechselrichter erwähnt, die Mitsuda auf der Berliner Weltkraftkonferenz vorgeschlagen hat. Der Wechselrichter nach Mitsuda ist ein eisernes Dampfentladungsgefäß mit einer gelochten Scheibe vor den Anoden, die durch einen Synchronmotor angetrieben wird. Die Lichtbögen werden durch die rotierende Lochscheibe periodisch abgeschnitten. Über eine praktische Anwendung der mechanischen Wechselrichtersteuerung ist nichts bekannt geworden.

Abb. 246. Eisengleichrichter 520 kW, 20 000 V mit Spannungsregelung durch Steuergitter für Radiosender (BBC).

Ein Wechselrichter mit Gittersteuerung zur Umformung von Gleichstrom in Einphasenwechselstrom besteht, wie Abb. 247 und 248 zeigt, aus zwei Dampfentladungsgefäßen mit Steuergittern und einem Transformator, dem der Gleichstrom im Mittelpunkt der Primärwicklung zugeführt wird, um über das jeweils stromdurchlässige Dampfentladungsgefäß zum negativen Pol des Gleichstromnetzes zu fließen, während aus der Sekundärwicklung dieses Transformators der Wechselstrom entnommen wird. In Abb. 247 ist der Transformator ein Spartransformator mit dem Übersetzungsverhältnis 1:1.

Wird mittels des Gittersteuerungsapparates an das Gitter des Gefäßes 1 eine positive und an das Gitter des Gefäßes 2 eine negative
Spannung gelegt, so zündet das Gefäß 1.

Nun tritt an der linken Hälfte der Primärwicklung des Transformators plötzlich die volle Gleichspannung auf und eine ebenso große Spannung wird in der nicht stromführenden rechten Hälfte der Primärwicklung induziert. Wie das Spannungsdiagramm in Abb. 247 unten zeigt, entsteht zwischen den Enden der Primär-
wicklung (zwischen den Anoden der beiden Entladungsgefäße) die doppelte Gleichspannung 2 Egl. Wird jetzt
das rechte Gefäß gezündet und
in einer noch näher zu be-
schreibenden Weise die Entladung im linken Gefäß gelöscht, so fließt der Strom über
das rechte Gefäß, es tritt an
der rechten Hälfte der Primärwicklung die Gleichspannung
auf und wird transformatorisch
auf die linke Wicklungshälfte
übertragen, so daß zwischen

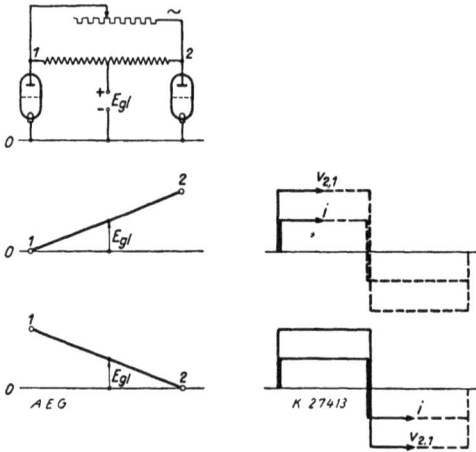

Abb. 247. Prinzipschaltbild, Spannungs- und Stromkurven eines einphasigen Wechselrichters. (Der Einfachheit halber ist die Schaltung der Gittersteuerung
weggelassen.)

den beiden Enden der Primärwicklung wieder die doppelte Gleichspannung liegt, jedoch mit entgegengesetztem Vorzeichen wie früher.
Werden die beiden Entladungsgefäße abwechselnd in bestimmten Zeitabständen freigegeben, so erhält man eine Wechselspannung rechteckiger Kurvenform. Die Kommutierung erfolgt beim selbstgeführten
Wechselrichter in der Weise, daß an das Gitter des nicht stromführenden Entladungsgefäßes eine positive Steuerspannung angelegt
wird und an das Gitter des stromführenden Gefäßes eine negative Spannung. Das bisher stromlose Gefäß zündet und der an die Enden der
Primärwicklung angeschlossene und auf die doppelte Gleichspannung auf-
geladene Löschkondensator (siehe Abb. 248) entlädt sich über die beiden
Ventile. Sein Entladungsstrom hat in dem neugezündeten Gefäß die
Richtung von der Anode zur Kathode, hingegen in dem von früher her
brennenden Entladungsgefäß die Richtung von der Kathode zur Anode.
Er ist also dem in dem letztgenannten Gefäß fließenden Anodenstrom
entgegengesetzt und hebt ihn bei entsprechender Bemessung des Löschkondensators für einen Augenblick auf. Der Lichtbogen in diesem Gefäß
erlischt sofort, das negative Potential des Gitters wird wirksam und sperrt
die Entladung. Die Kommutierung ist durchgeführt. Beim selbst-

geführten Wechselrichter ist der Gittersteuerungsapparat an den Wechselrichtertransformator angeschlossen. Es wird daher die Frequenz der erzeugten Wechselspannung durch die Entladungen des Löschkondensators bestimmt. In die Verbindung zwischen dem Pluspol des Gleichstromnetzes und dem Nullpunkt der Primärwicklung des Wechselrichtertransformators wird bei der praktischen Ausführung eine Drosselspule eingeschaltet, um die Schwankungen des dem Gleichstromnetz entnommenen Gleichstromes herabzusetzen.

Beim netzgeführten Wechselrichter liefert das Wechselstromnetz, auf das der Wechselrichter arbeitet und das noch von einer weiteren Stromquelle bestimmter Frequenz gespeist sein muß, bei der Kommutierung von einem Entladungsgefäß auf das andere den löschenden Stromstoß als Kurzschlußstrom der über die beiden brennenden Entladungsgefäße kurzgeschlossenen Transformatorwicklung.

In der Abb. 248 sind drei für die Wirkungsweise von Einphasen-Wechselrichtern charakteristische Momente dargestellt.

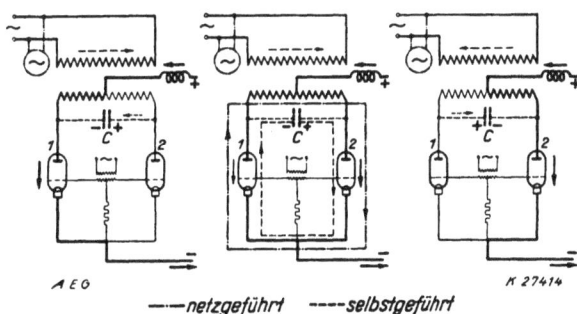

Abb. 248. Stromverlauf bei einem einphasigen Wechselrichter (links = Gefäß 1 stromführend, Mitte = Kommutations-Zeitpunkt, rechts = Gefäß 2 stromführend).

Die linke Figur zeigt den Stromverlauf, wenn das Gefäß 1 freigegeben und das Gefäß 2 gesperrt ist. Die mittlere Figur zeigt den Kommutierungsaugenblick. Das Gefäß 2 ist durch sein Steuergitter eben freigegeben worden. Die rechte Figur zeigt den Stromverlauf, wenn das Gefäß 2 freigegeben und das Gefäß 1 gesperrt ist.

III. Verbindung von Gleich- und Wechselrichtern. Umrichter.

Durch Zusammenschalten eines Gleichrichters und eines Wechselrichters kann man, wie die Abb. 249 zeigt, verschiedene Arten von Umformern erhalten, und zwar:

a) Durch Parallelschaltung einen Wechselgleichrichter. Dieser Umformer dient zur Kupplung eines Wechselstromnetzes mit einem Gleichstromnetz bei wechselseitiger Energielieferung. Wird Energie aus dem Wechselstromnetz in das Gleichstromnetz übertragen, so arbeitet der Gleichrichter, bei der umgekehrten Energierichtung der Wechselrichter. Wechselgleichrichter können auch bei der Stromversorgung von Gleichstrombahnen mit Bergstrecken verwendet werden, wenn die von den talfahrenden Zügen gelieferte Energie rückgespeist werden soll.

b) Durch gleichstromseitige Reihenschaltung eines Gleichrichters und eines Wechselrichters erhält man einen Wechselumrichter mit

Gleichstromzwischenkreis (Universal-Umrichter) bzw., wenn zwischen dem Gleichrichter und dem Wechselrichter eine Hochspannungs-fernleitung liegt, eine Gleichstrom-Hochspannungs-Übertragung.

Der Gleichrichter entnimmt einem Wechselstromnetz Energie und liefert Gleichstrom, der vom Wechselrichter wieder in Wechselstrom verwandelt wird. Das gespeiste Wechselstromnetz ist hinsichtlich Phasen-zahl, Frequenz und Pha-senlage vom speisenden Wechselstromnetz voll-ständig unabhängig.

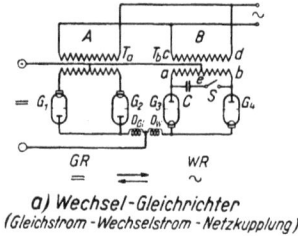

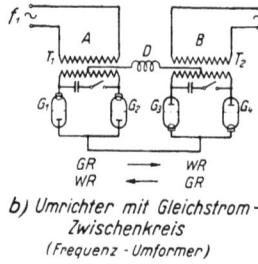

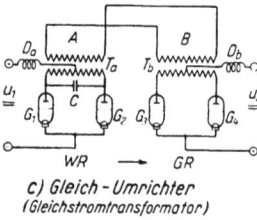

Bei der Gleichstrom-Hochspannungsübertra-gung entfallen die bei hohen Wechselspannun-gen auftretenden bedeu-tenden Ladeleistungen der Netze, die bei leer-laufendem Netz die Gene-ratoren mit Blindleistung belasten und Spannungs-erhöhungen sowie andere

a) Wechsel-Gleichrichter
(Gleichstrom-Wechselstrom-Netzkupplung)

b) Umrichter mit Gleichstrom-Zwischenkreis
(Frequenz-Umformer)

c) Gleich-Umrichter
(Gleichstromtransformator)

GR = Gleichrichter
WR = Wechselrichter

Abb. 249. Schaltungsmöglichkeiten bei Verwendung eines Gleichrichters und eines Wechselrichters.

unerwünschte Erscheinungen bedingen. Ein bestimmtes Hochspan-nungskabel kann bei Gleichstrom mit einer wesentlich höheren Span-nung betrieben werden als bei Wechselstrom, wo die Isolation für

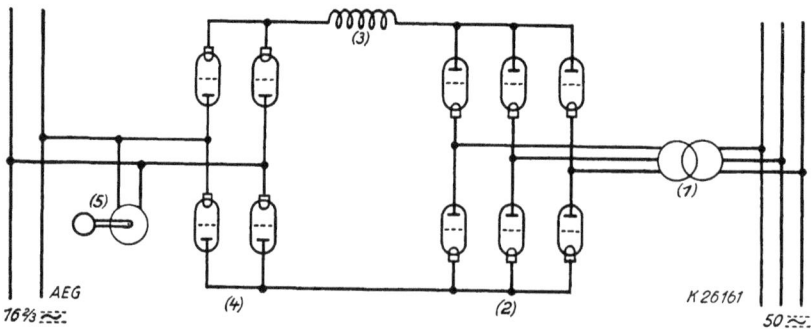

Abb. 250. Schaltbild eines Wechselumrichters mit Gleichstromzwischenkreis zur Umformung von Drehstrom 50 Hz in Einphasen-Wechselstrom 16²/₃ Hz.

den Scheitelwert der Wechselspannung und unter Bedachtnahme auf die dielektrischen Verluste zu bemessen ist. Die Gleichstromhochspan-nungsübertragung hat daher zweifellos die besten Zukunftsaussichten. Abb. 250 zeigt das Schaltbild eines Umrichters mit Gleichstrom-

Abb. 251. Versuchsaufbau eines Wechselumrichters mit Gleichstrom-
Zwischenkreis (AEG).

zwischenkreis zur Umformung von Drehstrom 50 Hz in Wechselstrom
$16^2/_3$ Hz und Abb. 251 eine 500-kW-Versuchs-Umrichteranlage der AEG
in dieser Schaltung.

c) Durch wechselstromseitige Reihenschaltung eines Wechselrichters
und eines Gleichrichters erhält man einen Gleichumrichter, auch
Gleichstromtransformator oder Um-
richter mit Wechselstromzwischen-
kreis genannt. Wie aus Figur c der
Abb. 249 ersichtlich, formt der Wechselrichter (links) die primäre Gleichspannung u_1 in eine Wechselspannung um, die in gewünschter Weise
transformiert und sodann im Gleichrichter (rechts) gleichgerichtet wird,
wodurch man die sekundäre Gleichspannung u_2 erhält. Es ist möglich,
die beiden Transformatoren und die
beiden Drosselspulen eines Gleichumrichters auf gemeinsame Kerne
zusammenzulegen, und man erhält
so die Schaltung nach Abb. 252.

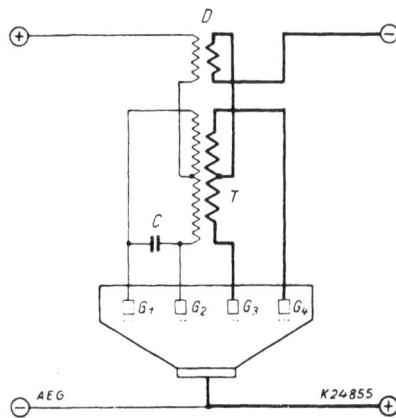

Abb. 252. Schaltbild eines Gleichumrichters
mit nur einem Transformator, einer Drossel
mit Doppelwicklung und einem gittergesteuerten Dampfentladungsgefäß.

24*

d) Wechselumrichter ohne Gleichstromzwischenkreis.

Diese Umrichter sind derzeit hauptsächlich für die Umformung von Drehstrom 50 Hz in Einphasenwechselstrom $16^2/_3$ Hz zur Stromversorgung von Einphasenbahnnetzen von Interesse. Bisher erfolgte die Umformung von Drehstrom in Einphasenwechselstrom durch rotierende Umformeraggregate. Je nachdem, ob die Kupplung der Netze starr oder elastisch sein sollte, war der Drehstromantriebsmotor des Einphasengenerators ein Synchronmotor oder ein Asynchronmotor mit Hintermaschinensatz.

Bei der Verwendung gesteuerter Dampfentladungsgefäße für die Drehstrom-Einphasenstrom-Umformung ist zu beachten, daß die Leistungsaufnahme des Einphasennetzes mit der doppelten Frequenz dieses Netzes pulsiert; bei rotierenden Umformern werden diese Leistungsschwankungen durch die kinetische Energie der rotierenden Massen ausgeglichen. Hingegen besitzt ein Umrichter keinerlei Energiespeicher und muß daher die Leistungsschwankungen an das Drehstromnetz weitergeben, wenn nicht besondere Vorkehrungen zum Ausgleich dieser Schwankungen getroffen werden.

Es gibt verschiedene Arten von Wechselumrichtern ohne Gleichstromzwischenkreis, und zwar

1. den synchronen Hüllkurvenumrichter nach Löbl,
2. den asynchronen Hüllkurvenumrichter nach Krämer,
3. den Umrichter mit Spätzündung nach Schenkel,

Für diese Umrichter bestehen folgende grundsätzliche Schaltungsmöglichkeiten:

a) Mit Dreiwicklungstransformatoren und 2 Dampfentladungsgefäßen ohne Einphasentransformator. Bei dieser Schaltung müssen die Dampfentladungsgefäße eine der erzeugten Einphasenspannung entsprechende Sperrspannung besitzen; z. B. für 15 kV Einphasenspannung 42 kV Sperrspannung.

b) Wird ein Einphasentransformator vorgesehen, so sind Vereinfachungen an anderer Stelle möglich, und zwar genügt dann entweder ein Zweiwicklungstransformator auf der Drehstromseite mit 2 Dampfentladungsgefäßen oder ein Dreiwicklungstransformator und nur ein Dampfentladungsgefäß, in dem die zu beiden Sekundärwicklungen gehörigen Anoden untergebracht sind.

1. Synchroner Hüllkurvenumrichter nach Löbl. Abb. 253 zeigt das Schaltbild dieses Umrichters. Er besitzt einen Transformator mit einer an das Drehstromnetz angeschlossenen Primärwicklung und zwei sechsphasigen Sekundärwicklungen (Dreiwicklungstransformator). Die Wicklungsenden jeder der beiden Sekundärwicklungen sind mit den 6 Anoden eines gittergesteuerten Eisengleichrichters verbunden. Die Kathode des einen Gleichrichtergefäßes ist mit dem Sternpunkt der

dem anderen Gefäß zugehörigen Sekundärwicklung verbunden und umgekehrt (Kreuzschaltung). An die beiden Kathoden kann direkt das
Einphasennetz angeschlossen werden, falls es nicht eine so hohe Betriebsspannung aufweist, daß ein Einphasentransformator erforderlich wird.

Wenn man alle Se-
kundärphasen des Um-
richtertransformators
mit gleicher Windungs-
zahl ausführt und durch
die Gittersteuerung in
die vom ungesteuerten
Gleichrichter her be-
kannte Stromführung
durch die Anode mit der
jeweils höchsten positi-
ven Spannung nur so
weit eingreift, als dies
zur Erzeugung einer
Wechselspannung unbe-
dingt erforderlich ist, so
erhält man eine trapez-
förmige Einphasenspan-

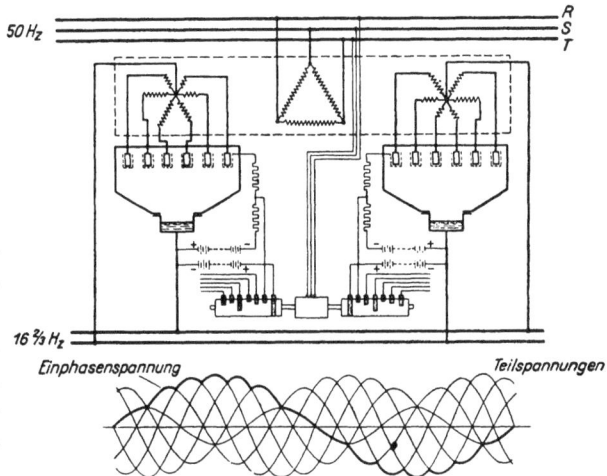

Abb. 253. Schaltbild und Spannungsdiagramm des synchronen
Hüllkurvenumrichters nach Löbl.

nungskurve (Abb. 254). Um eine der Sinusform wesentlich besser an-
gepaßte Spannungskurve zu erhalten, führt Löbl die Sekundärphasen
seines Umrichtertransformators mit verschiedenen Windungszahlen aus.
In Abb. 253 sind unten die einzelnen gegeneinander um 60 elektrische
Grade verschobenen Phasenspannungen mit verschiedenen Scheitel-
werten und stark ausgezogen die aus Abschnitten dieser Spannungskurven zusammengesetzte Einphasenspannungskurve ersichtlich.

Der Löblumrichter arbei-
tet synchron, d. h. er kuppelt
das Einphasennetz in Frequenz
und Phase starr mit dem Drehstromnetz. Er ist zur Lieferung
von Blindleistung aus dem
Drehstromnetz in das Ein-
phasennetz geeignet. Aus allgemeinen physikalischen Erwägungen folgt, daß der Umrichter, wenn er in das Ein-

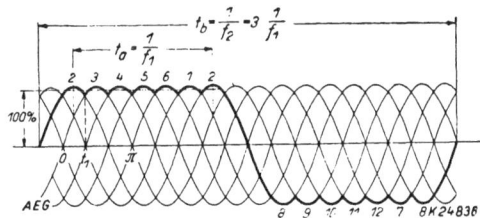

Abb. 254. Spannungskurve eines Hüllkurvenwechsel-
umrichters zur Umformung von Drehstrom 50 Hz in
Einphasenstrom $16^2/_3$ Hz bei gleich großen sekundären Phasenspannungen.

phasennetz von $16^2/_3$ Hz eine Blindleistung von B kVA liefert, dabei
dem 50periodigen Drehstromnetz nur eine Blindleistung von $B/3$ kVA
entnimmt. Es ist demnach der Leistungsfaktor auf der Drehstromseite bei Verwendung eines Umrichters wesentlich besser als der

Leistungsfaktor im Einphasennetz, was ein Vorteil der Wechselumrichter ist.

Beim Löblumrichter ist es möglich, die periodischen Leistungsschwankungen des Einphasennetzes vom Drehstromnetz fernzuhalten.
Speist man 3 gegeneinander isolierte Streckenabschnitte des Einphasen-
bahnnetzes mittels dreier Löblumrichter und versetzt hierbei die Ein-
phasenspannungen der 3 Streckenabschnitte um je 120 elektrische Grade
gegeneinander, so erreicht man, daß sich die periodischen Schwankungen
im Leistungsbedarf der einzelnen Umrichter gegenseitig aufheben.
Ferner kompensieren sich mehrere Oberwellen der Primärströme, so daß
die Verzerrung des dem Drehstromnetz entnommenen Stromes wesentlich verringert wird. Wegen der guten Einphasenspannungskurve sind
beim Löblumformer Glättungseinrichtungen entbehrlich.

2. Der asynchrone Hüllkurvenumrichter nach Krämer.
Der Krämerumrichter arbeitet mit einem Dreiwicklungstransformator,
dessen sechsphasige Sekundärwicklungen in allen Phasen gleiche Windungszahl besitzen. Da auch hier die Eingriffe durch die Gittersteuerung
auf das nötigste beschränkt werden, entsteht zunächst die bereits in
Abb. 254 gezeigte trapezförmige Halbwelle der Einphasenspannung.
Zur Verbesserung der Spannungskurve und zur Aufhebung des Frequenz-
und Phasenzwanges ist in eine Einphasenleitung die Sekundärwicklung
eines Drehtransformators eingeschaltet, dessen Primärwicklung an das
speisende Drehstromnetz angeschlossen ist. Es wird demnach zu der
trapezförmigen Wechselspannung von $16^2/_3$ Hz eine Spannung von 50 Hz
hinzugefügt, die gegenüber der Einphasenspannung eine dritte Oberwelle ist und bei passender Größe die trapezförmige Spannungskurve
in eine annähernd sinusförmige verwandelt.

3. Beim Umrichter mit Spätzündung nach Schenkel werden
die Anoden stets im abfallenden Teil der Anodenspannungskurve, also
nach dem positiven Scheitelwert der Anodenspannung gezündet; daher der
Name Spätzündung. Dieses Verfahren verzichtet bewußt auf den natürlichen Stromübergang von einer Anode zur nächsten und gewinnt dafür die
Freiheit, sowohl das Zünden als auch das Löschen jeder Anode willkürlich zu bewirken. Das Löschen einer Anode erfolgt in der Weise, daß eine
andere Anode mit höherer positiver Spannung gezündet wird. Da jede
Anode im abfallenden Teil ihrer Spannungskurve gezündet wird, entsteht stets ein abfallendes Stück der resultierenden Spannungskurve,
wenn eine Anode allein brennt. Die ansteigenden Stücke der resultierenden Spannungskurve entstehen jeweils bei Zündung neuer Anoden, da,
wie erwähnt, hier die neugezündete Anode eine wesentlich höhere Spannung aufweist als die brennende. Wenn man den Abstand der Zündpunkte der einzelnen Anoden konstant gleich dem Phasenabstand, im
vorliegenden Fall also gleich 60 elektrische Grade machen würde, so
wäre die resultierende Spannung keine einphasige Wechselspannung.

sondern eine aus aufeinanderfolgenden auf- und absteigenden Kurvenstücken gebildete Gleichspannung.

Dadurch daß man die Zündpunkte der einzelnen Anoden in kleineren Abständen als 60 elektrische Grade aufeinanderfolgen läßt, erzielt man, daß die resultierende Spannung ansteigt. Dehnt man den Abstand der Zündpunkte, so daß er größer ist als der Phasenabstand, so fällt die resultierende Spannung. Wenn man demnach zuerst in der einen und dann in der anderen Stromrichtung den Abstand der Zündpunkte zuerst zusammendrängt und dann dehnt, erhält man als resultierende Spannung eine einphasige Wechselspannung.

Das periodische Zusammendrängen und Auseinanderrücken der Zündpunkte erzielt man, indem man dem Gitter sowohl eine Wechselspannung der höheren Frequenz (z. B. 50 Hz) als auch eine Wechselspannung der niedrigeren Frequenz (z. B. $16^2/_3$ Hz) aufrückt. Es bildet dann sozusagen die Gitterspannung von $16^2/_3$ Hz eine oszillierende Nulllinie für die ihr überlagerte Spannung von 50 Hz. (Vgl. Methoden der Gittersteuerung, Punkt 6.)

Der Umrichter mit Spätzündung arbeitet asynchron und ist auch für die Übertragung von Blindleistung geeignet. Er benötigt Glättungseinrichtungen, die den zackigen Charakter seiner Spannungskurve mildern.

IV. Der kollektorlose Stromrichtermotor.

Bei diesem Motortyp ist das gittergesteuerte Dampfentladungsgefäß gewissermaßen ein Bestandteil des Motors, indem es an die Stelle des mechanischen Kommutators tritt. Mit dem Wegfall des letzteren verschwinden auch die Kommutierungsschwierigkeiten, die bei den Einphasenbahnen zur Herabsetzung der Periodenzahl auf $16^2/_3$ bzw. 25 Hz geführt haben, und es tritt der unmittelbare Anschluß der Einphasen-Bahnnetze an die 50 periodigen Drehstromnetze der allgemeinen Licht- und Kraftversorgung in den Bereich der Möglichkeit. Da die vorerwähnte Verwendung des kollektorlosen Stromrichtermotors gegenwärtig das größte Interesse beansprucht, soll die Wirkungsweise kollektorloser Motoren an dem Beispiel eines Einphasenlokomotivmotors beschrieben werden, der von Kern (BBC) vorgeschlagen wurde.

Dieser Motor sieht äußerlich wie eine Synchronmaschine aus, besitzt ein umlaufendes Polrad, dem über zwei Schleifringe Gleichstrom zugeführt wird und zwei Ständerwicklungen in sechsphasiger Sternschaltung, deren Sternpunkte mit den beiden Enden der Sekundärwicklung des Einphasenlokomotivtransformators verbunden sind; die anderen Enden der 2×6 Ständerphasen stehen mit den 12 Anoden eines gesteuerten Quecksilberdampfgleichrichters in Verbindung (siehe Schaltbild Abb. 255).

Während der einen Halbwelle der einphasigen Wechselspannung werden nacheinander die zu der einen Sechsphasenwicklung gehörigen Anoden durch Umschalten von negativer auf positive Gitterspannung zur Stromlieferung herangezogen; während der anderen Halbwelle der zugeführten Wechselspannung arbeitet die andere Sechsphasenwicklung. Von der Kathode des Gleichrichters fließt der Gleichstrom über das rotierende Magnetrad zum Mittelpunkt der Sekundärwicklung des Lokomotivtransformators. Die Steuerung der Gitter besorgt ein Verteiler mit rotierender Bürste, der vom Einphasenmotor angetrieben wird. (Elektromechanische Gittersteuerung.) Für das Anlassen des kommutatorlosen Einphasenmotors sind weder Anlaßwiderstände noch Anzapfungen am Lokomotivtransformator erforderlich. Es wird nur der feststehende Teil des Verteilers verdreht, so daß das Einsetzen der Lichtbögen an den Anoden verzögert wird; auf diese Weise wird der Anlaßstrom in zulässigen Grenzen gehalten. Durch die Gittersteuerung wird auch die Fahrgeschwindigkeit geregelt und die Fahrtrichtung reversiert, so daß der bei anderen Lokomotivbauarten erforderliche Fahrtwendeschalter hier fortfällt.

Da mittels der gesteuerten Gitter nur das Einsetzen, nicht aber das Löschen des Lichtbogens an den Anoden eines Dampfentladungsgefäßes beeinflußt werden kann und beim kommutatorlosen Einphasenmotor, ebenso wie beim Wechselrichter ein natürlicher Nulldurchgang des Anodenstromes nicht vorliegt, weil während einer Halbwelle der Wechselspannung alle 6 mit einer Statorwicklung verbundenen Anoden nacheinander Strom liefern sollen, so müssen auch hier besondere Vorkehrungen getroffen werden, um den Strom einer Anode im richtigen Augenblick zu löschen. Bevor die eine Anode gelöscht wird, wird die nächste gezündet. Es findet also eine Überlappung der in der Stromführung aufeinanderfolgenden Anoden statt. Während dieser Überlappung wird der zwischen den beiden Anoden liegende Teil der Ständerwicklung kurzgeschlossen. In dem kurzgeschlossenen Wicklungsteil wird eine Wendespannung induziert, die den Strom der zu löschenden Anode auf Null herabgedrückt, worauf das negative Gitter diese Anode

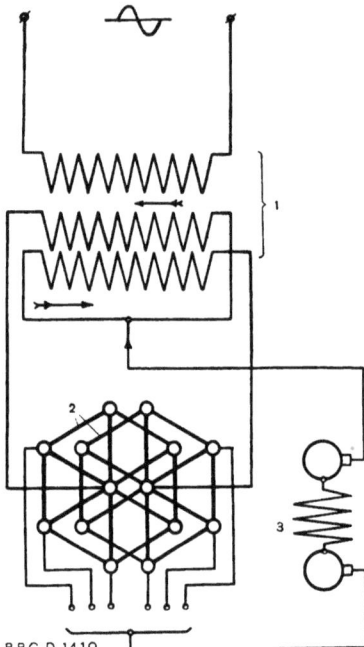

BBC D 1419

Abb. 255. Schaltbild eines kollektorlosen Einphasenmotors.

sperrt. Im Gegensatz zu den normalen Kollektormaschinen, wo das Wendefeld eine bestimmte, von der Belastung abhängige Größe haben muß, um zu verhindern, daß ein zu starkes Wendefeld den Strom in der abzuschaltenden Wicklung umkehrt, besteht hier wegen der Ventilwirkung des Quecksilberlichtbogens eine solche Schwierigkeit nicht. Es kann auch bei geringer Belastung des Motors ein kräftiges Wendefeld angewandt werden. Ferner ist es zulässig, eine Kommutation zwischen Wicklungen einzuleiten, die sich nicht in der neutralen Zone, sondern unter den Hauptpolen befinden. Solange der Motor beim Anfahren eine sehr kleine Geschwindigkeit hat, wird allerdings keine Wendespannung induziert. Es brennt also beim Anfahren die zuerst gezündete Anode einer Statorwicklung bis zum Ende der positiven Halbwelle der zugeführten Wechselspannung und wird durch die Ventilwirkung gelöscht.

Da bei Verwendung kollektorloser Stromrichtermotoren, wie erwähnt, die unmittelbare Entnahme 50 periodigen Einphasenstromes aus den großen Überlandnetzen für die Bahnspeisung möglich wäre, macht der Stromrichtermotor den Wechselumrichtern ihr Hauptanwendungsgebiet streitig. Die Entscheidung zwischen Umrichtern und Stromrichtermotoren muß der zukünftigen Entwicklung vorbehalten bleiben. Sie wird wesentlich davon abhängen, ob sich die gesteuerten Dampfentladungsgefäße im Lokomotivbetrieb bewähren werden.

XVII. Kapitel. Lichtbogenstromrichter.

Während alle bisher besprochenen Stromrichter evakuierte Entladungsgefäße mit Quecksilberdampffüllung waren, arbeitet der Lichtbogenstromrichter von Marx in Luft von einem gewissen, zwecks Erzielung einer raschen Luftströmung angewandten Überdruck. Der grundsätzliche Aufbau der Lichtbogenkammern, die bei diesen Stromrichtern verwendet werden, ist aus der schematischen Abb. 256 ersichtlich. Die Wirkungsweise eines derartigen elektrischen Ventiles ist die folgende: Zwischen den beiden Kupferelektroden E wird durch eine hochfrequente Hilfsspannung ein Zündfunke erzeugt, und

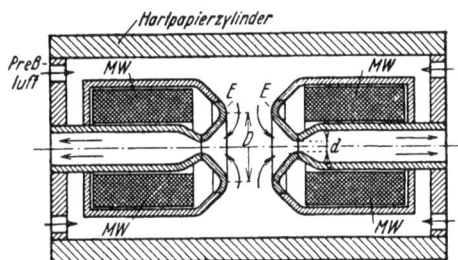

Abb. 256. Grundsätzlicher Aufbau einer Lichtbogenkammer für hohe Stromstärken und Sperrspannungen. (Für die Elektroden sind besondere Kühlvorkehrungen erforderlich, die der Deutlichkeit halber nicht eingezeichnet sind.)

zwar erfolgt der Überschlag dort, wo der Abstand der beiden Elektroden am kleinsten ist, am sog. Zündkranz mit dem Durchmesser D. Die Preßluft, die in den die beiden Elektroden umschließenden Hartpapierzylinder eingeblasen wird, strömt durch die Rohre ab, welche die Elektroden zentral durchsetzen. Sie drängt die Lichtbogenfußpunkte gegen diese Abströmrohre in der Mitte der Elektroden, wo Fußpunkte durch die gerade dort sehr rasche Luftströmung auseinandergerissen werden, so daß der Lichtbogen erlischt. Um den Abbrand der Kupferelektroden E gering zu halten sind Magnetspulen MW mit eisernen Magnetkörpern vorgesehen. Die Magnetspulen werden vom Lichtbogenstrom durchflossen. Sie erzeugen Magnetfelder, die an den einander zugekehrten Flächen der beiden Elektroden radial verlaufen und eine rotierende Bewegung des Lichtbogens bewirken. Unter der gleichzeitigen

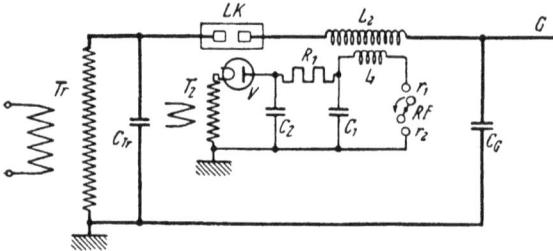

Abb. 257. Schaltbild eines einphasigen Lichtbogenstromrichters mit Hochfrequenzzündung.

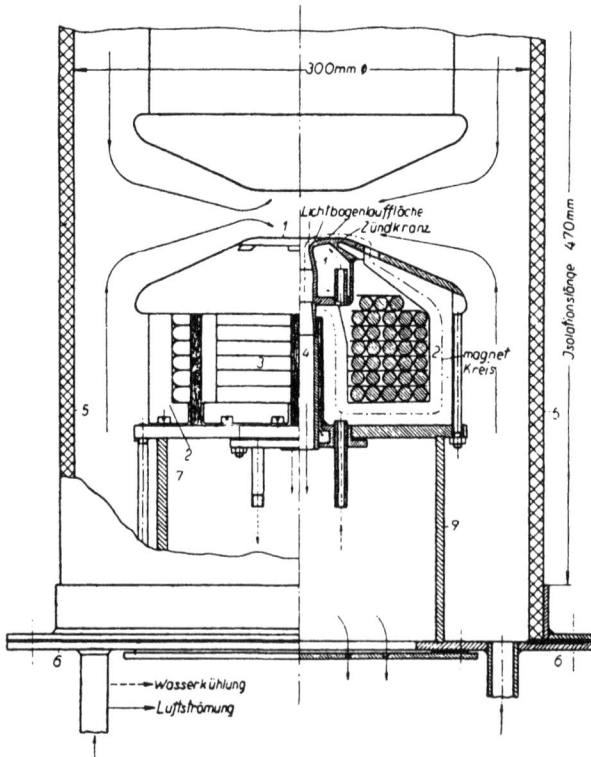

Abb. 258. Praktische Ausführungsform einer Lichtbogenkammer mit Wasserkühlung.
1 = Kupferelektrode, *2* = Blechpaket, *3* = Magnetwicklung, *4* = Luftabströmrohr, *5* = Hartpapierzylinder, *6* = Abschlußdeckel, *7* = Wand der Gegendruckkammer (voll ausgezogene Pfeile = Luftströmung, gestrichelte Pfeile = Wasserströmung, strichpunktiert = magnetische Kraftlinien).

Einwirkung des Blasfeldes und der Luftströmung bewegen sich die Lichtbogenfußpunkte vom Zündkranz in spiralförmigen Bahnen gegen die Mitte.

Abb. 257 zeigt das Schaltbild eines einphasigen Lichtbogenstromrichters. Die eine der beiden in der Lichtbogenkammer LK angeordneten Elektroden ist an ein Ende der Sekundärwicklung des Leistungstransformators Tr angeschlossen, während die andere Elektrode über die Sekundärspule L_2 eines Teslatransformators mit einem Pol des Gleichstromnetzes verbunden ist. Die periodische Zündung des Lichtbogens erfolgt durch den Teslatransformator, dessen Primärstromkreis aus der Spule L_1, der Kapazität C_1 und der rotierenden Funkenstrecke RF besteht. Durch die Überschläge an der rotierenden Funkenstrecke werden hochfrequente Schwingungen erzeugt, die durch den Teslatransformator in den Hauptstromkreis übertragen werden und die Zündung des Lichtbogens in der Lichtbogenkammer LK bewirken. Der Zündzeitpunkt kann durch Verstellung der festen Kontakte der Funkenstrecke RF verschoben werden: Die Wiederaufladung des Kondensators C_1 erfolgt über den Widerstand R_1 durch einen kleinen Gleichrichter, der aus dem Zündtransformator T_z, dem Ventil V und dem Zündkondensator C_z besteht.

Die praktische Ausführung einer Lichtbogenkammer zeigt Abb. 258 Außer den bereits erwähnten Teilen ist hier die Wasserkühlung der Elektroden ersichtlich. Lichtbogenstromrichter nach Marx wurden im Laboratorium bereits mit Betriebsströmen bis 1600 A Scheitelwert und Sperrspannungen bis 250 kV Scheitelwert erprobt.

Literaturverzeichnis.[1])

1922

1. Bossy, Gleichrichteranlage Brüssel. Brown Boveri Mitt., 9. Bd., S. 59. 1922.
2. Bally, Gleichrichter, Bauart BBC. Ebendort S. 82.
3. Egg, Großgleichrichter für Gleichspannungen von 5000 V. Ebendort, S. 195.
4. Kade, F. und Krämer, C., Die Umformung von Drehstrom in Gleichstrom. I. Kade, Die Umformung mittels rotierender Umformer. II. Krämer, Die Umformung durch Quecksilberdampfgleichrichter. Elektrotechn. Z., 43. Bd., S. 107. 1922.
5. Morrison, R. L., High-power Mercury-arc Rectifiers. Electr. Rev. Lond., 90. Bd., S. 353, 388, 424. 1922.
6. »High-pressure Rectifiers.« Ebendort, 91. Bd., S. 455. 1922.
7. »High-pressure Mercury-arc Rectifiers and Rotary Converters.« Electrician, 89. Bd., S. 72. 1922.
8. Jotte, Ch., »Les redresseurs à vapeur de mercure avec considération particulière du courant inverse.« Rev. gén. Electr., 11. Bd., S. 322. 1922.
9. Roß, B., »Umformung von Wechselstrom in Gleichstrom.« Z. bayer. Revis.-Ver., 26. Bd., S. 127. 1922.
10. Tschudy, W., »Umriß des Prinzipes der Vakuum- oder Dichteregulierung für elektrische Dampfgleichrichter«. Bull. schweiz. elektrotechn. Ver., 13. Bd., S. 91. 1922.
11. Hund, A., »Über die Gleichrichtung von Strömen«. Elektrotechn. u. Maschinenb., 40. Bd., S. 37. 1922.
12. Schenkel, M. und Schottky, W., »Über die Beteiligung des metallenen Gehäuses an den Entladungsvorgängen in Großgleichrichtern«. Wiss. Veröff. Siemens-Konz., 2. Bd., S. 252. 1922.
13. Günther-Schulze, A: »Die Vorgänge an der Kathode des Quecksilbervakuumlichtbogens«. Z. Physik, 11. Bd., S. 74. 1922.
14. Günther-Schulze, A., »Dissotiation, Temperatur und Dampfdruck im Quecksilberlichtbogen«. Z. Physik, 11. Bd., S. 260. 1922.
15. Ossana, J.: »Fernübertragungsmöglichkeit großer Energiemengen«. Elektrotechn. Z., 43. Bd., S. 1025, 1922.

1923

16. Pflieger-Haertel, H., »Zur Theorie des Gleichrichters«. Wiss. Veröff. Siemens-Konz., 3. Bd., S. 61. 1923.
17. Morrison, R. L., »Conversion from Alternating to Direct Current by Means of Mercury-arc Rectifiers«. Engineering, 116. Bd., S. 507, 543. 1923. Hierzu Referat von M. Schenkel, Elektrotechn. u. Maschinenb., 41. Bd., S. 535. 1923.
18. Günther-Schulze, A., »Die Zündspannung der Quecksilberdampfgleichrichter«. Arch. Elektrotechn., 12. Bd., S. 121. 1923. Referat, Elektrotechn. Z., S. 667. 1923.

[1]) Bezüglich der älteren Literatur aus den Jahren 1882 bis 1921 sei auf die Originalausgabe verwiesen.

19. Jungmichl, H., »Primäre Stromkurvenform und Leistungsfaktoren bei Groß-gleichrichtern«. Elektrotechn. u. Maschinenb., 41. Bd.. S. 57. 1923.
20. Odermatt, A., »Die Großgleichrichter«. Ebendort, S. 137.
21. Odermatt, A., »Gleichrichter und Gleichrichteranlagen«. Bull. schweiz. elektro-techn. Ver. 14. Bd., S. 657. 1923.
22. Langmuir, I., »Positive Ion Currents in the positive Column of the Mercury-arc«. Gen. electr. Rev., 26. Bd., S. 731. 1923.
23. Krijger, L. P., »Der Einfluß eines Quecksilberdampfgleichrichters auf den Leistungsfaktor des Netzes«. Elektrotechn. Z., 44. Bd.. S. 286. 1923.
24. Connell, J. E., »Conversion of Electrical Power«. Power, 57. Bd., S. 88. 1923.
25. Schmidt, A. jun., »30 kW, 15000 Volt-Rectifier for the U.S. Navy«. Gen. electr. Rev., 26. Bd., S. 276. 1923.
26. »Automatic Mercury-vapor Rectifiers«. Electr. Rev. Lond., 92. Bd., S. 684. 1923.
27. Morrison, R. L., »High-power Mercury-arc Rectifiers with Special Reference to Traction Service«. Engineer, 135. Bd., S. 258. 1923.
28. Kaden, H., »Zur Theorie des Gleichrichters; die Änderung des Leistungsfaktors auf dem Wege vom Generator zum Gleichrichter«. Wiss. Veröff. Siemens-Konz., 3. Bd., S. 41. 1923.
29. Rothenberger, A., »Über das Zu- und Abschalten von Quecksilberdampfglas-gleichrichtern«. Siemens-Z., 3. Bd., S. 234. 1923.
30. Lassen, H., »Experimentelle Untersuchungen über das Auftreten von Über-spannungen in Stromkreisen mit Quecksilberdampfgleichrichtern«. Arch. Elektrotechn., 13. Bd., S. 311. 1923.
31. Scherbius, A.: »Gesichtspunkte für den Vergleich von Energieübertragungen mit Hochspannungsgleichstrom und -wechselstrom«. Elektrotechn. Z., 44. Bd., S. 657. 1923.

1924

32. Langmuir, I., und Mott-Smith, H., »Studies of Electric Discharges in Gases at Low Pressures«. Gen. electr. Rev., 27. Bd.. S. 449, 538, 616. 762, 810. 1924.
33. Prince, D. Ch., »Rectifier Wave Forms«. Ebendort, S. 608. 1924.
34. Günther-Schulze, A., »Elektrische Gleichrichter und Ventile«. Kösel u. Pustet. 1924.
35. Walty, W., »Die Gleichrichterunterstationen der Compagnie des Chemins de fer du Midi«. Brown Boveri Mitt., 11. Bd., S. 191. 1924.
36. Giroz, »Les redresseurs à vapeur de mercure«. Bull. Soc. franc. Electr., 4. Bd., S. 463. 1924.
37. Hentschel, M., »Neuere Quecksilberdampf-Gleichrichteranlagen«. Glasers Ann., 95. Bd., S. 9. 1924.
38. Marchant, E. W., »Method of Getting Rid of Telephone Interference from a Mercury-arc Rectifier«. J. Instn. electr. Engr., 62. Bd., Nr. 334. 1924.
39. Dällenbach und Gerecke, »Die Strom- und Spannungsverhältnisse der Großgleichrichter«. Arch. Elektrotechn., 14. Bd., S. 171. 1924; 15. Bd., S. 490. 1925.
40. Taeger, »Der Einfluß der Gleichstromdrosselspule auf den Leistungsfaktor des Wechselstromes beim Quecksilberdampf-Gleichrichter«. Elektrotechn. Z., 45. Bd., S. 774. 1924. Diskussion, ebendort, S. 1360.
41. Demontvignier, M., »Méthode générale de calcul des redresseurs à vapeur de mercure«. Rev. gén. Electr., 15. Bd., S. 493. 1924.
42. Demontvignier, M., »Quelques propriétés des redresseurs à vapeur de mercure«. Ebendort, 16. Bd., S. 506. 1924.

43. Krijger, L. P., »Die Sechsphasenschaltung des Quecksilberdampfgleichrichters«. Arch. Elektrotechn., 13. Bd., S. 441. 1924.
44. Bailey, J. C., »High-power Mercury-arc Rectifiers«. Power, 59. Bd., S. 130. 1924.
45. Odermatt, A., »Mercury-arc Rectifiers«. Electr. Wld., 83. Bd., S. 393. 1924.
46. Rogers, G., »Mercury-vapor Rectifier Substations«. Electr. Rev. Lond., 95. Bd., S. 835. 1924.
47. Günther-Schulze, A., »Die physikalischen Vorgänge im Quecksilberdampf-gleichrichter«. Z. techn. Physik, 5. Bd., S. 132. 1924.
48. Kaden, H., »Die Änderung des Leistungsfaktors auf dem Wege vom Generator zum Gleichrichter«. Elektrotechn. Z., 45. Bd., S. 248. 1924.
49. Müller, G. W., »Der Leistungsfaktor der Quecksilberdampfgleichrichter«. Elektrotechn. Z., 45. Bd., S. 624. 1924.
50. »Costs of Installing Rectifiers and Reactors.« Electr. Wld., 83. Bd., S. 678. 1924.
51. Collin, F., »Le developpement industriel des redresseurs de courant à vapeur de mercure«. Génie civ., 85. Bd., S. 165. 1924.
52. Barthelemy, J., »L'application des redresseurs à vapeur de mercure à la traction«. Rev. gén. Electr., 16. Bd., S. 455. 1924.
53. Jacobs, A. M., »Rectifiers«. Trans. S. Afric. Inst. electr. Engr., 15. Bd., S. 488. 1924.
54. Sylvestre, V., »Les Redresseurs à vapeur de mercure en verre à petit débit«. Houille bl., 23. Bd., S. 52, 117. 1924.
55. Dunoyer und Toulon. J. Physique Chim., S. 257. 289. 1924. C. R. Acad. Sc., Paris, S. 148, 386, 461, 522. 1924.
56. Günther-Schulze, A., »Überspannungen an Quecksilberdampfgleichrichtern und ihre Ursache«. Z. techn. Phys., 5. Bd., S. 132. 1924.
57. Müller, G. W., »Quecksilberdampfgleichrichter für elektrische Bahnen«. Elektrotechn. Z., 45. Bd., S. 661. 1924.
58. Müller, G. W., »Der Wirkungsgrad der Glasgleichrichter und seine Beeinflussung durch die Kühlung«. AEG-Mitt., S. 201. 1924.

1925

59. Morrison, R. L., »The Brown Boveri Mercury-arc Rectifier, for Large Outputs«. Electr. Rev. Lond., 18. u. 25. Febr. 1925.
60. Brynhildsen, C., »Hochspannungsgleichrichteranlagen«. Brown Boveri Mitt., 12. Jg., S. 23. 1925.
61. Brynhildsen, C., »Die Gleichrichteranlage Zweilütschinen der Berner Oberlandbahnen.« Ebendort, S. 214.
62. Kern, E., »Der Parallelbetrieb von Quecksilberdampf-Großgleichrichtern unter sich und mit rotierenden Umformern«. Ebendort, S. 119. Dazu Referat Elektrotechn. Z., 48. Bd., S. 50. 1927.
63. Annay, F., »Les redresseurs à mercure«. Vie techn. et ind., 7. Bd., Nr. 65, S. 743. 1925.
64. »Les redresseurs à vapeur de mercure dans l'industrie.« Ind. électr., 34. Bd., Nr. 784, S. 85. 1925.
65. Faye-Hansen, K., »Primäre Stromkurvenform und Leistungsfaktoren bei Gleichrichtern«. Elektrotechn. Z., 46. Bd., S. 1104. 1925.
66. Zimmermann, W., »Eine Großgleichrichteranlage im Hüttenwerksbetrieb«. Ebendort, S. 1253.
67. »Rectifiers.« Engineer, S. 84, 107, 138, 161. 185. 220, 233, 264, 287, 318, 346, 368. 1925.
68. Newman, »The Production and Measurement of Low Pressures«. London. 1925.

69. »Mercury-arc Rectifiers for Railway Work«. Electr. Rly. J., 66. Bd., S. 543. 1925.

70. Widmer, S., »Die Gleichrichteranlage der Forchbahn«. Brown Boveri Mitt., 12. Jg., S. 244. 1925.

71. Newbury, »Metal Tank Mercury-arc Rectifiers«. Electr. J., 22. Bd., S. 570. 1925.

72. Giroz, »La chute de tension inductive des redresseurs à vapeur de mercure«. Rev. gén. Electr., 17. Bd., S. 253, 303. 1925. Referat hierzu Elektrotechn. Z., 47. Bd., S. 651. 1926.

73. Blanchard, A., »Redressement des courants alternatifs«. Ebendort, S. 295.

74. Jolley, L. B., »Wave Form Analysis on Rectified Circuits«. J. Instn. electr. Engr., 63. Bd., S. 588. 1925.

75. Rogers, G., »Automatic and Semi-automatic Mercury-vapor Rectifier Substations«. Ebendort, S. 157. Diskussion ebendort, S. 173, 473.

76. Müller-Lübeck, K. E., »Der Quecksilberdampf-Gleichrichter« (Springer). 1. Bd., 1925; 2. Bd., 1929.

77. Janitsky, A., »Über die Bedeutung des Gasgehaltes von Metallen für einige elektrische Erscheinungen«. Z. Physik, 31. Bd., S. 277. 1925.

78. Fleming, J. A., »Mercury-arc Rectifiers and Mercury-vapor Lamps«. (Pitman.) 1925.

79. Schenkel, M., »Der Blindleistungsverbrauch von Gleichrichteranlagen und seine Messung«. Elektrotechn. Z., 46. Bd., S. 1369. 1925. Diskussion von Kern und Schenkel, ebendort, 47. Bd., S. 1005. 1926.

80. Van Veen, »Mercury-arc Rectifier Operates $12\frac{1}{2}$ Years«. Electr. Wld., 85. Bd., S. 1032. 1925.

81. »Mercury-arc Rectifiers under Short Circuit«. Ebendort, 7. Febr. 1925.

82. »High-power Mercury-arc Rectifiers, some recent experiences of their use for railway work«. Electrician, 94. Bd., S. 124. 1925.

83. Morrison, R. L., »High-power Mercury-arc Rectifiers. The Automatic Control of Substation Plants«. Electr. Rev. Lond., 97. Bd., S. 484. 1925.

84. »New York Edison Company Installs Mercury-arc Converters.« Electr. Wld., 85. Bd., S. 256. 1925.

85. Krijger, L. P., »Die Messung der Blindleistung beim Quecksilberdampfgleichrichter«. Elektrotechn. Z., 46. Bd., S. 48. 1925.

86. Prince, D. C., »The Inverter«. Gen. electr. Rev., S. 676. 1925.

87. Hellmuth, »Zur Berechnung von Transformatoren für Quecksilberdampf- und Argonal-Gleichrichter«. S. 458.

88. Schäfer, »Quecksilberdampf-Großgleichrichter in Unterwerken der französischen Hauptbahnen«. Ebendort, S. 833.

89. Zastrow und Benda, »Einwirkungen von Gleichrichteranlagen auf Fernsprechleitungen«. Ebendort, S. 1478.

90. Dällenbach, W., »Zur Phänomenologie des Funkenpotentials und der Glimmentladung«. Physik. Z., 26. Bd., S. 483. 1925.

91. Dällenbach, Gerecke und Stoll, »Vorgänge an negativ geladenen Sonden und an Teilchen, die in Gasentladungen suspendiert sind«. Ebendort, S. 10.

92. Günther-Schulze, A., »Die physikalischen Grundlagen der Quecksilberdampfgleichrichter«. AEG-Mitt., S. 96. 1925.

93. Gebauer, E., »Die Stromumformungsanlagen der städtischen Elektrizitätswerke in Wien für den Betrieb der Wiener Elektrischen Stadtbahn«. Elektrotechn. u. Maschinenb., 43. Bd., S. 769. 1925.

94. Barthelmy und Sylvestre, »L'application des redresseurs à vapeur de mercure à la traction sur les Voies Ferrées d'intérêt local«. Rev. gén. Electr., 18. Bd., S. 981. 1925.

95. »Rectifier Substations for Victorian Government Railways«. Electr. Rev. Lond. 96. Bd., S. 548, 1925.
96. Issendorff, I., »Energetik der Wandströme in Quecksilberdampfentladungen«. Wiss. Veröff. Siemens-Konz., 4. Bd., 1. Heft, S. 124. 1925.
97. Bazzoni, »The Dunoyer and Toulon Experiments«. Radio News, S. 274. 1925.
98. Kleeberg, »Dreiphasengleichrichter mit Sechsphasenkolben«. Arch. Elektrotechn., 15. Bd., S. 41. 1925.
99. Bubert und Hemme, »Glühkathodengleichrichter der Afa«. Z. Fernm.-Techn., S. 134. 1925.
100. Norden, K., »Der Glaskörperersatz in Gleichrichteranlagen«. AEG-Mitt., S. 374. 1925.

1926

101. Brynhildsen, C., »Die Gleichrichteranlage der Überlandbahn Turin-Lanzo-Ceres«. Brown Boveri Mitt., 13. Jg., S. 146. 1926.
102. Brynhildsen, C., »Über eine neue Großgleichrichtertype«. Ebendort, S. 157.
103. Seitz, O., »Entlüftungseinrichtung für Quecksilberdampfgroßgleichrichter«. Ebendort, S. 175.
104. Danz, A., »Die bedienungslose Gleichrichter- und Einankerumformeranlage St. Légier der Chemins de fer électriques Veveysans«. Ebendort, S. 193.
105. Gaudenzi, A., »Direkt zeigende Vakuummeßvorrichtung für Quecksilberdampfgleichrichter«. Ebendort, S. 224.
106. Walty, W., »Bedienungslose Großgleichrichteranlagen«. Ebendort, S. 241.
107. Blandin, J., »Die bedienungslose Gleichrichteranlage Palais du Midi in Brüssel«. Ebendort, S. 259.
108. Seitz, O., »Die Kühlung von Quecksilberdampf-Großgleichrichtern«. Ebendort, S. 283. Hierzu Referat Elektrotechn. Z., 48. Bd., S. 731. 1927.
109. »Progress made in Use of Mercury-arc Rectifiers«. Power, 64. Bd., S. 33. 1926.
110. Prince, D. C., »Rectifier Voltage Control«. J. Amer. Inst. electr. Engr., 45. Bd., S. 630. 1926.
111. Prince, D. C., »Mercury-arc Rectifiers«. Ebendort, S. 1087. Diskussion, ebendort, S. 1176. 1926.
112. »Another Type of Mercury-arc Rectifier«. Electr. Rly. J., 68. Bd., S. 814. 1926.
113. »Mercury-arc Rectifiers«. J. Amer. Inst. electr. Engr., 45. Bd., S. 951. 1926.
114. Marti, O. K., »Rectification of Alternating Currents«. Ebendort, S. 832. Diskussion, ebendort, S. 1035.
115. Schenkel, M., »Störungen des Fernsprechbetriebes durch Gleichrichter und ihre Beseitigung«. Elektr. Bahnen, 2. Bd., Nr. 7, S. 217. 1926.
116. Partzsch, »Neuerungen an Großgleichrichtern«. Elektrotechn. Z., 47. Bd., S. 1056. 1926.
117. Schumacher, R., »Zur Frage der Betriebsbrauchbarkeit von Großgleichrichteranlagen«. Ebendort, S. 354, 388.
118. Müller, G. W., »Die Diagramme des Quecksilberdampf-Gleichrichters«. Ebendort, S. 328.
119. »Ein neuer Quecksilberdampf-Großgleichrichter«. Z. VDI, 70. Bd., Nr. 39, S. 1277. 1926.
120. Wagner, R., »Rotierender Umformer oder Gleichrichter«. Elektr. Betr., 24. Bd., S. 77. 1926.
121. Müller, G. W., »Die Berechnung der Gleichrichtertransformatoren mit Sparwicklung«. Elektrotechn. u. Maschinenb., 44. Bd., S. 521. 1926.
122. Müller-Lübeck, K. E., »Eine elementare Gleichung für den pulsierenden Gleichstrom des Quecksilberdampf-Gleichrichters«. Arch. Elektrotechn., 16. Bd., S. 113. 1926.

123. Dushman, S., »Grundlagen der Hochvakuumtechnik«. Deutsch von R. G. Berthold u. E. Reimann. Springer, Berlin 1926.

124. Pascher, »Anwendung und Fernsteuerung von Glasgleichrichtern«. AEG-Mitt., S. 451. 1926.

125. Jungmichl, H., »Zur Stromwandlerfrage in Gleichrichteranlagen«. Siemens Z., 6. Bd., S. 380. 1926.

1927

126. »Mercury-arc Power Rectifiers«. Gen. electr. Rev., 30. Bd., S. 20. 1927.

127. Butcher, C. A., »Application of Mercury-arc Power Rectifiers«. J. Amer. Inst. electr. Engr., 46. Bd., S. 446. 1927.

128. Shand, E. B., »Steel-tank Mercury-arc Rectifiers«. Ebendort. S. 597. 1927.

129. Marti, O. K., und Winograd, H., »Mercury-arc Power Rectifiers, Their Applications and Characteristics«. Ebendort, S. 818. 1927.

130. Fleischmann, L., »Der Blindleistungsverbrauch von Gleichrichteranlagen und seine Messung«. Elektrotechn. Z., 48. Bd., S. 12. 1927.

131. Dällenbach, W., »Messungen des Rückstromes von Quecksilberdampf-Gleichrichtern«. Ebendort, S. 1032.

132. Weidlich, »Die Gleichrichteranlage des Elektrizitätswerkes Blankenburg am Harz«. Ebendort, S. 825.

133. »First Canadian Automatic Rectifier Substation Installed by Montreal Tramways«. Electr. Rly. J., 69. Bd., S. 766. 1927.

134. Walty, W., »Ein Großgleichrichter für 5000 Volt Gleichspannung«. Brown Boveri Mitt., 14. Jg., S. 66. 1927.

135. Blandin, J., »Die bedienungslose Gleichrichteranlage La Grand'Fontaine der Freiburger Straßenbahnen«. Ebendort, S. 71.

136. Bohraus, W., »Bedienungslose Großgleichrichter-Anlagen für die Niederländischen Eisenbahnen«. Ebendort, S. 113.

137. Brynhildsen, C., und Kern, E., »Der Quecksilberdampf-Großgleichrichter als Umformer für Elektrische Vorort-, Überland- und Vollbahnen«. Ebendort, S. 128, 154, 181, 203.

138. Danz, A., »Verbreitung der Quecksilberdampf-Großgleichrichter in der Schweiz«. Ebendort, S. 134.

139. Brynhildsen, C., »Gleichrichter für hohe Stromstärken«. Ebendort, S. 161.

140. Blandin, J., »Die Quecksilberdampf-Gleichrichter-Unterstationen der Pariser Untergrundbahn«. Ebendort, S. 265.

141. Walty, W., »Der Brown Boveri-Großgleichrichter in Transportanlagen«. Ebendort, S. 353.

142. Hellfarth, R., »Die Gleichrichteranlage des Elektrizitätswerkes Bonn«. Elektrotechn. u. Maschinenb., 45. Bd., S. 717. 1927.

143. Jungmichel, H., »Die Stromwandler im Anodenkreis von Gleichrichtern«. Elektrotechn. u. Maschinenb., 45. Bd., S. 423. 1927.

144. Beetz, W., »Beitrag zur Messung der Energie im Anodenkreis von Quecksilberdampfgleichrichtern«. Ebendort, S. 921.

145. Prince, D. C., »Mercury-arc Rectifier Phenomena«. J. Amer. Inst. Electr. Engr., 46. Bd., S. 667. 1927.

146. Aoki, S., »Mercury-arc Rectifier«. J. Inst. electr. Engr. Japan, Nr. 472, S. 1153. 1927.

147. Geyger, W., „Messung der Wechselstromkomponente von Gleichrichterströmen nach der Kompensationsmethode." Arch. Elektrotechn., 18. Bd., S. 641. 1927.

148. Reagan, »Automatic Switching Control for Mercury-arc Rectifiers«. Electr. J., 24. Bd., S. 496. 1927.

149. Shand, E. B., »Mercury-arc Rectifier Characteristics«. Ebendort, S. 486.

150. »Largest Mercury Arc Rectifier Installation Made at Bridgeport«. Electr. Rly. J., 70. Bd., S. 1144. 1927.

151. Hough, E. L., »Automatic-control Equipment for 1500-Volt Mercury-arc Rectifier Substations of the Chicago, South Shore and South Bend Railroad«. Gen. electr. Rev., 30. Bd., S. 345. 1927.

152. Mc Kearin, F. P., »Mercury-arc Rectifier Equipment«. Electr. Light and Power, 5. Bd., S. 100. 1927.

153. Platz, H., »Iron-type Mercury-arc Power Rectifiers«. AEG Progr., 3. Bd., S. 273. 1927.

154. Richer, M., »La transformation du courant alternatif en courant continu au moyen de redresseurs«. Houille bl., 26. Bd., S. 109. 1927.

155. »Großgleichrichter für 10 000 Volt«. AEG-Mitt., S. 341. Aug. 1927.

156. Espe, W., »Über den Emissionsmechanismus von Oxydkathoden«. Wiss. Veröff. Siemens-Konz., 5. Bd., 3. Heft, S. 29. 1927.

157. Espe, W., »Die Austrittsarbeit von Elektronen aus Erdalkalioxydkathoden«. Ebendort, S. 46.

158. Lübcke, E., »Über die Beeinflussung von Wandströmen in Quecksilberdampfentladungen«. Ebendort, S. 182. 1927.

159. Jungmichl und Issendorff, »Elektrische Vakuummeßeinrichtung für Gleichrichter«. Siemens Z., 7. Bd., S. 829. 1927.

160. Seeliger und Schmitz, »Studien über den Mechanismus des Lichtbogens«. Physik. Z., S. 605. 1927.

161. Kyser, H., »Einankerumformer, Kaskadenumformer und Gleichrichter im Anschlusse an Fernkraftübertragungsanlagen«. Elektr.-Wirtsch., 26. Jg., S. 555. 1927.

162. Solley, L. B. W., »Alternating current Rectification«. Chapman & Hall. 1927.

163. Seeliger R., »Einführung in die Physik der Gasentladungen«. Barth. Leipzig 1927.

1928

164. Antoniono, C., »Operation and Performance of Mercury-arc Rectifier on the Chicago, North Shore and Milwaukee Railroad Co.«. J. Amer. Inst. electr. Engr., 47. Bd., S. 3. 1928. Diskussion, ebendort, S. 68. Electr. Rly. J., 7. Jan. 1928. Electr. Wld. N. Y., 24. März 1928.

165. Odermatt, A., »Neueste Fortschritte im Großgleichrichterbau«. Brown Boveri Mitt., 15. Jg., S. 121. 1928.

166. Blandin, J., »Spannungsregelung in Gleichrichteranlagen«. Ebendort, S. 193.

167. Kern, E., »Die selektive Abschaltung von Quecksilberdampfgleichrichtern bei Rückzündungen«. Ebendort, S. 218.

168. Kotschubey, N., »Gleichrichteranlagen der New South Wales Government Railways and Tramways, Sydney (Australien)«. Ebendort, S. 300.

169. Blandin, J., »Abnahmeversuche in dem Unterwerk St. Antoine der Pariser Untergrundbahn«. Ebendort, S. 302.

170. Danz, A., »Die bedienungslosen Gleichrichterunterstationen der Niederländischen Eisenbahnen«. Ebendort, S. 335.

171. Gerecke, E., »Sechsphasen-Gleichrichteranlage mit Einphasentransformatoren«. Arch. Elektrotechn., 19. Bd., S. 449. 1928. Hierzu Referat Elektrotechn. Z., 49. Bd., S. 1122. 1928.

172. Siemens, A., »Die Gummidichtung des Quecksilberdampf-Großgleichrichters«. Siemens Z., 8. Bd., S. 316. 1928. Referat Elektrotechn. Z., 50. Bd., S. 60. 1929.

173. Seeley H. T., »Automatic Control for Mercury-arc Rectifiers«. Gen. electr. Rev., 31. Bd., S. 537. 1928.

174. Weißbach, »Bedienungslose Gleichrichter-Unterwerke«. Fachberichte der 33. Jahresversammlung des VDE, S. 32. 1928.

175. Hutton, C. E., »Hamilton's New Automatic Mercury-arc Rectifier Substation«. Electr. News, S. 29. 1928.

176. Mitsuda und Yoshikawa, »On the Development of Mercury-arc Power Rectifiers and Their Performance«. Res. electrotechn. Lab. Tokyo. 24. Juli 1928.

177. Smede, L., »High-voltage Mercury-arc Rectifiers«. Electr. J., S. 403. 1928.

178. Jungmichel, H., »Die Saugdrosselspule in Großgleichrichteranlagen«. Wiss. Veröff. Siemens-Konz., 6. Bd., 2. Heft, S. 34. 1928.

179. Jungmichel, H., und Eichhacker, R., »Mehrphasiger Manteltransformator in Gleichrichteranlagen«. Siemens Z., 8. Bd., S. 381. 1928.

180. Meyer-Delius, H., »18 Jahre Großgleichrichterbau«. Elektr.-Wirtsch., S. 309. 1928.

181. Daly, C. J., »Effect of Street-Railway Mercury-arc Rectifiers on Communication Circuits«. J. Amer. Inst. electr. Engr., 47. Bd., S. 503. 1928. Hierzu Referat von Roehmann, »Der Einfluß von Bahngleichrichtern auf Fernmeldeleitungen«. Elektrotechn. Z. 51. Bd., S. 1598. 1930.

182. Reichel, W., »Gleichstromversorgung der deutschen Reichsbahn, insbesondere durch Gleichrichteranlagen«. Elektrotechn. Z., 49. Bd., S. 903. 1928. Hierzu Diskussion von Schenkel. Ebendort, S. 1522.

183. Gebauer, A., »Die Gleichrichterwerke der Vorortestrecke Berlin-Velten«. Elektr. Bahnen, 4. Bd., S. 154, 186. 1928.

184. Nowag, W., »Der Brown Boveri-Gleichrichter für die Berliner Stadt- und Ringbahn«. BBC-Nachr., 15. Bd., S. 79. 1928.

185. Wechmann, W., »Die Elektrisierung der deutschen Reichsbahn unter besonderer Berücksichtigung der Berliner Stadt- und Vorortbahnen«. Elektrotechn. Z., 49. Bd., S. 887. 1928.

186. »Mercury-arc Rectifier Substations Used in European Railways«. Electr. Rly. J., 71. Bd., S. 622. 1928.

187. De Angelis, M. L., »Advantages of Mercury-arc Rectifiers«. Electr. Rly. J., 72. Bd., S. 66. 1928.

188. Hansen, V., »Performance of Mercury-arc Rectifier«. Electr. Wld., N. Y., 92. Bd., S. 457. 1928.

189. Potthoff, K., »Zur Theorie des Quecksilberdampfgleichrichters«. Arch. Elektrotechn., 19. Bd., S. 301. 1928.

190. Meier, J. A., »Die Gleichrichter-Unterwerke der Leningrader Straßenbahn«. Z. VDI, 72. Bd., S. 1755. 1928.

191. Smede. L., »Automatic Vacuum Gages«. Electr. J., 25. Bd., S. 437. 1928.

192. Turley, L. J., »Automatic Mercury-arc Power Rectifier Substations on the Los Angeles Railway«. J. Amer. Inst. electr. Engr., 47. Bd., S. 715. 1928.

193. Wood, G. E., »Mercury-arc Rectifier Substation at Bridgeport, Conn.«. Ebendort, S. 732.

194. Loog, C., »Neue Zündvorrichtungen für Quecksilberdampfgleichrichter«. Telegr. u. Fernspr.-Techn., 17. Bd., S. 199. 1928.

195. Stigant und Lacey, »Interphase Reactor in Sixphase Transformer Rectifier Circuits«. Electr. Times, 74. Bd., 6. Sept. 1928.

196. Geise, H., »Erfahrungen mit Resonanzkreisen zur Oberwellenbeseitigung in Gleichrichteranlagen«. Fachberichte der 33. Jahresversammlung des VDE, S. 36. 1928.

197. Brauns, O., »Gleichrichter-Bahnbetrieb und Reichspost«. Elektr. Bahnen, Ergänzungsheft, S. 20. 1928.

198. Klewe, H., »Bedeutung der Gleichrichter für die deutsche Reichspost«. Ebendort, S. 22.

199. Weishaupt, F., »Die Fernsprechbetriebsschaltungen der Deutschen Reichspost unter der Einwirkung der Gleichrichteroberwellen elektrischer Bahnen«. Ebendort, S. 29.

200. Roehmann, L., »Messung der Fernsprechstörwirkung von Gleichrichterbahnen.« Ebendort, S. 38.

201. Schlemmer und Schulze, »Bahnbetriebe mit Gleichrichtern in Frankreich«. Ebendort, S. 45.

202. Aubort, E., »Bahnbetrieb mit Gleichrichtern und Vermeidung von Fernsprechstörungen«. Elektr. Bahnen, Ergänzungsheft, S. 49. 1928.

203. Schleicher, »Die speziellen Anordnungen der Fernsteuerung und Fernüberwachung bei der Berliner Stadt- und Ringbahn«. Ebendort, S. 78.

204. Schuchardt und Vandersluis, »The Chicago Terminal Eletrification of the Illinois Central Railroad«. Trans. Amer. Inst. Electr. Engr., 47. Bd., S. 1081. 1928.

205. »Mercury-vapor Rectifiers at Shoreditch«. Engineer, 21. Dez. 1928.

206. Jordan, H., »Selbsttätiges Gleichrichterwerk Schützenhof der Hagener Vorortbahnen, G. m. b. H. AEG-Mitt., Sept. 1928.

207. Trott, K., »Weitere Folgerungen aus den Eigentümlichkeiten im Spannungsabfall bei Gleichrichtern«. Elektrotechn. Anz., 45. Bd., S. 64. 1928.

208. Amillac, A., »Redresseurs à vapeur de mercure de grande puissance«. Bull. Soc. Alsac. Constr. Méc., 6. Bd., S. 16. 1928. Hierzu Referat, Elektrotechn. Z., 50. Bd., S. 901. 1929.

209. Danz, A., »Großgleichrichter für die Elektrifikation der Illinois Central Railroad«. Schweizer Bauztg., 92. Bd., S. 107. 1928.

210. Schenkel, M., »Die Gleichrichtung von Einphasenwechselstrom der Frequenz $16\frac{2}{3}$«. Siemens Z., 8. Bd., S. 155. 1928.

211. Loog, C., »Selbsttätige Zündvorrichtung für Quecksilberdampfgleichrichter«. Telegr.- u. Fernspr.-Techn., 17. Bd., S. 50. 1928.

212. Riedel, K., »Gleichrichterwerk Hermannplatz der Nord-Südbahn A.-G., Berlin«. Elektr. Bahnen, 4. Bd., S. 25. 1928.

213. Löst, W., »Das Wesen der Oxydkathoden«. Funkbastler, S. 257, 301, 395. 1928.

214. Günther-Schulze, A., »Die konstruktive Durchbildung des Quecksilber-Wellenstrahlgleichrichters«. Elektrotechn. Z., 49. Bd., S. 1224. 1928.

215. »Railway Automatic Rectifier Substation«. AEG-Progr., 4. Bd., S. 350. 1928.

216. Hull, A. W., »Gas-filled Thermionic Tubes«. J. Amer. Inst. Electr. Engr., 47. Bd., S. 798. 1928.

217. »Neue Errungenschaften im Bau von Quecksilberdampf-Großgleichrichtern für elektrische Bahnen«. Ztg. des Vereins deutscher Eisenbahnverwaltgn., 68. Bd., S. 1149. 1928.

218. Müller-Lübeck, K. E., »Zur Frage der Definition des Leistungsfaktors«. Elektrotechn. Z., 49. Bd., S. 251, 633, 1168. 1928.

219. Prince, D. C., »The Direct-current Transformer Utilizing Thyratron Tubes«. Gen. Electr. Rev. S. 347. 1928. Referat hierzu: »Gleichstromtransformator mit Thyratronröhren«, Elektrotechn. Z., 50 Bd., S. 902. 1929.

1929

220. Aubort, E., »Über die Beeinflussung der Fernsprechanlagen durch die Tonfrequenzen der Starkstromanlagen«. Elektr.-Wirtsch. S. 39. 1929.

221. Micheluzzi, »Die Hochstromgleichrichter und die bedienungslos betriebenen Gleichrichter der Städtischen E. W. Wien«. Elektrotechn. u. Maschinenb., 47. Bd., S. 129. 1929.

222. Blandin, J., »Die bedienungslosen Gleichrichteranlagen der Brünner Straßenbahngesellschaft«. Brown Boveri-Mitt., 16. Jg., S. 79. 1929.

223. Greco, A., »Brown Boveri Gleichrichteranlagen in Italien für Spannungen über 1500 Volt«. Ebendort, S. 98.

224. Kobel, E., »Direkt zeigende Vakuummeßvorrichtung für Quecksilberdampfgroßgleichrichter«. Brown Boveri-Mitt., 16. Jg., S. 281. 1929.

225. Gaudenzi, A., »Der Spannungsabfall an der Kathode eines Quecksilberlichtbogens«. Ebendort, S. 303.

226. Kotschubey, N., »Wechselstromgalvanometer als Druckanzeige-Instrumente für Quecksilberdampfgroßgleichrichter«. Ebendort, S. 331.

227. Garrett, A. M., »Automatic Mercury Rectifier Substations in Chicago«. J. Amer. Inst. Electr. Engr., 48. Bd., S. 301. 1929.

228. Ward, O. M., »Maintenance Problems with Mercury-arc Rectifiers«. Electr. Rly. J., 73. Bd., S. 471. 1929.

229. Krämer, Chr., »Eine neue Zwölfphasenschaltung von Transformatoren für Groß-Gleichrichter«. Elektrotechn. Z., 50. Bd., S. 303. 1929.

230. Hall, W. B., »Wave Forms of Mercury-arc Rectifiers; Oscillographic Study of Bridgeport Traction Substation Units under Various Load Conditions«. Electr. Wld. N. Y., 93. Bd., S. 673. 1929.

231. Fischer, K., »Die Verwendung von elektrodynamischen Leistungsmessern normaler Bauart für Messungen an Gleichrichtern«. Elektrotechn. Z. 50. Bd., S. 113. 1929.

232. Toulon, P., »Convertisseurs de Courant electrique de grande puissance à étincelles pilote«. Rév. Gén. Elektr., 25. Bd., S. 477, 518. 1929.

233. Jungmichel und Eichacker, »Die Glättung der Gleichspannung in Gleichrichteranlagen«. Siemens Z., 9. Bd., S. 39. 1929.

234. Garrett, A. M., »Direct-current Railway Substations for the Chicago Terminal Electrification, Illinois Central Railroad«. J. Amer. Inst. Electr. Engr., 48. Bd., S. 678. 1929.

235. Nowag, W., »Die Schaltung der ferngesteuerten Brown Boveri-Gleichrichter für die Berliner Stadt- und Ringbahn«. BBC-Nachr., 16. Bd., S. 79. 1929.

236. Jolley, L. B. W., »Alternating Current Rectification«. 3rd ed. (John Wiley & Sons, Inc.) 1929.

237. Vellard, L., »Les sousstations de traction de la ligne de Paris à Vierson de la compagnie du Chemins de fer de Paris à Orleans«. Rev. gén. Electr. 11. Mai 1929.

238. »Mercury-arc Rectifiers«. Report of Committee of American Railway Engineering Association, Proc. Amer. Electr. Rly. Engng. Ass., 30. Bd., S. 465. 1929.

239. Günther-Schulze, A., »Elektrische Gleichrichter und Ventile«. Springer, Berlin 1929.

240. Nowag, W., »Die Verwendung von Großgleichrichtern für Elektrolyse«. Fachberichte der 34. Jahresversammlung des VDE. 1929.

241. De Angelis, M. L., »Montreal Tramways Extend Use of Mercury-arc Rectifiers«. Electr. Rly. J., 73. Bd., S. 778. 1929.

242. Krämer, Chr., »Der gegenwärtige Stand der AEG-Eisen-Großgleichrichter«. AEG-Mitt., S. 85. 1929.

243. Hauffe, G., »Augenblicksbilder vom Quecksilberdampfgleichrichter«. Z. techn. Physik, 10. Bd., S. 23. 1929.

244. Hermannspann, P., »Hochfrequenzgleichrichteranlage mit selbsttätiger Konstanthaltung der Gleichspannung«. Z. Hochfrequenztechn., 33. Bd., S. 121. 1929. Referat hierzu Elektrotechn. Z., 51. Bd., S. 745. 1930.

245. Soulier, A., »Les Redresseurs de Courants Alternatifs«. Bull. Soc. franc. Electr., 9. Bd., S. 381. 1929.

246. Cocks, H. C., »Application of Alternating Current to Electro-Deposition«. Electr. Rev. Lond., 105. Bd., S. 39. 1929.

247. Hoffmann, D. C., »Automatic Switching Equipment for 1500 Volt Mercury-arc Rectifier«. Gen. electr. Rev., 32. Bd., S. 466. 1929.

248. Issendorf, I., »Neuere Untersuchungen über das betriebsmäßige Verhalten der Quecksilberdampfgleichrichter«. Elektrotechn. u. Maschinenb., 47. Bd., S. 353. 1929. Elektrotechn. Z., 50. Bd., S. 1079; Diskussion hierzu S. 1099. 1929.

249. Hull, A. W., »Hot-cathode Thyratrons«. Gen. electr. Rev. S. 213, 390. 1929.

250. Jungmichel, H., »Stromteiler in Sechsphasengleichrichteranlagen«. Elektrotechn. Z., 50. Bd., S. 1257. 1929.

251. Kleist, F. v., »Stromteiler bei Gleichrichtern«. Elektrotechn. Z., 50. Bd., S. 1879. 1929.

252. Harvey, R. M., »An Unattended Rectifier Substation«. J. Instn. Engr. Australia, S. 93. 1929.

253. Zastrow, A., »Über die Beeinflussung von Fernsprechanlagen durch Gleichrichter«. Elektr.-Wirtsch., 28. Bd., S. 35. 1929.

254. Gelber und Plietzsch, »Elektrisierung des Abraumbetriebes der Grube Marie III der Anhaltischen Kohlenwerke«. BBC-Nachr., 16. Bd., S. 280. 1929.

255. Siemens, A., »Die Dichtung des SSW-Quecksilberdampf-Großgleichrichters«. Elektrotechn. Z., 50. Bd., S. 60. 1929.

256. Schleusener, H., »Lebensdauer von Glaskörpern in Bahngleichrichteranlagen«. AEG-Mitt., S. 32. 1929.

257. Gramisch, O., »Automatische Akkumulatorenladung mittels Gleichrichtern«. Elektrotechn. u. Maschinenb., 47. Bd., S. 201. 1929.

258. Auerbach, E., »Fortschritte bei der Ausführung und Anwendung von ruhenden Gleichrichteranlagen«. Elektrotechn. Anz., 46. Bd., S. 149. 1929.

259. Lütze, O., »Fahrbare Gasgleichrichteranlagen, System Elektrizitätswerk Stuttgart«. AEG-Mitt., S. 45. 1929.

260. Kotschubey, N., »Gleichrichterstation Rockfield der Straßenbahn Montreal.« Brown Boveri Mitt. 16. Jahrg., S. 337. 1929.

261. Hodgson, B., Harley, L. S., und Pratt, O. S., »The Development of the Oxydcoated Filament«. J. Instn. Electr. Engr., 67. Bd., S. 762. 1929.

262. Landsmann, K., »Die Fernsteuerung von Glasgleichrichteranlagen mit wenigen Steuerleitungen«. BBC-Nachr., 16. Bd., S. 254. 1929.

263. Haffner, L., »Les Sous-Stations des redresseurs à vapeur de mercure de la Société minière et métallurgique de Penarreya«. Rév. gén. Electr., 26. Bd., S. 797. 1929.

264. Bernbach, W., »Vakuummeter für Großgleichrichter«. Helios, Lpz., 35. Bd., S. 322. 1929.

265. »Gleichrichteranlagen für Licht und Kraft«. AEG-Mitt., S. 87. 1929.

266. »Railway Rectifier Stations«. AEG-Progr., 5. Bd., S. 285. 1929.

267. Baumgarten, A. W., »Economics of Mercury-arc Rectifiers«. Electr. Tract., 25. Bd., S. 190. 1929.

268. »Eisengleichrichter mit Kondensationskammer«. Bergmann Mitt., 7. Bd., S. 222. 1929.

269. »Mercury-arc Rectifiers in Railway Installations Installed or on Order since 1927«. Electr. Wld. N. Y., 94. Bd., S. 373. 1929.

270. »Mercury-arc Rectifiers for the Berlin Suburban Railways«. Engineering, 128. Bd., S. 819. 1929.

271. »Oerlikon Quecksilberdampf-Gleichrichter«. Bull. Oerlikon, S. 435. 1929.

272. Töfflinger, K., »Der Gleichstrombahnmotor im Betrieb mit welliger Klemmenspannung«. Bergmann-Mitt., S. 262. 1929.

273. Kaar, I. J., »750-kW-High-voltage Rectifier«. Gen. Electr. Rev., 32. Bd., S. 473. 1929.

274. Plan, A., »Akkumulatoren-Ladestationen«. Radio-Export, Heft 8. 1929.

275. Jungmichl, H., »Gleichrichterfahrzeuge«. VDE Fachberichte. 1929.

276. Souliers, M. A., »Les redresseurs de courants alternatifs«. Rév. gén. Electr., 26. Bd., S. 25. 1929.

277. Geise, H., und Plathner, W., »Schutz von Schwachstromanlagen gegen Starkstrombeeinflussungen«. AEG-Mitt., 11. Heft, S. 714. 1929.

278. Jordan, H., und Gülzow, »Selbsttätiges Glasgleichrichter-Unterwerk Hohbisch der Bremer Straßenbahnen«. AEG-Mitt. f. Bahnbetr., 6. Heft. 1929.

279. Hellfarth, R., »Ferngesteuerte Glasgleichrichterstation Feuerwache des städt. Elektrizitätswerkes Bremen«. AEG-Mitt., 7. Heft, S. 456. 1929.

1930

280. »Portable Steel-Enclosed Mercury-arc Rectifier«. Electr. Wld. N. Y., S. 156. 1930.

281. Thury, R., »Kraftübertragung auf große Entfernungen durch hochgespannten Gleichstrom«. Elektrotechn. Z., 51. Bd., S. 114. 1930.

282. Orlich, E., »Gleichrichtung großer Wechselstromleistungen«. Ebendort, S. 122.

283. Mertens, F., »Hochspannungs-Quecksilberdampf-Gleichrichter zur Speisung von Röhrensendern«. Ebendort, S. 305.

284. Nowag, W., »Die Brown Boveri-Gleichrichter zur Stromversorgung der Berliner Straßenbahnen«. BBC-Nachr., 17. Bd., Nr. 1, S. 12. 1930.

285. Kobel, E., »Versuche mit hoher Wechselspannung an einer beweglichen Quecksilbersonde im Quecksilberlichtbogen«. Brown Boveri Mitt., 17. Bd., S. 84. 1930.

286. Kotschubey, N., »Quecksilberdampf-Großgleichrichter in Gleichstrom-Beleuchtungsanlagen«. Ebendort, S. 155.

287. Greco, A., »Die Elektrifikation von Haupt- und Nebenbahnen in Italien mit hochgespanntem Gleichstrom«. Ebendort, S. 215.

288. Beck, H. C., »Quecksilberdampf-Großgleichrichter in Sendestationen für Rundfunk«. Ebendort, S. 233.

289. Beck, H. C., »Die Quecksilberdampf-Großgleichrichter-Unterstationen der Consolidated Mining and Smelting Co. of Canada, Ltd., Trail, B. C.«. Ebendort, S. 311.

290. Kotschubey, N., »Fahrbare Quecksilberdampf-Großgleichrichteranlagen«. Ebendort, S. 388.

291. Baumgarten, A. W., »Modernization of the Chicago & Joliet Electric Railway«. Gen. Electr. Rev., 33. Bd., S. 226. 1930.

292. Moreland, E. L., »Lackawanna Electrification Relies Upon Mercury-arc Rectifiers«. Electr. Wld. N. Y., 95. Bd., S. 704. 1930.

293. Naef, O., und Gutzwiller, W. E., »1000-kW-Automatic Rectifier of the Union Railway Company, New York«. J. Amer. Inst. Electr. Engr., S. 528. 1930.

294. Kotschubey, N., »Eine fahrbare, bedienungslose Quecksilberdampf-Großgleichrichter-Anlage«. Elektrotechn. Z., 51. Bd., S. 697. 1930.

295. Baker, C. E., »Mercury Arc Rectifiers Meet Transportation Demands«. Electr. Rly. J., 74. Bd., S. 311. 1930.

296. Marti, O. K., »New Trends in Mercury Arc Rectifier Developments«. J. Amer. Inst. Electr. Engr., 49. Bd., S. 834. 1930.

297. Meyer-Delius, H., »Die günstigste Ausnützung von Gleichrichtern und ihren Transformatoren«. Elektr.-Wirtsch., 29. Bd., S. 77. 1930.

298. Simon, H., »Hochleistungsgleichrichter mit Glühkathode«. Forschung und Technik, 1. Bd., S. 395. 1930.

299. Krey, W., »Die zwölfphasige Großgleichrichterschaltung nach Krämer«. Ebendort, S. 291.

300. Issendorff, J., Schenkel, M., und Seeliger, R., »Die Entstehung und Bekämpfung der Rückzündungen in Großgleichrichtern«. Wiss. Veröff. Siemens-Konz., 9. Bd., S. 73. 1930.

301. Müller-Lübeck, K., »Über den maßgebenden Leistungsfaktor eines Gleichrichters«. Elektrotechn. Z., 51. Bd., S. 1193. 1930.

302. Gabor, D., »Ein neuer Gleichrichtertransformator«. Wiss. Veröff. Siemens-Konz., 9. Bd., S. 144. 1930.

303. Hartmann, J., »The Jet-Wave Rectifier: the Experimental and Theoretical Basis of its Design«. J. Instn. Electr. Engr., 68. Bd., S. 945. 1930.

304. Hulder, J. G. W., und Duinker, D. H., »Ein Gleichrichter mit Drei-Vierphasentransformator«. Elektrotechn. u. Maschinenb., 48. Bd., S. 826. 1930.

305. Lütze, »Fahrbare Gleichrichteranlagen«. Elektrizitätsverwertg., 5. Bd., S. 201. 1930.

306. Dühne, W., »Stromversorgung der Straßenbahn Halle (Saale), insbesondere durch ferngesteuerte Gleichrichteranlagen«. Siemens Z., 10. Bd., S. 49. 1930.

307. Strigel, R., »Ein Glühkathodengleichrichter für hohe Spannungen«. Umschau, 34. Bd., S. 106. 1930.

308. Rauber, G., »Quecksilberdampfglasgleichrichter«. AEG-Mitt., S. 180. 1930.

309. Pohlhausen, K., »Hochspannungsventilröhren mit kräftefreien Glühdrähten«. Wiss. Veröff. Siemens-Konz., 8. Bd., S. 75. 1930.

310. Gramisch, O., »Entwicklung und gegenwärtiger Stand des Gleichrichterbaues«. Elektrotechn. u. Maschinenb., 48. Bd., S. 213. 1930.

311. Ungelenk, A., und Wiehr, J., »Technik des Elektronenröhrenbaues«. Z. VDI, 74. Bd., S. 431. 1930.

312. Landsmann, K., »Glasgleichrichteranlagen zum selbsttätigen Laden von Akkumulatorenbatterien«. BBC-Nachr., 17. Bd., S. 42, 217. 1930.

313. Steiner, H. C., und Maser, H. T., »Hot-Cathode Mercury Vapor Rectifier Tubes«. Proc. Instn. Radio Engr., 18. Bd., S. 67. 1930.

314. Henderson, »High Power Metal Cylinder Mercury-arc Rectifiers«. Min. electr. Engr., 10. Bd., S. 444. 1930.

315. Krug, »Über die Zündgeschwindigkeit bei Quecksilberdampfgleichrichtern«. Elektrotechn. u. Maschinenb., 48. Bd., S. 567; 1930. Z. techn. Physik, 11. Bd., S. 227. 1930.

316. Jordan, H., »Modern Rectifier Substations«. AEG-Progr., 6. Bd., S. 288. 1930.

317. Riedel, K., »Schalt- und Gleichrichterwerk Halensee und Gleichrichterwerke Nikolassee und Neubabelsberg der Berliner Stadt-, Ring- und Vorortebahnen«. AEG-Mitt., S. 407. 1930.

318. Riedel, K., »Die Fernsteuerungsanlage der Berliner Stadt- und Ringbahn«. Siemens Z., 10. Bd., S. 386. 1930.

319. Riedel, K., »Die Schaltwerke Markgrafendamm und Halensee der Berliner Stadtschnellbahn«. Elektr. Bahnen, 6. Bd., S. 175, 223. 1930.

320. Riedel, K., »Das Schalt- und Gleichrichterwerk Halensee der Berliner Stadt-, Ring- und Vorortebahnen«. AEG-Mitt. f. Bahnbetriebe, S. 3. 1930.

321. Riedel, K., »Die Gleichrichterwerke Nikolassee und Neubabelsberg der Berliner Stadt-, Ring- und Vorortebahnen«. Ebendort, S. 18.

322. Jordan, H., »Untergrundbahn-Gleichrichterwerk Hermannplatz der Berliner Verkehrs-A. G.«. Ebendort, S. 29.

323. Steinki, F., »Gleichrichteranlagen für Werkbahnen«. AEG-Mitt., S. 625. 1930.

324. Lübcke, E., und Schottky, W., »Wandstromverstärker«. Wiss. Veröff. Siemens-Konz., 9. Bd., 1. Heft, S. 390. 1930.

325. Kroczek, J., und Lübcke, E., »Zum Querwiderstand der Oxydschicht von Glühkathoden«. Ebendort, 2. Heft, S. 252.

326. Oliven, O., »Europas Großkraftlinien«. Gesamtbericht der 2. Weltkraftkonferenz, Berlin 1930. Bd. 19, S. 30. VDI-Verlag. Referat hierzu: Elektrotechn. Z., 51. Bd., S. 986. 1930.

327. Hoxie, E. A., »Bulb-Type Rectifiers charge Control Batteries«. Power, 72. Bd., S. 684. 1930.

328. »Umformung von Gleichstrom in Wechselstrom durch den Quecksilberdampflichtbogen«. Z. VDI, 74. Bd., S. 1461. 1930.

329. Meyer, K., »Die Gleichrichtung von Wechselstrom mit Glühkathodenventilen«. Helios, Lpz., 36. Jg., S. 413. 1930.

330. King, W. R., »Vacuum Tube Rectifiers Control Motor Speed«. Power, 72. Bd., S. 761. 1930.

331. Wheatcroft, E. L. E., »The Calculation of Harmonics in Rectified Currents«. J. Instn. Electr. Engr., 69. Bd., S. 100. 1930.

332. Schenkel, M., und Meyer-Delius, H., »Gleichrichter«. Gesamtbericht der 2. Weltkraftkonferenz, Berlin 1930, 12. Bd. (Elektrische Maschinen), S. 236, VDI-Verlag, Berlin 1930.

333. Widmer, St., »Neue Errungenschaften auf dem Gebiete der Gleichrichter«. Ebendort, S. 248.

334. Mitsuda, R., »Recent Developments of the Mercury Inverter and its Applications with Particular Reference to the Construction of a ‚Rectiverter‘ namely a Statical Frequency Changer«. Ebendort, S. 262.

335. Dourche, L., »La sousstation automatique Bugerie de la Société d'Eclairage électrique de Cannes«. Rév. gén. Electr., S. 823. 1930.

336. »Railway Electrification Experience in Italy«. Electrician, S. 661. 1930.

337. Pascher A., und Zink G., »Selbsttätiges Gleichrichterwerk München-Haidhausen«. AEG Mitt. S. 299. 1930.

338. »Oerlikon Quecksilberdampfgleichrichter«. Bull. Oerlikon, S. 525. 1930.

339. »Mercury-arc Rectifiers for Electrolytic Work«. Chem. metallurg. Engng., 37. Bd., S. 644. 1930.

340. De Angelis, M. L., »Montreal Tramways Installs Third Automatic Rectifier Substation«. Electr. Rly. J., 74. Bd., S. 577. 1930.

341. Demontvignier, M., »Redresseurs à vapeur de mercure à haute tension«. Onde électrique, 9. Bd., S. 45. 1930.

342. Demontvignier, M., »Contribution à l'Etude de filtrage des courants redressés«. Bull. Soc. franc. Electr., S. 982. 1930.

343. »High Power Rectifiers Recently Installed in England by British Brown Boveri Ltd.«. Electr. Rev. Lond., 108. Bd., S. 315. 1930.

344. »Mercury-arc Rectifiers Save Railroad Space and Energy«. Electr. Wld. N. Y., 96. Bd., S. 733. 1930.

345. »Oerlikon Mercury Rectifier Equipment«. Electrician, 105. Bd., S. 418. 1930.

346. »High Power Mercury-arc Rectifiers«. Engineering, 149. Bd., S. 613. 1930.

347. »Mercury-arc. Rectifier Equipment for the Melbourne Tramways«. Engineering, 150. Bd., S. 655. 1930.

348. »Brown Boveri Mercury-arc Rectifiers«. Engng. Min. J., 130. Bd., S. 243. 1930.

349. Laun, F., »Large Glass Bulb Rectifiers and their Application«. AEG-Progr., 6. Bd., S. 6. 1930.

350. Morrison, R. L., »High Power Rectifiers«. Electr. Times, 77. Bd., S. 633. 1930.

351. Müller, G. W., »Erzeugung von Glaskolben für Quecksilberdampfgleichrichter«. AEG-Zeitg., S. 86. 1930.
352. Read, J. C., »High Power Mercury-arc Rectifiers«. Engineering, 149. Bd., S. 357. 1930.
353. Read, J. C., »Mercury-arc Rectifiers«. Electr. Rev. Lond., 106. Bd., S. 421. 1930.
354. Schulze, E., »Über die Beeinflussung von Schwachstromleitungen durch parallel arbeitende Gleichrichterwerke«. Elektr.-Wirtsch., S. 26. 1930.
355. Wilshire, J. R., »Some Features of Design and Operating Experiences of 1500-V-Railway Substations, New South Wales Government Rwys.«. J. Instn. Engr., Australia, S. 229. 1930.
356. Dahl, M. F., Kabel oder Freileitung für Fernübertragungen. Gesamtbericht der 2. Weltkraftkonferenz Berlin 1930. Bd. 14, S. 133. VDI-Verlag, Berlin 1930.
357. Glaser, H., Einfluß der Stromart auf das Übertragungsproblem. Gesamtbericht der 2. Weltkraftkonferenz Berlin 1930, Bd. 14, S. 248. VDI-Verlag Berlin 1930.
358. Tanberg, R., »Cathode of an Arc Drawn in Vacuum«. Phys. Rev., 35. Bd., S. 1080. 1930. Hierzu Referat: »Über die Kathode des Vakuumbogens«. Elektrotechn. Z., 53. Bd., S. 1080. 1932.
359. Compton, C. T., und Lamar, E. S., »Drop of Potential and State of Ionisation near the Cathode of a Mercury-arc«. Sience, 71. Bd., S. 517. 1930.
360. Compton, C. T., »Interpretation of Pressure and High Velocity Vapor Jets at Cathode of Vacuum Arcs«. Phys. Rev., 36. Bd., S. 706. 1930.
361. Cravath, A. M., »Behaviour of Mercury Vapor Arc with a jet of Liquid Mercury as Cathode«. Ebendort, S. 1480. 1930.
362. Kobel, E., »Pressure and High Velocity Vapor jets at Cathodes of Mercury Vacuum Arc«. Ebendort, S. 1636. 1930.
363. Plan, A., »Einige Neuerungen in der Anwendung des Argonalgleichrichters«. Helios, Lpz., 36. Bd., S. 237. 1930.

1931

364. »Die Erforschung der Natur des Kathodenflecks bei Quecksilberdampfgleichrichtern«. Brown Boveri-Mitt., 18. Bd., S. 66. 1931.
365. Hartmann, J., »Die konstruktive Durchbildung des Wellenstrahlkommutators, das Hauptelement des Wellenstrahlgleichrichters«. Z. techn. Physik, 12. Bd., S. 4. 1931.
366. Sos, A., »Die Gleichstromtransformation mit Elektronenröhren und Kondensatorschaltung«. Funkbastler, S. 4. 1931.
367. Jungmichel, H., »Oberwellen in den Primärströmen von Gleichrichteranlagen«. Elektrotechn. Z., 52. Bd., S. 171. 1931.
368. Nowag, W., »Der Großgleichrichter, ein wirtschaftliches Mittel, die Umstellung vorhandener Gleichstrom-Licht- und Kraftnetze auf Drehstrom zu vermeiden«. BBC-Nachr., 18. Bd., S. 3. 1931.
369. Schenkel, M., und Issendorf, J., »Neuanwendungen der Großgleichrichter für Spannungs- und Leistungsregelung, Energierückgabe, Hochspannungsübertragung und Frequenzumformung«. Siemens Z., 11. Jg., S. 142. 1931.
370. Glaser, A., »Gleichrichterröhren mit Glühkathode«. AEG-Mitt., S. 168. 1931.
371. »D—C Transmission — a bright promise for the Future«. Electr. Wld. N. Y., 97. Bd., S. 488. 1931.
372. Geise, H., und Plathner, W., »Über den Einfluß der höheren Harmonischen des Drehstromnetzes auf die Oberwellenspannung von Gleichrichtern«. Elektrotechn. Z., 52. Bd., S. 537. 1931.

373. Niethammer, F., »Gleichstrom-Höchstspannungs-Übertragungen«. Elektrotechn. u. Maschinenb., 49. Bd., S. 261. 1931.

374. Meyrinck, R., »Les redresseurs à vapeur de mercure«. Bull. Soc. Belg. Electr., 45. Bd., S. 281. 1931.

375. Andreu, S. M., »Das Arbeiten parallel geschalteter Quecksilberdampfgleichrichter« (span.). Rev. Ing. ind., Madr., 2. Bd., S. 88. 1931.

376. Mertens, F., »Quecksilberdampfgleichrichter für Straßenbahnbetrieb in Frankfurt a. M.« Elektrotechn. Z., 52. Bd., S. 819. 1931.

377. Glaser, A., »Quecksilberdampfgleichrichter mit Glühkathode«. Elektrotechn. Z., 52. Bd., S. 829. 1931.

378. Rissik, H., »Mercury-arc Rectifiers«. Electr. Rev. Lond., 108. Bd., S. 991. 1931.

379. Rissik, H., »Fahrbare Unterwerke mit Eisengleichrichtern.« Z. VDI, 75. Bd., S. 971. 1931.

380. Siemens, A., »Hochstromgleichrichter für Vollbahnbetrieb«. Siemens Z., 11. Jg., S. 345. 1931.

381. »D—C-Transmission.« Electrician, 106. Bd., S. 945. 1931.

382. Gutzwiller, W. E., »Mercury-arc Rectifiers«. Power, 74. Bd., S. 44. 1931.

383. Shjolberg-Henriksen, »Paris H.-T.-Congress Transmission and Export of Energy from Norway to Central Europe by Direct Current at High Voltage«. Electrician, 107. Bd., S. 60. 1931.

384. Vorhoeve, A. J., »Netzspannungsregelung durch Transformatoren in Verbindung mit Glühkathodengleichrichtern« (holl.). Ingenieur, Haag, 46. Jg., S. 137. 1931.

385. Glaser, H., »Kraftübertragung mit hochgespanntem Gleichstrom durch Kabel«. BBC-Nachr. S. 169, 1931.

386. Rissik, J. W., und H., »Heavy Duty Rectifiers and Their Application to Traction Substations«. J. Instn. Electr. Engr., 69. Bd., S. 933. 1931.

387. Prasse, W., »Das neue Gleichrichterwerk Hohenburgstraße der Essener Straßenbahnen«. Verkehrstechn., S. 420. 1931.

388. Meyer, K., »Das Thyratron, eine neue gesteuerte Röhre mit Gas- oder Dampffüllung«. Osram Nachr., 13. Jg., S. 225. 1931.

389. Marschall, A., »Regelbare Großgleichrichter«. Helios, Lpz., 37. Jg., S. 288. 1931.

390. Warner, J. C., »Some Characteristics of Thyratrons«. Proc. Instn. Radio Engr., 19. Bd., S. 1561. 1931.

391. »Gittergesteuerte Quecksilberdampfgleichrichter«. VDE-Fachberichte der 35. Jahresvers. 1931.

392. »Vacuum Tubes Lead the Way«. Electr. Engng., 50. Bd., S. 34. 1931.

393. Van Gelder, H. M., »Mercury Rectifiers for Subway Service«. Ebendort, S. 97.

394. Turnbull, A. G., »Motor Control by Thyratron Tubes«. Electr. News., 40. Bd., Nr. 2, S. 64. 1931.

395. Knoll, M., »Ein gasgefüllter Kleingleichrichter mit Oxydglühkathode«. Elektrotechn. Z., 52. Bd., S. 65. 1931.

396. White, W. C., »Vacuum Tubes and Their Applications«. Electr. Engng., 50. Bd., S. 404. 1931.

397. Rissik, J. W. und H., »High Power Rectifiers«. Engineer, 151. Bd., S. 322. 1931.

398. Waterman, E. S., »Mercury-arc Power Rectifiers, Auxiliaries and Accessories«. Gen. Electr. Rev., 34. Bd., S. 228. 1931.

399. Weiller, P. G., »Vacuum Tubes in Industry«. Radio Engng., 11. Bd., S. 31. 1931.

400. Zobel, O. J., »Extensions to the Theory and Design of Electric Wave Filters«. Techn. J. Bell System., 10. Bd., S. 285. 1931.

401. Oetker, R., »Ein Oberwellenvoltmeter«. Z. techn. Physik, 12. Bd., S. 205. 1931.

402. Gutzwiller, W. E., »Mercury-arc Power Rectifiers, Their Construction and Operation«. Power, 73. Bd., S. 950. 1931.

403. Hull, A. W., und Brown, H. D., »Solving the Mystery of Mercury-arc Rectifiers«. Electr. Engng., 50. Bd., S. 788. 1931.

404. Slepian, J., und Ludwig, R. L., »Backfires in Mercury Rectifiers«. Ebendort, S. 793.

405. De Blieux, E. V., »Losses in Mercury Rectifier Transformers«. Ebendort, S. 796.

406. Brown, H. D., »Mercury-arc Rectifiers for the Lackawanna Electrification«. Gen. Electr. Rev., 34. Bd., S. 619. 1931.

407. Sabbah, C. A., »Series-parallel Type Static Converters«. Ebendort, S. 288, 580, 738.

408. Havens, B. S., »Industry adopts the Electron Tube«. Ebendort, S. 714.

409. Kotschubey, N., »Gleichrichteranlagen der New South Wales Government Railways and Tramways, Sydney (Australien)«. Brown Boveri-Mitt., 18. Jg., S. 103. 1931.

410. Studer, J. J., »Brown Boveri-Quecksilberdampf-Großgleichrichter in Japan«. Ebendort, S. 181.

411. Greco, A., »Eine fahrbare Gleichrichter-Unterstation für die italienischen Staatsbahnen«. Ebendort, S. 196.

412. Kotschubey, N., »Spannungsregulierung in Gleichrichteranlagen«. Ebendort, S. 223.

413. Prince, D. C. & Vogdes, F. B. »Quecksilberdampfgleichrichter«. Deutsche Ausgabe von O. Gramisch. R. Oldenbourg, München 1931. (Originalausgabe: »Principles of Mercury-arc Rectifiers and their Circuits«. Mc Graw Hill Book Co, New York. 1927.)

414. Kotschubey, N., »Speisung von Gleichstrombahnnetzen mit mäßiger Verkehrsdichte«. Ebendort, S. 259.

415. Widmer, S., und Leuthold, A., »Die Verluste im Quecksilberdampf-Großgleichrichter und verschiedene Methoden zu ihrer Messung«. Brown, Boveri-Mitt., 18. Jg., S. 362. 1931.

416. Coffin, J. B., McDonald, G. R., und Pero, B. S., »Substation Equipment of the D. L. and W. Railroad Electrification«. Gen. Electr. Rev., 34. Bd., S. 611. 1931.

417. Rollwagen, H., »Wirkungsgradmessungen an 2 Großgleichrichtern verschiedenen Fabrikates«. Elektrotechn. Z., 52. Bd., S. 1469. 1931.

418. »Developments in Mercury-arc Rectifiers and Valves«. Engineering, 132. Bd., S. 727. 1931.

419. Linebangh, J. J., »Some new features in connection with the Lackawanna Suburban Electrification«. Gen. electr. Rev., 34. Bd., S. 599. 1931.

420. de Angelis, M. L., »Montreal tramways extend use of Mercury Rectifiers«. Electr. Rly. J., Bd. 75, S. 642. 1931.

421. Nowag, W., »Ein Erregertransformator für die Saugdrossel in Gleichrichtern. Elektrotechn. Z., 52. Bd., S. 1429. 1931.

422. Brodbeck, A., Die elektrischen Einrichtungen der Dolomitenbahn. BBC-Nachr., 18. Bd., S. 306. 1931.

423. Kern, E., »Der kommutatorlose Einphasenlokomotivmotor für 40 bis 60 Hertz«. Elektr. Bahnen, 7. Bd., S. 313. 1931. Hierzu Referat Elektrotechn. Z., 53. Bd., S. 844, 1932 und Elektrotechn. u. Maschinenb., 50. Bd., S. 360. 1932.

424. »Development and Present Position of AEG Mercury-arc Rectifiers«. AEG-Progr., 7. Bd., S. 223. 1931.

425. Coffin, J. R., »Power Supply and Distribution System of the Lackawanna«. Gen. Elctr. Rev., 34. Bd., S. 604. 1931.

426. Demontvignier, M., und Leblanc, M., »Etat actuel de nos connaissances sur l'arc à mercure à basse tension«. Rév. gen. Electr., S. 891. 1931.
427. Gosebruch, W., »Kraftübertragung auf große Entfernung bei verschiedenen Stromarten«. Elektrotechn. Z., 52. Bd., S. 689. 1931.
428. »Energieübertragung mit Gleichstromhochspannung«. Helios, Lpz., Nr. 6, S. 46. 1931.
429. Jackson, D. C., und Moreland, E. L., »Major Featurus of the Lackawanna Electrification«. Gen. electr. Rev., 34. Bd., S. 597. 1931.
430. Kern, E., »Neue Anwendungen des gesteuerten Großgleichrichters«. Bull. schweiz. elektrotechn. Ver., 22. Bd., S. 533. 1931. Diskussion ebendort, S. 541.
431. Loud, F. M., und White, R. M., »Operating Advantages of the Lackawanna Electrification«. Gen. electr. Rev., 34. Bd., S. 691. 1931.
432. Moreland, E. L., »Lackawanna Electrification improves Suburban Service«. Electr. Engng., 50. Bd., S. 185. 1931.
433. Orlich, E., »Die Quecksilberdampfgleichrichter«. Z. VDI, 75. Bd., S. 865. 1931.
434. Osborn, R. H., »Mercury-arc Rectifiers for Radio Transmission«. Electr. J., 28. Bd., S. 123. 1931.
435. Plietzsch, E., »Die Elektrisierung der Moskauer Vorortebahnen«. BBC-Nachr., S. 95. 1931.
436. »Power Supply for the Lackawanna«. Rly. electr. Engr., S. 66. 1931.
437. Sachs, K., »Diverses über Gleichrichter«. Brown Boveri-Mitt., S. 20, 66. 1931.
438. Compton, C. T., »On the Theory of the Mercury-arc«. Phys. Rev., 37. Bd., S. 1077. 1931.
439. Smith, H., Lynch, W. A., und Hilberry, N., »Electrodless Discharge in Mercury Vapor«. Ebendort. S. 1091.
440. Mandich L. u. Bertele H., »Umformerwerk und Triebwagen der Bahn Feldbach—Gleichenberg«. Elektrotechn. u. Maschinb. 49. Jg., H. 15, 1931.
441. Compton, C. T., »Equilibrium Theory of Cathode Spot in Mercury-arcs«. Science, 73. Bd., S. 504. 1931.
442. Berkeley, W. E., und Mason, R. C., »Measurements on the Vaporstream from the Cathode of a Vacuum Arc«. Phys. Rev., 38. Bd., S. 943. 1931.
443. Mason, R. C., »Cathodefall of an Arc«. Ebendort, S. 427.
444. Tanberg, R., und Berkeley, W. E., »Temperature of Cathode in Vacuum Arc«. Ebendort, S. 286.
445. »An Automatically Controlled Rectifier on the London Underground Railway«. Engineer, S. 19. 1931.
446. Braclet, R. D., »Mercury Rectifier Substation Operates on 25 or 60 Cycles«. Electr. Rly. J., S. 416. 1931.
447. Riedel, K., »Die ferngesteuerten Gleichrichterwerke der Berliner Stadtschnellbahn«. Elektr. Bahnen, S. 205. 1931.
448. Stettler, »Methode zur Messung der Lichtbogenspannung von Gleichrichtern«. Bull. Oerlikon, S. 650. 1931.
449. Kesselring, F.: »Die technischen und wirtschaftlichen Aussichten für den Synchrongleichrichter«. VDE-Fachberichte, S. 21. 1931.
450. Löbl, O., »Kurvenform und Leistungsfaktor (Beitrag zum Gleichrichtertarif)«. Ebendort, S. 24.
451. Meyer-Delius, H., »Betrieb von Motoren mit Hilfe gittergesteuerter Quecksilberdampfgleichrichter«. Ebendort, S. 26.
452. Braband, C., »Die Anwendung gittergesteuerter Quecksilberdampfgleichrichter zur selbsttätigen Regelung von Maschinen«. Ebendort, S. 29.
453. Stockmeyer, W., »Glas-Glühkathodenventile für Dauerbetrieb mit hohen Spannungen«. Ebendort, S. 35.

454. Lübcke, E., »Gasgefüllte Verstärker- und Ionensteuerröhren«. Elektrotechn. Z. 52. Bd., S. 1513. 1931.
455. Alliaume, M. R., »Le redresseur à vapeur de mercure de la Sous-station automatique de Croix-Nivert«. Revue Alsthom, S. 19. 1931.
456. Hartmann, J., »The Jet Wave Rectifier«. Danmarks Naturvidenskabelige Samfund. Kopenhagen 1931.

1932

457. Cypra H. und Dantscher J., »Wechselrichter für Projektionslampen«. AEG-Mitt. S. 11, 1932.
458. Westerhoff, E., »Großgleichrichter in Hüttenwerken«. Ebendort, S. 43.
459. Peril, L., »Gleichstrombeleuchtung durch Stromrichter für Wechselstrombahn-fahrzeuge«. Ebendort, S. 77.
460. Nottingham, W. B., »Characteristics of small grid controlled hot-cathode mercury-arcs or thyratrons«. J. Franklin Inst., 211. Bd., S. 271. Hierzu Referat »Charakteristiken kleiner gittergesteuerter Quecksilberdampfgleich-richter mit Glühkathode«. Elektrotechn. Z., 53. Bd., S. 159. 1932.
461. Schenkel, M., »Gesteuerte Großgleichrichter und Umrichter«. Helios, Lpz., 38. Jg., S. 55. 1932.
462. Atherton, A. L., »High Capacity Rectifier Efficiency Improved by Sectionalis-ing«. Electr. Engng., 51. Bd., S. 132. 1932. (A. I. E. E. Paper Nr. 32—50.)
463. »Gesteuerte Beleuchtungsgleichrichter für Fahrzeuge von Wechselstrom-bahnen«. Elektrotechn. Z., 53. Bd., S. 249. 1932.
464. Hartmann, J., »Der Wellenstrahlgleichrichter«. Ebendort, S. 98, 260. Be-sprechung des Vortrages: »Der Wellenstrahlgleichrichter, seine Entwick-lungsmöglichkeiten und Verwendungen«. Ebendort S. 271.
465. Wenzel, E., »Der Hochspannungsglasgleichrichter im Bahnbetrieb«. AEG-Mitt. f. Bahnbetr., 13. Heft, S. 29. 1932.
466. Schleusener, H., »Lebensdauer von Glaskörpern in Bahngleichrichter-Anlagen«. Ebendort, S. 35.
467. Odermatt, A., »Les redresseurs à vapeur de mercure«. Bull. Soc. belg. Electr., 48. Jg.. S. 201. 1932.
468. Sachs, K., »Aus den Arbeiten der Forschungslaboratorien«. Brown Boveri-Mitt., 19. Jg., S. 46. 1932.
469. Marti, O. K., »The Mercury-arc Rectifier Applied to A.-C. Railway Electrifi-cation«. Electr. Engng., 51. Bd., S. 191. 1932.
470. Ward, O. M., »Mercury-arc Rectifier versus Rotary Converter automatic Railway Substations«. Ebendort, S. 191.
471. Höpp, W., »Neue AEG-Glasgleichrichter«. AEG.-Mitt., 4. Heft, S. 144. 1932.
472. Klemperer, H., und Lübcke, E., »Steuerbedingungen von gittergesteuerten Gasentladungen (Ionensteuerröhre)«. Arch. Elektrotechn., 26. Bd., S. 67. 1932.
473. Squifflet, R., »Les grilles polarisées et leurs possibilités d'emploi dans les soupapes à vapeur de mercure«. Bull. Soc. belg. Electr., 48. Bd., S. 48. 1932.
474. Meyer-Delius, »Die Blindleistung in Gleich- und Umrichteranlagen«. Elektr.-Wirtsch., 31. Jg., S. 101. 1932.
475. Kotschubey, N., »Railway Substations in New South Wales«. Electr. Wld., N. Y., S. 540. 1932.
476. Wellauer, M., »Über neuere Konstruktionen und deren physikalische Grund-lagen im Bau von Großgleichrichtern«. Bull. schweiz. elektrotechn. Ver. 23. Bd., S. 85. 1932.
477. Stöhr, M., »Technische Grundlagen der elastischen Kupplung von Wechsel-stromnetzen mittels gesteuerter Entladungsgefäße«. Arch. Elektrotechn., 26 Bd., S. 143. 1932.

478. Feinberg, R., »Zur Theorie der Drehstrom-Einphasenstrom-Umformung mit Gleich- und Wechselrichtern«. Ebendort, S. 200.

479. Gosebruch, W., »Die Aussichten der Gleichstromkraftübertragung«. Elektrotechn. Z., 53. Bd., S. 453. 1932.

480. Rathke, H. A., »Gleichstrommaschinen zur Beseitigung von Gleichrichterstörungen«. Elektr. Nachr. Techn., 8. Bd., S. 161. 1932. Referat hierzu Elektrotechn. Z., 53. Bd., S. 461. 1932.

481. Müller, W., und Zimmer, Th., »Ein Glühkathodenventil für 400 kV Sperrspannung. Fortschr. Röntgenstr., Bd. 45, S. 347. 1932.

482. »The mercury arc rectifier«. Electrician, Bd. 108, S. 194, 225, 253, 290, 335, 369, 402. 1932.

483. Wechmann, W., »Über Energieversorgung elektrisch betriebener Fernbahnen aus Drehstromnetzen«. Elektr. Bahnen, 8. Jg., S. 45. 1932.

484. Wechmann, W., »Physikalische Grundlagen der Stromrichter«. Ebendort, S.46.

485. Tröger, R., »Technische Grundlagen und Anwendungen der Stromrichter«. Ebendort, S. 51.

486. Meyer-Delius, H., »Die Strom- und Spannungsverhältnisse in Anlagen zur Umrichtung von Drehstrom mit 50 Hz in Einphasenwechselstrom mit $16^2/_3$ Hz.« Ebendort, S. 59.

487. Löbl, O., »Bahnumrichter System Löbl/RWE«. Ebendort, S. 65.

488. Piloty, H., »Wirtschaftlichkeit der Drehstrom- und Gleichstrom-Übertragung« in »Elektrische Hochleistungsübertragung auf weite Entfernung« von R. Rüdenberg. Springer Berlin 1932.

489. Rüdenberg, R., »Elektrische Hochleistungsübertragung auf weite Entfernung«. Springer, Berlin 1932.

490. Schenkel, M., »Eine unmittelbare asynchrone Umrichtung für niederfrequente Bahnnetze«. Ebendort, S. 69.

491. Laub, H., »Stromrichter«. (Anwendung gesteuerter Dampfentladungen: Gleichrichter, Wechselrichter, Umrichter.) Elektrotechn. u. Maschinenb., 50. Bd., S. 325, 332. 1932.

492. De Martini, V., »Le nuove applicazioni dei convertitoria vapor di mercurio a flusso elettronico controllato«. Elettrotecn., 19. Bd., S. 197. 1932.

493. Steiner, H. C., Gable, A. C., und Maser, H. T., »Engineering Features of Gas Filled Tubes«. Electr. Engng, 51. Bd., S. 312. 1932.

494. Starke, H., und Schröder, R., »Die Reihenschaltung von Gleichrichterventilen zur Erzeugung sehr hoher Gleichspannung«. Arch. Elektrotechn., 26. Bd., S. 301. 1932.

495. Lion, K., »Graphische Bestimmung der Isolationsbeanspruchung in Hochspannungsgleichrichteranlagen«. Elektrotechn. Z., 53. Bd., S. 506. 1932.

496. Meyer, F. W., »Die Umformungs-, Steuer- und Regelelektronik in Hochspannungs-Kraftübertragungssystemen mit Kapazität, Selbstinduktion, Massenträgheit und Elektrizität«. Elektrotechn. Z., 53. Bd., S. 123, 242. 1932.

497. Fryze, S., »Wirk-, Blind- und Scheinleistung in elektrischen Stromkreisen mit nicht sinusförmigem Verlauf von Strom und Spannung«. Elektrotechn. Z., 53. Bd., S. 599, 625, 1932.

498. Kotschubey, N., »Die Gleichrichteranlage Nunobiki (Japan)«. Brown Boveri-Mitt., 19. Bd., S. 135. 1932.

499. Bertele, H., »Nullpunktregelung für größeren Spannungsbereich bei Gleichrichtertransformatoren mit Doppelzickzackschaltung«. Elektrotechn. u. Maschinenb., 50. Bd., S. 416. 1932.

500. Glaser, A., »Die Elektronik in der Starkstromtechnik«. Helios, 38. Bd., S. 177, 187. 1932.

501. Holst, J. C., »De styrede kvikksolvlikerettere«. Elektrotekn. T. 45. Bd., S. 157. 1932.

502. L'Eplattenier, O., »Ampolle di vetro per raddrizzatori a vapore di mercurio«. Elettrotecn., 19. Bd., S. 281. 1932.

503. »Travelling sub-stations with mercury rectifiers, Italian State Railways«. Rly. Engr., 53. Bd., S. 170. 1932.

504. Draeger, W., »Die Energieversorgung der Berliner Stadtschnellbahn«. Elektrotechn. Z., 53. Bd., S. 333, 455. 1932.

505. »Über den maßgebenden Leistungsfaktor eines Gleichrichters«. Briefe von K. Faye-Hansen und K. E. Müller-Lübeck. Elektrotechn. Z., 53. Bd., S. 662. 1932.

506. Stöhr, M., »Die Blindleistung bei der Drehzahlregelung von Motoren durch Stromrichter«. AEG-Mitt., S. 250. 1932.

507. Marx, E., »Ein neuer Stromrichter für sehr hohe Spannungen und Leistungen«. Elektrotechn. Z., 53. Bd., S. 737. 1932.

508. Schenkel, M., »Technische Grundlagen und Anwendungen gesteuerter Gleichrichter und Umrichter«. Elektrotechn. Z., 53. Jg., S. 761. 1932. Diskussion hierzu ebendort, S. 770.

509. Marx, E., »Lichtbogen-Stromrichter für sehr hohe Spannungen und Leistungen«. Springer, Berlin 1932.

510. Nowag, W., »Eine Großgleichrichteranlage für 20 000 Volt Gleichstrom«. BBC-Nachr., 19. Bd., S. 28, 1932.

511. Schneider, F., »Fernsteuerung von Straßenbahngleichrichterwerken«. AEG.-Mitt., S. 12, 1932.

512. Jungmichl, H., und Luni, A., »Tauchzündung für Glasgleichrichter«. Siemens-Z., 12. Bd., S. 209, 1932.

513. Brown H. D., »Grid-controlled Mercury-arc Rectifiers«. Gen. Elect. Rev., view, 35. Bd. S. 445, 1932.

514. Atherton, A. L., Sectionalizing Improves Rectifier Efficiency. Elect. Engng, 51. Bd., S. 576, 1932.

515. Kniepkamp, H., und Nebel, C., »Zum Problem des Emissionsmechanismus von Oxydkathoden«. Wiss. Veröff. Siemens-Konz., XI. Bd., 2. Heft, S. 75, 1932.

516. Kobel, E., »Versuche über den Einfluß der Quecksilber-Dampfdichte im Anodenraum auf den Spannungsabfall beim Quecksilber-Lichtbogen«. Elektrotechn. Z., 53. Bd., S. 881, 1932.

517. Meyer, K., »Die Beanspruchung von Glühkathodenventilen bei ihrer Verwendung in verschiedenen Schaltungen«. Elektrotechn. Z., 53. Bd., S. 858, 1932.

518. Marti, O. K., »Mercury-arc rectifiers used with commutatorless motor«. Electr. Wld., N. Y. 99. Bd., S. 625, 1932.

519. Glaser, H., »Kraftübertragung mit hochgespanntem Gleichstrom durch Kabel«. BBC-Nachr. 18. Bd., S. 169. 1932. Referat Elektrotechn. Z. 53. Bd., S. 969. 1932.

520. Kotschubey, N., »Brown-Boveri-Quecksilberdampf-Großgleichrichter in Überseeländern«. Brown-Boveri-Mitt. 19. Jg., S. 175. 1932.

521. Buchwald, H., »Über Lichtbogenstromrichter für sehr hohe Spannungen nach Marx«. Elektrotechn. u. Maschinenb., 50. Jg., S. 553. 1932.

522. Klemperer, H., »Der Stromrichter als Wechselstromlast«. Arch. Elektrotechn., 26. Bd., Heft 10, S. 710. 1932.

523. Rachel, A., »Stromrichterbenennung«. Brief. Elektrotechn. Z., 53. Jg., S. 1022. 1932.

524. Urbinati, M., »Impressioni sulle nuove applicazioni dei raddrizzatori a vapore di mercurio«, Elettrotecn. 19. Bd. S. 538. 1932.

525. Wertli, A., »Gleichrichter für Schweißzwecke«. Bull. schweiz. Elektrotechn. Ver., S. 385. 1932.

526. Gehrts, A., »Glühkathodengleichrichter mit Gasfüllung«. Z. techn. Physik, 13. Jg., S. 303, 1932.

527. Gehrts, A., »Oxydkathoden«. Naturwiss., 20. Jg., S. 732. 1932.

528. Beljawski, A., »Bestimmung des Überdeckungswinkels des Anodenstromes bei Quecksilberdampfgleichrichtern auf stroboskopischem Wege« (russisch). Electritschestwo, S. 692, 1932.

529. Engel, A. v., und Steenbeck. M., »Elektrische Gasentladungen«. Springer, Berlin. 1932.

530. Langmuir, I., »Electric Discharges in Gases at Low Pressures«. J. Franklin Inst., 214. Bd., S. 275. 1932.

531. Partsch, A., »Vorführung von Stromrichtern in den AEG-Fabriken Brunnenstraße im Juni 1932«. AEG-Mitt. S. 346, 1932.

532. Dällenbach, W., »Strom- und Spannungsverhältnisse gittergesteuerter Gleichrichter«. Elektrotechn. Z., 53. Bd., S. 1059. 1932.

533. Dick, M., »Vom gesteuerten Gleichrichter«. Schweiz. Bauzeitg., 100. Bd., S. 29. 1932.

534. Kiltie, O., »Transformers with Peaked Waves«. Electr. Engng., S. 803. 1932.

535. Meyer-Delius, H., »Die Entwicklung des gittergesteuerten Quecksilberdampfgleichrichters zum Universalumformer«. BBC-Nachr., 19. Jg., S. 82. 1932.

536. Mertens, F., »Die Brown Boveri-Hochspannungsgleichrichter für die deutschen Rundfunksender«. Ebendort, S. 92.

537. Nowag, W., »Wirtschaftliche Stromversorgung von Elektrolyseanlagen durch Großgleichrichter«. Ebendort, S. 92.

538. »Der Brown Boveri-Überstrom- und Kurzschlußschutz in gittergesteuerten Gleichrichteranlagen«. Ebendort, S. 99.

539. Rachel, A. und Rißmüller, »Grundlagen und Anwendungen der Stromrichter«. Elektr. Wirtsch., Nr. 21, S. 462. 1932.

540. Kloninger J., »Nouvelles applications du redresseur et de la soupape à vapeur de mercure à grilles polarisées«. Bull. soc. franç. Electr., 2. Bd., S. 598. 1932.

541. Macwhirter, R., »AC rectification for power purposes«. J. Instn. Electr. Engr., 71. Bd., S. 532. 1932.

542. »The Jet-wave Rectifier«. Electrician, 109. Bd., S. 13. 1932.

543. Roehmann, L., »Beitrag zur Frage von Fernsprechstörungen durch Gleichstrombahnen«. Telegr.- u. Fernspr.-Techn., 21. Bd., S. 295. 1932.

544. Planes-Py, A., »Un chargeur universel économique 4—120 volts«. Antenne Paris, 10 Bd., S. 622. 1932.

545. Lucan, F., »Fahrbare Glasgleichrichterstation für die Chemins de Fer Vicinaux, Belgien«. Siemens Z., 12. Bd., S. 402. 1932.

546. »Das gittergesteuerte Quecksilberdampfventil als Gleichrichter und Gleichstrom-Wechselstrom-Umformer (Inverter) Bull. Oerlikon, S. 742. 1932.

547. Hull, A. W., »New Vacuum Valves and Their Applications.« Gen. Electr. Rev., 35. Bd., S. 622, 1932.

548. Lenz, P., »Beitrag zur Technik gittergesteuerter Gasentladungen«. Dissertation T. H. Berlin 1932.

549. Willis., C. H., »Harmonic Commutation for Thyratron Inverters and Rectifiers«. Ebendort, S. 632.

550. Gesteuerte Gleichrichter, Briefwechsel von A. Simon und R. Tröger, Elektrotechn. Z., 53. Bd., S. 1262, 1932.

551. Glaser, A., »Die physikalischen Grundlagen der Gittersteuerung von Gasentladungsgefäßen«. Z. techn. Physik, 13. Bd., S. 549, 1932.

552. Lübcke, E., »Über Untersuchungen an Quecksilberdampfentladungen«. Ebendort, S, 558.

Namenliste zum Literaturverzeichnis.

Sachverzeichnis.

D. C. Prince und F. B. Vogdes

Quecksilberdampf-Gleichrichter

Wirkungsweise, Konstruktion und Schaltung.   Deutsche Ausgabe bearbeitet von
Dr.-Ing. Otto Gramisch.   199 Seiten. 172 Abbildungen. Gr.-8⁰. 1931. Broschiert
M. 11.70, in Leinen gebunden M. 13.50.

Die vorliegende deutsche Ausgabe des Werkes „Principles of Mercury Arc Rectifiers and their Circuits" von Prince und Vogdes darf im deutschen Schrifttum über Quecksilberdampf-Gleichrichter wegen der Anschaulichkeit der Darstellung und wegen des mitgeteilten reichen Tatsachenmaterials, das die Verfasser bei ihrer Tätigkeit im Forschungslaboratorium der General Electric Company in Schenectady sammelten, wohl einen Platz beanspruchen.

Das Buch ist für eine erste Einführung besonders geeignet. Für Fachleute dieses Sondergebietes sind die Untersuchungen der Verfasser über Rückzündungen und die Vorschläge für die Compoundierung der Gleichrichter von besonderem Interesse. Die Bearbeitung betraf hauptsächlich die Anführung deutscher Literaturstellen und den Ersatz veralteter Abbildungen durch solche moderner europäischer Konstruktionen. Die wichtigsten Neuerungen seit Erscheinen der amerikanischen Originalausgabe sind in einem Schlußkapitel zusammengefaßt. Zunächst werden die Forschungen Dr. v. Issendorffs über die Vorgänge im Quecksilberdampf-Gleichrichter und die Mittel zur Verringerung des Rückstromes sowie andere Arbeiten, welche die Gleichrichterwirkung des Quecksilber-Lichtbogens betreffen, behandelt. Hieran schließt sich eine Besprechung der wichtigsten Neuerungen im Bau der Glasgleichrichter, insbesondere der vereinfachten Kippzündung und der Zündung ohne Kippbewegung; ferner werden an Hand von Abbildungen die neueren Sonderkonstruktionen zur Erleichterung des Einbaues großer Glaskolben beschrieben. Dann wird über den derzeitigen Stand der Eisengleichrichter, insbesondere über neuere Ausführungen von Anoden- und Kathoden-Isolatoren berichtet; die Hochstrom-Gleichrichter für 16000 Amp. der verschiedenen Erzeugerfirmen werden im Bilde gezeigt. Ferner werden Schaltungen für Sechsphasen-Gleichrichter, die hinsichtlich des geringen Spannungsabfalles und der guten Ausnützung des Transformators der Saugdrosselschaltung von Kübler gleichwertig sind, insbesondere der Sechsphasengleichrichter mit drei Einphasentransformatoren nach Gerecke und der Sechsphasengleichrichter mit Verteildrosseln nach v. Kleist behandelt. Es folgt ein Abschnitt über Störungen in Schwachstromanlagen, die durch Gleichrichter hervorgerufen werden, wobei die Mittel zur Bekämpfung dieser Störungen angegeben sind und die umfangreiche neuere Literatur auf diesem Gebiete nachgewiesen wird.

. . . Dieses Werk enthält so ziemlich alles, was über Glühkathoden-Gleichrichter, insbesondere Quecksilber-dampf-Gleichrichter gesagt werden kann und behandelt nicht nur die Fragen, die den Konstrukteur derartiger Geräte interessieren, sondern auch alles, was für den Praktiker wichtig ist, der mit derartigen Gleichrichtern arbeiten soll . . .   Zeitschr. d. österr. Ingenieur- u. tech. Vereins.

www.ingramcontent.com/pod-product-compliance
Lightning Source LLC
Chambersburg PA
CBHW062014210326
41458CB00075B/5459